石油化工职业技能培训教材

油品分析工

中国石油化工集团公司人事部
中国石油天然气集团公司人事服务中心 编

中国石化出版社

内　容　提　要

《油品分析工》为《石油化工职业技能培训教材》系列之一，涵盖石油化工生产人员《石油石化行业职业资格等级标准》中，对该工种初级工、中级工、高级工、技师、高级技师五个级别的专业理论知识和操作技能的要求，分为基础篇和技能篇两部分。主要内容包括：石油及油品基础知识、化验室基本知识、化学分析、仪器分析及油品分析基本原理及操作技能等。

本书是油品分析操作人员进行职业技能培训的必备教材，也是专业技术人员必备的参考书。

图书在版编目（CIP）数据

油品分析工／中国石油化工集团公司人事部，中国石油天然气集团公司人事服务中心编.—北京：中国石化出版社，2009（2015.1重印）
石油化工职业技能培训教材
ISBN 978-7-5114-0110-6

Ⅰ.油…　Ⅱ.①中…②中…　Ⅲ.石油产品-分析-技术培训-教材　Ⅳ.TE626

中国版本图书馆CIP数据核字（2009）第182611号

中国石化出版社出版发行
地址:北京市东城区安定门外大街58号
邮编:100011　电话:(010)84271850
读者服务部电话:(010)84289974
http://www.sinopec-press.com
E-mail:press@sinopec.com
北京柏力行彩印有限公司印刷
全国各地新华书店经销
*
787×1092毫米16开本26印张646千字
2009年11月第1版　2015年1月第3次印刷
定价:50.00元

《石油化工职业技能培训教材》

开发工作领导小组

组　长： 周　原
副组长： 王天普
成　员： （按姓氏笔画顺序）

于洪涛　王子康　王玉霖　王妙云　王者顺　王　彪
付　建　向守源　孙伟君　何敏君　余小余　冷胜军
吴　耘　张　凯　张继田　李　刚　杨继钢　邹建华
陆伟群　周赢冠　苟连杰　赵日峰　唐成建　钱衡格
蒋　凡

编审专家组

（按姓氏笔画顺序）

王　强　史瑞生　孙宝慈　李兆斌　李志英　岑奇顺
杨　徐　郑世桂　李本高　唐　杰　黎宗坚

编审委员会

主　任： 王者顺
副主任： 向守源　周志明
成　员： （按姓氏笔画顺序）

王力健　王凤维　叶方军　任　伟　刘文玉　刘忠华
刘保书　刘瑞善　朱长根　朱家成　江毅平　许　坚
余立辉　吴　云　张云燕　张月娥　张全胜　肖铁岩
陆正伟　罗锡庆　倪春志　贾铁成　高　原　崔　昶
曹宗祥　职丽枫　黄义贤　彭干明　谢　东　谢学民
韩　伟　雷建忠　谭忠阁　潘　慧　穆晓秋

前　言

为了进一步加强石油化工行业技能人才队伍建设，满足职业技能培训和鉴定的需要，中国石油化工集团公司人事部、中国石油天然气集团公司人事服务中心联合组织编写了《石油化工职业技能培训教材》。本套教材的编写依照劳动和社会保障部制定的石油化工生产人员《国家职业标准》及中国石油化工集团公司人事部编制的《石油石化行业职业资格等级标准》和《石油化工职业技能培训考核大纲》，坚持以职业活动为导向，以职业技能为核心，以“实用、管用、够用”为编写原则，结合石油化工行业生产实际，以适应技术进步、技术创新、新工艺、新设备、新材料、新方法等要求，突出实用性、先进性、通用性，力求为石油化工行业生产人员职业技能培训需要的高质量教材。

根据国家职业分类和石油化工行业各工种的特点，本套教材采用共性知识集中编写，各工种特有知识单独分册编写的模式。全套教材共分为三个层次，涵盖石油化工生产人员《国家职业标准》各职业（工种）对初级、中级、高级、技师和高级技师各级别的要求。

第一层次《石油化工通用知识》为石油化工行业通用基础知识，涵盖石油化工生产人员《国家职业标准》对各职业（工种）共性知识的要求。主要内容包括：职业道德，相关法律法规知识，安全生产与环境保护，生产管理，质量管理，生产记录、公文及技术文件，制图与识图，计算机基础，职业培训与职业技能鉴定等方面的基本知识。

第二层次为专业基础知识，分为《炼油基础知识》和《化工化纤基础知识》两册。其中《炼油基础知识》涵盖燃料油生产工、润滑油（脂）生产工等职业（工种）的专业基础及相关知识，《化工化纤基础知识》涵盖脂肪烃生产工、烃类衍生物生产工等职业（工种）的专业基础及相关知识。

第三层次为各工种专业理论知识和操作技能，涵盖石油化工生产人员《国家职业标准》对各工种操作技能和相关知识的要求，包括工艺原理、工艺操作、设备使用与维护、事故判断与处理等内容。

《油品分析工》包含第二、三层次的内容。在编写时采用传统教材模式，不分级别，以高中毕业文化程度为起点，循序渐进，由浅入深讲述各章节内容。全书各章节在内容安排上，具有一定的系统性和深度及广度，突出基本理论、基本知识和基本技能，与油品分析工职业技能鉴定题库相匹配。同时编写中注重了政策性、准确性、保密性、通用性、先进性和规范性原则。

《油品分析工》教材由锦西石化分公司负责组织编写，主编商群慧（锦西石化），李桂馨（锦西石化）担任主笔；本教材已经中国石油化工集团公司人事部、中国石油天然气集团公司人事服务中心组织的职业技能培训教材审定委员会审定通过，主审庞荔元，参加审定的人员有金广琴、张季、李征宇、郭景云、潘敬飞、李康、李涛，审定工作得到了燕山石化、天津石化、胜利油田、辽阳石化、扬子石化及华北销售公司的大力支持；中国石化出版社对教材的编写和出版工作给予了通力协作和配合，在此一并表示感谢。

由于石油化工职业技能培训教材涵盖的职业（工种）较多，同工种不同企业的生产装置之间也存在着差别，编写难度较大，加之编写时间紧迫，不足之处在所难免，敬请各使用单位及个人对教材提出宝贵意见和建议，以便教材修订时补充更正。

目　录

第一部分　基　础　篇

第二部分 分 析 篇

第一部分　基础篇

第1章　石油及油品基础知识

1.1　石油的化学组成

1.1.1　石油的一般性质

原油(或称石油)通常是暗绿色、赤褐色或黑色的流动或半流动的黏稠液体，并有特殊的气味。绝大多数石油的相对密度介于0.80~0.98之间。

不同产地的原油的颜色、密度及凝点等性质存在差异。其原因就在于石油及其产品本身的化学组成不同。我国部分油田原油的相对密度、凝点、含蜡等性质见表1-1-1。

表1-1-1　我国部分油田原油的某些质量指标

性质＼产地		大庆原油	胜利原油	任丘原油	辽河原油
相对密度 d_4^{20}		0.8554	0.9005	0.8837	0.8662
运动黏度(50℃)/(mm^2/s)		20.19	83.36	57.1	9.05
凝点/℃		30	28	36	17
沥青质/%		0	5.1	2.5	0.17
实际胶质/%		8.9	23.2	23.2	14.4
残炭(电炉法)/%		2.9	6.4	6.7	3.59
含蜡量/%	吸附法	26.2	14.6	22.8	—
	蒸馏法	—	—	—	13.5

1.1.2　石油的元素组成

原油主要由五种元素即碳、氢、硫、氮、氧所组成。原油中碳的质量分数一般为83.0%~87.0%，氢的质量分数一般为11.0%~14.0%，硫的质量分数一般为0.05%~8.0%，氮的质量分数一般为0.02%~2.0%，氧的质量分数一般为0.05%~2.00%。微量金属元素包括钒、镍、铁、铜、铅等，非金属元素包括氯、硅、磷、砷等，这些元素虽然极为微量，但对原油炼制工艺过程影响很大。

这些元素并非以单质出现，组成原油的化合物主要是碳元素和氢元素，是以烃类化合物的形式存在。硫、氮、氧这些元素则以各种含硫、含氮、含氧化合物以及兼含有硫、氮、氧多种元素的高分子的胶状和沥青质物质存于原油中，它们统称为非烃类化合物。

1.1.3　石油的烃类组成

1.1.3.1　石油中的烃类及其在馏分中的分布

从石油的元素组成看出，碳和氢是石油的主要成分，石油中的化合物主要是碳和氢组成的化合物，即烃类。这些烃类包括从相对分子质量为16的甲烷到相对分子质量为2000左右的大分子烃，随着石油产地的不同，各种烃类的含量也不相同。

1. 石油中的烃类

石油中的烃类主要有烷烃、环烷烃和芳香烃。

（1）石油中的烷烃

在绝大多数石油中，烷烃的含量都比较多，尤其是其中的低沸点馏分。石油中 C_4 以上的烷烃都存在各种异构体，但正构烷烃是石油的主要组成部分。正构烷烃的熔点较高，对油品的低温性能有较大影响。

多数石油中带有两个或三个甲基的异构烷烃含量最多，而带有四个甲基及其他高分支的异构烷烃的含量最少。

（2）石油中的环烷烃

石油中的环烷烃主要为含五碳环的环戊烷系和含六碳环的环已烷系。除了单环烷烃外，还有双环和多环烷烃。在双环烷烃中两个环可能都是五碳环或六碳环，也可能一个是五碳环，而另一个是六碳环。

六碳至八碳的环烷烃，在催化剂作用下，易脱氢生成芳香烃，是催化重整的原料。

（3）石油中的芳香烃

在石油中，单环芳香烃含量高于双环芳香烃，双环芳香烃含量又高于多环芳香烃。一个分子中含有环烷环和芳香环，可称为环烷芳香“混烃”。芳香环的侧链可以是烷基也可以是环烷基。

2. 石油中的烃类在馏分中的分布

各族烃类在石油中总的分布规律是随着石油馏分沸点的升高，所含各族烃类的相对分子质量随之增大，碳原子数也随之增多，环烷烃的环数增加，结构趋于复杂化。

石油中的烷烃通常随馏分沸点的升高而含量降低。液态烷烃是石油产品中汽油、煤油、柴油、润滑油的主要组成部分。在汽油馏分中（低于200℃的馏分）含有 $C_5 \sim C_{11}$ 的烷烃；煤油、柴油馏分中（200～300℃）含有 $C_{11} \sim C_{20}$ 的烷烃；润滑油馏分中（350～500℃）含有 $C_{20} \sim C_{36}$ 左右的烷烃。异构烷烃的沸点一般比同碳数的烷烃低一些。

环烷烃在汽油馏分中主要是单环环烷烃；在煤油、柴油馏分中除含有单环环烷烃外，还出现了双环及三环环烷烃。

芳香烃在石油中含量极不一致，在同一石油的各馏分中分布亦不均匀，轻馏分中较少，重馏分中较多。汽油中芳香烃主要是单环芳香烃。双环和三环芳香烃存在于高沸点馏分和渣油中。

1.1.3.2 *烃类在石油产品中的特性*

1. 烷烃

一般情况下，随着相对分子质量的增大，烷烃的沸点、熔点升高、密度增大。相同碳原子的正构烷烃的沸点和熔点比异构烷烃要高。如正辛烷沸点为125.67℃，熔点为-56.80℃，而异辛烷的沸点为99.24℃，熔点为-107.38℃。另外，十六碳以上的正构烷烃在常温下为固体。对于喷气燃料、轻柴油及润滑油来说，含正构烷烃多时，会使产品的低温性能变坏，不宜在低温下使用。

在相同碳数的烃类中，烷烃含氢最多，碳氢比小，因此其密度最小。烷烃是饱和烃，在一般条件下性能稳定，不宜氧化变质。正构烷烃在汽油中燃烧性能不好，抗爆性能差，辛烷值低；带支链的异构烷烃在汽油中有优良的性能，即抗爆性好，辛烷值高，是汽油的良好成分。

2. 环烷烃

与烷烃相似，随相对分子质量的增大，沸点、熔点升高，密度增大。环烷烃的碳氢比比烷烃大，密度也大。环烷烃同样也是饱和烃，性能安定，一般不易氧化变质。在汽油中，它的抗爆性较正构烷烃好，比异构烷烃差，而在柴油中燃烧性能则不如正构烷烃。

少环长侧链的环烷烃是润滑油的理想组分之一，多环短侧链的环烷烃是润滑油的非理想组分。

3. 芳香烃

在烃类中它的密度最大，由于苯环的结构特殊，因此在化学性质上也比较特殊。它与其他烃类相比不易氧化，性质上最安定。在燃烧性能方面，它是汽油的良好组分，辛烷值高，抗爆性能好。在柴油中则不希望其含量过多，因为它的十六烷值低，这是由于芳香烃的碳氢比大，在柴油中不易燃烧完全，易产生积炭。苯易吸收空气中的水分，因此芳香烃的低温性能较差。芳香烃的辛烷值虽然较高，但是由于环境保护方面的要求，汽油中限制芳香烃含量，特别是苯的含量。

4. 烯烃

石油中一般不含烯烃，但在石油加工过程中，石油中的烷烃、环烷烃等化合物受热分解成重质油加热裂解时才会产生烯烃。因此，在石油产品中，特别是液体燃料中，一般多少都含有一定数量的烯烃。

由于烯烃是不饱和烃，有双键存在，在化学性质上显得特别活泼，在常温下容易氧化生成胶质。因此含烯烃较多的液体燃料不宜长期存放。烯烃的低温性能和燃烧性能与环烷烃相近。

1.1.4 石油的非烃类组成

原油中除了烃类化合物外，还有各种非烃类化合物。这些化合物中主要有含硫、含氧、含氮化合物及胶质、沥青质等。氧、硫、氮等元素的数量，在原油中一般虽然只含1%～5%左右，但它们组成的化合物的数量都可达百分之十几，甚至更多。非烃类化合物的存在对原油加工和产品的使用存在有害的影响，所以在炼制过程中，都尽量将其除掉。

1.1.4.1 原油中的硫化物

原油中常见的元素之一就是硫，不同产地原油的含硫量相差很大，一般情况下，含胶质多、芳香烃多的原油，含硫量较大；而含烷烃、环烷烃多的轻质原油含硫较少。我国部分油田的石油含硫量见表1－1－2。

表1－1－2 我国部分油田的石油含硫量

油田	大庆	玉门	新疆	四川	胜利	大港	五七	孤岛
含硫量/%	0.11	0.18	0.12	0.04	0.90	0.12	1.28	2.03

由于硫对原油加工影响极大，所以含硫量常作为评价原油的一项重要指标。通常将含硫量高于2.0%的原油称为高硫原油，低于0.5%的称为低硫原油，介于0.5%～2.0%之间的称为含硫原油。由表1－1－2可知，我国原油除胜利、五七、孤岛原油外，多为低硫原油。

1. 硫及活性硫化物

原油中的硫及活性硫化物主要包括元素硫、硫化氢（H_2S）、硫醇（RSH），大部分是其他含硫化合物在加工过程中分解产生的，它们主要分布在石油的轻馏分中。它们直接与金属作用而腐蚀设备。所以石油中不允许硫和活性硫化物存在。

2. 非活性硫化物

非活性硫化物主要有硫醚、二硫醚、环硫醚、噻吩等，它们主要多集中在高沸点馏分中。由于它们的化学性质比较稳定，不直接腐蚀金属，但燃烧后生成的二氧化硫和三氧化硫遇水后生成亚硫酸和硫酸，可间接腐蚀金属，还会造成大气污染，因此石油产品不仅规定了对活性硫化物的限制，同时还规定了硫含量这个指标。

此外，在原油加工过程中，硫化物往往是引起设备腐蚀的主要原因。在催化加工过程中，硫化物还易使催化剂中毒而失去活性。

1.1.4.2 原油中的氧化物

原油中的氧化物80%～90%集中在胶质、沥青之中，可分为两类，即中性氧化物和酸性氧化物，约占石油总量的千分之几。其余部分主要是环烷酸、脂肪酸及酸类，统称为石油酸。此外还有一些微量元素如醛、酮等中性化合物。石油酸中最主要的是环烷酸。我国原油中，克拉玛依石油含环烷酸多，约占0.47%，而其他石油中较少。环烷酸主要在轻柴油、重柴油、轻质润滑油中含量较高。环烷酸的化学性质同脂肪酸相似，它溶于油而不溶于水，环烷酸能与铅、铜、锡、铁、镉等金属作用生成相应的环烷酸盐，因此对金属有腐蚀作用。因此，环烷酸如同含硫化合物一样，在石油产品中是有害的，在油品加工过程中必须除掉。

1.1.4.3 原油中的氮化物

原油中的氮化物大都属于碱性有机氮化物。含氮化合物在原油中的含量不大，一般是万分之几到千万之几。世界上目前原油中最低含氮量为0.2%，最高为0.77%。而我国原油含氮量一般变化在0.1%～0.5%之间，所以其含氮量偏高。与其他非烃化合物一样，氮化物在各馏分中的分布也不均，大约有一半以上集中在胶质、沥青质中。

原油中的氮化合物一般在加工过程中已除去，在石油产品中含量极少。氮化合物性质很不安定，容易氧化变质，促使产品颜色变深，不能长期储存。液体燃料中含氮量多时，燃烧时还有较大的臭味。在原油加工过程中，大部分含氮化合物还会引起酸性催化剂中毒。所以必须从油品中除去含氮化合物。

1.1.4.4 原油中的胶质、沥青质

胶质、沥青质是由碳、氢、氧、氮、硫等元素所组成的复杂化合物。天然原油中的90%以上的氧、80%以上的氮、50%以上的硫都集中在胶质、沥青状物质之中。

1. 原油中的胶质

原油中的非烃化合物有很大一部分都是胶质沥青状物质，是石油中结构最复杂，相对分子质量最大的一部分物质，在一些重质原油中其含量可高达40%～50%。

胶质是一种深黄色至棕色的黏稠物质。汽油馏分中基本上不存在胶质。从煤油馏分开始，胶质的含量随馏分沸点升高而逐渐增多。胶质对石油产品性质有不良影响，油品的颜色主要是由胶质含量的多少而决定的。

2. 原油中的沥青质

我国原油沥青质含量没有胶质含量高，但是沥青质是石油中相对分子质量最大的物质。沥青质是深褐色或黑色的非晶态固体，不挥发。沥青质全部集中于渣油中。在用渣油制取高黏度润滑油时，通过丙烷脱沥青方法将其从渣油中脱出，再经过氧化而制成道路、建筑和电器绝缘用沥青等。

1.1.5 原油的馏分组成

原油是一个多组分的复杂混合物，其沸点范围很宽，从常温一直到500℃以上，所以，无论是对原油进行研究或进行加工利用，都必须对原油进行分馏。分馏就是按照各组分沸点的差别将原油“切割”成若干“馏分”，每个馏分的沸点范围简称为馏程或沸程。一般把原油中从常压蒸馏开始馏出的温度(初馏点)到200℃(或180℃)之间的轻组分称为汽油馏分(或称为轻油、石脑油馏分)，常压蒸馏200℃(或180℃)~350℃之间的中间馏分称为煤柴油馏分或常压瓦斯油(简称为AGO)。由于原油从350℃开始有明显的分解现象，所以对于沸点高于350℃的馏分，需要在减压下进行蒸馏，在减压下蒸出馏分的沸点再换算成常压沸点。一般将相当于350~500℃的高沸点馏分称为减压馏分或润滑油馏分或减压瓦斯油(简称为VGO)；而减压蒸馏后残留的>500℃的油称为减压渣油(简称VR)；同时也将>350℃的油称为常压渣油(简称AR)。

1.1.6 原油的分类

原油的组成极为复杂，对原油的确切分类是很困难的。原油性质的差异，主要在于化学组成的不同，所以一般偏向于化学分类，但有时为了应用方便，也采用工业分类。化学分类法有特性因数分类法、关键馏分特性分类法、相关指数分类法、结构组成分类法等。

特性因数K是表征石油馏分烃类组成的一种特性数据，其计算公式为：

$$K = \frac{1.263T^{1/3}}{d_{15.6}^{15.6}}$$

式中　T——以绝对温度表示的烃类的沸点；

$d_{15.6}^{15.6}$——相对密度。

用特性因数分类的标准是：特性因数$K>12.1$时，为石蜡基原油；$11.5>K>12.1$时，为中间基原油；$10.5>K>11.5$时，为环烷基原油。

多年来，特性因数分类法在欧美各国普遍应用，它能反映原油化学组成的特性，但也存在明显的缺陷。它不能分别表明原油低沸馏分和高沸馏分中烃类的分布，同时由于原油组成复杂，以K值作为分类标准有时不完全符合原油组成的实际情况。

关键馏分特性分类法与特性因数分类法相比更能反映原油的化学组成特性，是目前应用较多的原油分类法。它是把原油放在特定的简易蒸馏设备中，按规定的条件进行蒸馏，切取250~275℃和395~425℃两个馏分分别作为第一关键馏分和第二关健馏分，根据密度对两个馏分进行分类，最终确定原油的类别。具体的分类标准分别见表1-1-3和表1-1-4。我国现阶段采用的是关键馏分特性分类与含硫量分类相结合的分类方法，后者作为前者的补充。根据这种分类法，我国几个主要油田原油的类别见表1-1-5。

表1-1-3　关键馏分分类指标表

关键馏分	石蜡基	中间基	环烷基
第一关键馏分	$d_4^{20}<0.8210$ 相对密度指数>40 ($K>11.9$)	$d_4^{20}=0.8210\sim0.8562$ 相对密度指数=33~40 ($K=11.5\sim11.9$)	$d_4^{20}>0.8562$ 相对密度指数<33 ($K<11.5$)
第二关键馏分	$d_4^{20}<0.8723$ 相对密度指数>30 ($K>12.2$)	$d_4^{20}=0.8723\sim0.9305$ 相对密度指数=20~30 ($K=11.5\sim12.2$)	$d_4^{20}>0.9305$ 相对密度指数<20 ($K<11.5$)

表1-1-4　原油关键馏分特性分类表

序号	第一关键馏分属性	第二关键馏分属性	原油类别
1	石蜡基(P)	石蜡基(P)	石蜡基(P)
2	石蜡基(P)	中间基(I)	石蜡基-中间基(P)-(I)
3	中间基(I)	石蜡基(P)	中间基-石蜡基(I)-(P)
4	中间基(I)	中间基(I)	中间基(I)
5	中间基(I)	环烷基(N)	中间基-环烷基(I)-(N)
6	环烷基(N)	中间基(I)	环烷基-中间基(N)-(I)
7	环烷基(N)	环烷基(N)	环烷基(N)

表1-1-5　我国几种原油的分类

原油	大庆	胜利	孤岛	辽河	华北	中原	新疆	大港
原油类别	低硫石蜡基	含硫中间基	含硫环烷-中间基	低硫中间基	低硫石蜡基	含硫石蜡基	低硫石蜡-中间基	低硫中间基
原油	吉林	南阳	单家寺(胜利油区)	江汉	江苏	玉门	高升(辽河油区)	孤东(胜利油区)
原油类别	低硫石蜡基	低硫石蜡基	含硫环烷基	含硫石蜡基	低硫石蜡基	低硫石蜡-中间基	低硫环烷-中间基	低硫环烷-中间基

工业分类法又称为商品分类法，是按原油的密度、含硫量、含蜡量和含胶质量等进行分类。国际石油市场上常用的计价标准是按比重指数API°(或密度)和含硫量进行分类的，其分类标准分别列于表1-1-6和表1-1-7。

表1-1-6　原油按API°分类标准

类　别	API°	密度(15℃)/g·cm^{-3}	密度(20℃)/g·cm^{-3}
轻质原油	>34	<0.855	<0.851
中质原油	34~20	0.855~0.934	0.851~0.930
重质原油	20~10	0.934~0.999	0.930~0.996
特稠原油	<10	>0.999	>0.996

表1-1-7　原油按含硫量分类标准

原油类别	含硫量/%(质量分数)	原油类别	含硫量/%(质量分数)
低硫原油	<0.5	含硫原油	>0.5

1.2　石油炼制基础知识

1.2.1　概述

石油炼制工艺过程因原油种类不同和生产油品的品种不同而有不同选择，大体上可以划分为三大部分：

① 原油蒸馏　这是原油进行炼制加工的第一步，是石油炼制过程的龙头，各炼油厂也是以其原油蒸馏的处理能力作为该炼油厂的规模。通过常压和减压蒸馏可以把原油中不同沸

点范围的馏分分离出来，获得直馏汽油、煤油、柴油等轻质馏分和减压馏分油及渣油。

② 二次加工　从原油中直接得到的轻馏分是有限的，大量的减压馏分油和渣油需要进一步加工，将重质油进行轻质化，以得到更多的轻质油品。二次加工工艺包括许多过程，可根据生产要求加以选择，例如为增产轻质油品，可以用重质馏分油和渣油为原料进行催化裂化和加氢裂化；为生产润滑油基础油可以用减压馏分油等为原料通过酮苯脱蜡—溶剂精制—白土精制工艺或进行润滑油加氢处理。为提高汽油辛烷值或生产苯类产品可以用直馏汽油等为主要原料进行催化重整等等。

③ 后续工艺　包括为使汽油、柴油的含硫量及安定性等指标达到产品标准而进行的精制、油品的脱色、脱臭、炼厂气加工以及为提高油品质量的调和等加工工艺。

原油的加工方案是根据原油的特性和任务要求所制定的产品加工方案在工艺流程中的体现。

原油的加工方案可以分为三种基本类型：燃料型、燃料－润滑型和燃料－化工型。在此我们只讨论前两类加工方案。

1.2.1.1　燃料型加工方案简介

此类加工方案的基本目的产品是汽油、煤油、柴油等轻质燃料。为了尽量提高轻质燃料产品的收率，燃料型蒸馏流程采用常减压蒸馏流程，减压馏分油经催化裂化进行二次加工，见图1－1－1所示。

1.2.1.2　燃料型加工方案原则流程图

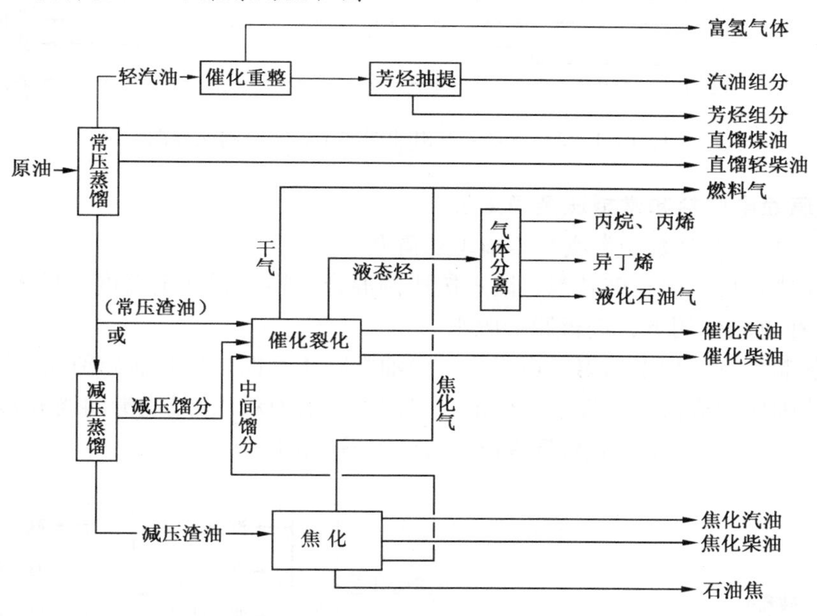

图1－1－1　燃料型加工方案原则流程图

1.2.1.3　燃料－润滑油型加工方案简介

当原油的性质适合加工润滑油而且又有此必要时，产品方案可以是生产轻质燃料油、减压馏分油和各种品种的润滑油。这种加工方案所要求的蒸馏流程是常减压蒸馏流程。其减压塔选用加工润滑油型减压塔，采用这种流程方案的炼油厂也称之为“完整型”炼油厂。见图1－1－2所示。

1.2.1.4 燃料－润滑型加工方案原则流程图

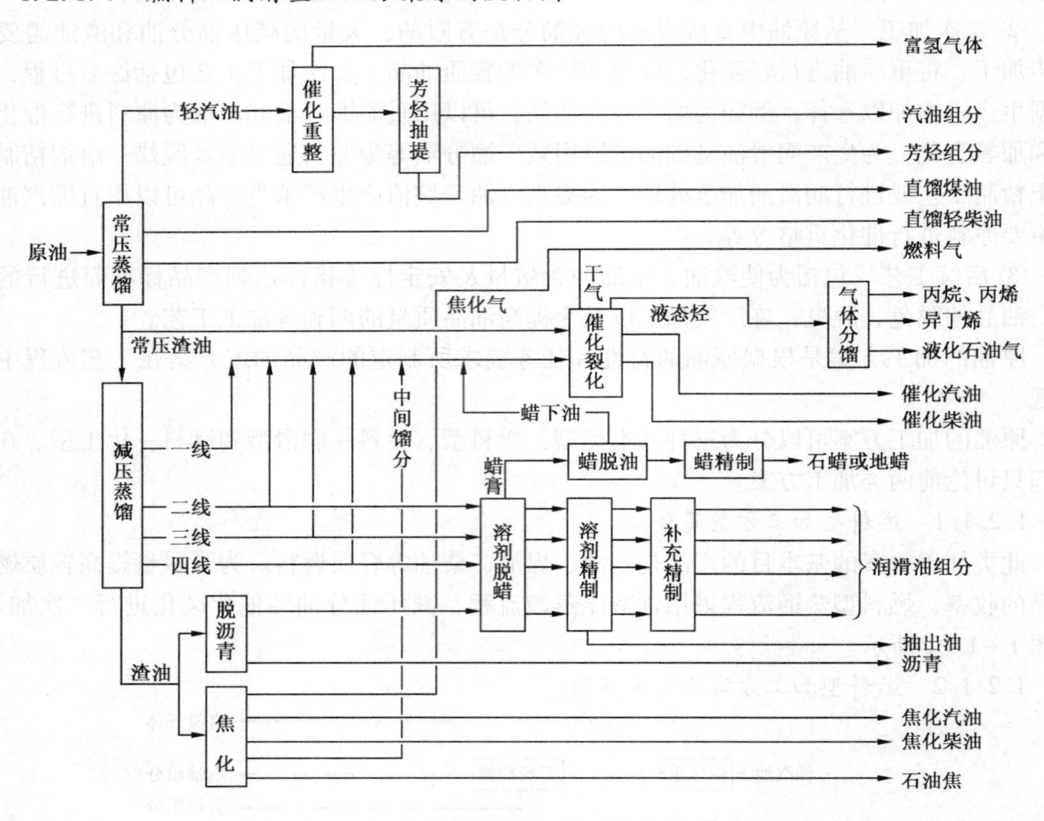

图1－1－2 燃料－润滑油型加工方案原则流程图

1.2.2 原油电脱盐和常减压蒸馏工艺

1.2.2.1 原油电脱盐和常减压蒸馏工艺简介

原油电脱盐是将原油与破乳剂、淡水按比例混合，换热到规定温度，送入电脱盐罐(也称脱水罐)，在电场作用下，进行脱盐脱水。

原油的蒸馏是石油加工的第一道工序。原油常减压蒸馏是将原油分别在常压塔、减压塔中按照沸点范围切割成汽油、煤油、柴油、二次加工的原料油(或润滑油馏分)及渣油。

1.2.2.2 原油电脱盐和常减压蒸馏原则流程图(图1－1－3)

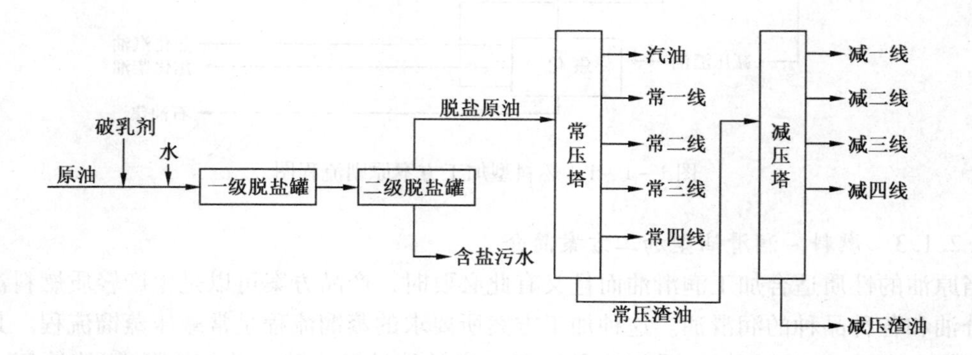

图1－1－3 原油电脱盐和常减压蒸馏原则流程图

1.2.2.3 过程产品介绍

1. 原料

原油是复杂的混合物，必须经过一系列加工处理，才能成为多种有用的产品。由于原油中除了夹带少量的泥砂、铁锈等固体杂质外，一般都还含有水分，并且这些水中都溶有钠、钙、镁等盐类。由于原油中的水分及盐类会对蒸馏的操作和二次加工带来一系列不利影响，因此，在原油蒸馏之前必须进行脱水和脱盐。

各地原油的含水、含盐量有很大的不同。由于水的汽化潜热很大，原油若含水就要增加加工过程的燃料和冷却水的消耗。例如原油含水增加1%，由于额外多吸收热量，可使原油换热温度降低10℃，相当于加热炉热负荷增加5%左右。由于水的相对分子质量比油品平均相对分子质量小，原油中少量水汽化后体积急剧增加，导致蒸馏过程波动影响正常操作，造成系统压力降增大，动力消耗增加，严重时甚至引起分馏塔超压或出现冲塔事故。

原油中所含的无机盐组成复杂，据分析，主要包括有Na^+、K^+、Ca^{2+}、Mg^{2+}阳离子和Cl^-、SO_4^{2-}、CO_3^{2-}和HCO_3^-阴离子，其组成往往随不同原油而异。在加工过程中，原油在管式炉或换热器等设备内流动，随着温度升高水分蒸发，盐类就沉积在管壁上形成盐垢影响传热，增加燃料消耗。严重时使流动压降增大，甚至使炉管或换热器堵塞，造成装置停工事故。在正常生产时，若原油含盐过多，主要集中在重馏分和渣油中而影响产品质量，例如石油焦的灰分增加，沥青的延度降低等。此外，原油中的氯化物尤其是氯化镁、氯化钙能水解生成氯化氢，溶于水中形成盐酸严重地腐蚀设备。含硫化合物也会分解出硫化氢与Fe反应生成FeS，而FeS再与HCl起反应而释放H_2S，上述两个反应反复进行就会引起严重的循环腐蚀。

近年来随着原油加工深度的提高(为了从原油中获得更多的轻质产品)，重油催化裂化以及重整、加氢裂化等临氢工艺技术的开发和广泛应用，原油脱盐已经成为对后续加工工艺所用催化剂免受污染的一种保护手段。实验数据证明，脱除氯化物的同时还能脱除如镍、钒，砷(包括其中的钠)等对裂化、加氢、重整等催化剂的有害毒物，一般要求脱后原油达到含盐$<3mg/L$或$Na<1mg/L$，水含量$<0.3\%$。

2. 产品或中间产物

(1) 轻质汽油

轻质汽油的辛烷值比较低，但芳烃潜含量较高，是重整的良好原料。馏出口控制馏程干点一般不超过180℃，进重整原料罐。

(2) 常一线

常一线产品为喷气燃料馏分，馏出口一般控制三项。以3号喷气燃料为例：10%馏出温度不高于205℃，98%馏出温度不高于235℃；冰点不高于-49℃；闭口闪点不低于38℃。这些指标都是依据3号喷气燃料国家标准GB 6537—2007而制定，并且指标高于国家标准。从常压蒸馏出来的喷气燃料馏分不能直接作为喷气燃料产品直接出厂，而要经过精制才能出厂。

(3) 常二线

常二线产品是柴油馏分，有的炼油厂还把常二线作为生产液蜡的原料。作为柴油馏分时，其馏出口一般控制项目有馏程(初馏点不低于180℃，95%馏出温度不高于356℃)、凝固点(指标根据生产柴油的牌号不同而不同，原则上高于国家产品标准)。常压蒸馏所得到的柴油馏分同喷气燃料一样，也需要精制后才能作为产品出厂。

(4) 常三线

对于燃料型炼油厂，常三线产品一般为催化原料，也可以做柴油组分油。作为柴油组分，馏出口控制馏程95%馏出温度不高于370℃。对于燃料－润滑型炼油厂，也可做润滑油原料生产变压器油。

(5) 常四线

常四线可作为催化原料，也可做润滑油原料。有的炼油厂常四线馏出口不采样。

(6) 常压渣油

常压塔底渣油用泵抽出送入减压塔，没有分析项目和控制指标。

(7) 减顶

减压塔塔顶一般都不出产品，但有的炼油厂将减顶油汽分开后，油可出装置加氢做柴油组分油。

(8) 减一线

减一线产品在很多炼油厂都作为催化裂化原料，也可做柴油组分油(需加氢精制)，馏出口控制馏程，柴油组分馏程95%馏出温度不高于370℃，作为蜡油(催化裂化原料)终馏点不高于391℃。

(9) 其余减压侧线

燃料型减压塔一般只设两个侧线，主要是为催化裂化和加氢裂化提供裂化原料。质量要求主要是残炭要尽可能低，亦即胶质、沥青质的含量要低，以免在催化剂上结焦过多。同时还要求控制重金属含量特别是镍和钒的含量以减小对催化剂的污染。至于对馏分组成的要求是不严格的。各项质量指标根据所炼原油的不同而有所不同。

润滑油型减压塔一般开设一到五个侧线。减一线前面已经介绍过。减二到减五线都作为润滑油原料。对润滑油原料的质量要求是黏度合适，残炭值低，色度好，在一定程度上也要求馏程要窄。减二线分析40℃或50℃黏度，其余分析100℃黏度。馏出口各项质量控制指标根据所炼原油不同而各有差异。

(10) 减压渣油

减压渣油可用于重油催化裂化、延迟焦化。原料馏出口主要控制500℃馏出量一般不大于10%(体积分数)，也可用于高黏度的润滑油。

1.2.3 催化裂化工艺

1.2.3.1 催化裂化工艺简介

催化裂化工艺是将减压馏分油或渣油在高温及催化剂作用下，转化为气体、汽油、柴油的生产过程，同时有油浆及焦炭生成。

1.2.3.2 催化裂化工艺原则流程图(1－1－4)

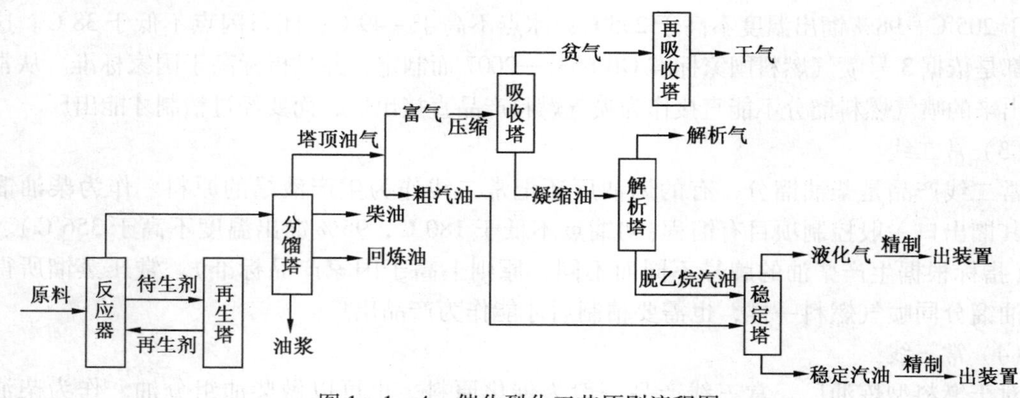

图1－1－4　催化裂化工艺原则流程图

1.2.3.3 过程产品介绍

1. 原料

催化裂化原料的范围很广，大体可分为馏分油和渣油两大类。馏分油原料主要有：

（1）蒸馏减压馏分油；

（2）热加工产物，如焦化蜡油，减黏裂化馏出油；

（3）润滑油溶剂精制的萃取油。

衡量原料性质的指标有：

（1）馏程和密度

由原料的馏程数据可以判别油的轻重和沸点范围的宽窄。一般来说，当原料的化学组成类型相近时，馏分越重越容易裂化，所需条件越缓和，且焦炭产率也越高。原料的馏分范围窄比宽好，因为窄馏分易于选择适宜的操作条件，不过实际生产中所用的原料通常都是比较宽的馏分。

原料中烃类组成随原料的来源的不同而异。含环烷烃较多的原料容易裂化，液化气和汽油产率高，汽油辛烷值也高，是理想的催化剂原料。含烷烃较多的原料也容易裂化，但气体产率高，汽油产率和辛烷值较低。含芳烃多的原料难裂化，汽油产率更低，且生焦多，液化气产率也低，尤其含稠环芳烃高的油料是催化裂化最差的原料。通过测定原料的相对密度可以间接地判断原料油的烃类组成。原料越重则相对密度越大。如果馏分组成相同，相对密度大的，说明环烷烃、芳烃含量多。烷烃含量多时，则相对密度较小。

（2）残炭

原料油所含残炭的高低对装置操作的影响很大，它直接关系到焦炭的生成量和热平衡。一般原料的残炭越大，焦炭产率就越高。

（3）硫、氮含量

原料中的氮化物特别是碱性氮化物（如吡啶、吡咯、喹啉等）含量高时会使催化剂中毒，活性降低，导致轻质油产率下降，焦炭产率上升，同时汽油的碘值上升即安定性变坏。进入焦炭塔的氮化物在再生过程中生产 NO_x，随烟气排出污染大气。

硫化物对催化剂活性虽无显著影响，但它会增加设备的腐蚀，使产品含硫。焦炭中的硫再生过程转化为 SO_x，进入烟气同样造成对环境的污染。

（4）重金属（铁、镍、铜、钒、钠）含量

原料中所含金属在催化裂化过程中几乎全部沉积在催化剂上，金属的种类及其含量对催化裂化影响很大。

原料中的钠沉积在催化剂上会影响催化剂的热稳定性、活性和选择性。

镍沉积在催化剂上，并转移到分子筛的位置上杂乱分布。但镍不破坏分子筛结构，它仅部分地中和催化剂的酸性中心，对催化剂活性影响不大，但显著降低其选择性。

钒极易沉积在催化剂上，钒除有脱氢作用外，还会破坏催化剂的结构，降低催化剂的活性。

来自设备腐蚀的铁对催化剂无影响，但以化合物状态存在的铁和钒一样危害严重。

为此馏分油催化裂化装置通常要求进料镍和钒总量不大于 7～8mg/kg，否则催化剂消耗量就会急剧增加，产品分布就要改变。

（5）水分

原料油含水对操作影响较大，原料中含水多时，会造成反应器压力突然升高，温度显著降低，打乱正常操作。严重时会使压力平衡遭到破坏，甚至造成重大事故，故应严格控制原料油中含水量不超过0.5%。

2. 催化剂

催化剂有新鲜催化剂、待生催化剂和再生催化剂之分。

（1）催化剂的密度

催化剂密度和催化剂的计量有关，由于催化剂是微球（或小球）状多孔性物质，故其密度有几种不同的表示方法。

① 真实密度（又称骨架密度）ρ_t

颗粒的骨架本身所具有的密度称为真实密度，即颗粒的质量 m 与扣除颗粒内微孔体积时的骨架实体体积 v 之比。见式(1-1-1)。

$$\rho_t = \frac{m}{v_{骨架}} \tag{1-1-1}$$

② 颗粒密度 ρ_p

把微孔体积 $v_{孔}$ 计算在内的单个颗粒的密度称为颗粒密度。见式(1-1-2)。

$$\rho_p = \frac{m}{v_{孔} + v_{骨架}} \tag{1-1-2}$$

③ 堆积密度 ρ_b

催化剂堆积时包括微孔体积和颗粒间的空隙体积 v 空的密度称为堆积密度。见式(1-1-3)。

$$\rho_b = \frac{m}{v_{空} + v_{孔} + v_{骨架}} \tag{1-1-3}$$

堆积密度与颗粒的堆积方式有关，对于微球催化剂按测定方法的不同又可分成三种情况：

松动状态：催化剂装入量筒摇动后，待催化剂刚刚全部落下时，立即读取体积计算得到的密度。

沉降密度：上述量筒中的催化剂静置两分钟后，由读取的体积计算的密度。

密实密度：将量筒中的催化剂在桌上振动数次至体积不再变化时，由读取的体积计算的密度。

（2）筛分组成

通常将催化剂颗粒的大小称做粒度，催化剂的颗粒大小是不均匀的，大小颗粒所占的百分数叫做粒度分布或筛分组成。催化剂良好的筛分组成应该满足三个要求：即催化剂容易流化，反应传热面积大，气流夹带催化剂损失小。催化剂颗粒越小，越易流化，表面积也越大，但夹带损失也增大。实践证明，催化剂细粉（0～40μm 的颗粒）既不能太多也不能太少，因为细粉能改进气固接触状况，提高催化剂利用率，还能改善催化剂的流化、输送及循环，从而提高操作的稳定性。

（3）活性

催化剂加快化学反应的能力称为活性。对于分子筛催化剂，由于它具有很高的裂化活性，而且焦炭的沉积对其活性的影响很大，因此目前一般采用适合分子筛特点的微型反应器来评价其活性，称为微反活性测定法。

催化剂在反应再生过程中由于高温和水蒸气的反复作用，使催化剂孔径、比表面积等物理性质发生变化，活性下降的现象称为老化。催化剂耐高温和耐水蒸气老化的性能就是催化剂的稳定性。

由于在生产过程中会损失一部分催化剂并需要定期地补充一定量地新鲜催化剂，因此在生产装置中的催化剂活性可能保持在一个稳定的水平上，此时的活性称为“平衡催化剂活性”。平衡催化剂活性的高低取决于催化剂的稳定性和新鲜催化剂的补充量。

（4）金属含量（铁、镍、铜、钒）

原料油中铁、镍、铜和钒等金属盐类，在反应中会分解沉积在催化剂的表面上，大大降低了催化剂的活性、稳定性和选择性。我们常用污染指数来表示催化剂被重金属污染的程度。污染指数 $=0.1(4Ni+4V+Fe+Cu)$，其中 Fe、Ni、Cu 和 V 分别表示催化剂上铁、镍、铜和钒的含量，单位是 ppm（10^{-6}）。污染指数 <200 认为是较干净的催化剂，>1000 认为污染严重。

（5）待生催化剂和再生催化剂

待生催化剂：把经反应沉积了焦炭的催化剂称为待生催化剂，简称待生剂。

再生催化剂：再生后除去相当部分焦炭的催化剂称为再生催化剂，简称再生剂。

对于无定形硅铝催化剂，当再生剂碳含量低于 0.7% 时，再降低碳含量对裂化活性无多大影响，因此不必追求过低的再生剂含碳量。而分子筛催化剂由于催化反应生成的焦炭主要沉积在分子筛的活性中心上，因此要求分子筛再生剂的含碳量降至 0.2% 以下，最好能降至 0.05% 或更低，才能充分发挥分子筛催化剂的优点，使其活性增高，转化率上升，产品中烯烃含量减少，烷烃增加，产品的饱和度增加，同时有利于氢转移和异构化反应，汽油安定性上升。

3. 产品或中间产物

（1）干气和液化气

干气：主要是 CH_4 和 C_2 组分，C_3 以上组分的含量不大于 3%（体积分数）。

液化气：主要是 C_3 和 C_4 组分，其中 C_2 以下组分的含量应不大于 0.5%（体积分数），在满足汽油蒸汽压要求的前提下，液化气中 C_5 以上组分含量应最小（不大于 3%）。

（2）汽油和柴油

汽油按 GB 17930 控制馏程、铜片腐蚀、蒸汽压、胶质、酸度、总硫、烯烃、辛烷值和博士试验等。

柴油参照 GB 252 分析馏程、凝点、酸度等。

（3）油浆

油浆是富集了重芳烃、胶质、沥青质和催化剂微粒的重组分油。

油浆一般控制其中固体含量，它可以定量地表示油浆中催化剂微粒的多少。其次还分析密度和馏程，防止外甩油浆过多使轻质油收率下降。

1.2.4 催化重整工艺

1.2.4.1 催化重整工艺简介

重整是指烃类分子重新排列成新的分子结构的工艺过程，在有催化剂存在的条件下对轻汽油进行重整称为催化重整。催化重整是炼油和石油化工工业生产高辛烷值汽油组分和轻质芳烃的主要工艺过程，副产氢气纯度高，是加氢过程的主要氢气来源。

1.2.4.2　催化重整工艺原则流程图(见图1-1-5)

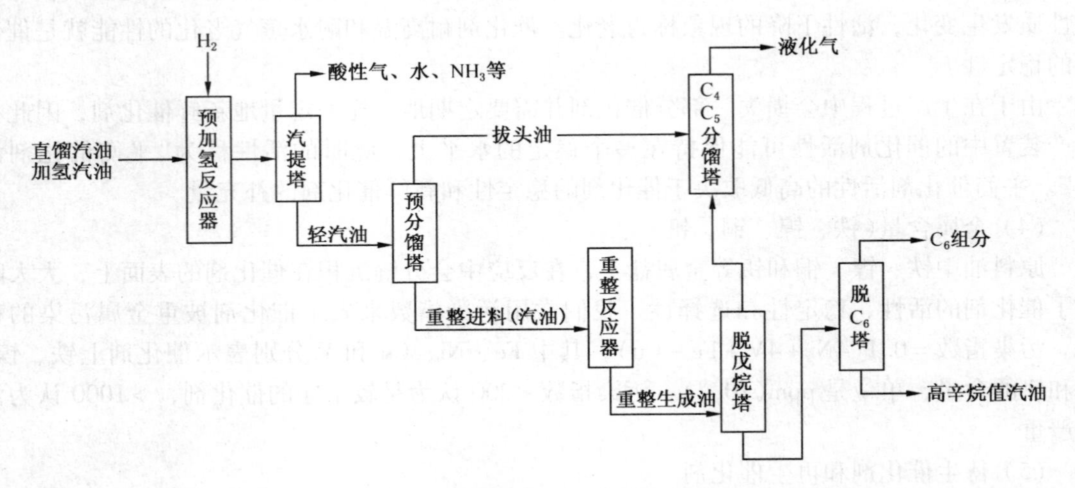

图1-1-5　催化重整工艺原则流程图

1.2.4.3　过程产品介绍

1. 原料预处理部分

原料预处理过程包括预分馏和预加氢两部分。预分馏的目的是从全沸程石脑油中切取合适的重整进料。生产轻质芳烃时，一般切取65~160℃馏分；生产高辛烷值组分时，则切取80~180℃馏分。

重整原料中含有少量的杂质如砷、铅、铜等金属以及硫氮化合物时，就会使催化剂暂时或永久失去活性，这种现象称催化剂中毒。原料中含水过多，将造成催化剂酸性组分的损失(因氯和氟均溶于水)；如含氯过多，则因酸性组分含量过高造成加氢裂化反应过猛；原料中含烯烃，会使催化剂上积炭。因此为了保证重整催化剂维持较高的活性和长期运行，原料必须进行预脱砷和预加氢，利用催化剂的催化作用，将硫化物转化成H_2S，氮化物转化成NH_3，氯化物转化为HCl，烯烃加氢饱和成烷烃，砷、铅、铜等金属被催化剂吸附。

一般对预加氢原料和重整进料分析馏程、硫、氮、砷、铅、铜、水、组成等项目，保证重整进料中硫<0.5ppm，氮<0.5ppm，水<100ppm，砷<1ppb，铅<10ppb，铜<10ppb($1ppm=10^{-6}$，$1ppb=10^{-9}$)，馏程按生产目的控制。

2. 催化剂

(1) 含量

重整催化剂是一种双功能催化剂，重整催化剂的两种功能(脱氢功能和酸性功能)应当有良好的配合，这种配合由提供这种功能的金属组分和酸性组分的比例控制。这个比例不合适，就不可能发挥出催化剂应有的功能。氯或氟是催化剂的主要酸性组分，当氯含量过低时，催化剂的活性下降；但氯含量过高时，加氢裂化反应加剧，液体油收率下降，芳烃产率也降低。因此生产中应使氯等酸性组分的含量维持在适宜的范围内。但随着生产的进行，催化剂上的氯含量会发生变化。当原料含水量过高或反应生成的水过多，又会洗掉氯，使催化剂上氯含量减少。因此应对原料中氯和催化剂上的氯含量进行分析，一般再生催化剂上氯含量在1.0%～1.3%之间。

（2）催化剂碳含量

在催化剂正常运转中，随着工作时间的延长，催化剂表面积炭逐渐增多，使其活性和选择性不断下降，造成芳烃转化率或汽油辛烷值降低。因此应分析待生催化剂和再生催化剂碳含量，一般再生催化剂碳含量<0.2%。

（3）催化剂颗粒分布

催化剂粒度大，流化困难；粒度小容易造成催化剂粉碎，不易流化。因此应对催化剂粒度分布进行分析，一般直径≤1.18mm不大于0.2%。

3. 中间产品或产物

（1）脱戊烷油

将重整反应汽油中小于C_5的气态烃脱除后得到的油品称为脱戊烷油。

一般分析馏程HK>60℃，KK<205℃，辛烷值>95。

（2）脱C_6塔底产品

将脱戊烷油中的C_6组分切除后得到的油品称为脱C_6塔底产品，以确保汽油中低含苯，一般控制辛烷值>98，同时测定其芳烃组成。

（3）循环氢

重整工艺的副产品是H_2，H_2循环使用。日常对循环氢一般分析组成和HCl、H_2S含量，防止其含有过多的杂质。

1.2.5 芳烃的抽提与分离工艺

1.2.5.1 芳烃抽提与分离工艺简介

在重整生成油中，芳烃是以混合物的状态与非芳烃化合物共存的。因此，为了获得高纯度的单体芳烃，首先必须把重整生成油中的芳烃与非芳烃分离，然后再从混合芳烃中分离出单体芳烃。

芳烃抽提是利用某些有机溶剂对芳烃和非芳烃的溶解度不同而将其分离。用于芳烃抽提的溶剂很多，目前常用的有环丁砜、二乙二醇醚、*N*－甲吡咯烷酮、二甲基亚砜、*N*－甲酰基吗啉、吗啉等，以环丁砜和二甲基亚砜的选择性最好，二乙二醇醚和*N*－甲酰基吗啉次之。

芳烃分离是将芳烃抽提得到的混合芳烃用精馏的方法将其分离成苯、甲苯、混合二甲苯及少量重芳混合物。

1.2.5.2 芳烃抽提与分离原则流程图（见图1－1－6）

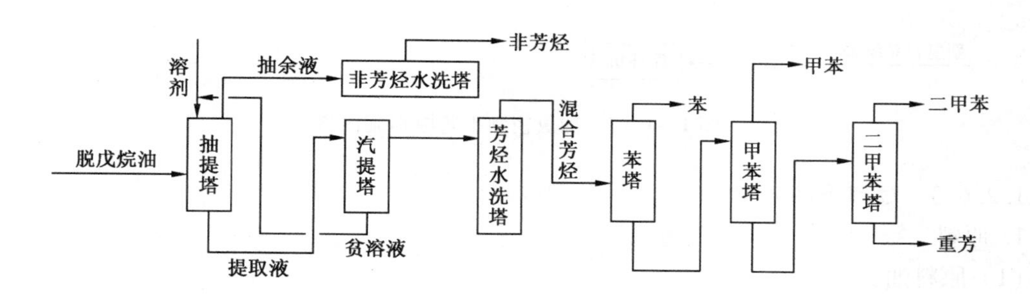

图1－1－6 芳烃抽提与分离原则流程图

1.2.5.3 过程产品介绍

1. 混合芳烃

在芳烃水洗塔顶得到的混合芳烃是生产单体芳烃的原料，其总芳含量不小于99.7%，溶剂含量不大于100mg/L。

2. 非芳烃(抽余油)

在非芳烃水洗塔顶得到的非芳烃也叫抽余油，可生产6号溶剂油及橡胶溶剂油，也可作为汽油调和组分。其总芳含量不大于5%，溶剂含量不大于100mg/L。

3. 苯、甲苯、二甲苯

芳烃分离装置得到的产品都是单体芳烃纯物质，可作为成品直接出厂，依据相应的国家标准对其质量进行控制。

1.2.6 加氢精制工艺

1.2.6.1 加氢精制工艺简介

加氢精制是各种油品在氢压下进行油品精制的工艺流程。加氢精制的优点是所处理的原料油范围宽，产品灵活性大，液体产品收率高和产品质量好。因此无论是加工高硫原油还是低硫原油的炼厂都广泛采用这种手段来处理各种直馏的和二次加工的石脑油、煤油、柴油、润滑油和石蜡等产品。其目的主要是对油品进行脱硫、脱氮、烯烃饱和、芳烃饱和以至脱除金属和沥青杂质等，以达到改善油品的气味、颜色和安定性，防止腐蚀，进一步提高油品的质量，满足环保对油品的使用要求。

由于加氢精制有很多优点，所以各国炼厂都以之取代酸碱精制(或白土吸附精制)，其成为保证产品合格所不可缺少的一种加工手段。典型的加氢精制工艺有：汽油加氢精制、直馏煤油加氢精制、柴油加氢精制、焦化汽柴油加氢精制、常压重油和减压渣油加氢脱硫、润滑油加氢补充精制等。下面主要介绍焦化汽柴油加氢精制工艺。

1.2.6.2 加氢精制原则流程图(见图1-1-7)

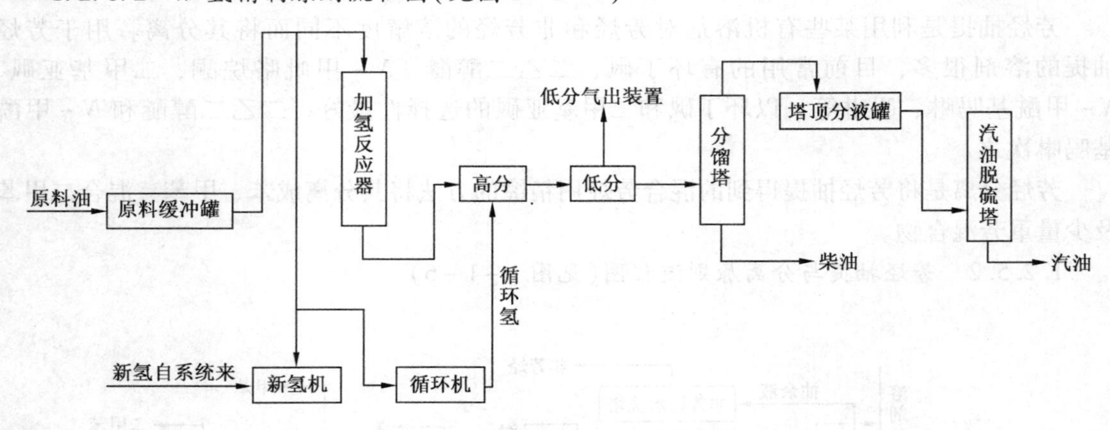

图1-1-7 加氢精制工艺原则流程图

1.2.6.3 过程产品介绍

1. 原料

(1) 原料油

加氢精制原料为焦化汽柴油，其中馏程和硫、氮含量对产品质量影响较大。原料干点高，加氢脱硫、脱氮难度增加，会导致柴油产品硫含量增高，颜色变差。因此原料分析的重点是馏程、硫、氮。

（2）新氢

① 纯度(或组成分析)

新氢纯度越高，循环氢纯度越高，越有利于加氢精制，一般控制纯度 >90% 。

② CO、CO_2含量

CO 加氢后生成甲烷和水，不仅消耗氢而且还放出大量的热，使反应系统温度突升，破坏正常操作。CO 含量过高可引起催化剂中毒。新氢中含有2% 的 CO 时，可使催化剂的活性很快下降。CO_2的存在不仅降低氢气纯度，而且还会与加氢生成的氨化合生成碳酸氨和碳酸氢氨，在温度低于 35℃时易结晶出来，堵塞管道，增大系统压力降。一般新氢中 $CO + CO_2$ 含量 $<100mg/m^3$ 。

2. 中间产品或产物

（1）循环氢

① 纯度(或组成分析)

循环氢纯度高，反应耗氢量就低。因为循环氢纯度低，其中必含有较多的氮、甲烷等组分，这些组分不能溶于生成油中，而是有相当大部分积存在循环气中，降低了氢纯度，影响了产品质量。为了维持循环氢纯度，需排放部分循环氢，并同时补充一部分新氢。在生产中希望循环氢纯度越高越好，可以提高油品反应深度。分析中一般控制其纯度 >85% 。

② H_2S 含量

H_2S 的存在有利于对催化剂的保护。由于时间长，催化剂中的硫要失掉一部分，导致催化剂活性下降，选择性下降。所以，循环氢中的 H_2S 起到补充作用，保证催化剂的活性和稳定性。H_2S 不利的一方面是腐蚀设备。一般控制 $H_2S >100mg/m^3$ 。

（2）汽油

焦化汽油加氢后一般进重整装置为重整原料，因此一般只分析馏程，控制 *KK* <180℃ 。其次为了考察脱硫率和脱氮率还应分析硫含量和氮含量。

（3）柴油

加氢柴油为柴油组分油，因此应按 GB 252 分析馏程、铜片腐蚀、闪点、色度、硫、氮、凝点等项目。

（4）低分气

低压分离器是将高压分离器来的油在较低的压力下进行二次分离，使溶解在油中的气体能充分逸出，同时将油中带来的水分进行进一步的沉降分离。从分离器顶部排出的气体称为低分气，去富气精制装置。因此一般分析其组成和 H_2S 含量。

1.2.7 制氢工艺（烃类水蒸气转化制氢）

1.2.7.1 制氢工艺简介

烃类水蒸气转化制氢是以轻质油(石脑油、抽余油、拔头油、汽油)或气态烃(天然气、油田气、加氢裂化干气、焦化干气、液态烃)为原料，采用水蒸气转化法。其生产过程主要由三部分组成：(1)烃类水蒸气转化生成氢和一氧化碳；(2)一氧化碳变换成二氧化碳；(3)脱除混合气中的二氧化碳。或者采用变压吸附(PSA)净化工艺，通过原料预处理和 PSA 氢提纯两个单元，利用吸附剂的选择吸附性能，一次将原料气中的杂质吸附掉，直接分离出纯度 >99.9% 的产品氢气，回收率达 90% 。

1.2.7.2　制氢工艺原则流程图(见图1-1-8)

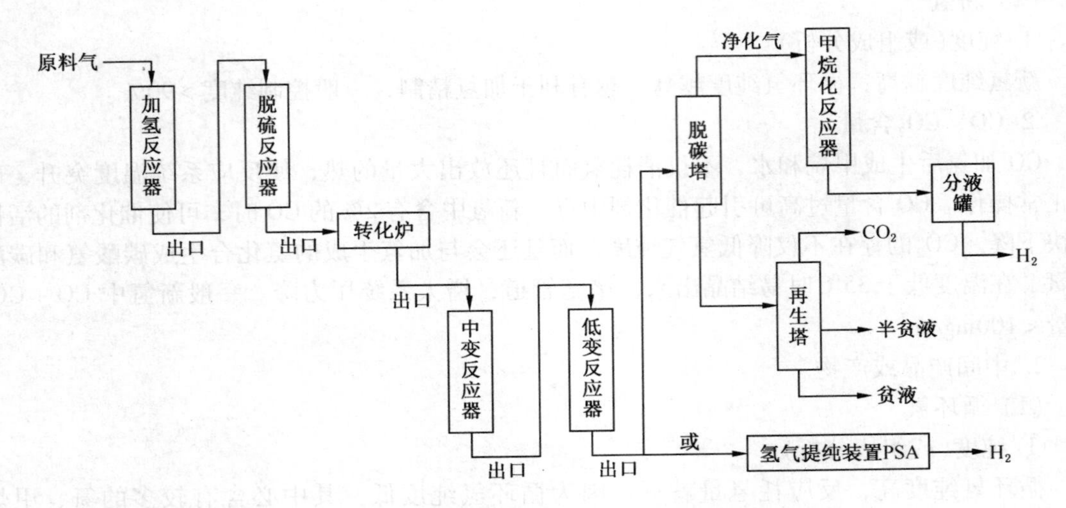

图1-1-8　制氢工艺原则流程图

1.2.7.3　过程产品介绍

1. 原料

原料气经加氢、脱硫、转化反应转化成 H_2，一般只分析其组成、烯烃、硫含量，考虑到烯烃加氢放热性及脱硫能力，需烯烃含量 $<6.5\%$，总硫 $<200mg/m^3$。

2. 中间产品或产物

(1) 加氢反应器出口气体

加氢反应器的主要作用是将原料与一定量的 H_2 混合，在加氢催化剂的作用下，将其中的有机硫转化为无机硫(H_2S)，烯烃加氢饱和，为转化提供合格的原料，以免转化催化剂及变换催化剂中毒。因此，一般只分析烯烃含量，控制其 $<1\%$。

(2) 脱硫反应器出口气体

脱硫反应器的主要作用是利用氧化锌作脱硫剂脱除加氢反应器出口产生的 H_2S，为转化提供合格的原料，以免转化催化剂和变换催化剂中毒。因此应分析硫含量，要求转化炉入口硫 $<0.5mg/m^3$。

(3) 转化气(转化炉出口)

转化炉的主要作用是将烃类转化成 H_2、CH_4、CO、CO_2，其主要反应是：

$$C_nH_m + H_2O \longrightarrow CO + H_2 - Q$$

$$CO + H_2O \rightleftharpoons CO_2 + H_2 + Q$$

$$CO + 2H_2 \rightleftharpoons CH_4 + H_2O + Q$$

其中 CH_4 是副产品，因此转化炉出口气中 $CH_4 <4\%$。

(4) 变换反应器出口

变化反应：$CO + H_2O \rightleftharpoons CO_2 + H_2 + Q$

转化气中的CO在一定温度和变换催化剂存在下，与水蒸气发生反应生成CO_2和H_2。CO的变换反应主要是为了除去对加氢催化剂有害的CO，提高H_2的产率和纯度，减少甲烷化反应器的负荷。由于中温变换催化剂受活性温度所限制，只能将转化气中10%左右的CO降至3%左右，不能达到工艺要求。所以在中变后部设低温变换部分，使气体中的CO含量降至0.3%以下。因此中变出口气CO<3%，低变出口气CO<0.3%。

若不采用PSA法，则装置过程产品还包括粗氢和甲烷化气及辅助材料。

(1) 粗氢(净化气)

变换气在一定操作下，在脱碳塔(吸附塔)中与溶液(苯菲尔溶液)逆向接触，使其中的CO_2被吸附，得到含有少量CO和CO_2的粗氢即净化气。因此净化气只分析CO_2含量，控制其含量小于0.3%。

(2) 甲烷化气(产品氢)

甲烷化反应：

$$CO + 2H_2 \rightleftharpoons CH_4 + H_2O + Q$$

$$CO_2 + 3H_2 \rightleftharpoons CH_4 + 2H_2O + Q$$

粗氢中含有少量的CO和CO_2在一定温度和压力下，通过甲烷化催化剂与H_2反应，生成对加氢催化剂没有影响的CH_4，即合格的氢气。因此，一般分析H_2纯度，其纯度大于95%；微量$CO + CO_2$含量$\leqslant 100mg/m^3$，防止加氢催化剂中毒和烧坏。

(3) 辅助材料

贫液、半贫液、富液和苯菲尔溶液

贫液：来自再生塔底部的再生较彻底的溶液。

半贫液：来自再生塔中部的未完全再生的溶液。

富液：经过吸收CO_2等待再生的溶液。

苯菲尔溶液组成一般为K_2CO_3：27%、二乙醇胺：3%，V_2O_5：0.5%。

① K_2CO_3溶液浓度上升，单位体积K_2CO_3吸收CO_2的体积上升，但K_2CO_3浓度越高，结晶堵塞的可能性越大，腐蚀越严重；K_2CO_3浓度下降，溶液的吸附能力下降。

② 二乙醇胺可降低CO_2的平衡分压，其水溶液也可吸收CO_2。但在此其主要作用是作为液相催化剂来加速化学反应，但二乙醇胺浓度太高时，其催化作用就不明显。

③ V_2O_5的加入使金属表面形成一层保护膜，起缓冲作用。若V_2O_5太多，会发生钒铁共沉现象，堵塞塔盘；太低则不能形成保护膜，设备腐蚀严重。

贫液、富液、半贫液均分析其组成，即K_2CO_3、V_2O_5、二乙醇胺含量。

1.2.8 延迟焦化工艺

1.2.8.1 延迟焦化工艺简介

原料渣油以高流速通过加热炉管，急剧加热到进行深度热反应所需温度500～550℃，立即进入焦炭塔内停留足够的时间来进行热分解和缩合反应。因为焦化反应不是在加热炉管而延迟到焦炭塔内，延迟焦化因此得名。

延迟焦化是一种重质油热加工工艺，重质油经过加热裂解，在焦炭塔内转化得到气体、汽油、柴油、蜡油和焦炭。延迟焦化是重油加工比较彻底的工艺，是一种较为经济的重油加工方法。

1.2.8.2　延迟焦化工艺原则流程图(见图1-1-9)

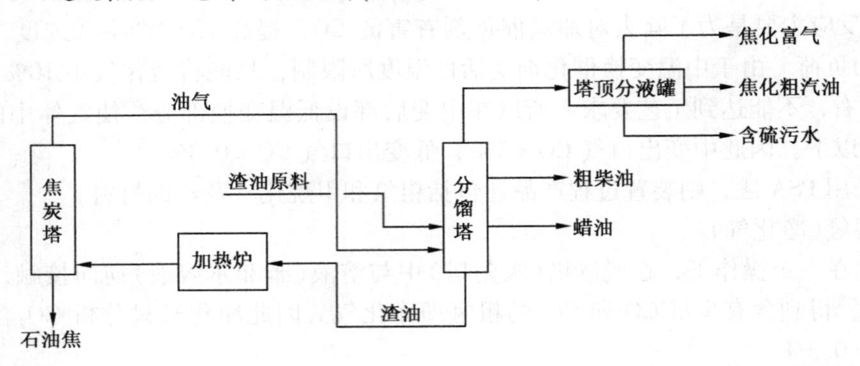

图1-1-9　延迟焦化工艺原则流程图

1.2.8.3　过程产品介绍

1. 原料

延迟焦化装置对原料油无特殊要求，原油、常压重油、减压渣油等都可以加工。但原料油的性质影响延迟焦化的产品性质和产率分布。原料越重，焦化产品中焦炭产率越高，焦化轻质油收率下降。残炭是评价原料油性质的重要指标，残炭越高，焦炭收率越高。一般情况下，焦炭产率约为原料残炭值的1.5~2倍，因此对原料的密度和残炭进行分析。

2. 产品或中间产物

(1) 粗汽油

焦化汽油(粗汽油)烯烃含量较高，安定性很差，不能直接作为产品出厂，必须经过精制和再蒸馏生产重整原料、汽油，因此一般只分析馏程。

(2) 粗柴油

焦化粗柴油性能极不稳定，存放中易变色、变质，出现焦状沉渣，在使用中腐蚀机件，堵塞油管。因此必须经过一定的精制过程来除掉杂质，增加油品的稳定性。生产轻柴油，一般分析馏程，控制95%馏出温度<365℃，其次分析凝固点。

(3) 蜡油

焦化蜡油主要作为其他二次加工装置的原料油，如催化裂化、加氢裂化等，也可与其他渣油调和作为锅炉燃料油。因此一般只分析残炭。

(4) 石油焦

石油焦是焦化装置进行深度裂解得到的残余物，它是一种黑色的多孔固体。由焦化装置直接生产得到的焦炭称为原焦或生焦，只能用于高炉冶炼、金属铸造、制造碳化硅和碳化钙的原料。生焦经过1300℃以上高温煅烧，除去挥发分并进行脱氢碳化反应，成为质地坚硬致密的煅烧焦，可作为制作冶金电极原料。

① 硫

硫含量是石油焦的重要指标(参见SH/T 0527 延迟石油焦)，一般规定不得超过1.5%。含硫超过2.0%不能用作电极和冶金焦。含硫高的石油焦在使用中不仅会污染环境，腐蚀金属，而且在高于1500℃时，硫被放出而造成电极收缩，发生破裂，缩短电极寿命。

② 挥发分

延迟焦化的石油焦挥发分大，强度小，粉末多，直接煅烧时，挥发分可作为加热的部分燃料。但挥发分过大，煅烧时焦炭易破碎，要求控制挥发分不大于12%。

③ 灰分

控制灰分含量是为了间接控制影响冶金产品质量的Ca、Na、V、Al、Si等杂质的含量。电极焦在2300～2500℃石墨化过程中，灰分会挥发形成孔隙，影响电极合格率。一般要求不大于0.5%。

1.2.9 硫磺回收和尾气加氢工艺

1.2.9.1 硫磺回收和尾气加氢工艺简介

将含硫气体和含硫污水汽提得到的酸性气中的硫转化成硫磺的过程称为克劳斯硫磺回收工艺。根据酸性气中H_2S含量高低，制硫工艺分为部分燃烧法、分流法和直接氧化法。当酸性气中H_2S含量>50%时，一般采用部分燃烧法；H_2S含量在15%～50%之间时采用分流法，H_2S含量<15%时采用直接氧化法。下面流程介绍的是采用部分燃烧法克劳斯硫磺回收技术。

硫磺回收装置排出的尾气含有大量硫化物，远远超过排放标准，毒性大，危害严重，所以应同时建尾气处理装置。硫磺尾气处理方法分干法、湿法和直接焚烧法三种。

部分燃烧法克劳斯硫磺回收反应为：

在反应炉内：$H_2S + 2/3O_2 \xrightarrow{1200\sim1300℃} SO_2 + H_2O$

$$2H_2S + O_2 \xrightarrow{1200\sim1300℃} 2S + 2H_2O$$

在转换器内：$2H_2S + SO_2 \xrightarrow{230\sim280℃} 2H_2O + 3/nS_n$（$n$为每个硫分子中的硫原子数，$n=6.8$）

尾气加氢主要反应为：

$$SO_2 + 3H_2 = H_2S + 2H_2O$$

$$S_8 + 8H_2 = 8H_2S$$

$$COS + H_2O = H_2S + CO_2$$

$$CS_2 + 2H_2O = 2H_2S + CO_2$$

1.2.9.2 硫磺回收和尾气加氢工艺原则流程图及原理（见图1-1-10）

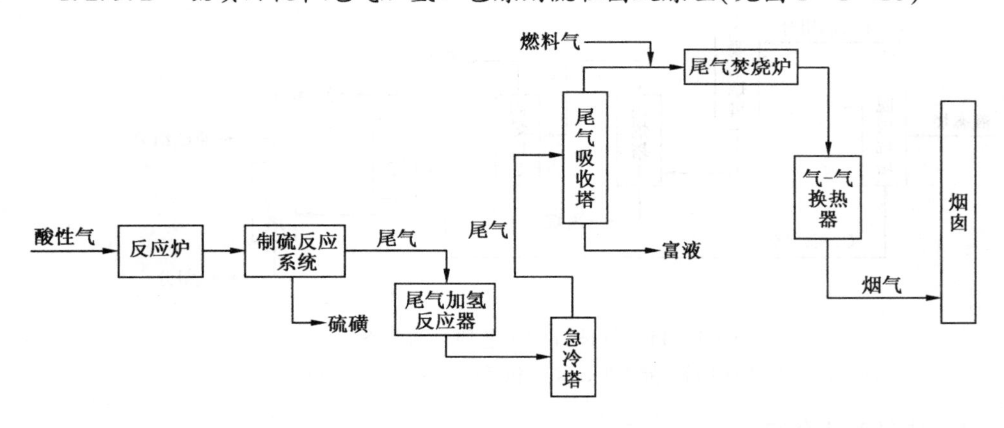

图1-1-10 硫磺回收和尾气加氢工艺原则流程图

1.2.9.3 过程产品介绍

1. 原料

酸性气：酸性气H_2S含量高，可增加硫收率，降低尾气中含硫量，并降低装置投资。

酸性气中含烃则影响硫的转化率，降低催化剂寿命，并且容易产生黑硫磺，所以烃含量不得超过4%；含水会因水的汽化潜热大影响反应炉效率；如含氨过多易生成硫氢化氨和多硫化氢，堵塞冷凝设备的管子，当生成氮氧化物时对设备产生腐蚀。

2. 产品或中间产物

（1）硫磺

硫磺按 GB 2449 指标分析，主要控制硫含量不小于99%。

（2）尾气加氢反应器入口、出口气体

一般分析 H_2S、COS、SO_2 含量，分析 H_2S 和 SO_2 含量可以判断克劳斯制硫工艺是否在 $H_2S/SO_2=2:1$ 合理范围内。

（3）烟气

烟气分析 SO_2 含量，控制不大于960mg/Nm^3，以考察尾气吸收塔的吸收效果，使烟气符合国家环保排放要求。

3. 辅助材料

贫液：富液中的 H_2S、CO_2气体被解析后，含有少量 H_2S、CO_2气体的 N－甲基二乙醇胺溶液。

富液：吸收了 H_2S、CO_2气体的 N－甲基二乙醇胺溶液。

一般贫液分析胺液浓度和 H_2S 含量，富液只分析 H_2S 含量，以考察胺液解析和再生能力。

1.2.10　气体分馏工艺

1.2.10.1　气体分馏工艺简介

气体分馏是将液态烃中 C_2～C_5混合气体分离成丙烯、丙烷、轻 C_4和重 C_4馏分。

1.2.10.2　气体分馏工艺原则流程图（见图1－1－11）

气体分馏馏程有三塔、四塔、五塔之分，这取决于分馏所得产品的用途。

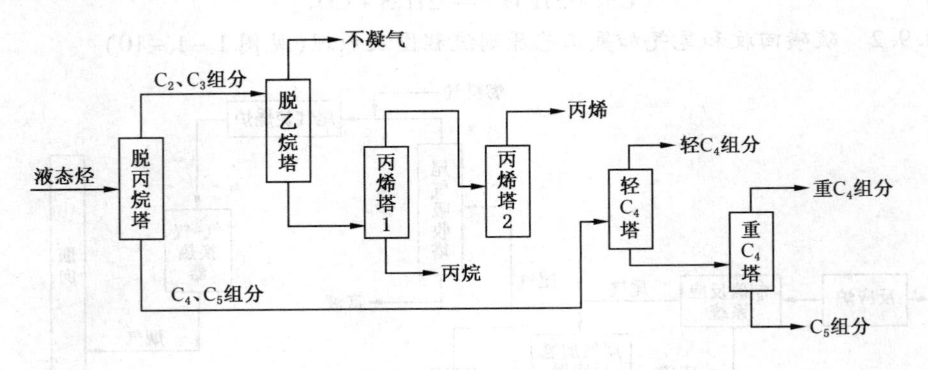

图1－1－11　气体分馏工艺原则流程图

注：轻 C_4包括异丁烷、异丁烯，重 C_4包括正丁烷、顺、反丁烯－2。

1.2.10.3　过程产品介绍

1. 原料

原料一般是来自催化裂化装置的液态烃，经脱硫后进入脱丙烷塔，只分析其组成。

2. 产品或中间产物

（1）脱丙烷塔顶和塔底

脱丙烷塔是将原料气中 $C_2 \sim C_5$ 组分分离成轻重两馏分，因此分析其组成。塔顶控制 C_4 含量不大于3%；塔底控制 C_3 含量不大于4%。

（2）脱乙烷塔

脱乙烷塔是将脱丙烷塔顶样品中的 C_2 组分脱除，塔顶是不凝气，塔底分析组成，控制 C_2 含量不大于0.5%。

（3）丙烯塔

丙烯塔1和塔2将 C_3 组分分离成丙烷和丙烯，丙烯塔1底测丙烷纯度，控制不低于85%；丙烯塔2顶测丙烯纯度，控制不低于99.3%；丙烯可用于生产聚丙烯。

（4）轻 C_4 塔

轻 C_4 塔将脱丙烷塔底的 C_4、C_5 组分分离出轻 C_4 和重组分，因此轻 C_4 塔顶测组成，控制轻 C_4 纯度不低于90%，C_3 含量不大于5%，C_5 含量不大于2.0%；轻 C_4 是生产甲基叔丁基醚的原料。

（5）重 C_4 塔

重 C_4 塔将轻 C_4 塔底组分中的重 C_4 组分分离出来，因此重 C_4 塔顶测组成，重 C_4 含量不低于90%。

1.2.11 气体及液化气脱硫工艺

1.2.11.1 气体及液化气脱硫工艺简介

该工艺是利用一乙醇胺、二乙醇胺、二异丙醇胺或甲基二乙醇胺等溶剂，在常温下经过溶解吸收反应，能吸收气体中 H_2S、CO_2 等酸性气，以达到净化气体的目的。在高温下解析出 H_2S 而再生胺液。胺液再吸收 H_2S 而循环利用。NaOH 吸收液态烃、干气中的有机硫，然后向碱中通空气，在催化剂的作用下得到再生而循环利用。

胺洗、碱洗和水洗的作用：胺洗可以脱除液态烃和干气中的无机硫；碱洗可以脱除液态烃中的有机硫；水洗是除去水夹带的碱。

液态烃脱硫碱洗应排在胺洗之后。以二异丙醇胺为例：二异丙醇胺、氢氧化钠都是碱，二异丙醇胺碱性很弱，氢氧化钠是强碱。H_2S 和硫醇都是酸性物质，H_2S 酸性较强，硫醇酸性较弱。二异丙醇胺只能与 H_2S 反应而不能与硫醇反应，氢氧化钠与 H_2S 和硫醇都能反应。如果把碱洗排在胺洗之前，碱即吸收了 H_2S 又吸收了硫醇，而碱吸收 H_2S 后不易再生，浓度逐渐降低，胺洗就起不到脱硫作用了。

1.2.11.2 气体及液化气脱硫工艺原则流程图(见图1-1-12)

1.2.11.3 过程产品介绍

1. 原料

（1）脱前干气、脱前液态烃

一般只分析总硫和(或)H_2S 含量。

2. 产品或中间产物

（1）脱后干气、脱后液态烃

一般只分析总硫和(或)H_2S 含量，以考察脱硫效果。脱后干气 H_2S 一般不大于 $20mg/m^3$，脱后液态烃严于产品出厂标准控制不大于 $150mg/m^3$。

（2）酸性气

脱硫后产生的酸性气主要是 H_2S、COS、CO_2、烃类，一般用作硫磺回收装置的原料，

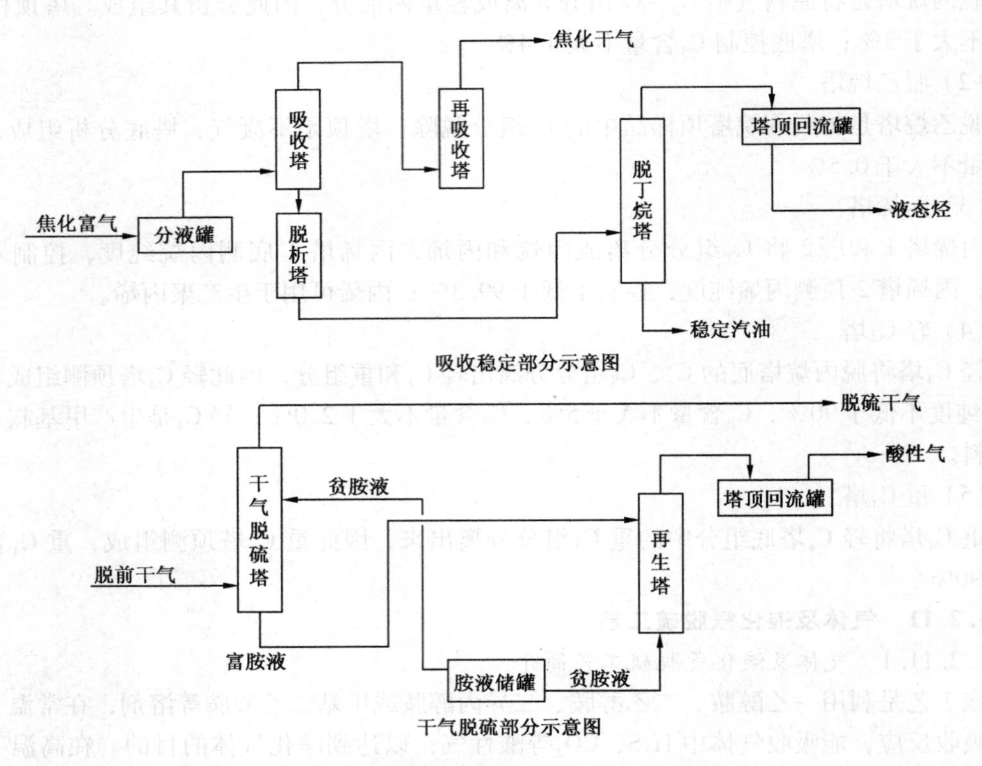

图 1－1－12　气体及液化气脱硫工艺原则流程图

所以分析酸性气的组成。

3. 辅助材料

（1）氢氧化钠浓度

液态烃脱硫时采用胺洗、碱洗工艺，所以要分析氢氧化钠溶液浓度，以考察装置使用碱液的浓度，以便及时补充新鲜碱液，保证脱硫效果。一般控制游离氢氧化钠浓度 >2%（质量分数）。

（2）贫液和富液

贫液：富液中的 H_2S、CO_2 气体被解析后，含有少量 H_2S、CO_2 气体的二异丙醇胺溶液。

富液：吸收了 H_2S、CO_2 气体的二异丙醇胺溶液。

一般贫液分析胺液浓度和 H_2S 含量，富液只分析 H_2S 含量，以考察胺液解析和再生能力。

1.2.12　丙烷脱沥青工艺

1.2.12.1　丙烷脱沥青工艺简介

利用丙烷作溶剂，将常减压蒸馏装置出来的减压渣油中的胶质、沥青质除去，以生产高黏度的润滑油料或催化原料油，同时得到沥青。丙烷脱沥青的原理是利用各类化合物在液体丙烷中的溶解度不同的特点，在一定温度下，液体丙烷对润滑油组分和蜡有相当大的溶解度，而对胶质、沥青质则难溶或不溶。当渣油中加入丙烷后便形成两个液层，上层为丙烷油溶液层，下层为沥青丙烷溶液层。依靠相对密度差分离以后，可将胶质、沥青质自残渣油中脱除。

1.2.12.2　丙烷脱沥青工艺原则流程图（见图1－1－13）

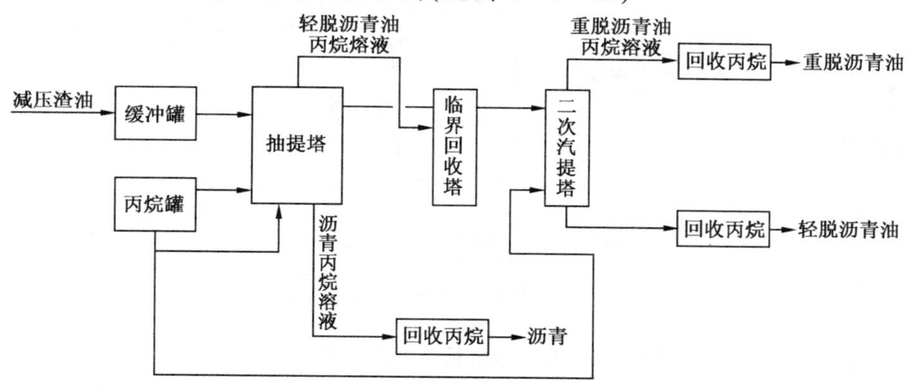

图1－1－13　丙烷脱沥青工艺原则流程图

1.2.12.3　过程产品介绍

1. 原料油

（1）原料油（减压渣油）一般测定密度、闪点、残炭、500℃馏出量、软化点等项目，不同原油的渣油的这些性质都有差异，所以各厂的质量指标是不同的。

（2）丙烷

一般对丙烷的要求是C_2组分＜2%，C_3组分＞85%。

2. 产品或中间产物

馏出口产品轻脱沥青油主要控制残炭和黏度。沥青主要测软化点、针入度和延度。

轻脱沥青油作为润滑油原料生产高黏度润滑油（如航空发动机润滑油、过热汽缸油等）。重脱沥青油作为催化原料，也可作为润滑油调和组分。经过脱蜡后，脱油蜡是生产地蜡的原料。脱除的沥青可直接作铺路沥青，氧化后可得建筑沥青。

1.2.13　润滑油溶剂精制工艺

1.2.13.1　润滑油溶剂精制工艺简介

润滑油除要求具有一定的黏度外，还需要有较好的黏温特性和抗氧化安定性以及较低的残炭值。为了满足上述要求，必须从润滑油原料中除去大部分多环短侧链的环状烃和胶质以及含硫、含氧、含氮化合物，以提高润滑油的质量，使润滑油的抗氧化安定性、黏温特性、残炭值、颜色等符合产品规格标准，这个过程称为润滑油精制。

溶剂精制就是利用某些溶剂对润滑油馏分中所含各种烃类具有不同溶解度的特点，在一定条件下，将润滑油中的理想组分与非理想组分分开。精制过程中，一般是将非理想组分抽出，而理想组分馏在抽余液中，然后分别蒸出溶剂，即可得到精制油与抽出油。回收的溶剂可循环使用。

我国润滑油精制目前有糠醛精制、酚精制和*N*－甲基吡咯烷酮精制三种。糠醛精制的特点是溶剂对润滑油中非理想组分的溶解力适宜，选择性较强，溶剂价廉，来源易解决，毒性较小，在国内被广泛采用。这里仅介绍糠醛精制。

1.2.13.2　糠醛精制工艺原则流程图（见图1－1－14）

1.2.13.3　过程产品介绍

1. 原料

原料含水不能过大，含水高，醛的溶解能力显著下降，萃取效果下降，水带入废液系统

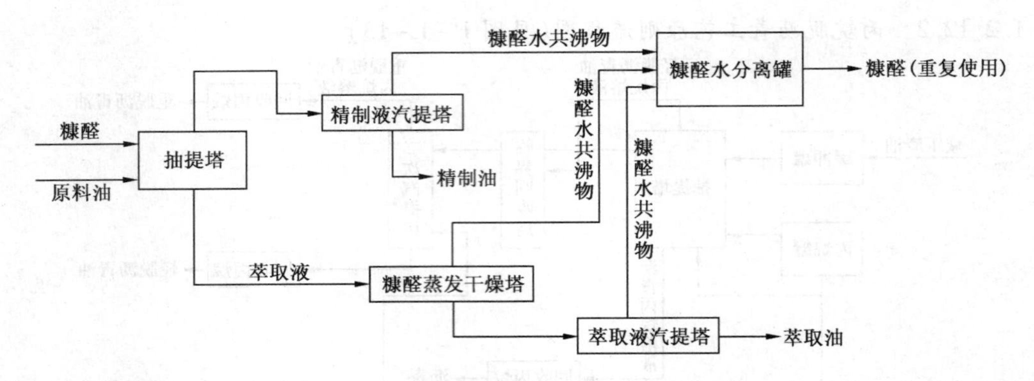

图 1－1－14　糠醛精制工艺原则流程图

使操作波动大；原料馏分应窄，2%～97%，馏程≥100℃；黏度应适宜，黏度大小是衡量原料馏分分离好坏的重要指标；要严格控制初馏点与闪点，如果初馏点、闪点低说明轻组分多，造成轻油在装置中的恶性循环，使萃取效果和收率下降；酸值要小，以减少原料中不饱和烃和有机酸腐蚀设备；含胶质、沥青质要低，因为醛几乎不溶解胶质、沥青质，很难将它们从油品中分离出去，它们的存在还会使界面分层不清；残炭应小，色号应浅。

2. 产品或中间产物

(1) 精制油

原料油经冷却后，进入抽提塔的下部，糠醛经冷却后打入抽提塔上部，在抽提塔内糠醛和原料油逆向接触。精制油从抽提塔顶馏出，经加热炉加热后进入精制液汽提塔进行减压汽提。精制油所控制的项目有：色度、开口闪点、运动黏度、水分、糠醛含量、酸值、减压馏程等。各厂由于加工的原油不同及装置所精制的原料油不同，各项指标存在差异。精制液汽提塔底出精制油，这就是生产润滑油的原料，再经脱蜡(根据润滑油原料的性质、炼油厂的装置特点和加工的经济性，决定先精制后脱蜡还是先脱蜡后精制)、白土补充精制等工序生产润滑油。

(2) 提取液(抽出油)

抽出油从抽提塔底流出，经加热炉加热后进入糠醛蒸发干燥塔，蒸发出大部分糠醛，然后打入提取液汽提塔中进行减压汽提。提取液经冷却器冷却送出装置。从糠醛蒸发干燥塔顶和提取液汽提塔顶出来的糠醛水共沸物同精制液汽提塔顶蒸出的糠醛水共沸物都去糠醛水分离罐进行糠醛回收。提取液也叫抽出油，控制的项目只有糠醛含量，一般不大于 0.09%。提取液是生产润滑油的副产品，一般作为化工原材料。

1.2.14　润滑油溶剂脱蜡工艺

1.2.14.1　润滑油溶剂脱蜡工艺简介

润滑油原料除了精制除去非理想组分外，还必须除去其中高凝固点组分(即石蜡、地蜡)，以降低油品的凝固点，同时还可以得到蜡，这个过程称为脱蜡。

由于含蜡原料油的轻重不同，以及对凝固点的要求不同，脱蜡的方法有很多种。目前工业上所采用的方法有：冷榨脱蜡、分子筛脱蜡、尿素脱蜡、溶剂脱蜡等。溶剂脱蜡适用性很广，能处理各种馏分润滑油和残渣润滑油。溶剂脱蜡是在润滑油料中加入溶剂稀释，使油的黏度降低，然后冷至低温，再将油蜡分离。这里仅介绍溶剂脱蜡——酮苯脱蜡工艺。

1.2.14.2　酮苯脱蜡工艺原则流程图(见图 1－1－15)

(1) 结晶系统　它的作用是将原料油和溶剂混合后的溶液冷却到所需的温度，使蜡从溶液中结晶出来；

(2) 过滤系统　它的作用是将已冷却好的溶液通过此系统将油与蜡分开；

(3) 冷冻系统　它的作用是制冷，取走结晶时放出的热量；

(4) 溶剂回收系统　它的作用是将油与蜡中的溶剂分离出来，包括从蜡、油、水中回收溶剂；

(5) 安全气系统　它的作用是为了防爆，在过滤系统中以及溶剂罐用安全气封闭。

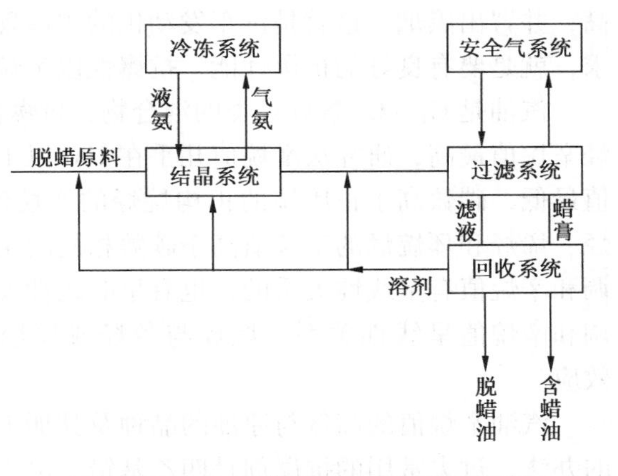

图 1－1－15　酮苯脱蜡工艺原则流程图

1.2.14.3　过程产品介绍

1. 脱蜡油

由于装置处理的减压侧线不同，产品质量指标也不一样，所控制的项目有：凝固点、溶剂含量、运动黏度、黏度指数、色度、水分、酸值、残炭等。

2. 脱油蜡

主要测试项目有含油、溶剂含量和熔点。所谓脱油蜡也常含有 15% ~25% 的油，这样的蜡膏就是石蜡生产的原料。经发汗脱除蜡膏中所含的油，得到合格的皂蜡，再经白土精制或加氢精制得到成品石蜡。

3. 去蜡油

去蜡油就是润滑油的基础油，经过加氢精制或白土精制，再经调和、加剂等工序，生产各种规格润滑油。

1.3　主要石油产品

一般来讲，石油产品并不包括以石油为原料合成的各种石油化工产品。现有石油产品有 800 余种，如包括石油化工产品则达数千种之多。我国现将石油产品分成发动机燃料、润滑剂、石油沥青、石油蜡、石油焦、溶剂和化工原料 6 大类。

1.3.1　发动机燃料

1.3.1.1　汽油

1. 品种牌号及其用途

汽油按其用途分为航空汽油和车用汽油，各种汽油均按辛烷值划分牌号，例如 93 号汽油即表示其辛烷值不小于 93。由不同牌号构成汽油的系列产品。

我国车用无铅汽油按国家标准 GB 17930 命名，分为 90 号、93 号、97 号三个牌号。根据汽车发动机压缩比的高低选用不同牌号的汽油。

航空汽油分为 95 号[辛烷值(MON)/品度值不小于 95/130]和 75 号[辛烷值(MON)不小于 75]两种牌号。95 号航空汽油用于有增压器的大型活塞式航空发动机。75 号航空汽油用于无增压器的小型活塞式航空发动机。由于活塞式航空发动机不再发展，因而航空汽油在汽油产量中的比例逐年下降，目前占国内汽油产量的比例很小。

2. 主要性能要求

(1) 抗爆性 有的汽油在汽油发动机中使用时，汽缸中出现敲击声，燃烧室温度突然升高，并冒出黑烟。这就是汽车发动机的爆震现象。为此，对汽油提出一项十分重要的质量要求，就是要有良好的抗爆性能。抗爆性以辛烷值表示，辛烷值越大，抗爆性越好。

汽油是 $C_4 \sim C_{11}$ 各族烃类的混合物，抗爆性与其的化学组成有关。汽油馏分中的单环芳烃辛烷值最高，研究法辛烷值几乎在100以上，马达法辛烷值多在90以上。正构烷烃辛烷值最低，碳数高于正庚烷的正构烷烃的辛烷值不论是马达法还是研究法均为负值。异构烷烃、烯烃和环烷烃的辛烷值高于碳数相同的正构烷烃的辛烷值。各种烃类组分互相调和，其调和辛烷值有呈线性关系的，也有呈非线性关系的。一般烷烃与烷烃组分或烷烃与环烷烃的调和辛烷值呈线性关系。烷烃与芳烃或烯烃的调和辛烷值呈非线性关系，而且多有增值效应。

汽油辛烷值的高低与原油的品种及其加工工艺有关。提高辛烷值还可以采取加入抗爆剂的办法，过去常用的抗爆剂是四乙基铅。由于四乙基铅有巨毒，加铅汽油燃烧后的废气严重污染大气，有害人体健康，我国已限制使用。目前，为了提高辛烷值广泛采用的是一种醚类化合物，以甲基叔丁基醚为代表的汽油掺和剂，无毒，可有效地提高汽油的辛烷值。

（2）蒸发性　为了保证高转速点燃式发动机的正常工作，汽油需要在极短的时间内完全蒸发，并迅速扩散，与空气形成一定比例的均匀的可燃混合气，而且需要满足低温启动性、加速性、完全燃烧和不稀释润滑油的要求，因而汽油必须具有良好的蒸发性，但又要求不因头馏分过轻而产生气阻。适度的蒸发性不仅是汽油发动机工作性能的需要，而且对环境保护也至关重要。据资料报道，汽车总排放污染物中烃类的排放量约有15%~20%来自燃料的蒸发。

汽油在发动机中的蒸发不仅取决于使用条件，如空气的流速、温度和压力以及雾化程度等，也取决于汽油自身的性质，如馏程、饱和蒸气压等。

（3）安定性　汽油产品在储存和使用过程中要求颜色基本不变，并且不生成黏稠胶状沉淀物。影响汽油安定性的因素在于汽油含有的不饱和烃类及容易氧化变质的硫、氮化合物。使用安定性差的汽油会造成喷油嘴堵塞、火花塞因积炭而短路、排气阀关闭不严、汽缸壁积炭使传热恶化等，使发动机不能正常工作。

测定汽油安定性的指标主要有碘值、诱导期、实际胶质等。

（4）腐蚀性　汽油的腐蚀性不容忽视。汽油在储运和使用过程中，都要与金属接触，因此要求汽油没有腐蚀性。汽油的基本组成是碳氢化合物，是没有腐蚀性的，但汽油在加工过程中往往含有一些杂质，包括水溶性酸碱、有机酸、活性硫化物等，这些都对金属有腐蚀作用，因此汽油产品的质量指标中对汽油的腐蚀性要加以控制。表示腐蚀性的指标有：酸度、铜片腐蚀、硫含量等。

3. 技术要求

车用汽油标准GB 17930—2006中规定的汽油技术要求见表1-1-8(A)和表1-1-8(B)。

表1-1-8(A)　车用汽油(Ⅱ)技术要求

项　目		质量指标			试验方法
		90号	93号	97号	
抗爆性					
研究法辛烷值(*RON*)	不小于	90	93	97	GB/T 5487
抗爆指数(*RON*+*MON*)/2	不小于	85	88	报告	GB/T 503、GB/T 5487
铅含量[a]/(g/L)	不大于	0.005			GB/T 8020

续表

项目		质量指标			试验方法
		90号	93号	97号	
馏程					GB/T 6536
10%蒸发温度/℃	不高于		70		
50%蒸发温度/℃	不高于		120		
90%蒸发温度/℃	不高于		190		
终馏点/℃	不高于		205		
残留量/%（体积分数）	不大于		2		
蒸气压/kPa					GB/T 8017
从11月1日至4月30日	不大于		88		
从5月1日至10月31日	不大于		74		
实际胶质/(mg/100mL)	不大于		5		GB/T 8019
诱导期/min	不小于		480		GB/T 8018
硫含量[b]/%（质量分数）	不大于		0.05		GB/T 380、GB/T 11140、GB/T 17040、SH/T 0253、SH/T 0689、SH/T 0742
硫醇(需满足下列要求之一)					
博士试验			通过		SH/T 0174
硫醇硫含量/%(质量分数)	不大于		0.001		GB/T 1792
铜片腐蚀(50℃，3h)/级	不大于		1		GB/T 5096
水溶性酸或碱			无		GB/T 259
机械杂质及水分			无		目测[c]
苯含量[d]/%(体积分数)	不大于		2.5		SH/T 0693、SH/T 0713
芳烃含量[e]/%(体积分数)	不大于		40		GB/T 11132、SH/T 0741
烯烃含量/%(体积分数)	不大于		35		GB/T 11132、SH/T 0741
氧含量/%(质量分数)	不大于		2.7		SH/T 0663
甲醇含量[a]/%(质量分数)	不大于		0.3		SH/T 0663
锰含量[f]/(g/L)	不大于		0.018		SH/T 0711
铁含量[a]/(g/L)	不大于		0.01		SH/T 0712

a 车用汽油中，不得人为加入甲醇以及含铅或含铁的添加剂。

b 在有异议时，以GB/T 380方法测定结果为准。

c 将试样注入100 mL玻璃量筒中观察，应当透明，没有悬浮和沉降的机械杂质和水分，在有异议时，以GB/T 511和GB/T 260方法测定结果为准。

d 在有异议时，以SH/T 0713方法测定结果为准。

e 对于97号车用汽油，在烯烃、芳烃总含量控制不变的前提下，可允许芳烃的最大值为42%(体积分数)。在含量测定有异议时，以GB/T 11132方法测定结果为准。

f 锰含量是指汽油中以甲基环戊二烯三羰基锰形式存在的总锰含量，不得加入其他类型的含锰添加剂。

表 1-1-8(B)　车用汽油(Ⅲ)技术要求

项　目		质量指标			试验方法
		90 号	93 号	97 号	
抗爆性					
研究法辛烷值(*RON*)	不小于	90	93	97	GB/T 5487
抗爆指数(*RON*+*MON*)/2	不小于	85	88	报告	GB/T 503、GB/T 5487
铅含量[a]/(g/L)	不大于		0.005		GB/T 8020
馏程					GB/T 6536
10%蒸发温度/℃	不高于		70		
50%蒸发温度/℃	不高于		120		
90%蒸发温度/℃	不高于		190		
终馏点/℃	不高于		205		
残留量/%（体积分数）	不大于		2		
蒸气压/kPa					GB/T 8017
从 11 月 1 日至 4 月 30 日	不大于		88		
从 5 月 1 日至 10 月 31 日	不大于		72		
实际胶质/(mg/100mL)	不大于		5		GB/T 8019
诱导期/min	不小于		480		GB/T 8018
硫含量[b]/%（质量分数）	不大于		0.015		GB/T 380、GB/T 11140、SH/T 0253、SH/T 0689、SH/T 0742
硫醇(需满足下列要求之一)					
博士试验			通过		SH/T 0174
硫醇硫含量/%(质量分数)	不大于		0.001		GB/T 1792
铜片腐蚀(50℃，3h)/级	不大于		1		GB/T 5096
水溶性酸或碱			无		GB/T 259
机械杂质及水分			无		目测[c]
苯含量[d]/%(体积分数)	不大于		1.0		SH/T 0693、SH/T 0713
芳烃含量[e]/%(体积分数)	不大于		40		GB/T 11132、SH/T 0741
烯烃含量/%(体积分数)	不大于		30		GB/T 11132、SH/T 0741
氧含量/%（质量分数）	不大于		2.7		SH/T 0663
甲醇含量[a]/%(质量分数)	不大于		0.3		SH/T 0663
锰含量[f]/(g/L)	不大于		0.016		SH/T 0711
铁含量[a]/(g/L)	不大于		0.01		SH/T 0712

a　车用汽油中，不得人为加入甲醇以及含铅或含铁的添加剂。

b　在有异议时，以 SH/T 0689 方法测定结果为准。

c　将试样注入 100mL 玻璃量筒中观察，应当透明，没有悬浮和沉降的机械杂质和水分，在有异议时，以 GB/T 511 和 GB/T 260 方法测定结果为准。

d　在有异议时，以 SH/T 0713 方法测定结果为准。

e　对于 97 号车用汽油，在烯烃、芳烃总含量控制不变的前提下，可允许芳烃的最大值为 42%(体积分数)。在含量测定有异议时，以 GB/T 11132 方法测定结果为准。

f　锰含量是指汽油中以甲基环戊二烯三羰基锰形式存在的总锰含量，不得加入其他类型的含锰添加剂。

1.3.1.2　煤油

过去煤油主要用于照明以及煤油炉等。使用灯用煤油时，一般有两条要求：一是开始点燃时要有一定的亮度，并且光亮度下降速度不应过快；二是没有臭味和油烟。灯芯上积炭要少，耗油量低。评定灯用煤油的质量指标主要是：燃烧性(点灯试验)、无烟火焰高度、馏程、色度等。目前煤油绝大部分用作喷气燃料，称作航空煤油。

1. 品种牌号及其用途

国产航空煤油有5种：代号为RP－1，2，3，4，5，其中1号冰点低，适用于高空和寒冷地区，2、3号用于远程大型飞机，4号用于亚音速飞机，5号专供舰载飞机使用。

2. 主要性能要求

喷气燃料应具有良好的燃烧性、低温性、润滑性、安定性、抗腐蚀性、安全性及洁净度等性能。

(1) 燃烧性　为使燃料在发动机内完全燃烧，对其中的芳烃含量、碳氢比、萘含量都有一定要求。喷气燃料中的芳烃规定不超过20%(体积分数)，5号喷气燃料的芳烃含量不超过25%(体积分数)。具体反映燃烧性能的指标为无烟火焰高度、萘系烃含量或辉光值。有些军用喷气燃料要求其氢含量不低于13.5%。为了满足喷嘴能使燃料很好地雾化以保证完全燃烧，在－20℃下允许的最高黏度值应不高于8.0mm^2/s。

(2) 低温性　为了保证飞机上燃料油泵的正常运转，要求喷气燃料有适宜的黏度和在高空低温条件下油品不致析出冰晶和蜡晶体。我国喷气燃料经过多次高空测温，证明－50℃的结晶温度可以保证飞行安全，为防止冰晶析出，一般需要用防冰剂加以抑制。

(3) 抗腐蚀性　为防止喷气燃料内硫化物、微量硫醇及硫化氢对油泵精密部件的腐蚀，我国以酸度、总硫、铜片腐蚀和银片腐蚀等指标控制喷气燃料质量。

(4) 安定性　喷气燃料要求常温储存时不变质，故对于烯烃含量、碘值、实际胶质均有要求。对于超音速飞机的燃料，要求其热安定性符合要求。

(5) 安全性　要求喷气燃料具有较高的闪点，如果油品的电导率过低(＜50pS/m)，要求加入抗静电剂以避免产生静电失火，此外，要求5号喷气燃料的爆炸性试验合格(不大于50%)。

(6) 洁净度　要求喷气燃料不含机械杂质、水分、细菌等有害成分。有时，经过精制后，油品中会含有某些表面活性物质，使喷气燃料中含的水滴悬浮在油中不易分离，严重时将造成过滤器堵塞等事故。为此需用水分离指数、水反应等指标来控制燃料的质量。

(7) 润滑性　有些喷气燃料经过深度精制，失去了燃料中固有的天然抗磨性组分，以致在发动机上使用时引起油泵柱塞及其他精密摩擦部件过高的磨损。为防止类似事故，我国在这类喷气燃料中加入环烷酸馏分或二聚酸类添加剂。后者兼有防锈及抗磨作用，性能比较好。

3. 技术要求

目前国内生产的喷气燃料中，3号喷气燃料占95%以上，其产品标准GB 6537—2006中规定的技术要求见表1－1－9。

1.3.1.3　柴油

柴油作为柴油发动机燃料是我国目前消费量最多的发动机燃料。

1. 品种牌号及其用途

我国的柴油机燃料分为馏分型和残渣型两类，馏分型柴油机燃料即为柴油，其又分为轻柴油和重柴油。转数1000r/min以上的高速柴油机要用轻柴油，重柴油则用于中速(500～1000r/min)和低速(小于500r/min)柴油机。残渣型柴油机燃料目前主要用于船用大功率低速柴油机，故又称船用残渣燃料油。

表 1-1-9 3号喷气燃料技术要求

项目		指标	试验方法
外观		室温下清澈透明，目视无不溶解水及固体物质	目测
颜色/号	不小于	+25[a]	GB/T 3555
组成			
总酸值/(mgKOH/g)	不大于	0.015	GB/T 12574
芳烃含量(体积分数)/%	不大于	20.0[b]	GB/T 11132
烯烃含量(体积分数)/%	不大于	5.0	GB/T 11132
总硫含量(质量分数)/%	不大于	0.20[c]	GB/T 380、GB/T 11140、GB/T 17040、SH/T 0253、SH/T 0689
硫醇性硫(质量分数)/%	不大于	0.0020	GB/T 1792
或博士试验[d]		通过	SH/T 0174
直馏组分(体积分数)/%		报告	
加氢精制组分(体积分数)/%		报告	
加氢裂化组分(体积分数)/%		报告	
挥发性			
馏程：初馏点/℃		报告	GB/T 6536
10%回收温度/℃	不高于	205	
20%回收温度/℃		报告	
50%回收温度/℃	不高于	232	
90%回收温度/℃		报告	
终馏点/℃	不高于	300	
残留量(体积分数)/%	不大于	1.5	
损失量(体积分数)/%	不大于	1.5	
闪点(闭口)/℃		38	GB/T 261
密度(20℃)/(kg/m^3)		775~830	GB/T 1884、GB/T 1885
流动性			
冰点/℃	不高于	-47	GB/T 2430、SH/T 0770[e]
黏度/(mm^2/s)			GB/T 265
20℃	不小于	1.25[f]	
-20℃	不小于	8.0	
燃烧性			
净热值/(MJ/kg)	不小于	42.8	GB/T 384[g]、GB/T 2429
烟点/mm	不小于	25	GB/T 382
或烟点最小为20mm时			
萘烃含量(体积分数)/%	不大于	3.0	SH/T 0181
或辉光值	不小于	45	GB/T 11128
腐蚀性			
铜片腐蚀(100℃，2h)/级	不大于	1	GB/T 5096
银片腐蚀(50℃，4h)/级	不大于	1[h]	GB/T 0023
安定性			
热安定性(260℃，2.5h)			GB/T 9169
压力降/kPa	不大于	3.3	
管壁评级		<3，且无孔雀蓝色或异常沉淀物	

续表

项　　目		指　　标	试验方法
洁净性			
实际胶质/(mg/100mL)	不大于	7	GB/T 8019、GB/T 509[i]
水反应			GB/T 1793
界面情况/级	不大于	1b	
分离程度/级	不大于	2[j]	
固体颗粒污染物含量/(mg/L)	不大于	1.0	SH/T 0093
导电性			
电导率(20℃)/(pS/m)		50～450[k]	GB/T 6539
水分离指数			SH/T 0616
未加抗静电剂	不小于	85	
加入抗静电剂	不小于	70	
润滑性			
磨痕直径 *WSD*/mm	不大于	0.65[l]	SH/T 0687
经铜精制工艺的喷气燃料，油样应按 SH/T 0182 方法测定铜离子含量，不大于 150μg/kg。			

a　对于民用航空燃料，从炼油厂输送到客户，输送过程中的颜色变化不允许超过以下要求：初始赛波特颜色大于 +25，变化不大于 8；初始赛波特颜色在 25～15 之间，变化不大于 5；初始赛波特颜色小于 15 时，变化不大于 3。

b　对于民用航空燃料的芳烃含量(体积分数)规定为不大于 25.0%。

c　如有争议时，以 GB/T 380 为准。

d　硫醇性硫和博士试验可任做一项，当硫醇性硫和博士试验发生争议时，以硫醇性硫为准。

e　如有争议以 GB/T 2430 为准。

f　对于民用航空燃料，20℃黏度指标不作要求。

g　如有争议时，以 GB/T 384 为准。

h　对于民用航空燃料，此项指标可不要求。

i　如有争议时，以 GB/T 8019 为准。

j　对于民用航空燃料不要求报告分离程度。

k　如燃料不要求加抗静电剂，对此项指标不作要求。燃料离厂时要求大于 150pS/m。

l　民用航空燃料要求 *WSD* 不大于 0.85mm。

轻柴油按凝点划分牌号，重柴油和残渣型柴油机燃料按黏度划分牌号，它们均由不同牌号构成该系列产品。大量应用的是轻柴油，轻柴油按其凝固点高低分为 7 个牌号，不同牌号适用于不同地区：

10 号轻柴油：适用于有预热设备的柴油机；

5 号轻柴油：适用于风险率为 10% 的最低气温在 8℃以上的地区使用；

0 号轻柴油：适用于风险率为 10% 的最低气温在 4℃以上的地区使用；

-10 号轻柴油：适用于风险率为 10% 的最低气温在 -5℃以上的地区使用；

-20 号轻柴油：适用于风险率为 10% 的最低气温在 -14℃以上的地区使用；

-35 号轻柴油：适用于风险率为 10% 的最低气温在 -29℃以上的地区使用；

-50 号轻柴油：适用于风险率为 10% 的最低气温在 -44℃以上的地区使用。

不同黏度的重柴油和残渣型柴油机燃料适用于不同类型和转速的柴油发动机。

2. 主要性能要求

（1）自燃性和抗爆性　自燃性和抗爆性是柴油机燃料重要性能，均由柴油的十六烷值来表征。柴油机的爆震表面现象与汽油机相同，而产生原因不同。虽然两者爆震均来源于燃料的自燃，但汽油机的爆震不是出现在电火花点燃初期，而是发生在燃烧过程中聚集的燃料太易自燃所引起的；而柴油机爆震原因恰好相反，是由于柴油不易自燃，开始自燃时，燃料在汽缸中集聚太多造成的。使用十六烷值高的柴油，柴油机燃烧均匀，热功率高，节省燃料。

柴油的十六烷值与其化学组成有关。在烃族组成中正构烷烃的十六烷值最高，并随着链的增长而增高。碳数相同的异构烷烃低于正构烷烃的十六烷值；分子质量相同的异构烷烃，其十六烷值随支链的增加而降低；单取代基比二取代基异构烷烃的十六烷值高。正构烯烃有相当高的十六烷值，但稍低于相应的正构烷烃。支链的影响也与烷烃的相似。无侧链的环烷烃低于碳数相同的正构烷烃和正构烯烃的十六烷值。碳数相同的烷基环己烷高于烷基苯的十六烷值。无侧链芳烃的十六烷值最低，芳环环数增加其十六烷值降低。随着在苯环上引入烷基侧链并随着侧链链长的增长十六烷值增高。碳数相同的直链烷基芳烃比有支链的烷基芳烃的十六烷值高。

(2) 蒸发性和黏度　为了保证柴油机能平稳地、正常地完全燃烧，要求轻柴油在极短的瞬间能完全蒸发，迅速与空气形成均匀的可燃性混合物，因而需要控制轻柴油的馏分组成。我国轻柴油的馏程一般控制在200～380℃范围内，根据高速柴油机的使用要求、使用地区和季节不同加以适当的调整。

为了保证柴油机的正常工作，柴油机燃料应有适当的黏度。黏度关系到发动机供油系统的正常工作，影响到喷油雾化的质量，以及燃料在发动机中蒸发和燃烧。高、中、低速柴油机均需要有一个适宜黏度范围的燃料。

(3) 流动性　为了使柴油机易于启动，正常供油，柴油机燃料在使用环境温度下应无晶体析出，容易泵送，不堵塞过滤器，有较好的流动性。因而对不同地区和气温下使用的轻柴油都有凝点和冷滤点的不同要求，并规定应在高于其冷滤点5℃的环境温度下使用。

(4) 抗腐蚀性和耐磨性　柴油的含硫量、酸度、水溶性酸和碱、灰分、残炭及机械杂质等都是表示产品直接或间接对柴油机腐蚀和磨损的相关指标。

柴油含硫对发动机的寿命有很大影响，硫化物燃烧后生成SO_2和SO_3，遇到水蒸气生成硫酸和亚硫酸，严重腐蚀发动机部件。同时，柴油含硫使废气严重污染环境。

酸度和水溶性酸或碱等质量指标也是为了保证柴油机和柴油储运系统避免被腐蚀，防止由于腐蚀而增加喷嘴积炭和汽缸中的沉积物。同时，如柴油酸度过大会引起乳化现象。

柴油燃烧残留的灰分能使积炭变得十分坚硬和具有腐蚀性，灰分来源于柴油所含的盐类、金属有机物和外界进入的尘埃等。

(5) 安定性　柴油长期储存如果颜色变深和胶质增加，说明柴油的安定性很差。柴油中含有不饱和烃与环烷芳香烃以及非烃化合物是储存安定性差的原因。柴油中胶质的增加，在燃烧时会产生积炭，造成机械磨损。

在柴油机运转过程中，柴油温度不断升高，加上各种金属的催化作用，油中的不安定组分很快被油中的溶解氧所氧化，生成氧化缩合物，使喷油嘴堵塞及各部位积炭，导致磨损加剧。

(6) 安全性　柴油的安全性主要是为了储存运输上的安全。柴油的安全性用闪点来表示。一些国家按不同季节和用途规定不同的闪点，一般为38～55℃。

3. 技术指标

轻柴油质量标准GB 252—2000中规定的技术要求见表1－1－10。

表 1-1-10 轻柴油技术要求

项目		质量指标							试验方法
		10号	5号	0号	-10号	-20号	-35号	-50号	
色度/号	不大于	3.5							GB/T 6540
氧化安定性 总不溶物[a]/(mg/100mL)	不大于	2.5							SH/T 0175
硫含量[b]/%（质量分数）	不大于	0.2							GB/T 380
酸度/(mgKOH/100mL)	不大于	7							GB/T 258
10%蒸余物残炭[c]/%（质量分数）	不大于	0.3							GB/T 268
灰分/%(质量分数)	不大于	0.01							GB/T 508
铜片腐蚀(50℃，3h)/级	不大于	1							GB/T 5096
水分[d]/%(体积分数)	不大于	痕迹							GB/T 260
机械杂质[d]		无							GB/T 511
运动黏度(20℃)/(mm^2/s)		3.0~8.0				2.5~8.0	1.8~7.0		GB/T 265
凝点/℃	不高于	10	5	0	-10	-20	-35	-50	GB/T 510
冷滤点/℃	不高于	12	8	4	-5	-14	-29	-44	SH/T 0248
闪点(闭口)/℃	不低于	55				45			GB/T 261
十六烷值	不小于	45[e]							SH/T 386
馏程 50%回收温度/℃ 90%回收温度/℃ 95%回收温度/℃	 不高于 不高于 不高于	 300 355 365							GB/T 6536
密度(20℃)/kg/m^3		实测							GB/T 1884 GB/T 1885

a 为保证项目，每月应检测一次。在原油性质变化，加工工艺条件改变，调和比例变化及检修开工后等情况下应及时检验。

b 可用 GB/T 11131、GB/T 11140 和 GB/T 17040 方法测定。结果有争议时，以 GB/T 380 方法仲裁。

c 若柴油中含有硝酸酯型十六烷值改进剂及其他性能添加剂时，10%蒸余物残炭的测定，必须用不加硝酸酯和其他性能添加剂的基础燃料进行。柴油中是否含有硝酸酯型十六烷值改进剂的检验方法见标准的附录 A。可用 GB/T 17144 方法测定，结果有争议时，以 GB/T 268 方法为准。

d 可用目测法，即将试样注入 100mL 玻璃量筒中，在室温(20℃ ±5℃)下观察，应当透明，没有悬浮和沉降的水分及机械杂质。结果有争议时，按 GB/T 260 或 GB/T 511 测定。

e 由中间基或环烷基原油生产的各号轻柴油十六烷值允许不小于 40(有特殊要求者由供需双方确定)，可用 GB/T 11139 或 SH/T 0694 方法计算。结果有争议时，以 GB/T 386 方法为准。

1.3.2 润滑油、脂

1.3.2.1 润滑油

润滑油是石油产品中品种、牌号最多的一大类产品，其是由基础油和各种添加剂按照一定配方调和而成。

1. 品种牌号及其用途

我国润滑油基础油有三大系列：一是黏度指数大于 95 的以大庆石蜡基原油为代表的低硫石蜡基基础油系列；二是黏度指数大于 60 的以新疆中间基原油为代表的中间基基础油系列；三是环烷基原油生产的基础油系列。同时还有一些经过特殊精制以调制某些特种油品的基础油和近年开发的采用加氢处理生产的、黏度指数大于120的基础油。另外还有非矿油基的合成润滑油。由于各种机械的使用条件相差很大，它们对所需润滑油的要求也不大一样，因此，润滑油按其使用的场合和条件的不同，分为很多种类。我国基本上是按照国际标准化组织（International Standardization Organization）的ISO 6743/0润滑剂分类标准制定了GB 7631.1国家标准，把润滑油分为19组，见表1-1-11。

表1-1-11 润滑剂和有关产品的分类（GB 7631.1）

组别	A	B	C	D	E	F	G
应用场合	全损耗系统	脱模	齿轮	压缩机（包括冷冻机及真空泵）	内燃机	主轴、轴承和离合器	导轨
组别	H	M	N	P	Q	R	T
应用场合	液压系统	金属加工	电器绝缘	风动工具	热传导	暂时保护防腐	汽轮机
组别	U	X	Y	Z	S		
应用场合	热处理	用润滑脂的场合	其他应用场合	蒸汽汽缸	特殊润滑剂应用场合		

为了方便起见，将润滑油按其使用场合分为如下几类：

（1）内燃机润滑油　包括汽油机油、柴油机油等。这是需要量最多的一类润滑油，约占润滑油总量的一半。

（2）齿轮油　是在齿轮传动装置上使用的润滑油，其特点是它在机件间所受的压力很高。

（3）液压油及液力传动油　是在传动、制动装置及减震器中用来传递能量的液体介质，它同时也起润滑及冷却作用。

（4）工业设备用油　其中包括机械油、汽轮机油、压缩机油、汽缸油以及并不起润滑作用的电气绝缘油、金属加工油等。

2. 主要性能要求

（1）对内燃机润滑油的性能要求

① 适当的黏度和良好的黏温性能　对于一般负载的内燃机，内燃机油在100℃条件下的黏度以$10mm^2/s$、黏度指数在90以上为宜。若黏度过低，则运动面得不到良好润滑，而产生磨损；若黏度过高，低温冷启动困难，泵送性变差，功率损失增加，甚至产生干摩擦。为适应内燃机工作温度范围广，内燃机不仅需具有适当的黏度，而且必须具有良好的黏温性能。

② 较强的抗氧化能力和良好的清净分散剂　内燃机油在发动机工作温度下，由于金属的催化作用，受空气氧化产生氧化、聚合、缩合等反应物，如酸性物质、漆膜、油泥和积炭等，使油品的润滑性变差，甚至丧失；同时由于漆膜和积炭的生成，不仅使发动机汽缸过热，活塞环密封性下降，而且使发动机的功率损失增大。为使润滑油具有抑制氧化的能力，要选择适宜的基础油和添加剂，以提高其抗氧化安定性。

内燃机油应具有良好的清净分散作用，使氧化产物在油中处于悬浮分散状态，不致堵塞油路、滤清器及聚结在发动机的高温部分继续氧化而生成漆膜、积炭，导致活塞环黏结、磨损加剧，直至发动机停止运转。为此，内燃机油中都加有金属清净剂和无灰分散剂，以提高其清净分散性能。

③ 良好的抗磨性能　内燃机的轴承负荷重及汽缸壁上油膜的保持性很差，这就要求内燃机油具有良好的油性和抗磨性能。通常内燃机油中都加有抗磨剂和油性剂。

④ 良好的防腐蚀性能　现代内燃机油的主轴承和曲轴轴承，均使用机械强度较高的耐磨合金，如铜铅、镉银、锡青铜或铅青铜等合金。由于油品含有的或氧化过程中或燃料燃烧过程中生成的酸性物质，对这些合金有很强的腐蚀作用，为此要求在油品中添加抗氧抗腐剂以阻止氧化，并中和已经形成的有机酸和无机酸。

（2）对齿轮油的性能要求

① 适宜的黏度　黏度是齿轮油的主要质量指标。黏度大其耐负荷能力大，但黏度过大也会给循环润滑油带来困难，增加齿轮的运动阻力，以致发热而造成动力损失。因而，黏度一定要合适，特别是加有极压抗磨剂的油，其耐负荷性能主要靠极压抗磨剂，这类油更不能追求高黏度。

② 良好的热氧化安定性　热氧化安定性也是齿轮油的主要性能。当齿轮油在工作时，被激烈搅动，与空气接触充分，加上水分、杂质及金属的作用，特别在较高的油温下，更易加快氧化速度，使油的性质变劣，使齿轮腐蚀、磨损。

③ 良好的抗磨性、耐负荷性能　齿轮的负荷一般都很高，为了使齿轮传递负荷时，齿面不会擦伤、磨损、胶合，必须要求齿轮油有耐负荷性能。

④ 良好的抗泡沫性能　由于齿轮运转中的激烈搅动，或油循环系统、轴承等的搅动，及向油箱回流的油面过低时，都易发生泡沫。如果齿轮油的泡沫不能很快消除，将影响齿轮啮合油膜形成。

⑤ 良好的防锈、防腐性　由于齿轮油极压添加剂的化学性强，在低温下容易和金属表面发生反应产生腐蚀；在使用中发生分解或氧化反应所产生的酸类和胶质，特别是和水接触时，容易产生腐蚀和锈蚀。因此，要求齿轮油要有良好的防腐蚀防锈能力。

⑥ 良好的抗乳化性能　由于齿轮油在齿轮运转中经常不可避免地接触水分，如果油的抗乳化性不良，使齿轮油产生乳化，进而油膜强度降低或破裂或油品变质。

⑦ 良好的抗剪切安定性　齿轮油在使用期间，由于齿轮啮合运动所引起的剪切作用会引起黏度的变化，最容易受剪切影响的成分是聚合物。因此，为了提高齿轮油的黏度，不允许添加抗剪切性能差的黏度指数改进剂。

此外，还有其他性能要求，如良好的低温流动性、与密封材料的适应性、储存安定性，开式齿轮油还要求黏附性等。

（3）对液压油及液力传动油的性能要求

① 黏度和黏度指数　黏度是液压油重要性能之一。在相同压力下，油品黏度大会增加内摩擦阻力，使压力降低和功率损失大，冷却效果不好；黏度过小，会降低容积效率和系统压力，增大磨损和泄漏，甚至液压控制失调。

油泵对黏度的变化最为敏感，泵的允许黏度是确定油品黏度的依据，还要求工作中黏度变化小，即油品有较高的黏度指数。

② 热安定性　由于液压装置功率的增加、油箱体积的缩小，单位时间内液压油循环次数增加，油温已由 55～65℃，上升到 80～100℃，甚至达到 120℃。由于液压压力的增高，溶解于油中的空气量增大，促使液压油的早期老化产生油泥，能黏住紧密配合的元件及堵塞过滤器等；随着液压装置运行期的延长，要求换油期也相应地延长。因而要求液压油有良好

的安定性。

③ 防锈性和防腐蚀性　由于空气和水的作用，液压元件产生锈蚀，而且，液压油中加入的抗氧抗腐剂二烷基二硫代磷酸锌盐（ZDDP）遇水水解生成水溶性酸，也引起腐蚀和锈蚀，影响着液压元件的配合精度和表面光洁度，甚至锈粒脱落增大磨损，同时促进油品的氧化和乳化，影响液压装置的安全运行。

④ 抗乳化性和水解安定性　在液压元件的激烈搅动下，液压油中的表面活性物质易生成乳化液，引起锈蚀、腐蚀沉淀以至含脂类液压油的水解变质，从而腐蚀铜和铜合金的轴向柱塞泵，降低使用性能。

⑤ 氧化安定性　即抑制氧化产生酸和油泥的倾向性，是液压油的重要性能。

⑥ 剪切安定性　液压油在高压高速使用条件下，通过泵、阀件、微孔等元件，要经受很高剪切速率的剪切作用。尤其液压油中的聚合型增黏剂的黏度与剪切速率的变化密切相关。

⑦ 排气性　由于液压油循环次数增加，溶于油中的空气量也随着增加，导致气泡的生成，影响液压机构传递能量的稳定性及效率。因此要求液压油具有良好的空气释放能力和消泡能力。

⑧ 抗磨性　由于液压系统向高压、高速化发展，润滑条件苛刻，要求液压油具有良好的抗磨性能。

⑨ 良好的承载能力。

此外，还要求液压油具有良好的过滤性和对密封材料的适应性，无毒、抗燃等性能。

（4）电器绝缘油的性能要求

① 电气性能　主要有两项：一是绝缘击穿电压，根据输变电系统的运行电压而定。二是介质损失角正切值，它表示在电场作用下，电介质的极化和电导所引起的电能损失。介质损失的大小与电压的平方成正比，因此电压越高，要求绝缘油的介质损失角正切值越低。

② 黏度　对变压器来说，是靠变压器油的循环流动来散热的，黏度过大会影响油的循环而导致变压器超温而不能正常工作；对充油电缆和电容器油等也要求具有较低的黏度。所以，一般要求在保证闪点不过低的条件下，黏度尽量低些，同时还要有较好的黏温特性。

③ 抗氧化安定性　电器绝缘油的工作温度并不高，大体在60～80℃。但变压器油一般要求使用10年甚至15年以上。这样长期与空气、铜和铁等金属接触，假如油的抗氧化安定性不好，就会生成酸类、缩聚物和水等，从而导致油的电气性能变坏以及设备腐蚀等，缩短设备的使用寿命。

④ 析气性　是指油品在高电场强度下发生化学变化而析出气体的性能。这是由于在高电场强度下，会出现瞬间放电和边缘放电，从而使油品发生脱氢反应。所生成的氢气若不能被油品本身吸收，则会形成气泡，如析出气体过多，会使电器设备内压力增大，甚至引起爆炸和燃烧。

1.3.2.2　润滑脂

润滑脂是将稠化剂分散于液体润滑油中所组成的一种稳定的固体或半固体产品，这种产品可以加入旨在改善某种特性的添加剂和填料。尽管润滑脂数量远不及润滑油，可是其应用范围之广，品种之多，都不亚于润滑油。润滑脂和液体润滑油一样，主要用来减轻摩擦面之间的摩擦程度。但是，却比润滑油具有更好的防护及密封作用，这主要由润滑脂具有的独特结构决定的。

各种机械设备名目繁多，它们的运转条件和工作环境错综复杂，对润滑脂的性能要求各不相同。在润滑脂的生产和科学研究中，还不能生产出一种或几种具备各种特性的万能润滑脂，而只能生产各种不同使用性能的润滑脂，来适应各种机械设备操作条件的要求。因此，出现了润滑脂品种很多，专用性很强的特点。随着润滑脂制造技术的不断发展，也促使润滑脂品种迅速增加。就国内而言，估计润滑脂品种在百种以上，而不同牌号累计则可达数百种。

对润滑脂进行分类，包括两方面内容：一是具体确定润滑脂稠度等级，即区分牌号；二是对润滑脂品种进行详细划分。一般采用以下几种分类方法，按稠化剂的类型分类、按润滑脂使用性能分类及按国家标准分类法分类。

1. 按稠化剂类型分类

根据润滑脂的稠化剂不同，可分为皂基和非皂基润滑脂，见表1－1－12。

表1－1－12　润滑脂按稠化剂类分类

润滑脂	稠　化　剂	实　　例
皂基润滑脂	单皂基润滑脂(脂肪酸金属) 混合皂基脂(不同脂肪酸金属皂混合) 复合皂基脂(脂肪酸与其他有机酸或无机酸皂的复合物)	锂基脂，钙基脂等 锂钙基脂，钙钠基脂等 复合锂基脂，复合铝基脂，复合钙基脂等
非皂基润滑脂	烃基润滑脂(石蜡和地蜡) 有机稠化剂润滑(有机化合物) 无机稠化剂润滑脂(无机化合物)	工业凡士林，表面脂等 聚脲基脂，酞氰酮脂等 膨润土脂，硅胶脂等

2. 国内合成润滑脂分类方法

用一个四位数的阿拉伯数码表示一种产品，以“4”字开头的是油类，以“7”字开头的是脂类，第二位数字表示用途，后2位数字表示产品的序号。国内合成润滑脂的分类方法见表1－1－13。

表1－1－13　国内合成润滑脂的分类方法

代　号	产品名称	代　号	产品名称
70××	高低温脂	75××	真空脂
71××	仪表，阻尼，陀螺脂	76××	密封脂
72××	防护，防锈多用途脂	77××	抗辐射脂
73××	光学，电器脂	78××	抗化学脂
74××	极压，抗磨脂	79××	其他

3. 其他分类方法

按被润滑的机械元件不同分为轴承脂、齿轮脂、链条脂等。按用脂的工业部门不同分为汽车脂、铁道脂、钢铁用脂等。按使用的温度不同分为低温脂、普通脂和高温脂等。按应用范围不同分为多效脂、专用脂和通用脂。按基础油不同分为矿物油脂和合成油脂。按承载性能不同分为极压脂和普通脂。

1.3.3　轻烃

轻烃产品包括干气和液化石油气。干气是含有大量的碳一、碳二和少量的碳三以上烃类或不同浓度的氢气等组成的混合气。其一般作为炼厂加热炉的燃料，根据不同装置生产的干气性质，也可进一步回收利用。例如，加氢干气可以直接作为烃－水蒸气转化制氢，也可以进膜分离装置氢提纯，催化干气可以回收烯烃等。

液化石油气是以碳三、碳四烃类为主及少量的碳二、碳五等组成的混合物，常温常压下为气态，经稍加压缩后成为液化气，可装入钢瓶送往用户。

1.3.4 石油蜡

1.3.4.1 分类及其用途

按照组成和性质，石油蜡可分为石蜡和微晶蜡两大类。

石蜡是以含油蜡为原料，经发汗或溶剂脱油，再经白土或加氢精制所得到的。其烃类分子的碳原子数为 C_{17} ~ C_{35}，平均相对分子质量为300 ~ 450。按其精制程度和用途可分为半精炼石蜡(GB/T 254—1998)，全精炼石蜡(GB 446)，食品用石蜡(GB 7189)，粗石蜡(GB/T 1202)和皂用蜡(SH/T 0014)等。石蜡以熔点为商品的牌号。

微晶蜡是石油的重馏分或减压渣油经溶剂脱沥青、溶剂精制、脱蜡、脱油，再经白土或加氢精制得到的，习惯称地蜡。它的碳原子数为 C_{30} ~ C_{60}，平均相对分子质量为500 ~ 800。微晶蜡的相对分子质量比石蜡的大，其组成也比石蜡复杂的多，所以无明显的熔点，一般用滴熔点来表示其耐热性能。产品也以滴熔点来确定牌号，

石蜡与微晶蜡性质上的差别是由于它们的化学组成不同。石蜡的主要成分是正构烷烃，而微晶蜡不仅含有正构烷烃，还含有大量的异构烷烃和环烷烃以及芳香烃。

从石油中得到的石蜡，具有良好的绝缘性能和化学安定性，广泛用于电气绝缘、食品、食品包装、医药、制造火柴、蜡烛、蜡纸以及化学工业用防老剂、增塑剂、抗磨剂、抗水剂等等，并且是制取高分子脂肪酸和高级醇的重要化工原料。

微晶蜡触变性、化学安定性和气密性好，耐水防潮，不易脆裂，具有防锈性和润滑性，广泛用于制造高级蜡纸、绝缘材料、密封材料和高级凡士林等。

1.3.4.2 主要性能

评定石蜡和微晶蜡物理性质的主要指标是熔点、滴熔点、含油量、颜色和针入度。评定石蜡和微晶蜡化学性质的指标是反应性能。一般要求反应中性或无水溶性酸碱，其次是无臭味和异味，不含水和机械杂质。

(1) 熔点和滴熔点　影响石油蜡熔点和滴熔点的主要因素是所选用原料馏分的轻重。从较重馏分脱出的石油蜡熔点或滴熔点比轻馏分脱出的石油蜡的高。此外，含油量对石油蜡的熔点和滴熔点也有很大的影响。石蜡中含油越多，则其熔点或滴熔点越低。

(2) 含油量　含油量过高会影响蜡的颜色和储存的安定性，但大部分蜡制品中需要含有少量的油，这样对改善制品的光泽和脱模性能是有利的。

(3) 颜色　颜色是石蜡、微晶蜡的使用性能指标之一。石蜡采用赛波特颜色测定法测定，微晶蜡采用石油产品颜色测定法测定。

(4) 针入度　针入度是石蜡、微晶蜡的使用性能指标之一，常用来测定它们的硬度。

1.3.5 沥青和焦炭

1.3.5.1 沥青

石油沥青具有良好的黏结性、绝缘性、不渗水性，并能抵抗许多化学药物的侵蚀，因而广泛用于铺路、建筑工程、水利工程、绝缘材料、防护涂料等工业原料以及保持水土、改良土壤等领域，其中以道路沥青的用量最大。

沥青是高度缩合的含氧、含硫、含氮、多环类的混合物，常温下为无定形固体，呈黑色，断面有光亮。沥青的性质应满足以下要求：具有一定的硬度、一定的韧性。生产中主要

用软化点、延度和针入度作为控制质量的指标。

（1）针入度　针入度表示沥青的稠度，针入度越大表示沥青的稠度也越低。“针入度比”表明沥青的热稳定性，即沥青样品经加热蒸发以后测定的针入度与原始样品针入度的比值，用百分率表示。百分率越大，沥青的热稳定性越好。

（2）延度　延度表示沥青的塑性。要生产高延度的沥青，必须使其各组成(沥青质、胶质、芳香族和饱和族)之间很好的搭配。

（3）软化点　软化点表示沥青的耐热性能。软化点越高，则热性能越好。

沥青中几乎集中了原油中大部分的含硫、氧、氮化合物以及绝大部分重金属。沥青由四部分组成，即沥青质、饱和烃、芳烃、胶质。一般在沥青中不应含有蜡，或少含蜡。因为蜡会使沥青的针入度增加、软化点和延度下降，黏附性变坏，在低温下易开裂。环烷基原油的减压渣油含蜡少，沥青质和胶含量高，含硫量高，是制取沥青的理想原料；中间基原油的减压渣油，往往含有一定数量的蜡，制成的沥青质量较差；石蜡基原油的减压渣油制成的沥青质量更差。沥青产品的某些性能特殊要求，需要通过添加其他组分才能达到。例如电缆沥青中可加入1%～3%的合成橡胶，以改进其冷冻弯曲性能和黏附性能。总之，沥青的物理性质的化学组成和胶体结构有密切关系。

1.3.5.2　石油焦

石油焦来自石油炼制过程中渣油的焦炭化。石油焦是一种无定形碳，灰分很低，可用于制造碳化硅和碳化钙的原料、金属铸造以及高炉冶炼等；经进一步高温煅烧，降低其挥发分和增加强度，是制作冶金电极良好材料。

延迟焦化生产的普通石油焦，也称生焦，分为三个等级：1号石油焦用于炼钢工业的普通功率石墨电极；2号石油焦用于炼铝和制作一般电极、绝缘材料、碳化硅或作为冶金燃料；3号石油焦仅适用于作冶炼工业燃料。

针状焦也称熟焦，针状焦主要做炼钢用高功率和超高功率的石墨电极。生产针状焦要选择适宜的渣油作为原料，并对延迟焦化的工艺条件进行调整、优化。

第2章　化验室通用仪器设备

油品化验室的仪器种类很多，有用于试验的各种通用仪器，也有用于试验的专用仪器。本章主要介绍常用的通用仪器的名称、用途、使用和维护方法。

2.1　通用玻璃仪器

玻璃仪器具有透明、耐热、耐腐蚀、易清洗等特点，是化验室常用的仪器，种类很多，用途很广。

2.1.1　化学实验常用仪器介绍

油品化验室常用的通用玻璃仪器列于表1－2－1。

表1－2－1　化验室通用玻璃仪器

名　称	规　格	主要用途	使用注意
(1) 烧杯	容量mL：10、15、25、50、100、150、250、500、1000、2000	配制溶液、溶样等	加热时应置于石棉网上，使其受热均匀，一般不可烧干
(2)三角瓶(锥形瓶)	容量mL：50、100、250、500、1000	加热处理试样和容量分析滴定	除有与烧杯使用相同的要求外，磨口三角瓶加热时要打开瓶塞，非标准磨口要保持原配
(3) 碘瓶	容量mL：50、100、250、500、1000	碘量法或其他生成挥发性物质的滴定分析	同三角瓶
(4)圆(平)底烧瓶	容量mL：250、500、1000 可配橡皮塞型号：5～6、6～7、8～9	加热及蒸馏液体；平底烧瓶又可自制洗瓶	一般避免直接火焰加热、隔石棉网或各种加热套、加热浴加热

续表

名　称	规　格	主要用途	使用注意
(5)蒸馏烧瓶	容量 mL：30、60、125、250、500、1000	蒸馏；也可用于制备少量气体的反应器	同圆底烧瓶
(6)试管、普通试管、离心试管	容量mL：试管10、20；离心试管 5、10、15 带刻度，不带刻度	离心试管可在离心机中借离心力的作用分离溶液和沉淀	硬质玻璃的试管可直接在火焰上加热，但不能骤冷；离心试管只能水浴加热
(7)试剂瓶、细口瓶、广口瓶	容量 mL：30、60、125、250、500、1000、2000、10000、20000，无色、棕色	细口瓶用于存放液体试剂；广口瓶用于装固体试剂，棕色瓶用于存放见光易分解的试剂	不能加热；不能在瓶内配制在操作过程放出大量热量的溶液；磨口塞要保持原配；不要长期存放碱性溶液，存放时应使用橡皮塞
(8)滴瓶	容量mL：30、60、125，分无色和棕色	用于盛装指示液和滴加试剂	滴管要保持原配；防止试剂吸入胶头，滴管不能随意乱放
(9)称量瓶	矮形 容量 mL　瓶高 mm　直径 mm 10　25　35 15　25　40 30　30　50 …… 高形 10　40　25 20　50　30	矮形用做测定水分或在烘箱中烘干基准物；高形用于称量基准物、样品	不可盖紧磨口塞烘干，磨口塞要原配；称量时不要用手直接拿取，应垫纸条裹住取放

续表

名称	规格	主要用途	使用注意
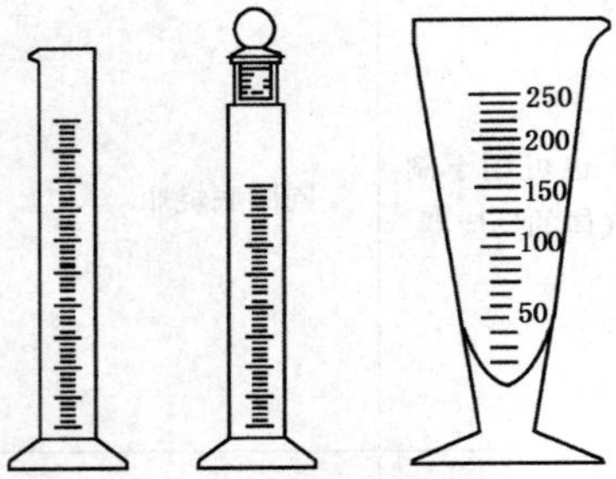 250 200 150 100 50 (10)量筒、量杯	容量 mL：5、10、25、50、100、250、500、1000、2000，量出式	粗略地量取一定体积的液体用	沿壁加入或倒出溶液；不能加热、烘烤，不能作为反应容器，不能量取热的液体
 (11)容量瓶(量瓶)	容量 mL：10、25、50、100、200、250、500、1000…等量入式，一等，二等，分无色和棕色	配制准确体积的标准溶液或被测溶液	瓶塞要保持原配；漏水的不能用；不允许加热、骤冷、烘箱烘干；经检定合格后方能使用
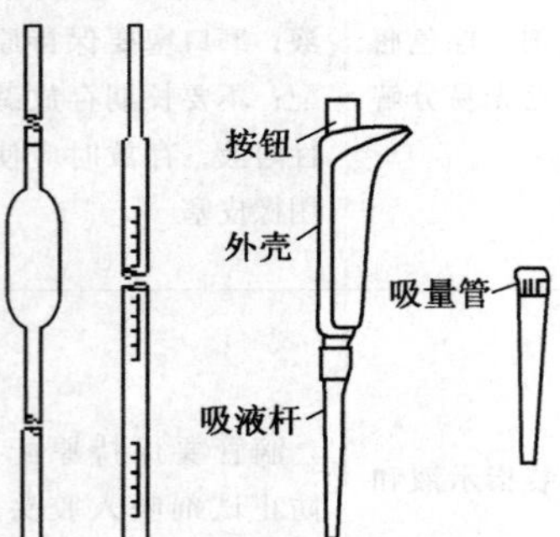 按钮 外壳 吸量管 吸液杆 (12)移液管、吸量管	移液管容量 mL：1、2、5、10、15、20、25 等，量出式 吸量管容量 mL：0.1、0.2、0.25、0.5、1、2、5、10、25、50 完全流出式、不完全流出式	准确地移取一定量的液体	不能加热，上端和尖端不可磕破
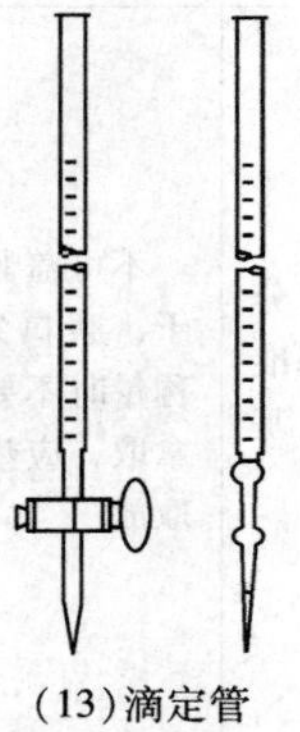 (13)滴定管	容量 mL：25、50、100 一等、二等，无色、棕色、量出式酸式、碱式(或聚四氟乙烯活塞)	用于容量分析滴定操作或用于精确加液	酸式滴定管活塞要原配；漏水的不能使用；不能量取过冷过热液体，不能加热；不能长期存放溶液；碱管不能盛放与橡皮作用的溶液

续表

名　称	规　格	主要用途	使用注意
(14)微量滴定管	容量 mL：1、2、3、4、5、10，一等，二等，量出式只有活塞式	微量或半微量分析滴定操作	同滴定管
(15)座式滴定管	滴定管容量 25mL，储液瓶容量 1000mL，量出式	自动滴定，可用于滴定液需隔绝空气的操作	除有与一般的滴定管相同的要求外，注意成套保管，另外，要配打气用双连球
(16)漏斗	长颈：口径 50mm、60mm、75mm；管长 150mm 短颈：口径 50mm、60mm；管长 90mm、120mm，锥体均为 60°	长颈漏斗用于定量分析，过滤沉淀；短颈漏斗用做一般过滤	不可直接用火加热；选择漏斗大小应以沉淀量为依据
(17)分液漏斗	容量 mL：50、100、250、500、1000 有球形、锥形、筒形	分开两种互不相溶的液体；用于萃取分离和富集；制备反应中加液体(多用球形及滴液漏斗)	磨口旋塞必须原配，不能漏液；不可加热，长期不用时，磨口处需垫纸

续表

名　　称	规　　格	主要用途	使用注意
(18)砂芯玻璃漏斗(或细菌漏斗)	容量 mL：35、60、140、500 按滤板孔径大小分为6级 1号孔径最大(80～120μm) 6号孔径最小(＜2μm)油品化验中常用4、5号	用于抽滤较细颗粒沉淀	根据沉淀颗粒大小选用；用前先用稀盐酸处理，再用水洗净，并在相当于烘干沉淀的温度下烘至恒重；不能过滤氢氟酸、碱等；用毕立即洗净
(19)抽滤瓶	容量 mL：250、500、1000、2000	抽滤时接收滤液	属于厚壁容器，能耐负压；不可加热；如与漏斗配套使用，漏斗颈口要远离抽气嘴
(20)抽气管	分为伽氏、爱氏、改良式	安装在水龙头上作为泵上端接自来水龙头，侧端接抽滤瓶射水造成负压，常用于抽滤、减压蒸馏	不同样式甚至同型号产品的抽力不一样，使用时选用抽力大的，并用厚壁胶管连接；停止抽气后，应先放气再关水
(21)比色管	容量 mL：10、25、50、100 带刻度、不带刻度，具塞、不具塞	比色分析	不可直接火焰加热，非标准磨口塞必须原配；注意保持管壁透明，不可用去污粉刷洗
(22)干燥器	直径 mm：150、180、210 无色、棕色	保持烘干或灼烧过的物质的干燥；也可干燥少量样品	盖磨口处涂适当凡士林；使用时将盖子沿磨口边缘拉开或推上；挪动干燥器时，应用两拇指压紧盖子防止盖子滑落；不可将红热的物体放入，放入热的物体后要及时推开盖放气以免盖子跳起

续表

名　称	规　格	主要用途	使用注意
直形　球形　蛇形 (23)冷凝管	外套管有效长度 mm 直形：150、200、300、400 球形：200、300、400、500 蛇形：300、400、500、600	将蒸气冷凝为液体 直形冷凝器构造简单，常用于冷凝沸点较高的液体，蛇形冷凝管特别适用于沸点低、易挥发的有机溶剂的蒸馏回收。而球形两种情况都适用	不可骤冷骤热；注意从下口进冷却水，上口出水； 直形冷凝器使用时，既可倾斜安装，又可直立使用，而球形或蛇形冷凝器只能直立使用

2.1.2　标准磨口玻璃仪器

在化学实验中，还常常用到由硬质玻璃制成的标准磨口玻璃仪器。标准磨口玻璃仪器不需要木塞或橡皮塞，直接可以与相同号码的接口相互紧密连接，连接简便，又能避免反应物或产物被塞子沾污的危险。此外磨口仪器的蒸汽通道较大，不像塞子连接的玻璃管那样狭窄，所以比较流畅。

标准磨口玻璃仪器，均是按国际通用的技术标准制造的。常用的标准磨口有 10、14、16、19、24、29 等多种，这里的数字编号是指磨口最大端直径的毫米数。相同编号的内外磨口可以紧密相连。有的磨口玻璃仪器也常用两个数字表示磨口大小，例如 10/30 表示此磨口最大处直径为 10mm，磨口长度为 30mm。

2.2　瓷　制　器　皿

化验室中不仅需要各种玻璃仪器，还需要多种化学瓷器。由于化学瓷器具有耐高温(可达 1000℃)、耐腐蚀和机械强度大等优点，因此，也是化验室中常用的器皿。常用的瓷制器皿见表 1－2－2。

表 1－2－2　化验室常用瓷制器皿

名　称	规　格	主要用途	使用注意
蒸发皿	材料：瓷质或玻璃 分有柄和无柄 以容积(mL)表示：30、60、100、150、200、300、500、1000	反应容器，用于蒸发浓缩液体或烘干试剂	耐高温，能直接用火烧。高温时不能骤冷 蒸发液体时，放在石棉网上加热，在器皿中不能熔化碱或加入氢氟酸，以防腐蚀
坩埚	以容积(mL)表示：10、15、20、30、40 材质：有瓷、铁、银、镍、铂等之分	用以灼烧沉淀及高温处理试样 高型用于隔绝空气条件下处理试样	不同性质的样品选用不同材质的坩埚，比如铂坩埚不能用于碱性样品的处理 放在泥三角上直接用火烧 取高温坩埚时，坩埚钳要预热 灼热的坩埚不能骤冷

续表

名称	规格	主要用途	使用注意
研钵	材料：有瓷、铁、玻璃、玛瑙等 规格以口径 d(mm) 表示，分为 60、80、100、150、180、200 等	研磨固体物质用，按固体的性质、硬度和测定的要求选用不同的研钵	只能研磨，不能敲击(铁研钵除外) 不能用火直接加热 不能作反应容器用 不能研磨 $KClO_4$ 等强氧化剂
点滴板	瓷质，表面涂釉分白色和黑色 有十二凹穴、九凹穴、六凹穴等	定性点滴试验或滴定分析外用指示剂法确定终点	白色、浅色沉淀用黑色板；有色沉淀用白色板
布氏漏斗	外径 mm：51、67、85、106、127、142、171	用于过滤晶体或沉淀内铺滤纸，用抽滤法过滤	过滤板的内部往往残留污物，在使用前需仔细清洗

2.3 金属器具

为配合玻璃仪器的使用，化验室必须配备一些夹持器具、台架等金属器具，见表1－2－3。

表1－2－3　化验室常用金属器具

名　称	主要用途	使用注意
坩埚钳	用来夹取坩埚、胶质杯等器皿 长柄坩埚钳用于从高温炉内取(放)坩埚	不要与化学药品接触，防止生锈 为保持尖头清洁，放置时要头部朝上置于台面
滴定台	用来夹持滴定管进行滴定分析 支杆固定在底座中央，底板上铺有白瓷板或乳白玻璃，便于观察滴定颜色变化	滴定台座平稳，直杆垂直 固定支杆时松紧适度，以防过紧而损坏底板 滴定台沾有腐蚀性物质后，要及时清除，以免腐蚀
双顶丝	用于固定烧瓶或万能夹	坚固螺丝时松紧要适度

续表

名　称	主 要 用 途	使 用 注 意
万能夹 烧瓶夹	尖部套有胶管，万能夹头部可自由旋转角度，用来夹持烧瓶或冷凝管等玻璃仪器	夹器固定在铁架台上时，重心要落在铁架台底部中央 夹持仪器时，松紧要适度
螺旋夹 弹簧夹	用来夹紧胶管 螺旋夹可调松紧程度，以便控制管内液体或气体流量	不要沾上腐蚀性物质，以免腐蚀；使用螺旋夹时，要根据流量大小旋转螺丝
打孔器	一套直径不同的金属管，每套有四支或六支两种，金属管一端有柄，另一端是锋利的管口 主要用于胶塞或软木塞上打孔	要根据仪器管径大小选择合适的打孔器 用于软木塞或橡胶塞打孔，不可钻其他硬质材料

2.4 电 热 器 具

电热器具是指将电能转换为热能的电热设备。在油品分析化验室中，常用的电热器具有电炉、电热板、电热套、恒温水浴、烘箱和高温炉等。

2.4.1 电炉

电炉是化验室中常用的加热设备。电炉靠电阻丝(常用镍铬合金丝，俗称电炉丝)通过电流产生热能。

电炉的结构简单，一条电炉丝嵌在耐火炉盘的凹槽中，炉盘固定在铁盘座上，电炉丝两头套几节小瓷管后，连接到瓷接线柱上与电源线相连，即成为一个普通的圆盘式电炉。有用铁柜盖严的盘式电炉称暗式电炉，它可用于不能直接用明火加热的试验。电炉按功率大小分为不同的规格，常用的电炉为：200W、500W、1000W、2000W。

有种“万用电炉”能调节发热量。炉盘在上方，炉盘下装有一个单刀多位电源开关，开关上有几个接触点，每两个接触点间装有一段附加电阻，用多节瓷管套起来，避免因相互接触或与电炉外壳接触而发生短路，或漏电伤人。凭借滑动金属片的转动来改变和炉丝串联的附加电阻的大小，以调节电炉丝的电流强度，达到调节电炉热量的目的。

如果化验室没有万用电炉，也可以将普通电炉接上功率相当或比它大的自耦调压器。调节输出电压，这样可以任意改变电流强度，亦即可任意改变电炉的发热量，也比万用电炉更方便。

使用电炉时应注意以下几点：

(1) 电源电压应与电炉规定使用电压相同，且电炉电源插座应有电源开关。

（2）电炉不要放在木质、塑料等可燃的实验台上，以免因长时间加热而烤坏台面，甚至引起火灾。

（3）若加热的是玻璃容器，必须垫上石棉网。若加热的是金属容器，要注意容器不能触及电炉丝，最好是断电的情况下取放加热容器。进行加热时，应防止加热液体溢出，否则易造成电热丝局部短路，同时，也易造成漏电事故和触电事故。

（4）被加热物若能产生腐蚀性或有毒气体，应放在通风柜中进行。

（5）炉盘内的凹槽要保持清洁，及时清除污物（先断开电源），以保持炉丝良好，延长使用寿命。

（6）电炉在维修时，必须首先切断电源，待炉温降至室温时方可进行，防止触电烫伤。更换炉丝时，新换上的炉丝的功率应与原来的相同。

（7）连续工作时间不应过长，以免影响其使用寿命。

2.4.2　电热板

电热板实际上就是一个封闭式的电炉，可调节温度，板上可同时放置比较多的加热物体，而且没有明火，是化验室常用的电热设备。

2.4.3　电加热套

电热套由镍铬电炉丝外绕玻璃纤维后再编成半球形网套而制成。由于玻璃纤维具有良好的绝缘性和柔软性，对玻璃器皿起防震防碰保护作用，并且可防止触电。玻璃纤维还具有其特殊作用，即当玻璃纤维受到电炉丝加热后，能放出较强的红外线，实现对液体高效均匀加热。另外，一旦可燃液体溅入套内，短时间不会引起燃烧，可防止火灾。电加热套使用时常连接自耦调压器，以调节所需温度。除适用于一般性液体的加热和保温外，对于油料一类的可燃性液体的加热和保温更为适用。

使用注意事项：

（1）因玻璃纤维表面涂有油脂，首次使用时应缓慢升温，至冒白烟后关闭电源，烟消后再通电反复几次，油脂挥发后，电热套由白变浅棕色再变白色，即可正式使用。

（2）玻璃纤维易吸潮，不用时谨防潮湿，保持经常干燥，以免降低绝缘性能。若遇潮后通电时有感应电，勿用手摸，要缓慢升温，使其干燥后方可使用。

（3）电热套最高温度应控制在450℃以下，否则会烧熔玻璃纤维。

（4）若需长时间使用最大电压工作，可将开关置于“固定”位置，以减少电路损耗。

2.4.4　恒温水浴锅和恒温槽

2.4.4.1 恒温水浴锅

电热恒温水浴锅用来加热和蒸发易挥发、易燃的有机溶剂及进行温度低于100℃的恒温实验。电热恒温水浴锅有两孔、四孔、六孔、八孔等，功率有500W、1000W、1500W、2000W等。电水浴锅分内外两层，内层用铝板制成，槽底安装有铜管，管内装有电炉丝作为加热元件。有控制电路来控制加热电炉丝。水箱内有测温元件，可通过面板上控温调节旋钮调节温度。外壳常用薄钢板制成，表面烤漆，内壁有绝热绝缘材料。

水浴锅侧面有电源开关、调温旋钮和指示灯。水箱下侧有放水阀门。水箱后上侧可插入温度计。水浴锅恒温范围常在40～100℃，温差为±1℃。

使用方法和注意事项如下：

（1）关闭放水阀门，将水浴锅内注入清水至适当的深度。

（2）将仪器电源插头插入插座。

（3）调节调温旋钮顺时针旋至适当位置。

（4）打开电源开关，通电，红灯亮，表示炉丝通电加热。此时，如红灯不亮，调节调温旋钮，如红灯仍不亮，应检查电路是否存在问题。

（5）炉丝加热后，温度计所指数值上升到距控制的温度差2℃时，反向转动调温旋钮至红灯熄灭止，此后红灯就断续亮灭，表示控制器起作用。这时再略微调节调温旋钮，即可达到预定恒定的温度。

（6）不要将水溅到电器盒里，以免引起漏电，损坏电器部件。

（7）水箱内要保持清洁，定期刷洗，水要经常更换。如长时间不用，应将水排尽，将箱内擦干，以免生锈。

（8）恒温水浴锅一定接好地线。且要经常检查水浴锅是否漏电。

2.4.4.2　恒温槽

恒温槽是实验室中控制恒温最常用的设备，具有高精度的恒温性能。一般常用的有液浴恒温槽和超级恒温槽。

（1）液浴恒温槽

液浴恒温槽装置见图1－2－1。浴槽最常用的是水浴槽，在较高温度时采用油浴。恒温范围5～95℃时使用水作为恒温介质，100～200℃时使用棉籽油、菜油作为恒温介质。

（2）超级恒温槽

超级恒温槽的基本结构和工作原理与液浴恒温槽相同，装置见1－2－2。特点是内有水泵，可将浴槽内恒温水对外输出并进行循环。同时，浴槽外壳有保温层，浴槽内设有恒温筒。

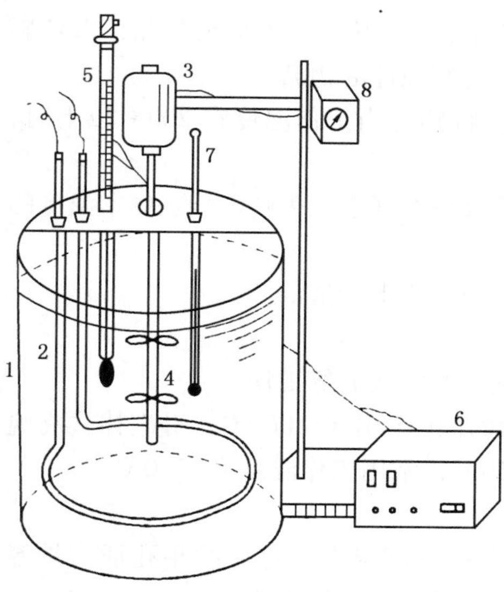

图1－2－1　液浴恒温槽

1—浴槽；2—电热棒；3—电机；4—搅拌器；5—电接点水银温度计；6—晶体管或电子管继电器；7—精密温度计；8—调速变压器

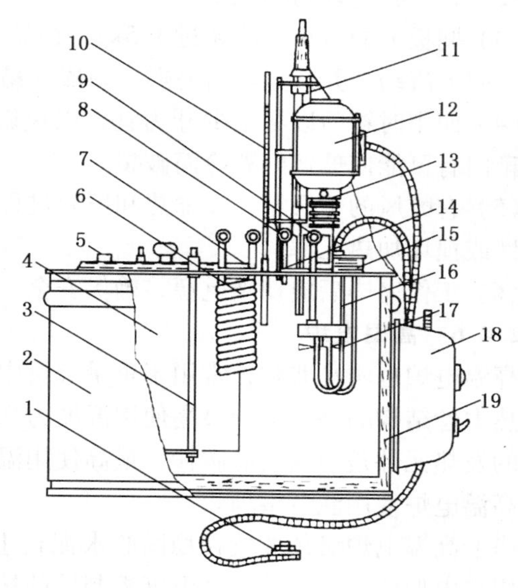

图1－2－2　超级恒温槽

1—电源插头；2—外壳；3—恒温筒支架；4—恒温筒；5—恒温筒加水口；6—冷凝管；7—恒温筒盖子；8—水泵进水口；9—水泵出水口；10—温度计；11—电接点温度计；12—电动机；13—水泵；14—加水口；15—加热元件线盒；16—两组加热元件；17—搅拌叶；18—电子继电器；19—保温层

使用方法和注意事项：

（1）恒温槽应水平放置在工作台上。初次使用前，应确保其电源插头无短路或绝缘不良现象。

（2）槽内未加水或加水量不符合规定时切勿通电，预防烧坏电热管。

（3）恒温水槽最好选用蒸馏水，切勿使用井水、洪水、泉水等硬水，以防筒壁积聚水垢而影响恒温灵敏度。槽内水不要加之过满，以防溢出漏至控制箱内，使电器受潮而发生故障。

（4）向槽内加入蒸馏水至离盖板 30～40mm，调节电接点水银温度计上帽形磁铁，使接点温度至给定温度。开启控制箱上电源开关、电动水泵开关和加热开关，水浴开始加热升温。当恒温指示灯出现时明时灭时，说明温度已达恒温。观察标准水银温度计之读数，若温度未达到给定温度，可再调节电接点水银温度计，直至所需温度为止。

（5）如果恒温槽长时间未使用时，应检查电动水泵转动情况。

2.4.5 电热恒温干燥箱

电热恒温干燥箱也称烘箱、干燥箱等，是利用电热丝隔层加热，使物体干燥的设备。它用于室温至 300℃范围内的恒温烘焙、干燥、热处理等操作。

烘箱的型号很多，但结构基本相似。一般由箱体、电热系统和自动恒温控制系统三部分组成。

使用干燥箱时需注意以下事项：

（1）干燥箱应安装在室内干燥和水平处，防止震动和腐蚀。

（2）要注意安全用电，根据干燥箱耗电功率安装足够容量的电源闸刀。选用足够粗的电源导线，并应有良好的接地线。

（3）搁板上的负重不能超过 1.5kg，物品排列不能过密，散热板上不应放物品，以免影响热气向上流动。并禁止烘焙易燃、易爆、易挥发以及有腐蚀性的物品。

（4）使用时箱门以尽量少开为宜，以免影响恒温。特别是当工作温度在 200℃以上时，开启箱门有可能使玻璃门骤冷而破裂。

（5）有鼓风的干燥箱，在加热和恒温过程中必须将鼓风机开启，否则影响工作室温度的均匀性或损坏加热元件。

（6）工作完毕后应切断电源，确保安全。烘箱内外应经常保持清洁。

2.4.6 高温电炉

高温电炉也叫马弗炉，常用于重量分析中灼烧沉淀、测定灰分等工作。

热力丝结构的高温电炉最高使用温度为 950℃，短时间内可用到 1000℃。硅碳棒式高温电炉的发热元件是炉内的硅碳棒，最高使用温度为 1350℃，常用工作温度为 1300℃。

高温电炉使用注意事项：

（1）高温电炉必须放置在稳固的水泥台上。将热电偶从高温电炉背后的小孔插入炉膛内，用热电偶的专用导线接至温度控制器的接线柱上。注意正、负极不要接错。

（2）查明电炉所需电源电压，配置功率合适的插头插座和保险丝，并接好地线，避免危险。炉前地面上应铺一块厚胶皮布，这样操作时比较安全。

（3）灼烧完毕后，应先拉下电闸，切断电源。但不应立即打开炉门，以免炉膛骤然受冷碎裂。一般可先开一条小缝，让其降温快些，待温度降至 200℃以下时方可打开炉门，用长柄坩埚钳取出样品。

（4）高温电炉在使用时，要经常照看，防止自控失灵造成电炉丝烧断等事故。晚间无人在时，切勿启用高温电炉。

（5）灼烧或熔融试样时，必须将试样置于耐高温的瓷坩埚或瓷皿中，严格控制操作条件，并在炉膛内衬垫耐火薄板以防熔液飞溅腐蚀和黏结炉膛，并应及时清除耐火板上的熔渣金属氧化物或其他杂质，以保持炉膛的平整清洁。

（6）灼烧普通坩埚时，盖子不要盖严，应留一条缝隙，灼烧结束立即盖上。灼烧挥发分坩埚时，应盖好盖子。

（7）炉膛内要保持清洁，炉子周围不要堆放易燃易爆物品。

（8）高温电炉不用时，应切断电源，并将炉门关好，防止耐火材料受潮气侵蚀。

2.5 分析天平

分析天平是化验室最常用的一种能精确测量物质质量的计量仪器。试验中，称量的准确与否直接影响测定结果的准确度和精密度。因此，了解天平的结构，熟悉和掌握天平的计量性能、正确使用和维护天平是保证试验结果准确的基础。

随着科技的进步，天平经过了由摇摆天平、机械加码光学天平、单盘精密天平到电子天平的历程。目前，机械天平尤其是双盘天平已逐渐为单盘天平和电子天平取代。

2.5.1 天平的分类及各类天平的特点

从天平的构造原理来分类，天平分为机械式天平（杠杆天平）和电子天平两大类。杠杆天平又分为等臂双盘天平和不等臂双刀单盘天平。双盘天平还可分为摆动天平和阻尼天平（有阻尼器），普通标牌和微分标牌天平（有光学读数装置，亦称为电光天平）。按加码器加码范围，可分为部分机械加码和全部机械加码。全机械加码电光天平的加码器比部分机械加码的易发生故障，使用者较少。双盘天平存在不等臂误差、空载和实载灵敏度不同及操作较麻烦等固有的缺点，逐渐被不等臂天平代替。不等臂天平采用全量机械加码，克服了双盘天平的缺点，操作更简便。

电子天平由于采用电磁力平衡的原理，没有刀口刀承，无机械磨损，采用全部数字显示，称量快速，连接计算机和打印机后可具有多种功能，是代表发展趋势的最先进的天平，已经得到广泛应用。

如按最大称量值划分，天平还可分为大称量天平、微量天平、超微量天平等。

2.5.2 天平的主要技术指标和计量性能

2.5.2.1 天平的主要技术指标

（1）精度

一般我们所认为的天平的精度是指天平的实际分度值，即天平称量时能读出的最小质量（相邻两个示值之差），用 d 表示。但实际上只有在天平的变动性能够达到与读数精度相应的指标时才认为此值可代表测量精度。在计量中，一般用检定分度值来表示天平的精度。

用于划分天平级别与进行计量检定的，以质量单位表示的值称为检定分度值，用 e 表示。检定分度值由下式规定：

$$1d \leqslant e \leqslant 10d$$

天平的最大称量与检定分度值之比称为检定分度数。天平按照检定分度值和检定分度数可划分为四个准确度等级：特种准确度级、高准确度级、中准确度级和普通准确度级。

选择电子天平应该从电子天平的检定分度值 e 上去考虑是否符合称量的精度要求。如选

0.1mg 精度的天平或 0.01mg 精度的天平，切忌不可笼统地说要万分之一或十万分之一精度的天平，因为国外有些厂家是用相对精度来衡量天平的，否则买来的天平无法满足用户的需要。

（2）最大称量

又称最大载荷，表示天平可称量的最大值。选择电子天平除了看其精度，还应看最大称量是否满足量程的需要。天平的最大称量必须大于被称物体可能的质量。但通常取最大载荷加少许保险系数即可，也就是常用载荷再放宽一些即可，不是越大越好。

（3）秤盘尺寸

天平的技术规格给出天平秤盘直径，可以根据称量物件的大小选择天平。

2.5.2.2　天平的计量性能

任何一台计量仪器都具有其特有的计量性能，天平的计量性能包括稳定性、灵敏性、正确性和不变性。

（1）天平的稳定性

天平的稳定性就是指天平在其受到扰动后，能够自动回到它们的初始平衡位置的能力。对于电子天平来说，其平衡位置总是通过模拟指示或数字指示的示值来表现的，所以，一旦对电子天平施加某一瞬时的干扰，虽然示值发生了变化，但干扰消除后，天平又能回复到原来的示值，则我们称该电子天平是稳定的。一台电子天平，其天平的稳定性是天平可以使用的首要判定条件，不具备天平稳定性的电子天平根本不能使用。

（2）天平的灵敏性

天平的灵敏性就是天平能觉察出放在天平衡量盘上的物体质量改变量的能力。天平的灵敏性可以通过角灵敏度，或线灵敏度、分度灵敏度、数字（分度）灵敏度来表示。对于电子天平，主要是通过分度灵敏度或数字（分度）灵敏度来表示的。天平能觉察出来的质量改变量越小，则说明天平越灵敏，对于电子天平来说，天平的灵敏度依然是判定天平优劣的重要性能之一。

（3）天平的正确性

天平的正确性，就是天平示值的正确性，它表示天平示值接近（约定）真值的能力。从误差角度来看，天平的正确性，就是反映天平示值的系统误差大小的程度。

对于杠杆式天平，天平的正确性主要表现在天平臂比的正确性。但是，无论是机械天平，还是电子天平，天平的正确性还表现在天平的模拟标尺或数字标尺的示值正确性，以及由于在天平衡量盘上各点放置载荷时的示值正确性。

（4）天平示值的不变性

天平示值的不变性是指天平在相同条件下，多次测定同一物体，所得测定结果的一致程度。

对于电子天平，其示值的不变性表现在对电子天平重复性，再现性的控制，对电子天平零位及回零误差的控制，对电子天平空载或加载时，天平在规定时间（比如加载 4h）的天平示值漂移的控制。

2.5.3　正确选用天平

建立各种类型的化验室都需要购置天平，天平的名称、规格、价格各不相同，这就需要在了解天平的技术参数和各类天平特点的基础上根据称量要求的精度及工作特点正确选用天平。

首先，要考虑称量的最大质量和要求的精度。

例如有如下几种要求：

（1）配制一般溶液，称量几到几十克物质，准确到0.1g。

（2）称取样品供测定用，容器重数10g，样重0.2g，要求称准至0.0002g。

（3）有机半微量定量分析及难获得的珍贵样品，称样量3～5mg，若要求测定准确度1%，称准至0.02mg即可。样品加上容器重小于1g。

为满足以上3种要求需要3台不同最大载荷和精度的天平。对于(1)，应该选择架盘药物天平，最大载荷100g，分度值0.1g。对于(2)，应选择单盘精密分析天平或电子天平。最大载荷100g，分度值0.1mg。对于(3)，应选择最大载荷2g，分度值0.01mg的天平。

总之，选择天平的原则是不能使天平超载，以免损坏天平。不应使用精度不够的天平，那样会达不到测定要求的准确度。也不应滥用高精度天平造成不必要的浪费。

对于要求频繁或连续测定质量值的工作，选用电子天平较为合适。

2.5.4　天平的称量原理

2.5.4.1　杠杆式机械天平称量原理

杠杆式机械天平是根据杠杆原理制成的一种衡量仪器。

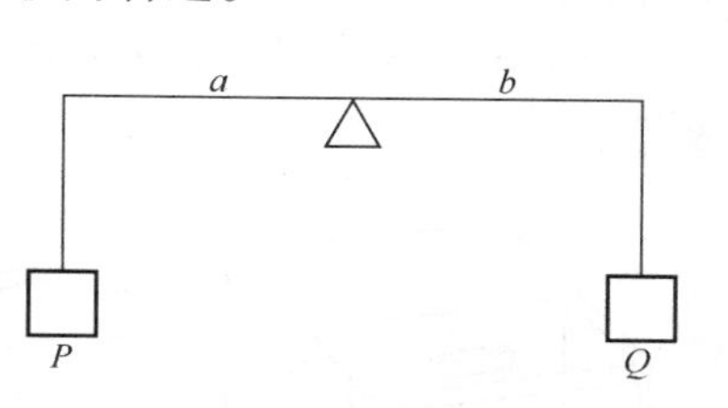

图1－2－3　杠杆原理

杠杆原理表述如下：当杠杆平衡时，两力对支点所形成的力矩相等，即力×力臂＝重力×重力臂。

在图1－2－3中，Q为被称物的重力，P为砝码的重力，a为力臂，b为重臂。如g为重力加速度，m_P为物体的质量，m_Q为砝码的质量，杠杆平衡时：

$$P \cdot a = Q \cdot b, m_P \cdot g \cdot a = m_Q \cdot g \cdot b$$

对于等臂天平设力臂等于重臂即$a = b$，同一位置重力加速度g相同，故$m_P = m_Q$。

利用杠杆原理，可以通过比较被称物体的质量和已知物体——砝码的质量来进行称量。在天平上测出的是物体的质量而不是重力。质量与g无关，不随着地域的不同而改变。

天平的灵敏度与横梁的质量成反比，与臂长成正比，与重心距(即支点与重心间的距离)成反比，重心越高，天平的灵敏度越高，但其稳定性必将减小。

2.5.4.2　电子天平称量原理

应用现代电子技术进行称量的天平称为电子天平。

各种电子天平的控制方式和电路结构不相同，但其称量的依据都是电磁力平衡原理。现以MD系列电子天平为例说明其称量原理。

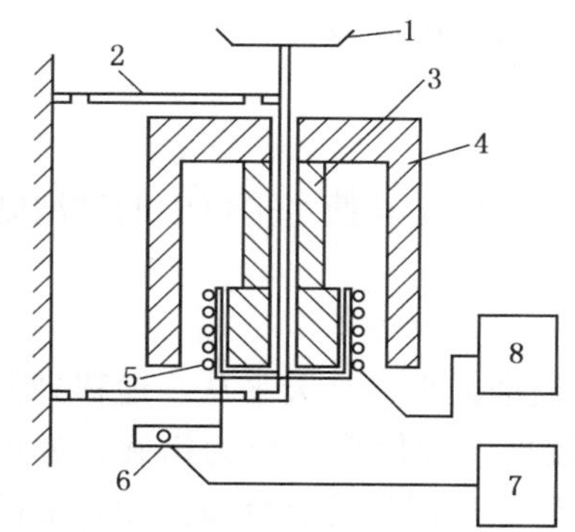

图1－2－4　MD系列电子天平结构示意图

1—秤盘；2—簧片；3—磁钢；4—磁回路体；5—线圈及线圈架；6—位移传感器；7—放大器；8—电流控制电路

我们知道，把通电导线放在磁场中时，导线将产生电磁力，力的方向可以用左手定则来判定。当磁场强度不变时，力的大小与流过线圈的电流成正比。如果使重物的重力方向向下，电磁力的方向向上，与之相平衡，则通过导线的电流与被称物体的质量成正比。电子天平的结构示意图见图1－2－4。

秤盘通过支架连杆与线圈相连，线圈置于磁场中。秤盘及被称物体的重力通过连杆支架作用于线圈上，方向向下。

线圈内有电流通过，产生一个向上作用的电磁力，与秤盘重力方向相反，大小相等，位移传感器处于预定的中心位置，当秤盘上的物体质量发生变化时，位移传感器检出位移信号，经调节器和放大器改变线圈的电流直至线圈回到中心位置为止。通过数字显示出物体的质量。

2.5.5 电子天平的特点

(1) 电子天平支承点采用弹性簧片，没有机械天平的宝石或玛瑙刀，取消了升降枢装置，采用数字显示方式代替指针刻度显示。使用寿命长，性能稳定，灵敏度高，操作方便。

(2) 电子天平采用电磁力平衡原理，称量时全量程不用砝码。放上被称物后，在几秒钟内即达到平衡，显示读数，称量速度快，精度高。

(3) 电子天平具有称量范围和读数精度可变的功能。

(4) 分析及半微量电子天平一般具有内部校正功能。天平内部装有标准砝码，使用校准功能时，标准砝码被启用，天平的微处理器将标准砝码的质量值作为校准标准，以获得正确的称量读数。

(5) 电子天平是高智能化的，可在全量程范围内实现去皮重、累加、超载显示、故障报警等。

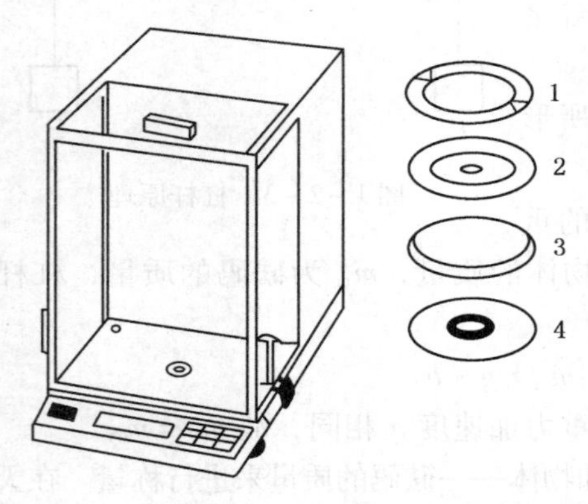

图 1-2-5 电子分析天平外形及各部件

1—秤盘；2—盘托；3—防风环；4—防尘隔板

(6) 电子天平具有质量电信号输出，这是机械天平无法做到的。它可以连接打印机、计算机，实现称量、记录和计算的自动化。同时也可以在生产、科研中作为称量、检测的手段及组成各种新仪器。

2.5.6 电子天平的安装和使用方法

2.5.6.1 电子天平的安装

精度要求高的电子天平理想的放置条件是室温20℃ ±2℃，相对湿度45% ~60%。

天平台要求稳固，具有抗震及减震性能。不受阳光直射，远离暖气与空调，不要将天平放在带磁设备附近，避免尘埃和腐蚀性气体。

电子天平的安装较简单，一般按说明书要求进行即可。图 1-2-5 是电子天平外形及各部件图(ES-J 系列)。清洁天平各部件后，放好天平，调节水平，依次将防尘隔板、防风环、盘托、秤盘放上，连接电源线。

2.5.6.2 电子天平的使用方法及使用注意事项

1. 使用方法

(1) 使用前检查天平是否水平，如不水平，可旋转天平的底脚螺丝使水平仪中的气泡处于中心位置。检查秤盘是否清洁、有灰尘应用软毛刷刷净。

(2) 称量前接通电源预热 30min。

(3) 按天平说明书要求的时间预热天平。首次使用必须校准天平，将天平从一地移到另一地使用或在使用一段时间(30 天左右)后，应对天平重新校准。为使称量更为精确，亦可随时对天平进行校准。可按说明书中校准程序用内装校准砝码或外部自备有修整值的校准砝码进行校准。

(4) 称量(直接称量法)

① 按下显示屏的开关键，使天平处于零位。若不在零位，轻按“TAR”清零键。

② 将称量用器皿放在秤盘上，读取数值并记录。此数值为器皿质量。

③ 轻按去皮键“TAR”使天平重新显示为零。

④ 在器皿中加入欲称量的试样，至显示所需质量。读数并记录，此数值为样品的质量。如有打印机，可轻按“PRT”打印模式选择键进行打印。

⑤ 将器皿连同试样从秤盘上取下，关上天平门。

⑥ 轻按“TAR”清零键，以备再用。

⑦ 轻按“OFF”关机键，显示器熄灭。

⑧ 称量工作完成后，拔下电源，罩上天平罩。

电子天平与传统的杠杆天平相比，称量原理差别较大，使用者必须了解它的称量特点，正确使用，才能获得准确的称量结果。

2. 注意事项

(1) 电子天平在安装之后，称量之前必不可少的一个环节是“校准”。这是因为电子天平是将被称物的质量产生的重力通过传感器转换成电信号来表示被称物的质量的。称量结果实质上是被称物重力的大小，故与重力加速度 g 有关，称量值随纬度的增高而增加。例如在北京用电子天平称量100g的物体，到了广州，如果不对电子天平进行校准，称量值将减少137.86mg。另外，称量值还随海拔的升高而减小。因此，电子天平在安装后或移动位置后必须进行校准。

(2) 电子天平开机后需要预热较长一段时间(至少0.5h以上)，才能进行正式称量。

(3) 电子天平的积分时间也称为测量时间或周期时间，有几挡可供选择，出厂时选择了一般状态，如无特殊要求不必调整。

(4) 电子天平的稳定性监测器是用来确定天平摆动消失及机械系统静止程度的器件。当稳定性监测器表示达到要求的稳定性时，可以读取称量值。

(5) 在较长时间不使用的电子天平应每隔一段时间通电一次，以保持电子元器件干燥，特别是湿度大时更应经常通电。

(6) 若电子天平在一天内要进行多次称量，应让天平整天开启，不必关闭，以让天平内部有一个恒定的温度，有利于称量的准确度。

(7) 电子天平操作完毕，应取下秤盘上的被称物才能关闭电源，否则将损坏天平。

(8) 电子天平要小心使用，轻按各功能键并保持天平清洁(秤盘和外壳需经常用软布和软毛刷轻轻地拂拭)。

2.5.7 电子天平常见故障及排除

电子天平常见故障及其排除方法见表1-2-4。

表1-2-4 电子天平常见故障及排除

天平故障	产生原因	排除方法
1. 显示器上无任何显示	无工作电压	检查供电线路及仪器
2. 显示不稳定	1. 振动和风的影响 2. 防风罩未完全关闭 3. 称盘与天平外壳之间有杂物 4. 防风屏蔽环被打开 5. 被称物吸湿或有挥发性，使质量不稳定 6. 干燥剂的吸水和放水形成了不同方向的气流，引起了空气浮力的变化，导致称量不稳定	1. 检查放置场所，采取相应措施 2. 关闭防风罩 3. 排除杂物 4. 放好防风环 5. 给被称物加盖 6. 应该将称量室内的干燥剂移走保持稳定的称量环境

续表

天平故障	产生原因	排除方法
3. 测定值漂移	被称物带静电荷	装入金属容器中称量
4.（有的型号）频繁进入自动量程校正	室温及天平温度变化太大	移至温度变化小的地方
5. 称量结果明显错误	天平未经调校	对天平进行调校

2.5.8 称量方法与称量误差

2.5.8.1 试样的称量方法

1. 指定质量的试样的称量方法（固定称样法）

在分析工作中，有时需准确称取某一指定质量的试样。例如：要求配制浓度为 $c_{(K_2Cr_2O_7)}$ = 0.1000mol/L 的 $K_2Cr_2O_7$标准溶液 1000mL，需称取 4.904g $K_2Cr_2O_7$，这时可采用固定称样法。此法要求试样在空气中稳定。称量方法如下：

对机械天平，可先在天平上准确称出容器的质量（容器可以是小表面皿、小烧杯、不锈钢制的小簸箕或碗形容器、电光纸等），然后在天平上增加欲称取质量数的砝码，用药勺盛试样，在容器上方轻轻振动，使试样徐徐落入容器，调整试样的量至达到指定质量。

对电子天平，先将容器放置在天平的秤盘中央，稳定后按“去皮”键，使天平回零，用药勺盛试样，在容器上方轻轻振动，使试样徐徐落入容器，调整试样的量至达到指定质量。

称量完后，将试样全部转移入实验容器中。（表面皿可用水洗涤数次，称量纸上必须不粘附试样。）

此法也可用于称取非指定质量的试样。

2. 减量法称样

减量法称样的方法是首先称取装有试样的称量瓶的质量，再称取倒出部分试样后称量瓶的质量，二者之差即是试样的质量，如再倒出一份试样，可连续称出第二份试样的质量。

此法因减少被称物质与空气接触的机会故适于称量易吸水、易氧化或与二氧化碳反应的物质，适于称量几份同一试样。称量方法如下：

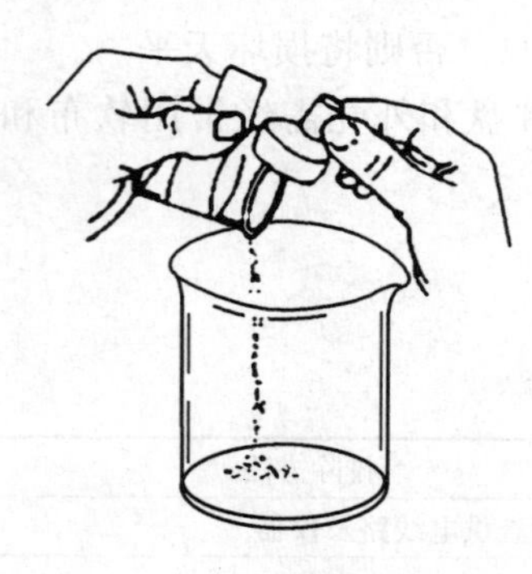

图 1-2-6 从称量瓶中倒出试样的操作方法

在称量瓶中装入一定量的固体试样，例如要求称取两份 0.4～0.6g 试样，可用药物天平称取 1.2g 试样装入瓶中，盖好瓶盖，手带细纱手套或用纸条套住称量瓶放在天平盘上，按“去皮”键清零。取出称量瓶在容器（一般为烧杯或锥形瓶）上方，使瓶倾斜，打开瓶盖，用盖轻轻敲击瓶口上缘，渐渐倾出样品（图 1-2-6），估计已够 0.4g 时，在一面轻轻敲击的情况下，慢慢竖起称量瓶，使瓶口不留一点试样，轻轻盖好瓶盖（这一切都要在容器上方进行，防止试样丢失），放回天平盘上，准确称出其质量。如一次减样，不够 0.4g，应再倒一次，但次数不能太多。如倒出的试样超过要求值，不可借助药勺放回，只能弃去重称。如要再称一份试样，则按上述方法倒样、称量。

液体试样可以装在小滴瓶中用减量法称量。

3. 挥发性液体试样的称量

用软质玻璃管吹制一个具有细管的球泡，称为安瓿，用于吸取挥发性试样，熔封后进行称量。沸点低于 15℃的试样，球泡壁应稍厚。泡壁均匀，在木板上敲击不碎。先称出空安瓿质量，然后将球泡部在火焰中微热，赶出空气，立即将毛细管插入试样中（图1－2－7(a)），同时将安瓿球浸在冰浴中(碎冰＋食盐或干冰加乙醇)待试样吸入到所需量(不超过球泡2/3)，移开试样瓶，使毛细管部试样吸入，用小火焰熔封毛细管收缩部分(图1－2－7(b))，将熔下的毛细管部分赶去试样，和安瓿一起称量，两次称量之差即为试样质量。

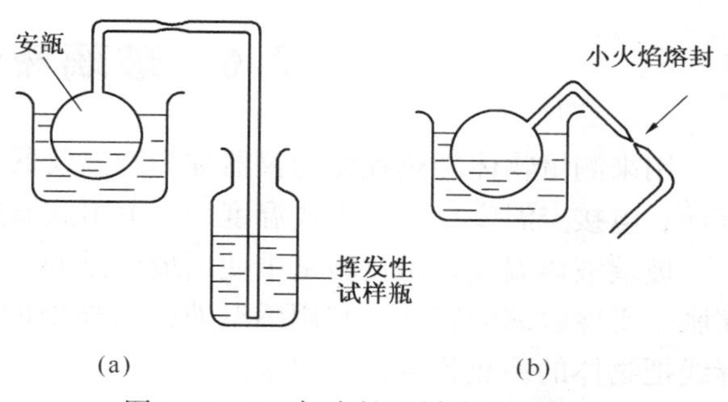

图1－2－7　挥发性试样称量用安瓿

盛装沸点低于20℃的试样时应戴上有机玻璃防护面罩。

2.5.8.2　称量误差

称量同一物体的质量，不同天平、不同操作者有时称量结果不完全相同，即测量值与真值之间有误差存在。称量误差分为系统误差、随机误差和过失误差。

如果发现称量的质量有问题应从被称物、天平和砝码、称量操作等几方面找原因。

1. 被称物情况变化的影响

（1）被称物表面吸附水分的变化

烘干的称量瓶、灼烧过的坩埚等一般放在干燥器内冷却到室温后进行称量。它们暴露在空气中会吸附一层水分而使质量增加。空气湿度不同，所吸附的水分的量也不同，故要求称量速度快。

（2）试样能吸收或放出水分或试样本身有挥发性

这类试样应放在带磨口盖的称量瓶中称量。灼烧产物都有吸湿性，应在带盖的坩埚中称量。

（3）被称物温度与天平不一致

如果被称物温度较高，能使称量结果小于真实值。故烘干或灼烧的器皿必须在干燥器内冷至室温后再称量，要注意在干燥器中不是绝对不吸附水分，只是湿度小而已，应掌握相同的冷却时间如都为45min或1h。

2. 天平和砝码的影响

应对天平和砝码定期(最多不超过1年)进行计量性能检定。

电子天平应定期进行校准。

3. 环境因素的影响

由于环境不符合要求，如震动、气流、天平室温度太低或有波动等，使天平的变动性增大。

4. 空气浮力的影响

当物体的密度与砝码的密度不同时，所受的空气浮力也不同，空气浮力对称量的影响可进行校正。在分析工作中，标准物和试样的空气浮力的影响可互相抵消，因此一般可忽略此项误差。

5. 操作者造成的误差

由于操作者不小心或缺乏经验可能出现过失误差，如称量值读错、天平未稳定就读数等。操作者开关天平过重、天平不水平或由于容器受摩擦产生静电等都会使称量不准确。

2.6 玻璃液体温度计

用来测量物体冷热程度的仪器称为测温仪器。化验室常用的测温仪器主要有玻璃液体温度计、电接点温度计、压力式温度计、电阻式温度计、热电偶温度计。

玻璃液体温度计是化验室中使用最广泛的一种测量仪表，它的制成是基于物体都有受热膨胀、受冷收缩的特性，利用感温液体与玻璃的热膨胀(或冷收缩)之差，通过能见的刻度标线把物体的冷热程度指示出来。

2.6.1 玻璃液体温度计的分类

1. 按基本结构形式分

按玻璃温度计的基本结构形式的不同，分为棒式、内标式和外标式。见图1-2-8。

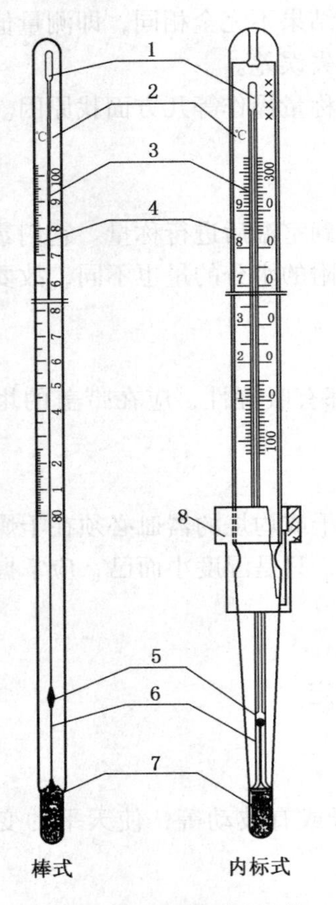

图1-2-8 石油试验用玻璃液体温度计
1—安全泡；2—棒状毛细管(外套管)；3—毛细管(内芯毛细管)；4—温度标尺(标尺板)；5—中间泡；6—液柱；7—感温泡；8—金属套管

(1) 棒式：温度计为棒式，感温泡与棒内毛细孔相通，字、线、商标等刻、印在外面。其优点是示值准确度高，但标尺刻度不清晰，涂色也易脱落。

(2) 内标式：温度计为套管式，感温泡与套管和套管内的毛细管相互熔接在一起，字、线、商标等刻、印在乳白色的标尺上，标尺与套管、毛细管固定在一起。标尺刻度清晰，易于读取示值，但标尺板与玻璃毛细管固定部位稍有松动就会造成横向、纵向位移，引起测量误差。

(3) 外标式：是将熔焊有感温泡的毛细管直接固定在刻有温度标尺的塑料、木料、金属或其他材料所制成的板上，这类温度计的精度较低，但读数更为清晰。

2. 按温度计使用时浸没方式分

按温度计使用时浸没方式不同，玻璃温度计可分为全浸式和局浸式

(1) 全浸式温度计：使用时要求温度计插入被测介质的深度应接近于弯月面所指示的位置，液柱弯月面高出被测介质表面不得大于15mm。这类温度计本身受周围环境温度的影响很小，测量的精度较高。

(2) 局浸式温度计：使用时要求温度计插入到温度计本身所标志的固定浸没位置。由于局浸式温度计的浸没深度固定，测量温度时不必随温度变化而改变浸入深度，但由于大部分露于被测介质之外，受周围环境温度影响很大，测量精度低于全浸式温度计。

3. 按使用对象不同分

按温度计使用对象不同，分为标准水银温度计和工作用温度计。

(1) 标准水银温度计：标准水银温度计有一等和二等之分，其测量范围一般为-30～300℃，主要用来传递温度的量值。一等标准水银温度计有9支组和13支组，最小分度值分

别为0.05℃和0.1℃，为提高读数精度，便于正向和反向读数，一等标准水银温度计采用透明棒式结构，用于检定二等标准温度计，也可用于精密测温。二等标准水银温度计由7支组成一套，有内标式和棒式两种。主要用于检定各种工作温度计，还广泛用于精密测温。

（2）工作用温度计：这类温度计直接用于生产科研工作中进行温度测量，应用最广。工作用温度计又分为一般规格的通用温度计和专用温度计。石油产品试验用温度计属于专用温度计，其主要技术条件符合GB/T 514—2005《石油产品试验用玻璃液体温度计技术条件》。

4. 按感温液体不同分

按温度计感温液体不同，分为水银温度计和有机液体温度计。

（1）水银温度计：以水银或水银－铊合金作为感温液体。其优点是：

① 水银表面张力大，内聚力也较大，不粘附于玻璃，液柱端面在毛细管内显示清晰。较之其他感温液体，水银的膨胀系数小，膨胀规律性较好，能使温度计有较均匀的分度间距。

② 水银在常压下凝点为－38.68℃，沸点为356.66℃，所以能在很宽范围内保持液体状态。

③ 水银导热系数大，传热快，可减小温度计的热惰性；比热容较小，也有利于减小温度计的热惰性；具有良好的导电性，可用于制造电接点温度计。

④ 在沸点温度下，水银饱和蒸气压比其他液体小，因此，在水银柱上部毛细管和安全泡中只需充入较小压力的气体（一般充入氮气），便可显著提高水银的沸点和温度计的测量上限。用石英玻璃制成的温度计其测量上限温度可达1200℃。

由于水银的性能优越，所以，它是制造准确性、稳定性和灵敏性要求高的标准玻璃温度计、精密实验室温度计和石油产品试验用温度计较好的感温液体。但水银存在提纯精制工艺复杂、污染严重和生产成本较高等问题。

（2）有机液体温度计：用乙醇、甲苯、煤油和戊烷等有机液体作为感温液体。有机液体感温液与水银相比有以下优点：熔点低，即下限温度低；膨胀系数大，玻璃毛细管孔径比水银温度计大，且易着色，便于读取示值；生产成本低。但有机液体温度计测量上限温度不高；有机液体挥发性强，对玻璃附着力大；导热系数小，热惰性大。

2.6.2 石油产品试验用温度计在使用和保管时的注意事项

（1）温度计必须符合国家标准（GB/T 514—2005《石油产品试验用液体温度计技术条件》）的要求，并附有检定证书。根据试验方法标准要求，正确选择温度计，不同用途的专用温度计不能相互代用。温度计的读数（即示值）应按检定证书所记载的修正值进行修正。

在油品化验中，温度计修正值的运用有两种情况：

一是试验后将实际观测温度（示值）修正为准确温度（真值），如闪点、馏程测定等。

将实际观测温度（示值）修正为准确温度时，按式（1－2－1）计算：

$$\text{准确温度} = \text{示值} + \text{修正值} \quad (1-2-1)$$

如蒸馏测定时，实际观测温度为141.5℃，其修正值为－1.1℃，此时的准确温度为：

$$141.5 + (-1.1) = 140.4℃$$

即应报出140.5℃。

二是试验前将试验所要求的准确温度修正为实际观测温度，如黏度测定等。

将准确温度修正为实际观测温度（示值）时，按式（1－2－2）计算：

$$\text{示值} = \text{准确温度} - \text{修正值} \quad (1-2-2)$$

如测定油品50℃（准确温度）运动黏度时，已知温度计50℃时的修正值为－0.1℃，则试验时温度计的实际观测温度应为50.0－（－0.1）＝50.1℃

（2）使用温度计时，所测温度不能超出温度计的测量范围。为使测量数据准确可靠，温度计的感温泡应完全浸入被测介质中，且不能接触器壁。所使用的温度计，必须保持清洁，用完后不应留有被测物质的痕迹，洗净存放在温度计盒内或专用抽屉内。

（3）使用时，必须按规定深度浸入。如果是全浸式，则应将温度计尽可能深地插到被测介质中，露出液柱部分只要不影响读数即可；如果是局浸式，则应将温度计浸到规定的深度。

（4）使用中发现温度计的液柱中或储囊中有气泡时，应采用以下方法：若水银柱中断，可将储囊放在冷却剂内冷却，使所有的水银收缩到储囊内。如液柱不能完全缩入，可在冷却储囊的同时，再用浸有热水的布将温度计的上部包住，使水银加快收缩。若乙醇柱中断，可将温度计直立，轻轻弹击，使断柱复原，也可用冷却剂使其收缩复原。上部有安全泡的温度计可将储囊慢慢加热，以消除中断现象。但不能使乙醇超过安全泡的三分之一，以免胀裂。

2.7 测压仪表

化验室常用的测压仪表有压力表和气压计等。

2.7.1 压力表

压力表按其测量精确度，可分为普通压力表和精密压力表。普通压力表是用来测量介质的压力量值，其派生的其他多种压力表可用于特殊介质、特殊要求或在特定环境中的压力测量。精密压力表主要用于校验工业用普通压力表，也可用于在线测量高精度工作介质的压力。

压力表按其指示压力的基准不同，分为一般压力表、绝对压力表、差压表。一般压力表以大气压力为基准；绝对压力表以绝对压力零位为基准；差压表测量两个被测压力之差。

压力表按其测量范围，分为真空表、压力真空表、微压表、低压表、中压表及高压表。真空表用于测量小于大气压力的压力值；压力真空表用于测量小于和大于大气压力的压力值；微压表用于测量小于60000Pa的压力值；低压表用于测量0～6MPa压力值；中压表用于测量10～60MPa压力值；高压表用于测量100MPa以上压力值。

目前常用的压力表有指针式压力表和数字压力表。指针式压力表的工作原理是：当被测介质通过接口部件进入弹性敏感元件（弹簧管）内腔时，弹性敏感元件在被测介质压力的作用下其自由端会产生相应的位移，相应的位移则通过齿轮传动放大机构和杆机构转换为对应的转角位移，与转角位移同步的仪表指针就会在示数装置的度盘刻线上指示出被测介质的压力。而数字压力表的工作原理是被测介质压力通过压力接口传到传感器的感压膜片，传感器将感应的电信号经放大转换处理后显示数字。目前数字压力表以其指示直观、性能稳定而得到了广泛的应用。

使用注意事项：

（1）经常检查导压管线、阀门、接头及焊接等处有无泄漏。如有，应及时排除。

（2）定点定时进行巡回检查，检查仪表的完整性，保持仪表的清洁，特别应检查压力表的指示值。若指示值与正常的工艺值相差很大，可用合格的同型号规格的压力表换装上去以比较鉴别。若指示指针指在一处不动，可开大压力表前的阀门，看指针是否有变化。若没有变化，则可能是导压系统某处被堵死。特别是阻尼器容易被堵死。若指示指针摆动频繁，幅度又较大时，可将压力表前的阀门关小一些，使指针稍稍摆动即可。

（3）安装在泵出口处的压力表，为了防止压力表受瞬时冲击超压而损坏，在启动泵时，应先将压力表前的阀门关死，待泵启动后才缓慢开启阀门。这一点对经常启动的泵来说应特别注意。

（4）运行的压力表都需定期进行检定。

2.7.2 气压计

气压计是用来准确测量大气压力的仪器，包括水银气压计和空盒式气压表，目前最常用的是空盒式气压表。

2.7.2.1 水银气压计

1. 水银气压计的测压原理

水银气压计是利用水银柱质量与大气压力相平衡的原理来测定气压的。

在一端开口、一端封闭的玻璃管内装满水银，然后堵住管口将其倒立于水银槽内，如图1－2－9所示。在管 a、b 处将受到两个力的作用：一是方向向下的水银柱质量，另一是方向向上的大气压力。当水银柱的质量大于大气压力时，水银柱就下降，反之上升。当水银柱的质量与大气压力相等时，水银柱则停止升降而稳定在一定的位置上。而且大气压力越大，水银柱的高度越高。因此，可以用水银柱的高度间接表示大气压力的大小。

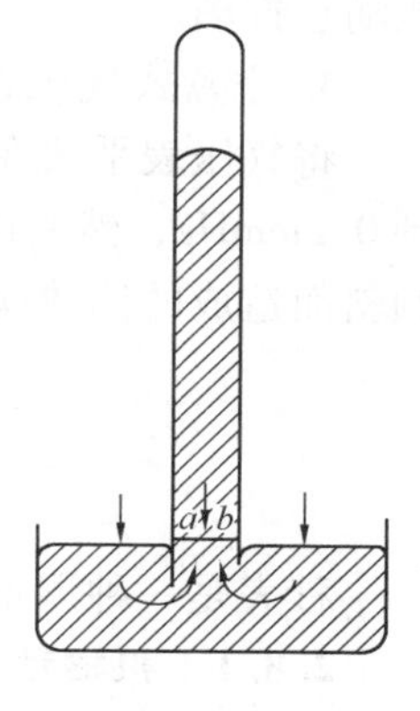

图1－2－9 水银气压计测压原理

2. 水银气压计的分类

常用的水银气压计有动槽式和定槽式两种类型。其结构基本相同，由于目前化验室应用不是很多，在此不做具体介绍。

2.7.2.2 空盒式气压表

空盒式气压表是一种测定气压的轻便仪器，如图1－2－10所示，它携带方便，操作简单，但测压的准确性不如水银气压计。

1. 空盒式气压表工作原理

空盒式气压表是以随大气压力变化而产生轴向位移的空盒组作为感应元件。当大气压力增加时，真空膜盒组被压缩，通过传动机构使指针顺时针偏转一定角度；当大气压力减小时，真空膜盒组膨胀，通过传动机构使指针逆时针偏转一定的角度。

2. 空盒式气压表的结构

空盒式气压表主要由压力感应元件、传动机构、指示和调节机构等四部分组成。

（1）感应部分：由一组具有弹性的真空膜盒组成，如图1－2－10(b)所示。盒面成圆形波纹，真空膜盒组的一端固定在金属板上，另一端与传动部分相连。主要作用是感应气压的大小。

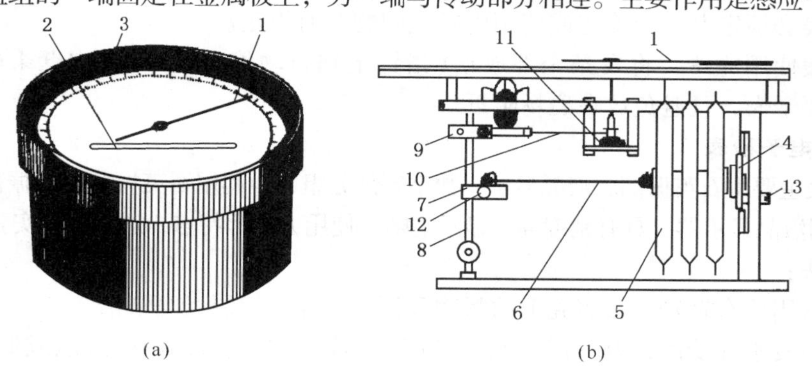

图1－2－10 空盒式气压表

1—指针；2—温度计；3—气压刻度；4—金属板；5—膜盒组；6—连杆；7—调节器；8—中间轴；9—拉杆；10—链条；11—游丝；12—调节螺钉；13—安装螺钉

(2) 传动部分：由一套机械传动和杠杆装置组成，如图 1－2－10(b)所示。它由连杆、调节器、中间轴、杠杆、链条、游丝和指针等组成。通过它可将真空膜盒组感应气压形成的微小形变放大，并由指针指示出来。

(3) 指示部分：由指针、气压刻度盘和温度计等组成，如图 1－2－10(a)所示。主要作用是指示气压大小和温度高低。

(4) 调节部分：由调节器、调节螺钉和安装螺钉等组成。调节器和调节螺钉是用来调节仪器放大率的。安装螺钉是用来校正指针位置的。它们只在检定和校正仪器时使用，平时不能随意拧动。

3. 空盒式气压表的使用

将气压表平放在台面上，轻敲表壳，待指针静止后，读取指针尖端所指示的数值，精确到0.2mmHg，然后读取温度，精确到0.2℃。使用气压表时必须水平放置，以防由于气压表倾斜而造成的读数误差。读数时观测者的视线必须与刻度盘平面垂直。

2.8 秒　　表

秒表是一种测量时间间隔的仪表。化验室常用的有机械秒表和电子秒表。

2.8.1 机械秒表

机械秒表由表壳和机芯两部分组成。机芯装在金属表壳中，由发条、轮系、操纵机构、摆动系统和指针启动、停止、回零机构组成；表盘上有秒刻度盘和分刻度盘，其相应的指针分别为秒针和分针。按秒针的跳动量可分为百分之一秒、五十分之一秒、十分之一秒和五分之一秒四种。

使用和注意事项：

(1) 每次使用前，小心地把发条上满。

(2) 秒表工作时，应放在干净的桌面上(表盘向上)，等时间快到时再拿在手中作停住准备，尽量避免手持过久，使秒表温度升高，影响其准确度。

(3) 使用时要防止摔、碰或过大地震动，不要用有汗的手或带有其他沾污物的手拿秒表。

(4) 启动和停止秒表时不要用力过大，且不能连续按动。

(5) 秒表必须定期进行检定或使用中发现问题及时检定。

(6) 秒表使用完毕，将发条全部放松(指针走到自动停止)，放在内壁柔软的盒子里，存放的地方要干燥，且避免放在磁场附近。

2.8.2 电子秒表

电子秒表主要由石英振荡、液晶显示、数字等部分组成，利用石英振荡器的振荡频率作为时间基准，采用液晶显示器，具有精度高、显示清晰、使用方便等特点，适于各种实验室使用。

保养方法：

(1) 经常用软布轻轻擦去表壳上的污物和汗渍，保持镀层光亮清洁。

(2) 避免浸水和受潮，万一浸了水，可用工具把后盖撬开，用电灯泡或低于60℃的热源烘干。

(3) 避免受激烈震动和高温。

(4) 电池更换方法：撬开，松开电池上的压簧，取出电池，换上相同规格的新电池(勿用金属镊子钳，以防新电池短路)，盖上后盖。

（5）太阳能电池组不宜用强光长时间直射，以防光电过量而损坏电池。

2.9 其他设备

2.9.1 电动离心机

在定性分析中常利用离心机将沉淀与溶液分离，我们把这种操作叫做离心分离。离心分离主要利用离心机高速旋转时产生的离心力，将沉淀物甩到试管底部与溶液分开。离心分离的效率主要决定于所产生的离心力的大小，而离心力的大小则取决于沉淀物的质量和电动机的转速。

离心分离适用于半微量沉淀的分离。一般不易过滤的各种黏度较大的溶液、乳浊液或油类溶液等分离，也用于洗涤沉淀。

使用离心机应注意以下事项：

（1）离心机应放在稳固的试验台上，以防离心机滑动或震动，出现事故。

（2）开动离心机时应逐渐加速，当发现声音不正常时，要停机检查，排除故障(如离心管不对称、质量不等及离心机位置不水平或螺帽松动等)后再工作。

（3）离心管要对称放置，如管为单数不对称时，应再加一管装相同质量的水调整对称。

（4）离心机的套管要保持清洁，管底应垫上橡皮、玻璃毛或泡沫塑料等物，以免试管破碎。

（5）关闭离心机时也要逐渐减速，直至自动停止，不要用手强制停止。

（6）密封式的离心机在工作时要盖好盖，确保安全。

2.9.2 电磁搅拌器

电磁搅拌器是由一个微型马达带动一块磁铁旋转，吸引托盘上装溶液的容器中的搅拌子转动，达到搅拌溶液的目的。搅拌子也称磁子，它是用一小段铁丝密封在玻璃管或塑料管中(避免铁丝与溶液起反应)，搅拌子随磁铁转动而转动。托盘下面除磁铁外，还有电热装置，很细的电热丝夹在云母片内，起加热作用。

电磁搅拌器面板上有电源开关、加热开关、转速调节旋钮和指示灯等。

电磁搅拌器型号很多，但其结构基本相同，操作也很简单，广泛应用于各种需要搅拌的操作中，如电位滴定、pH 值测定、离子选择电极测定各种离子等。

使用电磁搅拌器前，先将转速调节旋钮调至最小，接上 220V 电源，打开电源开关，电源指示灯即亮，需要搅拌的容器置托盘的中央，调节合适的转速，转速不要过快，以免溶液外溅腐蚀托盘，一般使溶液产生轻微旋涡为宜。需要加热时，可打开加热开关，调节合适的温度。

2.9.3 超声波清洗机

超声波清洗机去污力强，清洗效果好，已广泛用于清洗要求质量高、形状复杂的零配件和器件等，同时还可用于进行超声粉碎、超声乳化、超声搅拌、加速化学反应和超声提取等。

清洗时，将被清洗的器件放在注满清洗剂的容器内，清洗剂根据需要可用蒸馏水、乙醇、丙酮、洗涤剂和酸碱液等，然后把超声波发生的电讯号通过超声波换能器转换成超声波振动并引入清洗剂中，在超声波作用下使污垢脱落达到清洗的目的。超声波清洗是利用超声波的所谓空化作用来实现的。超声声压作用于液体时会在液体中产生空间，蒸气或溶入液体的气体进入空间就会生成许多微气泡，这些微气泡将随着超声振动强烈的生长和闭合，气泡破灭时产生大的冲击力，在此力作用下污垢被乳化、分散离开被清洗物，达到清洗目的。

第3章 化验室基本操作

3.1 仪器的洗涤干燥

3.1.1 仪器洗涤

3.1.1.1 一般玻璃仪器的洗涤

1. 用水或洗涤剂洗涤

仪器仅粘有可溶于水的脏物时，可用水洗涤。洗涤时，根据仪器的种类和规格选用合适的毛刷，蘸水刷洗，然后用自来水冲洗，如此反复数遍，最后用少量蒸馏水淋洗2~3次。

洗净的仪器，其内壁附着水应成均匀的水膜，任何地方不能沾有聚集的水珠。否则，用毛刷蘸取洗涤剂(最常用的是洗衣粉，可先配成饱和溶液备用)，将仪器再仔细刷洗数遍，然后依次用自来水和蒸馏水冲洗干净。

2. 用铬酸洗液洗涤

用水和洗涤剂洗不净或用毛刷不便刷洗的仪器(如滴定管、容量瓶、吸量管等)，可用铬酸洗液洗涤。洗涤时，先将仪器中的水倒净，注入少量洗液，慢慢倾斜和转动仪器，使洗液润湿到仪器口部边沿上，停留几分钟后，将洗液倒回原瓶中，然后用自来水冲洗数遍，再用蒸馏水淋洗2~3次。

铬酸洗液可以使用多次，直到颜色变绿为止。使用时应注意铬酸洗液不能洗涤沾有乙醇、汽油或大量油脂等有机物的仪器，否则容易变质。铬酸洗液有强烈腐蚀性，不能将它倒入水槽中，以免腐蚀下水道。如果落在手上或衣服上，要迅速用水冲洗干净。铬酸洗液吸湿性强，每次使用后要盖好瓶盖。

3. 用汽油或有机溶剂洗涤

被油脂沾污的仪器，应先用汽油洗涤，再根据实验对仪器洁净程度的要求，选用相宜的有机溶剂。如用过的毛细管黏度计，用汽油洗涤后，再用乙醇-苯洗涤。用有机溶剂洗涤过的仪器，如发现留有未洗掉的异物时，可再用铬酸洗液浸泡或淋洗。

沾有胶状物的仪器，应先用丙酮、苯或乙醇-苯等溶剂把胶状物溶解除去，再选用其他合适的洗涤剂进行清洗。

使用有机溶剂洗涤玻璃仪器时，应按“少量多次”的原则进行，用过的有机溶剂要分别回收，以便蒸馏再用。

4. 用盐酸洗涤

进行灰分或残炭试验后的瓷坩埚及沾有无机残留物的玻璃仪器，可用工业盐酸洗涤，使其成为可溶性的氯化物而便于除去。在仪器内注入少量盐酸。慢慢加热，使无机物溶解，然后再用自来水和蒸馏水洗净。

5. 用细砂洗涤

对沾有油污的通用玻璃仪器，如蒸馏烧瓶等，可装入用水润湿的适量细砂，经充分振摇后，将污物洗掉。注意不要擦伤仪器，以免加热时发生破裂。玻璃量器、具塞或薄壁的仪器不准用细砂洗涤。

3.1.1.2　吸收池(比色皿)的洗涤

吸收池(比色皿)是光度分析中最常用的器件，要注意保护好透光面，拿取时手指应捏住毛玻璃面，不要接触光面。

玻璃或石英吸收池在使用前要充分洗净，根据污染情况，可以用冷的或温热的(40～50℃)阴离子表面活性剂的碳酸钠溶液(2%)浸泡，可加热10min左右。也可用硝酸、重铬酸钾洗液(测定Cr和紫外区测定时不用)、磷酸三钠、有机溶剂等洗涤。对于有色物质的污染可用HCl(3mol/L)－乙醇(1＋1)溶液洗涤。用自来水、实验室用纯水充分洗净后倒立在纱布或滤纸上控去水，如急用，可用乙醇、乙醚润洗后用吹风机吹干。经常使用的吸收池可以在洗净后浸泡在纯水中保存。

光度测定前可用柔软的棉织物或纸吸去光学窗前的液珠，用擦镜纸轻轻擦拭一下。

3.1.1.3　塑料器皿的洗涤

新购买的塑料器皿一般先用自来水清洗后，以8mol/L尿素溶液(pH＝1.0)洗涤，再用蒸馏水漂洗。随后用1mol/LKOH溶液洗涤，再用蒸馏水漂洗。然后用0.001mol/LEDTA溶液洗涤，以除去污染的金属离子，最后用蒸馏水充分漂洗，倒置晾干备用。经过上述洗涤步骤处理的器皿，每次使用后可以用0.5%去垢剂溶液洗涤，再分别用自来水充分冲洗和蒸馏水漂洗，晾干后即可使用。如果必要也可按碱→尿素→EDTA洗涤顺序处理，以除去器皿上的污染物。

多数塑料器皿可在烘箱中干燥，但温度不宜过高，硝酸纤维制品离心管不能置烘箱中干燥，因硝酸纤维是一种易爆物。

3.1.2　仪器的干燥

不同的化验操作，对仪器是否干燥及干燥程度要求不同。一般定量分析中用的烧杯、锥形瓶等仪器洗净即可使用，而用于有机化学实验或有机分析的仪器很多是要求干燥的，有的要求没水痕，有的则要求完全无水。应根据不同的要求来干燥仪器。

3.1.2.1　晾干

洗涤后的仪器，如不急等用，可套在专业的干燥架或置于其他无尘处倒置，自然晾干。如用少量乙醇淋洗2～3次后再晾干，可缩短干燥时间。

3.1.2.2　烘干

洗净的仪器控去水分，可放在电烘箱或红外灯干燥箱中烘干，烘箱温度为105～120℃烘1h左右。湿的仪器不能直接放入温度很高的烘箱内(应在80℃以下放入)，以免仪器破裂。称量用的称量瓶等在烘干后要放在干燥器中冷却和保存。砂芯玻璃滤器、带实心玻璃塞及厚壁的仪器烘干时要注意慢慢升温，温度不可过高，以免烘裂。

3.1.2.3　吹干

急需干燥又不便于烘干的玻璃仪器，可以使用电吹风吹干。也可将空气压缩机或橡皮球与胶管、玻璃管连接，把玻璃管伸到被干燥仪器的底部，吹入清洁的空气，使之干燥。吸量管可直接连到出气口上干燥。

为加快干燥，还可在控净水后用少量乙醇、丙酮(或最后用乙醚)润洗仪器，流净溶剂后，再用吹风机吹。开始用冷风，然后吹入热风至干燥，再用冷风吹去残余的溶剂蒸气。此法要求通风好，要防止中毒，并避免接触明火。

3.1.3　玻璃仪器的保管

在储藏室里玻璃仪器要分门别类的存放，以便取用。经常使用的玻璃仪器放在实验柜中，要放置稳妥，高的、大的放在里面。下面列出一些仪器的保管方法。

(1) 移液管　洗净后置于防尘的盒中。

(2) 滴定管　用毕洗去内装的溶液，用纯水涮洗后注满纯水，上盖玻璃短试管或塑料套管，也可倒置夹于滴定管夹上。

(3) 比色皿　用毕后洗净，在小瓷舟或塑料盘中下垫滤纸，倒置晾干后收于比色皿盒或洁净的器皿中。

(4) 带磨口塞的仪器　容量瓶或比色管等最好在清洗前就用小线绳或塑料细套管把塞和管口拴好，以免打破或互相弄混。需长期保存的磨口仪器要在塞间垫一张纸片，以免日久粘住。长期不用的滴定管要除掉凡士林后垫纸，用皮筋拴好活塞保存。磨口塞间如有砂粒不要用力转动，以免损伤其精度。同理，不要用去污粉擦洗磨口部位。

(5) 成套仪器　如索氏萃取器、气体分析器等用完要立即洗净，放在专门的纸盒中保存。不要在容器里遗留油脂、酸液、腐蚀性物质(包括浓碱液)或有毒药品，以免造成后患。

3.1.4　玻璃仪器的装配

在实验室，经常要用到成套的玻璃仪器，这些仪器有的具有磨口，可直接装配，有的不具有磨口，需要使用塞子连接。

3.1.4.1　非磨口仪器装配

在使用软木塞之前，应用压榨器把它压紧(对质量好的可直接压，否则要先用开水浸一下再压)，以防质松漏气。钻孔时一定选择比插管的外径稍小一些的打孔器，但对胶塞则相反，要选比外径稍大一些的。钻孔时要加些肥皂水，以减少摩擦达到省力的目的。无论在哪种塞子上打孔，一般都要从小头开始，这样不容易打歪。打完孔后再用锉加工，直到合适为止。

仪器装配时，必须根据实验的目的，要重点突出，力求简单，不必要的附件不要加上去。

把玻璃管插入塞子或胶管时，应先蘸点肥皂水、甘油或清水，并用毛巾把玻璃管包上，在离插入管端的2~3cm处，用手拿住边插边拧，不能用力过猛，以防扎破手。

在用一根胶管把两根玻璃管连起来时，应使它们在一直线上，并尽可能使被连接的两玻璃管端在胶管内碰在一起为好。

把塞子塞在容器内时，以塞入1/2为宜。塞时不能把容器放在桌上硬压，应用手拿着轻轻地拧。

每装完一步，都应仔细查看它是否合理，防止因装置重心超出底座而翻倒。整个装置连接后还要从头至尾地检查一遍。着重要检查是否有漏气之处。方法是：在出口处用手指堵上，而在入口处用吸球(或嘴)吸气，如果手指被抽在口上，说明不漏气，否则，就要找出漏气的地方，及时处理，才能保障实验顺利进行。

3.1.4.2　磨口仪器装配

装配标准磨口仪器的注意事项：

(1) 组装仪器之前磨口接头部分应用洗涤剂清洗干净，再用纸巾或布擦干，以防止磨口对接不紧密，导致漏气。洗涤时，应避免使用去污粉等固体摩擦粉，以免损坏磨口。

(2) 组装仪器时，应将各部分分别夹持好，排列整齐，角度及高度调整适当后，再进行组装，以免磨口连接处受力不均衡而折断，切忌施加过度的压力或扭歪。装配顺序为先下后上，从左到右，拆卸时顺序相反，做到严密、正确、整齐和稳妥。

(3) 仪器使用后，应尽快清洗并分开放置。否则容易造成磨口接头的黏结。对于带活塞、塞子的非标准磨口仪器不能随意调换，应垫上纸片配套存放。

(4) 常压下使用磨口仪器，一般不涂润滑剂，以免沾污反应物或产物。但是，当反应物中有强碱存在时，则应在磨口处涂抹润滑剂。减压蒸馏使用的磨口仪器必须涂润滑剂。在涂润滑剂之前，应将仪器洗刷干净，磨口表面一定要干燥。从涂有润滑剂的内磨口仪器中倾出物料前，应先将磨口表面的润滑剂擦拭干净，以免物料受污染。

(5) 磨口一旦发生黏结，可采取以下措施；

① 可用木棒轻轻敲击接头处或将磨口竖立，往上面缝隙间滴几滴甘油。

② 用热风吹，用热毛巾包裹，或小心地用灯焰烘烤磨口外部几秒钟。

③ 将黏结的磨口仪器放在水中逐渐煮沸。

如果磨口表面已被碱性物质腐蚀，黏结的磨口就很难打开了。

3.2 化学试剂的使用

3.2.1 化学试剂的分类和规格

3.2.1.1 试剂的分类

化学试剂品种繁多，目前还没有统一的分类方法，我国主要有两种分类方法。

1. 按用途 - 化学组成分类

按照我国化学试剂经营目录，将8500多种试剂分为以下十类：无机分析试剂、有机分析试剂、特效试剂、基准试剂、标准物质、指示剂和试纸、仪器分析试剂、生化试剂、高纯物质、液态晶体。这种分类方法也被国际许多试剂公司所采用，见表1-3-1。

表1-3-1 化学试剂分类

序号	名称	说明
1	无机试剂	无机化学品。可细分为金属、非金属、氧化物、酸、碱、盐等
2	有机试剂	有机化学品。可细分为烃、醇、醚、醛、酮、酸、胺等
3	特效试剂	在无机分析中用于测定、分离被测组分的专用的有机试剂，如沉淀剂、显色剂、螯合剂、萃取剂等
4	基准试剂	我国将滴定分析用标准试剂称为基准试剂。pH基准试剂用于pH计的校准(定位) 基准试剂是化学试剂中的标准物质。其主要成分含量高，化学组成恒定
5	标准物质	用于分析或校准仪器的有定值的化学标准品
6	指示剂和试纸	滴定分析中用于指示滴定终点，或用于检验气体或溶液中某些物质存在的试剂。试纸是用指示剂或试剂溶液处理过的滤纸条
7	仪器分析试剂	用于仪器分析的试剂，如色谱试剂和制剂、核磁共振分析试剂等
8	生化试剂	用于生命研究的试剂
9	高纯物质	用于某些特殊需要的材料，如半导体和集成电路用的化学品、单晶及痕量分析用试剂，其纯度一般在4个“9”(99.99%)以上，杂质总量在0.01%以下
10	液晶	既具有流动性、表面张力等液体的特征，又具有光学各向异性、双折射等固态晶体的特征

2. 按用途 - 学科分类

按用途 - 学科进行化学试剂分类，是我国化学试剂分类的又一方法。1981年，我国化学试剂学会按用途 - 学科将化学试剂分为以下八类：通用试剂、高纯试剂、仪器分析专用试剂、有机合成研究用试剂、临床诊断试剂、生化试剂、新型基础材料和精细化学品。

3.2.1.2　试剂的规格

化学试剂的规格反映试剂的质量，试剂规格一般按试剂的纯度及杂质含量划分若干级别。为了保证和控制试剂产品的质量，国家或有关部门制定和颁布了国家标准(代号 GB)、化学工业部部颁标准(代号 HG)和化学工业部部颁暂行标准(代号 HGB)，没有国家标准和部颁标准的产品执行企业标准(代号 QB)。近年来，一部分试剂的国家标准的修订采用了国际标准或国外先进标准。

我国的化学试剂规格按纯度和使用要求分为高纯(有的叫超纯、特纯)、光谱纯、分光纯、基准、优级纯、分析纯和化学纯等七种，国家和主管部门颁布质量指标的主要是后三种即优级纯、分析纯、化学纯。

高纯、光谱纯及纯度 99.99%(4 个 9 也用 4N 表示)以上的试剂，主成分含量高，杂质含量比优级纯低，且规定的检验项目多，主要用于微量及痕量分析中试样的分解及试液的制备。

分光纯试剂要求在一定波长范围内干扰物质的吸收小于规定值。

基准试剂(容量)是一类用于标定滴定分析标准溶液的标准物质，可作为滴定分析中的基准物用，也可精确称量后用直接法配制标准溶液。基准试剂主要成分含量一般在 99.95% ~100.05%，杂质含量略低于优级纯或与优级纯相当。

优级纯主成分含量高，杂质含量低，主要用于精密的科学研究和测定工作。

分析纯主成分含量略低于优级纯，杂质含量略高，用于一般的科学研究和重要的测定。

化学纯品质较分析纯差，但高于实验试剂，用于工厂、教学实验的一般分析工作。

3.2.1.3　化学试剂的包装和标志

我国国家标准 GB 15346—1994《化学试剂的包装及标志》规定用不同的颜色标记化学试剂的等级及门类，见表 1 -3 -2。

表 1 -3 -2　化学试剂的标签颜色

级别(沿用)	中文标志	英文标志(沿用)	标签颜色
一级	优级纯	GR	深绿色
二级	分析纯	AR	金光红色
三级	化学纯	CP	中蓝色
	基准试剂	JZ	深绿色
	生物染色剂	BS	玫红色

在购买化学试剂时，除了了解试剂的等级外，还需要知道试剂的包装单位。化学试剂的包装单位是指每个包装容器内盛装化学试剂的净质量(固体)或体积(液体)。包装单位的大小是根据化学试剂的性质，用途和经济价值而决定的。

我国规定化学试剂以下列 5 类包装单位包装：

第一类：0.1、0.25、0.5、1、5g 或 0.5、1mL；

第二类：5、10、25g 或 5、10、25mL；

第三类：25、50、100g 或 25、50、100mL。如以安瓿瓶包装的液体化学试剂增加 20mL 包装单位；

第四类：100、250、500g 或 100、250、500mL；

第五类：500g、1kg 至 5kg(每 0.5kg 为一间隔)或 500mL、1、2.5、5L。

应根据用量决定购买量，以免造成浪费。如过量储存易燃易爆品会成为不安全隐患；易氧化及变质的试剂储存过多容易过期失效；标准物质等贵重试剂过量储存会积压浪费等。

3.2.2 试剂的取用

3.2.2.1 试剂的取用原则

（1）取用试剂前应先看清标签。

（2）取用时先打开瓶塞，将瓶塞倒放在实验台上。如果瓶塞上端不是平顶而是扁平的，可用食指和中指将瓶塞夹住（或放在清洁的表面皿上），绝不能将其横置在桌上，以免沾污。

（3）不能用手接触化学试剂。

（4）应根据用量取用化学试剂，多余的化学试剂要放入指定容器内，不能再放回原瓶。

（5）试剂取完后，一定要把瓶塞及时盖严，绝不允许将瓶塞搞错。

（6）取完试剂后应把试剂瓶放回原处。

3.2.2.2 固体试剂的取用

（1）取用固体试剂一般使用清洁、干净的药匙或镊子，切忌用手直接触拿药品。应专匙专用。用过的药匙或镊子必须洗净擦干后才能再用。

（2）要求取用一定质量的固体试剂时，可把固体放在干燥的纸上称量，具有腐蚀性或易潮解的固体应放在表面皿上或玻璃容器内称量。

（3）往试管中加入粉末状固体时，可用药匙直接加入。或将取出的药品放在对折的纸（纸槽）上，伸进试管的2/3处，然后将试管竖立。加入块状固体时，应将试管倾斜，使其沿管壁慢慢滑下，以免碰破管底。

（4）固体颗粒巨大时，可在清洁而干燥的研钵中研碎，研钵中所盛固体的量不能超过研钵容积的1/3。

（5）有毒药品的取用应遵守相应的安全管理规定。

3.2.2.3 液体试剂的取用

取用液体试剂一般用滴管、量筒、量杯、移液管等，其中移液管主要用于液体试剂的定量取用。

1. 从滴瓶中取用液体试剂

（1）试剂瓶应按次序排列，取用试剂时不得将瓶自架上取下，以免搞乱顺序。

（2）用滴瓶中的滴管滴加液体试剂时，滴管的尖端应略高于所用容器，一般距容器口约2～3mm，不得触及所用容器内壁，以免沾污试剂。

（3）试瓶上的滴管除取用时拿在手中外，不得放在原瓶以外的任何地方，更不能将装有试剂的滴管横置或滴管口向上斜放，以免液体流入滴管的胶皮头。

（4）取用试剂后应及时将滴管放回原瓶中，并注意试剂瓶标签与所取试剂是否一致，以免把滴管放混，沾污试剂。

2. 从细口瓶中取用液体试剂

从细口瓶中取用液体试剂时用倾注法。

（1）先将瓶塞取下（有挥发性气体的液体，取瓶塞时不能直接用手，一般应戴防护手套或在通风橱内进行），反放在桌面上。

（2）若用量筒取液体试剂时，应用左手持量筒，并以大拇指指示所需体积的刻度处，右手持试剂瓶，注意将试剂瓶的标签握在手心中，逐渐倾斜试剂瓶，缓缓倒出所需量试剂，再将瓶口的一滴试剂碰到量筒内，以免液滴沿着试剂瓶外壁流下。

若用烧杯取液体试剂，应用左手持玻璃棒，右手握住试剂瓶上贴标签的一面，逐渐倾斜瓶子，让试剂沿着洁净的玻璃棒注入烧杯中，注入所需量后，瓶子边直立，瓶口边沿玻璃棒上移，以免遗留在瓶口的液滴流到瓶的外壁。

3. 定量移取液体试剂

（1）用滴管移取　使用方便，可用于半定量移液，其移液量为1～5mL，常用2mL，可换不同大小的滴头。滴管有长、短两种，有一种带刻度和缓冲泡的滴管，可以比普通滴管更准确地移液，并防止液体吸入滴头。

（2）用量筒移取　量筒用于量取一定体积的液体试剂，可根据需要选用不同容量的量筒。量取液体试剂时，使视线与量筒内液体试剂的弯月面(凹面)的最低处保持水平，偏高或偏低都会造成较大的误差。

（3）微量进样器(注射器)　微量进样器常用于微库仑、微量水、气相和液相色谱仪等仪器的进样，通常可分为无存液和有存液两种。无存液微量进样器的不锈钢芯子直接通到针尖端处，不会出现存液。有存液微量进样器不锈钢的针尖管部分是空管，进样器的柱塞不能到达，因而管内会存有空气或液体。

使用进样器前先用滤纸将针头擦净，然后把针头插入溶液，用待吸溶液清洗三次，再缓慢拉动活塞吸至稍高于所需刻度处，检查注射器有无吸入气泡，用滤纸擦去针头外部溶液，调整液面至所需处。最后将针尖靠在干净器壁上，移去末端粘附的液体。排出液体时要缓慢，实验结束后将进样器洗净。

使用有存液进样器时还需注意：①不可吸取浓碱溶液，以免腐蚀玻璃和不锈钢零件；②因为有存液，所以吸液时要来回多拉几次，将针尖管内的气泡全部排尽；③针尖管内孔极小，使用后必须立即清洗针尖管，防止堵塞。若遇针尖管堵塞，不可用火烧，只能用$\phi 0.1mm$的不锈钢丝耐心串通；④进样器未润湿时不可来回干拉芯子，以免磨损而漏气；⑤若进样器内发黑，有不锈钢氧化物，可用芯子蘸少量肥皂水，来回拉几次即可除之。

（4）用移液管或移液器移取　参见本章3.3.2、3.3.3。

3.3　滴定分析基本操作

3.3.1　滴定管

滴定管在滴定分析中的作用主要是用来测量向试液中滴加标准溶液的体积。其材质一般是玻璃。

滴定管上都有刻度，按其刻度的分度值大小，把滴定管分为常量、半微量和微量滴定管；按构造上的不同，又可分为普通滴定管和半自动滴定管等。按所装溶液不同而分为酸式滴定管和碱式滴定管。

酸式滴定管下端有一玻璃活塞，它用于装酸性、中性或氧化性溶液。这种滴定管不能装碱性溶液。这是因为碱会腐蚀玻璃，容易使活塞和塞孔黏结在一起旋转不动，损坏仪器。碱式滴定管下端没有活塞，而是一段橡皮管，管内有一玻璃球把滴头和上部的管体连接在一起，它用于装碱性溶液，与胶管起作用的溶液(如$KMnO_4$、I_2、$AgNO_3$等溶液)不能用碱式滴定管。

有些需要避光的溶液，可以采用茶色(棕色)滴定管。

3.3.1.1　滴定管的使用

滴定管的使用分使用前的准备、滴定操作和读数三部分。

1. 使用前准备

（1）洗涤

无明显油污不太脏的滴定管，可直接用自来水冲洗，或用肥皂水或洗衣粉泡洗，但不可用去污粉刷洗，以免划伤内壁，影响体积的准确测量。若有油污不易洗净时，可用铬酸洗液洗涤。酸式滴定管洗涤时将管内的水尽量除去，关闭活塞，倒入 10～15mL 洗液于滴定管中，两手端住滴定管，边转动边向管口倾斜，并将滴定管口对准洗液瓶口，防止洗液流出，直至洗液布满全部管壁为止。洗净后将一部分洗液从管口放回原瓶，再打开活塞，将剩余洗液自管尖放回原瓶中。如果滴定管油垢较严重，需用较多洗液充满滴定管浸泡十几分钟或更长时间，甚至用温热洗液浸泡一段时间。洗液放出后，先用自来水冲洗，再用蒸馏水荡洗 3～4 次，洗涤方法同上。洗净的滴定管其内壁应完全被水润湿而不挂水珠。

碱式滴定管的洗涤方法与酸式滴定管基本相同，但要注意铬酸洗液不能直接接触胶管，否则胶管容易变硬损坏。为此，最简单的方法是将胶管连同尖嘴部分一起拔下，滴定管下端套上一个滴瓶塑料帽，然后装入洗液洗涤。也可以将碱式滴定管的尖嘴部分取下，胶管还留在滴定管上，将滴定管倒立于装有洗液的烧杯中，将滴定管上胶管连接到抽水泵上，打开抽水泵，轻捏玻璃珠，待洗液徐徐上升至接近胶管处即停止，让洗液浸泡一段时间后放回原瓶中。然后用自来水冲洗，用蒸馏水荡洗 3～4 次，同时要清洗乳胶管和玻璃球，并注意玻璃球下方死角处必须清洗干净。

（2）涂油

酸式滴定管活塞与塞套应密合不漏水，并且转动要灵活，为此，应在活塞上涂一薄层凡士林（或真空油脂）。涂油的方法是：将活塞取下，用干净的纸或布把活塞和塞套内壁擦干（如果活塞孔内有旧油垢堵塞，可用细金属丝轻刷去，如管尖被油脂堵塞，可先用水充满全管，然后将管尖置热水中，使熔化，突然打开活塞，将其冲走）。按图 1－3－1 所示的方法，用手指蘸少量凡士林，在活塞的大头一边涂一圈，再用火柴棍蘸少量凡士林在塞套内小头涂一圈，然后将活塞悬空插入塞套内，沿一个方向转动直至凡士林均匀分布为止。最后用橡皮圈套住，将活塞固定在塞套内，防止滑出。

(1)用小布卷擦干净活塞槽

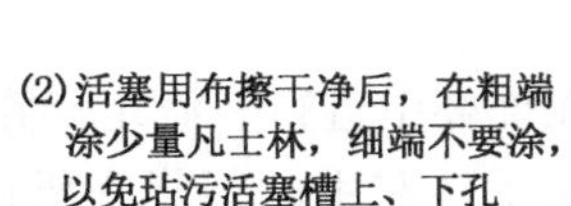

(2)活塞用布擦干净后，在粗端涂少量凡士林，细端不要涂，以免玷污活塞槽上、下孔

(3)活塞涂好凡士林，再将滴定管的活塞槽的细端涂上凡士林

(4)活塞平行插入活塞槽后，向一个方向转动，直至凡士林均匀

注：(2)(3)也可如下操作：用手指蘸少量凡士林涂在活塞两头，沿圆周各涂一薄层，注意孔的近旁不要涂，以免堵塞

图 1－3－1　酸式滴定管活塞涂抹凡士林的操作

涂油也可用手指蘸少量凡士林在活塞的两头涂上薄薄一圈，在紧靠活塞孔两旁不要涂凡士林，以免堵住活塞孔。涂完，把活塞放回套内，向同一方向旋转活塞几次，使凡士林分布均匀呈透明状态。其余操作同上。

碱式滴定管不涂油，只要将洗净的胶管、尖嘴和滴定管主体部分连接好即可。

（3）试漏

对酸式滴定管，先关闭活塞，装入蒸馏水至一定刻线，直立滴定管约2min，仔细观察刻线上的液面是否下降，滴定管下端有无水滴滴下，及活塞隙缝中有无水渗出。然后将活塞转动180°后等待2min再观察，如有漏水现象应重新擦干涂油。

对碱式滴定管，装蒸馏水至一定刻线，直立滴定管约2min，仔细观察刻线上的液面是否下降，或滴定管尖嘴上有无水滴滴下。如有漏水，则应调换胶管中玻璃珠，选择一个大小合适比较圆滑的配上再试。玻璃珠太小或不圆滑都可能漏水，太大操作不方便。

（4）装溶液和赶气泡

准备好滴定管即可装标准溶液。装之前应将瓶中标准溶液摇匀，使凝结在瓶内壁的水混入溶液。装标准溶液时应从盛标准溶液的容器内直接将标准溶液倒入滴定管中，尽量不用小烧杯或漏斗等其他容器帮忙，以免浓度改变。倒入时，左手前三指拿滴定管上部无刻度处，并可稍微倾斜，以便转移溶液，注意应使酸管活塞大头向上，以免滑脱。右手拿住试剂瓶往滴定管中倒入溶液(瓶签向手心)，大瓶则应放在桌上，手拿瓶颈慢慢倾斜，让溶液慢慢沿滴定管内壁流下。为了除去滴定管内残留的水分，确保标准溶液浓度不变，应先用此标准溶液润洗滴定管2~3次，每次用约10mL，润洗时，先从下口放出少量(约1/3)以洗涤尖嘴部分，然后关闭活塞，横持滴定管并慢慢转动，使溶液与管内壁处处接触，最后将溶液从管口倒出弃去，但不要打开活塞，以防活塞上的油脂冲入管内。尽量倒空后再洗第二次，每次都要冲洗尖嘴部分。如此洗2~3次后，即可装入标准溶液至“0”刻线以上。

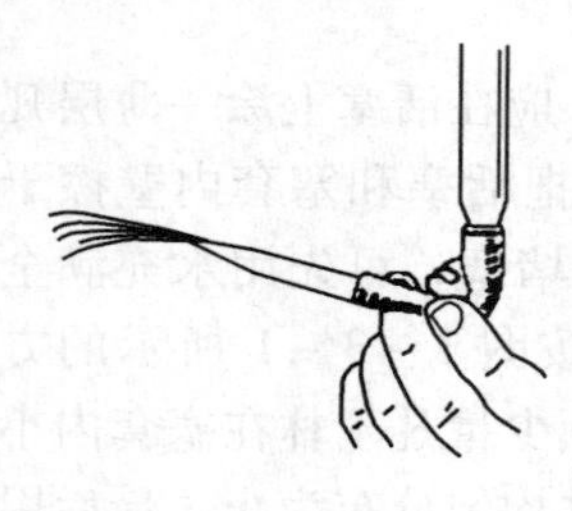

图1-3-2　赶气泡

充满溶液后，应检查出口下部尖嘴部分是否存有气泡。酸管有气泡时，右手拿滴定管上部无刻度处，将滴定管倾斜30度，左手迅速打开活塞，使溶液迅速冲下，反复几次，直到排出下端存留的气泡，出口全部充满溶液。如仍不能排除，则可能是出口管未洗净，必须重洗。碱式滴定管应按图1-3-2所示的方法，将其垂直地夹在滴定管架上，左手拇指和食指拿住玻璃球所在部位并将胶管向上弯曲，出口管斜向上，用力捏挤玻璃珠使溶液从尖嘴喷出(下面用烧杯接溶液)，再一边捏乳胶管，一边把乳胶管放直，放直后再松开拇指和食指，否则出口管仍会有气泡。碱式滴定管的气泡一般是藏在玻璃珠附近，必须对光检查胶管内气泡是否完全赶尽。

气泡赶尽后应停留片刻再调节液面至0.00mL处，如溶液不足，可以补充，如液面在0.00mL下面不多，也可记下初读数，不必补充溶液再调，但一般是调在0.00mL处较方便。

2. 滴定操作

滴定最好在锥形瓶中进行，必要时也可在烧杯中进行。滴定操作是左手进行滴定，右手摇瓶，使用酸式滴定管的操作如图1-3-3所示，左手的拇指在管前，食指和中指在管后，手指略微弯曲，轻轻向内扣住活塞，无名指和小指向手心弯曲，轻轻地贴着出口管，手心空握，以免活塞松动或可能顶出活塞使溶液从活塞隙缝中渗出。也不要过分往里用力，以免造成活塞转动困难，不能操作。

使用碱式滴定管的操作如图1-3-4所示，用左手无名指夹住出管，拇指在前，食指在后捏住胶管中玻璃珠所在的部位稍上处，捏挤胶管使其与玻璃珠之间形成一条缝隙，溶液即可流出。但注意不能捏挤玻璃珠下方的胶管，否则空气进入而形成气泡。不要用力捏玻璃球，也不能使玻璃球上下移动，滴定停止时，应先松开拇指和食指最后才松开无名指与小指。

图1-3-3　酸式滴定管操作方法

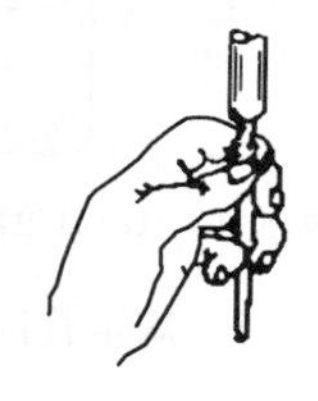

图1-3-4　碱式滴定管操作方法

滴定前，先记下滴定管液面的初读数，然后用小烧杯内壁碰一下悬在滴定管尖端的液滴。

在锥形瓶中滴定时，应使滴定管尖嘴部分插入锥形瓶口下1~2cm处，滴定速度不能太快，以每秒3~4滴为宜(6~8mL/min)，切不可成液柱流下。边滴边摇，向同一方向作圆周旋转而不应前后振动，否则会溅出溶液。眼睛注意观察锥形瓶中溶液颜色的变化。左右两手操作及眼睛观察要同时进行，并密切配合。临近终点时，应改为一滴一滴地加入，即加一滴摇几下，最后，每加半滴，摇几下锥形瓶，直到溶液出现明显的颜色变化。加半滴溶液的方法如下：微微转动活塞，使溶液悬挂在出口管尖上，形成半滴，用锥形瓶内壁将其沾落，再用洗瓶吹入少量水冲洗锥形瓶内壁，使附着的溶液全部流下，然后摇动锥形瓶，观察终点是否已达到(为便于观察，可在锥形瓶下放一块白瓷板)，如终点未到，继续滴定，直至准确到达终点为止。

用碱管滴加半滴溶液时，应先松开拇指和食指，将悬挂的半滴溶液沾在锥形瓶内壁上，再放开无名指与小指，以免出口管尖出现气泡。

在烧杯中滴定时，将烧杯放在白瓷板上，调节滴定管的高度，使滴定管下端伸入烧杯内1cm左右。滴定管下端应在烧杯中心的左后方处，但不要靠壁过近。右手持搅拌棒在右前方搅拌溶液。同时左手操纵滴管活塞使溶液逐滴滴入，搅拌棒应作圆周搅动，但不得接触烧杯壁和底。

加半滴溶液时，用搅拌棒下端承接悬挂的半滴溶液，放入溶液中搅拌。注意：搅拌棒只能接触液滴，不要接触滴定管尖。其他注意事项同上。

3. 读数

由于水溶液的附着力和内聚力的作用，滴定管液面呈弯月形。无色水溶液的弯月面比较清晰，有色溶液的弯月面清晰程度较差，因此，两种情况的读数方法稍有不同。为了正确读数，应遵循下列规则：

(1) 注入溶液或放出溶液后需等待30s~1min后才能读数(使附着在内壁上的溶液流下)。每次读数前要检查一下管壁是否挂水珠，管尖是否有气泡和悬挂的水滴。

(2) 读数时应将滴定管从滴定管架上取下，用右手拇指、食指捏住滴定管上部无刻度处，中指从旁辅助，使滴定管保持垂直，然后再读数。滴定管夹在滴定管架上读数的方法，一般不宜采用，因为它很难保证滴定管的垂直。

(3) 对于无色溶液或浅色溶液，应读弯月面下缘实线的最低点。为此，读数时视线应与弯月面下缘实线的最低点相切，即视线与弯月面下缘实线的最低点在同一水平面上如

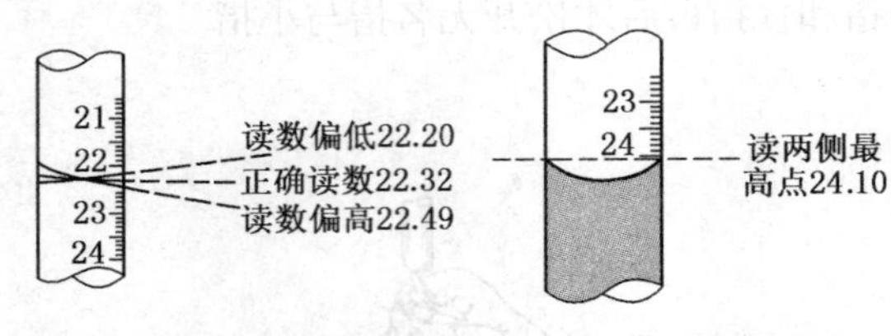

图 1-3-5　滴定管读数

图 1-3-5(1)所示。对于有色溶液，读取液面两侧的最高点，应使视线与液面两侧的最高点相切，如图 1-3-5(2)所示。初读和终读应用同一标准。

(4) 蓝线衬背的滴定管的读数方法(对无色溶液)与上述不同，无色溶液有两个弯月面相交于滴定管蓝线的某一点如图 1-3-6 所示。读数时视线应与此点在同一水平面上。对有色溶液读数方法与上述普通滴定管相同。

(5) 根据滴定管精度进行读数。

(6) 每次滴定前，液面最好调节到刻度零或接近零的任一刻度，这样可固定在某一段体积范围内滴定，减少测量误差。

(7) 为了协助读数，可采用读数卡，这种方法有利于初学者练习读数。读数卡可用黑纸或涂有黑长方形的白纸制成，读数时，将读数卡放在滴定管背后，使黑色部分在弯月面下约 1mm 处，此时即可看到弯月面的反射层为黑色，如图 1-3-7 所示，然后读此黑色弯月面下缘的最低点。

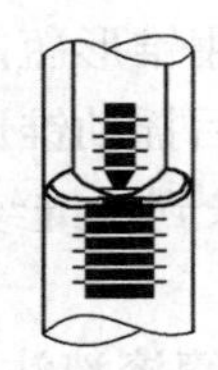

图 1-3-6　蓝线滴定管读数

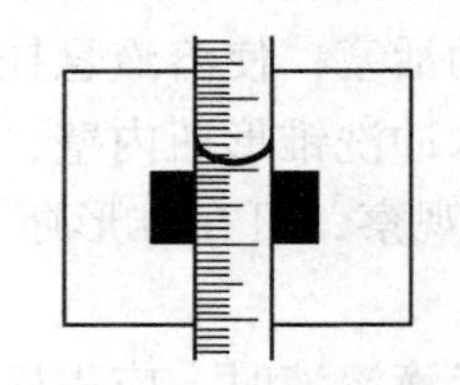

图 1-3-7　借黑纸卡读数

3.3.1.2　滴定管使用注意事项

(1) 用毕滴定管后，倒去管内剩余溶液，用水洗净，装入蒸馏水至刻度以上，用大试管套在管口上。这样，下次使用前可不必再用洗液清洗。

(2) 酸式滴定管长期不用时，活塞部分应垫上纸。否则，时间一久，塞子不易打开。碱式滴定管不用时胶管应拔下蘸些滑石粉保存。

3.3.2　移液管和吸量管

移液管又称单标线吸量管，中间有一膨大部分(称为球部)的玻璃管，球的上部和下部均为较细窄的管颈，出口缩至很小，以防过快流出溶液而引起误差。管颈上部刻有一环形标线，如图 1-3-11(1)所示，表示在一定温度(一般为 20℃)下移出的体积。

移液管为量出式(Ex)计量玻璃仪器，按精度的高低分为 A 级和 B 级，A 级为较高级，B 级为较低级。

吸量管又称分度吸管，是具有分刻度的玻璃管，两头直径较小，中间管身直径相同，可以转移不同体积的液体。如图 1-3-8(2) ~(4)所示。吸量管转移溶液的准确度不如移液管。

有的吸量管上标有“吹”字或“blowout”，特别是 1mL 以下的吸量管尤其是如此。有的吸量管它的分度刻到离尖尚差 1 ~2cm，放出溶液时应特别注意。

3.3.2.1 移液管和吸量管的使用

1. 洗涤

洗涤前，应先检查移液管或吸量管的管口和尖嘴有无破损，若有破损则不能使用。

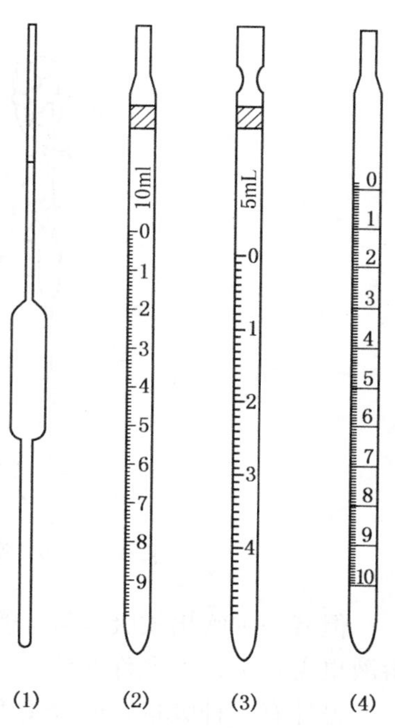

图1-3-8 移液管和吸量管

移液管和吸量管均可用自来水洗涤，再用蒸馏水洗净。较脏时(内壁挂水珠)可用铬酸洗液洗净。其洗涤方法是：右手拇指和中指拿住移液管或吸量管标线以上部分，无名指和小指辅助拿移液管，左手拿洗耳球，将洗耳球对准移液管口，管尖贴在吸水纸上，用洗耳球压气，吹去其中残留的水。然后将管尖伸入洗液瓶中，排除洗耳球内的空气，并把球的尖端接在移液管或吸量管的上口，慢慢松开左手手指，将洗液慢慢吸入管内直至上升到刻度以上部分，等待片刻后，将洗液放回原瓶中。或者吸取洗液至移液管球部的四分之一处或吸量管的四分之一处，用右手的食指按住管口，把管横过来，左右两手的大拇指和食指分别拿住移液管的上下两端，移液管一边旋转一边向上口倾斜(可以配合振动)并使洗液布满全管，然后，从管的下口将洗液放回原瓶。如果需要比较长时间浸泡在洗液中时(一般吸量管需要这样做)，应准备一个高型玻璃筒或大量筒，筒底铺些玻璃毛，将吸量管直立于筒中，筒内装满洗液，筒口用玻璃片盖上，浸泡一段时间后，取出吸量管，沥尽洗液。用洗液洗后的移液管先用自来水充分冲洗，再用洗耳球吸取蒸馏水，将整个内壁冲洗三次，洗的方法同前，荡洗的水应从管尖放出。洗净的标志是内壁不挂水珠。干净的移液管和吸量管应放置在干净的移液管架上。

2. 润洗

用右手的拇指和中指捏住移液管或吸量管的上端，将管的下口插入欲取的溶液中，插入不要太浅或太深，太浅会产生吸空，把溶液吸到洗耳球内弄脏溶液，太深又会使管外沾附溶液过多。左手拿洗耳球，接在管的上口把溶液慢慢吸入，如图1-3-9所示，先吸入移液管或吸量管容量的1/3左右，取出，横持，并转动管子使溶液接触到刻度以上部位，以置换内壁的水分，然后将溶液从管的下口放出并弃去，如此用欲取溶液润洗2~3次后，即可吸取溶液至刻度以上，立即用右手食指按住管口(右手食指应稍带潮湿，便于调节液面)。

3. 调节液面

将移液管或吸量管向上提升离开液面，管的末端仍靠在盛溶液器皿的内壁上，管身保持直立，略为放松食指(有时可微微转动移液管或吸量管)，使管内溶液慢慢从下口流出，直至溶液的弯月面底部与标线相切为止，立即用食指压紧管口，将尖端的液滴靠壁去掉，移出移液管或吸量管，插入承接溶液的器皿中。

4. 放出溶液

承接溶液的器皿如是锥形瓶，应使锥形瓶倾斜30°左右，移液管或吸量管直立，管的下端紧靠锥形瓶内壁，放开右手食指，让溶液沿瓶壁流下，如图1-3-10所示。待液面下降到管尖后，再停留15s(A_1和A_2级)，将管身转动一下后，将移液管或吸量管移去。残留在管末端的少量溶液，不可用外力使其流出，因校准移液管或吸量管时已考虑了末端保留溶液的体积。

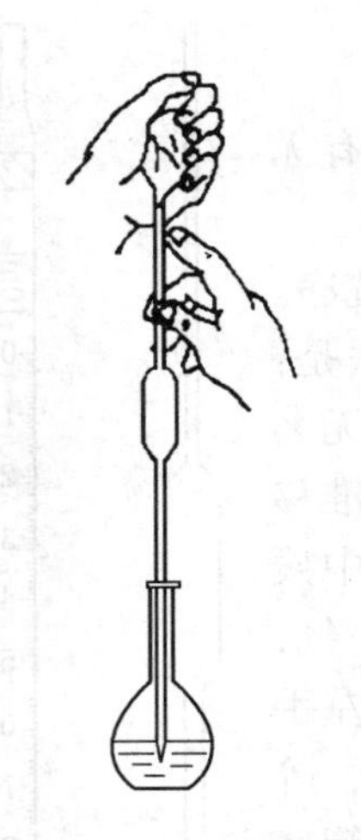

图 1-3-9　吸取溶液

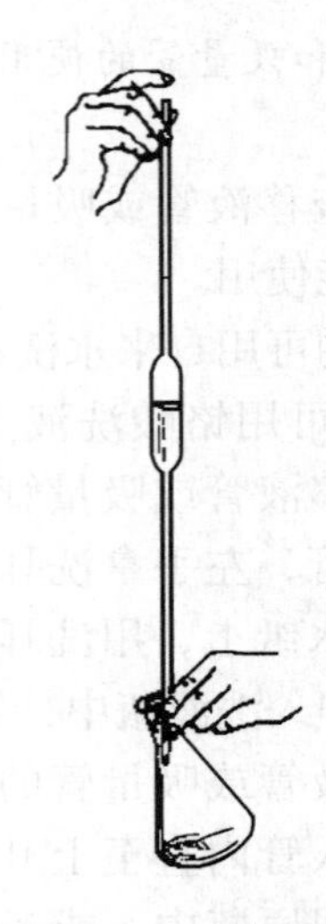

图 1-3-10　放出溶液

但有一种吹出式吸量管，管口上刻有“吹”字，使用时必须使管内的溶液流出，末端的溶液也需吹出，不允许保留。

另外有一种吸量管的分刻度只刻到距管口尚差 1～2cm 处，刻度以下溶液不应放出。

3.3.2.2　使用注意事项

（1）移液管与容量瓶常配合使用，因此使用前常作两者相对体积的校准。

（2）吸量管和移液管一般不允许在烘箱中烘干，不能加热和骤冷，否则会使容量值发生变化引起误差，甚至损坏仪器。

（3）为了减少测量误差，吸量管每次都应以最上面刻度为起始点，往下放出所需体积，而不是放多少体积就吸取多少体积。

（4）同一分析工作，应使用同一支移液管（吸量管）以减少误差。

3.3.3　取液器

取液器主要用于多次重复的快速定量移液，目前已大量使用。移液时可以只用一只手操作，十分方便。移液的准确度（即容量误差）为 ±(0.5% ～1.5%)，移液的精密度（即重复性误差）更小些，为≤0.5%。

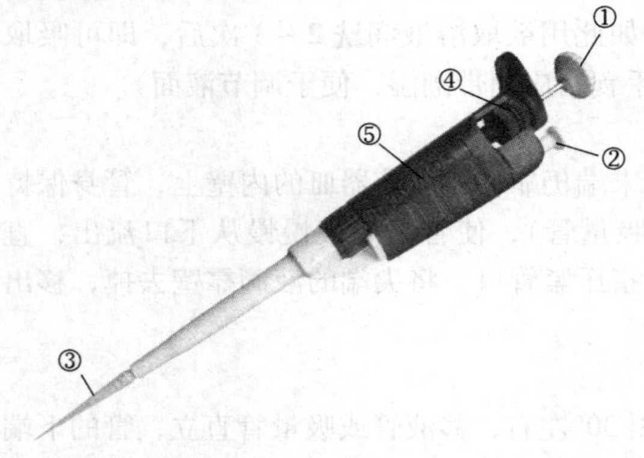

图 1-3-11　自动取液器示意图

①排液按钮；②除吸头推杆；③吸头；④体积调整旋钮；⑤体积视窗

取液器可分为两种：一种是固定容量的，常用的有 100μL 等多种规格。每种取液器都有其专用的聚丙烯塑料吸头，吸头通常是一次性使用，当然也可以超声清洗后重复使用，而且此种吸头还可以进行 120℃ 高压灭菌；另一种是可调容量的取液器，常用的有 200μL、500μL 和 1000μL 等几种。其构造见图 1-3-11。

3.3.3.1　取液器的使用

（1）设定移液体积

从大量程调节至小量程为正常调节方法，逆时针旋转刻度即可；从小量程调节至大量程时，应先调至超过设定体积刻度，再回调至设定体积，这样可以保证取液器的精确度。

（2）装配取液枪头

将取液器垂直插入吸头，左右旋转半圈，上紧即可。用取液器撞击吸头的方法是非常不可取的，长期这样操作会导致取液器的零件因撞击而松散，严重会导致调节刻度的旋钮卡住。

（3）吸液及放液

四指并拢握住取液器上部，用拇指按住柱塞杆顶端的按钮，向下按到第一停点，将取液器的吸头插入待取的溶液中3mm以下，缓慢松开按钮，吸入液体，并停留1～2s（黏性大的溶液可加长停留时间），将吸头沿器壁滑出容器，用吸水纸擦去吸头表面可能附着的液体，排液时吸头接触倾斜的器壁，先将按钮按到第一停点，停留1s（黏性大的液体要加长停留时间），再按压到第二停点，吹出吸头尖部的剩余溶液，如果不便于用手取下吸头，可按下除吸头推杆，将吸头推入废物缸。

3.3.3.2 使用注意事项

自动取液器的使用注意事项：

（1）按下按钮或松开按钮的操作必须循序渐进，尤其是吸取高黏度的液体时更应如此，绝不允许让按钮急速弹回；

（2）移液前应确保洁净的吸头牢固地装进移液器的嘴锥并且吸头外无外来颗粒。当取液器和吸头的温度与液体的温度相一致时再进行操作；

（3）当取液器吸嘴有液体时切勿将移液器水平或倒置放置，以防液体流入活塞室腐蚀移液器活塞；

（4）为获得较高的精度，吸头需预先吸取一次样品溶液，然后再正式移液，因为吸取某些溶剂时，吸头内壁会残留一层“液膜”，造成排液量偏小而产生误差；

（5）浓度和黏度大的液体，会产生误差，为消除其误差的补偿量，可由试验确定，补偿量可用调节旋钮改变读数窗的读数来进行设定；

（6）如液体不小心进入活塞室应及时清除污染物；

（7）取液器使用完毕后，把取液器量程调至最大值，且将其垂直放置在移液器架上；

（8）根据使用频率所有的取液器应定期用肥皂水清洗或用60%的异丙醇消毒，再用蒸馏水清洗并晾干；

（9）避免放在温度较高处以防变形致漏液或不准；

（10）可用分析天平称量所取纯水的重量并进行计算的方法，来校正取样器。

3.3.4 容量瓶

容量瓶是一种细颈梨形平底的玻璃瓶，带有玻璃磨口塞或塑料塞（如图1－3－12所示），颈上有一环形标线，表示在所指定的温度（一般为20℃）下液体充满至标线时，液体的体积恰好等于瓶上所标明的体积。

容量瓶是量入式（In）计量玻璃仪器，按精度的高低分为A级和B级。A级为较高级，B级为较低级。

容量瓶主要用于配制准确浓度的溶液或定量地稀释溶液。容量瓶有无色和棕色两种。

3.3.4.1 容量瓶的操作

1. 检查试漏

使用前，应先检查容量瓶容积与要求的是否一致，标线位置距离

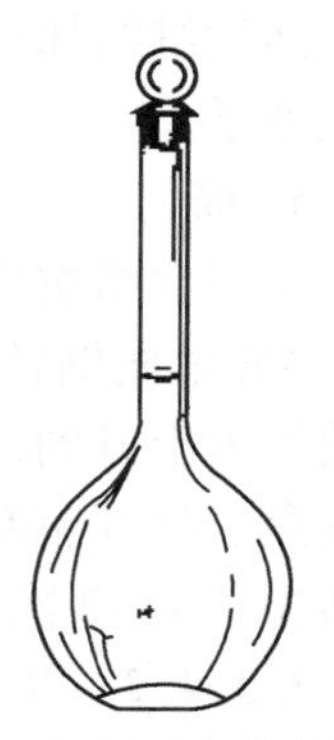

图1－3－12 容量瓶

瓶口是否太近(太近不便混匀溶液)，瓶塞是否密合漏水，如果漏水或标线距瓶口太近则不宜使用。

试漏时，可在瓶内装入自来水到标线附近，盖上盖，一手用食指按住塞子，其余手指拿住瓶颈标线以上部分，另一手用手指尖托住瓶底边缘倒立 2min，观察瓶口是否有水渗出，如果不漏，把瓶直立后，转动瓶塞约 180°后再倒立试一次。为使塞子不丢失不搞乱，常用塑料线绳将其拴在瓶颈上。

2. 洗涤

先用自来水洗，后用蒸馏水淋洗 2 ~ 3 次。如果较脏时，可用铬酸洗液洗涤，洗涤时将瓶内水尽量倒空，然后倒入铬酸洗液 10 ~ 20mL，盖上盖，边转动边向瓶口倾斜，至洗液布满全部内壁。放置数分钟，倒出洗液，用自来水充分洗涤，再用蒸馏水淋洗后备用。

3. 转移

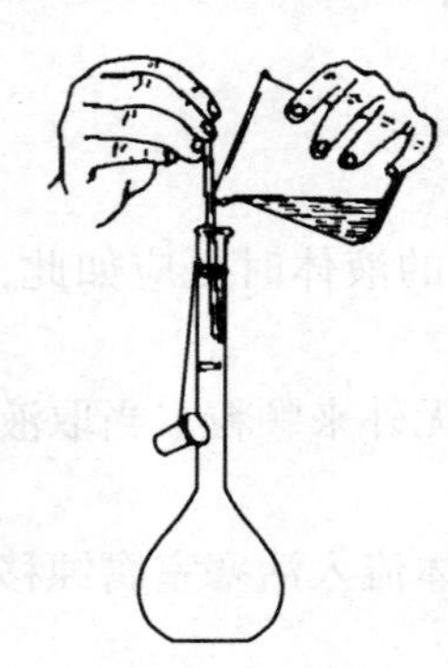
图 1 - 3 - 13　转移溶液

若要将固体物质配制成一定体积的溶液，通常是将固体物质称出置于小烧杯中，加水或其他溶剂将固体溶解，再定量地转移到容量瓶中。在转移过程中，右手拿玻璃棒，左手拿烧杯，玻璃棒悬空伸入容量瓶内，烧杯嘴紧靠玻璃棒，使溶液沿玻璃棒慢慢流入，玻璃棒要靠紧瓶颈内壁，但不要太接近瓶口，以免有溶液溢出(如图 1 - 3 - 13 所示)。待溶液流完后，将烧杯沿玻璃棒稍向上提，同时直立，使附着在烧杯嘴上的一滴溶液流回烧杯中，再将玻璃棒放回烧杯中，注意勿使烧杯边缘或手接触到玻璃棒上部沾有溶液的地方。残留在烧杯中和玻璃棒上的少许溶液，可用少量蒸馏水洗 3 ~ 4 次，洗涤液按上述方法转移合并到容量瓶中。

如果固体物质是易溶的，而且溶解时又没有很大的热效应发生，也可将称取的固体溶质小心地通过干净漏斗放入容量瓶中，再用水至上而下冲洗漏斗，使沾在漏斗壁上的溶质流入容量瓶中，然后轻轻提起漏斗，再次冲洗漏斗颈的内壁和外壁，摇动瓶身，使固体全部溶解，并按下述方法进行混匀。

如果是浓溶液稀释，则用移液管吸取一定体积的浓溶液，放入容量瓶中，再按下述方法稀释混匀。

4. 定容

溶液转入容量瓶后，加蒸馏水，稀释到约 3/4 体积时，用右手食指和中指夹住瓶塞的扁头，将容量瓶拿起平摇几次(切勿倒转摇动)，作初步混匀。这样又可避免混合后体积的改变。然后继续加蒸馏水，近标线时应小心地逐滴加入，直到溶液的弯月面与标线相切为止。盖紧塞子。

5. 摇匀

左手食指按住塞子，右手指尖顶住瓶底边缘(如图 1 - 3 - 14 所示)将容量瓶倒转，使气泡上升到顶，此时将瓶振荡，再倒转过来，仍使气泡上升到顶，如此反复 10 ~ 15 次，将溶液混匀，最后，放正容量瓶，打开瓶塞，使瓶塞周围的溶液流下，重新塞好塞子后，再倒转振荡 1 ~ 2 次，使溶液全部混匀。

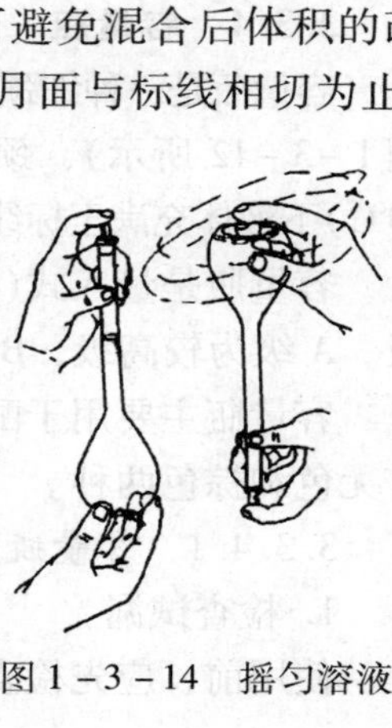

图 1 - 3 - 14　摇匀溶液

3.3.4.2　使用注意事项

(1) 使用容量瓶时，不要把玻璃磨口塞随便放在桌面上，以免沾污和搞错。

（2）操作时，用一手的食指和中指夹住瓶塞的扁头，当操作结束时随手将瓶盖盖上。也可用橡皮圈或细绳将瓶塞系在瓶颈上。操作时，瓶塞尽量不要碰到瓶颈，操作结束后立即将瓶塞盖好。如果是平顶塑料盖子则可将盖子倒置在桌面上。

（3）不要用容量瓶长期存放配好的溶液。配好的溶液如果需要长期存放，应该转移到干净的磨口试剂瓶中。

（4）容量瓶长期不用时，应该洗净，把塞子用纸垫上，以防时间久后，塞子打不开。

（5）使用容量瓶，不允许对其加热、骤冷、在烘箱中烘烤，如需使用干燥的容量瓶，可用电吹风机吹干。

3.3.5 玻璃量器的校准

3.3.5.1 玻璃量器的校准

滴定操作使用的玻璃容量仪器上所标明的容积和真实容积之间有微小的差别。对于这种微小的差别，由于厂方在生产仪器时已经把它控制在允许的范围之内，故对一般的生产控制分析不必进行校准，但对标准溶液的标定或仲裁分析，则必须对这些微小的误差进行校准。

容量仪器的校正方法是：称量一定容积的水，然后根据该温度时水的密度，将水的质量换算为容积。这种方法是基于在不同温度下水的密度都已经很准确地测定过。例如，3.98℃时，1mL 水在真空中重 1.000g，如果校正工作也是在 3.98℃和真空中进行，则称出的水的克数就等于容积的毫升数。但通常我们并不在 3.98℃而是在室温下称量水，同时不在真空里，而是在空气中称量，因此，称量的结果必须对下列三点加以校正。

（1）水的密度随着温度的改变而改变的校正。

（2）对于玻璃仪器的容积由于温度改变而改变的校正。

（3）对于物体由于空气浮力而使质量改变的校正。

为了便于计算，将此三项校正值合并而得一总校正值，见表 1－3－3。表中的数字表示在不同温度下，用水充满 20℃时容积为 1L 的玻璃仪器在空气中用黄铜砝码称取的水质量。校正后的容积是指 20℃时该容器的真实容积。

表 1－3－3　不同温度下用水充满 20℃时容积为 1L 的玻璃容器于空气中以黄铜砝码称取的水的质量

温度/℃	质量/g	温度/℃	质量/g	温度/℃	质量/g
0	998.24	14	998.04	28	995.44
1	998.32	15	997.93	29	995.18
2	998.39	16	997.80	30	994.91
3	998.44	17	997.65	31	994.64
4	998.48	18	997.51	32	994.34
5	998.50	19	997.34	33	994.06
6	998.51	20	997.18	34	993.75
7	998.50	21	997.00	35	993.45
8	998.48	22	996.80	36	993.12
9	998.44	23	996.60	37	992.80
10	998.39	24	996.38	38	992.46
11	998.32	25	996.17	39	992.12
12	998.23	26	993.103	40	991.77
13	998.14	27	993.79		

玻璃容器是以20℃为标准而校准的，但使用时不一定也在20℃，因此，器皿的容量以及溶液的体积都将发生变化。器皿容量的改变是由于玻璃的胀缩而引起的，但玻璃的膨胀系数极小，在温度相差不太大时可以忽略不计。溶液体积的改变是由于溶液密度的改变所致，稀溶液的密度一般可以用相应的水的密度来代替。为了便于校准在其他温度下所测量的体积，表1－3－4列出了在不同温度下1000mL水(或稀溶液)换算到20℃时，其体积应增减的毫升数(△mL)。

表1－3－4　容积为1L不同标准溶液浓度的温度补正值

温度/℃	0～0.05mol/L的各种水溶液	0.1～0.2mol/L各种水溶液	0.5mol/L HCl溶液	1mol/L HCl溶液	0.5mol/L($1/2H_2SO_4$)溶液 0.5mol/LNaOH溶液	0.5mol/LH_2SO_4溶液 1mol/LNaOH溶液
5	+1.38	+1.7	+1.9	+2.3	+2.4	+3.6
6	+1.38	+1.7	+1.9	+2.2	+2.3	+3.4
7	+1.36	+1.6	+1.8	+2.2	+2.2	+3.2
8	+1.33	+1.6	+1.8	+2.1	+2.2	+3.0
9	+1.29	+1.5	+1.7	+2.0	+2.1	+2.7
10	+1.23	+1.5	+1.6	+1.9	+2.0	+2.5
11	+1.17	+1.4	+1.5	+1.8	+1.8	+2.3
12	+1.10	+1.3	+1.4	+1.6	+1.7	+2.0
13	+0.99	+1.1	+1.2	+1.4	+1.5	+1.8
14	+0.88	+1.0	+1.1	+1.2	+1.3	+1.6
15	+0.77	+0.9	+0.9	+1.0	+1.1	+1.3
16	+0.64	+0.7	+0.8	+0.8	+0.9	+1.1
17	+0.50	+0.6	+0.6	+0.6	+0.7	+0.8
18	+0.34	+0.4	+0.4	+0.4	+0.5	+0.6
19	+0.18	+0.2	+0.2	+0.2	+0.2	+0.3
20	0.00	0.0	0.0	0.0	0.0	0.0
21	－0.18	－0.2	－0.2	－0.2	－0.2	－0.3
22	－0.38	－0.4	－0.4	－0.5	－0.5	－0.6
23	－0.58	－0.6	－0.7	－0.7	－0.8	－0.9
24	－0.80	－0.9	－0.9	－1.0	－1.0	－1.2
25	－1.03	－1.1	－1.1	－1.2	－1.3	－1.5
26	－1.26	－1.4	－1.4	－1.4	－1.5	－1.8
27	－1.51	－1.7	－1.7	－1.7	－1.8	－2.1
28	－1.76	－2.0	－2.0	－2.0	－2.1	－2.4
29	－2.01	－2.3	－2.3	－2.3	－2.4	－2.8
30	－2.30	－2.5	－2.5	－2.6	－2.8	－3.2
31	－2.58	－2.7	－2.7	－2.9	－3.1	－3.5
32	－2.86	－3.0	－3.0	－3.2	－3.4	－3.9
33	－3.04	－3.2	－3.3	－3.5	－3.7	－4.2
34	－3.47	－3.7	－3.6	－3.8	－4.1	－4.6
35	－3.78	－4.0	－4.0	－4.1	－4.4	－5.0
36	－4.10	－4.3	－4.3	－4.4	－4.7	－5.3

①本表数值是以20℃为标准温度以实测法测出。

②表中带有"＋"、"－"号的数值是以20℃为分界。室温低于20℃的补正值均为"＋"，高于20℃的补正值均为"－"。

③本表的用法：

如1L硫酸溶液[$c\left(\frac{1}{2}H_2SO_4\right)=1mol/L$]由25℃换算为20℃时，其体积补正值为－1.5mL，故40mL换算为20℃时的体积为：

$$V_{20}=40.00-\frac{1.5}{1000}\times 40.00=39.94(mL)$$

3.3.5.2 滴定管的校正

将待校正的滴定管充分洗净，并在活塞上涂以凡士林后，加水调至滴定管“零”处(加入水的温度应当与室温相同)。记录水的温度，将滴定管尖外面水珠除去，然后以滴定速度放出10mL水(不必恰等于10mL，但相差也不应大于0.1mL)置于预先准确称过质量(准确至0.01g)的50mL具塞锥形瓶中(锥形瓶外壁必须干燥，内壁不必干燥)，将滴定管尖与锥形瓶内壁接触，收集管尖余滴。1min后读数(准确到0.01mL)，并记录，将锥形瓶玻塞盖上，再称出它的质量，并记录，两次质量之差即为放出的水的质量。

由滴定管中再放出10mL水(即放至约20mL处)于原锥形瓶中，用上述同样的方法称量，读数并记录。同样，每次再放出10mL水即从20到30mL，30到40mL，直至50mL止。用实验温度时1mL水的质量(查表1－3－2)来除每次得到的水的质量，即可得相当于滴定管各部分容积的实际毫升数(即20℃时的真实容积)

例如在21℃时由滴定管中放出10.03mL水，其质量为10.04g。查表1－3－2知道21℃时每1mL水的质量为0.997g。由此，可算出20℃时其实际容积为$\frac{10.04}{0.997}$mL = 10.07mL

故此管容积之误差为(10.07－10.03)mL＝0.04mL

碱式滴定管的校正方法与酸式滴定管相同。

3.3.5.3 移液管和吸量管的校正

移液管和吸量管的校正方法与上述滴定管的校正方法相同。

3.3.5.4 容量瓶的校正

1. 绝对校正法

将洗净、干燥、带塞的容量瓶准确称量(空瓶质量)。注入蒸馏水至标线，记录水温，用滤纸条吸干瓶颈内壁水滴，盖上瓶塞(称量准确度的要求应与容量瓶大小相对应，例如，校正250mL容量瓶应称准至0.1g)，两次称量之差即为容量瓶容纳的水的质量。根据上述方法算出该容量瓶20℃时的真实容积数值，求出校正值。

2. 相对校正法

在很多情况下，容量瓶与移液管是配合使用的，因此，重要的不是要知道所用容量瓶的绝对容积，而是容量瓶与移液管的容积比是否正确，例如，250mL容量瓶的容积是否为25mL移液管所放出的液体体积的10倍。一般只需要做容量瓶与移液管的相对校正即可。其校正方法如下：

预先将容量瓶洗净控干，用洁净的移液管吸取蒸馏水注入该容量瓶中。假如容量瓶容积为250mL，移液管为25mL，则共吸10次，观察容量瓶中水的弯月面是否与标线相切，若不相切，表示有误差，一般应将容量瓶控干后再重复校正一次，如果仍不相切，可在容量瓶颈上作一新标记，以后配合该支移液管使用时，以新标记为准。

3.4 重量分析基本操作

重量分析是根据称量反应产物的质量来确定待测组分含量的一类分析方法，其中，用途最广的是沉淀重量分析法，其基本步骤包括试样的溶解、沉淀、过滤、洗涤、干燥和灼烧等。对每一步都应细心操作，不使沉淀丢失或带入其他杂质，以保证分析结果的准确度。

3.4.1 试样溶解

取一洁净的烧杯、长度约为烧杯高度1.5～2倍的玻璃棒和直径大于烧杯杯口的表面皿。

称取适量的试样于烧杯中，盖好表面皿。

溶解试样时注意事项：

（1）溶解试样时，若无气体产生，取下表面皿，将溶剂顺着紧靠杯壁的玻璃棒下端加入，或沿杯壁加入。边加边搅拌，直至试样完全溶解，然后盖上表面皿。

（2）试样若有气体产生，应先加少量水润湿试样，盖好表面皿，从烧杯嘴处滴加溶剂。待气泡消失后，再用玻璃棒搅拌使其溶解。试样溶解后，用洗瓶吹洗表面皿和烧杯内壁，并使水流顺杯壁流入烧杯。

（3）有些试样在溶解过程中需要进行加热时，可在电炉上进行。但一般只能让其微热或微沸溶解，不得爆沸，加热时需盖上表面皿。

3.4.2 沉淀

重量分析对沉淀的要求是尽可能地完全和纯净，为了达到这个要求，应该按照沉淀的不同类型选择不同的沉淀条件，如沉淀时溶液的体积、温度，加入沉淀剂的浓度、数量，加入速度、搅拌速度、放置时间等等。

3.4.2.1 晶形沉淀

晶形沉淀的沉淀条件，概括为“稀、慢、搅、热、陈”五个字。

稀：沉淀反应应在适当稀的溶液中进行，沉淀剂也应较稀。

慢：加入沉淀剂的速度要慢，以防局部浓度过大。

搅：在加入沉淀剂时要不断搅拌。

热：沉淀作用应在热溶液中进行。

陈：沉淀完毕后，应将沉淀和溶液一起放置一段时间进行陈化。

3.4.2.2 非晶形沉淀

对非晶形沉淀，一般要求在较浓的热溶液中进行沉淀，并迅速加入沉淀剂，使生成的沉淀比较紧密，以便于过滤和洗涤；同时应加入适量的电解质以防止生成胶体溶液，促使沉淀凝聚。为了避免沉淀吸附过多的杂质，可在沉淀后加入大量热水稀释，不经陈化，待沉淀沉降后立即过滤。

3.4.3 沉淀的过滤和洗涤

3.4.3.1 用滤纸过滤

1. 滤纸的选择

滤纸分定性滤纸和定量滤纸两种，重量分析中常用定量滤纸(或称无灰滤纸)进行过滤。这种滤纸的纸浆经过盐酸及氢氟酸处理，灼烧后灰分极少，其质量可忽略不计，如果灰分较重，应扣除空白。定量滤纸一般为圆形，滤纸按孔隙大小分有“快速”、“中速”和“慢速”3种。根据沉淀的性质选择合适的滤纸。如 $BaSO_4$、$CaC_2O_4 \cdot 2H_2O$ 等细晶形沉淀，应选用“慢速”滤纸过滤；$Fe_2O_3 \cdot nH_2O$ 为胶状沉淀，应选用“快速”滤纸过滤；$MgNH_4PO_4$ 等粗晶形沉淀，应选用“中速”滤纸过滤。选择滤纸的大小应根据沉淀量的多少来定。沉淀一般不要超过滤纸圆锥高度的1/3，最多不得超过1/2。晶形沉淀常用直径7～9cm的滤纸；非晶形沉淀用直径11cm的滤纸。此外，滤纸的大小应与漏斗相适应，一般滤纸应比漏斗边缘低0.5～1cm。

目前化验室还常用滤膜代替滤纸过滤。滤膜是由醋酸纤维、硝酸纤维或聚乙烯、聚酰胺、聚碳酸酯、聚丙烯、聚四氟乙烯等高分子材料制作的。其中聚四氟乙烯滤膜耐热、耐碱、耐有机溶剂，性能最好。

滤膜代替滤纸有如下优点：

（1）孔径较小，且均匀。

（2）孔隙率高，流速快，不易堵塞，过滤容量大。

（3）滤膜较薄，是定性材料，过滤吸附少。

（4）自身含杂质少，对滤液影响较小。

2. 漏斗的选择

用于重量分析的漏斗应该是长颈漏斗，颈长为15～20cm，漏斗锥体角应为60°，颈的直径要小些，一般为3～5mm，以便在颈内容易保留水柱，出口处磨成45°角，如图1－3－15所示。漏斗在使用前应洗净。

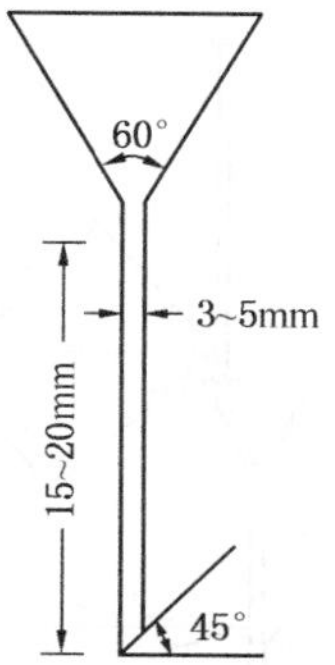

图1－3－15　漏斗

3. 滤纸的折叠

折叠滤纸的手要洗净擦干，一般采用四折法。先把滤纸整齐对折，然后再对折，但不要按紧，如图1－3－16所示。此时滤纸成为顶角稍大于60°的圆锥体。把圆锥体打开，放入洁净而干燥的漏斗中，如果上边缘不密合，稍改变滤纸折叠的角度，直至与漏斗密合为止。取出圆锥形滤纸，将半边为三层滤纸的外层折角撕下一块，这样可以使内层滤纸紧密贴在漏斗内壁上，撕下来的那一小块滤纸保留在干燥的表面皿上，作擦拭烧杯内残留的沉淀用。

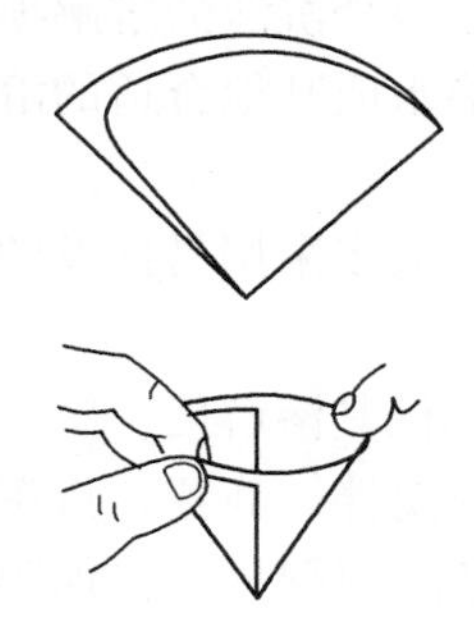

图1－3－16　滤纸的折叠

4. 做水柱

滤纸放入漏斗后，用手按紧使之密合，然后用洗瓶加水润湿全部滤纸。用手指轻压滤纸赶出滤纸与漏斗壁间的气泡，然后加水至滤纸边缘，此时漏斗颈内应全部充满水，形成水柱。滤纸上的水已全部流尽后，漏斗颈内的水柱仍能保住，这样，由于液体的重力可起抽滤作用，可加快过滤速度。

若水柱做不成，可用手指堵住漏斗下口，稍掀起滤纸的一边，用洗瓶向滤纸和漏斗间的空隙内加水，直到漏斗颈及锥体的一部分被水充满，然后边按紧滤纸边慢慢松开下面堵住出口的手指，此时水柱应该形成。如仍不能形成水柱，或水柱不能保持，而漏斗颈又确已洗净，则是因为漏斗颈太大。实践证明，漏斗颈太大的漏斗，是做不出水柱的，应更换漏斗。

做好水柱的漏斗应放在漏斗架上，下面用一个洁净的烧杯承接滤液，滤液可用做其他组分的测定。滤液有时是不需要的，但考虑到过滤过程中，可能有沉淀渗滤，或滤纸意外破裂，需要重滤，所以要用洗净的烧杯来承接滤液。为了防止滤液外溅，一般都将漏斗颈出口斜口长的一侧贴紧烧杯内壁。漏斗位置的高低以过滤过程中漏斗颈的出口不接触滤液为度。

5. 倾泻法过滤与初步洗涤

首先要强调，过滤和洗涤一定要一次完成，因此必须事先计划好时间，不能间断，特别是过滤胶状沉淀。

过滤一般分3个阶段进行，第一阶段采用倾泻法把尽可能多的清液先过滤过去，并将烧杯中的沉淀作初步洗涤，第二阶段把沉淀转移到漏斗上，第三阶段清洗烧杯和洗涤漏斗上的沉淀。

过滤时，为了避免沉淀堵塞滤纸的空隙，影响过滤速度，一般多采用倾泻法过滤，即倾斜静置烧杯，待沉淀下降后，先将上层清液倾入漏斗中，而不是一开始过滤就将沉淀和溶液搅混后过滤。

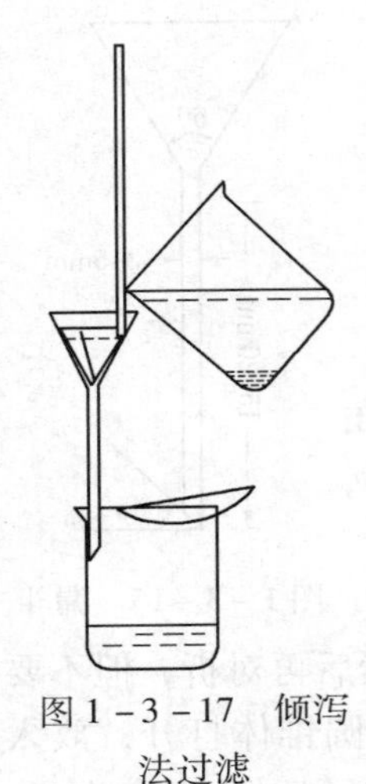

图 1－3－17　倾泻法过滤

过滤操作如图 1－3－17 所示，将烧杯移到漏斗上方，轻轻提取玻璃棒，将玻璃棒下端轻碰一下烧杯壁使悬挂的液滴流回烧杯中，将烧杯嘴与玻璃棒贴紧，玻璃棒直立，下端接近三层滤纸的一边，慢慢倾斜烧杯，使上层清液沿玻璃棒流入漏斗中，漏斗中的液面不要超过滤纸高度的 2/3，或使液面离滤纸上边缘至少 5mm，以免少量沉淀因毛细管作用越过滤纸上缘，造成损失。

暂停倾注时，应沿玻璃棒将烧杯嘴向上提，逐渐使烧杯直立，等玻璃棒和烧杯由相互垂直变为几乎平行时，将玻璃棒离开烧杯嘴而移入烧杯中。这样才能避免留在棒端及烧杯嘴上的液体流到烧杯外壁上去。玻璃棒放回原烧杯时，勿将清液搅混，也不要靠在烧杯嘴处，因嘴处沾有少量沉淀，如此反复操作，直至上层清液倾完为止。当烧杯内的液体较少而不便倾出时，可将玻璃棒稍向左倾斜，使倾斜角度更大些。

在上层清液倾注完成后，在烧杯中作初步洗涤。选用什么洗涤液洗沉淀，应根据沉淀的类型而定。

（1）晶形沉淀可用冷的稀的沉淀剂进行洗涤，由于同离子效应，可以减少沉淀的溶解损失。但是如沉淀剂为不挥发的物质，就不能用做洗涤液，此时可改用蒸馏水或其他合适的溶液洗涤沉淀。

（2）无定形沉淀用热的电解质溶液作洗涤剂，以防止产生胶溶现象，大多采用易挥发的铵盐溶液作洗涤剂。

（3）对于溶解度较大的沉淀，采用沉淀剂加有机溶剂洗涤沉淀，可降低其溶解度。

洗涤时，沿烧杯内壁四周注入少量洗涤液，每次约 20mL 左右，充分搅拌，静置，待沉淀沉降后，按上法倾注过滤，如此洗涤沉淀 4～5 次，每次尽可能把洗涤液倾倒尽，再加第二份洗涤液。随时检查滤液是否透明不含沉淀颗粒，否则应重新过滤，或重做实验。

6. 沉淀的转移

沉淀用倾泻法洗涤后，在盛有沉淀的烧杯中加入少量洗涤液，搅拌混合，全部倾入漏斗中。如此重复 2～3 次，然后将玻璃棒横放在烧杯口上，玻璃棒下端比烧杯口长出 2～3cm，左手食指按住玻璃棒，大拇指在前，其余手指在后，拿起烧杯，放在漏斗上方，倾斜烧杯使玻璃棒仍指向三层滤纸的一边，用洗瓶冲洗烧杯壁上附着的沉淀，使之全部转入漏斗中，如图 3－3－18 所示。最后用保存的小块滤纸擦拭玻璃棒，再放入烧杯中，用玻璃棒压住滤纸进行擦拭。擦拭后的滤纸块，用玻璃棒拨入漏斗中，用洗涤液再冲洗烧杯将残存的沉淀全部转入漏斗中。有时也可用淀帚，如图 1－3－19 所示，擦洗烧杯上的沉淀，然后洗净淀帚。淀帚一般可自制，剪一段乳胶管，一端套在玻璃棒上，另一端用橡胶胶水粘合，用夹子夹扁晾干即成。

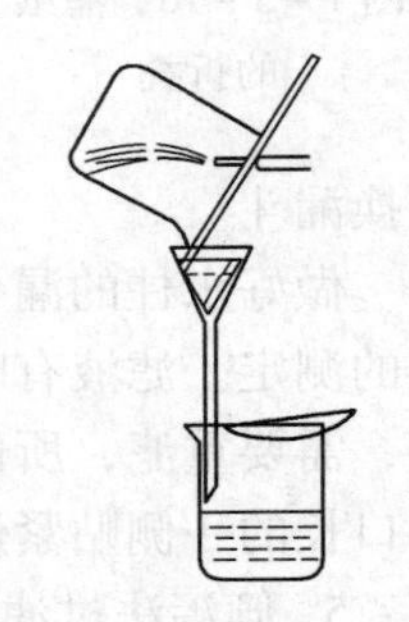

图 1－3－18　最后少量沉淀的冲洗

7. 洗涤

沉淀全部转移到滤纸上后，再在滤纸上进行最后的洗涤。这时要用洗瓶由滤纸边缘稍下一些地方螺旋形向下移动冲洗沉淀如图 1－3－20 所示。这样可使沉淀集中到滤纸锥体的底部，不可将洗涤液直接冲到滤纸中央沉淀上，以免沉淀外溅。

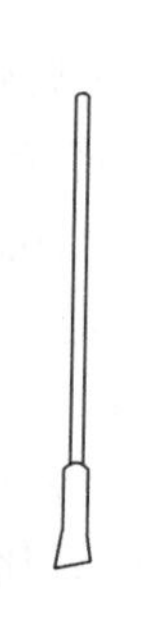

图 1-3-19　淀帚

图 1-3-20　洗涤沉淀

采用少量多次的方法洗涤沉淀，即每次加少量洗涤液，洗后尽量沥干，再加第二次洗涤液，这样可提高洗涤效率。沉淀洗净的标志根据情况而定，如无明确规定，洗涤 8～10 次就认为已洗净。

3.4.3.2　用微孔玻璃坩埚(或漏斗)过滤

有些沉淀不能与滤纸一起灼烧，因其易被还原，如 AgCl 沉淀。有些沉淀不需灼烧，只需烘干即可称量，如丁二肟镍沉淀，磷钼酸喹啉沉淀等，但也不能用滤纸过滤，因为滤纸烘干后，重量改变很多，在这种情况下，应该用微孔玻璃坩埚(或微孔玻璃漏斗)过滤，如图 1-3-21所示。

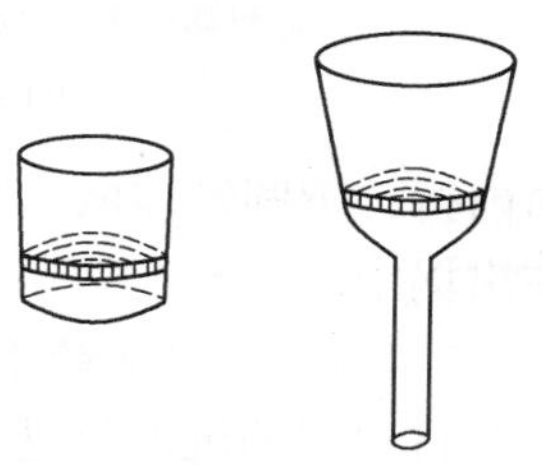

图 1-3-21　微孔玻璃坩埚和微孔玻璃漏斗

这种滤器的滤板是用玻璃粉末在高温熔结而成的。

滤器的牌号规定以每级孔径的上限值前置以字母“P”表示。分析实验中常用 P_{40}号(16 < 孔径 ≤40)和 P_{16}号(10 < 孔径 ≤16)玻璃滤器，例如，过滤金属汞用 P_{40}号，过滤 $KMnO_4$溶液用 P_{16}号漏斗式滤器，重量法测 Ni 用 P_{16}号坩埚式滤器。

这种滤器在使用前，先用强酸(HCl 或 HNO_3)处理，然后用水洗净。洗涤时通常采用抽滤法。如图 1-3-22 所示，在抽滤瓶瓶口配一块稍厚的橡皮垫，垫上挖一圆孔，将微孔玻璃坩埚(或漏斗)插入圆孔中，抽滤瓶的支管与水泵相连接。先将强酸倒入微孔玻璃坩埚(或漏斗)中，然后开水泵抽滤，当结束抽滤时，应先拨掉抽滤瓶支管上的胶管，再关闭水泵，否则水泵中的水会倒吸入抽滤瓶中。

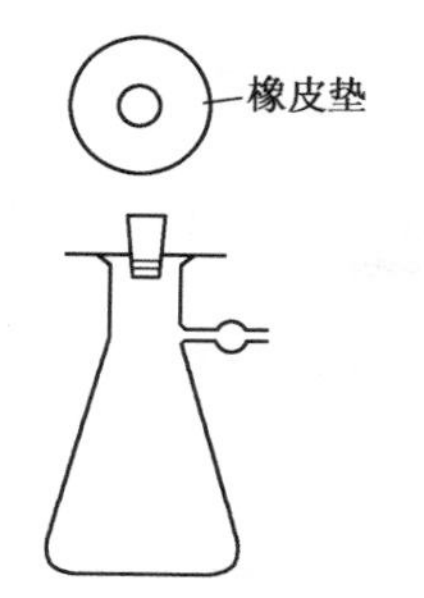

图 1-3-22　抽滤装置

这种滤器耐酸不耐碱，因此，不可用强碱处理，也不适于过滤强碱溶液。

将已洗净、烘干且恒重的微孔玻璃坩埚(或漏斗)置于干燥器中备用。过滤时，所用装置和上述洗涤时装置相同，在开动水泵抽滤下，用倾泻法进行过滤，其操作与上述用滤纸过滤相同，不同之处是在抽滤下进行。

3.4.4　沉淀的干燥和灼烧

干燥和灼烧的目的是除去沉淀中的水分和洗涤液中易挥发物质，并使沉淀具有固定的组分。

3.4.4.1　坩埚的准备

沉淀的干燥和灼烧是在一个预先经过两次以上灼烧至质量恒定的坩埚中进行的。先将瓷坩埚洗净，置于热的盐酸或铬酸洗液中浸泡十几分钟，小火烤干或烘干，编号(可用含 Fe^{3+}

或 Co^{2+} 的蓝墨水在坩埚外壁上编号)，然后在所需温度下加热灼烧。灼烧可在高温炉中进行，空坩埚一般灼烧 10 ~ 15min。然后将坩埚移入干燥器中，将干燥器连同坩埚一起移至天平室，冷却至室温(约需 30min)，取出称量。随后进行第二次灼烧，再冷却和称量。如果前后两次称量结果之差不大于 0.2mg，即可认为坩埚已达质量恒定，否则还需灼烧，直至质量恒定为止。灼烧空坩埚的温度必须与以后灼烧沉淀的温度一致。

坩埚灼烧也可以在煤气灯上进行。事先将坩埚洗净晾干，将其直立在泥三角上，盖上坩埚盖，但不要盖严，需留一个缝。用煤气灯逐渐升温，最后在氧化焰中高温灼烧，灼烧的时间和在高温炉中相同，直至质量恒定。

3.4.4.2　沉淀的包法

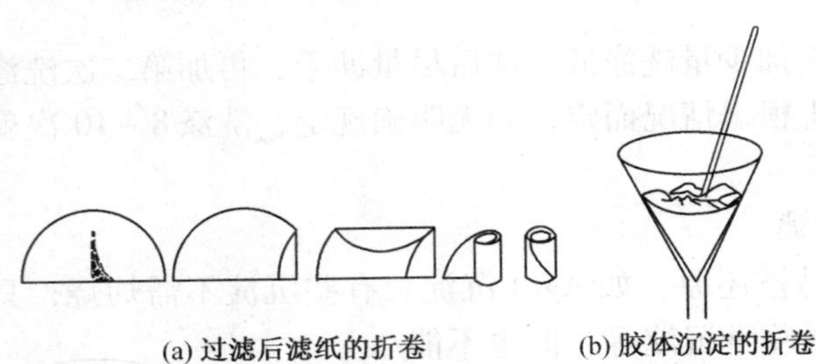

图 1－3－23

对于晶形沉淀，用顶端细而烧圆的玻璃棒将滤纸的三层部分挑起，再用洗净的手将滤纸和沉淀一起取出，如图 1－3－23(a)所示折好，最好包得紧些，但不要用手指压沉淀。

对于胶状蓬松的沉淀，则在漏斗中进行包裹，即用搅拌棒将滤纸四周边缘向内折，把圆锥体敞口封上，如图 1－3－23(b)所示。然后取出，倒转过来，尖头向上安放在坩埚中。

3.4.4.3　沉淀的干燥和灼烧

将包好的沉淀放进已恒重的坩埚内，使滤纸层较多的一边向上，这样可使滤纸灰化较易。按图 1－3－24 所示，斜置坩埚于泥三角上，坩埚盖斜倚在坩埚口下部，这样便于利用反射焰将滤纸烟化。然后如图 1－3－25所示，将滤纸烘干并炭化。在此过程中必须防止滤纸着火，否则会使沉淀飞散而损失。若已着火，应立刻移开煤气灯，并将坩埚盖盖上，让火焰自熄。

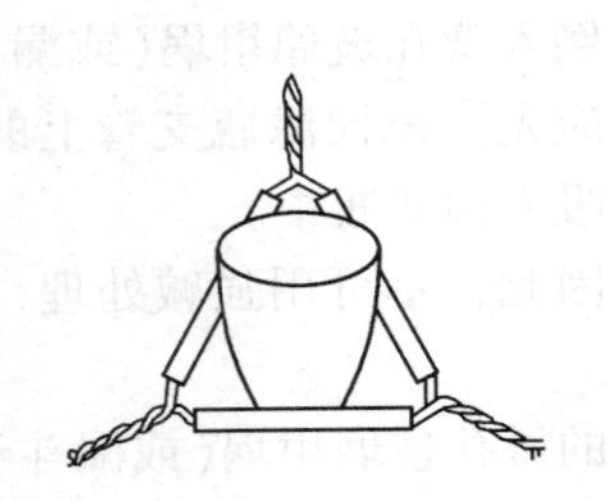

图 1－3－24　坩埚侧放泥三角上

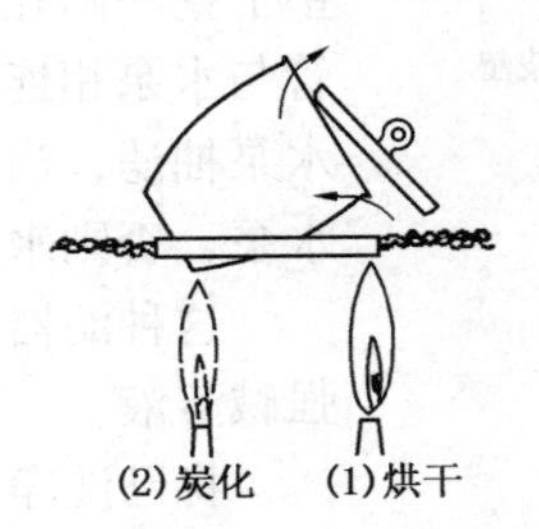

图 1－3－25　烘干和炭化

滤纸完全炭化后，可逐渐提高温度，并随时用坩埚钳转动坩埚，把坩埚内壁上的黑炭完全烧去。把碳烧成 CO_2 而除去的过程叫灰化。灰化也可在电炉上进行。待滤纸灰化后，将坩埚垂直地放在泥三角上，盖上坩埚盖(留一小空隙)，于指定温度下灼烧沉淀，或者将坩埚放在高温炉中灼烧。一般第一次灼烧时间为 30 ~ 45min，第二次灼烧 15 ~ 20min。每次灼烧完毕从炉中取出后，都需要在空气中稍冷，再移入干燥器中。沉淀冷却到室温后称量，然后再灼烧、冷却、称量，直至质量恒定。

微孔玻璃坩埚(或漏斗)只需烘干即可称量，一般将微孔玻璃坩埚(或漏斗)连同沉淀放在表面皿上，然后放入烘箱中，根据沉淀性质确定烘干温度。一般第一次烘干时间要长些，约2h，第二次烘干时间可短些，约45min到1h，根据沉淀的性质具体处理。沉淀烘干后，取出坩埚(或漏斗)，置干燥器中冷却至室温后称量。反复烘干、称量，直至质量恒定。

3.5 其他常用的分析基本操作

3.5.1 加热

3.5.1.1 直接加热

1. 加热试管中的液体

液体除易分解的外，一般都采用直接加热，在火焰上加热试管时，应注意以下几点：

(1) 用试管夹夹持试管中上部(离管口1/3处)。

(2) 试管应稍微倾斜，管口向上，管口切忌对人。

(3) 先加热液体中上部，再慢慢往下移动，同时不停地上下移动，使其受热均匀。若集中加热一点，将会造成局部过热、骤然产生蒸气，将液体冲出管外。

2. 加热试管中的固体

加热试管中的固体时，必须使试管口稍微向下倾斜，以免凝结在试管壁上的水珠流回灼热的管底而使试管炸裂。试管必须用试管夹夹持或铁架台固定。

3. 加热烧杯、锥形瓶中的水溶液

可在电炉上直接加热，近沸腾时应调低电压保持微沸，防止爆沸将溶液冲出。需将蒸发器中的溶液蒸干时，也要严格控制电炉温度，不可操之过急，严禁受热过量将蒸发液溅出。

4. 灼烧

固体物质需要在高温下加热时，可将固体物质置于坩埚内，根据需要，可分别在火焰的氧化焰、电炉、箱式高温电炉(马福炉)上(中)灼烧。用冷坩埚钳夹取热的瓷坩埚时，应将坩埚钳尖端预热，避免瓷坩埚局部受冷炸裂。放置坩埚钳时，应将尖端向上平放在桌面上，以保持尖端洁净和防止烫伤桌面。

3.5.1.2 间接加热

为了克服直接加热法出现局部过热的缺点，使被加热的物质受热更加均匀，可采用间接加热法。最简单的间接加热法是通过石棉网进行加热，但这种做法往往达不到要求，在有机分析中，尤其是在低沸点易燃有机物的蒸馏、回流操作中，经常选用热浴进行间接加热。

1. 水浴

当加热温度在80℃以下时，可将受热容器浸入水浴中，容器壁切忌触及水浴锅底和壁。如果需要加热到100℃，可采用沸水浴或蒸汽浴。一般情况下，电热恒温水浴锅就能满足需要。

2. 油浴

当加热温度在100~250℃之间时，可采用油浴。随着油类的不同，所能达到的最高温度也不同。常用的油浴介质有：

(1)甘油　可以加热到140~150℃，温度过高时则会炭化。

(2)植物油　如菜油、花生油等，可以加热到220℃，常加入1%的对苯二酚等抗氧化剂，便于久用。若温度过高时会分解，达到闪点时可能燃烧起来，所以使用时要小心。

(3)石蜡油　可以加热到200℃左右，温度稍高并不分解，但较易燃烧。

(4) 硅油　硅油在250℃时仍较稳定，透明度好，安全，是目前实验室里较为常用的油浴之一，但其价格较贵。

油浴必须悬挂温度计，随时观察温度变化，以指导调节火焰或电炉温度。若出现油冒烟等异常情况，应立即停止加热。油量不可过多，以防止溢出着火。加热结束，提起受热容器，待附着的油滴完后，用纸或干布将容器壁上附着的油层揩去。

3. 砂浴

当加热温度在数百摄氏度时，可选用砂浴加热。砂浴所用的砂一般是清洁干燥的细海砂或河砂。将砂铺在铸铁板上，把盛有待加热液体的容器半埋入砂中加热，砂浴中插入温度计，温度计的水银球应靠近受热容器，以便较准确地测量温度。目前普遍使用的砂浴是电热砂浴，控温和使用都很方便。

3.5.2　干燥

除去附着在固体、液体及气体中的少量水分或其他溶剂的操作称为干燥。

3.5.2.1　气体的干燥

1. 用吸附剂吸收水分

吸附剂对水有很大亲和力，但不与水形成化合物，且加热后容易再生。常见的吸附剂如硅胶（吸水量能达到其质量的20%～30%）、氧化铝（吸水量能达到其质量的15%～20%）等。

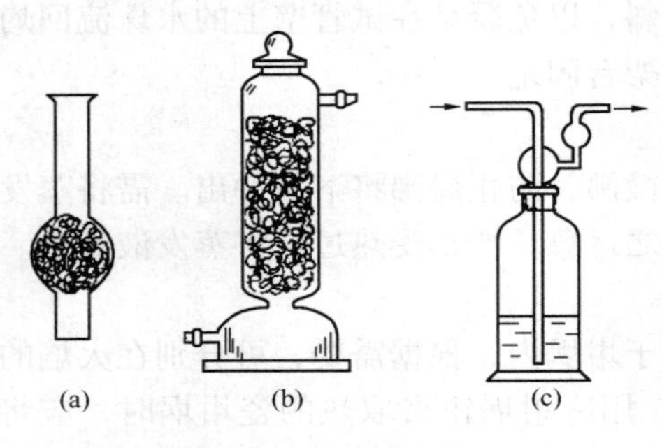

图1－3－26　常用气体干燥器

2. 用干燥剂吸收水分

干燥气体最常用的是用干燥剂吸收水分。可根据气体的性质及干燥要求等选用不同的干燥剂和干燥器。

常用的干燥器如图1－3－26所示。

常用的干燥剂分为3类。

(1) 酸性干燥剂　如浓硫酸、五氧化二磷、硅胶。

(2) 碱性干燥剂　如固体烧碱、生石灰、碱石灰（NaOH＋CaO）。

(3) 中性干燥剂　如无水氯化钙。

选用干燥剂的原则是：只能吸收水分，不能与气体发生化学反应。表1－3－5列有常用的干燥剂及适宜干燥的气体。可供参考。

表1－3－5　常用干燥剂

干燥剂	气体物质	干燥剂	气体物质
$CaCl_2$	H_2、O_2、N_2、CO、CO_2、SO_2、HCl、CH_4	KOH、CaO	NH_3、$-NH_2$
		$CaBr_2$	HBr
P_2O_4	H_2、O_2、N_2、CO、CO_2、CH_4、C_2H_4	CaI_2	HI
H_2SO_4	O_2、N_2、Cl_2、CO、CO_2、CH_4	碱石灰	O_2、N_2、NH_3、$-NH_2$，并可除去气体中的CO_2及酸性气体

注意事项：

(1) 固体干燥剂必须制成颗粒状，装填时既要紧密又要有空隙。

(2) 使用浓硫酸作干燥剂时，用量要适当，太少会使干燥效果不理想，太多会造成液体压力增大，气体不易通过。

（3）若干燥要求高，可同时串联通过两个或两个以上的干燥器。干燥剂既可相同也可不同。若同时使用无水氯化钙和五氧化二磷，气体应先通过吸收效率低的无水氯化钙。

（4）使用气体洗气瓶时，注意进口与出口不得弄错。气体流速不得过快，若过快一则干燥效果不好，二则气流可能将硫酸干燥剂冲出发生危险。

（5）洗气瓶前最好接一安全瓶，以防止气压改变液体倒流。干燥完毕，若干燥剂还能继续使用，应立即将通道堵塞，防止吸潮。

3.5.2.2　液体干燥

1. 干燥剂的选择

液体有机化合物的干燥通常是将干燥剂直接投入被干燥的液体中，因此选用的干燥剂必须满足以下条件：

（1）干燥剂与被干燥的液体之间不发生任何化学反应。

（2）干燥剂不溶解于被干燥的液体中。

（3）干燥剂对被干燥的液体不存在催化作用。

（4）干燥剂吸水量大，价格低，干燥速度快。

液体有机物常用的干燥剂见表1－3－6。

表1－3－6　液体有机物的常用干燥剂

液体有机物	适用的干燥剂	液体有机物	适用的干燥剂
醚类、烷烃、芳烃	$CaCl_2$、Na、P_2O_5	酸类	$MgSO_4$、Na_2SO_4、$CaSO_4$
醇类	K_2CO_3、$MgSO_4$、CaO、Na_2SO_4	酯类	$MgSO_4$、Na_2SO_4、K_2CO_3
醛类	$MgSO_4$、Na_2SO_4、$CaSO_4$	卤代烃	$CaCl_2$、$MgSO_4$、Na_2SO_4、P_2O_5
酮类	$MgSO_4$、Na_2SO_4、K_2CO_3、$CaSO_4$	有机碱（胺类）	NaOH、KOH、CaO、BaO

2. 液体的干燥操作

投放干燥剂前被干燥的液体内的水层尽可能分离干净；将待干燥的液体置锥形瓶中，用角匙盛干燥剂投入。干燥剂的用量一般每10mL液体投加0.5～1g，但由于液体含水量不等，干燥剂质量的差别，因此干燥剂的用量无固定模式。必须靠经验进行判断，加少了干燥不完全，加多了干燥剂将水吸附完后又可能吸附待干燥液体造成损失。

干燥剂加入后，若还有水层出现，应用吸管将水吸出，然后再加入新的干燥剂。液体加入干燥剂后，应放置至少30min以上，并不时摇动，最好能放置过夜，使水分尽可能被完全吸收。然后过滤，滤液用蒸馏烧瓶承接后进行蒸馏。某些干燥剂如金属钠、石灰、五氧化二磷等，它们与水反应后生成较稳定的水化物，可不过滤而直接蒸馏。

干燥剂颗粒大小应适宜，大颗粒内部几乎不起作用；小颗粒表面积又太大，吸附待干燥液太多，损失太大。

3.5.2.3　固体的干燥

气、液、固三相中固体的干燥最简单，它基本不存在干燥剂的选择问题，仅存在干燥方法的选择，且操作也不像气液那样烦琐。

1. 加热干燥

对热稳定的固体，可直接在烘箱中加热干燥，但加热的温度应低于固体的熔点，一般驱除吸附水分的干燥温度都是控制在105～110℃，烘干2h左右即可达到目的。

2. 自然干燥

遇热易分解或附有易燃、易挥发溶剂的固体，应在空气中任其自然干燥。

3. 红外线干燥和微波干燥

红外线和微波的穿透性很强，能使水分子从固体颗粒的内外同时蒸发，因此干燥速度较传统的加热法快。

4. 干燥器干燥

易吸湿和温度稍高就要分解的物质，可用干燥器干燥。干燥器还可用来长期存放易吸潮的药品。常用的干燥器如图 1－3－27(1)所示。

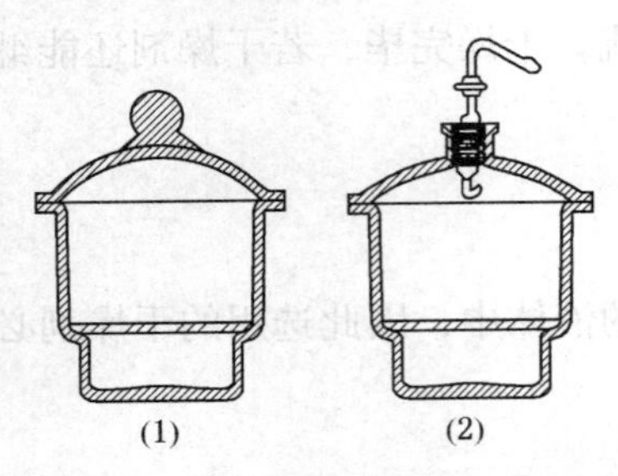

图 1－3－27　常用固体干燥器

干燥器是一种具有磨口盖子、密闭的厚玻璃容器。内放一带有孔眼的白瓷板。瓷板下面放干燥剂，干燥器的口上和盖子都带有磨口，在磨口上涂一层很薄的凡士林，这样可使盖子密合而不透气。

干燥器底部盛放干燥剂。最常用的干燥剂是变色硅胶和无水氯化钙。其上搁置洁净的带孔瓷板。坩埚等即可放在瓷板孔内。

干燥剂吸收水分的能力都是有一定限度的。例如硅胶在 20℃时，被其干燥过的 1L 空气中残留水分为 6×10^{-3} mg；无水氯化钙在 25℃时，被其干燥过的 1L 空气中残留水分小于 0.36mg。因此，干燥器中的空气并不是绝对干燥的，只是湿度较低而已，所以干燥效率不高。采用真空干燥器就可大大提高干燥效率。真空干燥器如图 1－3－27(2)所示。它是在干燥器盖上装有一个可用于抽真空的玻璃活塞，活塞下端通气口呈弯钩状，以防止通气时气流将药品冲散。使用时，真空度不可太高，以防干燥器炸碎。一般用水泵抽气至盖子推不动即可。为防止抽气时干燥器炸碎伤人，可用布套将干燥器罩住再抽空。开启时，放入空气的速度不宜过快，避免样品吹散。真空干燥器禁止用浓硫酸作干燥剂。表 1－3－7 为干燥器中通常使用的干燥剂，可根据性质和需要进行选择。

表 1－3－7　干燥固体时干燥器内常用的干燥剂

干　燥　剂	吸去的溶剂或其他杂质	干　燥　剂	吸去的溶剂或其他杂质
氧化钙	水、醋酸、氯化氢	五氧化二磷	水、醇
氯化钙(无水)	水、醇	硅胶	醇、醚、苯、甲苯、氯仿、石油醚、四氯化碳
氢氧化钠	水、醇、酚、醋酸、氯化氢		
浓硫酸	水、醇、醋酸	石蜡片或橄榄油	水

使用干燥器时应注意以下几点：

(1) 在盖干燥器时，应将盖子的磨口面紧贴着干燥器的口一边的磨口面，从一边移至另一边，直至盖严为止。不要随便往上面盖。

(2) 开盖时也从一边移至另一边直至打开，不应拿住盖顶往上提。

(3) 打开的盖子放到台上时应使磨口向上，要注意放稳，防止盖子从台上滚落下来打碎。

(4) 将热的物体放入干燥器内，应置于瓷板中间，而不要使其触及干燥器壁。

(5) 在高温炉里灼烧成炽红的坩埚不能立即放入干燥器内，必须待坩埚红色消退，稍微冷却后才能放进去。盖上盖子后，再把盖子稍微移开一两次，使热气放出。然后把盖子盖好，以免盖子被热气冲开而碰破，同时也避免因干燥器内的空气冷却，使其中压力降低，盖子难以打开，或一旦打开时进入干燥器的空气流把坩埚内物质吹掉。

(6) 将干燥器从一个地方移至另一个地方时，必须用两手的大拇指按紧上盖，其余四指托住下沿，以免盖子滑落打破，见图 1-3-28。

图 1-3-28 搬动干燥器

(7) 热坩埚(或其他物质)放在干燥器内冷却，到规定时间后就应马上称量，不要放置过久。

(8) 干燥剂不可放得太多，以免沾污坩埚底部。

(9) 变色硅胶干燥时为蓝色(含无水 Co^{2+} 色)，受潮后变粉红色(水合 Co^{2+} 色)。可以在 120℃烘干受潮的硅胶待其变蓝后反复使用，直至破碎不能用为止。

(10) 磨口处凡士林时间长后会氧化变硬，长久不用时甚至将盖粘死打不开，所以应及时刮去老化的凡士林，再涂上新的。

3.5.3 萃取

用适宜的溶剂把指定物质从固体或液体混合物中提取分离出来的操作叫萃取。它是一种简单、快速、分离效果好、应用相当广泛的分离方法。在萃取分离法中，目前应用最广泛的是液-液萃取分离法，亦称溶剂萃取分离法。这里讲述的是水溶液的萃取。这种方法是用一种与水不相溶的有机溶剂与试液一起混合振荡，然后利用两种溶液密度不同搁置分层，这时，一部分组分进入溶剂中，另一些组分仍留在试液中，从而得到分离。

3.5.3.1 萃取溶剂的选择

应根据被萃取物质的溶解能力及萃取溶剂的性质选择萃取剂。

(1) 萃取溶剂选择的依据是被萃取物在此溶剂中的溶解度必须大。被萃取物在萃取溶剂中的溶解度越大，萃取效率就越高。一般水溶性较小的物质可用石油醚萃取，水溶性较大的物质可用苯或乙醚萃取，水溶性极大的物质可用乙酸乙酯萃取。第一次萃取时使用溶剂的量通常比后几次要多一些，以补充其稍溶于水而引起的损失。

(2) 萃取溶剂不但要能很好地溶解被萃取的物质，而且对杂质的溶解度要小。

(3) 萃取溶剂的沸点不宜过高，否则溶剂不易回收，并可能使产品在回收溶剂时被破坏。

(4) 萃取溶剂的毒性要小或者无毒性。

(5) 萃取溶剂的稳定性要好，挥发性小，不易燃烧。

(6) 萃取溶剂的密度和水的密度差别要大，黏度要小，便于分层，有利操作。

3.5.3.2 萃取装置

选择一个容积比萃取溶液体积大 1~2 倍的分液漏斗，置于固定在铁架台上的铁圈中，在其下面放一个清洁干燥的烧杯，并使漏斗的末端脚口壁紧贴烧杯壁。通常使用的是 60~125mL 的梨形分液漏斗。如图 1-3-29 所示。

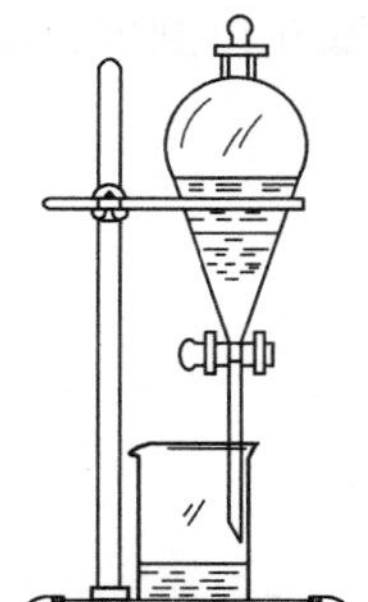
图 1-3-29 萃取装置

3.5.3.3 萃取操作

目前应用最广泛的萃取方法是单效萃取法，又称间歇萃取法。

1. 萃取

移取一定体积的被萃取物质的水溶液和萃取溶剂，依次自上口倒入分液漏斗中，塞紧玻塞后，取下分液漏斗，右手按住漏斗上端的玻塞，左手握住漏斗下端的活塞，倾斜倒置，如图 1-3-30(a)所示。上下轻轻振荡数次，开启活塞，朝无人处放出因振荡而产生的过量气

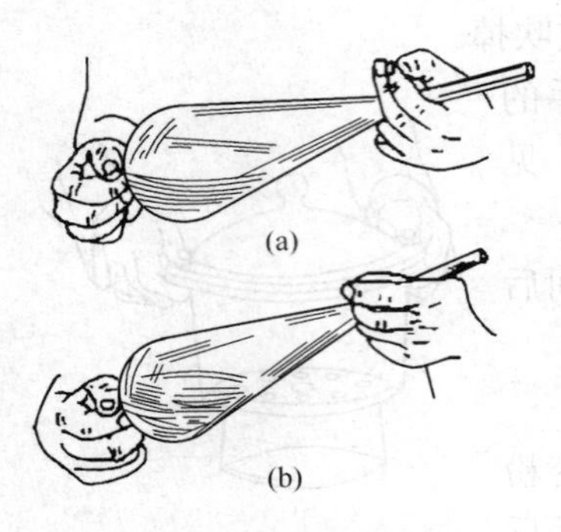

图 1-3-30　萃取操作

体，除去漏斗中压力，如图 1-3-30(b) 所示。放气后，关闭活塞，继续振荡，再放气，如此重复操作，直至放气时只有很小的压力为止。然后再剧烈振荡摇 2~3min，使两液体充分接触。

2. 分液

将分液漏斗置于铁架台的铁圈上静置使两相分为清晰的两层。若产生乳化现象影响分层，可试用以下方法解决：

(1) 较长时间静置。

(2) 振荡时不要过于激烈，放置后轻轻旋摇，加速分层。

(3) 如因溶剂部分互溶发生乳化，可加入少量电解质(如氯化钠)利用盐析作用破坏乳化。加入电解质也可改善因两项密度差小发生的乳化。

还可通过加入乙醇、改变溶液酸度等方法消除乳化。

待溶液分层完毕后，先打开漏斗上端的玻塞，再缓缓旋开下端的活塞，使下层的水溶液慢慢流入烧杯中。分液时，一定要尽可能地分离干净，不能让被萃取的物质损失，也不能让其他的干扰组分混入，在两种液体交界处，有时会出现一层絮状的乳浊液，也应同时放去。最后将上层液体从漏斗上口倒入另一干燥洁净的容器中。

3. 多次萃取

将放出的下层水溶液倒回分液漏斗中，加入新的萃取剂，用同样的方法进行第二次萃取。若萃取溶剂的密度大于水溶液的密度，则在第一次萃取后，将上层水溶液仍保留在漏斗中，重新加入新的萃取剂，进行第二次萃取。萃取次数一般为 3~5 次即可保证萃取基本完全。

4. 干燥和纯化

把数次萃取的萃取液合并，加入合适的干燥剂，蒸去溶剂，再把萃取所得到的物质按其性质用蒸馏、重结晶等方法纯化。

3.5.3.4　注意事项

(1) 分液漏斗使用前应仔细检查玻塞和活塞是否紧密，不得漏液。活塞转动应灵活，不灵活时需取下涂上薄薄的一层凡士林，漏斗上端的玻塞切不可涂凡士林。

(2) 活塞上已涂过凡士林的漏斗不能放在烘箱中干燥，需干燥时必须用纸擦去凡士林，待干燥后，重新涂凡士林。不能用手拿分液漏斗下端(活塞及以下部分)，以防折断漏斗。不能用手拿住分液漏斗膨大部分进行萃取操作，否则会造成玻塞冲出或活塞滑脱。

(3) 分液时，先打开上端的玻塞，再开启活塞分液，上层的液体应从漏斗口倒出，不能从活塞放出。

第4章　分析实验室用水

4.1　实验室用水规格

4.1.1　实验室用水的等级

4.1.1.1　实验室用水等级

我国国家标准 GB 6682—1992《分析实验室用水规格和试验方法》规定的实验室用水分为三级。

（1）一级水

基本上不含有溶解和胶态离子杂质及有机物。它可以用二级水经进一步加工处理而制得。

（2）二级水

可含有微量的无机、有机或胶态杂质。可采用蒸馏、反渗透或去离子后再进行蒸馏等方法制备。

（3）三级水

适用于一般实验室试验工作，它可以采用蒸馏、反渗透或去离子等方法制备。

4.1.1.2　实验室用水的技术指标

表1－4－1 列出了各级分析实验室用水的规格：

表1－4－1　分析实验室用水的规格

项　　目		一级水	二级水	三级水
外观(目视观察)		无色透明液体		
pH 值范围(25℃)		—	—	5.0～7.5
电导率(25℃)/(mS/m)	≤	0.01	0.10	0.50
可氧化物质[以(O)计]/(mg/L)	<	—	0.08	0.4
吸光度(254nm，1cm 光程)	≤	0.001	0.01	—
蒸发残渣(105℃ ±2℃)/(mg/L)	≤	—	1.0	2.0
可溶性硅[以(SiO_2)计]/(mg/L)	<	0.01	0.02	—

① 由于在一级水、二级水的纯度下，难于测定其真实的 pH 值，因此，对一级水、二级水的 pH 值范围不做规定。

② 一级水、二级水的电导率需用新制备的水“在线测定”。否则，水一经储存，由于容器中可溶成分的溶解，或由于吸收空气中二氧化碳以及其他杂质而引起电导率改变。对于最后一步采用蒸馏方法而制得的一级水，由于在蒸馏过程中与空气直接接触，其电导率会增高，此时可根据其他指标及制备工艺来确定其级别。

③ 由于在一级水的纯度下，难于测定可氧化物质和蒸发残渣，对其限量不做规定，可用其他条件和制备方法来保证一级水的质量。

实际工作中，要根据具体工作的不同要求选用不同等级的水，对有特殊要求的实验室用水，需要增加相应的技术条件和检验方法。例如，配制无二氧化碳碱标准滴定溶液时，需使用无二氧化碳的水。

4.1.2 分析实验室用水的检验方法

4.1.2.1 标准方法简介

(1) pH 值范围

量取100mL水样，用pH计测定pH值(详见GB 9724)。

(2) 电导率

用电导仪测定电导率。一、二级水测定时，配备电极常数为0.01～0.1cm^{-1}的"在线"电导池，使用温度自动化补偿。三级水测定时，配备电极常数为0.1～1cm^{-1}的电导池。

(3) 可氧化物质

量取1000mL二级水(或200mL三级水)置于烧杯中，加入5.0mL(20%)硫酸(三级水加入1.0mL硫酸)，混匀。加入1.00mL高锰酸钾标准滴定溶液[$c_{(1/5KMnO_4)}$ = 0.01 mol/L]，混匀，盖上表面皿，加热至沸并保持5min，溶液粉红色不完全消失。

(4) 吸光度

将水样分别注入1cm和2cm吸收池中，于254nm处，以1cm吸收池中的水样为参比，测定2cm吸收池中水样的吸光度。若仪器灵敏度不够，可适当增加测量吸收池的厚度。

(5) 蒸发残渣

量取1000mL二级水(三级水取500mL)，分几次加入到旋转蒸发器的500mL蒸馏瓶中，于水浴上减压蒸发至剩约50mL时转移至一个已于(105±2)℃质量恒定的玻璃蒸发皿中，用5～10mL水样分2～3次冲洗蒸馏瓶，洗液合并入蒸发皿，于水浴上蒸干，并在(105±2)℃的电烘箱中干燥至质量恒定。残渣质量不得大于1.0mg。

(6) 可溶性硅

① 二氧化硅标准溶液0.01mgSiO_2/mL。

② 钼酸铵溶液　5g$(NH_4)_6Mo_7O_{24}\cdot 4H_2O$，加水溶解，加入20mL$H_2SO_4$(20%)稀释至100mL。

③ 草酸　50g/L。

④ 对甲氨基酚硫酸盐(米吐尔)溶液　取0.2g对甲氨基酚硫酸盐，加20.0g焦亚硫酸钠，溶解并稀释至100mL。有效期两周。

以上四种溶液均储于聚乙烯瓶中。

测定：量取520mL一级水(二级水取270mL)，注入铂皿中，在防尘条件下亚沸蒸发至约20mL，加1.0mL钼酸铵溶液，摇匀，放置5min后，加1.0mL草酸溶液，摇匀，再放置1min后，加1.0mL对甲氨基酚硫酸盐溶液，摇匀，转移至25mL比色管中，定容，于60℃水浴中保温10min，目视比色，溶液所呈蓝色不得深于0.50mL0.01mg/mLSiO_2标准溶液用水稀释至20mL经同样处理的标准比对溶液。

4.1.2.2 一般检验方法

标准检验方法严格但很费时，一般化验工作用的纯水可用测定电导率法和化学方法检验。

离子交换法制得的纯水可以监测水的电导率，根据电导率确定何时需再生交换柱。取水样后要立即测定，注意避免空气中的二氧化碳溶于水中使水的电导率增大。

也可以用以下的化学方法检验。

(1) 阳离子检验　取水样10mL于试管中，加入2～3滴氨缓冲溶液(54g氯化铵溶于200mL水中，加入350mL浓氨水，用水稀释至1L，pH=10)，2～3滴铬黑T指示剂(0.5g

铬黑T加入20mL二级三乙醇胺，以95%乙醇溶解并稀释至1L。也可在铬黑T指示剂溶液中每100mL加入2~3mL浓氨水，试验中免去加氨缓冲溶液）如水呈现蓝色表明无金属阳离子（含有阳离子的水呈现紫红色）。

（2）氯离子的检验　取水样10mL于试管中，加入数滴硝酸银水溶液（1.7g硝酸银溶于水中，加浓硝酸4mL，用水稀释至100mL），摇匀，在黑色背景下看溶液是否变白色混浊，如无氯离子应为无色透明。（注：如硝酸银溶液未经硝酸酸化，加入水中可能出现白色或变为棕色沉淀，这是氢氧化银或碳酸银造成的。）

（3）指示剂法检验pH值　取水样10mL，加甲基红pH指示剂（甲基红指示剂的变色范围pH=4.2~6.3，红→黄。称取甲基红0.100g于研钵中研细，加18.6mL0.02mol/L氢氧化钠溶液，研至完全溶解，加纯水稀释至250mL）2滴不显红色。另取水样10mL，加溴麝香草酚蓝pH指示剂（溴麝香草酚蓝指示剂变色范围pH=6.0~7.6，黄→蓝。称取溴麝香草酚蓝0.100g，加入8.0mL0.02mol/L氢氧化钠溶液，研至完全溶解，加纯水稀释至250mL）5滴不显蓝色即符合要求。

用于测定微量硅、磷等的纯水，应该先对水进行空白试验，才可应用于配制试剂。

4.2　实验室用水的制备

制备实验室用水，应选取饮用水或比较纯净的水（如有污染必须进行预处理）作为原料水。目前工厂中多采用蒸馏法、离子交换法和电渗析法制备实验室用水。

4.2.1　蒸馏法制纯水

4.2.1.1　*蒸馏法*

蒸馏法是将原料水加热蒸馏得到蒸馏水。由于绝大多数无机盐类不挥发，所以蒸馏水中除去了大部分无机盐类，适用于一般的实验室工作。

常见的蒸馏器见图1-4-1，一般由蒸发锅、冷凝器、电热器三部分组成，小型的多用玻璃制造，较大型的用镀锡铜皮、铝皮或石英等材料制成。由于蒸馏器的材质不同，带入蒸馏水中的杂质也不同。用玻璃蒸馏器制得的蒸馏水含有较多的（相对而言）Na^+、SiO_3^{2+}等离子；用铜蒸馏器制得的蒸馏水通常含有较多的Cu^{2+}离子等。蒸馏水中通常还含有一些其他杂质，原因是：(1)二氧化碳及某些低沸物易挥发，随水蒸气带入蒸馏水中；(2)少量液态水成雾状飞出，直接进入蒸馏水中；(3)微量的冷凝管材料成分也能带入蒸馏水中。因此一次蒸馏水只能作一般的分析用。

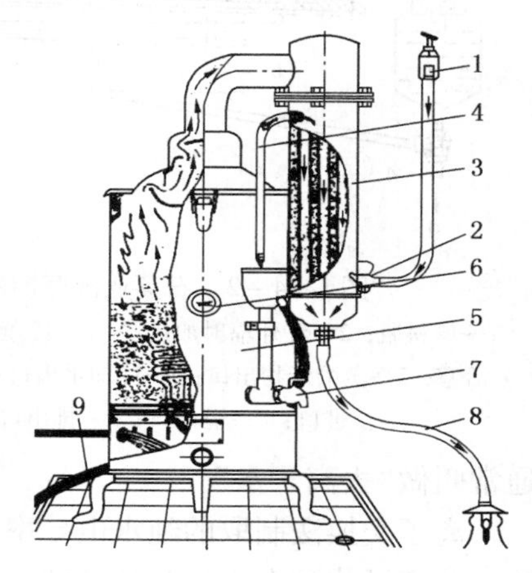

图1-4-1　铜制蒸馏水器

1—水源开关；2—进水开关；3—冷凝器；4—回水管；5—蒸发锅；6—水标；7—放水开关；8—蒸馏水管；9—溢水管

制取蒸馏水的蒸馏速度不可太快，可采用不沸腾蒸发法。若要求高质量的蒸馏水，可将普通蒸馏水进行二次蒸馏，方法是用硬质玻璃或石英蒸馏器，在每1L蒸馏水或去离子水中加入50mL碱性高锰酸钾溶液（每1L含$8gKMnO_4+300gKOH$），重新蒸馏，弃去头和尾各1/4容积，收集中段的重蒸馏水，亦称二次蒸馏水，此法去除有机物效果较好，但不宜作无机痕量分析用。也可直接在二次蒸馏水器中制备，第二个蒸馏瓶中不加 $KMnO_4$。

实验室日常大量使用的是一次蒸馏的水，二次蒸馏水仅在一些特定的场合，特殊的实验中使用，用量很少。某些特殊用途的水要用银、铂、聚四氟乙烯等特殊材质的蒸馏器。

电热蒸馏器的使用及注意事项。

（1）使用时，用胶管连接水源开关和进水开关，使冷水通过冷凝器进入蒸发锅。当加至水位线，溢水管开始溢水时，表示蒸发锅已满，此时关闭水源。接通电源进行加热，当水沸腾并开始出水时，再开启水源开关，让冷水不断通过冷凝器，冷却蒸发出来的水蒸气，使其变成蒸馏水流出。同时一部分冷水经过冷凝器预热而进入蒸发锅，补充已蒸发的水，以保证连续蒸馏。

（2）在蒸馏过程中，要经常检查进、溢水管的水量，使其大小适宜。如水量过小，蒸发锅中的水得不到及时补充，会出现水锅爆沸，降低蒸发速度，甚至易烧坏蒸发锅；如水量过大，会造成漏斗溢水，降低蒸发速度。调节方法通常以冷凝器外壳的温度为准，一般冷凝器下部温度在38~40℃，上部温度在50~55℃。

（3）每次使用前应洗刷蒸发锅，将存水排尽。使用一段时间后，应定期清除水垢，不然会降低出水量，影响水质。同时也会影响电热管的热效率，缩短其使用寿命。

（4）定期检查冷凝器是否畅通，是否被水垢堵塞，并及时清除。冷凝管结垢会降低冷凝效果，减少蒸馏水产量。

（5）使用时必须加水至水位线，然后再通电检查或使用，防止电热管干烧。更换电热管时，必须保证接头处垫衬完好坚固不漏水，否则一通电就会被击穿损坏。

4.2.1.2 亚沸法

一般的沸腾蒸馏方法由于沸腾的水泡破裂，使蒸汽中带入微粒，另外，未蒸馏的液体沿器壁爬行，使蒸馏水受到明显的沾污。亚沸蒸馏是在液体不沸腾的条件下蒸馏，完全消除了由沸腾带来的沾污。

亚沸蒸馏是纯化高沸点酸最常用的方法，也是高纯水及高纯酸制备的标准方法。亚沸蒸馏装置见图1-4-2。

亚沸蒸馏装置中采用红外线加热，因此器壁可保持干燥，避免液体向上爬行。

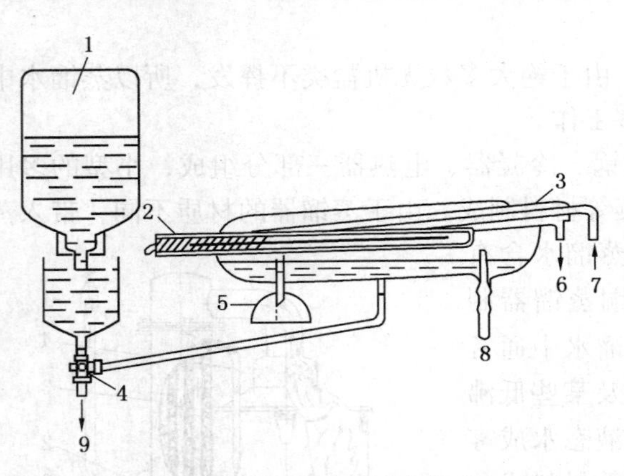

图1-4-2 石英亚沸蒸馏器

1—原料瓶；2—红外辐射加热器；3—冷凝管；4—三通活塞；5—蒸馏产物出口；6—冷却水出口；7—冷却水进口；8—溢出口；9—排出口

4.2.2 离子交换法制纯水

应用离子交换树脂来分离出水中的杂质离子的方法叫离子交换法。用此法制得的水通常叫做“去离子水”。

离子交换法制取的纯水电导率可达到很低，但它的局限性是不能去除非电解质、胶体物质、非离子化的有机物和溶解的空气。另外，树脂本身也会溶解出少量有机物。但在一般的化学分析工作中，离子交换制取的纯水是完全能满足需要的。由于它操作技术较易掌握，设备可大可小，比蒸馏法成本低，因此是目前各类化验室较常用的方法。常见的离子交换柱结构见图1-4-3。

4.2.2.1　原理

将含有阴阳离子杂质的水经过离子交换树脂，离子交换树脂上的 OH^- 和 H^+ 分别与水中的阴离子和阳离子交换，阴、阳离子交换到树脂上，OH^- 和 H^+ 进入水中，又结合成水，从而达到除去水中阴阳离子的目的。当树脂失效后，可以用酸和碱溶液再生，树脂能较长时间反复使用。

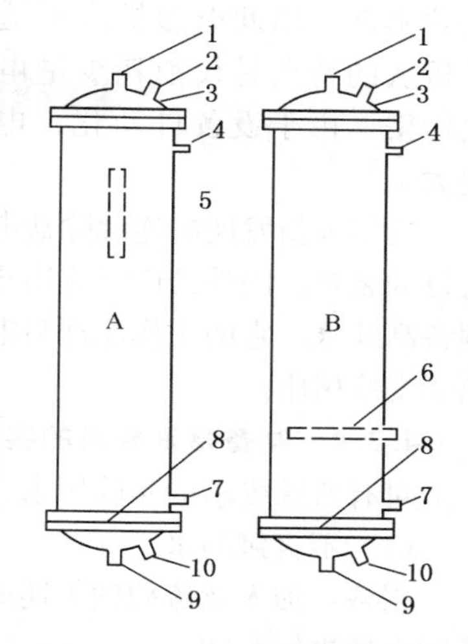

图1－4－3　离子交换柱结构

1—进水口；2—排气口；3—上布水；4—树脂补充口；5—观察窗；6—布酸排液管；7—树脂放出口；8—下布水；9—出水口；10—取水样口

4.2.2.2　使用注意事项

（1）直接使用自来水制备去离子水时，应先将原水充分曝气，待其中余氯除尽再使之入床。自然曝气所需时间视环境温度而异，一般夏季约需一天，冬季常需三天以上；加热并加强搅拌或充气可提高除氯效率。

（2）原水硬度较高时应进行必要的处理（如蒸馏或电渗析等）以除去其中大量无机盐类，然后再进行交换处理，以延长交换柱的工作周期。

（3）使用复合床制备纯水时最好是连续生产。当复合床内的树脂经再生处理后重新使用或间歇工作再继续制水时，其最初出水的质量都较差。

（4）使用时树脂的温度不得超过50℃，也不宜长时间与高浓度的强氧化剂接触，否则会加速树脂的破坏，缩短离子交换树脂的使用时间。

（5）用离子交换法制得的纯水一旦接触空气，其电导率随即迅速升高；以玻璃容器储存时，电导率亦将随储存时间的延长而继续上升。

（6）去离子水金属离子杂质含量极低，适于配制痕量金属分析用的试液。

（7）去离子水常含有微量树脂浸出物和树脂崩解微粒（部分微粒可用孔径0.2～0.45μm的滤膜滤除），不宜用以配制有机物质分析的试液。

（8）一些电化学仪器的电极表面可因受微量有机物轻度污染而严重钝化；频繁处理电极能影响其重复性，应切实注意去离子水对这些仪器的影响。

（9）树脂再生处理的质量好坏决定制备的去离子水的纯度。因此，必须使用足够量的再生剂充分处理树脂，并需彻底洗净残留的再生剂和再生交换液。尤其是混合树脂，如经分别再生处理后未能充分洗净，则重新混合后将因交互污染而显著降低其交换能力和有效交换容量。

4.2.3　电渗析纯水器

电渗析纯水器是在离子交换技术的基础上发展起来的一种纯水制备装置。

电渗析纯水器有两槽式、三槽式及多层式三种形式，主要由离子交换膜、隔板、电极和有关部件组合而成。

电渗析是一种固膜分离技术。电渗析纯化水是除去原水中的电解质，故又叫电渗析脱盐。它利用离子交换膜的选择透过性，即阳离子交换膜（简称阳膜）仅允许阳离子通过，阴离子交换膜（简称阴膜）仅允许阴离子通过，在外加直流电场作用下，使一部分水中的离子透过离子交换膜迁移到另一部分水中，造成一部分水淡化，另一部分水浓缩。收集的淡水即为所需的纯化水。

在电渗析过程中被除去的水中杂质只能是电解质，且对弱电解质（如硅酸根等）去除效率低，因此电渗析法不适于单独制取纯水，可以与反渗透或离子交换法联用。电渗析法的特点是仅消耗少量电能，不像离子交换法需消耗酸碱及产生废液，因而无二次污染。由于设备自动化，电渗析法制取纯水几乎不需要占用人工。其缺点是耗水量大。

近年来新发展的连续除盐电渗析设备是应用离子交换膜、离子交换树脂和电解来达到脱盐目的装置，国外已广泛应用于高纯水的制备中，脱盐率可达99%。如果与反渗透联用可制备高纯水。它的工作原理与电渗析相同，只是在膜之间加入了不会损耗而且不需要再生的离子交换树脂。

4.2.4 制备特殊要求的实验用水

对有特殊要求的实验用水，常需使用相应的技术条件处理和检验。

(1) 不含氯的水

制备：加入亚硫酸钠等还原剂将自来水中的余氯还原为氯离子，用附有缓冲球的全玻璃蒸馏水器进行蒸馏。

检验：取实验用水10mL于试管中，加入2~3滴(1+1)硝酸、2~3滴0.1mol/L硝酸银溶液，混匀，不得有白色混浊出现。

(2) 不含氨的水

向水中加入硫酸至 $pH<2$，使水中的氨或胺都转变成不挥发的盐类，收集馏出液。

(3) 不含二氧化碳的水

常用的制备方法是将蒸馏水或去离子水煮沸10min或使水蒸发10%以上加盖冷却；也可将惰性气体如纯氮)通入去离子水或蒸馏水中。

(4) 不含酚的水

加入氢氧化钠至水的pH值大于11(可同时加入少量高锰酸钾溶液使水呈紫红色)，使水中的酚生成不挥发的酚钠后进行蒸馏制得；或用活性炭吸附法制取。

(5) 不含砷的水

通常使用的普通蒸馏水或去离子水基本不含砷，对所用蒸馏器、树脂管和储水容器要求不得使用软质玻璃(钠钙玻璃)制品，进行痕量砷测定时则应使用石英蒸馏器和聚乙烯树脂管及储水容器制备和盛储不含砷的蒸馏水。

(6) 不含铅(重金属)的水

用氢型强酸性阳离子交换树脂制备不含铅的(重金属)的水，储水容器应做无铅处理后方可使用(将储水容器用6mol/L硝酸浸洗后用无铅水充分洗净)。

(7) 不含有机物的水

将碱性高锰酸钾溶液加入水中再蒸馏，在再蒸馏的过程中应始终保持水中高锰酸钾的紫红色不得消退，否则应及时补加高锰酸钾。

4.3 分析实验室用水的储存和选用

经过各种纯化方法制得的各种级别的分析实验室用水，纯度越高要求储存的条件越严格，成本也越高，应根据不同分析方法的要求合理选用。表1-4-2列出了国家标准中规定的各级水的制备方法、储存条件及使用范围。

表 1－4－2　分析实验室用水的制备、储存及使用

级别	制备与储存	使用
一级水	可用二级水经过石英设备蒸馏或离子交换混合床处理后，再经0.2μm微孔滤膜过滤制取 不可储存，使用前制备	有严格要求的分析实验，包括对颗粒有要求的试验，如高压液相色谱分析用水
二级水	可用多次蒸馏或离子交换等方法制取 储存于密闭的、专用聚乙烯容器中	无机痕量分析等试验，如原子吸收光谱分析用水
三级水	可用蒸馏或离子交换等方法制取 储存于密闭的、专用聚乙烯容器中，也可使用密闭的、专用玻璃容器储存	一般化学分析试验

注：储存水的新容器在使用前需用盐酸溶液（20%）浸泡2～3d，再用储存的水反复冲洗，然后注满水，浸泡6h以上方可使用。

第5章　溶液的配制与标定

化验室常用的溶液可分为两大类，一类是通过标定、比较或用基准试剂准确配制等得到的准确浓度的溶液，称为标准溶液；另一类是对其浓度要求不太严格，不需要用标定或其他方法求得准确浓度的溶液，称为一般溶液，也称为辅助试剂溶液。

5.1　溶液浓度的表示方法

在化验工作中，随时都要用到各种浓度的溶液，溶液的浓度通常是指在一定量的溶液中所含溶质的量。在国际标准和国家标准中，溶剂用A代表，溶质用B代表。化验工作中常用的溶液浓度表示方法有以下几种。

5.1.1　物质的量浓度

B的物质的量浓度，常简称为B的浓度，是指B的物质的量除以混合物的体积，以c_B表示，单位为mol/L，即：

$$c_B = \frac{n_B}{V}$$

式中　c_B——物质B的物质的量浓度，mol/L；

n_B——物质B的物质的量，mol；

V——混合物(溶液)的体积，L。

c_B是国际符号，下标B指基本单元。同一溶液，其所取单元不同，其物质的量浓度也不同。例如1L溶液中含$H_2SO_4$98.08g，则$c_{H_2SO_4} = 1mol/L$，$c_{1/2H_2SO_4} = 2mol/L$。

5.1.2　质量分数

B的质量分数是指B的质量与混合物的质量之比，以ω_B表示。由于质量分数是相同物理量之比，因此其量纲为1，一律以1作为其SI单位，但是在量值的表达上这个1并不出现而是以纯数表达。例如，$\omega_{(HCl)} = 0.38$，也可以用“百分数”表示，即$\omega_{(HCl)} = 38\%$，市售浓酸、浓碱大多用这种浓度表示。如果分子、分母两个质量单位不同，则质量分数应写上单位，如mg/g、μg/g、ng/g等。

质量分数还常用来表示被测组分在试样中的含量，如铁矿中铁含量$\omega_{(Fe)} = 0.36$，即36%。在微量和痕量分析中，含量很低，过去常用ppm、ppb、ppt表示，其含义分别为10^{-6}、10^{-9}、10^{-12}，现已废止使用，应改用法定计量单位表示。例如，某化工产品中含铁5ppm，现应写成$\omega_{(Fe)} = 5 \times 10^{-6}$，或5μg/g、5mg/kg。

5.1.3　质量浓度

B的质量浓度是指B的质量除以混合物的体积，以ρ_B表示，单位为g/L，即：

$$\rho_B = \frac{m_B}{V}$$

式中　ρ_B——物质B的质量浓度，g/L；

m_B——溶质B的质量，g；

V——混合物(溶液)的体积，L。

当浓度很稀时，可用mg/L、μg/L或ng/L表示(过去有用ppm、ppb、ppt表示，现已废止)。

5.1.4 体积分数

混合前B的体积除以混合物的体积称为B的体积分数(适用于溶质B为液体)以ψ_B表示。将原装液体试剂稀释时，多采用这种浓度表示，如$\psi_{(C_2H_5OH)} = 0.70$，也可写成$\psi_{(C_2H_5OH)} = 70\%$，可量取无水乙醇70mL加水稀释至100mL。

体积分数也常用于气体分析中表示某一组分的含量。如空气中含氧$\psi_{(O_2)} = 0.20$，表示氧的体积占空气体积的20%。

5.1.5 比例浓度

包括容量比浓度和质量比浓度。容量比浓度是指液体试剂相互混合或用溶剂(大多为水)稀释时的表示方法。例如(1+5)HCl溶液，表示1体积市售浓HCl与5体积蒸馏水相混合而成的溶液。有些分析规程中写成(1:5)HCl溶液，意义完全相同。质量比浓度是指两种固体试剂相互混合的表示方法，例如(1+100)钙指示剂-氯化钠混合指示剂，表示1个单位质量的钙指示剂与100个单位质量的氯化钠相互混合，是一种固体稀释方法。同样也可写成(1:100)。

5.1.6 滴定度

滴定度有两种表示方法：

(1)$T_{S/X}$

$T_{S/X}$是指1mL标准溶液相当于被测物的质量，单位为g/mL，其中S代表滴定剂的化学式，X代表被测物的化学式，滴定剂写在前面，被测物写在后面，中间的斜线表示“相当于”，并不代表分数关系。

如果分析的对象固定，用滴定度计算其含量时，只需将滴定度乘以所消耗的标准溶液的体积即可求得被测物的质量，计算十分方便。例如滴定NaOH溶液时消耗$T_{HCl/NaOH} = 0.004420g/mL$的HCl20.00mL，则溶液中所含NaOH的质量为：$0.004420g/mL \times 20.00mL = 0.0884g$。滴定度还可直接用1mL标准溶液相当于被测物质的质量分数表示。

(2)T_S

T_S是指1mL标准溶液中所含滴定剂的质量，单位为g，其中脚注S代表滴定剂的化学式，单位为g/mL。例$T_{HCl} = 0.001012g/mL$HCl溶液，表示1mL溶液含有0.001012g纯HCl，这种滴定度在计算测定结果时不太方便，故使用不多。

5.2 溶液的配制

5.2.1 一般溶液的配制

一般溶液常用于控制化学反应条件，在试样处理、分离、掩蔽等操作中使用，如指示剂溶液、缓冲溶液等。配制一般溶液的方法比较简单，根据所用试剂的不同分为两种，即以固体试剂溶于某种溶剂配成一定浓度的和以浓溶液试剂及某种溶剂稀释成一定浓度的溶液。配制时，根据所需配制溶液的浓度和用量，计算出需要称取固体试剂的量或需要量取浓溶液的量及所需溶剂的量，在合适的容器中，按一定要求配制而成。

注意事项：

(1)配制硫酸溶液时，应在不断搅拌下将浓硫酸缓缓倒入盛有蒸馏水的容器中，切不可颠倒操作顺序。

(2) 若试剂溶解时有放热现象，或以加热促使其溶解的，应待其冷却后，再移至所需试剂瓶或容量瓶中，贴上标签备用。

(3) 介质水溶法中，对于水中溶解度较小的固体试剂，如固体 I_2，可选用 KI 水溶液溶解。

(4) 配制特殊要求的溶液应事先做纯水的空白值检验。如配制 $AgNO_3$溶液，应检验水中无 Cl^-；配制用于 EDTA 配位滴定的溶液应检验水中无杂质阳离子。

(5) 配好的溶液要用带塞的试剂瓶盛装；见光易分解的溶液要装于棕色瓶中；挥发性试剂，如用有机溶剂配制的溶液，瓶塞要严密；见空气易变质及放出腐蚀性气体的溶液也要盖紧，长期存放时要用蜡封住。浓碱液应用塑料瓶装，如装在玻璃瓶中，要用橡皮塞塞紧，不能用玻璃磨口塞。

(6) 一些不稳定的溶液要现用现配。

5.2.2 标准溶液的配制

5.2.2.1 一般规定

已知准确浓度的溶液叫做标准溶液。标准溶液浓度的准确度直接影响分析结果的准确度。因此，配制标准溶液在方法、使用仪器、量具和试剂方面都有严格的要求。一般按照国标 GB/T 601 要求制备标准溶液，具体有如下一些规定：

(1) 所用试剂的纯度应在分析纯以上。制备标准溶液用水，在未注明其他要求时，应符合 GB/T 6682 中三级水的规格。

(2) 制备的标准溶液的浓度，除高氯酸以外，均指 20℃时的浓度。在标定、直接制备和使用时若温度有差异，应按表 1-3-4 补正。标准滴定溶液标定、直接制备和使用时所用分析天平、砝码、滴定管、容量瓶、单标线吸管等均须定期校正。

(3) 在标定和使用标准溶液时，滴定速度一般应保持在 6~8mL/min。

(4) 称量工作基准试剂的质量小于等于 0.5g 时，按精确至 0.01mg 称量；数值大于 0.5g 时，按精确至 0.1mg 称量。

(5) 制备标准溶液的浓度值应在规定浓度值的 ±5% 范围以内。

(6) 标定标准溶液的浓度时，须两人进行实验，分别各做四平行，每人四平行结果极差的相对值不得大于重复性临界极差的相对值 0.15%，两人共八平行测定结果极差的相对值不得大于重复性临界极差的相对值 0.18%。取两人八平行测定结果的平均值为测定结果。在运算过程中保留五位有效数字，浓度值报出结果取四位有效数字。

(7) 标准溶液浓度平均值的扩展不确定度一般不应大于 0.2%，可根据需要报出。

(8) 使用工作基准试剂标定标准溶液的浓度。当对标准溶液浓度值的准确度有更高要求时，可使用二级纯度标准物质或定值标准物质代替工作基准试剂进行标定或直接制备，并在计算标准溶液浓度值时，将其质量分数代入计算式中。

(9) 标准溶液的浓度小于等于 0.02mol/L 时，应于临用前将浓度高的标准溶液用煮沸并冷却的水稀释，必要时重新标定。

(10) 除另有规定外，标准溶液在常温(15~25℃)下保存时间一般不超过两个月。当溶液出现浑浊、沉淀、颜色变化等现象时，应重新制备。

(11) 储存标准溶液的容器，其材料不应与溶液起理化作用，壁厚最薄处不小于 0.5mm。

（12）所用溶液以（%）表示的均为质量分数，只有乙醇（95%）中的（%）为体积分数。

5.2.2.2　配制方法

标准溶液配制有直接配制法和标定法两种。

1. 直接配制法

在分析天平上准确称取一定量已干燥的“基准物”溶于水后，转移到已校正的容量瓶中用水稀释至刻度，摇匀，即可算出其准确浓度。

作为“基准物”，应具备下列条件：

（1）纯度高。含量一般要求在99.9%以上，杂质总含量小于0.1%。

（2）组成与化学式相符。包括结晶水。

（3）性质稳定。在空气中不吸湿，加热干燥时不分解，不与空气中的氧气、二氧化碳等反应。

（4）使用时易溶解。

（5）最好是摩尔质量较大。这样，称样量多，可以减少称量误差。

常用的基准物见表1-5-1。

表1-5-1　常用基准物

名称	化学式	式量	使用前的干燥条件
碳酸钠	Na_2CO_3	103.109	270~300℃干燥2~2.5h
邻苯二甲酸氢钾	$KHC_8H_4O_4$	204.22	110~120℃干燥1~2h
重铬酸钾	$K_2Cr_2O_7$	294.18	研细，100~110℃干燥3~4h
三氧化二砷	As_2O_3	197.84	105℃干燥3~4h
草酸钠	$Na_2C_2O_4$	134.00	130~140℃干燥1~1.5h
碘酸钾	KIO_3	214.00	120~140℃干燥1.5~2h
溴酸钾	$KBrO_3$	167.00	120~140℃干燥1.5~2h
铜	Cu	63.546	用2%乙酸，水，乙醇依次洗涤后，放干燥器中保存24h以上
锌	Zn	65.38	用1+3HCl，水，乙醇依次洗涤后，放干燥器中保存24h以上
氧化锌	ZnO	81.39	800~900℃干燥2~3h
碳酸钙	$CaCO_3$	100.09	105~110℃干燥2~3h
氯化钠	NaCl	58.44	500~650℃干燥40~45min
氯化钾	KCl	74.55	500~650℃干燥40~45min
硝酸银	$AgNO_3$	169.87	在浓H_2SO_4干燥器中干燥至恒重
烘干后的基准物，除说明者外，一律放在硅胶干燥器中备用			

2. 标定法

很多物质不符合基准物的条件。例如，浓盐酸中氯化氢很易挥发，固体氢氧化钠易吸收水分和CO_2，高锰酸钾不易提纯等等。它们都不能直接配制标准溶液。一般是先将这些物质配成近似所需浓度溶液，再用基准物测定其准确浓度。这一操作叫做“标定”。标定的方法有两种。

（1）直接标定　准确称取一定量的基准物，溶于水后用待标定的溶液滴定，至反应完全。根据所消耗待标定溶液的体积和基准物的质量，计算出待标定溶液的准确浓度，计算公式为：

$$c_B = \frac{m_A}{V_B M_A/1000}$$

式中 c_B——待标定溶液的浓度，mol/L；

m_A——基准物的质量，g；

M_A——基准物的摩尔质量，g/mol；

V_B——消耗待标定溶液的体积，mL。

如标定 HCl 或 H_2SO_4，可用基准物无水碳酸钠，在 270～300℃烘干至质量恒定，用不含 CO_2的水溶解，选用溴甲酚绿－甲基红混合指示剂指示终点。

（2）间接标定　有一部分标准溶液，没有合适的用以标定的基准试剂，只能用另一已知浓度的标准溶液来标定。如乙酸溶液用 NaOH 标准溶液来标定，草酸溶液用 $KMnO_4$标准溶液来标定等，当然，间接标定的系统误差比直接标定要大些。在实际生产中，除了上述两种标定方法之外，还有用“标准物质”来标定标准溶液的。这样做的目的，使标定与测定的条件基本相同，可以消除共存元素的影响，更符合实际情况。目前我国已有上千种标准物质出售。

第6章　计量及其管理

6.1　计量与计量立法

计量工作是国民经济中一项重要的技术基础和管理基础。它的基础作用主要表现在：一是技术保证作用，二是技术监督作用。计量与工业、计量与科学技术、计量与企业经营管理、计量与节约能源、计量与人民生活、计量与对外贸易及计量与环保等都有密切的关系。因此，计量在国民经济中的地位和作用是显而易见的。可以说，没有计量就没有技术进步，没有计量就不可能提高企业素质，就不能提高经济效益。

计量就是“实现单位统一和量值准确可靠的测量”。

计量工作具有自然科学和社会科学两重性，表现为科学技术和管理的统一。根据它的两重性具体可为以下四个特点：

（1）统一性　它是计量工作的本质特性。计量失去了统一性，也就失去了存在的意义。现在计量的统一性，不仅限于一国，而且遍及国际。国际米制公约组织和国际法制计量组织的使命，就是使计量工作在更广的范围内实现统一。

（2）准确性　“准”是计量的核心，也是计量权威性的象征。一切科学技术研究的目的，最终是要达到预期的准确度。一切数据只有建立在准确测量的基础上才具有使用价值，计量保证的作用就体现于此。

（3）广泛性和社会性　计量涉及社会经济生活的各个方面，国民经济的各个部门，社会生活的各个领域，国际交往直至千家万户的衣食住行等，无不与计量有着密切的关系。

（4）法制性　计量工作具有以上几个特点，也就决定了计量工作必须具有法制性。计量如失去法制性，不通过立法来予以保障，计量的统一性和准确性就成了一句空话。

6.2　校准和检定

计量器具是指能用以直接或间接测出被测对象量值的装置、仪器仪表、量具。定期校验计量器具已纳入国家法规。

6.2.1　校准

在规定条件下，为确定测量仪器或测量系统所指示的量值，或实物量具(参考物质)所代表的量值，与对应的由标准所复现的量值之间关系的一组操作，称为校准。

校准的主要含义有两点，即：

（1）在规定的条件下，用参考标准对包括实物量具或参考物质在内的测量仪器的特性赋值，并确定其示值误差。

（2）将测量仪器和代表的量值，按照比较链和校准链，将其溯源到测量标准复现的量值上。

校准的主要目的有四点，即：

（1）确定示值误差，并确定其是否处于预期的允差范围之内；

（2）得出标称值偏差的报告值，并调整测量仪器或对示值加以修正；

（3）给标尺标记赋值或确定其他特性，或给参考物质的特性赋值；

（4）实现溯源性。

校准的依据是校准规范或校准方法，通常应对其作统一规定，特殊情况下也可自行制定。校准的结果可记录在校准证书或校准报告中，也可用校准因数或校准曲线等形式表示。

6.2.2　检定

测量仪器的检定，是指查明和确认测量仪器是否符合法定要求的程序，它包括检查、加标记和(或)出具检定证书。检定具有法制性，其对象是法制管理范围内的测量仪器。一个被检定过的测量仪器也就是根据检定结果，已被授予法制特性的测量仪器。

根据检定的必要程度和我国对其依法管理的形式，可将检定分为强制检定和非强制检定。所谓强制检定，是指由计量行政主管部门所属的法定计量检定机构或授权的计量检定机构，对某些测量仪器实行的一种定点定期的检定。我国计量法规定，对计量标准器具及用于贸易结算、安全防护、医疗卫生、环境监测 4 个方面的工作计量器具以及我国对社会公用计量标准，部门和企业、事业单位的各项最高计量标准由计量部门进行强制检定，未按规定申请检定或检定不合格的不得使用。强制检定的特点是由政府计量行政部门统管，指定的法定或授权技术机构具体执行，固定检定关系，定点送检；检定周期由执行强检的技术机构按照计量检定规程，结合实际情况确定。与分析检测有关的强制检定的计量器具为：尺、面积计、玻璃液体温度计、砝码、天平、密度计、分光光度计、比色计及各种成分分析仪器等。

非强制检定是指由使用单位自己或委托具有社会公用计量标准或授权的计量检定机构，对强检以外的其他测量仪器依法进行的一种定期检定。其特点是使用单位依法自主管理，自由送检，自求溯源，自行确定检定周期。

6.2.3　校准和检定的区别

校准和检定的主要区别可归纳为如下五点。

（1）校准不具法制性，是企业自愿溯源行为；检定则具有法制性，属计量管理范畴的执法行为。

（2）校准主要确定测量仪器的示值误差；检定则是对其计量特性及技术要求符合性的全面评定。

（3）校准的依据是校准规范、校准方法，通常应作统一规定，有时也可自行制定；检定的依据则是检定规程。

（4）校准通常不判断测量仪器合格与否，必要时也可确定其某一性能是否符合预期的要求；检定则必须做出合格与否的结论。

（5）校准结果通常是出具校准证书或校准报告；检定结果则是合格的发检定证书，不合格的发不合格通知书。

6.3　法定计量单位

6.3.1　定义

计量单位：是指为定量表示同种量的大小而约定的定义和采用的特定量。

计量单位制：为给定量值按给定规则确定的一组基本单位和导出单位。

法定计量单位：是国家以法令形式明确规定并且允许在全国范围内统一实行的计量单位。

计量单位涉及各行各业，也是与每个人密切相关的。由于人们长期形成的习惯，在许多领域往往沿用不同的单位制，这就使得整个社会要用更多的人力、物力和时间进行烦琐的换算，而且容易产生混乱和差错。因此，世界各国对统一计量制度历来都十分重视，我国历史上就有很多统一“度、量、衡”的记载。以政府法令形式规定计量单位，是社会生活发展的必然要求。

1984 年 2 月，我国国务院发布了《关于我国统一实行法定计量单位的命令》，明确规定在全国范围内统一实行的法定计量单位。

实行法定计量单位是统一我国计量制度的重要决策，它将彻底结束多种计量单位制在我国并存的现象，并与国际主流相一致。

6.3.2 法定计量单位的构成

我国《计量法》规定：“国家采用国际单位制。国际单位制计量单位和国家选定的其他计量单位，为国家法定计量单位。”

国际单位制是在米制的基础上发展起来的一种一贯单位制，其国际通用符号为“SI”（International System of Units）。它由 SI 单位（包括 SI 基本单位、SI 导出单位）以及 SI 单位的倍数单位（包括 SI 单位的十进倍数单位和十进分数单位）组成，具有统一性、简明性、实用性、合理性和继承性等特点。SI 单位是我国法定计量单位的总体，所有 SI 单位都是我国的法定计量单位。此外，我国还选用了一些非 SI 的单位，作为国家法定计量单位。

我国法定计量单位的构成（见表 1－6－1）如下：

表 1－6－1 中华人民共和国法定计量单位构成示意

<table>
<tr><td rowspan="6">中华人民共和国法定计量单位</td><td rowspan="4">国际单位制（SI）的单位</td><td rowspan="3">SI 单位</td><td colspan="2">SI 基本单位</td></tr>
<tr><td rowspan="2">SI 导出单位</td><td>包括 SI 辅助单位在内的具有专门名称的 SI 导出单位</td></tr>
<tr><td>组合形式的 SI 导出单位</td></tr>
<tr><td colspan="3">SI 单位的倍数单位（包括 SI 单位的十进倍数和十进分数单位）</td></tr>
<tr><td colspan="4">国家选定的作为法定计量单位的非 SI 单位</td></tr>
<tr><td colspan="4">由以上单位构成的组合形式的单位</td></tr>
</table>

（1）SI 基本单位共 7 个，见表 1－6－2；

（2）包括 SI 辅助单位在内的具有专门名称的 SI 导出单位共 21 个，见表 1－6－3；

（3）由 SI 基本单位和具有专门名称的 SI 导出单位构成的组合形式的 SI 导出单位；

（4）SI 单位的倍数单位包括 SI 单位的十进倍数单位和十进分数单位，构成倍数单位的 SI 词头共 20 个，见表 1－6－4；

（5）国家选定的作为法定计量单位的非 SI 单位共 16 个，见表 1－6－5；

（6）由以上单位构成的组合形式的单位。

1. SI 基本单位

表 1－6－2 列出了 7 个 SI 基本量的基本单位，它们是构成 SI 的基础。

2. SI 导出单位

SI 导出单位是用 SI 基本单位以代数形式表示的单位，见表 1－6－3。这种单位符号中的乘和除采用数学符号。它由两部分构成：一部分是包括 SI 辅助单位在内的具有专门名称的 SI 导出单位；另一部分是组合形式的 SI 导出单位，即用 SI 基本单位和具有专门名称的 SI 导出单位(含辅助单位)以代数形式表示的单位。

表 1－6－2　SI 基本单位

量的名称	单位名称	单位符号	量的名称	单位名称	单位符号
长度	米	m	热力学温度	开[尔文]	K
质量	千克(公斤)	kg	物质的量	摩[尔]	mol
时间	秒	s	发光强度	坎[德拉]	cd
电流	安[培]	A			

1. 圆括号中的名称是它前面名称的同义词。

2. 无方括号的量的名称与单位名称均为全称。方括号中的字，在不致引起混淆、误解的情况下，可以省略。去掉方括号中的字即为其名称的简称。

3. 本表中使用的符号，除特殊指明外，均指我国法定计量单位的规定符号和国际符号。

4. 在日常生活和贸易中，质量习惯称为重量。

表 1－6－3　包括 SI 辅助单位在内的具有专门名称的 SI 导出单位

量 的 名 称	SI 导出单位		
	名称	符号	用 SI 基本单位和 SI 导出单位表示
[平面]角	弧度	rad	$1rad = 1m/m = 1$
立体角	球面度	sr	$1sr = 1m^2/m^2 = 1$
频率	赫[兹]	Hz	$1Hz = 1s^{-1}$
力	牛[顿]	N	$1N = 1kg \cdot m/s^2$
压力，压强，应力	帕[斯卡]	Pa	$1Pa = 1N/m^2$
能[量]，功，热量	焦[耳]	J	$1J = 1N \cdot m$
功率，辐[射能]通量	瓦[特]	W	$1W = 1J/s$
电荷[量]	库[仑]	C	$1C = 1A \cdot s$
电压，电动势，电位，(电势)	伏[特]	V	$1V = 1W/A$
电容	法[拉]	F	$1F = 1C/V$
电阻	欧[姆]	Ω	$1\Omega = 1V/A$
电导	西[门子]	S	$1S = 1\Omega^{-1}$
磁[通量]	韦[伯]	Wb	$1Wb = 1V \cdot s$
磁通[量]密度，磁感应强度	特[斯拉]	T	$1T = 1Wb/A$
电感	亨[利]	H	$1H = 1Wb/A$
摄氏温度	摄氏度	℃	1℃ = 1K
光通量	流[明]	lm	$1lm = 1cd \cdot sr$
[光]照度	勒[克斯]	lx	$1lx = 1lm/m^2$
[放射性]活度	贝可[勒尔]	Bq	$1Bq = s^{-1}$
吸收剂量	戈[瑞]	Gy	$1Gy = 1J/kg$
剂量当量	希[沃特]	Sv	$1Sv = 1J/kg$

3. SI 单位的倍数单位

在 SI 中，用以表示倍数单位的词头，称为 SI 词头。它们是构词成分，用于附加在 SI 单位之前构成倍数单位(十进倍数单位和分数单位),而不能单独使用。

表1-6-4共列出20个SI词头,所代表的因数的覆盖范围为10^{-24} ~ 10^{24}。

由于历史原因,质量的SI基本单位名称“千克”中已包含SI词头,所以,“千克”的十进倍数单位由词头加在“克”之前构成。例如:应使用毫克(mg),而不得用微千克(μkg)。

表1-6-4　SI词头

因　数	词头名称		词头符号
	英文	中文	
10^{24}	yotta	尧[它]	Y
10^{21}	Zetta	泽[它]	Z
10^{18}	exa	艾[可萨]	E
10^{15}	peta	拍[它]	P
10^{12}	tera	太[拉]	T
10^{9}	siga	吉[咖]	G
10^{6}	mega	兆	M
10^{3}	kilo	千	K
10^{2}	hecto	百	h
10^{1}	deca	十	da
10^{-1}	deci	分	d
10^{-2}	centi	厘	c
10^{-3}	milli	毫	m
10^{-6}	micro	微	μ
10^{-9}	nano	纳[诺]	n
10^{-12}	pico	皮[可]	p
10^{-15}	femto	飞[母托]	f
10^{-18}	atto	阿[托]	a
10^{-21}	zepto	仄[普托]	z
10^{-24}	yoct	幺[科托]	y

4. 可与SI单位并用的我国法定计量单位

由于实用上的广泛性和重要性,在我国法定计量单位中,为11个物理量选定了16个与SI单位并用的非SI单位,如表1-6-5所示。其中10个是国际计量大会同意并用的非SI单位,它们是:时间单位——分、[小]时、日(天);[平面]角单位——度、[角]分、[角]秒;体积单位——升;质量单位——吨和原子质量单位;能量单位——电子伏。另外6个,即海里、节、公顷、转每分、分贝、特[克斯],则是根据国内外的实际情况选用的。

表1-6-5　我国选定的非国际单位制法定单位

量的名称	单位名称	单位符号	换算关系和说明
时间	分	min	1min = 60s
	[小]时	h	1h = 60min = 3600s
	天(日)	d	1d = 24h = 86400s
平面角	[角]秒	(″)	1″ = (π/648000) rad
	[角]分	(′)	1′ = 60″ = (π/10800) rad
	度	(°)	1° = 60′ = (π/180) rad

续表

量的名称	单位名称	单位符号	换算关系和说明
旋转速度	转每分	r/min	$1 r/min = (1/60) s^{-1}$
长度	海里	n mile	1n mile = 1852m（只限于航程）
速度	节	kn	1kn = 1n mile/h = (1852/3600) m/s（只限于航行）
质量	吨	t	$1t = 10^3 kg$
	原子质量单位	μ	$1μ \approx 1.6605655 \times 10^{-27} kg$
体积	升	L，（l）	$1L = 1dm^3 = 10^{-3} m^3$
能	电子伏	eV	$1eV \approx 1.6021892 \times 10^{-19} J$
级差	分贝	dB	
线密度	特［克斯］	tex	1tex = 1g/km

6.3.3 法定计量单位的基本使用方法

我国国家标准 GB 3100《国际单位制及其使用》和 GB 3101《有关量、单位和符号的一般原则》中对 SI 单位的使用方法作了详细规定。

6.3.3.1 法定计量单位的名称

法定计量单位的名称，除特别说明外，一般指法定计量单位的中文名称，用于叙述性文字和口述中。名称中去掉方括号中的部分是单位的简称，否则是全称。简称和全称可任意选用，以表达清楚明了为原则。

组合单位中的中文名称，原则上与其符号表示的顺序一致。单位符号中的乘号没有对应的名称，只要将单位名称接连读出即可。例如：N·m 的名称为“牛顿米”，简称为“牛米”。而表示相除的斜线（/）对应名称为“每”，且无论分母中有几个单位，“每”只在分母前面出现一次。例如：单位 J/（kg·K）的中文名称为“焦耳每千克开尔文”，简称为“焦耳每千克开”。

如果单位中带有幂，则幂的名称应在单位之前。二次幂为二次方，三次幂为三次方，依次类推。但是，如果长度的二次幂和三次幂分别表示面积和体积，则相应的指数名称分别为平方和立方；否则，仍称为“二次方”和“三次方”。例如：m^2/s 这个单位符号，当用于表示运动黏度时，名称为“二次方米每秒”；但当用于表示覆盖速率时，则为“平方米每秒”。负数幂的含义为除，既可用幂的名称，也可用“每”。例如：$℃^{-1}$ 的名称为每摄氏度，亦称为负一次方摄氏度。

6.3.3.2 法定计量单位和词头的符号

法定计量单位和词头符号，是代表单位和词头名称的字母或特殊符号，它们应采用国际通用符号。在中、小学课本和普通书刊中，必要时也可将单位的简称（包括带有词头的单位简称）作为符号使用，这样的符号称为“中文符号”。

法定计量单位和词头的符号不论拉丁字母或希腊字母，一律用正体。单位符号一般为小写字母，只有单位名称来源于人名时，其符号的第一个字母大写；只有“升”的符号例外，可以用 L。例如：时间单位“秒”的符号是 s，电导单位“西［门子］”的符号是 S，压力、压强、应力的单位“帕［斯卡］”的符号是 Pa。词头符号的字母，当其所表示的因数小于 10^6 时，一律用小写；当大于或等于 10^6 时，则用大写体。

单位符号没有复数形式，不得附加任何其他标记或符号来表示量的特性或测量过程的信息。它不是缩略语，除正常语句中的标点符号外，词头或单位符号后都不加标点。

由两个以上单位相乘构成的组合单位，相乘单位间可用乘点也可不用。但是，单位中文符号相乘时必须用乘点。例如：力矩单位牛顿米的符号为 N · m 或 Nm，但其中文符号仅为牛 · 米。相除的单位符号间用斜线表示或采用负指数。例如：密度单位符号可以是 kg/m^3 或 $kg \cdot m^{-3}$，其中中文符号可以是千克/米^{3}或千克 · 米$^{-3}$。单位分子为 1 时，只用负数幂。例如：用 m^{-3}，而不用 $1/m^3$。表示相除的斜线在一个单位中最多只有一条，除非采用括号能澄清其含义。例如：用 W/(K · m)，而不用 W/K/m 或 W/K · m。也可用水平线表示相除。

词头的符号与单位符号之间不得有间隙，也不加相乘的符号。口述单位符号时应使用单位名称而非字母名称。

6.3.3.3　*法定计量单位和词头的使用规则*

法定计量单位和词头的名称，一般适宜在口述和叙述性文字中使用。而符号可用于一切需要简单明了表示单位的地方，也可用于叙述性文字中。在大部分科技论文或专著中，单位用外文不用中文。

单位的名称与符号必须作为一个整体使用，不得拆开。例如：摄氏度的单位符号为℃，20℃不得读成或写成“摄氏 20 度”或“20 度”，而应读成“20 摄氏度”，写成 20℃。

用词头构成倍数单位时，不得使用重叠词头。例如：不得使用毫微米、微微法拉等。选用 SI 单位的倍数单位，一般应使量的数值处于 0.1 ~ 1000 范围内。例如：1.2×10^4N 可以写成 12kN；1401Pa 可以写成 1.401kPa。非十进制的单位，不得使用词头构成倍数单位。亿(10^8)、万(10^4)不是词头，只按一般数词使用。只通过相乘构成的组合单位，词头通常加在组合单位中的第一个单位之前。例如：力矩的单位 kN · m，不宜写成 N · km。

只通过相除构成或通过乘和除构成的组合单位，词头通常加在分子中的第一个单位之前，分母中一般不用词头。例如：摩尔内能单位 kJ/mol，不宜写成 J/mmol。但质量的 SI 单位 kg 不作为有词头的单位对待。例如：比授能的单位可以写成 J/kg。当组合单位分母是长度、面积和体积单位时，按习惯和方便，分母中可以选用词头构成倍数单位。例如：密度的单位可以选 g/cm^3。

6.4　分析化学中常用的法定计量单位

6.4.1　物质的量

“物质的量”是一个物理量的整体名称，不要将“物质”与“量”分开来理解，它是表示物质的基本单元多少的物理量。国际上规定的符号为 n_B，并规定它的名称为摩尔，符号为 mol，中文符号为摩。

1mol 是指系统中物质单元 B 的数目与 0.012kg(12g)^{12}C 的原子数目(6.02×10^{23})相等。系统中物质单元 B 的数目是 0.012kg^{12}C 的原子数目的几倍，物质单元 B 的物质的量 n_B 就等于几摩尔。在使用 mol 时，其基本单元应予以指明，它可以是原子、分子、离子、电子及其他粒子和这些粒子的特定组合。相同质量的同一物质，由于所采用的基本单元不同，其物质的量值也不同，因此，在以物质的量作单位时，必须标明其基本单元。

例如：在表示硫酸的物质的量时，以 H_2SO_4 为基本单元，98.08g 硫酸中 H_2SO_4 的单元数与 0.012kg^{12}C 的原子数目相等，这时硫酸的物质的量为 1mol。

以 $1/2H_2SO_4$ 为基本单元的 98.08g 的硫酸，其($1/2H_2SO_4$)的单元数是 0.012kg^{12}C 的原

子数目的2倍，这时硫酸的物质的量为2mol。

6.4.2 质量

质量习惯上称为重量，用符号 m 表示，单位为千克(kg)，在分析化学中常用克(g)、毫克(mg)和微克(μg)。它们的关系为：

$$1kg = 1000g，1g = 1000mg，1mg = 1000\mu g$$

6.4.3 体积

体积或容积用符号 V 表示，国际单位为立方米(m^3)，在分析化学中常用升(L)、毫升(mL)和微升(μL)。它们之间的关系为：

$$1m^3 = 1000L，1L = 1000mL，1mL = 1000\mu L$$

6.4.4 摩尔质量

摩尔质量的定义为质量(m)除以物质的量(n_B)，符号为 M_B，单位为千克/摩(kg/mol)，即 $M_B = \frac{m}{n_B}$，单位也常用 g/mol。当已确定了物质的基本单元之后，就可知道其摩尔质量。

6.4.5 摩尔体积

摩尔体积定义为体积(V)除以物质的量(n_B)。

摩尔体积的符号为 V_m，国际单位为米³/摩(m^3/mol)，常用单位为升/摩(L/mol)。即：

$$V_m = \frac{V}{n_B}$$

气体在标准状态下(0℃，1大气压)的摩尔体积为22.4L/mol。

6.4.6 密度

密度作为一种量的名称，符号为 ρ，单位为千克/米³(kg/m^3)，常用单位为克/厘米³(g/cm^3)或克/毫升(g/mL)。由于体积受温度的影响，对密度必须注明有关温度。

6.4.7 元素的相对原子质量

元素的相对原子质量是指元素的平均原子质量与^{12}C原子质量的1/12之比。元素的相对原子质量用符号 A_r表示，此量的量纲为1，以前称为原子量。

如Fe的相对原子质量是53.95，Cu的相对原子质量是63.55。

6.4.8 物质的相对分子质量

物质的相对分子质量是指物质的分子或特定单元平均质量与^{12}C原子质量的1/12之比。元素的相对分子质量用 M_r表示。此量的量纲为1，以前称为分子量。

如CO_2的相对分子质量是44.01，$1/3H_3PO_4$的相对分子质量是32.67。

第7章　定量分析中的误差和数据处理

在定量分析中，分析结果应具有一定的准确度。因为不准确的分析结果会导致产品报废、资源浪费，甚至在科学上得出错误的结论。但是，在分析过程中，即使是技术很熟练的人，用同一种方法对同一试样仔细地进行多次分析，也不能得到完全一致的分析结果，而是分析结果在一定的范围内波动。这就是说，分析过程中的误差是客观存在的。为此，我们必须了解误差产生的原因及表示方法，以便采取相应措施尽可能地将误差减到最小，以提高分析结果的准确度。

7.1　准确度与精密度

7.1.1　真实值、平均值与中位数

7.1.1.1　真实值

在某一时刻、某一位置或状态下，某量的效应体现出的客观值或实际值称为真值(true value)。真值包括理论真值、约定真值和相对真值。

(1) 理论真值　如三角形内角之和等于180°。

(2) 约定真值　由国际计量大会定义的单位的值即为约定真值。国际计量大会决议约定的国际单位制(SI)包括基本单位、辅助单位和导出单位。见本部分7.3.2法定计量单位的构成。

(3) 相对真值　标准器(包括标准物质)给出的数值为相对真值。

高一级标准器的误差为低一级标准器或普通计量仪器误差的1/5(或1/3～1/20)时，即可认为前者给出的数值对后者是相对真值。

7.1.1.2　平均值

(1) 总体与样本

总体(或母体)是指随机变量 x_i 的全体，样本(或子样)是指从总体中随机抽出的一组数据。

(2) 总体平均值与样本平均值

在日常分析工作中，总是对某试样平行测定数次，取其算术平均值作为分析结果，若以 x_1，x_2，…，x_n 代表各次的测定值，n 代表平行测定的次数，$\bar{x}$ 代表样本平均值，则：

$$\bar{x} = \frac{x_1 + x_2 + \cdots + x_n}{n} = \frac{\sum_{i=1}^{n} x_i}{n}$$

样本平均值不是真实值，只能说是真实值的最佳估计，只有在消除系统误差之后并且测定次数趋于无穷大时，所得总体平均值(μ)才能代表真实值。

$$\mu = \lim_{n\to\infty} \frac{\sum_{i=1}^{n} x_i}{n}$$

平均值是一组平行测定值中出现可能性最大的值，因而是最可信赖和最有代表性的值，

它代表了这组数据的平均水平和集中趋势。故人们常用平均值来表示分析结果。

7.1.1.3 中位数

一组测量数据按大小顺序排列，中间一个数据即为中位数。当测定次数为偶数时，中位数为中间相邻两个数据的平均值。中位数并不常用，通常只有当平行测定次数较少，而又有离群较远的可疑值，即某一测定值与其他测定值相差较大时，才用中位数来代表分析结果。它的优点是能简便地说明一组测量数据的结果，不受两端具有过大误差的数据的影响，缺点是不能充分利用数据。

7.1.2 重复性及再现性

7.1.2.1 测量结果的重复性

测量结果的重复性是指在相同测量条件下，对同一量进行连续多次测量所得结果之间的一致性。这里的“一致性”是定量的，可以用重复性条件下对同一量进行多次测量所得结果的分散性来表示。而最为常用的表示分散性的量，就是实验标准差。

重复性条件包括：相同的测量程序、相同的观测者、在相同的条件下使用相同的测量仪器、相同地点、在短时间内重复测量。也就是在尽量相同的条件下，包括程序、人员、仪器、环境等，以及在尽量短的时间间隔内完成重复测量。

7.1.2.2 测量结果的再现性

测量结果的再现性是指在改变了的测量条件下，同一被测量的测量结果之间的一致性。

这里的“一致性”也是定量的，可以用再现性条件下对同一量进行重复测量所得结果的分散性表示。例如用再现性标准差来表示。再现性标准差有时也称为组间标准差。

再现性条件包括：测量原理、测量方法、观测者、测量仪器、参考测量标准、地点、使用条件及时间。这些内容可以改变其中一项，也可以改变多项或全部。例如：在进行校准实验室比对或能力验证试验时，主导实验室将一支工作温度计逐次送往若干个参加实验室，要求各室按国家计量检定规程的方法进行测量。这里，测量原理、测量方法、使用条件没有改变，但观测者、测量仪器（天平）、参考测量标准（二等标准砝码）、地点、时间均发生了改变，这是比对实验室得到的测量结果一致性。

7.1.2.3 重复性和再现性的区别

测量结果重复性和再现性的区别是显而易见的。虽然都是指同一被测量的测量结果之间的一致性，但其前提不同。重复性是在测量条件保持不变的情况下，连续多次测量结果之间的一致性；而再现性则是指在测量条件改变了的情况下，测量结果之间的一致性。

在很多实际工作中，最重要的再现性指由不同操作者、采用相同测量方法、仪器，在相同的环境条件下，测量同一被测量的重复测量结果之间的一致性，即测量条件的改变只限于操作者的改变。

7.1.3 准确度与误差

准确度是指测定值与真实值之间符合的程度。一个分析方法或分析系统的准确度是反映该方法或该测量系统存在的系统误差和随机误差的综合指标，它决定着这个分析结果的可靠性。

可用测量标准物质或以标准物质作回收率测定的办法评价分析方法和测量系统的准确度。

（1）标准物质分析　通过分析标准物质，由所得结果了解分析的准确度。

（2）回收率测定　在样品中加入一定量标准物质测定其回收率。这是目前实验室中常用

的确定准确度的方法。从多次回收实验的结果中，还可以发现方法的系统误差。按下式计算回收率 P

$$回收率(P)=\frac{加标试样测定值-试样测定值}{加标量}\times 100\%$$

（3）不同方法的比较　通常认为，不同原理的分析方法具有相同的不准确性的可能极小。当对同一样品用不同原理的分析方法测定，并获得一致的测定结果时，即可将其作为真值的最佳估计。当用不同分析方法对同一样品进行重复测定时，若所得结果一致，或经统计检验表明其差异不显著时，则可认为这些方法都具有较好的准确度；若所得结果呈现显著性差异，则应该以被公认是可靠的方法所得的结果为准。

准确度的高低常以误差的大小来衡量。即，误差越小，准确度越高，误差越大，准确度越低。

误差有两种表示方法——绝对误差和相对误差。

（1）绝对误差

测量值(x)与真实值(T)之差称为绝对误差(E_a)，表示为：

$$E_a=x-T=测量值-真实值$$

与绝对误差符号相反的量 C 为修正值：

$$C=真实值-测量值$$

绝对误差的特点是有单位和数值大小，有“+”、“-”号，表示有方向性，但不能正确反映测量的准确度。

（2）相对误差

$$相对误差(RE)=\frac{测定值(x)-真实值(T)}{真实值(T)}\times 100\%$$

相对误差无单位，仅为一种比值；有“+”、“-”号，有方向性。相对误差反映出误差在结果中所占的百分率，当测定绝对误差相等时，被测定的量越大，相对误差就越小，测定的准确度也就比较高。因此，用相对误差来比较各种情况下测定结果的准确度更为确切。但有时为了说明此仪器测量的准确度，用绝对误差更清楚。例如分析天平的称量误差是±0.0002g，常量滴定管的读数误差是±0.01mL 等，这些都是用绝对误差来说明的。

7.1.4　精密度与偏差

精密度是指在相同条件下 n 次重复测定结果彼此符合的程度。精密度的大小用偏差表示，偏差越小说明精密度越高。

平行测定值的精密度有以下几种不同的表示方法：

（1）偏差

偏差有绝对偏差和相对偏差。

① 绝对偏差

绝对偏差是指单次测定值与平均值的差：

$$绝对偏差(d)=x-\bar{x}$$

式中　$\bar{x}$——平均值。

② 相对偏差

相对偏差是指绝对偏差在平均值中所占的百分率：

$$相对偏差=\frac{x-\bar{x}}{\bar{x}}$$

绝对偏差和相对偏差都有正、负之分，单次测定的偏差之和等于零。

绝对偏差和相对偏差只能用来衡量单项测定结果对平均值的偏离程度，为了更好地说明精密度，在一般分析工作中常用算术平均偏差表示。

（2）算术平均偏差和相对平均偏差

算术平均偏差是指单次测定值与平均值的偏差（取绝对值）之和除以测定次数，即：

$$算术平均偏差\ \bar{d} = \frac{\sum |x_i - \bar{x}|}{n}, 或\ \bar{d} = \frac{\sum |d_i|}{n}$$

$$相对平均偏差 = \frac{\bar{d}}{\bar{x}} \times 100\%$$

算术平均偏差和相对平均偏差表示精密度比较简单，是常用的一种表示方法。但由于一系列的测定结果中，小偏差占多数，大偏差占少数，如果按总的测定次数求算术平均偏差，所得结果会偏小，大偏差得不到应有的反映。

（3）样本的差方和、方差、标准偏差和相对偏差

精密度除用算术平均偏差表示，还常用标准偏差来衡量。由于在标准偏差中，将单次测量的算术平均值平方后，其中较大的偏差更显著地反映出来，这样能更好的说明数据的精密度。

① 差方和又称平均差方和或平方和，指绝对偏差的平方之和，以 S 表示：

$$S = \sum (x_i - \bar{x})^2 = \sum d_i^2$$

② 样本方差和总体标准偏差分别以 σ^2 和 σ 表示：

$$\sigma^2 = \frac{1}{n}\sum (x_i - \mu)^2$$

$$\sigma = \sqrt{\sigma^2} = \sqrt{\frac{\sum (x_i - \mu)^2}{n}}$$

式中　μ——总体平均值，在消除系统误差的条件下即为真值。

③ 样本标准偏差用 s 或 SD 表示。在分析化学中，测量值一般不多，而总体平均值一般又不知道，故只好用样本的标准偏差 s 来衡量该组数据的分散程度。样本标准偏差的数学表达式为：

$$s = \sqrt{\frac{\sum (x_i - \bar{x})^2}{n - 1}} = \sqrt{\frac{1}{n-1}S}$$

通过数学推导，上式可简化为下列等效公式计算：

$$s = \sqrt{\frac{\sum x_i^2 - (\sum x_i)^2/n}{n - 1}}$$

式中　$(n-1)$——自由度，以 f 表示。自由度通常是指独立变数的个数。

④ 样本方差用 s^2 或 V 表示：

$$s^2 = \frac{1}{n-1}\sum (x_i - \bar{x})^2 = \frac{1}{n-1}S$$

⑤ 相对标准偏差又称变异系数，是样本的标准偏差与其均值的比值，常用百分数表示。前者记为 RSD，后者记为 CV：

$$RSD(CV) = \frac{s}{\bar{x}} \times 100\%$$

（4）极差

极差为一组测量值内最大值与最小值之差，又称范围误差或全距，极差通常以 R 表示：

$$R = X_{max} - X_{min}$$

式中 X_{max}——测量值中的最大值；

X_{min}——测量值中的最小值。

相对极差是指极差在平均值中所占的百分率：

$$相对极差 = \frac{R}{\bar{x}} \times 100\%$$

（5）公差

公差也称允差，是指某分析方法所允许的平行测定间的绝对偏差，公差的数值是将多次测得的分析数据经过数理统计方法处理而确定的，是生产实践中用以判断分析结果是否合格的依据。

7.1.5 精确度

精确度是对测量结果中系统误差和随机误差大小的综合评价。精确度高是表示在多次测量中，数据比较集中，且逼近真值，即测量结果中的系统误差和随机误差都比较小。

另外，在评价测量结果时，常用到精度这个概念。精度是一个泛指的概念，有时，它是表示系统误差的大小，即准确度的高低；有时它是表示随机误差的大小，即精密度的大小；同时，它也可用来综合评定系统误差和随机误差的大小，即表示测量结果的精确度。

7.1.6 准确度与精密度的关系

在实际工作中，分析人员在同一条件下平行测定几次，如果几次分析结果的数值比较接近，表示分析结果的精密度高。但精密度高不一定准确度高，因为这时可能有较大的系统误差。例如甲、乙、丙三人同时测定一铁矿石中 Fe_2O_3 的含量（真实含量 50.36%），各分析四次，测定结果如下：

	甲	乙	丙
（1）	50.30%	50.40%	50.36%
（2）	50.30%	50.30%	50.35%
（3）	50.28%	50.25%	50.34%
（4）	50.27%	50.23%	50.33%
平均值	50.29%	50.30%	50.35%

所得分析结果绘于图 1-7-1 中。由图可见，甲的分析结果的精密度很高，但平均值与真实值相差颇大，说明准确度低；乙的分析结果的精密度不高，准确度也不高；只有丙的分析结果的精密度和准确度都比较高。所以，准确度高精密度一定高，但精密度高不一定准确度高。精密度是保证准确度的先决条件，精密度低说明所测结果不可靠，当然其准确度也就不

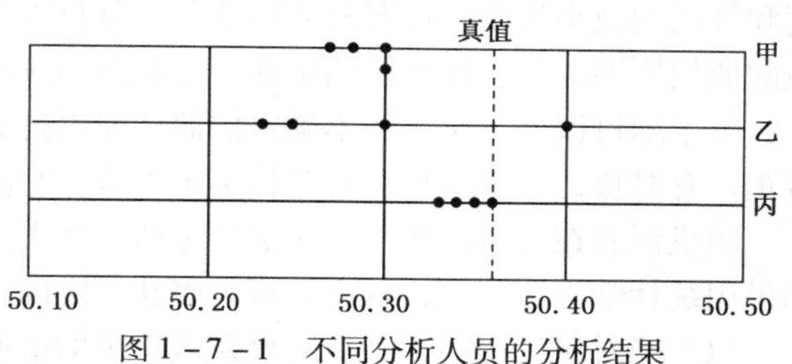

图 1-7-1 不同分析人员的分析结果

高。因此，如果一组测量数据的精密度很差，自然失去了衡量准确度的前提。

严格地说，任何物质的真实含量是不知道的。但是人们设法采用各种可靠的分析方法，经过不同实验室、不同人员反复分析，用数理统计方法，确定各成分相对准确的含量。此值称为标准值，一般用以代表该组分的真实含量。这类试样称为标准试样，简称标样。

7.2 误差的来源与消除办法

7.2.1 误差的来源

根据误差产生的原因和性质，可将误差分为系统误差、随机误差和过失误差。

7.2.1.1 系统误差

系统误差是由分析操作过程中的某些经常原因造成的，其大小、正负是可以测定的，至少在理论上说是可以测定的，所以又称可测误差。它决定测量结果的“正确”程度。其特点为：

(1) 单向性——由某些固定原因造成，正负大小有一定的规律性，对分析结果的影响比较固定；

(2) 重现性——重复测定时，会重复出现。因此，系统误差不能通过增加测定次数来消除或减小；

(3) 可测性——许多系统误差可通过实验确定(或根据试验方法、手段的特性估算出来)并加以修正。

系统误差决定了测定的准确度，而不影响方法的精密度。产生系统误差的原因有：

(1) 方法误差　是由于分析方法本身造成的，如滴定过程中，由于反应进行不完全，理论终点和滴定终点不相符合，以及由于条件没有控制好和发生其他副反应等等原因，都会引起系统的测定误差。

(2) 仪器误差　这种误差是由于所使用的仪器本身不够精确，如使用未经过校正的容量瓶、移液管和砝码等。

(3) 试剂误差　这种误差是由于所用蒸馏水含有杂质或使用的试剂不纯所引起的。

(4) 操作误差　由于分析工作者掌握分析操作的条件不熟练、个人观察器官不敏锐和固有的习惯所致，如对滴定终点颜色的判断偏深或偏浅、仪器刻度读数不准等都会引起测定误差。

7.2.1.2 随机误差

随机误差又称偶然误差，是指测定值受各种因素的随机变动而引起的误差。

随机误差是由一些难以控制无法避免的偶然因素造成的误差。例如测量时环境温度、湿度和气压的微小波动，仪器的微小变化，分析人员对各份试样处理时的差别等，这些不可避免的偶然原因，都将使分析结果在一定范围内波动，引起随机误差。

由于随机误差是由一些不确定的偶然原因造成的，因而是可变的，有时大，有时小，有时正，有时负，所以随机误差又称不定误差。它决定测量结果的精密程度。

随机误差在分析操作中是无法避免的。其大小正负都不确定，似乎没有什么规律性，但如果用统计学方法处理，就会发现它服从一定的统计规律：

(1) 绝对值相等的正、负随机误差出现的概率相同，呈对称性。

（2）绝对值小的误差出现的概率大，绝对值大的误差出现的概率小，绝对值很大的误差出现的概率非常小。

上述规律可用正态分布曲线表示。如图1－7－2。图中横轴代表误差的大小，纵轴代表误差发生的频率。

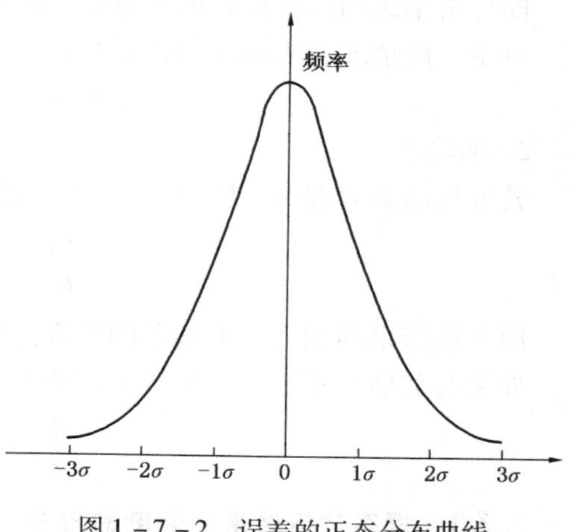

图1－7－2　误差的正态分布曲线

7.2.1.3　过失误差

在分析化学中，除系统误差和随机误差外，还有一类“过失误差”。过失误差是超出规定条件下预期的误差，主要是由于操作人员粗心或疏忽而造成的读错刻度、记错数据、计算错误以及仪器设备出现故障等产生的过大误差。这种误差没有一定的规律可循，但只要测试人员加强责任感，对工作认真细致，这种误差是完全可以避免的。

7.2.2　误差的传递

分析结果通常是经过一系列测量步骤之后获得的，其中每一步骤的测量误差都会反映到分析结果中去，即误差是可传递的。

7.2.2.1　系统误差的传递

1. 加减法

若分析结果 R 是 A、B、C 三个测量数值相加减的结果，例如 $R=A+B-C$，用 E 表示相应的测量误差，则：

$$E_R = E_A + E_B - E_C$$

即分析结果的绝对偏差是各测量步骤绝对偏差的代数和。

如果有关项有系数，例如 $R=A+mB-C$，则：

$$E_R = E_A + mE_B - E_C$$

2. 乘除法

若分析结果 R 是 A、B、C 三个测量数值相乘除的结果，例如 $R=AB/C$，则：

$$\frac{E_R}{R} = \frac{E_A}{A} + \frac{E_B}{B} - \frac{E_C}{C}$$

即分析结果的相对偏差是各测量步骤相对偏差的代数和。

如果有关项有系数，例如：$R=mAB/C$，则：

$$\frac{E_R}{R} = \frac{E_A}{A} + \frac{E_B}{B} - \frac{E_C}{C}$$

7.2.2.2　随机误差的传递

1. 加减法

若分析结果 R 是 A、B、C 三个测量数值相加减的结果，例如 $R=A+B-C$，则：

$$s_R^2 = s_A^2 + s_B^2 + s_C^2$$

即分析结果的标准偏差的平方是各测量步骤标准偏差的平方的总和。

对于一般情况：$R = aA + bB - cC + \cdots$，则：

$$s_{\mathrm{R}}^2 = a^2 s_{\mathrm{A}}^2 + b^2 s_{\mathrm{B}}^2 + c^2 s_{\mathrm{C}}^2 + \cdots$$

2. 乘除法

若分析结果 R 是 A、B、C 三个测量数值相乘除的结果，例如 $R = AB/C$，则：

$$\frac{s_{\mathrm{R}}^2}{R^2} = \frac{s_{\mathrm{A}}^2}{A^2} + \frac{s_{\mathrm{B}}^2}{B^2} + \frac{s_{\mathrm{C}}^2}{C^2}$$

即分析结果的相对标准偏差的平方是各测量步骤相对标准偏差的平方的总和。

如果有关项有系数，例如 $R = mAB/C$，则：

$$\frac{s_{\mathrm{R}}^2}{R^2} = \frac{s_{\mathrm{A}}^2}{A^2} + \frac{s_{\mathrm{B}}^2}{B^2} + \frac{s_{\mathrm{C}}^2}{C^2}$$

7.2.3 提高分析结果准确度的方法

从误差产生的原因来看，只有尽可能地减小系统误差和随机误差，才能提高分析结果的准确度。

7.2.3.1 选择合适的分析方法

试样中被测组分的含量各不相同，而各种分析方法又具有不同特点，因此，必须根据被测组分的相对含量的多少来选择合适的分析方法，以保证测定的准确度。一般来说，采用化学分析法进行测定，其准确度较高但灵敏度较低，故适用于常量组分分析；而采用仪器分析法进行测定，其灵敏度较高但准确度较低，故适用于微量组分分析。

7.2.3.2 消除测定过程中的系统误差

在分析工作中，必须十分重视系统误差的消除。

造成系统误差的原因有多方面，通常根据具体情况，采用不同的方法来检验和消除系统误差。

(1) 空白试验　由试剂和器皿带进杂质所造成的系统误差，一般可作空白试验来扣除。

所谓空白试验，就是在不加试样的情况下，按照与试样分析相同的操作顺序和条件进行试验。试验所得结果称为空白值。从试样分析结果中扣除空白值后，就可得到比较可靠的分析结果。

空白值一般不应很大，否则扣除空白时会引起较大的误差。当空白值较大时，就只好从提纯试剂和改用其他适当的器皿来解决问题。

(2) 对照试验　对照试验是检验系统误差的有效方法。进行对照试验时，常用已知结果的试样与被测试样一起进行对照试验，或用其他可靠的分析方法进行对照试验，也可由不同人员、不同单位进行对照试验。

标准试样的分析结果比较可靠，可供进行对照试验用。进行对照试验时，尽量选择与试样组成相近的标准试样进行对照分析。根据标准试样的分析结果，即可判断试样分析结果有无误差。

在判断系统误差的过程中，为了使判断结果可靠，宜采用有关统计方法进行检验。

由于标准试样的数量和品种有限，所以有些单位又自制一些所谓“管理样”，以此代替标准试样进行对照分析。管理样事先经过反复多次分析，其中各组分的含量也是比较可靠的。

如果没有适当的标准试样和管理试样，有时可以自己制备“人工合成试样”来进行对照分析。人工合成试样是根据试样的大致成分由纯化合物配制而成的，配制时，要注意称量准确，混合均匀，以保证被测组分的含量是准确的。

进行对照试验时，如果对试样的组成不完全清楚，则可以采用“加入回收法”进行试验。这种方法是向试样中加入已知量的被测组分，然后进行对照试验，看看加入的被测组分能否定量回收，以此判断分析过程是否存在系统误差。

用其他可靠的分析方法进行对照试验也是经常采用的一种办法。作为对照试验用的分析方法必须可靠，一般选用国家颁布的标准分析方法或公认的经典分析方法。

在许多生产单位中，为了检查分析人员之间是否存在系统误差和其他问题，常在安排试样分析任务时，将一部分试样重复安排在不同分析人员之间，互相进行对照试验，这种方法称为“内检”。有时又将部分试样送交其他单位进行对照分析，这种方法称为“外检”。

用同样的分析方法，在同样条件下，用标样代替试样进行平行测定，求出校正系数，标样中待测组分含量已知，且与试样中含量相近。

也可用其他可靠的分析方法或与不同单位进行对照试验。

(3) 校正仪器

仪器不准确引起的系统误差，可以通过校准仪器来减小其影响。例如砝码、容量瓶、移液管和滴定管等计量仪器必须定期进行校准，求出修正值并在计算结果时采用，以消除由仪器带来的误差。

(4) 分析结果的校正

分析过程中的系统误差有时可采用适当的方法进行校正。例如用电重量法测定纯度为99.9%以上的铜，要求分析结果十分准确，但因电解不很完全，这样就引起负的系统误差。为此，可用比色法测定溶液中未被电解的残余铜，将用比色法得到的结果加到电重量分析法的结果中去，即可得到铜的较准确的结果。

7.2.3.3 控制测量的相对误差

任何测量仪器的测量精确程度(简称精度)都是有限的，由测量精度的限制而引起的误差又称为测量的不确定性，属于随机误差。

为了保证分析结果的准确度，必须尽量减小测量误差。例如在重量分析中，测量步骤是称重，这时就应该设法减小称量误差。一般分析天平的误差为 ±0.0002g，为了使测量时的相对误差在1‰以下，试样重量就不能太小。从相对误差的计算中可得到：

$$\text{相对误差} = \frac{\text{绝对误差}}{\text{试样重}} \times 1000‰$$

$$\text{试样重} = \frac{\text{绝对误差}}{\text{相对误差}} = \frac{0.0002}{0.001} = 0.2\text{g}$$

可见试样质量必须在0.2g以上。当然，最后得到的沉淀质量也应在0.2g以上。因为只有这样，才能保证前后称重两次的相对极值误差在2‰以下。

在滴定分析中，滴定管读数常有 ±0.01mL 的误差，在一次滴定中，需要读数两次，这样可能造成 ±0.02mL 的误差。所以，为了使测量时的相对误差小于1‰，消耗滴定剂的体积必须在20mL以上，而最好保持体积在30mL左右，以减小误差。

应该指出，不同的分析工作要求有不同的准确度，所以应根据具体要求，控制各测量步骤的误差，使之能适应不同分析工作的要求。例如，对于微量组分的比色测定，因一般允许较大的相对误差，故对于测量步骤的准确度，就不必要求像重量法和滴定法那样高。现假定用比色法测定铁，设方法的相对误差为20‰，则在称取0.5g试样时，试样的称量误差小于$0.5\times\frac{20}{1000}=0.01$g就行了，没有必要像重量法和容量法那样，强调称准至±0.0002g。但是，为了使称量误差忽略不计，最好将称量的准确度提高约一个数量级。在本例中，宜称准至±0.001g左右，这既容易做到，又不会对分析速度带来多大影响。

7.2.3.4　增加平行测定次数，以减小随机误差

在消除系统误差的前提下，平行测定次数愈多，平均值愈接近真实值，因此，增加测定次数，可以减小随机误差。在一般化学分析中，对于同一试样，通常要求平行测定2～4次，以获得较准确的分析结果。增加更多的测定次数虽可以获得更为准确的结果，但耗时太多，也需要在实际工作中加以考虑。

7.3　测量不确定度

7.3.1　测量不确定度的含义

测量不确定度是目前对于误差分析中的最新理解和阐述，以前称为测量误差，现在更准确地定义为测量不确定度，是指测量获得的结果的不确定的程度。

不确定度的含义是指由于测量误差的存在，对被测量值的不能肯定的程度。反过来，也表明该结果的可信赖程度。它是测量结果质量的指标。不确定度愈小，所述结果与被测量的真值愈接近，质量越高，水平越高，其使用价值越高；不确定度越大，测量结果的质量越低，水平越低，其使用价值也越低。在报告物理量测量的结果时，必须给出相应的不确定度，一方面便于使用它的人评定其可靠性，另一方面也增强了测量结果之间的可比性。

表征合理的赋予被测量之值的分散性与测量结果相联系的参数，称为测量不确定度。这是JJF 1001—1998《通用计量术语及定义》中对其做出的最新定义。测量不确定度是独立而又密切与测量结果相联系的，表明测量结果分散性的一个参数。在测量的完整的表示中，应该包括测量不确定度。测量不确定度用标准偏差表示时称为标准不确定度，如用说明了置信水准的区间的半宽度的表示方法则成为扩展不确定度。

对测量不确定的概念理解应注意以下几点。

(1) 操作人员失误不是不确定度。操作人员失误应当并可以通过仔细工作和核查来避免发生，不应计入不确定度。

(2) 允差不是不确定度。允差是对工艺、产品或仪器所选定的允许极限值。

(3) 技术条件不是不确定度。技术条件告诉的是对产品或仪器期望。技术条件包含的内容，包括“非技术”的质量项目，例如外观。

(4) 准确度(更确切地说，应叫不准确度)不是不确定度。

(5) 误差不是不确定度。

(6) 统计分析不是不确定度分析。统计学可以用来得出各类结论，而这些结论本身并不能告诉任何关于不确定度的信息。不确定度分析只是统计学的一种应用。

7.3.2　测量不确定度与误差的区别

测量不确定度和误差是误差理论中两个重要概念，它们具有相同点，都是评价测量结果质量高低的重要指标，都可作为测量结果准确度的评定参数。但它们又有明显的区别，必须正确认识和区分，以防混淆和误用(见表1－7－1)。

表 1 -7 -1　测量误差与测量不确定度的主要区别

序号	测量误差	测量不确定度
1	测量结果减去被测量的真值，是具有正号和负号的量值	用标准偏差或其倍数的半宽度(置信区间)表示，并需要说明置信概率。无符号参数(或取正号)
2	表明测量结果偏离真值	说明合理地赋予被测量之值(最佳估值)的分散性
3	客观存在，不以人的认识程度而改变	与评定人员对被测量、影响量及测量过程的认识密切相关
4	不能准确得到真值，而是用约定真值代替真值，此时只能得到真值的估计值	通过实验、资料、根据评定人员的理论和实践经验进行评定，可以定量给出
5	按性质可分为随机误差和系统误差两大类，都是无穷多次测量下的理想概念	不必区分性质，必要时可表述为“随机效应或系统效应引起的不确定度分量”。可将评定方法分为“A 类或 B 类标准不确定度评定方法”
6	已知系统误差的估计值，可对测量结果进行修正，得到已修正的测量结果	不能用测量不确定度修正测量结果

从表 1 -7 -1 可以看出测量误差与测量不确定度的主要区别，但它们也有联系。误差是不确定度的基础，用测量不确定度代替误差表示测量结果，易于理解、便于评定，具有合理性和实用性。但测量不确定度的内容不能取代误差的所有内容。不确定度是对误差理论的一个补充，是现代误差理论的内容之一。

7.3.3　测量不确定度的来源与类型

1. 测量不确定度的来源

(1) 对被测量的定义不完整或不完善；

(2) 实现被测量定义的方法不理想；

(3) 取样的代表性不够，即被测量的样本不能完全代表所定义的被测量；

(4) 对测量过程受环境影响的认识不周全，或对环境条件的测量与控制不完善；

(5) 对模拟式仪器的读数存在人为偏差(偏移)；测量仪器计量性能(如灵敏度、鉴别力阈、分辨力、稳定性及死区等)的局限性；

(6) 赋予计量标准的值或标准物质的值不准确；

(7) 引用的数据或其他参数的不确定度；

(8) 与测量方法和测量程序有关的近似性和假定性；

(9) 被测量重复观测值的变化等等。

2. 测量不确定度类型

在测量中产生不确定度的效应有两类。

(1) 系统效应：对重复测量的每一个结果都有相同的影响。在这种情况下，只靠重复测量得不到附加信息。要估计系统效应产生的测量不确定度，需要采用其他方法，如不同的测量方法或不同的计算方法。由这种方法求取测量不确定度，称为 A 类不确定度评定方法。

(2) 随机效应：重复测量给出随机的不同结果。如前所述，通过多次测量然后取平均值，可以期望获得较佳的估计值。由这种方法求取测量不确定度，称为 B 类不确定度评定方法。

7.3.4　测量不确定度的分类

测量不确定的分类见图 1 -7 -3。

测量不确定度
- 标准不确定度
  - A 类标准不确定度
  - B 类标准不确定度
  - （A 类与 B 类）合成标准不确定度
- 扩展不确定度
  - U(当无须给出 U_p 时，$k=2\sim3$)
  - U_p(p 为置信概率)

图 1－7－3　测量不确定度的分类

7.3.4.1　A 类标准不确定度

用对观察列进行统计分析的方法来评定标准不确定度称为不确定度 A 类评定；所得到的相应标准不确定度称为 A 类不确定度分量，它是用实验标准偏差来表征。

7.3.4.2　B 类标准不确定度

用不同于对观察列进行统计分析的方法，来评定标准不确定度称为不确定度 B 类评定；所得到的相应标准不确定度称为 B 类不确定度分量。它是用实验或其他信息来估计，含有主观鉴别的成分。对于某一项不确定度分量究竟用 A 类方法评定，还是用 B 类方法评定，应由测量人员根据具体情况选择。B 类评定方法应用相当广泛。

7.3.4.3　合成标准不确定度

当测量结果是由若干个其他量的值求得时，按其他各量的方差和协方差算得的标准不确定度称为合成标准不确定度。它是测量结果标准偏差的估计值，用符号 u_C 表示。方差是标准偏差的平方，协方差是相关性导致的方差。当两个被测量的估计值具有相同的不定来源，特别是受到相同的系统效应的影响(例如使用了同一台标准器)时，它们之间即存在相关性。由这种相关性所导致的方差，即为协方差。计入协方差会扩大合成标准不确定度。人们往往通过改变测量程序来避免发生相关性，或者使协方差减小到可以忽略不计的程度，例如，通过改变所使用的同一台标准器等。合成标准不确定度仍然是标准偏差，它表征了测量结果的分散性。所用的合成方法，常称为不确定传播率，而传播系数又被称为灵敏系数。合成标准不确定度的自由度称为有效自由度，用 u_{eff} 表示，它表明所评定的扩展不确定度 u_C 的可靠程度。

7.3.4.4　扩展不确定度

扩展不确定度是确定测量结果区间的量，合理赋予被测量之值分布的大部分可望含于此区间。它有时也被称为范围不确定度。扩展不确定度是由合成标准不确定度的倍数表示的测量不确定度。通常用符号 U 表示。它是将合成标准不确定度扩展了 k 倍得到的，k 称为包含因子，即 $U=ku_C$。这里 k 值一般为 2，有时为 3，取决于被测量的重要性、效益和风险。

不确定度是测量结果的取值区间的半宽度，可期望该区域包含了被测量之值分布的大部分。而测量结果的取值区间在被测量值概率分布中所包含的百分数，被称为该区间的置信概率、置信水准或置信水平，用符号 p 表示。这时扩展不度用符号 U_p 表示，它给出的区间能包含被测量可能值的大部分(比如 95% 或 99% 等)。

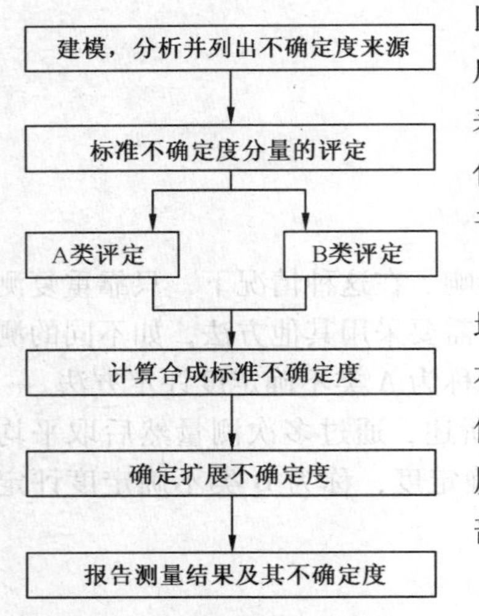

图 1－7－4　测量不确定度评定过程

7.3.5　评定测量不确定度的步骤

测量不确定度的评定过程，一般如图 1－7－4 所示。

7.4 分析结果的数据处理

7.4.1 可疑值的取舍

在定量分析工作中，我们经常做多次重复的测定，然后求出平均值。但是多次分析的数据是否都能参加平均值的计算，这是需要判断的。如果在消除了系统误差后，所测得的数据出现显著的特大值或特小值，这样的数据是值得怀疑的。我们称这样的数据为可疑值，对可疑值做如下判断：

（1）在分析实验过程中，已经知道某测量值是操作中的过失所造成的，应立即将此数据弃去。

（2）如找不出可疑值出现的原因，不应随意弃去或保留，而应按照统计检验方法进行判断后，才能确定其取舍。

统计学处理可疑值的方法有很多种，本节仅介绍比较简单的 $4\bar{d}$ 法、效果较好的格鲁布斯(Grubbs)法及 Q 检验法。

7.4.1.1 $4\bar{d}$ 法

用 $4\bar{d}$ 法判断可疑值的取舍时，首先求出可疑值除外的其余数据的平均值 $\bar{x}$ 和平均偏差 $\bar{d}$，然后将可疑值与平均值进行比较，如绝对差值大于 $4\bar{d}$，则可疑值舍去，否则保留。

$4\bar{d}$ 法处理数据存在较大误差，只能处理一些要求不高的实验数据，但由于此种方法比较简单，不必查表，至今仍为人们所采用。

7.4.1.2 格鲁布斯(Grubbs)法

有一组数据，从小到大排列为：x_1，x_2，…，x_{n-1}，x_n

其中 x_1 或 x_n 可能是可疑值，需要首先进行判断，决定其取舍。

用格鲁布斯法判断可疑值时，首先计算出该组数据的平均值及标准偏差，再根据统计量 T 进行判断。统计量 T 与可疑值、平均值及标准偏差有关。

设 x_1 是可疑的，则： $$T = \frac{\bar{x} - x_1}{s}$$

设 x_n 是可疑的，则： $$T = \frac{x_n - \bar{x}}{s}$$

如果 T 值很大，说明可疑值与平均值相差很大，有可能要舍去。统计学家们制定了临界 $T_{\alpha,n}$ 表，见表 1-7-2。当 $T \geq T_{表}$ 时，则可疑值应舍去，否则应保留。α 为显著性水准，n 为实验数据数目。

表 1-7-2 临界 $T_{\alpha,n}$ 表

n	显著性水准 α			n	显著性水准 α		
	0.05	0.025	0.01		0.05	0.025	0.01
3	1.15	1.15	1.15	10	2.18	2.29	2.41
4	1.46	1.48	1.49	11	2.23	2.36	2.48
5	1.67	1.71	1.75	12	2.29	2.41	2.55
6	1.82	1.89	1.94	13	2.33	2.46	2.61
7	1.94	2.02	2.10	14	2.37	2.51	2.60
8	2.03	2.13	2.22	15	2.41	2.55	2.71
9	2.11	2.21	2.32	20	2.56	2.71	2.88

格鲁布斯法最大的优点是在判断可疑值的过程中将正态分布中的两个最重要的样本参数 $\bar{x}$ 及 s 引入进来，故方法的准确度较好。这种方法的缺点是需要计算 $\bar{x}$ 和 s，求解麻烦。由于格鲁布斯法的准确性较高，因此，当用该法与 $4\bar{d}$ 法判断所得结论不同时，一般取格鲁布斯法结论。

7.4.1.3　Q 检验法

设一组数据，从小到大排列为：x_1，x_2，…，x_{n-1}，x_n

设 x_n 为可疑值，则统计量 Q 为：

$$Q = \frac{x_n - x_{n-1}}{x_n - x_1}$$

如 x_1 为可疑值，则按下式计算 Q 值：

$$Q = \frac{x_2 - x_1}{x_n - x_1}$$

然后将 Q 值与 $Q_{表}$ 值进行比较，确定其取舍。

式中分子为可疑值与其相邻的一个数值的差值，分母为整个数据的极差。Q 值越大，说明 x_n 或 x_1 离群越远，至一定界限时，即应舍去。Q 称为"舍弃商"。表 1－7－3 是置信度为 90% 和 95% 时的 Q 值。当计算所得 Q 值大于表中的 $Q_{表}$ 值时，该可疑值即应舍去，否则应予保留。

表 1－7－3　Q 值表（置信度 90% 和 95%）

测定次数 n	2	3	4	5	6	7	8	9	10
$Q_{0.90}$	…	0.94	0.76	0.64	0.56	0.51	0.47	0.44	0.41
$Q_{0.95}$	…	1.53	1.05	0.86	0.76	0.69	0.64	0.60	0.58

7.4.2　可靠性检验

当选用新的化验方法进行定量测定时，应事先考察该方法是否存在系统误差。只有确认其方法没有系统误差或者系统误差能被校正才能采用，才可信任用该法得到的数据。通常采用下列两种方法对化验方法可靠性进行检验。

7.4.2.1　t 检验法

t 检验法又称标准物质（样品）法。将包含有被测组分和试样的基体相似的标准物质（样品），用测定试样所选用的分析方法进行 n 次测定，计算出标准物质（样品）中所含被测组分的算术平均值 $\bar{x}$ 及标准偏差 S，然后将此 $\bar{x}$ 值与标准物质所给出的该组分的含量 μ 比较。若 $\bar{x}$ 与 μ 无显著性差异，说明所选用的分析方法可靠，可以采用。反之，则不可直接采用。

t 检验法的步骤如下：

（1）计算包括可疑值在内测定值的平均值 $\bar{x}$；

（2）求包括可疑值在内的标准偏差 S；

（3）计算 t 值。

$$t_{计算}值 = \frac{|\bar{x} - \mu|}{s}\sqrt{n}$$

式中　$\bar{x}$——多次测定的算术平均值；

μ——标准物质中该组分的含量；

S——多次测定的标准偏差；

n——测定次数。

（4）查表，根据自由度$(f)=n-1$、置信度P从表1-7-4中查得t值，以$t_{表}$表示。如果$t_{计算}$值$\geq t_{表}$值，则存在显著性差异，否则不存在显著性差异。在分析化学中，通常以95%的置信度为检验标准，即显著性水准为5%。

表1-7-4 不同置信度时的t值

f \ P	70%	80%	90%	95%	98%	99%	n \ P	70%	80%	90%	95%	98%	99%
1	1.00	3.08	6.31	12.71	31	63.66	11	0.70	1.36	1.80	2.20	2.72	3.11
2	0.82	1.89	2.92	4.30	6.96	9.92	12	0.70	1.36	1.78	2.18	2.68	3.05
3	0.76	1.64	2.35	3.18	4.54	3.94	13	0.69	1.35	1.77	2.16	2.65	3.01
4	0.74	1.53	2.13	2.78	3.75	4.60	14	0.69	1.34	1.76	2.14	2.62	2.98
5	0.73	1.48	2.01	2.57	3.36	4.03	15	0.69	1.34	1.75	2.13	2.60	2.95
6	0.72	1.44	1.94	2.45	3.14	3.71	16	0.69	1.34	1.75	1.12	2.58	2.92
7	0.71	1.41	1.89	2.36	3.00	3.50	17	0.69	1.33	1.74	2.11	2.57	2.90
8	0.71	1.40	1.86	2.31	2.90	3.36	18	0.69	1.33	1.73	2.10	2.55	2.88
9	0.70	1.38	1.83	2.26	2.82	3.25	19	0.69	1.33	1.73	2.09	2.54	2.86
10	0.70	1.37	1.81	2.22	2.76	3.17	20	0.69	1.33	1.72	2.09	2.53	2.85

7.4.2.2 F检验法

F检验法主要通过比较两组数据的方差s^2，以确定它们的精密度是否有显著性差异。至于两组数据之间是否存在系统误差，则在进行F检验并确定它们的精密度没有显著性差异之后，再进行t检验。

已知样本标准偏差s为：$s=\sqrt{\dfrac{\Sigma(x_i-\bar{x})^2}{n-1}}$，故样本方差$s^2$为：

$$s^2=\frac{\Sigma(x_i-\bar{x})^2}{n-1}$$

F检验法的步骤很简单。首先计算出两个样本的方差，分别为$s_{大}^2$和$s_{小}^2$，它们相应地代表方差较大和较小的那组数据的方差。然后计算F值：

$$F=\frac{s_{大}^2}{s_{小}^2}$$

计算时，规定$s_{大}^2$为分子，$s_{小}^2$为分母。在一定的置信度及自由度的情况下，如果F值大于表1-7-5中所对应的F值，则认为它们之间存在显著性差异（置信度95%），否则不存在显著性差异。注意表中列出的F值是单边值，引用时应加以注意。

表1-7-5 置信度95%时F值（单边）

$f_{小}$ \ $f_{大}$	2	3	4	5	6	7	8	9	10	∞
2	19.00	19.16	19.25	19.30	19.33	19.36	19.37	19.38	19.30	19.50
3	9.55	9.28	9.12	9.01	8.94	8.88	8.84	8.81	8.78	8.53
4	6.94	6.59	6.39	6.26	6.16	6.09	6.04	6.00	3.106	3.73

续表

$f_大$ / $f_小$	2	3	4	5	6	7	8	9	10	∞
5	3.79	5.41	5.19	5.05	4.95	4.88	4.82	4.78	4.74	4.36
6	5.14	4.76	4.53	4.39	4.28	4.21	4.15	4.10	4.06	3.67
7	4.74	4.35	4.12	3.97	3.87	3.79	3.73	3.68	3.63	3.23
8	4.46	4.07	3.84	3.69	3.58	3.50	3.44	3.39	3.34	2.93
9	4.26	3.86	3.63	3.48	3.37	3.29	3.23	3.18	3.13	2.71
10	4.10	3.71	3.48	3.33	3.22	3.14	3.07	3.02	2.97	2.54
∞	3.00	2.60	2.37	2.21	2.10	2.01	1.94	1.88	1.83	1.00

① $f_大$：大方差数据的自由度；$f_小$：小方差数据的自由度。

用 F 检验法检验两组数据是否有显著性差异时，必须首先确定它是属于单边还是双边检验。前者是指一组数据的方差只能大于、等于但不可能小于另一组数据的方差；后者是指一组数据的方差可能大于、等于或小于另一组数据的方差。

7.4.3　工作曲线的一元回归方程

在分析测试中经常遇到处理两个变量之间的关系。例如，在建立工作曲线时，需要了解被测组分的浓度(x)与响应值(y)之间的关系。例如，分光光度法中溶液浓度与吸光度的标准曲线，横坐标 x 代表溶液浓度，是自变量，因为溶液浓度可以控制，是普通变量，误差很小。纵坐标 y 代表吸光度，作因变量，是个随机变量，主要误差来源于它。由于误差的存在，所有的实验点不在一条直线上。分析工作者习惯的做法是根据这些散点的走向，用直尺描出一条直线。但在实验点比较分散的情况下，作这样一条直线是有困难的，因为凭直觉很难判断怎样才能使所连的直线对于所有实验点来说误差是最小的。较好的方法是对数据进行回归分析，用数理统计的方法求出线性方程，即回归方程，此方程能更准确地反映 x 与 y 之间的关系。根据此方程，可由测得的 y 值计算出被测的浓度 x，避免了查曲线的误差，也可绘制出对各数据点误差最小的一条回归线。

首先，我们把收集到的数据记为(x_i，y_i)，$i=1$，2，…，n，见表 1-7-6。并把每一对(x，y)看成直角坐标系中的一个点，在图中标出 n 个点，称这张图为散布图。

如果散布图呈现如图 1-7-5 的形状，即 n 个点基本在一条直线附近，但又不完全在一

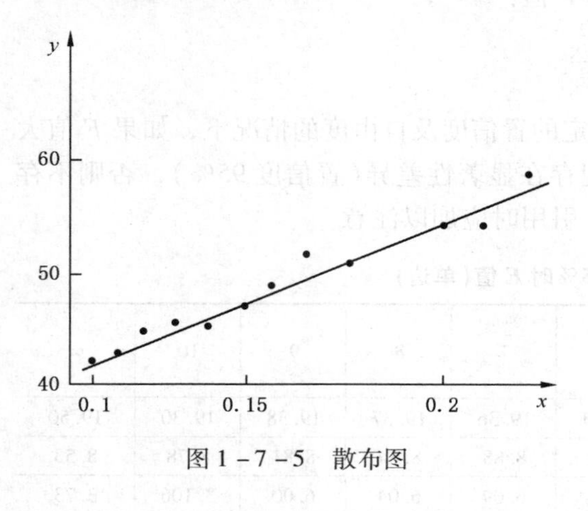

图 1-7-5　散布图

表 1-7-6　数据表

序　号	x	y
1	0.10	42.0
2	0.11	43.5
3	0.12	45.0
4	0.13	45.5
5	0.14	45.0
6	0.15	47.5
7	0.16	49.0
8	0.17	53.0
9	0.18	50.0
10	0.20	55.0
11	0.21	55.0
12	0.23	60.0

条直线上，那么我们希望用一个统计量来表示它们的关系的密切程度，这个量称为相关系数，记为 r，它被定义为：

$$r=\frac{\sum(x_i-\bar{x})(y_i-\bar{y})}{\sqrt{\sum(x_i-\bar{x})^2\sum(y_i-\bar{y})^2}}=\frac{L_{xy}}{\sqrt{L_{xx}L_{yy}}}$$

其中：

$$L_{xy}=\sum(x_i-\bar{x})(y_i-\bar{y})$$

$$L_{xx}=\sum(x_i-\bar{x})^2$$

$$L_{yy}=\sum(y_i-\bar{y})^2$$

当 $r=\pm1$ 时，n 个点在一条直线上，这时两个变量间完全线性相关。

当 $r=0$ 时，称两个变量不相关，这时散布图上 n 个点可能毫无规律，也可能两个变量间有某种曲线的趋势。

当 $r>0$ 时，称两个变量间具有正相关，这时当 x 的值增加时，y 的值也有增大的趋势。

当 $r<0$ 时，称两个变量间具有负相关，这时当 x 的值增加时，y 的值有减小的趋势。

因此可以根据 r 的绝对值的大小去判断两个变量间线性相关的程度。

对于给定的显著性水平 α，当 $|r|>r_{1-\alpha/2,(n-2)}$ 时，可以认为两个变量间存在一定的线性相关关系，其中临界值 $r_{1-\alpha/2,(n-2)}$ 是容量为 n 时的 r 的 $(1-\alpha/2)$ 分位数，可以从表 1－7－7 查出。

表 1－7－7　相关系数 r 的临界值表

置信度(P) / $f=n-2$	90%	95%	99%	99.9%
1	0.98769	0.99692	0.999877	0.9999988
2	0.90000	0.95000	0.99000	0.99900
3	0.8054	0.8783	0.9587	0.9912
4	0.7293	0.8114	0.9172	0.9741
5	0.6694	0.7545	0.8745	0.9507
6	0.6215	0.7067	0.8343	0.9249
7	0.5822	0.6664	0.7977	0.8982
8	0.5494	0.6319	0.7646	0.8721
9	0.5214	0.6021	0.7348	0.8471
10	0.4973	0.5760	0.7079	0.8233

对上例，为了计算 r 值，首先要计算 L_{xy}，L_{xx}，L_{yy}，通过代数运算，它们的值也可以用下面的公式计算：

$$L_{xy}=\sum(x_i-\bar{x})(y_i-\bar{y})=\sum x_iy_i-T_xT_y/n$$

$$L_{xx}=\sum(x_i-\bar{x})^2=\sum x_i^2-T_x^2/n$$

$$L_{yy}=\sum(y_i-\bar{y})^2=\sum y_i^2-T_y^2/n$$

其中　　$T_x=\sum x_i, T_y=\sum y_i$

因此计算步骤如下：

(1) 计算变量 x 与 y 的数据和 T_x，T_y；

在本例中，$T_x = 1.90$，$T_y = 590.5$

(2) 计算各个变量数据的平方和及其乘积和；

在本例中，$\sum x_i^2 = 0.3194$，　　$\sum y_i^2 = 29392.75$，　　$\sum x_i y_i = 95.9250$

(3) 计算 L_{xy}，L_{xx}，L_{yy}；

在本例中

$$L_{xy} = 95.9250 - 1.90 \times 590.5/12 = 2.429$$

$$L_{xx} = 0.3195 - 1.90^2/12 = 0.0186$$

$$L_{yy} = 29392.75 - 590.5^2/12 = 335.2292$$

(4) 计算 r 的值；

在本例中，$r = 2.4292/\sqrt{0.0186 \times 335.2292} = 0.9728$

查表 1-7-7，在 $\alpha = 0.05$，$n = 12$ 时，$r_{1-\alpha/2,(n-2)} = 0.5760$，由于 $r > 0.5760$，因此说明两个变量间具有线性相关关系。

当两个变量间存在线性相关关系时，我们常常希望建立两者间的定量关系表达式，这便是两个变量间的一元线性回归方程。从图 1-7-4 看，n 个点在一条直线附近波动，一元线性回归方程便是对这条直线的一种估计。

设一元线性回归方程的表达式为：$\hat{y} = a + bx$，现在给出了 n 对数据 (x_i, y_i)，$i = 1, 2, \cdots, n$，要根据这些数据去估计 a 与 b。如果 a 与 b 已经估计出来，那么在给定的 x_i 值上，回归直线上对应的点的纵坐标为 $\hat{y}_i = a + bx_i$，称 $\hat{y}_i$ 为回归值，实际的观察值 y_i 与 $\hat{y}_i$ 之间存在偏差。

式中 a 与 b 可以用下式求出：$b = L_{xy}/L_{xx}$，$a = \hat{y}_i - b\bar{x}$

这一组解称为最小二乘估计。

综上所述，求回归方程的步骤如下：

(1) 计算变量 x 与 y 的数据和 T_x，T_y；

(2) 计算各个变量数据的平方和及其乘积和；

(3) 计算 L_{xy}，L_{xx}；

(4) 求出 b 与 a；

对上例可以求出：$b = 2.4392/0.0186 = 130.6022$，$a = 590.5/12 - 130.6022 \times 1.90/12 = 28.5340$

(5) 写出回归方程 $\hat{y} = a + bx$。

对上例求得的回归方程为：$\hat{y} = 28.5340 + 130.6022x$

由回归方程画出的回归直线通过 $(0, a)$ 与 $(\bar{x}, \bar{y})$ 两点。

当我们求得了一个有意义的回归方程后，可以将回归方程用于预测，即在给定了自变量 x 的值后对因变量 y 的值作出断言。由于 y 是随机变量，因此无法给出每次试验中的实际取值，我们只能对其均值作出估计，这便称为 y 的预测值。如果给定 x 的值为 x_0，那么 y 的预测值为 $\hat{y} = a + bx_0$。

在实际应用回归线时，为了获得较好的准确度与精密度，应注意以下几点。

(1) 制作回归线时，应尽量多取几个点，点数越多，得到的回归线越稳定，从回归线上查到的 y 值越可靠，越接近真实值。

（2）制作回归线时，自变量 x 的取值范围尽量大些，范围越宽，回归曲线越稳定。同时，回归曲线不能随意延长，取值太小时测定范围也小；但也不能太大，不要超出线性范围。

（3）被测样品含量越接近自变量的平均值 $\bar{x}$ 时，测定值的准确度就越高。

（4）当然，增加未知样品的测定次数，也会减少随机误差，提高准确度。

第 8 章 实验室管理

8.1 实验室质量管理

确定质量方针、目标和职责，并在管理体系中通过诸如质量策划、质量控制、质量保证和质量改进，使实验室实施全部管理职能和所有活动称为实验室质量管理。实验室要通过采用科学的管理评审，内外部的审核，实验室间的验证比对等方式，健全管理体系，保证实验室有能力，有信心为企业、社会提供准确、可靠的分析检验数据。

8.1.1 实验室与质量管理相关的五个因素

8.1.1.1 人员

从事油品化验的实验室应配备足够的人员，不仅指油品检验人员，还包括决策层领导人员、技术主管、质量主管、一般从事管理工作的人员。因为这些人员构成实验室一个群体，是最积极最主要的因素。实验室对人员的要求有严格的规定，例如对领导人员、技术主管、质量主管要求有任命文件；对于检测人员，不仅要求他们掌握某一方面的检验知识，还要求其具有一定的实际操作的水平和技能，从仪器原理、维护到实际操作都必须掌握，同时还应当熟知相关知识，如：误差理论，数据处理，数值修约，极限值，法定计量单位等，并能够融会贯通、应用自如，必须经统一培训，持证上岗；对于油品质量管理人员不仅要具备强烈的法制观念、质量意识，还应当熟悉本专业领域有关知识，掌握质量管理、审核的标准、方法和技能，也应当经过培训考核方能上岗。

8.1.1.2 标准

实验室的标准主要由三大类构成。

一类是技术标准。其中产品标准和实验方法标准是最常用的标准，还有仪器检定标准，基础技术标准、环境控制和安全标准。

二类是管理标准。包括质量管理标准、仪器设备管理标准、人员管理标准等。

三类是工作标准。包括部门工作标准（规范）、岗位工作标准（规范）、专（通）用工作标准。

我国实行标准分为四级：国家标准、行业标准、地方标准、企业标准。实验室使用的标准，必须是现行有效的版本，并经过确认。

我国国家标准的代号，用“国标”两个字汉语拼音的第一个字母“G”和“B”表示。强制性国家标准的代号为“GB”，推荐性国家标准的代号为“GB/T”。国家标准的编号由国家标准的代号、国家标准发布的顺序号和国家标准发布的年号三部分构成。

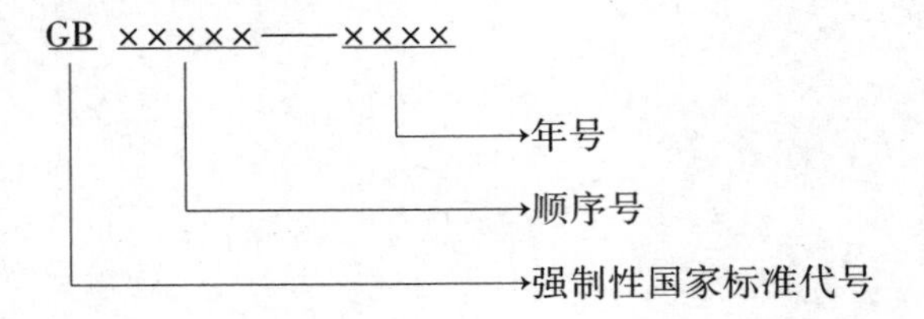

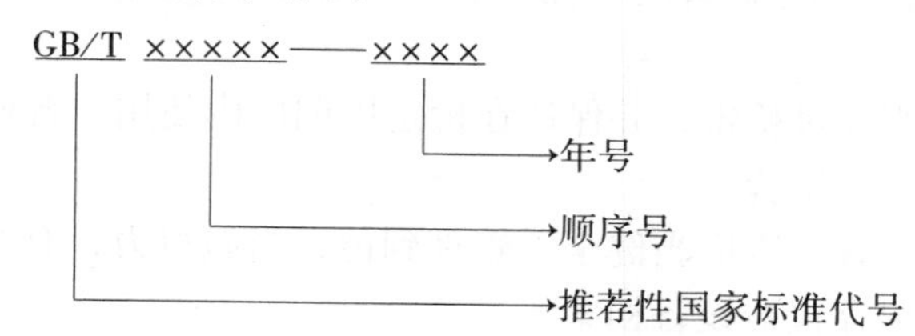

行业标准代号由国务院标准化行政主管部门规定。目前，国务院标准化行政主管部门已批准发布了58个行业标准代号。例如石油化工行业标准的代号为"SH"。行业标准的编号由行业标准代号、标准顺序号及年号组成。

同样，行业标准也分为强制性标准和推荐性标准。

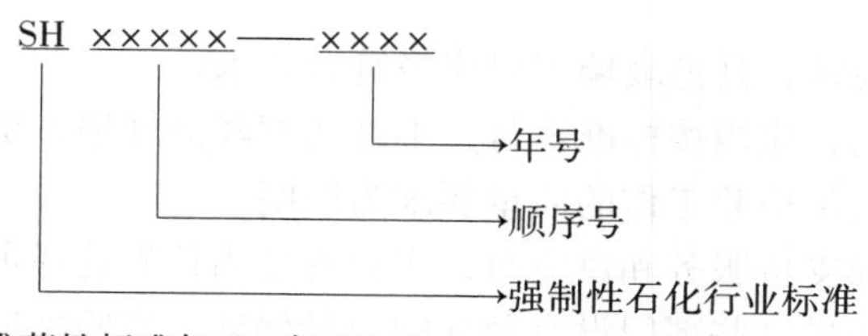

推荐性标准加T，如SH/T

企业生产的产品在没有相应的国家、行业标准和地方标准时，应当制定企业标准作为组织生产的依据。在有相应的国家标准、行业标准和地方标准时，国家鼓励企业在不违反相应强制性标准的前提下，制定充分反映市场、用户和消费者要求的，严于国家标准、行业标准和地方标准的企业标准，在企业内部适用。

企业标准的代号为"Q"。某企业的企业标准的代号由企业标准代号Q加斜线再加企业代号组成。企业代号可用汉语拼音或阿拉伯数字或两者兼用组成。

企业标准的编号由该企业的企业标准的代号、顺序号和年号三部分组成，即：

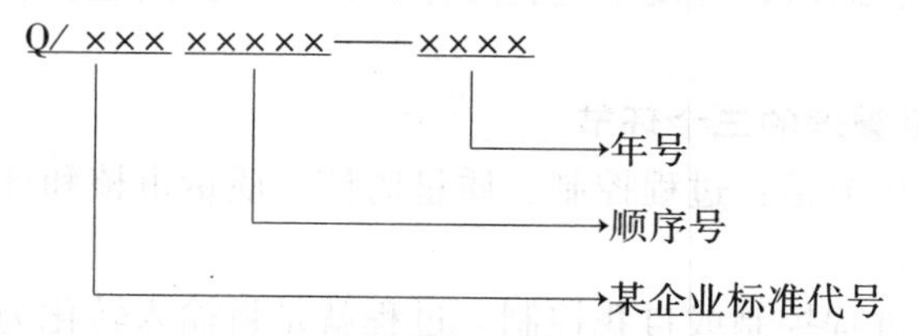

地方标准的代号，由汉语拼音字母"DB"加上省、自治区、直辖市行政区划分代码前两位数、再加斜线、顺序号和年号共四部分组成。目前在石油化工行业使用不多。

如遇特殊情况需要使用非标准方法时，实验室应尽可能选择国际和国家已公布的或由知名技术组织或有关技术文献或正规出版的杂志上公布的方法，有条件的地方在采用这些方法时应进行必要的验证，认为可行时，形成有效文件，经过技术负责人确认方可实施，并应征得委托检验方的同意。

8.1.1.3 仪器设备

一般油品实验室所用的仪器设备主要有两类，一类是计量仪器设备，常见的如温度计、天平、气压表、压力表等，另一类是普通实验设备，如稳压器、水浴、电炉、试验测定仪器等。对仪器设备要求如下：

(1) 仪器设备的配备应能满足检测工作的要求，配备率应在95%以上，完好率应达到100%。

(2) 仪器设备应当经过检定，并保证在检定周期以内使用。普通试验设备应对其功能的可靠性自拟检验规格进行检验。

(3) 仪器设备的管理制度应当健全，管理到位，措施得力，有明显标识来表明其状态。

(4) 应当建立和保存仪器设备档案。

(5) 正确配备能覆盖本单位开展检验工作需要的标准物质，并严格规范管理。

8.1.1.4 实验材料

分析化验油品的实验室要完成全部检验工作，还需要有各种原材料、试验器皿等与之配套，这些材料的优劣直接关系到检验工作质量。

水是实验室使用量最大的材料，凡试验用水必须经过检验，其规格应符合GB 6682规定的要求。

玻璃量器应当经过检定，其他玻璃器皿应当符合要求。

各种化学试剂的使用，应当按标准执行，不许随意降低规格，更不许使用代用品，其他消耗材料的使用，以能满足检验工作的质量要求为原则。

这些物品需要由外部支持服务和供应时，实验室应当首先选择那些能够充分保证质量的外部支持服务和供应。如果这些部门没有独立的质量保证，实验室应制定有关程序来满足自身的质量要求。

8.1.1.5 环境

环境质量对保证检验工作的开展有着十分重要的作用。其中有些参数影响仪器的性能，有些参数直接影响样品测定结果。例如，温度过低，使天平的变动性增大；湿度过大，使电子仪器和个性仪器的性能变差；空气中的微粒和污染成分对痕量分析影响很大，甚至在室内吸烟都会影响分析结果。

实验室的建设应注意环境的选择，周边不应有震动源、电磁干扰、噪声，粉尘应能控制。能源、照明、采暖、通风，应便于检验工作正常开展。其温度、湿度可以得到有效的控制并有记载。

8.1.2 实验室质量管理的三个环节

实验室管理的三个环节是：过程控制、质量监控、质量审核和评估。

8.1.2.1 过程控制

过程控制有时称为进程控制或自我控制。过程就是将输入转化为输出的一组彼此相关的资源和活动。

油品化验这一过程是由检验样品输入、分析化验数据完成后并报出这中间的一组相关活动组成。它不同于工业生产，在每道工序、每个环节上可以进行固有的跟踪模式进行控制而且常年不变。实验室主要靠检验人员进行严格的自我控制。他们应当有强烈的法律观念和质量意识，要有扎实的专业知识和熟练的操作技能。在分析过程中，每个环节、每个步骤都必须正确把握，力求避免和减少人为误差。对仪器的正确使用、调控，异常现象的判断处置，空白值的稳定和扣除，标准溶液的使用，标准曲线的绘制，数据的正确计算和表达等等，必须环环扣紧不能松懈，培养和树立完好的自我控制能力。

8.1.2.2 质量监控(质量监督、质量控制)

为了确保满足规定的要求，对实体的状况进行连续的监视和验证并对记录进行分析称为质量监督。

为达到质量要求所采取的作业技术和活动称为质量控制。

质量监督的目的是：

（1）使分析数据具有较高的置信度，保证数据准确可靠。

（2）考查工作条件，环境是否处于受控状态。

（3）检查检验人员是否严格遵守各项技术规范，是否出现失误过程。

（4）仪器运转是否正常，原材料是否符合要求。

在实验室这个环节，质量监控主要由质量管理部门、专(兼)职质量管理人员采取科学、有效手段和方法来完成。实验室为保证油品分析质量，应当采取有效而可靠的方法来进行质量监控，且从事质量管理和监督的人员按必须满足三个条件：（1）熟悉检验方法和程序；（2）了解检验工作的目的；（3）懂得如何评定检验结果。

8.1.2.3 *质量审核和评估*

油品实验室不断地出具各种分析数据。这许多数据的出台，虽然经过了严格的质量监控，但如果不进行有效的、程序严格的审核、评估，而将其游离于管理体系之外，那么这种数据应是半成品。质量监控仅是质量审核、评估的基础，它代替不了后者。

分析数据同其他任何数据一样，有两个特点，一是波动性，二是规律性。掌握这两个特点，选择科学有效的评估方法，可以确保分析化验的高质量。

1. 合理性评估

合理性评估(又称综合性评估)。整个分析过程，虽然进行了质量监控，由于监控方法各有侧重，有的方法并非十全十美，分析结果的偏差和不合理性就有可能存在。因此需要评估原始数据有没有失控，有无粗大误差，存不存在系统误差，批间、批内油样分析的数据比较有无异常现象等。

合理性评估的目的是对本批次分析化验作一个总体评估和认识。

2. 统计性评估

（1）利用数理统计技术对分析化验数据进行统计评估，已得到普遍的应用。在利用统计技术时应注意：

① 所使用的数理统计技术，应有针对性，应能有效地验证油品分析的特点和要求；

② 统计技术本身应正确可行；

③ 可否有效地检查和反映出质量的优劣。

（2）进行统计性评估从以下几个步骤着手：

① 核对、检查、计算所有数据；

② 进行误差统计分析，在进行误差分析时，要分清误差性质、出现系统误差，应进行显著性检验；

③ 不仅对实验室内的数据进行统计评估，对实验室间的数据也要进行统计评估(如外检比对数据)，要认真对待实验室间的误差；

④ 合格率统计。这里指的是一次性合格率的统计，可以人、班组、专业室为基本单元统计，比较各自的质量优劣，以便提高整体质量水平；

⑤ 对进行了相关性检查的样品(组分)、标准物质数据要分别进行汇总统计，对其进行质量分析、评估。

8.2 实验室的管理制度

8.2.1 实验室仪器设备使用管理制度

(1) 安放精密仪器的房间应符合该仪器的要求，以确保仪器的精度及使用寿命。做好仪器室的防震、防尘、防腐蚀工作。

(2) 精密仪器及贵重器皿(如铂器皿、玛瑙研钵等)需有专人保管，登记造册、建卡立档。仪器档案包括使用说明书、验收和调试记录、初始参数、定期保养维护、校验及使用情况的登记记录等。

(3) 精密仪器的安装、调试和保养维护，均应严格遵照仪器说明书的要求进行。上机人员应经考核，合格后方可上机操作。

(4) 使用仪器前要先检查仪器是否正常。仪器发生故障时，要查清原因，排除故障后方可继续使用。绝不允许仪器带病运行。

(5) 仪器用毕后，要恢复到所要求位置，做好清洗工作，盖好防尘罩。

(6) 计量仪器、器具(包括天平、砝码、滴定管、容量瓶、温度计、流量计等)要定期校验、标定，以保证测量值的质量。

(7) 对实验室内的仪器设备要妥善保管，经常检查，及时维修保养，使之随时处于完好状态。

8.2.2 实验室化学试剂使用管理制度

(1) 实验室内使用的化学试剂应有专人保管，分类存放(如酸碱试剂必须分开存放，并定期检查使用及保管情况)。

(2) 易燃、易爆物品要放在远离实验室的阴凉通风处，在实验室内保存的少量易燃易爆试剂要严格管理。

(3) 剧毒试剂应放在毒品柜内由专人保管。使用时要有审批手续，两人共同称量，登记用量。

(4) 取用化学试剂的器皿应洗涤干净，分开使用。倒出的化学试剂不准倒回，以免沾污。

(5) 挥发性强的试剂必须在通风橱内取用。使用挥发性强的有机溶剂时要注意避免明火，绝不可用明火加热。

(6) 纯度不符合要求的试剂，必须经提纯后再用。

(7) 配置各种试液和标准溶液必须严格遵守操作规程，配完后立即贴上标签，以免拿错用错。不得使用过期试剂。

(8) 有些化学试剂极易变质，变质后不能继续使用。易变质和需用特殊方法保存的常用试剂见易变质及需要特殊方法保存的试剂见表 1-8-1。

表 1-8-1 易变质及需要特殊方法保存的试剂

注意事项		试剂名称举例
需要密封	易潮解吸湿	氧化钙、氢氧化钠、氢氧化钾、碘化钾、三氯乙酸
	易失水风化	结晶硫酸钠、硫酸亚铁、含水磷酸氢二钠、硫代硫酸钠
	易挥发	氨水、氯仿、醚、碘、麝香草酚、甲醛、乙醇、丙酮
	易吸收 CO_2	氢氧化钾、氢氧化钠

续表

注意事项		试剂名称举例
需要密封	易氧化	硫酸亚铁、醚、醛类、酚、抗坏血酸和所有还原剂
	易变质	丙酮酸钠、乙醚和许多生物制品(常需冷藏)
需要避光	见光变色	硝酸银(变黑)、酚(变淡红)、氯仿(产生光气)、茚三酮(变淡红)
	见光分解	过氧化氢、氯仿、漂白粉、氰氢酸
	见光氧化	乙醚、醛类、亚铁盐和所有还原剂
特殊方法保管	易爆炸	苦味酸、硝酸盐类、过氯酸、叠氮化钠
	剧毒	氰化钾(钠)、汞、砷化物、溴
	易燃	乙醚、甲醇、乙醇、丙醇、苯、甲苯、二甲苯、汽油
	腐蚀	强酸、强碱

8.2.3 实验室质量监督检验人员岗位责任制

(1) 质量监督检验人员要树立高尚的职业道德，热爱本职工作，钻研分析技术，培养科学作风。

(2) 质量监督检验人员应经培训、考试合格后方能承担检验测试工作。

(3) 检验人员对所承担的检验测试项目应熟悉方法原理，严守操作规程，以使操作准确无误。

(4) 认真做好检验测试前的各项准备工作。各项测试条件均符合实验室分析质量控制要求后方可进行样品检验测试。

(5) 严格执行监督检验质量控制的有关规定，发现异常数据应及时查找原因进行纠正，以保证数据质量。

(6) 测试完毕做到及时清洗器具，保持实验室清洁卫生并做好安全检查。

(7) 认真填报检验分析结果，字迹要清晰，记录要完整，要实事求是，严禁伪造数据，校对要严格，做到准确无误。

8.2.4 实验室样品管理制度

(1) 采样人必须熟悉质检样品采集的全部程序和规范，严格按照有关采样规定执行，要认真记录采样现场的各有关参数。

(2) 应注意样品容器的一般处理及特殊处理。特殊处理应严格按要求进行。

(3) 样品容器的材质要符合质检分析的要求，应能密塞不渗不漏，特别注意要求低温保存样品的容器。

(4) 运输途中应严格避免样品损失、沾污、变质，应在规定时间内送交实验室。

(5) 实验室应有专人负责验收样品，并进行登记。样品验收过程中，如发现编号错乱、标签缺损、字迹不清、检验项目不明、规格不符、数量不足，以及采样不合要求者可拒收，并建议补采样品。如无法补采或重采，需经有关领导批准方可收，且在完成测试后需在报告中注明。

(6) 样品验收登记完毕后，应按规定方法妥善保管，并在规定时间内进行分析测试。

(7) 采样记录、样品登记表、送样单和现场测试的原始记录应完整、齐全、清晰，并与实验室测试记录汇总保存。

8.2.5 实验室数据管理制度

(1) 质量检验的各种原始记录(包括采样、测试、数据的检验和分析)都应用钢笔或碳素笔填写。

（2）分析测试的原始数据应记录相应的样品编号、检验日期、检验人、审核人、取样量、样品测试结果。

（3）测试数据的有效数字按分析方法的规定填写。

（4）修改错误数据时，应在原数字上画一横线或两道平行线表示弃去，并保留原数字清晰可辨的字迹。

（5）确知在操作过程中存在错误时，所得检验分析数据无论好坏都必须舍弃。

（6）原始数据应统一管理，随报告归档存查。

8.2.6 实验室质量监督检验结果审核制度

（1）检验结果除由检验人员自校、互校无误外，必须由具有审核资格的人员审核。原始记录上必须有检验人和审核人的签字。

（2）报告必须逐级审核签字，报告应有签署页，应有检验人、审核人、技术负责人、质量负责人、授权签字人的签字后方可盖章发出。

（3）在审核过程中，任何一级负责人无权更改检验数据。即使发现错误，也应由检验人更改、签字后重新履行逐级审核手续。

8.2.7 质量监督检验资料管理制度

应对取样记录、样品登记记录、检验原始记录、检验报告、发出报告登记记录、仪器设备使用及维修记录、有毒化学品数量登记及领用记录等技术资料进行归档管理。

8.3 化验室安全

保护化验人员的安全和健康，保障设备财产的完好，防止环境的污染，保证化验室工作有效地进行是化验室管理工作的重要内容。根据化验室工作的特点，化验室安全包括防火、防爆、防毒、防腐蚀、保证压力容器和气瓶的安全、电气安全和防止环境污染等方面。在通用知识部分，我们已对安全生产、职业卫生健康、环境保护和环境管理体系、QHSE 管理体系基本知识作了详细介绍，在本节仅就化验室常见毒物和救治及高压气瓶的安全使用、安全用电和静电防护知识作一介绍。

8.3.1 化验室危险性种类

8.3.1.1 火灾爆炸性危险

化验室发生火灾的危险带有普遍性，这是因为化验室中经常使用易燃易爆物品如高压气体钢瓶、低温液化气体、减压系统（真空干燥、蒸馏等），另外石化行业分析测试的对象多是易燃物品，如果处理不当，操作失灵，再遇上高温、明火、撞击、容器破裂或没有遵守安全操作规程，往往易酿成火灾爆炸事故，轻则造成人身伤害、仪器设备破损，重则造成多人伤亡、房屋毁坏。

8.3.1.2 有毒化学物质危险性

在检验与试验中经常使用的气体如煤气、笑气等及各种有机溶剂，不仅易燃易爆而且有毒。在有些实验中由于化学反应也产生有毒气体。如果不注意都有引起中毒的可能。

8.3.1.3 触电危险性

检验与试验离不开电气设备，常用的电源电压为220V 或380V，虽不算高压电，但触电后也有致命危险，分析人员应懂得如何防止触电事故或由于使用非防爆电器产生电火花引起的爆炸事故。

8.3.1.4 机械伤害危险性

实验室经常用到玻璃器皿，还经常有割断玻璃管及胶塞打孔、用玻璃管连接胶管等操作，操作者疏忽大意或精神不集中容易造成皮肤与手指创伤、割伤。

8.3.1.5 放射性危险

从事放射性物质分析及X光衍射分析的人员很可能受到放射性物质及X射线的伤害，必须认真防护，避免放射性物质侵入和污染人体。

8.3.2 化验室毒物及救治

8.3.2.1 化学毒物

凡以较小剂量作用于机体，能使细胞和组织发生生物化学或生物物理变化而引起机体产生功能性或器质性病变，使之受到暂时性或永久性损害，严重时可导致生命危险的化学物质均为化学毒物。

1. 分类

毒物的剂量与效应之间的关系称为毒物的毒性，习惯上用半致死剂量(在动物急性毒性试验中，使受试动物半数死亡的毒物剂量，称为半数致死量，用 *LD*50 表示)或半致死浓度(使受试动物半数死亡的毒物浓度，用 *LC*50 表示)作为衡量急性毒性大小的指标，将毒物的毒性分为剧毒、高毒、中等毒、低毒、微毒五级。上述分级未考虑其慢性毒性及致癌作用，我国国家标准 GB 5044—85《职业性接触毒物危害程度分级》根据毒物的 *LD*50 值、急慢性中毒的状况与后果、致癌性、工作场所最高允许浓度等6项指标全面权衡，将毒物的危害程度分为Ⅰ～Ⅳ级，分级依据列于表1－8－2中，表1－8－3列出了该标准对我国常见的56种毒物的危害程度分级。

表1－8－2 毒物危害程度分级

指标		分级			
		Ⅰ（极度危害）	Ⅱ（高度危害）	Ⅲ（中度危害）	Ⅳ（轻度危害）
急性毒性	吸入 *LC*50	<200	200～	2000～	>20000
	经皮 *LD*50	<100	100～	500～	>2500
	经口 *LD*50	<25	25～	500～	>5000
急性中毒发病状况		生产中易发生中毒，后果严重	生产中可发生严重中毒，愈后良好	偶可发生中毒	迄今未见急性中毒，但有急性影响
慢性中毒患病状况		患病率高(≥5%)	患病率较高(<5%)或症状发生率高(≥20%)	偶有中毒病例发生或症状发生率较高(≥10%)	无慢性中毒而有慢性影响
慢性中毒后果		脱离接触后，继续进展或不能治愈	脱离接触后，可基本治愈	脱离接触后，可恢复，不致严重后果	脱离接触后，自行恢复，无不良后果
致癌性		人体致癌物	可疑人体致癌物	实验毒物致癌物	无致癌性
最高容许浓度 mg/m^3		<0.1	0.1～	1.0～	>10

表 1-8-3　职业性接触毒物危害程度分级

级　别	毒　物　名　称
Ⅰ级（极度危害）	汞及其化合物、苯、砷及其无机化合物（非致癌的除外）、氯乙烯、铬酸盐与重铬酸盐、黄磷、铍及其化合物、对硫磷、羰基镍、八氟异丁烯、氯甲醚、锰及其无机化合物、氰化物
Ⅱ级（高度危害）	三硝基甲苯、铅及其化合物、二硫化碳、氯、丙烯腈、四氯化碳、硫化氢、甲醛、苯胺、氟化氢、五氯酚及其钠盐、镉及其化合物、敌百虫、氯丙烯、钒及其化合物、溴甲烷、硫酸二甲酯、金属镍、甲苯二异氰酸酯、环氧氯丙烷、砷化氢、敌敌畏、光气、氯丁二烯、一氧化碳、硝基苯
Ⅲ级（中度危害）	苯乙烯、甲醇、硝酸、硫酸、盐酸、甲苯、二甲苯、三氯乙烯、二甲基甲酰胺、六氟丙烯、苯酚、氮氧化物
Ⅳ级（轻度危害）	溶剂汽油、丙酮、氢氧化钠、四氟乙烯、氨

2. 中毒途径

根据毒物侵入的途径，中毒分为摄入中毒、呼吸中毒和接触中毒。接触中毒和腐蚀性中毒有一定区别，接触中毒是通过皮肤进入皮下组织，不一定立即引起表面的灼伤，腐蚀性中毒是使接触它的那一部分组织立即受到伤害。

（1）摄入中毒　毒物经消化系统进入人体后，能引起血液、肝脏和肾脏系统病变。

（2）呼吸中毒　呼吸系统是毒物进入人体的常见途径。

（3）接触中毒　毒物通过皮肤进入皮下组织。

3. 中毒预防

化验室接触毒物造成中毒可能发生在取样、管道破裂或阀门损坏等意外事故中，另外样品溶解时通风不良及有机溶剂萃取、蒸馏等操作中也可能发生意外。

预防中毒的措施主要是：

（1）进行有毒物质实验时，要在通风橱内操作并保持室内通风良好；

（2）室内散逸有大量有毒气体时，应立即打开门窗加强换气，室内不应滞留未佩戴防护衣帽的人员；

（3）检查物品的气味时，只能拂气轻嗅，不得向容器口上猛吸；

（4）改进实验设备与实验方法，尽量采用低毒品代替高毒品；

（5）极力避免手与有毒试剂直接接触，实验后、进食前，必须充分洗手，不要用热水洗涤；

（6）沾有毒物的器皿和物件，用后应立即洗净；

（7）严禁在实验室内饮食和吸烟，不准用实验器皿作饮食用具；

（8）装有煤气管道的实验室，应注意经常检查管道和开关的严密性。入室工作时应先打开门窗通风换气；

（9）使用能经皮肤和黏膜进入人体的有毒物质和某些脂溶性毒物时，应戴橡皮手套，穿长袖衣衫；

（10）不准随意倾倒有毒物品及有毒废液。

（11）选用必要的个人防护用具，如眼镜、防护油膏、防毒面具防护服装等。

8.3.2.2　腐蚀性化学毒物

能对人体呼吸器官、皮肤和黏膜等造成严重腐蚀性损伤的化学物质称为腐蚀性化学毒物。

1. 特征

（1）对人体有腐蚀作用，产生化学灼伤。它与烧伤、烫伤不同，初始阶段常无明显伤痛，直到发觉时，机体已严重受损，且常有局部组织坏死，较难痊愈。

（2）对物品有腐蚀作用，能与金属、纤维、木材、建筑材料等发生化学反应造成损伤乃至破坏。

（3）大部分腐蚀性化学毒物有毒或有高毒。如氢氟酸、五氯化磷、硫酸二甲酯等。有些还具有强烈刺激性和致敏性，易使皮肤或其他感染部位的损伤扩散，诱发其他疾患。

（4）部分腐蚀化学毒物也是易燃物，遇明火易燃烧。如酚类、乙酸酐等。

（5）某些腐蚀性化学毒物兼有强氧化性，如硝酸、硫酸、高氯酸等遇有机物发生氧化作用而放热，甚至起火燃烧。高氯酸浓度大于72%时遇热即能爆炸，浓度低于72%遇还原剂也会爆炸。

2. 分类

通常按其化学组成及腐蚀性强度的大小，将腐蚀性化学毒物分为8类172种。

（1）一级无机酸腐蚀物

这类化合物都有强腐蚀性，包括具有氧化性的强酸及遇水能生成强酸的物质，如硝酸、氢氟酸，它们极易挥发，有毒，置空气中冒烟，有强腐蚀性和氧化性，产生灼伤后长时间不愈。氯磺酸、无水三氯化铝、三氯化磷遇水放热生成氯化氢白烟，有强刺激性和腐蚀性，能燃烧、爆炸。

（2）一级有机酸腐蚀物

这类物质具有很强的腐蚀性和酸性。如甲酸、三氯乙醛、苯磺酰氯、苯甲酰氯等。

（3）二级无机酸腐蚀物

这类物质的腐蚀性强度低于一级无机酸腐蚀物，但酸性仍很强。如溴氢酸、碘氢酸、盐酸、磷酸等均有刺激味和腐蚀性。此外，有些金属卤化物遇水分解，能生成腐蚀性无机酸，如三氯化钛、三氯化锑、四氯化铅、四氯化锆等。

（4）二级有机酸腐蚀物

一般为弱酸，有刺激性和腐蚀性。如乙酸、乙酸酐、丙酸酐。还有部分有机卤代酸，如氯乙酸、溴乙酸、碘乙酸、2－氯丙酸、3－氯丙酸等。

（5）一般无机碱腐蚀物

这类物质能严重损伤机体组织、皮肤和毛织品，易溶于水，能吸收空气中的二氧化碳而变质。如氢氧化钠、氢氧化钾、氢氧化锂、氢氧化钙、氢氧化铵等。此外，还有的具高毒性，在急剧受热时能燃烧和爆炸，如硫化钠、硫化钾、硫化钡等。

（6）一般有机碱腐蚀物

这类物质的腐蚀性较弱，不致造成严重灼伤事故。如乙醇钠、甲醇钠、异戊醇钠，甲基肼、二乙醇胺、异丙醇胺、二环己胺、三乙四胺等。

（7）其他无机腐蚀物

共9种，如碘、次氯酸钠、漂白粉等。

（8）其他有机腐蚀物

这类物质颇应重视，其中有些能对人体产生严重伤害并有高毒性。如甲醛、氯乙醛、苯酚酸钠、邻甲酚、间甲酚、对甲酚、硫酚、甲硫酚、二甲酚等共26种。此外，尚具三致性（致畸、致癌、致突变）的物质如焦油酸、煤焦油、萤蒽及蒽等。

8.3.2.3　常见毒物的中毒症状和急救方法

了解毒物的性质、侵入途径、中毒症状和急救方法，可以减少化学毒物引起的中毒事故。一旦发生中毒事故时，能争分夺秒地采取正确的自救措施，力求在毒物被身体吸收之前实现抢救，使毒物对人体的损伤减至最小。

常见毒物进入人体的途径、中毒症状和救治方法见表1－8－4。

表1－8－4　常见毒物进入人体的途径、中毒症状和救治方法

毒物名称	毒物的主要入体途径及中毒症状	救治方法①
氰化物或氢氰酸	入体途径：呼吸道、消化道、皮肤 中毒症状： 轻者刺激黏膜、喉头痉挛、瞳孔放大，重者呼吸不规则、逐渐昏迷、血压下降、口腔出血； 急性中毒为胸闷、头痛、呕吐、呼吸困难、昏迷；慢性中毒表现为神经衰弱症状、肌肉酸痛等	立即移出毒区，脱去衣服，进行人工呼吸。可吸入含5%二氧化碳的氧气，用亚硝酸异戊酯、亚硝酸钠、硫代硫酸钠解毒（医生进行）； 皮肤受损害时，可用大量水冲洗，依次用万分之一的高锰酸钾和硫化铵洗涤，或用0.5%硫代硫酸钠冲洗
氢氟酸或氟化物	入体途径：呼吸道、皮肤 中毒症状： 接触氢氟酸蒸气可出现皮肤发痒、疼痛、湿疹和各种皮炎。主要作用于骨骼。深入皮下组织及血管时可引起化脓溃疡。吸入氢氟酸蒸气后，气管黏膜受刺激可引起支气管炎症	皮肤被灼伤时立即用大量水冲洗，将伤处浸入： （1）0.1%～0.133%氯化苄烷铵水或乙醇溶液（冰镇）； （2）饱和硫酸镁溶液（冰镇）； （3）70%乙醇溶液（冰镇）。 大量清洁冷水淋洗，每次15min，间隔15min
硝酸、盐酸、硫酸	入体途径：呼吸道、消化道、皮肤 中毒症状： 三酸对皮肤和黏膜有刺激和腐蚀作用，能引起牙齿酸蚀病，一定数量的酸落到皮肤上即产生烧伤，具有强烈的疼痛。硫酸局部红肿痛，重者起水泡，呈烫伤症状；硝酸、盐酸腐蚀性小于硫酸	吸入新鲜空气。皮肤烧伤时立即用大量流动清水冲洗，再用2%碳酸氢钠水溶液冲洗，然后用清水冲洗。如有水疱出现，可涂红汞或紫药水。眼、鼻、咽喉受蒸气刺激时，也可用温水或2%苏打水冲洗和含漱 若误服，初时可洗胃，时间长忌洗胃以防穿孔；应立即服7.5%氢氧化镁悬液60mL，鸡蛋清调水或牛奶200mL
氢氧化钠、氢氧化钾	入体途径：消化道、皮肤 接触：强烈腐蚀性，化学烧伤； 吞服：口腔、食道、胃黏膜糜烂	皮肤接触后迅速用水、柠檬汁、稀醋酸或2%硼酸水溶液洗涤 禁洗胃或催吐，给服稀醋酸或柠檬汁500mL，或0.5%盐酸100～500mL，再服鸡蛋清水、牛奶、淀粉糊、植物油等
砷及砷化物	入体途径：呼吸道、消化道、皮肤、黏膜 中毒症状： 急性中毒有胃肠型和神经型两种症状，大剂量中毒时，30～60min即觉口内有金属味，口、咽和食道内有灼烧感，恶心呕吐、剧烈腹痛。呕吐物呈米汤样，后带血。全身衰弱，剧烈头痛，口渴与腹泻，大便初起为米汤样，后为血，皮肤苍白，发绀，血压降低，脉弱而快，体温下降，最后死于心力衰竭； 吸入大量砷化物蒸气时，产生头痛、痉挛、意识丧失、昏迷、呼吸和血管中枢麻痹等神经症状	吸入砷化物蒸气的中毒者，必须立即离开现场，使吸入含5%二氧化碳的氧气或新鲜空气，鼻咽部损害，可用1%可卡因涂局部，含碘片或用1%～2%苏打水含漱或灌洗。皮肤受损害时，涂氧化锌或硼酸软膏，有浅表溃疡者，应定期换药，防止化脓。专用解毒药（100份密度为1.43g/cm³的硫酸铁溶液，加入300份冷水，再用20份烧过的氧化镁和300份冷水制成的溶液稀释）用汤匙每5min灌一次，直至停止呕吐

续表

毒物名称	毒物的主要入体途径及中毒症状	救治方法[①]
汞及汞盐	入体途径：呼吸道、消化道、皮肤 中毒症状： 急性：严重口腔炎，口有金属味，恶心呕吐，腹痛、腹泻，大便血水样。患者常有虚脱、惊厥。尿中有蛋白和血细胞。严重时尿少或无尿，最后因尿毒症死亡； 慢性：损害消化系统和神经系统。入口有金属味，齿龈及口唇处有硫化汞的黑斑，淋巴腺及唾腺肿大等症状。神经症状有嗜睡、头痛、记忆力减退，手指和舌头出现轻微震颤等	急性中毒早期时用饱和碳酸氢钠溶液洗胃，不得用生理盐水洗胃，或迅速灌服浓茶、鸡蛋清、牛奶、豆浆和蓖麻油，并立即送医院治疗 脱离接触汞的岗位，医院治疗 皮肤接触时用大量水冲洗后，湿敷3% ~5%硫代硫酸钠溶液，不溶性汞化合物用肥皂和水洗
铅及铅化合物	入体途径：呼吸道、消化道 中毒症状： 急性：口内有甜金属味。口腔炎、食道和腹腔疼痛、呕吐、流黏泪、便秘等； 慢性：贫血、肢体麻痹瘫痪及各种精神症状	急性中毒时用硫酸钠或硫酸镁灌肠，送医院治疗
三氯甲烷（氯仿）	入体途径：呼吸道、消化道 中毒症状： 长期接触可发生消化障碍、精神不安和失眠等症状。吸入高浓度蒸气急性中毒，眩晕、恶心、麻醉； 慢性中毒：肝、心、肾损害； 皮肤接触：干燥、皲裂	重症中毒患者使呼吸新鲜空气，向脸部喷冷水，按摩四肢，进行人工呼吸，包裹身体保暖并送医院救治 皮肤皲裂者选用10%脲素冷霜
苯及其同系物	入体途径：呼吸道、皮肤 中毒症状： 急性：沉醉状、惊悸、面色苍白、继而赤红，头晕、头痛、呕吐，重者昏迷抽搐甚至死亡； 慢性：以造血器官与神经系统的损害为最显著	急性中毒患者进行人工呼吸，同时输氧，送医院救治 皮肤接触用清水洗涤
苯酚	入体途径：呼吸道、皮肤 中毒症状： 恶心呕吐、消化障碍、心悸，意识紊乱及贫血等，刺激皮肤黏膜，引起局部糜烂，极难治愈	皮肤损害时，用2%苏打水或生理盐水冲洗，咽喉有刺激症状时，用2%苏打水含漱或喷雾
苯胺及其衍生物（如甲基苯胺、二甲基苯胺等）	入体途径：呼吸道、皮肤 中毒症状： 急性：头痛、恶心呕吐、神志不清、严重时失去知觉； 慢性：造血系统损害时有血液中毒、红血球数逐渐减少等症状，神经系统损害时会出现神经官能症及植物神经功能失调。皮肤损害时可引起红肿、灼痛、起疱、糜烂和溃疡	急性中毒时应使立即离开现场，吸入新鲜空气及进行人工呼吸，立即送医院治疗

续表

毒物名称	毒物的主要入体途径及中毒症状	救治方法[①]
四氯化碳	入体途径：呼吸道 中毒症状： 急性：主要引起肝脏、肾脏及神经系统的损害。刺激眼、鼻及喉。大量吸入可引起头痛、呕吐、右上腹痛、黄疸、肝大和急性坏死性肾病，以及意识不清等症状	急性中毒者应立即进行人工呼吸、吸氧等，全身症状严重者，送医院治疗。禁用磺胺药及肾上腺素
甲醇	入体途径：呼吸道、皮肤 中毒症状： 急性：神经衰弱症状，视力模糊、流泪、急性结膜炎、咳嗽、支气管炎，酸中毒症状； 慢性：神经衰弱症状，视力减弱，眼球疼痛，手指尖呈褐色、指甲床疼痛。皮肤接触时可引起各种皮炎 吞服 15mL 可导致失明，70～100mL 致死	急性中毒者应给氧、注射葡萄糖。黏膜受刺激后，用2%小苏打水洗或喷雾吸入，皮肤损害时，用氧化锌、硼酸等软膏治疗
丙酮	入体途径：呼吸道 中毒症状： 轻度：眼及上呼吸道粘膜受刺激，可引起流泪、头晕、头痛及呕吐等； 重度：晕厥、嗜睡，尿中出现蛋白和红血球	移患者于新鲜空气处，必要时施行人工呼吸
吡啶	入体途径：呼吸道、皮肤 中毒症状： 急性：头晕、呕吐、失眠； 慢性：头痛、晕眩、记忆力减退，四肢酸痛 皮肤接触可造成灼伤，长期受其蒸气影响可使皮肤干裂或引起皮炎	急性中毒时迅速将患者移至新鲜空气处。如衣服或皮肤受污染，应及时更衣、冲洗，必要时给氧送医院
乙酸（醋酸）	入体途径：呼吸道、皮肤 中毒症状： 急性：吸入醋酸蒸气可引起剧烈的干咳，甚至呼吸困难； 慢性：可引起萎缩性鼻炎、咽炎和气管炎等。刺激眼黏膜时可引起结膜炎	呼吸道损害除用镇咳剂外，应请医生治疗。眼损害时，用温水冲洗，伴有结膜水肿者可用湿毛巾冷敷并用消炎眼膏
氨	入体途径：呼吸道、皮肤、黏膜 中毒症状： 严重刺激眼、口及喉等处黏膜 浓氨水溅入眼内可使角膜表层发生溃疡和穿孔。皮肤接触氨水时，可引起化学灼伤、红肿、起疱和糜烂	吸热的水蒸气，进行人工呼吸。皮肤接触氨时，立即用水或稀醋酸洗。溅入眼内，要立即用流水和3%硼酸水洗涤。洗后，用可的松、氯霉素眼药水滴入，严重者速送医院治疗

续表

毒物名称	毒物的主要入体途径及中毒症状	救治方法[①]
一氧化碳或煤气	入体途径：呼吸道经肺入血液 中毒症状： 轻度：头痛、眩晕、恶心呕吐、疲乏无力； 中度：除上述症状外，全身疲软无力，意识不清； 重度：迅速昏迷，很快停止呼吸	立即将患者移至新鲜空气处，保暖。禁用兴奋剂，呼吸衰竭者应立即进行人工呼吸，给含5%～7%二氧化碳的氧气，送医院急救
氯	入体途径：呼吸道、皮肤、黏膜 中毒症状：刺激眼结膜引起流泪。刺激鼻咽黏膜可引起鼻咽发炎、咳嗽，并可引起支气管炎和肺气肿	患者应立即离开现场，重症患者应保温、给氧。送医院救治
乙炔	入体途径：呼吸道 中毒症状：主要由乙炔中杂质磷化氢等产生的中枢神经系统症状，轻者有精神兴奋、多言、嗜睡	将患者移出现场使呼吸新鲜空气，保持温暖和安静，必要时给含5%二氧化碳的氧气
氮氧化物	入体途径：呼吸道 中毒症状：当吸入氮氧化物时，强烈发作后，可以有2～12h的暂时好转，继而更加恶化，虚弱者咳嗽更严重； 急性：口腔、咽喉粘膜、眼结膜充血，头晕，支气管炎、肺炎、肺水肿； 慢性：呼吸道病变	移至新鲜空气处，必要时吸氧 眼、鼻、咽喉受蒸气刺激时，也可用温水或2%苏打水冲洗和含漱
二氧化硫、三氧化硫	入体途径：呼吸道 中毒症状：对上呼吸道及眼结膜有刺激作用；结膜炎、支气管炎、胸痛、胸闷	移至新鲜空气处，必要时吸氧，用2%碳酸氢钠洗眼
硫化氢	入体途径：呼吸道 中毒症状：眼结膜、呼吸及中枢神经系统伤害 急性：头晕、头痛甚至抽搐昏迷；久闻不觉其气味更具有危险性	移至新鲜空气处，必要时吸氧 生理盐水洗眼
溶剂汽油	入体途径：呼吸道 中毒症状：急性中毒以神经或精神症状为章，误将汽油吸入呼吸道可引起吸入性肺炎；慢性中毒主要表现为神经衰弱综合征、神经功能紊乱和中毒性神经病	慢性中毒患者应调离汽油作业；急性中毒应脱离现场，清除皮肤污染及安静休息

① 应注意是否需要在医生指导下进行操作。

8.3.2.4　有毒气体中毒窒息急救原则

(1) 救护人员进入中毒现场，一定要佩戴防毒用品做好自身保护。

(2) 设法迅速切断毒源，阻止毒物继续损害人体。

(3) 将中毒患者迅速转移到空气新鲜处，并立即解开患者的衣扣和腰带，除去腔中杂物，保持呼吸通畅，注意保暖。

(4) 检查患者的神志，瞳孔反应，呼吸，脉搏，心跳和出血及骨折状况，并有针对性地进行人工呼吸，胸外心脏按摩和止血等现场救护。

(5) 在坚持救护的前提下，迅速将患者送往医院。

8.3.3　压缩、可燃气体的使用

8.3.3.1　气瓶的结构

气瓶是高压容器，瓶内装有高压气体，还要承受搬运、滚动等外界作用力。因此，对其质量要求严格，材料要求高，常用无缝合金或锰钢管制成的圆柱形容器。气瓶壁厚5～8mm，容量15～55m^3不等。底部呈半球形，通常还装有钢质底座，便于竖放。气瓶顶部装有启闭气门(即开关阀)，图1－8－1是气瓶的整体结构图，图1－8－2是气瓶的剖视图。柱形瓶体上端有瓶口，瓶口的内壁和外壁均有螺纹，用以装上启闭气门和瓶帽。气门侧面接头(支管)上连接螺纹，用于可燃气体的应为左旋螺纹，非可燃气体的为右旋。这是为了防止把可燃气体压缩到盛有空气或氧气的钢瓶中去，避免偶然把可燃气体的气瓶连接到有爆炸危险的装置上。

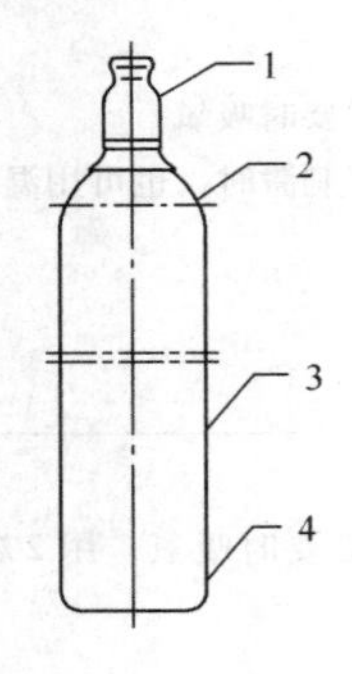

图1－8－1

1—瓶帽；2—瓶肩；3—筒体；4—瓶底

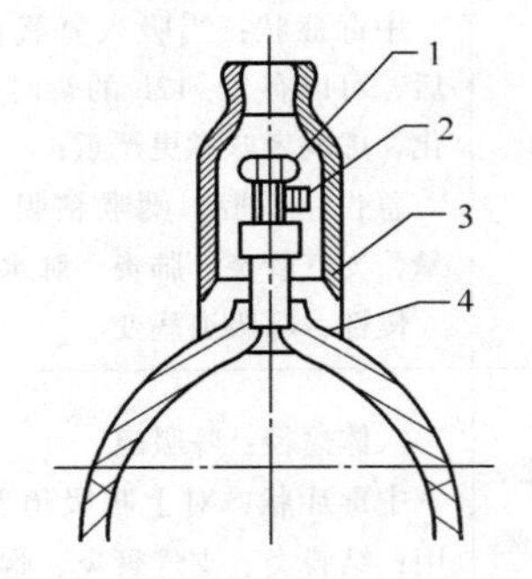

图1－8－2

1—瓶阀；2—接头支管；3—瓶口；4—瓶圈

8.3.3.2　气瓶的减压器

由于气瓶内的压力都很高，而使用所需压力往往较低，单靠启闭气门不能准确、稳定地调节气体的放出量。为了降低压力并保持稳定压力，需要装上减压器。不同工作气体有不同的减压器，外表涂以不同颜色加以标志，与各种气体的气瓶颜色对应一致。必须注意的是用于氧的减压器可用于装氮或空气的气瓶上，而用于氮的减压器只有在充分洗除油脂之后，才可用于氧气瓶上。

在装卸减压器时，必须注意防止支管接头上丝扣滑牙，以免装旋不牢而漏气或被高压射出。卸下时要注意轻放，妥善保存，避免撞击、振动，不要放在有腐蚀性物质的地方，并防止灰尘落入表内以致阻塞失灵。

每次气瓶使用完后，先关闭气瓶气门，然后将调压螺杆旋松，放尽减压器内的气体。若不松开调压螺杆，则弹簧长期受压，将使减压器压力表失灵。

8.3.3.3　气瓶的标记

各类气瓶容器必须符合中华人民共和国劳动部劳锅字[1989]12号文件中关于“气瓶安全监察规程”的规定。气瓶上须有制造钢印标记和检验钢印标记。制造钢印标示有气瓶制造单位代号、气瓶编号、工作压力MPa、实际重kg、实际容积L、瓶体设计壁厚mm、制造单位检验标记和制造年月、监督检验标记和寒冷地区使用气瓶标记。检验钢印标示有检验单位代号、检验日期、下次检验日期等。

8.3.3.4　气瓶内装气体的分类

1. 压缩气体　临界温度低于-10℃的气体，经加高压压缩，仍处于气态者称压缩气体，如氧、氮、氢、空气、氩、氦等。这类气体钢瓶若设计压力大于或等于12MPa则称高压气瓶。

2. 液化气体　临界温度≥10℃的气体，经加高压压缩，转为液态并与其蒸气处于平衡状态者称为液化气体。临界温度在-10~70℃，且在60℃时饱和蒸气压大于0.1MPa者称低压液化气体，如氨、氯、硫化氢等即是。

3. 溶解气体　单纯加高压压缩，可产生分解、爆炸等危险性的气体，必须在加高压的同时，将其溶解于适当的溶剂中，并由多孔性固体物充盈。在15℃以下压力达0.2MPa以上，称为溶解气体(或称气体溶液)，如乙炔。

从气体的性质分类可分为剧毒气体，如氟气、氯气等；易燃气体，如氢气、一氧化碳等；助燃气体，如氧、氧化亚氮等；不燃气体，如氮气、二氧化碳等。

8.3.3.5　高压气瓶的颜色和标志

高压气体钢瓶的颜色和标志见表1-8-5。

表1-8-5　高压气瓶的颜色和标志

气瓶名称	外表面涂料颜色	字　样	字样颜色	横条颜色
氧气瓶	天蓝	氧	黑	—
氢气瓶	深绿	氢	红	红
氮气瓶	黑	氮	黄	棕
氩气瓶	灰	氩	绿	—
压缩空气瓶	黑	压缩空气	白	—
石油气体瓶	灰	石油气体	红	—
硫化氢气瓶	白	硫化氢	红	红
二氧化硫气瓶	黑	二氧化硫	白	黄
二氧化碳气瓶	黑	二氧化碳	黄	—
光气瓶	草绿(保护色)	光气	红	红
氨气瓶	黄	氨	黑	—
氯气瓶	草绿(保护色)	氯	白	白
氦气瓶	棕	氦	白	—
氖气瓶	褐红	氖	白	—
丁烯气瓶	红	丁烯	黄	黑
氧化亚氮气瓶	灰	氧化亚氮	黑	—

续表

气瓶名称	外表面涂料颜色	字　样	字样颜色	横条颜色
环丙烷气瓶	橙黄	环丙烷	黑	—
乙烯气瓶	紫	乙烯	红	—
乙炔气瓶	白	乙炔	红	—
氟氯烷气瓶	铝白	氟氯烷	黑	—
其他可燃性气瓶	红	（气体名称）	白	—
其他非可燃性气瓶	黑	（气体名称）	黄	—

8.3.3.6　几种压缩可燃气和助燃气的性质和安全处理

1. 氧气

氧气是强烈的助燃气体，纯氧在高温下尤其活泼。当温度不变而压力增加时，氧气可与油类物质发生剧烈的化学反应而引起发热、自燃，产生爆炸。因此，氧气瓶一定要严防同油脂接触。减压器及阀门绝对禁止使用油脂润滑。氧气瓶内绝对不能混入其他可燃气体，或误用其他可燃气体气瓶来充灌氧气。氧气瓶一般是在20℃，15MPa 气压条件下充灌的。氧气气瓶的压力会随温度增加而增高，因此要禁止气瓶在强烈阳光下曝晒，以免瓶内压力过高而发生爆炸。

2. 氢气

氢气无毒、无腐蚀性、极易燃烧，单独存在时比较稳定，但因其密度小，易从微孔漏出，而且扩散速度很快，易与其他气体混合。氢气与空气混合气在常温常压下的爆炸极限是：爆炸下限为4.1%，爆炸上限为74.2%。因此，要经常检查氢气导管是否漏气，特别是连接处一定要用肥皂水检查。氢气钢瓶不得与氧、压缩空气等助燃气体混合储存，也不能与剧毒气体及其他危险化学品混合储存。

3. 乙炔

乙炔是极易燃烧、爆炸的气体。乙炔气瓶是将颗粒活性炭、木炭、石棉或硅藻土等多孔性物质填充在钢瓶内，再掺入丙酮，通入乙炔气使之溶解于丙酮中，15℃时压力达 1.52MPa（15.5kgf/cm^2），存放乙炔气瓶处要通风良好，温度要保持35℃以下。乙炔钢瓶不能卧放。充灌后的乙炔气瓶要静置24h 后应用，以免使用时受丙酮的影响。为了防止气体回缩，应该装上阻止回火器（阀）。在开启乙炔气瓶之前，要先供给燃烧器足够的空气，再供乙炔气；关气时，要先关乙炔气，后关空气。当气瓶内乙炔压力降至0.3MPa（3kgf/cm^2）时，须停止使用。

在使用乙炔气瓶过程中，应经常注意瓶身温度情况。如瓶身有发热情况，说明瓶内有自动聚合，此时应立即停止使用，关闭气阀并迅速用冷水浇瓶身，直至瓶身冷却，不再发热为止。一旦燃烧发生火灾，严禁用水或泡沫灭火器，要使用干粉、二氧化碳灭火器或干砂扑灭。

8.3.3.7　气瓶的使用规则

气体钢瓶的安全使用，必须遵守以下规则：

（1）气瓶必须存放在阴凉、干燥、严禁明火、远离热源的房间，并且要防暴晒。除不燃气体外，一律不得进入实验楼内。要有专人管理。要有醒目的标志，如“乙炔危险，严禁烟火”等字样。严禁乙炔气瓶、氢气瓶和氧气瓶储放在一起或同车运送。

（2）使用气瓶时要直立固定放置，防止倾倒。

（3）搬运气瓶要用专用气瓶车，要轻拿轻放，防止摔掷、敲击、滚滑或剧烈震动。搬运的气瓶一定要在事前戴上气瓶安全帽，以防不慎摔断瓶嘴发生爆炸事故。钢瓶身上必须具有两个橡胶防震圈。乙炔瓶严禁横卧滚动，必须直立使用。

（4）气瓶应进行耐压试验，并定期进行检验。充装一般气体的气瓶，每3年检验一次；充装腐蚀性气体的气瓶，每2年检验一次；充装惰性气体的气瓶，每5年检验一次；液化石油气瓶，使用未超过20年的，每5年检验一次，超过20年的每2年检验一次。

（5）易起聚合反应的气体钢瓶，如乙炔气瓶，应在储存期限内使用。

（6）气瓶的减压器要专用，安装时螺扣要上紧（应旋进7圈螺纹，俗称“吃七牙”），不得漏气。开启高压气瓶时，操作者应站在气瓶口的侧面，动作要慢，以减少气流摩擦，防止产生静电。

（7）气体钢瓶开启时，阀门要用阀门的手轮打开。

（8）乙炔等可燃气瓶不得放置在橡胶等绝缘体上，以利于静电释放。

（9）氧气瓶及其专用工具严禁与油类物质接触，操作人员也不能穿戴沾有各种油脂或油污的工作服和工作手套等。

（10）氢气瓶等可燃气瓶与明火的距离不应小于10m。

（11）瓶内气体不得全部用尽，一般应保持0.2～1.0MPa的余压，以备充气单位检验取样所需及防止其他气体倒灌。

8.3.4 安全用电

8.3.4.1 炼油化工生产对电气要求

由于石油化工生产的特殊性，对电气提出如下要求：

（1）石油化工生产易燃易爆。对电气设备和线路提出防火防爆的要求。

（2）石油化工生产环境恶劣、有毒有害。对电气设备要求自动控制，自动调节，远距离操作等。

（3）石油化工生产腐蚀严重。要求电气设备具有相应的绝缘性和较强的耐腐蚀性。

（4）石油化工生产的连续性，要求供电不间断。一般采用双电源供电，并且有备用电源自动投入装置，保证不间断供电。

8.3.4.2 人身防护

1. 触电对人身的危害

电击是电流通过人体内部，使人的心脏、肺部及神经系统受到损伤。电伤是电流的热效应、化学效应或机械效应对人体外部造成局部伤害。

2. 触电方式

（1）单相触电是指人体在地面上或其他接地导体上，人体某一部位触及一相带电体的触电事故。

（2）两相触电是指人体两处部位触及两相带电体的触电事故。

（3）跨步电压。当带电体发生接地故障时，在接地点附近地面，形成圆形降压电压分布，当人体在接地点附近，两脚所处的电位不同而产生的电位差即为跨步电压。

3. 影响触电危险程度的因素

（1）电流大小。通过人体电流大小不同，人的生理反应和感觉不同，危险程度也不同。感知电流是引起人的感觉的最小电流。一般交流1mA，直流5mA。摆脱电流是人触电后不需要别人帮助，能自主摆脱电源的最大电流。交流10mA、直流50mA，可以自行摆脱的电流称为安全电流。

(2) 安全电压。安全电压即为人触及不能引起生命危险的电压。我国规定：在高度危险的建筑物是36V，在特别危险建筑物中为12V。

(3) 电源频率。25~300Hz 的交流电对人体的伤害程度最为严重。

(4) 影响触电危险程度的因素还有电流流经人体的途径，电流通过人体的时间，身心健康状况等。

4. 防触电措施

(1) 提高电气设备完好状态，加强绝缘。

(2) 提高电气工程质量。

(3) 建立健全规章制度。

(4) 树立“安全第一”的自我保护意识，工作严肃认真。

(5) 全面应用漏电保护装置。

(6) 保护接地和保护接零。保护接地，就是将电气设备在正常情况下将不带电的金属外壳与接地体之间做良好的金属连接，以保护人体的安全。保护接地只应用在中性点不接地的三相三线制系统中，在三相四线制系统中不准使用保护接地。保护接零，是将电气设备不带电的金属部分与系统中的零线作良好的金属连接，以避免人体遭受触电危险。这是因为一旦设备外壳带电，可以迅速地使电气设备的漏电一相与零线产生强大电流，使电气保护装置动作，断开设备电源，使漏电设备外壳电压迅速消失，以防人体触电。可见在三相四线制系统中，电气设备的保护装置必须灵敏可靠。在采用保护接零时，还要采取重复接地，即在零线上的一处或多处重复接地。

5. 触电急救

人触电后，会出现神经麻痹、呼吸中断、心脏停止跳动等假死症状，应当立即抢救。首先是如何使触电者迅速脱离电源，然后进行人工呼吸，直至恢复自我呼吸。触电后1min开始救治，90%有良好效果；触电后6min开始救治，只有10%有良好效果；触电后12min开始救治，救活的可能性很小。

8.3.4.3 静电防护

在石油化工生产中，因其易燃易爆特点，静电给生产带来极大危害，应特别重视。

1. 工业静电

“静电”是在一定物体中或其表面上存在的电荷集团。带电区的电荷量是该区正负电荷的代数和，带静电物体的各种物理效应为该区正负电荷所起作用的几何之和。工业静电是生产、储运过程中，在物料、装置、人体、器材和建筑物上产生和积累起来的静电。

2. 静电危害

静电放电能够引起可燃、易燃气体、液体爆炸或着火；引起某些粉尘爆炸或着火；引起某些气体爆炸或着火；输送汽油、乙炔等设备不接地而引起火灾。使人遭受静电电击，因静电电击而引起二次伤害。妨碍生产，引起电气元件误动作等。静电危害主要包括：

(1) 静电的力学效应。在实际生产过程中发生各种危害。如堵塞筛网，发生纺机缠绕而被迫停车。

(2) 静电的放电效应。物体带有静电，其周围形成电场，使带电体周围空间的气体电离而放电。表面放电有电晕放电、刷形放电、火花放电三种。

(3) 人体放电。身穿化纤衣服，在干燥的情况下，人体会产生很高电位，当皮肤或手指接近或接触导体时，或脱衣服时，会将人体所积聚的大量电荷一次性放掉，产生电火花，很容易引爆周围的易燃、易爆混合气体，造成严重的事故。

（4）物料输送过程中的危害。带电的液体在管道中流动，与管道内壁的突出物产生放电，因没有空气不会引起燃烧或爆炸，但在管口或管路破损喷出时，就可能引起爆炸或火灾。固体粉状物在管路中输送，因管内有空气助燃也是危险的。

3. 工业静电消除措施

石油化工生产中发生静电事故具备的条件：有产生静电危害的静电电荷；有产生火花放电的条件；有能引起火花放电的合适间隙；静电火花具有一定的能量；放电环境有可燃性气体或爆炸性混合气体。

防止静电危害的主要措施，一方面是技术措施，另一方面是各项管理措施。

（1）工艺控制法　是从工艺流程、材质选择、设备结构、操作管理等方面，采取有效的防止静电电荷产生的各项措施。

（2）泄漏导走法　用泄漏导走法，使带电体上的静电荷能够顺利地向大地泄漏消散。如利用加抗静电添加剂、空气增湿等工艺手段，使带电体电阻率下降，或规定静置时间等，使带电区电荷得以泄漏出来，并通过接地系统导入大地。

（3）复合中和法　利用物体上不同极性电荷间的结合，使物体上的静电消失称为复合。可用降低电阻率、增湿、规定静置时间达到复合的目的。利用外界相反极性的离子或电荷，去消除物体所带的静电称为中和。可用静电消除器、物质匹配来达到中和的目的。

（4）静电屏蔽法　用静电屏蔽、尖端放电和电位随电容变化的特性，使带电体不致成为事故的根源。将带电体用接地的金属板、网或缠上线匝，将电荷对外的影响局限在屏蔽层内，同样处在屏蔽层里的物质也不会受到外电场的影响。

（5）整净措施　尖端放电能造成事故，故带电体及其生产设备、储存容器、输送管道等所有部件，应制造成表面光滑，无棱角毛刺，保持干净整洁。

（6）人体防静电措施　工作地面应具有导电性，或铺设导电性垫；在有静电危害的岗位，工作人员应穿戴防静电工作服、鞋和手套，禁止穿化纤工作服；在人体必须接地的场所，应装设金属接地棒，在手腕上带接地的腕带，以消除人体带静电。

（7）安全操作　在工作中不搞与人体带电的有关行动；穿戴按规定的个人防护服装；工作有序，按规定操作；不携带与工作无关的金属物，如钥匙、硬币、手表、戒指等。

加强企业管理，改变作业环境，减少易燃易爆物质的泄漏、散发，改善环境卫生条件，是防止静电危害的根本措施。

化验室静电预防措施：

（1）在有易燃易爆危险的生产场所，应严防设备、容器和管道漏油、漏气。采取勤打扫卫生清除粉尘、加强通风等措施，降低可燃蒸气、气体、粉尘的浓度。

（2）在易燃易爆危险性较高的场所工作的人员（如采样操作），应先以触摸接地金属器件等方法导除人体所带静电，方可进入。同时还要避免穿化纤衣物和导电性能低的胶底鞋，以预防人体产生的静电在易燃易爆场所引发火灾及当人体接近另一高压带电体时造成电击伤害。同时采样壶应使用铜质采样壶，使用玻璃采样器具时，应配有不打火花制成的绳或链。防静电专用采样绳必须在有效期内使用（每季度更换一次）。灯和手电筒是防爆型的。采样时采样绳防静电夹要夹到罐壁上，并保持连接良好。不准带打火机、火柴及其他火种进入油罐区或生产装置采样，手机要关闭。

（3）原油、轻质油罐停止进油或调和停止后，必须静止，静止时间规定见表1－8－6。

表1－8－6　原油、轻质油静止时间

油品品种	中间罐/h	成品罐/h
原油、汽油	不小于1	不小于2
煤　油	不小于0.5	不小于1
柴　油	不小于0.5	不小于1

8.4　实验室认证认可

8.4.1　实验室认证认可概念和类型

认证认可是指公正的第三方或权威部门对某组织的管理水平、技术能力或其产品、过程、服务质量按照特定的标准进行评审、确认，并颁发相应的资格证书，如ISO 9000管理体系认证、ISO 14000环境体系认证等。对于从事检测和校准工作的实验室，也有相应的认证认可工作。目前，我国有计量认证、审查认可、中国实验室国家认可三种实验室认证认可工作。

8.4.1.1　计量认证

《中华人民共和国计量法》第22条明确规定："为社会提供公正数据的产品质量检验机构，必须经省级以上人民政府计量行政部门对其计量检定、测试的能力和可靠性考核合格。"因此，凡是对社会提供公正数据的质检机构，必须通过计量认证。其突出特点是保证检测结果能与计量溯源体系衔接，保证检测结果的准确性。计量认证由省级以上产品质量监督部门组织进行，按照"实验室资质认定评审准则"进行评审。

8.4.1.2　审查认可

质检机构审查认可也由省级以上产品质量监督部门进行，同样按照"实验室资质认定评审准则"进行评审。它不仅要进行能力评审，同时还给予授权，授权后可以配合政府执法部门对某个行业或领域进行产品质量监督和抽查，其出具的报告和结论具有法律效力。

8.4.1.3　中国实验室国家认可

中国实验室国家认可是按照国家现行通用标准对实验室能力进行评价和正式承认，由中国合格评定与国家认可委员会（CNAS）组织进行，采用CNAS—CL01《检测和校准实验室能力认可准则》（等同国际标准ISO/IEC17025：2005）进行评审，获得认可资格的实验室出具的检测报告将得到国家承认。目前，实验室是否申请中国实验室国家认可是完全自愿的。

8.4.2　实验室认可意义

中国实验室国家认可采用国际通用标准，中国合格评定国家认可委员会（CNAS）已与亚太实验室认可合作组织（ILAC）签署了互认协议，其认可结果也得到国际承认。因此，在我国加入WTO和成品油市场已经放开的形势下，取得中国实验室国家认可对于提高实验室的能力和信誉度，增强竞争力，与国际接轨具有重要意义。

(1) 加强认可工作，可以进一步提高实验室管理水平和技术能力

认可的评审准则，体现了公正准确，持续改进，满足客户要求，优质服务，质量、技术活动都严格按照程序进行等基本原则，同时对实验室的管理和技术条件提出了很高的要求，在组织机构、管理体系、文件和记录、内部审核和管理评审、人员、设施和环境、仪器设备、标准物质、量值溯源和校准、检验方法、检测结果的质量保证、检验样品、检验报告、检验的分包、外部支持和服务等各个方面均作出了具体的规定和要求。因此，取得认可资格并按照其要求开展工作，可以使实验室的管理水平和技术能力得到质的提高，使质检工作更

加规范化、科学化，使检验数据的准确性得到根本保障。

（2）加强认可工作，可以极大地保护企业自身利益，强化企业职能，更好地为社会服务

油品质量合格与否的依据就是检测数据，通过了认可的实验室出具的检测数据可以作为判定的依据。因此，销售企业实验室只有通过认可，出具的检测数据才能够得到承认，才能在监督抽检或出现质量争议、质量仲裁的情况下占据主动，增强自我保护能力，有力地维护企业利益和形象；同时通过认可的实验室能够承担监督检验、委托检验、经销单位或消费者有争议商品的质量检验，进一步强化职能，在充分发挥销售企业实验室自身的优势的基础上，服务于地方经济，服务于社会，保护消费者利益，为企业树立良好的社会形象。

（3）加强认可工作，可以全面提升油品质量管理水平，增强企业核心竞争力

企业的竞争，最根本的是质量的竞争，尤其在与国外大公司的竞争中，这一点尤为重要。目前，一些国外检测公司，如瑞士 SGS 检测公司均通过了计量认证和中国实验室国家认可，已经进入沿海地区油品检测市场。作为销售企业，更应该加快实验室认可步伐，按照国家、国际标准尽快建立起完善的质量保障体系，确保检测活动的符合性和检测结果的有效性，全面提升销售企业油品质量管理水平，不断提高企业的核心竞争力。

8.4.3 实验室认可原则

（1）自愿原则　即由实验室根据自身提高管理水平和竞争能力的愿望，自己决定是否申请实验室认可；

（2）非歧视原则　即实验室不论其规模大小、级别高低、隶属关系、所有制性质等，只要满足认可准则的要求，均能一视同仁地获得认可；

（3）专家评审原则　即指派注册评审员和训练有素的技术专家承担评审并对评审结果负责，而不是行政干预，以确保认可结果的科学性、客观性和公正性；

（4）国家认可原则　即认可是不分级别的，实验室只要满足要求即获认可（所谓“一站认可”），以利于校准或检测结果的国际互认。

8.4.4 实验室认可的程序

实验室认可的程序见图 1－8－3。

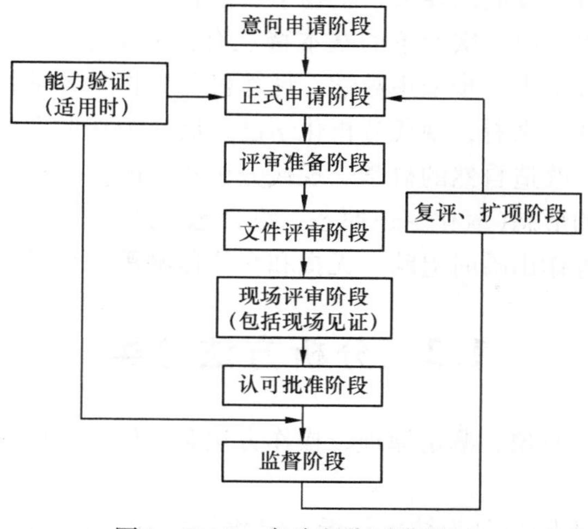

图 1－8－3　实验室认可流程图

第二部分 分析篇

第1章 概 述

1.1 分析化学的任务和发展趋势

分析化学是化学学科的一个重要分支，是研究物质的化学组成的分析方法及有关理论的一门学科。分析化学的任务是鉴定物质的化学结构、化学成分及测定各成分的含量，它们分别属于结构分析、定性分析及定量分析研究的内容。结构分析是研究物质的分子结构或晶体结构；定性分析是确定物质由哪些组分(元素、原子团、官能团或化合物)所组成；定量分析是测定物质中有关组分的含量。通常把测定样品的化学成分或组成叫分析，把测定样品的物理化学性质叫做化验。

分析包括的范围很广泛。从分析对象来说，包括各种气态、固态或液态的无机物和有机物；从分析要求来说，包括各种元素、化合物、原子团和有机官能团等的定性和定量分析，它们的存在形式和化学结构等方面的分析；从分析方法来说，包括各种化学方法、物理化学方法和物理方法等。

分析化学的发展经历了三次巨大变更，成为化学的一个重要分支。第一次变革是随着分析化学基础理论，特别是物理化学的基本概念(如溶液理论)的发展，使分析化学从一种技术演变成为一门科学，第二次变革是由于物理学和电子学的发展，改变了经典的以化学分析为主的局面，使仪器分析获得蓬勃发展。目前，分析化学正处在第三次变革时期，生命科学、环境科学、新材料科学发展的要求，生物学、信息科学、计算机技术的引入，使分析化学进入了一个崭新的境界。第三次变革的基本特点有：从采用的手段看，是在综合光、电、热、声和磁等现象的基础上进一步采用数学、计算机及生物学等学科新成就对物质进行纵深分析的科学；从解决的任务来看，现代分析化学已发展成为获取形形色色物质尽可能全面的信息，进一步认识自然、改造自然的科学。现代分析化学的任务已不只限于测定物质的组成及含量，而是要对物质的形态(氧化-还原态、络合态、结晶态)、结构(空间分布)、微区、薄层及化学和生物活性等作出瞬时追踪、无损和在线监测等分析及过程控制。

1.2 分析方法分类

根据分析任务、分析对象、测定原理、操作方法和具体要求的不同，分析方法可分为许多种类。

1. 根据分析任务的不同可分为结构分析、定性分析和定量分析

结构分析的任务是研究物质的分子结构或晶体结构，定性分析的任务是鉴定物质是由哪些元素、原子团、官能团或化合物所组成的，定量分析的任务则是测定物质中有关组分的含量。

2. 根据测定对象不同可分为无机分析、有机分析

无机分析的对象是无机物，有机分析的对象是有机物。对象不同，要求往往有所不同。在无机分析中，由于组成无机物的元素多种多样，因此通常要求鉴定试样是由哪些元素、离子、原子团或化合物组成，各成分的含量是多少，有时也要求测定它们的存在形式(物相分析)。在有机分析中，组成有机物的元素虽为数不多，但结构却很复杂，所以不仅要求鉴定组成元素，更重要的是要进行官能团分析和结构分析，也经常通过测定物质的某些物理常数如沸点、冰点及沸程等来确定其组成及含量。

3. 根据测定原理和使用仪器不同可分为化学分析和仪器分析

以物质的化学反应为基础的分析方法称为化学分析，又称经典分析法。由于反应类型不同，操作方法不同，化学分析法又分为重量分析法、滴定分析法和气体分析法等。

(1) 重量分析法　根据化学反应生成物的质量求出被测组分的含量。

(2) 滴定分析法　又称容量分析法，根据化学反应中所消耗的标准滴定溶液的体积来求出被测物的含量。

(3) 气体分析法　根据化学反应中所生成的气体的体积或气体与吸收剂反应生成的物质的质量求出被测物含量的方法。

以物质的物理和物理化学性质为基础，并借用较精密的仪器测定被测物含量的分析方法称为仪器分析。

根据被测量物质的物理或物理化学性质，仪器分析可分为光谱分析法、色谱分析法、电化学分析法、热分析法等。随着分析方法迅速地发展，方法的种类越来越多，表2-1-1仅列出了较通用的现代仪器分析方法，本书中也仅仅只介绍几种比较常见的分析方法。

表2-1-1　常用仪器分析方法分类

方法分类	主要分析方法	测量原理	应用
光谱分析	原子发射光谱分析	原子对辐射的发射	元素分析
	原子吸收光谱分析	原子对辐射的吸收	元素定量分析
	红外光谱分析	分子对红外辐射的吸收	有机、高分子化合物的定性和结构分析
	可见-紫外分光光度法	分子对可见和紫外辐射的吸收	能吸收紫外和可见光(间接吸收也可)的物质定量和某些有机物的定性分析
	核磁共振波谱法	原子核对射频辐射的吸收	有机化合物定性、定量和结构分析
	X射线衍射分析法	晶体物质对X射线辐射的衍射	晶体物质的结构和成分分析
	X射线荧光光谱法	物质对X射线辐射的再发射(X射线)	元素定性定量分析
色谱分析	气相色谱法	试样组分在两相(流动相为气体)之间吸附和分配平衡、分离	气体和挥发性有机物定性定量分析
	液相色谱法	流动相为液体，分离原理同气相色谱	分析高沸点、非挥发性或热稳定性差的有机物
	离子色谱法	离子交换、离子排斥	水溶液中以稳定离子形态存在的化合物的分析
	凝胶色谱法	根据分子大小分离	测高聚物平均分子量和分子量分布
	超临界流体色谱	基于化合物在两相间分配系数的差异分离，流动相为超临界流体	气液相色谱的补充

续表

方法分类	主要分析方法	测量原理	应用
电化学分析	电位法	测电极电位	用电极电位变化指示终点的容量分析及离子浓度的直接测定
	电解分析法	电解时，以电子为沉淀剂，使溶液中被测金属离子电析在电极上	常量无机组分定量分析
	电导法	测溶液电导	可电离物质的定量分析
	库仑法	电极反应消耗电量	多用于阴离子的测定，如硫离子、卤素离子、氰离子等
其他方法	热分析	物质的热性质	研究物质的物理性质随温度变化而产生的信息
	质谱法	物质的离子质量	与气相色谱联机，有机物定性分析

仪器分析的特点是快速、灵敏、选择性好，能测低含量组分及有机物结构，应用广、自动化程度高。化学分析法的特点是所用仪器简单、方法成熟、适合常量分析。而且有些操作，如试样处理、制备标样等，都离不开化学分析法。因此，两者是密切配合、互相补充的，可以说化学分析法是基础，仪器分析法是发展方向。

4. 根据应用领域不同，可分为食品分析、药品分析、煤炭分析、化工分析、油品分析和环境监测等。

5. 根据试样用量及操作方法不同，可分为常量、半微量、微量和超微量分析，见表2－1－2。

表2－1－2　各类方法的试样用量

方　　法	试样质量/mg	试液体积/mL	方　　法	试样质量/mg	试液体积/mL
常量分析	100～1000	10～100	微量分析	0.1～10	0.01～1
半微量分析	10～100	1～10	超微量分析	<0.1	<0.01

以上这种分类方法完全是人为的，不同国家或部门，常对此有不同的分类方法。在无机定性化学分析中，一般采用半微量分析方法，而在经典定量化学分析中，一般采用常量分析方法。

常量、半微量和微量分析并不表示它们与组分的含量之间的关系。通常根据被测组分的质量分数或体积分数，粗略地分为常量组分（>1%）、微量组分（0.01%～1%）和痕量组分（<0.01%）的分析。

6. 根据生产要求不同可分为例行分析和裁判分析。

（1）例行分析是指一般化验室配合生产的日常分析，又叫常规分析。为控制生产正常进行需要迅速报出分析结果，这种例行分析称为快速分析也称为中控分析。

（2）裁判分析是指在不同单位对某一产品的分析结果有争议时，要求有关单位用指定的方法进行准确分析，以判断原分析结果的可靠性。裁判分析又称仲裁分析。

第2章 化学分析

2.1 滴定分析

2.1.1 概述

2.1.1.1 基本概念

滴定分析法是化学分析法中最主要的分析方法，又称为容量分析法。进行分析时，先用一个已知准确浓度的溶液作滴定剂，用滴定管将滴定剂滴加到被测物质的溶液中，直到滴定剂与被测物质按化学计量关系定量反应完全为止。然后根据滴定剂的浓度和滴定操作所耗用的体积计算被测物的含量。

这种已知准确浓度，用于滴定分析的溶液就是“滴定剂”，又称为标准滴定溶液。将滴定剂从滴定管加到被测溶液中的过程叫“滴定”。当加入的滴定剂与被测组分按照滴定反应方程式所示计量关系定量地反应完全时，称反应到达了理论终点，又称为化学计量点。为判断理论终点的到达需要加入一种辅助试剂，即指示剂。当指示剂颜色发生明显改变时，滴定到达终点，称为滴定终点。滴定终点与化学计量点经常是不完全吻合的，由此而造成的误差称为滴定误差。

2.1.1.2 滴定分析法对滴定反应的要求及分类、特点

进行滴定分析，必须具备以下三个条件：

（1）要有能准确称量物质质量的分析天平和测量溶液体积的器皿；

（2）要有能进行滴定的标准滴定溶液；

（3）要有能准确确定理论终点的指示剂。

滴定分析通常用于测定常量组分，即被测组分的含量一般在1%以上。有时也可以用于测定微量组分。滴定分析法比较准确，在较好情况下，测定的相对误差不大于0.2%。

与重量分析相比较，滴定分析简便，快速，可用于测定很多元素，且有足够的准确度。因此，它在生产实际和实验中具有很大的实用价值。

根据化学反应类型的不同，滴定分析法通常可以分为：酸碱滴定法、沉淀滴定法、配位滴定法和氧化还原滴定法。

滴定分析法是以化学反应为基础的分析方法，但是并非所有的化学反应都能作为滴定分析方法的基础，作为滴定分析基础的化学反应必须满足以下条件：

（1）反应要有确切的定量关系，即按一定的反应方程式进行，并且反应进行得完全；

（2）反应能迅速完成，对速度慢的反应，有加快的措施；

（3）主反应不受共存物质的干扰，或有消除的措施；

（4）有确定理论终点的方法。

凡是能满足上述要求的反应，都可以应用于直接滴定法中，即用标准滴定溶液直接滴定被测物质。直接滴定法是滴定分析法中最常用和最基本的滴定方法。

但是，有时反应不能完全符合上述要求，因而不能采用直接滴定法。遇到这种情况时，可采用下述几种方法进行滴定。

(1) 返滴定法　当试液中被测物质与滴定剂反应很慢(如 Al^{3+} 与 EDTA 的反应)，或者用滴定剂直接滴定固体试样(如用 HCl 滴定固体 $CaCO_3$)时，反应不能立即完成，故不能用直接滴定法进行滴定。此时可先准确地加入过量滴定剂，使之与试液中的被测物质或固体试样进行反应，待反应完成后，再用另一种标准滴定溶液滴定剩余的滴定剂。这种滴定方法称为返滴定法。例如对于固体 $CaCO_3$ 的滴定，可加入过量 HCl 标准滴定溶液溶解后，用 NaOH 标准滴定溶液滴定剩余的 HCl，从而求出 $CaCO_3$ 的含量。

有时采用返滴定法是由于某些反应没有合适的指示剂。如在酸性溶液中用 $AgNO_3$ 滴定 Cl^- 时缺乏合适的指示剂，此时可加入过量的 $AgNO_3$ 标准滴定溶液，再以三价铁作指示剂，用 NH_4SCN 标准滴定溶液返滴过量的 Ag^+，出现 $[Fe(SCN)]^{2+}$ 淡红色即为终点。

(2) 置换滴定法　有些物质与滴定剂不按一定的反应式进行反应(即伴有副反应)时，可以通过它与另一种物质起反应，置换出一定量能被滴定的物质来，然后用适当的滴定剂进行滴定。这种滴定方法称为置换滴定法。例如，$Na_2S_2O_3$ 不能用来直接滴定 $K_2Cr_2O_7$ 及其他强氧化剂，因为在酸性溶液中这些强氧化剂将 $S_2O_3^{2-}$ 氧化为 $S_4O_6^{2-}$ 及 SO_4^{2-} 等的混合物，反应没有定量关系。但是 $Na_2S_2O_3$ 却是一种很好的滴定 I_2 的滴定剂，如果在 $K_2Cr_2O_7$ 的酸性溶液中加入过量 KI，使 $K_2Cr_2O_7$ 还原并产生一定量 I_2，即可用 $Na_2S_2O_3$ 进行滴定。这种滴定方法常用于以 $K_2Cr_2O_7$ 标定 $Na_2S_2O_3$ 标准滴定溶液的浓度。

(3) 间接滴定法　不能与滴定剂直接起反应的物质，有时可以通过另外的化学反应，以滴定法间接进行测定。例如 Ca^{2+} 既不能用酸、碱直接滴定，也不能用氧化剂、还原剂滴定。这时可将其沉淀为 CaC_2O_4 后用 H_2SO_4 溶解，再用 $KMnO_4$ 标准滴定溶液滴定与 Ca^{2+} 结合的 $C_2O_4^{2-}$，从而间接测定 Ca^{2+}。

2.1.2　酸碱滴定法

酸碱滴定法是滴定分析中重要的方法之一。在化学分析中，酸度又是影响分析工作的重要因素。因此，在本节中，除了介绍酸碱滴定法的基本原理外，还要探讨酸碱质子理论及溶液中酸碱平衡问题。

2.1.2.1　酸碱质子理论

根据酸碱质子理论，凡是能给出质子(H^+)的物质就是酸，能接受质子(H^+)的物质就是碱。当一种酸(HB)给出质子之后，剩下的酸根(B^-)自然对质子具有某种亲和力，因而也是一种碱，HB 和 B^- 称为共轭酸碱对，这样就构成了如下的共轭酸碱体系：

$$HB \rightleftharpoons H^+ + B^-$$

酸　　　碱

这样的反应称为酸碱半反应，和氧化还原半反应有点类似。HB(酸)失去质子后转化为它的共轭碱 B^-，B^-(碱)得到质子后转化为它的共轭酸 HB。

酸碱质子理论认为，酸碱反应的实质是质子的转移(得失)。为了实现酸碱反应，例如为了使 HAc 转化为 Ac^-，它给出的质子必须转移到另一种能接受质子的物质上才行。就是说，酸碱反应是两个共轭酸碱对共同作用的结果。

例如，HAc 在水中的离解：

$$HAc \rightleftharpoons H^+ + Ac^-$$

$$H_2O + H^+ \rightleftharpoons H_3O^+$$

$$HAc + H_2O \rightleftharpoons H_3O^+ + Ac^-$$

在这里，如果没有作为碱的溶剂(水)存在，HAc 就无法实现其在水中的离解。

H_3O^+称为水合质子，通常简写成 H^+，因此，HAc 在水中的离解平衡式可简化为：

$$HAc \rightleftharpoons H^+ + Ac^-$$

由上例可以看出，共轭酸碱对具有以下特点：

(1) 共轭酸碱对中酸与碱之间只差一个质子；

(2) 酸或碱可以是中性分子、正离子或负离子；

(3) 同一物质，如 $H_2PO_4^-$，在一个共轭酸碱对中为酸，而在另一个共轭酸碱对中却为碱。这类物质称为两性物质。酸式阴离子都是两性物质。水也是两性物质，其共轭酸碱对分别为 $H_2O—OH^-$ 和 $H_3O^+—H_2O$。

(4) NaAC、Na_2CO_3、Na_3PO_4等盐，按质子理论，它们都是碱。这类盐的水解反应(如 $NaAc + H_2O \rightleftharpoons HAc + NaOH$)，按质子理论都是酸碱反应。

2.1.2.2 共轭酸碱对的电离常数的关系

当弱电解质电离达到平衡时，电离的离子浓度的乘积与未电离的分子浓度的比值称为该弱电解质的电离平衡常数。通常用 K_a、K_b分别表示弱酸和弱碱的电离平衡常数。

比如对于 HAc

$$HAc \rightleftharpoons H^+ + Ac^-$$

$$HAc + H_2O \rightleftharpoons H^+ + Ac^- \quad K_a = \frac{[H^+][Ac^-]}{[HAc]}$$

$$Ac^- + H_2O \rightleftharpoons HAc + OH^- \quad K_b = \frac{[OH^-][HAc]}{[Ac^-]}$$

共轭酸碱对的 K_a和 K_b之间有确定的关系，用公式表达为：

$$K_aK_b = K_w$$

或

$$pK_a + pK_b = pK_w = 14.00(25℃)$$

式中 K_a——酸的电离常数；

K_b——碱的电离常数；

K_w——水的电离常数，也称水的离子积常数、水的质子自递常数，$K_w = 1.00 \times 10^{-14}$ (25℃)。

因此，只要知道酸或碱的电离常数，就可以求得它的共轭碱或酸的电离常数。

2.1.2.3 酸碱平衡中有关浓度的计算

1. 酸的浓度和酸度

酸的浓度和酸度在概念上是不相同的。酸度是指溶液中 H^+的浓度，正确地说是指 H^+的活度(在酸碱平衡的处理中，一般忽略离子强度的影响，即不考虑浓度常数与活度常数的区别，这种处理方法能满足一般工作的要求)，常用 pH 值表示。酸的浓度又叫酸的分析浓度，它是指 1L 溶液中所含某种酸的物质的量，即酸的总浓度，包括未离解的酸的浓度和已离解的酸的浓度。酸的浓度以物质的量浓度表示时，称为总酸度，其大小可借助滴定来确定。

同样，碱的浓度和碱度在概念上也是不同的。碱度常用 pOH 表示。

本书采用 c 表示酸或碱的分析浓度，而用$[H^+]$和$[OH^-]$表示溶液中 H^+和 OH^-的平衡浓度。浓度的单位均为摩尔/升(mol/L)。

2. 酸度计算

酸碱平衡是个复杂的体系，对于溶液酸度，我们可以借助酸度计进行直接测量，也可利用相关计算公式来进行计算。各种酸碱溶液中[H^+]的计算公式见表2-2-1。

表2-2-1　各种酸碱溶液中[H^+]的计算公式

对　象	浓度计算公式		条　件
一元强酸	$[H^+]\approx c$	(A)	$c\geqslant 10^{-6}$ mol/L 或 $c^2\geqslant 20K_w$
一元强酸	$[H^+]=\dfrac{c+\sqrt{c^2+4K_w}}{2}$	(C)	$c<10^{-6}$ mol/L 或 $c^2<20K_w$
一元弱酸	$[H^+]=\sqrt{K_a c}$	(A)	$cK_a\geqslant 20K_w$，而且 $c/K_a\geqslant 500$
一元弱酸	$[H^+]=\dfrac{-K_a+\sqrt{K_a^2+4K_a c}}{2}$	(B)	$cK_a\geqslant 20K_w$，$c/K_a<500$
一元弱酸	$[H^+]=\sqrt{K_a c+K_w}$	(B)	$cK_a<20K_w$，但 $c/K_a\geqslant 500$
二元弱酸	$[H^+]=\sqrt{K_{a1}c}$	(A)	$cK_{a1}\geqslant 20K_w$，$\dfrac{2K_{a2}}{\sqrt{cK_{a1}}}<0.05$，而且当 $c/K_{a1}>500$
二元弱酸	$[H^+]=-\dfrac{K_{a1}}{2}+\sqrt{\dfrac{K_{a1}^2}{4}+K_{a1}c}$	(B)	$cK_{a1}\geqslant 20K_w$，$\dfrac{2K_{a2}}{\sqrt{cK_{a1}}}<0.05$，而且当 $c/K_{a1}<500$
两性物质 NaHA NaH_2B	$[H^+]=\sqrt{K_{a1}K_{a2}}$	(A)	$K_{a2}c\geqslant 20K_w$，$c>20K_{a1}$
两性物质 NaHA NaH_2B	$[H^+]=\sqrt{\dfrac{K_{a1}K_{a2}c}{K_{a1}+c}}$	(B)	$K_{a2}c\geqslant 20K_w$，$c<20K_{a1}$
Na_2HB	$[H^+]=\sqrt{K_{a2}K_{a3}}$	(A)	$K_{a3}c\geqslant 20K_w$，$c>20K_{a2}$
Na_2HB	$[H^+]=\sqrt{\dfrac{K_{a2}K_{a3}c}{K_{a2}+c}}$	(B)	$K_{a3}c\geqslant 20K_w$，$c<20K_{a2}$

① 碱的计算公式是将上述酸的计算公式中[H^+]换成[OH^-]，K_a、K_{a1}、K_{a2} 等换成碱的 K_b、K_{b1}、K_{b2}，c 代表碱的分析浓度。

② A——最简式；B——较简式或称近似式；C——精确式。

2.1.2.4　缓冲溶液

在实际工作中，经常需要维持溶液的 pH 值不变，即酸碱度不变，而维持溶液的 pH 值不变的办法是使用缓冲溶液。

缓冲溶液是一种对溶液的酸度起稳定作用的溶液。如果向溶液中加入少量的酸或碱，或者溶液中的化学反应产生了少量酸或碱，或者将溶液稍加稀释，都能使溶液的酸度基本上稳定不变。

缓冲溶液的组成有下列四种：

(1) 弱酸及其共轭碱，如 Hac—NaAc；

(2) 弱碱及其共轭酸，如 NH_3—NH_4Cl；

(3) 两性物质，如 KH_2PO_4—Na_2HPO_4；

(4) 高浓度的强酸、强碱，如 HCl(pH<2)、NaOH(pH>12)。

高浓度的强酸、强碱溶液中[H^+]或[OH^-]本来很大，故对外来少量酸、碱不会产生太大影响，但这种溶液不具有抗稀释的作用。

1. 缓冲溶液 pH 的计算

分析化学中很多缓冲溶液大多数是作为控制溶液酸度用的，有一些则是测量溶液 pH 值时作为参照标准用的，称为标准缓冲溶液。

表 2-2-2 列出最常用的几种标准缓冲溶液，它们的 pH 值是经过准确的实验测得的，目前已被国际上规定作为测定溶液 pH 值时的标准参照溶液。

表 2-2-2 pH 标准溶液

pH 标准溶液	pH 标准值(25℃)
饱和酒石酸氢钾(0.034mol/L)	3.56
邻苯二甲酸氢钾(0.05mol/L)	4.01
0.025mol/L KH_2PO_4 - 0.02mol/L Na_2HPO_4	6.86
硼砂(0.01mol/L)	9.18

除标准缓冲溶液外，实际工作中用得较多的是一般缓冲溶液。作为一般控制酸度用的缓冲溶液，因为缓冲剂本身的浓度较大，对计算结果也不要求十分准确，故可以采用下式进行近似计算：

$$pH = pK_a + \lg\frac{[共轭碱]}{[酸]}$$

2. 缓冲容量和缓冲范围

缓冲容量是衡量缓冲溶液缓冲能力大小的尺度，常用 β 表示。其定义是：使 1L 缓冲溶液 pH 值增加 1 个 pH 单位所需加入强碱的量，或者使 pH 值减少 1 个 pH 单位所加入强酸的量。

缓冲容量与缓冲对的浓度有关，缓冲对的浓度越大，则缓冲容量越大；缓冲对的浓度越小，则缓冲容量越小。通常缓冲组分的浓度在 0.01～1mol/L 之间。另外，缓冲容量还和缓冲对的浓度比有关，当浓度比为 1，即缓冲对的浓度相等时，缓冲容量最大；缓冲对的浓度相差越大，则缓冲容量越小，当相差到一定程度时，就失去了缓冲能力。

一般来说，缓冲溶液的缓冲范围大致是：$pH = pK_a \pm 1$

3. 缓冲溶液的选择和配制

通常根据实际情况，选用不同的缓冲溶液。缓冲溶液选择的原则是：

(1) 缓冲溶液对分析过程应没有干扰；

(2) 所需控制的 pH 值应在缓冲溶液的缓冲范围之内。如果缓冲溶液是由弱酸及其共轭碱组成的，则 pK_a 值应尽量与所需控制的 pH 值一致，即 $pK_a \approx pH$；

(3) 缓冲溶液应有足够的缓冲容量。通常缓冲组分的浓度在 0.01～1mol/L 之间。

在分析化学中，有时需要广泛 pH 范围的缓冲溶液，这时可采用多元酸和碱组成的缓冲体系。在这样的体系中，因其中存在 pK_a 值不同的共轭酸碱，所以它们能在广泛的 pH 范围内起缓冲作用。例如将柠檬酸($pK_{a1}=3.13$，$pK_{a2}=4.76$，$pK_{a3}=6.40$)和磷酸氢二钠(H_3PO_4 的 $pK_{a1}=2.12$，$pK_{a2}=7.20$，$pK_{a3}=12.36$)两种溶液按不同比例混合，可得到 pH 为 2～8 的一系列缓冲溶液。

几种不同 pH 缓冲溶液的配制方法见表 2-2-3。

表 2-2-3　不同 pH 缓冲溶液的配制方法

缓冲溶液组成	缓冲溶液 pH	缓冲溶液配制方法
邻苯二甲酸氢钾 - 盐酸	2.9	取 500g 邻苯二甲酸氢钾溶于 500mL 水中，加浓 HCl 180mL，稀释至 1L
$NH_4Ac-HAc$	4.5	取 NH_4Ac 77g 溶于 200mL 水中，加冰 HAc 59mL，稀释至 1L
$HAc-NaAc$	5.0	取无水 NaAc 160g 溶于水中，加冰 HAc 60mL，稀释至 1L
$NH_4Ac-HAc$	5.0	取 NH_4Ac 250g 溶于水中，加冰 HAc 25mL，稀释至 1L
$NH_4Ac-HAc$	6.0	取 NH_4Ac 600g 溶于水中，加冰 HAc 20mL，稀释至 1L
$NaAc-H_3PO_4$	8.0	取无水 NaAc 50g 和 $Na_2HPO_4\cdot12H_2O$ 50g 溶于水中，稀释至 1L
NH_3-NH_4Cl	9.2	取 NH_4Cl 54g 溶于水中，加浓氨水 63mL，稀释至 1L
NH_3-NH_4Cl	10.0	取 NH_4Cl 54g 溶于水中，加浓氨水 350mL，稀释至 1L

2.1.2.5　酸碱指示剂

利用酸碱滴定法测定物质含量的反应，绝大多数没有外观上的变化，常需借助酸碱指示剂颜色的改变来指示滴定终点的到达。

1. 指示剂的变色原理

酸碱指示剂一般是弱有机酸或有机碱，其酸式及其共轭碱式具有不同的颜色，当溶液的 pH 值发生改变时，指示剂失去质子由酸式变为碱式，或得到质子由碱式转化为酸式，由于结构上的变化，从而引起颜色变化。

例如甲基橙：

$$(CH_3)_2N^+=\!\!\langle\,\rangle\!\!=N-\underset{\displaystyle H}{\underset{|}{N}}-\langle\,\rangle-SO_3^- \underset{H^+}{\overset{OH^-}{\rightleftharpoons}} (CH_3)_2N-\langle\,\rangle-N=N-\langle\,\rangle-SO_3^-$$

红色(醌式)　　　$pK_a=3.4$　　　黄色(偶氮式)

以 HIn 代表指示剂的酸式，In^- 代表其共轭碱式，则存在：

$$HIn \rightleftharpoons In^- + H^+$$

$$K_{HIn}=\frac{[H^+][In^-]}{[HIn]}$$

K_{HIn} 称为指示剂常数。$\frac{[In^-]}{[HIn]}=\frac{K_{HIn}}{[H^+]}$ 说明指示剂颜色变化取决于 $\frac{[In^-]}{[HIn]}$ 的比值。而此比值的改变取决于溶液中 $[H^+]$。当 $\frac{[In^-]}{[HIn]}=1$，即酸式色和碱式色各占一半时，$pH=pK_{HIn}$，称为理论变色点。

2. 指示剂的变色范围

一般地说，如果 $\frac{[In^-]}{[HIn]}\leqslant0.1$ 时，看到的是酸式色，此时 $[H^+]\geqslant10K_{HIn}$，$pH\leqslant pK_a-1$；当 $\frac{[In^-]}{[HIn]}\geqslant10$ 时，看到的是碱式色，此时即 $[H^+]\leqslant10K_{HIn}$，$pH\geqslant pK_a+1$，

所以指示剂的变色范围为 $pH=pK_{[HIn]}\pm1$。但由于人眼对各种颜色的敏感度不同，加上两种颜色互相掩盖，影响观察，因此实际观察结果与理论计算结果是有差别的。在变色范围内指示剂颜色变化最明显的那点的 pH 值称为滴定指数，以 pT 表示。这点就是实际滴定终点。当人眼对指示剂的两种颜色同样敏感时，则 $pT=pK_{HIn}$。表 2-2-4 列出了常见酸碱指示剂及其变色范围。

表 2-2-4　常见的酸碱指示剂及其变色范围

指示剂	变色范围 pH	颜色		pK_{HIn}	pT	浓度
		酸式色	碱式色			
百里酚蓝	1.2~2.8	红	黄	1.6	2.6	0.1%的20%乙醇溶液
甲基黄	2.9~4.0	红	黄	3.3	3.9	0.1%的90%乙醇溶液
甲基橙	3.1~4.4	红	黄	3.4	4	0.1%水溶液
溴酚蓝	3.1~4.6	黄	紫	4.1	4	0.1%的20%乙醇溶液或其钠盐的水溶液
溴甲酚绿	3.8~5.4	黄	蓝	4.9	4.4	0.1%水溶液，每100mg指示剂加0.05mol/L NaOH2.9mL
甲基红	4.4~6.2	红	黄	5.0	5.0	0.1%的60%乙醇溶液或其钠盐的水溶液
溴百里酚蓝	6.0~7.6	黄	蓝	7.3	7	0.1%的20%乙醇溶液或其钠盐的水溶液
中性红	6.8~8.0	红	黄橙	7.4		0.1%的60%乙醇溶液
酚红	6.7~8.4	黄	红	8.0	7	0.1%的60%乙醇溶液或其钠盐的水溶液
酚酞	8.0~9.6	无	红	9.1		1%的90%乙醇溶液
百里酚酞	9.4~10.6	无	蓝	10.0	10	0.1%的90%乙醇溶液

3. 指示剂的用量

对于二色指示剂，例如甲基橙等，指示剂用量多一点或少一点，不会影响指示剂的变色范围。但是，如果指示剂用量太多了，色调的变化并不明显，而且指示剂本身也会消耗一些滴定剂，带来误差。

对于一色指示剂，指示剂用量的多少对它的变色范围是有影响的。例如酚酞，当指示剂的浓度增大时，指示剂会在较低的pH值时变色。例如在50~100mL溶液中加2~3滴0.1%酚酞，pH≈9时出现微红，而在同样情况下加10~15滴酚酞，则在pH≈8时出现微红。

4. 混合指示剂

在酸碱滴定中，有时要将滴定终点限制在很窄的pH范围内，这时可采用混合指示剂。混合指示剂有两种：一种是由两种或两种以上的指示剂混合而成，利用颜色之间的互补作用，使变色更加敏锐。另一种混合指示剂是由某种指示剂和另一种不随 H^+ 浓度变化而改变颜色的惰性染料(如次甲基蓝、靛蓝二磺酸钠等)组成的，其作用原理与前面的一样，也是利用颜色的互补作用来提高颜色变化的敏锐性。表 2-2-5 列出了常见混合指示剂及其颜色变化。

表 2-2-5　常见混合指示剂及其颜色变化

指示剂溶液组成	变色点 pH	颜色		备注
		酸式色	碱式色	
1份0.1%甲基黄乙醇溶液 1份0.1%亚甲基蓝乙醇溶液	3.25	蓝紫	绿	pH3.4 绿色 pH3.2 蓝紫色
1份0.1%甲基橙水溶液 1份0.25%靛蓝二磺酸钠水溶液	4.1	紫	黄绿	
3份0.1%溴甲酚绿乙醇溶液 1份0.2%甲基红乙醇溶液	5.1	酒红	绿	
1份0.1%溴甲酚绿钠盐水溶液 1份0.1%氯酚红钠盐水溶液	6.1	黄绿	蓝紫	pH5.4 蓝紫色，pH5.8 蓝色， pH6.0 蓝带紫，pH6.2 蓝紫
1份0.1%中性红乙醇溶液 1份0.1%亚甲基蓝乙醇溶液	7.0	蓝紫	绿	pH7.0 紫蓝
1份0.1%甲酚红钠盐水溶液 3份0.1%百里酚蓝钠盐水溶液	8.3	黄	紫	pH8.2 玫瑰色，pH8.4 清晰的紫色

续表

指示剂溶液组成	变色点	颜色		备注
	pH	酸式色	碱式色	
1份0.1%百里酚蓝50%乙醇溶液 3份0.1%酚酞50%乙醇溶液	9.0	黄	紫	从黄到绿再到紫
2份0.1%百里酚酞乙醇溶液 1份0.1%茜素黄乙醇溶液	10.2	黄	紫	

综上所述，可以得出如下三点结论：

（1）酸碱指示剂由于它们的 K_{HIn} 不同，其变色范围、理论变色点和 pT 都不同；

（2）各种指示剂的变色范围的幅度各不相同，但一般来说，不大于2个pH单位，也不小于1个pH单位，大多数指示剂的变色范围是1.6～1.8个pH单位；

（3）某些酸碱滴定中，化学计量点附近的pH值突跃范围较小，一般指示剂难以准确指示终点时，可采用混合指示剂。

2.1.2.6 酸碱滴定曲线和指示剂的选择

酸碱滴定法又叫中和法，它是以酸碱反应为基础的滴定分析方法。它的反应实质是 $H^+ + OH^- = H_2O$。在酸碱滴定中，滴定剂一般都是强酸或强碱，如 HCl、H_2SO_4、NaOH 和 KOH 等，被滴定的是各种具有碱性或酸性的物质，如 NaOH、NH_3、Na_2CO_3、H_3PO_4 等。弱酸与弱碱之间的滴定由于滴定突跃太小，实际意义不大，本书不进行讨论。

在酸碱滴定中，最重要的是了解滴定过程中溶液pH值的变化规律，再根据pH值的变化规律选择最适宜的指示剂确定终点，然后再通过计算求出被测物的含量。

1. 强碱滴定强酸（或强酸滴定强碱）

强碱滴定强酸过程溶液中 H^+ 浓度的计算是依据：

$$c_1 \cdot V_1 = c_2 \cdot V_2$$

式中 c_1，V_1——标准滴定溶液的浓度和体积；

c_2，V_2——被滴定的酸或碱的浓度和体积。

例如 $c_{(NaOH)} = 0.1000$mol/L NaOH 溶液滴定 20.00mL$c_{(HCl)} = 0.1000$mol/L HCl 溶液，通过计算可得滴定过程中各点的pH值，其数值列于表2－2－6中。如果以溶液的pH值为纵坐标，以NaOH加入的量为横坐标作图，即可得如图2－2－1所示曲线。这就是强碱滴定强酸的滴定曲线。

表2－2－6 用0.1000mol/L NaOH溶液滴定20.00mL 0.1000mol/L HCl溶液滴定过程中各点的pH值

加入NaOH溶液的量		剩余HCl	过量NaOH	$[H^+]$/	pH	
%	mL	V/mL	V/mL	mol/L		
0	0.00	20.00		1.00×10^{-1}	1.00	
90	18.00	2.00		5.26×10^{-3}	2.28	
99	19.80	0.20		5.02×10^{-4}	3.30	
99.9	19.98	0.02		5.00×10^{-5}	4.30	突跃范围
100.0	20.00	0.00		1.00×10^{-7}	7.00	突跃范围
100.1	20.02		0.02	2.00×10^{-10}	9.70	突跃范围
101	20.20		0.20	2.00×10^{-11}	10.70	
110	22.00		2.00	2.10×10^{-12}	11.70	
200	40.00		20.00	3.00×10^{-13}	12.50	

从表 2-2-6 的数据和图 2-2-1 的滴定曲线可看出：

（1）从滴定开始到加入 19.98mL NaOH，pH 从 1.0 增加到 4.3，即改变 3.3 个 pH 单位。溶液的 pH 值仍在酸性范围内，发生不显著的渐变。

（2）在化学计量点附近，加入 0.04mL NaOH（从中和剩余的 0.02mL HCl 到过量 0.02mL NaOH），pH 值从 4.3 增加到 9.7，改变 5.4 个 pH 单位。

（3）化学计量点以后，由于溶液中有过量的 NaOH，溶液的 pH 值主要由过量的 NaOH 来决定。

根据上述分析，滴定到化学计量点附近溶液 pH 值所发生的突跃现象具有重要的实际意义，它是选择指示剂的依据。变色范围全部或一部分在滴定突跃范围内的指示剂可选用来指示滴定终点。用 0.1mol/L NaOH 溶液滴定 0.1mol/L HCl 溶液时滴定突跃的 pH 范围是从 4.30 到 9.70，可选用甲基红、甲基橙或酚酞为指示剂。

强碱滴定强酸的滴定突跃范围的大小，不仅与体系的性质有关，而且还与酸碱溶液的浓度有关。按上述方法可以计算出在不同浓度的酸碱滴定中滴定的突跃范围，如图 2-2-2 所示。

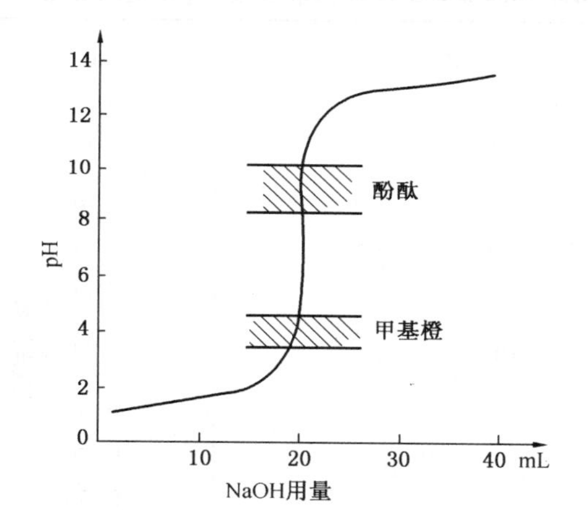

图 2-2-1　0.1000mol/L NaOH 滴定 20.00mL0. 1000mol/L HCl 的滴定曲线

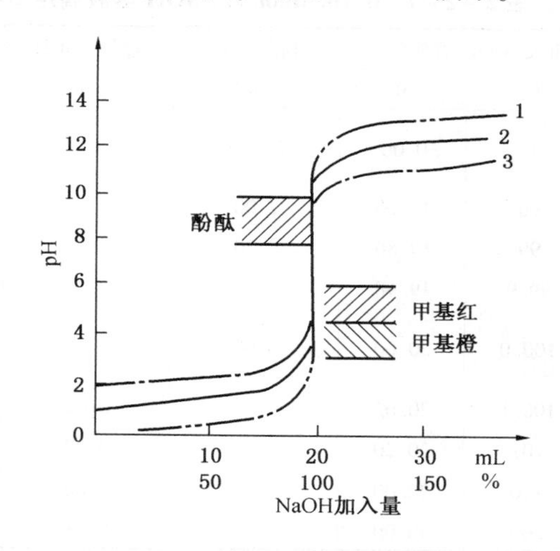

图 2-2-2　不同浓度 NaOH 滴定 20.00mL 相应浓度的 HCl 的滴定曲线

滴定剂浓度：1—1mol/L；2—0.1mol/L；3—0.01mol/L

从图 2-2-2 的滴定曲线可以看出酸碱浓度每增大 10 倍，滴定突跃范围就增加 2 个 pH 单位。例如用 $c_{(NaOH)}$ = 1mol/L 的 NaOH 溶液滴定 $c_{(HCl)}$ = 1mol/L 的 HCl 溶液 20.00mL，滴定突跃范围为 pH = 3.30 ~ 10.70。这时若选用甲基橙为指示剂，其变色点 pT = 4 恰好处于突跃范围内，可使滴定误差小于 0.1%。然而若酸碱浓度分别降低 10 倍，则滴定突跃范围减小 2 个 pH 单位，即 pH = 5.3 ~ 8.7。如仍选用甲基橙为指示剂，则指示剂的变色范围 pH = 3.1 ~ 4.4 就在突跃范围外，滴定误差将大于 1%。因此不能选用甲基橙，可以选用酚酞或甲基红。由此可见酸碱浓度对滴定突跃范围是有直接影响的。

强酸滴定强碱的滴定曲线与强碱滴定曲线相对称，pH 变化则相反。在进行分析时，可根据曲线选择适用的指示剂。

2. 强碱滴定弱酸

与强碱滴定强酸比较，强碱滴定弱酸同属酸碱中和反应。其不同点是强碱滴定强酸到达化学计量点时所生成的盐没有水解作用，所以化学计量点时溶液呈中性。而强碱滴定弱酸时化学计量点时所生成的盐有水解作用，所以化学计量点时溶液呈碱性。

下面同样用 $c_{(NaOH)}$ = 0.1000mol/L 的 NaOH 溶液滴定 20.00mL$c_{(HAc)}$ = 0.1000mol/L 的 HAc 溶液为例。

整个滴定过程仍可分为四个阶段进行计算：

（1）滴定前 HAc 是弱酸，$[H^+]$按一元弱酸最简式计算；

（2）滴定开始到化学计量点前，溶液中存在着剩余的 HAc 和生成的 NaAc，形成 HAc－NaAc 缓冲体系，溶液的 pH 值可按缓冲溶液公式计算；

（3）化学计量点时溶液中 HAc 与 NaOH 全部反应生成 NaAc，NaAc 是弱碱，可按一元弱碱的最简式计算$[H^+]$；

（4）化学计量点后由于过量的 NaOH 存在，抑制了 NaAc 的水解，因此溶液的 pH 值仅由过量 NaOH 的量来决定。

通过计算可得出滴定过程中各点的 pH 值，其数据列于表 2－2－7 中。

表 2－2－7　0.1000mol/L NaOH 溶液滴定 20.00mL0.1000mol/L HAc 溶液过程中 pH 值的变化

加入 NaOH 溶液的量		剩余 HAc	过量 NaOH	计算公式	pH	
%	mL	V/mL	V/mL			
0	0.00	20.00		$[H^+]=\sqrt{c_{酸}K_a}$	2.87	
90	18.00	2.00		$[H^+]=K_a\frac{c_{酸}}{c_{盐}}$	5.70	
99	19.80	0.20			6.77	
99.9	19.98	0.02			7.74	突跃范围
100.0	20.00	0.00		$[OH^-]=\sqrt{c_{盐}\frac{K_w}{K_a}}$	8.72	
100.1	20.02		0.02		9.70	
101	20.20		0.20	$[OH^-]=\frac{V_{碱过量}}{V_{总量}}\cdot c_{碱}$	10.70	
110	22.00		2.00		11.70	
200	40.00		20.00		12.70	

如果以溶液的 pH 值为纵坐标，以 NaOH 加入的量为横坐标作图，即可得如图 2－2－3 所示的曲线。

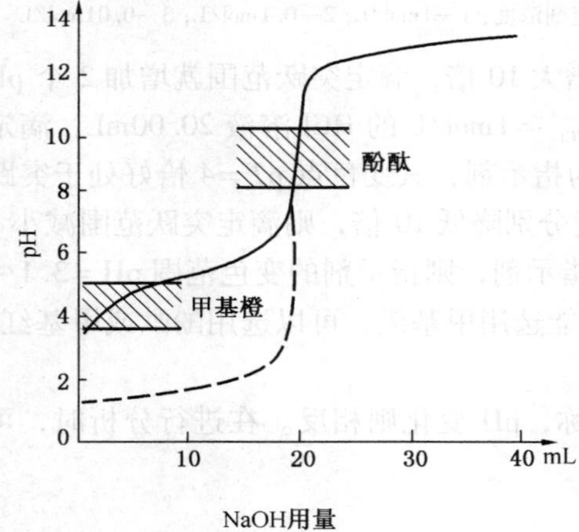

图 2－2－3　0.1000mol/L NaOH 溶液滴定 20.00mL 0.1000mol/L HAc 滴定曲线

从表 2－2－6 的数据和图 2－2－3 的滴定曲线可以看出：

（1）由于 HAc 是弱酸，所以溶液的pH 值不等于弱酸的原始浓度，滴定曲线的起始点不在 pH＝1处。

（2）化学计量点前虽然只加入 19.98mL NaOH，但由于 NaAc 的水解使溶液已呈碱性，滴定突跃范围不是由酸性到碱性，而是在碱性范围内（pH＝7.7～9.7）且滴定突跃范围较窄。

（3）化学计量点前各点 pH 值均较强酸时大，滴定曲线形成一个由倾斜到平坦又到倾斜的坡度。原因是由于滴定一开始即有 NaAc 生成，它抑制

HAc 的离解，使溶液的 pH 值急剧增大，致使滴定曲线的斜度也相应地增大。当继续滴定时，HAc 浓度减小，NaAc 浓度相应增大，但由于形成了缓冲溶液，结果使溶液 pH 值增大速度减慢，因此滴定曲线又呈现平坦状。在接近化学计量点时，溶液中 HAc 已很少，缓冲作用减弱，水解作用增强，溶液的 pH 值又急剧增大，致使滴定曲线又呈现倾斜状。在化学计量点附近有一个较小的滴定突跃，这个突跃处在碱性范围。

（4）化学计量点后，过量的 NaOH 抑制 NaAc 的水解，因此溶液的 pH 值主要由过量的 NaOH 来决定，与强碱滴定强酸相同。

根据这类滴定突跃范围（pH = 7.74 ~ 9.70）来选择指示剂，显然选用甲基橙是不行的，选用酚酞是适宜的。它的变色范围恰在滴定突跃范围内。

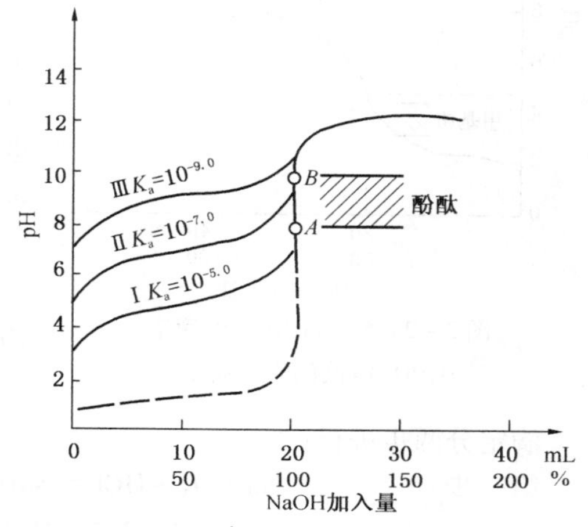

图 2－2－4　NaOH 溶液滴定不同弱酸溶液的滴定曲线

在此必须指出除碱浓度对滴定突跃范围有影响外，弱酸的电离常数 K_a 的大小也是影响滴定突跃范围的因素。图 2－2－4 是 0.1000mol/L NaOH 溶液滴定 0.1000mol/L 不同强度弱酸溶液的滴定曲线。从图中可以看出，当酸的浓度一定时，K_a 值越大，即酸愈强，滴定突跃范围越大，K_a 值越小，即酸愈弱，滴定突跃范围越小，当 $c_{酸} \cdot K_{酸} \leqslant 10^{-8}$ 时，就看不出明显的突跃了，即应用一般酸碱指示剂无法确定滴定终点，必须采取其他措施。因此，$c_{酸} \cdot K_{酸} > 10^{-8}$ 是弱酸能被准确滴定的判别式。

3. 强酸滴定弱碱

强酸滴定弱碱与强碱滴定弱酸的情况基本相似，各阶段 pH 值的计算方法也相似，滴定曲线与强碱滴定弱酸的滴定曲线 pH 值的变化相反。

4. 多元酸的滴定

对于多元酸的滴定，其滴定的可能性可按下述原则判断：

（1）当 $c_{酸} \cdot K_{a1} \geqslant 10^{-8}$ 时，这一级离解的 H^+ 可以被滴定。

（2）当相邻的两个 K_a 值之比大于 10^5 时，较强的那一级离解的 H^+ 先被滴定，出现第一个滴定突跃，较弱的那一级离解后的 H^+ 后被滴定，但能否出现等二个滴定突跃，则取决于酸的第二级离解常数值是否满足 $c_{酸} \cdot K_{a2} \geqslant 10^{-8}$，如果是大于 10^{-8}，则有第二个突跃。

（3）如相邻的 K_a 值之比小于 10^5 时，滴定时两个滴定突跃将混在一起，这时只有一个滴定突跃。

根据上述原则，现以磷酸测定为例加以说明。H_3PO_4 的三步离解常数分别为：

$$H_3PO_4 \rightleftharpoons H^+ + H_2PO_4^- \quad K_{a1} = 7.6 \times 10^{-3}$$

$$H_2PO_4^- \rightleftharpoons H^+ + HPO_4^{2-} \quad K_{a2} = 6.3 \times 10^{-8}$$

$$HPO_4^{2-} \rightleftharpoons H^+ + PO_4^{3-} \quad K_{a3} = 4.4 \times 10^{-13}$$

当用 $c_{(NaOH)} = 0.1000$mol/L NaOH 溶液滴定 $c_{(H_3PO_4)} = 0.1000$mol/L 的 H_3PO_4 溶液时，从 H_3PO_4 第一步离解常数可以看出：$K_{a1} = 7.6 \times 10^{-3}$，所以 $cK_{a1} > 10^{-8}$；$K_{a1}/K_{a2} = 1.21 \times 10^5 > 10^5$。

因此用碱中和第一步离解的 H^+ 可以得到第一个滴定突跃。从 H_3PO_4 第二步离解常数可以看出：$K_{a2}=6.3\times10^{-8}$，所以 $cK_{a2}\approx10^{-8}$；$K_{a2}/K_{a3}=1.43\times10^5>10^5$。

用碱中和第二步离解的 H^+ 可以得到第二个滴定突跃。最后由于 H_3PO_4 的第三步离解 $K_{a3}=4.4\times10^{-13}$，$cK_{a3}<10^{-8}$，因此得不到第三个滴定突跃。说明不能用碱继续直接滴定。

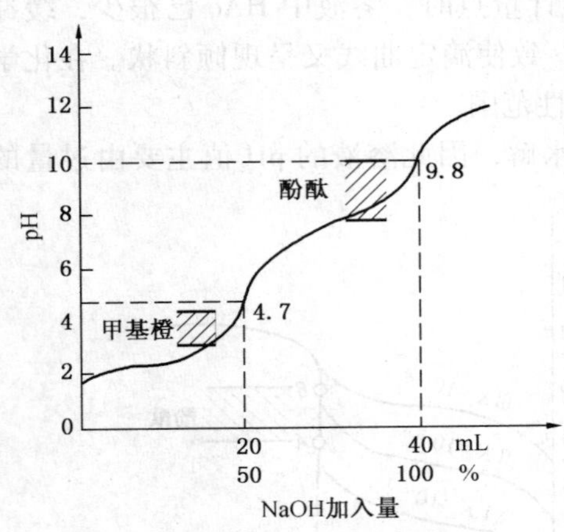

图 2-2-5　NaOH 溶液滴定 H_3PO_4 溶液的滴定曲线

多元酸滴定曲线的计算方法比较复杂，在实际工作中，为了选择指示剂，通常只需计算化学计量点时的 pH 值，然后在此值附近选择指示剂即可。也可用 pH 计记录滴定过程中 pH 值的变化得出滴定曲线，如图 2-2-5 所示。

5. 多元碱的滴定

现以 $c_{(HCl)}=0.1000mol/L$ 的 HCl 溶液滴定 20.00mL $c_{(Na_2CO_3)}=0.1000mol/L$ 的 Na_2CO_3 溶液为例：

滴定分两步进行：

第一步　　$Na_2CO_3+HCl = NaHCO_3+NaCl$

$$CO_3^{2-}+H^+ = HCO_3^-$$

到达化学计量点时，Na_2CO_3 全部变成 $NaHCO_3$，由于 $NaHCO_3$ 的水解，溶液显碱性。第一化学计量点溶液的 pH 值的计算公式如下：

$$[H^+]=\sqrt{K_{a1}\cdot K_{a2}}=\sqrt{4.2\times10^{-7}\times5.6\times10^{-11}}=4.8\times10^{-9}mol/L$$

$$pH=8.31$$

此时可选酚酞为指示剂，但是由于 $NaHCO_3$ 具有一定的缓冲作用，所以滴定突跃不明显，可做一个 $NaHCO_3$ 参比溶液对照，指示终点到达。

第二步　　$NaHCO_3+HCl = NaCl+H_2O+CO_2\uparrow$

$$HCO_3^-+H^+ = H_2O+CO_2\uparrow$$

到达第二化学计量点时，溶液为 CO_2 的饱和溶液，显酸性。其浓度约为 0.040mol/L。第二化学计量点溶液 pH 值的计算如下：

$$[H^+]=\sqrt{c\cdot K_{a1}}=\sqrt{0.040\times4.2\times10^{-7}}=1.3\times10^{-4}mol/L;pH=3.89$$

此时可选用甲基橙为指示剂，由于在滴定过程中形成 CO_2 的饱和溶液而使滴定终点提前出现，通常在滴定至近终点时，加热煮沸除去 CO_2，冷却后再滴定到终点。HCl 滴定 Na_2CO_3 滴定曲线如图 2-2-6 所示。

从滴定曲线和反应关系可以看出，当用酚酞为指示剂滴定到第一化学计量点时，用去 HCl 体积为 $V_{(HCl)1}$，溶液由粉色变为无色。这时再往溶液中加甲基橙指示剂继续滴定到第二化学计量点时，用去 HCl 体积为 $V_{(HCl)2}$，溶液由黄色变为橙色，两者所消耗的 HCl 体积恰为：$V_{(HCl)1}=V_{(HCl)2}$。

2.1.2.7　酸碱标准滴定溶液的配制和标定

酸碱滴定法中常用的碱标准滴定溶液是 NaOH，酸标准滴定溶液是 HCl 或 H_2SO_4。

1. NaOH 标准滴定溶液的配制和标定

（1）配制方法　氢氧化钠有很强的吸水性并易吸收空气中 CO_2，因而市售的 NaOH 常含有 Na_2CO_3。由于 Na_2CO_3 的存在，对指示剂的使用影响较大，应设法除去。除去 Na_2CO_3 最常用的方法是将 NaOH 先配成饱和溶液（约 50%），在此浓碱中 Na_2CO_3 几乎不溶解，慢慢沉淀出来，可吸取上层清液配制所需的标准滴定溶液。具体配制方法如下：

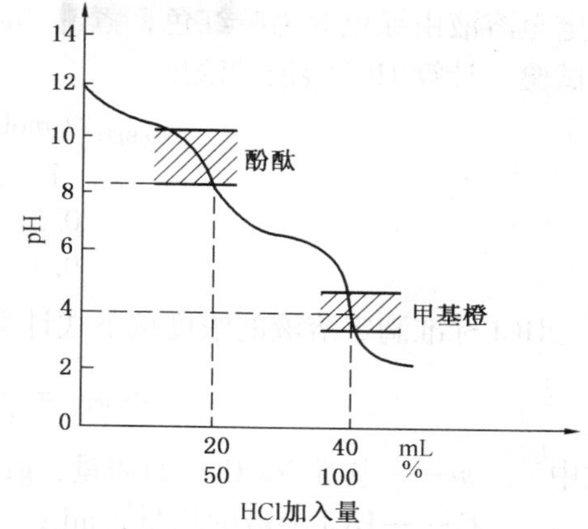

图 2-2-6　HCl 溶液滴定 Na_2CO_3 溶液的滴定曲线

称取 100g 氢氧化钠，溶于 100mL 水中，摇匀，注入无色聚乙烯容器中，密闭放置至溶液清亮，用塑料管虹吸下述规定体积的上层清液，注入 1000mL 无 CO_2 的水中，摇匀。

$c_{(NaOH)}/(mol/L)$	$c_{(NaOH饱和溶液)}/mL$
1	54
0.5	27
0.1	5.4

（2）标定方法　称取下述规定量的于 105～110℃ 烘至质量恒重的基准邻苯二甲酸氢钾，称准至 0.0001g，溶于下述规定体积的无 CO_2 的水中，加 2 滴酚酞指示剂（10g/L），用配制好的 NaOH 溶液滴定至溶液呈粉红色，并保持 30s。同时作空白试验。计算 NaOH 溶液的浓度。

$c_{(NaOH)}/(mol/L)$	$m_{(基准KHC_8H_4O_4)}/g$	$V_{(无CO_2的水)}/mL$
1	7.5	80
0.5	3.6	80
0.1	0.75	50

NaOH 标准滴定溶液的浓度按下式计算：

$$c_{(NaOH)} = \frac{m \times 1000}{(V_1 - V_2) \times M_{(KHC_8H_4O_4)}}$$

式中　m——基准 $KHC_8H_4O_4$ 的质量，g；

V_1——NaOH 溶液的用量，mL；

V_2——空白试验 NaOH 溶液的用量，mL；

$M_{(KHC_8H_4O_4)}$——$KHC_8H_4O_4$ 的摩尔质量，204.22g/mol。

2. HCl 标准滴定溶液的配制和标定

（1）配制方法　量取下述规定体积的浓 HCl，注入 1000mL 水中，摇匀。

$c_{(HCl)}/(mol/L)$	$V_{(浓HCl)}/mL$
1	90
0.5	45
0.1	9

（2）标定方法　称取下述规定量的于 270～300℃ 灼烧至恒重的基准无水碳酸钠，称准至 0.0001g。溶于 50mL 水中，加 10 滴溴甲酚绿－甲基红混合指示剂。用配制好的盐酸溶液

滴定至溶液由绿色变为暗红色，煮沸 2min，冷却后继续滴定至溶液再呈暗红色。同时作空白试验。计算 HCl 溶液的浓度。

$c_{(HCl)}$/(mol/L)	$m_{基准无水Na_2CO_3}$/g
1	1.9
0.5	0.95
0.1	0.2

HCl 标准滴定溶液的浓度按下式计算：

$$c_{(HCl)} = \frac{m \times 1000}{(V_1 - V_2) \times M_{(1/2Na_2CO_3)}}$$

式中　m——基准 Na_2CO_3 的质量，g；

V_1——HCl 溶液的用量，mL；

V_2——空白试验 HCl 溶液的用量，mL；

$M_{(1/2Na_2CO_3)}$——以($1/2Na_2CO_3$)为基本单元的的摩尔质量，52.994g/mol。

3. H_2SO_4 标准滴定溶液的配制和标定

（1）配制方法　用量筒量取下述规定量的密度为 1.84g/mL 的浓 H_2SO_4，缓缓注入盛有 1000mL 蒸馏水的烧杯中，边注入边搅拌，冷却、摇匀，并转入细口试剂瓶，盖好瓶盖。

$c_{(1/2H_2SO_4)}$/(mol/L)	$V_{硫酸(1.84g/mL)}$/mL
1	30
0.5	15
0.1	3

（2）标定方法　称取下述规定量的于 270～300℃灼烧至恒重的基准无水碳酸钠，称准至 0.0001g。溶于 50mL 水中，加 10 滴溴甲酚绿－甲基红混合指示剂。用配制好的硫酸溶液滴定至溶液由绿色变为暗红色，煮沸 2min，冷却后继续滴定至溶液再呈暗红色。同时作空白试验。计算 H_2SO_4 溶液的浓度。

$c_{(1/2H_2SO_4)}$/(mol/L)	$m_{基准无水Na_2CO_3}$/g
1	1.9
0.5	0.95
0.1	0.2

H_2SO_4 标准滴定溶液的浓度按下式计算：

$$c_{(1/2H_2SO_4)} = \frac{m \times 1000}{(V_1 - V_2) \times M_{(1/2Na_2CO_3)}}$$

式中　m——基准 Na_2CO_3 的质量，g；

V_1——H_2SO_4 溶液的用量，mL；

V_2——空白试验 H_2SO_4 溶液的用量，mL；

$M_{(1/2Na_2CO_3)}$——以($1/2Na_2CO_3$)为基本单元的的摩尔质量，52.994g/mol。

2.1.3 沉淀滴定法

2.1.3.1 沉淀反应及溶度积

1. 沉淀反应

常温下，当一种物质在水中的溶解度小至 0.01mol/L 以下时，通常就把这种物质叫做难溶物质。由于难溶物质的溶解度小，在溶液中主要是以固体(沉淀)的形式存在，所以把生成难溶物质的反应叫做沉淀反应。例如以下的反应。

$$Ba^{2+} + 2F^{-} \rightleftharpoons BaF_2 \downarrow \qquad K_{2p} = 1.0 \times 10^{-6}$$

$$2Ag^{+} + CrO_4^{2-} \rightleftharpoons Ag_2CrO_4 \downarrow \qquad K_{2p} = 2.0 \times 10^{-12}$$

$$Ag^{+} + Cl^{-} \rightleftharpoons AgCl \downarrow \qquad K_{2p} = 1.8 \times 10^{-10}$$

$$3Pb^{2+} + 2PO_4^{3-} \rightleftharpoons = Pb_3(PO_4)_2 \downarrow \qquad K_{2p} = 8.0 \times 10^{-43}$$

生成的这四种物质在常温下的溶解度分别是：BaF_2 6.3×10^{-3} mol/L；Ag_2CrO_4 8.0×10^{-5} mol/L；AgCl 1.3×10^{-5} mol/L；$Pb_3(PO_4)_2$ 1.5×10^{-9} mol/L。

2. 溶解度和溶度积

（1）概念

物质在溶剂中溶解能力的大小通常用溶解度表示，溶解度的大小除主要取决于物质的本性外，还受溶剂和温度的影响。在纯水中，温度一定时，某难溶物质的溶解度是个不变的数值。它溶解所生成的有关离子的浓度也是一个不变的数值。

当水中存在微溶化合物 MA 时，MA 溶解并达到饱和状态后，有下列平衡关系：

$$MA_{(固)} \rightleftharpoons MZ_{(水)} \rightleftharpoons M^{+} + A^{-}$$

在水溶液中，除了 M^+、A^- 外，还有未离解的分子状态的 MA。例如，AgCl 溶于水中：

$$AgCl_{(固)} \rightleftharpoons AgCl_{(水)} \rightleftharpoons Ag^{+} + Cl^{-}$$

对于有些物质，可能是离子对化合物(M^+A^-)，如 $CaSO_4$ 溶于水中：

$$CaSO_{4(固)} \rightleftharpoons Ca^{2+}SO_4^{2-}{}_{(水)} \rightleftharpoons Ca^{2+} + SO_4^{2-}$$

根据 MA(固)和 MA(水)之间的沉淀平衡，得到$\dfrac{\alpha_{MA(水)}}{\alpha_{MA(固)}} = s^{\circ}$(平衡常数)。因固体物质的活度等于1，故 $\alpha_{MA(水)} = s^{\circ}$。可见溶液中分子状态或离子对化合物状态 MA(水)的浓度为一常数，等于 s°。s°称为该物质的固有溶解度或分子溶解度。一种微溶化合物的溶解度，应该是所有这些溶解出来的组分的浓度的总和。例如，$HgCl_2$ 的溶解度，应是溶解于溶液中的 Hg^{2+}、$HgCl^{+}$、$HgCl_2$ 等组分的浓度的总和，即

$$s = [Hg^{2+}] + [HgCl^{+}] + [HgCl_2]$$

当微溶化合物溶解于水中后，如果除简单的水合离子外，其他各种形式的化合物均可忽略，则只需根据简单的 K_{sp} 关系来处理有关平衡问题。此时，根据 MA 在水溶液中的沉淀平衡关系，得到：

$$\alpha_{M^+} \cdot \alpha_{A^-} = K_{sp}^{o}$$

式中 K_{sp}^{o} 为该微溶化合物的活度积常数，简称活度积。又因

$$\alpha_{M^+} \cdot \alpha_{A^-} = \gamma_{M^+}[M^+] \cdot \gamma_{A^-}[A^-] = \gamma_{M^+}\gamma_{A^-} \cdot K_{sp} = K_{sp}^{o}$$

故

$$K_{sp} = [M^+][A^-] = \frac{K_{sp}^{o}}{\gamma_{M^+} \cdot \gamma_{A^-}}$$

上式即为溶剂积计算公式。K_{sp} 称为微溶化合物的溶度积常数，简称溶度积。

（2）溶度积的应用

① 用 K_{sp} 求难溶物质的溶解度

通过溶解平衡可推导出计算溶解度的公式，对下列溶解平衡：

$$M_mA_n \rightleftharpoons mM^{n+} + nA^{m-}$$

$$[M^{n+}]^m[A^{m-}]^n = K_{sp}$$

则：
$$s = \frac{[M^{n+}]}{m} = \frac{[A^{m-}]}{n} = \sqrt{\frac{K_{sp}}{M^m \cdot A^n}}$$

② 用K_{sp}判断沉淀的生成和溶解

一定温度下，某难溶化合物水溶液中，有关离子浓度的乘积大于该化合物的K_{sp}时，有沉淀生成；有关离子浓度的乘积等于该化合物的K_{sp}时，无沉淀生成，原有的沉淀也不溶解；有关离子浓度的乘积小于该化合物的K_{sp}时，无沉淀生成，溶液中原有的沉淀要溶解。这就是溶度积原理。即在难溶电解质饱和溶液中，有关离子浓度的乘积在一定温度下是个常数。根据溶度积原理，可以判断溶液中是否有沉淀生成和已生成的沉淀是否溶解。

③ 用K_{sp}判断沉淀的先后顺序

当溶液中同时存在几种待沉淀的离子时，加入一种沉淀剂，先达到溶度积的先沉淀，这就是分级(步)沉淀原理。例如在Cl^-和CrO_4^{2-}的混合溶液中，假设两种离子的浓度均为0.10mol/L，加入$AgNO_3$后，$AgNO_3$和Cl^-、CrO_4^{2-}可能发生的反应是：

$$Ag^+ + Cl^- \rightleftharpoons AgCl\downarrow \qquad K_{sp} = 1.8\times10^{-10}$$

$$2Ag^+ + CrO_4^{2-} \rightleftharpoons Ag_2CrO_4\downarrow \qquad K_{sp} = 2.0\times10^{-12}$$

根据溶度积原理，引发AgCl沉淀所需的最小Ag^+浓度为：

$$[Ag^+] = \frac{K_{sp}}{[Cl^-]} = \frac{1.8\times10^{-10}}{0.10} = 1.8\times10^{-9}\text{mol/L}$$

引发Ag_2CrO_4沉淀所需的最小Ag^+浓度为：

$$[Ag^+] = \sqrt{\frac{K_{sp}}{[CrO_4^{2-}]}} = \sqrt{\frac{2.0\times10^{-12}}{0.10}} = 4.5\times10^{-6}\text{mol/L}$$

比较可知，引发AgCl沉淀所需Ag^+浓度小得多，所以逐滴加入$AgNO_3$时，AgCl先沉淀出来。当Ag^+浓度达到4.5×10^{-6}mol/L时，也就是Ag_2CrO_4开始沉淀时，溶液中Cl^-浓度为：

$$[Cl^-] = \frac{K_{sp}}{[Ag^+]} = \frac{1.8\times10^{-10}}{4.5\times10^{-6}} = 4.0\times10^{-5}\text{mol/L}$$

这时Cl^-已经几乎沉淀完全了(当离子浓度降至$10^{-4}\sim10^{-5}$mol/L时可认为沉淀完全)。

2.1.3.2 *沉淀滴定法*

沉淀滴定法是以沉淀反应为基础的滴定分析法。虽然能够生成沉淀的反应很多，但能够用于沉淀滴定的并不多，原因是符合沉淀滴定条件的反应不多，只有符合下述条件的沉淀反应才能用于沉淀滴定分析：

(1) 沉淀的溶解度必须很小，反应能定量进行；

(2) 反应速度快，不易形成过饱和溶液；

(3) 有确定终点的简单方法。

由于上述条件的限制，目前应用较广的反应是生成难溶性银盐的反应，称为银量法。

银量法主要用于测定Cl^-、Br^-、I^-、SCN^-、Ag^+等，以及某些汞盐和一些含卤素的有机化合物。在化学工业、环境监测、水质分析、农药检验及冶金工业等方面有重要的意义。

除银量法外，在沉淀滴定法中，还有一些沉淀反应可以用于滴定分析。例如，Hg^{2+}与S^{2-}生成HgS的反应；Ba^{2+}与$SO_4{}^{2-}$生成$BaSO_4$的反应；K^+与$NaB(C_6H_5)_4$生成$KB(C_6H_5)_4$的反应以及Zn^{2+}与$K_4[Fe(CN)_6]$生成$K_2Zn_3[Fe(CN)_6]_2$的反应等。以下主要讨论银量法。

银量法以滴定方式、滴定条件和选用指示剂的不同，分为莫尔法、佛尔哈德法及法扬司法。

1. 莫尔法

（1）原理

莫尔法(Mohr method)是在中性或弱碱性介质中，以铬酸钾 K_2CrO_4 作指示剂的一种银量法。例如用 $AgNO_3$ 标准滴定溶液滴定 Cl^- 的反应。

化学计量点前：

$$Ag^+ + Cl^- = AgCl\downarrow (\text{白色}) \qquad K_{sp} = 1.8\times10^{-10}$$

化学计量点及化学计量点后：

$$2Ag^+ + CrO_4^{2-} = Ag_2CrO_4\downarrow (\text{砖红}) \qquad K_{sp} = 2.0\times10^{-12}$$

由于 AgCl 沉淀的溶解度比 Ag_2CrO_4 沉淀的溶解度小，根据分步沉淀原理，滴定时，首先析出 AgCl 白色沉淀，当 AgCl 定量沉淀后，过量一滴 $AgNO_3$ 溶液与 CrO_4^{2-} 生成砖红色 Ag_2CrO_4 沉淀，表示已到达滴定终点。

（2）反应条件及应用范围

① 反应条件

a. 指示剂用量

欲使 Ag_2CrO_4 沉淀恰好在化学计量点时产生，需要控制溶液中 CrO_4^{2-} 的浓度。如果指示剂加入过多，即溶液中 CrO_4^{2-} 浓度过大，会使滴定终点超前；如果加入量太少，则滴定终点滞后。严格控制指示剂用量，是正确指示滴定终点的重要条件之一。

根据溶度积原理，在化学计量点恰好析出 Ag_2CrO_4 沉淀时，所需 CrO_4^{2-} 的浓度应为：

$$[CrO_4^{2-}] = \frac{2.0\times10^{-12}}{[Ag^+]^2}$$

化学计量点时

$$[Ag^+] = [Cl^-] = \sqrt{K_{sp(AgCl)}} = \sqrt{1.8\times10^{-10}} = 1.34\times10^{-5}\text{mol/L}$$

故

$$[CrO_4^{2-}] = \frac{2.0\times10^{-12}}{(1.3\times10^{-5})^2} \approx 0.01\text{mol/L}$$

计算表明，在化学计量点时，恰好析出 Ag_2CrO_4 沉淀所需的 CrO_4^{2-} 的浓度为0.01mol/L。由于 K_2CrO_4 溶液呈黄色，要在黄色存在下观察到微量砖红色 Ag_2CrO_4 沉淀是比较困难的。实际采用的 CrO_4^{2-} 浓度比理论计算量要低一些，在一般浓度(0.1mol/L)的滴定中，CrO_4^{2-} 浓度保持在0.005mol/L(即终点体积为100mL时，加入50g/LK_2CrO_4 溶液2mL)为宜，滴定误差小于0.1%。对于较稀溶液的滴定(如0.01mol/L $AgNO_3$ 滴定0.01mol/L Cl^-)，滴定误差可达0.8%，应做指示剂空白实验进行校正。

b. 溶液酸度

莫尔法滴定所需的适宜酸度条件为中性或弱碱性。在酸性溶液中，CrO_4^{2-} 有如下反应：

$$Ag_2CrO_4 + H^+ \rightleftharpoons 2Ag^+ + HCrO_4^-$$

降低了 CrO_4^{2-} 的浓度，造成 Ag_2CrO_4 沉淀出现过迟，甚至不生成沉淀。在强碱性溶液中，能有黑褐色 Ag_2O 沉淀析出，影响准确度。

$$2Ag^+ + 2OH^- \rightleftharpoons 2AgOH\downarrow \longrightarrow Ag_2O\downarrow + H_2O$$

因此，滴定时溶液的 pH 值控制在 6.5～10.5 为宜。若溶液酸性过强，可用 $NaHCO_3$、$Na_2B_4O_7 \cdot 10H_2O$ 或 $CaCO_3$ 中和；若溶液碱性太强，可用稀硝酸中和后再进行滴定。本法也不宜在氨性溶液中进行滴定，以免 Ag^+ 与 NH_3 结合成 $Ag(NH_3)_2{}^+$ 而多消耗 $AgNO_3$ 标准滴定溶液。如果有 NH_3 存在时，需用稀硝酸将溶液中和至 pH6.5～7.2，再进行滴定。

c. 干扰离子

在滴定条件下，凡能与 Ag^+ 生成沉淀的阴离子和能与 CrO_4^{2-} 生成沉淀的阳离子都不应存在(如 $PO_4{}^{3-}$、$AsO_4{}^{3-}$、SO_3^{2-}、S^{2-}、CO_3^{2-}、CrO_4^{2-}、Ba^{2+} 和 Pb^{2+} 等)。此外，有色离子如 Cu^{2+}、Co^{2+}、Ni^{2+} 等也不应存在，否则，会给滴定终点的观察带来较大的误差。若上述离子存在，可采用分离或掩蔽等方法将它们除去，然后再进行滴定。

d. 温度与振荡

在室温下进行滴定，可以避免 Ag_2CrO_4 沉淀溶解度增大，同时避免降低指示剂的灵敏度。充分振荡可以减少 AgCl 沉淀对 Cl^- 的吸附作用，提高分析结果的准确度。

② 应用范围

莫尔法主要用于测定 Cl^-、Br^- 和 Ag^+。当 Cl^- 和 Br^- 共存时，测得的结果是它们的总量。测定 Ag^+ 时，需用返滴定法，即向试液中加入过量的 NaCl 标准滴定溶液，然后再用 $AgNO_3$ 标准滴定溶液滴定剩余的 Cl^-。若直接滴定，由于指示剂已与 Ag^+ 生成 Ag_2CrO_4 沉淀，Ag_2CrO_4 转化为 AgCl 的速度缓慢，滴定终点难以确定。

莫尔法不宜测定 I^- 和 SCN^-，因为滴定生成的 AgI 和 AgSCN 沉淀表面会强烈吸附 I^- 和 SCN^-，使滴定终点过早出现，造成较大的滴定误差。

2. 佛尔哈德法

(1) 原理

佛尔哈德法(Volhard method)是在酸性介质中，以铁铵矾[$NH_4Fe(SO_4)_2 \cdot 12H_2O$]作指示剂来确定滴定终点的一种银量法。根据滴定方式的不同，佛尔哈德法分为直接滴定法和返滴定法两种。

① 直接滴定法

在稀 HNO_3 溶液中，以铁铵矾为指示剂，用 NH_4SCN 标准滴定溶液滴定被测物质，当滴定到化学计量点时，稍过量的 SCN^- 与 Fe^{3+} 生成稳定的 $FeSCN^{2+}$ 配离子，溶液呈红色，说明滴定已到终点。如 Ag^+ 的测定，反应如下：

化学计量点前：$Ag^+ + SCN^- = AgSCN\downarrow$(白色)

化学计量点后：$Fe^{3+} + SCN^- = FeSCN^{2+}\downarrow$(红色)

② 返滴定法

向试液中加入过量的 $AgNO_3$ 标准滴定溶液，待 $AgNO_3$ 与被测物质反应完全后，剩余的 Ag^+ 再用 NH_4SCN 标准滴定溶液回滴，以铁铵矾为指示剂，滴定到溶液浅红色出现时为终点。如 Cl^- 的测定，反应如下：

$$Ag^+(\text{过量}) + Cl^- \rightleftharpoons AgCl\downarrow(\text{白色}) \qquad K_{sp} = 1.8\times10^{-10}$$

化学计量点前：

$$Ag^+(\text{剩余}) + SCN^- \rightleftharpoons AgSCN\downarrow(\text{白色}) \qquad K_{sp} = 1.0\times10^{-12}$$

化学计量点后：

$$SCN^- + Fe^{3+} \rightleftharpoons FeSCN^{2+}(\text{红色})$$

用此法测定溴化物、碘化物和硫氰酸盐时，滴定终点十分明显。但在测定碘化物时，铁铵矾指示剂必须在加入过量 $AgNO_3$ 之后才能加入，以避免 I^- 将 Fe^{3+} 还原成 Fe^{2+} 而造成误差。

用此法测定 Cl^- 时，虽达终点，但摇动之后红色即又褪去，使终点很难确定。这是因为 AgSCN 的溶度积远小于 AgCl 的溶度积，因此在计量点时易引起转化反应：

$$AgCl\downarrow + SCN^- \rightleftharpoons AgSCN\downarrow + Cl^-$$

由于上述转化反应的发生，降低了溶液中 SCN^- 的浓度，使已生成的 $FeSCN^{2+}$ 发生离解，红色随之消失。为此，可采取下列措施的任何一种，以避免上述沉淀转化反应的发生：

a. 在加完 $AgNO_3$ 溶液后，将溶液煮沸，使 AgCl 沉淀凝聚，滤去沉淀并用 HNO_3 洗涤沉淀，洗涤液并入滤液中，然后用 NH_4SCN 标准滴定溶液返滴滤液中的 Ag^+；

b. 在用 NH_4SCN 标准滴定溶液返滴前，加入一些有机试剂，如硝基苯、苯、CCl_4、1,2－二氯乙烷、甘油或邻苯二甲酸二丁酯等。这样可以使 AgCl 沉淀的表面被有机试剂包围，减少与滴定溶液的接触，减慢了转化作用的进行，也可得到满意的结果。但其中硝基苯毒性较大；

c. 增大 Fe^{3+} 浓度，当终点出现红色 $FeSCN^{2+}$ 时，溶液中 $[SCN^-]$ 已降低，可以避免转化，一般在终点时 $[Fe^{3+}] = 0.2mol/L$，轻轻摇动，当红色布满溶液而不消失时即为终点。

（2）反应条件及应用范围

① 滴定条件

a. 在 H^+ 浓度约为 0.2～0.5mol/L 的酸性溶液中滴定。在中性或碱性溶液中，Fe^{3+} 都要水解。

b. 用直接法滴定 Ag^+ 时，AgSCN 容易吸附 Ag^+，使终点过早出现，因此近终点时必须剧烈摇动。用返滴定法滴定 Cl^- 时，为避免 AgCl 沉淀的转化，应轻轻摇动。

c. 强氧化剂可将 SCN^- 氧化；氮的低价氧化物与 SCN^- 能形成红色的 ONSCN 化合物，可能造成终点的判断错误；铜盐、汞盐要与 SCN^- 反应生成 $Cu(SCN)_2$、$Hg(SCN)_2$ 沉淀；大量 Cu^{2+}、Ni^{2+}、Co^{2+} 等有色离子存在影响终点观察，以上影响因素必须消除。

② 应用范围

由于佛尔哈德法是在硝酸介质中进行，许多弱酸根离子不会与 Ag^+ 生成沉淀，选择性较高，所以应用范围远比在中性或弱碱性介质中进行的莫尔法广，特别是 Ag^+ 能直接滴定。用该法可以测定 Cl^-、Br^-、I^-、SCN^-、Ag^+ 及有机氯等。

3. 法扬司法

（1）原理

法扬司法（Fajans method）是以吸附指示剂确定滴定终点的一种银量法。吸附指示剂是一类有机染料，一般为有机弱酸。它们在溶液中能被胶体沉淀表面吸附而发生结构的改变，从而引起颜色的变化。现以 $AgNO_3$ 标准滴定溶液滴定 Cl^- 为例，说明指示剂的作用原理（图 2－2－7）。

用 $AgNO_3$ 标准滴定溶液滴定 Cl^-，以荧光黄作指示剂确定滴定终点。荧光黄是一种有机弱酸，可用简式 HFl 表示。在水溶液中，荧光黄离解成黄绿色的荧光黄阴离子 Fl^-。当

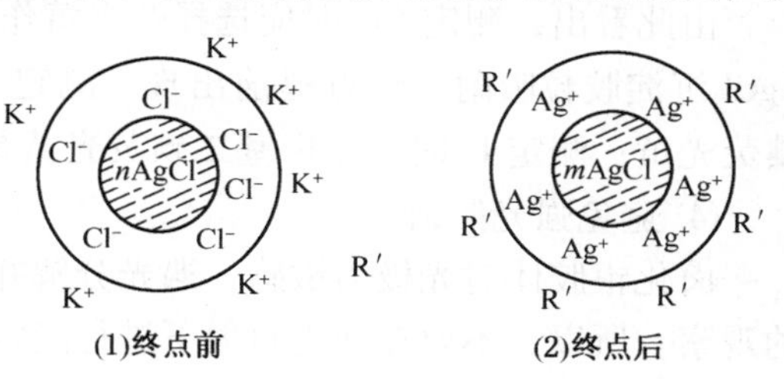

图 2－2－7　AgCl 溶胶粒子吸附作用

$AgNO_3$标准滴定溶液滴加到试液中时，Ag^+与Cl^-作用生成AgCl凝乳状沉淀。该沉淀有较强的吸附作用，吸附溶液中尚未反应的Cl^-形成带负电荷的胶粒（AgCl）·Cl^-，荧光黄阴离子FI^-不被吸附，溶液仍为黄绿色。化学计量点后，微过量的Ag^+使AgCl吸附Ag^+形成带正电荷的胶粒（AgCl）·Ag^+，进而吸附FI^-生成粉红色吸附化合物（AgCl）·AgFI，指示终点到达。

若用NaCl标准滴定溶液滴定Ag^+，则滴定终点颜色变化正好相反，即由沉淀的粉红色变为溶液的黄绿色。

（2）反应条件及应用范围

由上述讨论可以看出，法扬司法滴定终点颜色的变化发生在沉淀表面上，这与其他滴定方法终点颜色变化不同。用该法进行滴定时，应着重注意以下几个条件的控制：

① 保持沉淀呈胶体状态

由于法扬司法滴定终点的确定是利用吸附作用在沉淀表面上发生变化，欲使滴定终点变色敏锐，就应尽可能使沉淀处于胶体状态，以保持拥有较大的沉淀表面积。滴定之前，可加入糊精或淀粉使生成的AgCl沉淀微粒处于高度分散状态。此外，被滴定组分的浓度不能太低，否则，生成沉淀量很少，终点难于观察。一般来讲，以荧光黄作指示剂，用$AgNO_3$标准滴定溶液滴定Cl^-、Br^-和I^-时，要求Cl^-浓度在0.005mol/L以上，而Br^-和I^-浓度在0.001mol/L以上。

② 控制溶液酸度

吸附指示剂多为有机弱酸，而用于指示终点颜色变化的又是其离解部分的阴离子，因此，溶液酸度大小能直接影响滴定终点变色的敏锐度。例如荧光黄是一种很弱的酸（$K_a = 10^{-7}$），当溶液酸度较大时（$pH < 7$），荧光黄主要是以HFI分子形式存在，不被卤化银沉淀吸附，终点没有颜色变化，故用荧光黄作指示剂时，溶液pH范围应在7～10；二氯荧光黄酸性较强（$K_a = 10^{-4}$）可以在pH=4～10范围使用；曙红酸性更强（$K_a = 10^{-2}$）应在pH=2～10的溶液中使用。

③ 吸附指示剂的选择

由于吸附指示剂酸性强弱不同，应用的pH范围也不同，应根据滴定条件确定指示剂。在选择指示剂时还应根据沉淀胶粒对指示剂离子的吸附力及对被测离子的吸附力大小进行选用。沉淀胶粒对指示剂离子的吸附力应略小于对被测离子的吸附力。否则，指示剂将会在化学计量点前变色，影响测定结果的准确度。但应注意，沉淀胶粒对指示剂离子的吸附力也不能太小。否则滴定至化学计量点时，指示剂颜色变化不敏锐，使终点滞后。卤化银沉淀对卤素离子和常用的几种吸附指示剂的吸附力大小顺序是：

I^- > 二甲基二碘荧光黄 > Br^- > 曙红 > Cl^- > 荧光黄

由此看出，测定Cl^-时应选择荧光黄作指示剂。如果选用曙红，则在化学计量点前就被AgCl沉淀胶粒吸附，终点提前出现。测定Br^-时，曙红可作指示剂，而不能选用二甲基二碘荧光黄；测定I^-时，二甲基二碘荧光黄是良好的指示剂。

④ 避免强光照射

卤化银胶体对光极为敏感，遇光分解并析出金属银，使沉淀变成灰黑色，影响滴定终点的观察。所以，不要在强光直射下进行滴定。

常用的吸附指示剂和滴定的酸度条件，列于表2－2－8。

表 2-2-8 常用的吸附指示剂

指 示 剂	用 途	终点颜色变化	说 明
二氯荧光黄	用 $AgNO_3$ 标准滴定溶液滴定 Br^-、BrO_3^-、Cl^-	黄绿→红	在溶液 pH4.7～7 的条件下
荧光黄	用 $AgNO_3$ 标准滴定溶液滴定 Cl^-、Br^-、I^-、SCN^- 和 $[Fe(CN)_6]^{4-}$	黄绿→粉红	溶液必须是中性或弱碱性
曙 红	用 $AgNO_3$ 标准滴定溶液滴定 Br^-、I^-、SCN^- 和 Cl^- 存在时的 I^-	红橙→红紫	在 CH_3COOH 溶液中
溴酚蓝	用 $AgNO_3$ 标准滴定溶液滴定 Cl^- 或滴定 $I^- + Cl^-$	黄→绿→蓝	在 CH_3COOH 溶液中

现将莫尔法、佛尔哈德法和法扬司法的特点综合列入表 2-2-9。

表 2-2-9 三种银量法的特点比较

方法	指示剂	测定对象	测 定 条 件	干 扰 情 况
莫尔法	K_2CrO_4	(1)直接法测定 Cl^-、Br^- (2)返滴定法测 Ag^+	pH=6.5～10.5;当有 NH_4^+ 时,pH=6.5～7.2;剧烈摇动	Ba^{2+}、Pb^{2+} 和 PO_4^{2-}、AsO_4^{3-}、SO_3^{2-}、S_2^-、CO_3^{2-}、$C_2O_4^{2-}$ 等干扰
佛尔哈德法	铁铵矾	(1) 直接法 Ag^+ (2) 返滴定法测 Cl^-、Br^-、I^-、SCN^- (3) 有机卤化物中卤素	(1) HNO_3 介质,酸度为 0.1～1mol/L (2) 测 Cl^- 时,防止沉淀转化,将 AgCl 过滤或加有机溶剂等	强氧化剂、铜盐和汞盐能与 SCN^- 作用干扰;测 I^- 时,加入 $AgNO_3$ 后再加 Fe^{3+}
法扬司法	吸附指示剂	(1) 测 Cl^- 用荧光黄 (2) 测 Br^-、I^-、SCN^- 用曙红	pH=7～10 pH=2～10,加保护胶体充分摇动	避免直接光照,否则析出黑色金属银,影响终点观察

4. 沉淀滴定法中的标准滴定溶液

(1) $AgNO_3$ 标准滴定溶液

① 配制

$AgNO_3$ 标准滴定溶液可用基准物直接配制，但如果 $AgNO_3$ 纯度不够，就先配成近似浓度，然后再进行标定。称取 17.5g$AgNO_3$ 溶于 1000mL 水中，摇匀。溶液保存于棕色瓶中，其浓度为 $c_{(AgNO_3)}=0.1mol/L$。

② 标定

称取在 500～600℃ 灼烧至恒重的基准 NaCl 0.22g，溶于 70mL 水中，加 10mL 淀粉溶液(10g/L)，以银电极为指示电极，以饱和甘汞电极作为参比电极，用配制好的硝酸银溶液滴定。硝酸银标准滴定溶液的浓度按下式计算：

$$c_{(AgNO_3)} = \frac{m \times 1000}{V_0 M_{(NaCl)}}$$

式中 m——基准 NaCl 的质量，g；

V_0——硝酸银溶液的用量，mL；

$M_{(NaCl)}$——氯化钠的摩尔质量，58.442g/mol。

(2) NH_4SCN 标准滴定溶液

① 配制

SCN^-标准滴定溶液只能采用间接法配制，且通常都是用 NH_4SCN 配制。称取 7.6g NH_4SCN，溶于1000mL水中，摇匀，其浓度为 $c_{(NH_4SCN)}=0.1mol/L$。

配制0.1mol/L的溶液1L或0.02mol/L的溶液5L。

② 标定

量取35.00～40.00mL硝酸银标准滴定溶液[$c_{(AgNO_3)}=0.1mol/L$]，加60mL水、10mL淀粉溶液(10g/L)，以银电极为指示电极，以饱和甘汞电极作为参比电极，用配制好的 NH_4SCN 溶液滴定，并按下式计算 NH_4SCN 标准滴定溶液的浓度：

$$c = \frac{Vc_1}{V_0}$$

式中 V——硝酸银标准滴定溶液的体积，mL；

V_0——NH_4SCN 标准滴定溶液的用量，mL；

c_1——硝酸银标准滴定溶液的浓度，mol/L。

2.1.4 配位滴定法

2.1.4.1 配位滴定法概述

1.配位滴定法

以形成配位化合物反应为基础的滴定分析法称为配位滴定法。配位反应在分析化学中的应用非常广泛，例如许多显色剂、萃取剂、沉淀剂、掩蔽剂等都是配合物。因此，配合反应的有关理论和实践知识是分析化学的重要内容之一。滴定用的配位剂可分为无机配位剂和有机配位剂。早在19世纪中叶人们就开始使用无机配位剂进行配位滴定，但由于大多数无机配位剂所形成的配合物稳定性都不高，并且还存在逐级配位现象，致使无机配位剂的使用始终未得到大的发展，现在已基本被淘汰。随着有机化学的发展，有机配位剂越来越多，它们与金属离子的配合反应能满足配位滴定法中对配位剂的基本要求：

(1) 生成的配合物要有确定的组成，即中心离子与配位剂严格按一定比例化合；

(2) 生成的配合物要有足够的稳定性；

(3) 配合反应速度要足够快；

(4) 有能反映化学计量点到达的指示剂或其他方法。

2. 配合物和配位滴定法

原子间靠共用电子对的作用力结合在一起的化学键称为共价键。共用电子对一般由彼此结合的两个原子共同提供。如果共用电子对由某一个原子单独提供，进入与之结合的原子的空轨道成键，则这类共价键就称作配位键。凡存在配位键的化合物就称作配位化合物，简称配合物。形成配合物的反应称作配合反应或配位反应。

螯合物是目前应用最广的一类配合物，它的稳定性高，虽然有时也存在分级配合现象，但情况较简单，适当控制反应条件就能得到所需要的配合物。而且有的螯合剂对金属离子有选择性。因此，螯合剂广泛用做滴定剂和掩蔽剂等。

化学分析中重要的螯合剂主要有"OO"型螯合剂、"NN"型螯合剂、"NO"型螯合剂、含硫螯合剂等。

以两个氧原子为键合原子的螯合物称为"OO"型螯合剂，例如羟基酸、多元醇、多元酚等，它们通过氧原子与金属离子相键合，能与酸碱型阳离子形成稳定的螯合物。

“NN”型螯合剂，例如有机胺类和含氮杂环化合物等，它们通过氮原子与金属离子相键合形成的稳定的螯合物。

“NO”型螯合剂，例如氨羧配合剂、羟基喹啉和一些邻羟基偶氮染料等，它们通过氧原子和氮原子与金属离子相键合，能与许多阳离子形成螯合物。

含硫螯合剂可分为“SS 型”、“SO 型”和“SN 型”等。它们都能与许多种阳离子形成螯合物。

在螯合剂中，目前较为理想的是一类氨羧配位剂，它是属于“NO”型螯合剂。

氨羧配位剂是一类含有氨基二乙酸基团 $-N\begin{matrix}\diagup CH_2COOH \\ \diagdown CH_2COOH\end{matrix}$ 的有机化合物，其分子中含有氨氮 $N\equiv$ 和羧氧 $-\overset{\overset{O}{\|}}{C}-O^-$ 两种配位能力很强的配位原子，前者易与 Co^{2+}、Ni^{2+}、Zn^{2+}、Cu^{2+}、Cd^{2+}、Hg^{2+} 等配位，后者几乎能与一切高价金属离子配位。而氨羧配位剂兼有氨氮和羧氧的配位能力，所以几乎能与所有的金属离子配位。在已知的数十种氨羧配位剂中，最重要的有以下几种：氨三乙酸(NTA)、乙二胺四乙酸(EDTA)、环已烷二胺基四乙酸(CyDTA 或 DCTA)、乙二胺四丙酸(EDTP)、乙二醇二乙醚二胺四乙酸(EGTA)、二乙三胺五乙酸(DTPA)和三乙四胺六乙酸(TTHA)等。其中 EDTA 是我国目前应用最广泛的一种。用 EDTA 可以滴定几十种金属离子，故称之为 EDTA 法。

2.1.4.2 EDTA 的性质及其配合物

1. 乙二胺四乙酸及其二钠盐

(1) 乙二胺四乙酸

乙二胺四乙酸是含有羧基和氨基的螯合剂，能与许多金属离子形成稳定的螯合物。根据测定，它的两个可离解的氢是强酸性的，另外两个氢在氮原子上，释放较为困难，所以在常见的盐中表现出二元酸的性质，如乙二胺四乙酸二钠盐。

乙二胺四乙酸的分子结构如下：

$$\begin{matrix}HOOCCH_2 \\ {}^-OOCCH_2\end{matrix}\overset{H^+}{\rangle N}-CH_2-CH_2-\overset{H^+}{N\langle}\begin{matrix}CH_2COO^- \\ CH_2COOH\end{matrix}$$

EDTA 常用简式 H_4Y 表示，它在水中的溶解度很小，常温下每 100mL 水中能溶解约 0.2g；难溶于酸和一般有机溶剂，易溶于氨水和 NaOH 溶液，生成相应的盐溶液。

H_4Y 溶解于强酸性溶液中时，它的两个羧基可再接受 H^+ 而形成 H_6Y^{2+}，这样质子化的 EDTA 就相当于六元酸，有六级电离平衡、七种形态。在不同 pH 值条件下，EDTA 各种型体的存在情况见表 2－2－10。

表 2－2－10 EDTA 各种形体的存在情况

pH 值	主要存在型体	pH 值	主要存在型体
<0.9	H_6Y^{2+}	2.7～6.2	H_2Y^{2-}
0.9～1.6	H_5Y^+	6.2～10.3	HY^{3-}
1.6～2.0	H_4Y	>10.3	Y^{4-}
2.0～2.7	H_3Y^-		

由上可见，只有在 pH > 10.3 时，EDTA 才主要以 Y^{4-} 形式存在。在各种型体与 M^{n+}（代表金属离子）形成的配合物中，以 Y^{4-} 与 M^{n+} 形成的配合物最为稳定。因此溶液的酸度便成为影响 M－EDTA 配合物稳定性的一个重要因素。

（2）乙二胺四乙酸二钠盐

由于乙二胺四乙酸的溶解度小，没什么实用价值，通常是将它制成二钠盐使用。以 $Na_2H_2Y \cdot 2H_2O$ 表示。$Na_2H_2Y \cdot 2H_2O$ 一般称 EDTA 盐。它的溶解度大，22℃时 100mL 水能溶解 11.1g，溶解度约为 0.3mol/L。由于 EDTA 盐标准滴定溶液的常用浓度在 0.02mol/L 左右，所以 $Na_2H_2Y \cdot 2H_2O$ 的溶解度完全能够满足需要。由于 EDTA 盐在溶液中主要以 H_2Y^{2-} 型体存在，所以溶液的 pH 值大约等于 4.42[$pH = 1/2(pK_{a4} + pK_{a5})$]。

2. EDTA 与金属离子 M 形成的配合物的特点

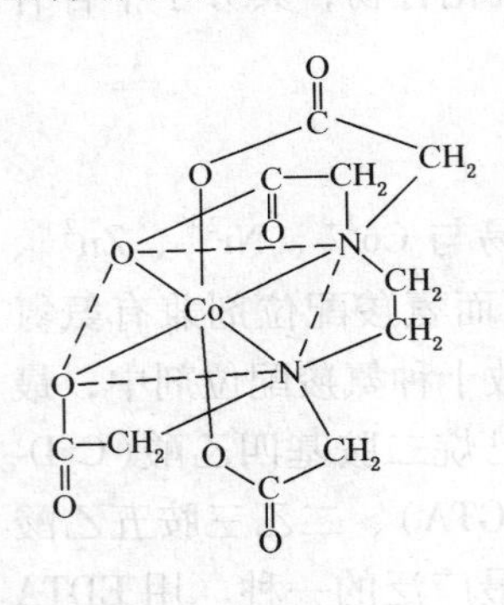

图 2－2－8 EDTA 结构示意图

（1）EDTA 所以适用于作配位滴定剂是由它本身所具有的特殊结构决定的。从它的结构式可以看出，它同时具有氨氮和羧氧两种配位能力很强的配位基，组合了氮和氧的配位能力，因此 EDTA 几乎能与周期表中大部分金属离子配合，形成具有五员环结构的稳定的配合物。

（2）在一个 EDTA 分子中，由 2 个氨氮和 4 个羧氧提供了 6 个配位原子，它完全能满足一个金属离子所需要的配位数。例如，EDTA 与 Co^{3+} 形成一种八面体的配合物，其结构如图 2－2－8 所示。它具有四个 $\overbrace{\mathrm{O—C—C—N}}^{\mathrm{Co}}$ 螯合环及一个 $\overbrace{\mathrm{N—C—C—N}}^{\mathrm{Co}}$ 螯合环，这些螯合环均为五员环。从结构看出，EDTA 与金属配合能形成稳定性较强的配合物，具有这种环形结构的配合物称为螯合物。根据有机结构理论和配合物理论的研究，能形成五员环或六员环的螯合物，都是较稳定的。此外很多螯合物还具有鲜明的颜色，因此广泛应用于分析测定中。

（3）EDTA 与金属离子配合的是不论金属离子是几价的，它们多是以 1:1 的关系配合，同时释放出 2 个 H^+，反应式如下：

$$M^{2+} + H_2Y^{2-} \rightleftharpoons MY^{2-} + 2H^+$$

$$M^{3+} + H_2Y^{2-} \rightleftharpoons MY^{-} + 2H^+$$

$$M^{4+} + H_2Y^{2-} \rightleftharpoons MY + 2H^+$$

（4）当溶液的酸度或碱度高时，一些金属离子和 EDTA 还可形成酸式配合物 MHY 或碱式配合物 MOHY。但酸式或碱式配合物大多数不稳定，不影响金属与 EDTA 之间 1:1 的计量关系，故一般可忽略不计。

（5）M^{n+} 无色，形成的 MY 无色，M^{n+} 有色，形成的 MY 颜色加深。常见的有色配合物有：

NiY^{2-}	CuY^{2-}	CoY^{2-}	MnY^{2-}	CrY^{2-}	FeY^{2-}
蓝色	深蓝	紫红	紫红	深紫	黄

滴定上述金属离子时，若浓度过大，形成的螯合物颜色很深，将会影响终点的判定。

（6）EDTA 分子含有 4 个亲水的羧氧基团，它与金属离子形成的螯合物易溶于水。

2.1.4.3 配合物在溶液中的离解平衡

1. 配合物的稳定常数

在配合物的溶液中，存在的配位与离解的平衡称为配位平衡。

对于 MX 型(1∶1)配合物例如：

$$CaY^{2-} \rightleftharpoons Ca^{2+} + Y^{4-}$$

在一定条件下，反应达平衡时，其浓度比为一常数。

$$K_{离解} = \frac{[Ca^{+}][Y^{4-}]}{[CaY^{2-}]}$$

此处的 K 值称作配合物的不稳定常数(离解常数)，也记作 $K_{不稳}$。配合物的稳定性还可以用形成配合物的稳定常数(形成常数)来表示：

$$K_{稳} = \frac{[CaY^{2-}]}{[Ca^{2+}][Y^{4-}]}$$

对于 MX_n 型(1∶n)配合物在溶液中有逐级配位平衡

$M + X \rightleftharpoons MX$　　第一级稳定常数 $k_1 = \dfrac{[MX]}{[M][X]}$

$MX + X \rightleftharpoons MX_2$　　第二级稳定常数 $k_2 = \dfrac{[MX_2]}{[MX][X]}$

…　　…

$MX_{n-1} + X \rightleftharpoons MX_n$　　第 n 级稳定常数 $k_n = \dfrac{[MX_n]}{[MX_{n-1}][X]}$

为简化起见，配位平衡中 M、X 及 MX 等的电荷均略去。反过来看 MX_n 的逐级离解：

$MX_n \rightleftharpoons MX_{n-1} + X$　　第一级离解常数 $k'_1 = \dfrac{[MX_{n-1}][X]}{[MX_n]}$

$MX_{n-1} \rightleftharpoons MX_{n-2} + X$　　第二级离解常数 $k'_2 = \dfrac{[MX_{n-2}][X]}{[MX_{n-1}]}$

…　　…

$MX \rightleftharpoons M + X$　　第 n 级离解常数 $k'_n = \dfrac{[MX][X]}{[MX]}$

可见，对于配比为 1∶1 的配合物，在相同条件下，其稳定常数和不稳定常数是互为倒数的关系。对于非 1∶1 的配合物，同一级的稳定常数和不稳定常数不是倒数关系，第一级稳定常数是第 n 级离解常数的倒数，第二级稳定常数是第 $n-1$ 级离解常数的倒数，如此类推。

配合物的稳定常数或不稳定常数可由实验测出。

配合物在溶液中的形成或离解与多元酸碱在溶液中的状况相似，也是分步进行的，而且各级离解或形成的难易程度也不一样。

在许多配位平衡的计算中，需要用到 $k_1 \times k_2$，或 $k_1 \times k_2 \times k_3$ 等数值，这就是累积稳定常数，用符号 β 表示：

第一级稳定常数　$\beta_1 = k_1$

第二级稳定常数　$\beta_2 = k_1 \times k_2$

第三级稳定常数　$\beta_3 = k_1 \times k_2 \times k_3$

最后一级积累稳定常数又叫做总稳定常数，最后一级积累不稳定常数又叫做总不稳定常数。对于 1∶n 型配合物，总稳定常数与总不稳定常数互为倒数。

2. 副反应系数

配位滴定中所涉及的化学平衡是复杂的，除被测金属离子 M 与滴定剂 Y 之间的主反应外(M 和 Y 可省略电荷)，还由于有其他离子或分子的存在，干扰主反应的进行。如溶液中的H^+、OH^-，待测试样中共存的其他金属离子以及为控制溶液pH值或掩蔽某些干扰组分而加入的缓冲溶液、掩蔽剂或其他辅助配位剂等，都可能产生干扰，与这些影响有关的反应都是副反应。由于副反应的存在，使主反应受到影响，其程度大小可用副反应系数α表示。这里讨论两种副反应及其副反应系数，即酸效应与酸效应系数、配合效应和配合效应系数。

(1)酸效应与酸效应系数

酸度对配位平衡的影响可用下式表示：

$$\begin{array}{c} M + Y \rightleftharpoons MY \\ \Big\Updownarrow H^+ \\ HY,\ H_2Y,\ H_3Y\cdots \end{array}$$

溶液的酸度会影响Y与M的配位能力，酸度愈大，Y的浓度愈小，愈不利于MY形成。由溶液酸度引起的副反应称为酸效应，也称pH效应或质子化效应。所以，EDTA的浓度，实质上是EDTA各种型体浓度的总和，即：

$$c_Y = [Y] + [HY] + [H_2Y] + \cdots + [H_6Y]$$

Y和c_Y之间存在着一定的比例关系，$c_Y = \alpha_{Y(H)} \cdot Y$

比例系数$\alpha_{Y(H)}$称为酸效应系数：

$$\alpha_{Y(H)} = \frac{c_Y}{[Y]} = \frac{[Y] + [HY] + [H_2Y] + \cdots + [H_6Y]}{[Y]}$$

$\alpha_{Y(H)}$越大，表示参加配合反应的Y的浓度越小，即副反应越严重。如果H^+没有引起副反应，即EDTA全部以Y的形式存在，此时$\alpha_{Y(H)} = 1$。就EDTA来说，酸度越低，pH值越高，酸效应系数值越接近于1，Y型体在EDTA总浓度中所占的百分率越高，越利于配位反应进行。但是，pH增高，副反应就会相应地增多，如金属离子的水解作用就会增加，反而不利于MY的生成。

(2)配合效应与配合效应系数

当M与Y的配合反应是主反应时，如有另一配合剂L存在，L与金属离子形成配合物，就会使主反应受到影响：

$$\begin{array}{c} M + Y \rightleftharpoons MY \\ M \overset{L}{\rightleftharpoons} ML \overset{L}{\rightleftharpoons} ML_2\cdots \end{array}$$

这种由于其他配合剂存在使金属离子参加主反应的能力降低的现象，称为配合效应。

配合剂引起副反应时的副反应系数称为配位效应系数，用$\alpha_{M(L)}$表示。$\alpha_{M(L)}$说明金属离子总浓度c_M是游离金属离子浓度[M]的多少倍：

$$\alpha_{M(L)} = \frac{c_M}{[M]} = \frac{[M] + [ML] + [ML_2] + \cdots + [ML_n]}{[M]}$$

$\alpha_{M(L)}$越大，表示金属离子被配合物配合得越完全，即副反应越严重。

当过量配合剂的浓度[L]一定时，$\alpha_{M(L)}$为一定值，此时金属离子浓度[M]可由下式求出：

$$[M] = \frac{c_M}{\alpha_{M(L)}}$$

3. EDTA 配合物的稳定常数

滴定剂 EDTA 与溶液中的金属离子生成 MY，如果溶液中没有副反应发生，达平衡时，可用 K_{MY}来衡量配位反应进行的程度：

$$K_{MY}=\frac{[MY]}{[M][Y]}$$

这个常数称为 MY 的绝对稳定常数。各种金属离子形成的绝对稳定常数见表 2－2－11 所示。

表 2－2－11　各种金属离子与 EDTA 的 $\lg K_{MY}$（$I=0.1$，20～25℃）

离　子	$\lg K_{MY}$	离　子	$\lg K_{MY}$	离　子	$\lg K_{MY}$
Li^{+}	2.79	Dy^{3+}	18.30	Co^{3+}	36
Na^{+}	1.66	Ho^{3+}	18.74	Ni^{2+}	18.62
Be^{2+}	9.3	Er^{3+}	18.85	Pd^{2+}	18.5
Mg^{2+}	8.7	Tm^{3+}	19.07	Cu^{2+}	18.80
Ca^{2+}	10.69	Yb^{3+}	19.57	Ag^{+}	7.32
Sr^{2+}	8.73	Lu^{3+}	19.83	Zn^{2+}	16.50
Ba^{2+}	7.86	Ti^{3+}	21.3	Cd^{2+}	16.46
Sc^{3+}	23.1	TiO^{2+}	17.3	Hg^{2+}	21.7
Y^{3+}	18.09	ZrO^{2+}	29.5	Al^{3+}	16.3
La^{3+}	15.50	HfO^{2+}	19.1	Ga^{3+}	20.3
Ce^{3+}	15.98	VO^{2+}	18.8	In^{3+}	25.0
Pr^{3+}	16.40	VO_2^{+}	18.1	Tl^{3+}	37.8
Nd^{3+}	16.6	Cr^{3+}	23.4	Sn^{2+}	22.11
Pm^{3+}	16.75	MoO_2^{2+}	28	Pb^{2+}	18.04
Sm^{3+}	17.14	Mn^{2+}	13.87	Bi^{3+}	27.94
Eu^{3+}	17.35	Fe^{2+}	14.32	Th^{4+}	23.2
Gd^{3+}	17.37	Fe^{3+}	25.1		
Tb^{3+}	17.67	Co^{2+}	16.31		

绝对稳定常数不考虑浓度、酸度、其他配位剂或干扰离子的存在等外界条件的影响。但实际情况，除主反应外，常伴随有酸效应、配位效应、干扰离子效应等副反应发生。在实际滴定中，大多数干扰都可以设法避免，唯独酸度的影响始终存在。所以在排除其他干扰的前提下，只考虑酸度的影响时，经推算，此时的稳定常数等于绝对稳定常数除以酸效应系数 $\alpha_{Y(H)}$ 值。人们把这个稳定常数称作表观稳定常数或条件稳定常数，用符号 K'_{MY}表示：

$$K'_{MY}=\frac{[MY]}{c_M c_Y}=\frac{[MY]}{[M]\alpha_{M(L)}\cdot[Y]\alpha_{Y(H)}}=\frac{K_{MY}}{\alpha_{M(L)}\cdot\alpha_{Y(H)}}$$

$$\lg K'_{MY}=\lg K_{MY}-\lg\alpha_{Y(H)}-\lg\alpha_{M(L)}$$

当溶液中没有其他配合剂存在时，$\lg\alpha_{M(L)}=0$，此时只有酸效应的影响：

$$\lg K'_{MY}=\lg K_{MY}-\lg\alpha_{Y(H)}$$

一般情况下，$K'_{MY}<K_{MY}$。若溶液 pH 值较高，$p\alpha_{Y(H)}=0$ 时，则 $K'_{MY}=K_{MY}$。

4. 配位滴定所允许的最低 pH 值和酸效应曲线

在配位滴定中要求配合反应能够定量地完成，这样才能使测定误差在允许范围内，测定达到一定的准确度。配合反应能否定量地完成，主要看这个配合物的 K'_{MY} 值。能应用于配位滴定反应的条件稳定常数，与测定时对准确度的要求及被测金属离子的浓度有关，通过推导可得到如下的关系：$\lg cK'_{MY} \geqslant 6$。如果设金属离子浓度为 0.01mol/L，则滴定条件要求 $\lg K'_{MY} \geqslant 8$。

根据 $\lg K'_{MY} = \lg K_{MY} - \lg\alpha_{Y(H)}$ 可得：$\lg\alpha_{Y(H)} \leqslant \lg K_{MY} - 8$

将各种金属离子的 $\lg K_{MY}$ 值代入上式，即可计算出 EDTA 测定金属离子相对应的最大 $\lg\alpha_{Y(H)}$ 值。从表 2-2-9 中查出它相对应的最小 pH 值，将金属离子的 $\lg K_{MY}$ 与最小 pH 值绘成如图 2-2-10 所示的曲线，即 EDTA 的酸效应曲线或林旁曲线。图中金属离子位置所对应的 pH 值，就是滴定这种金属离子所允许的最小 pH 值。

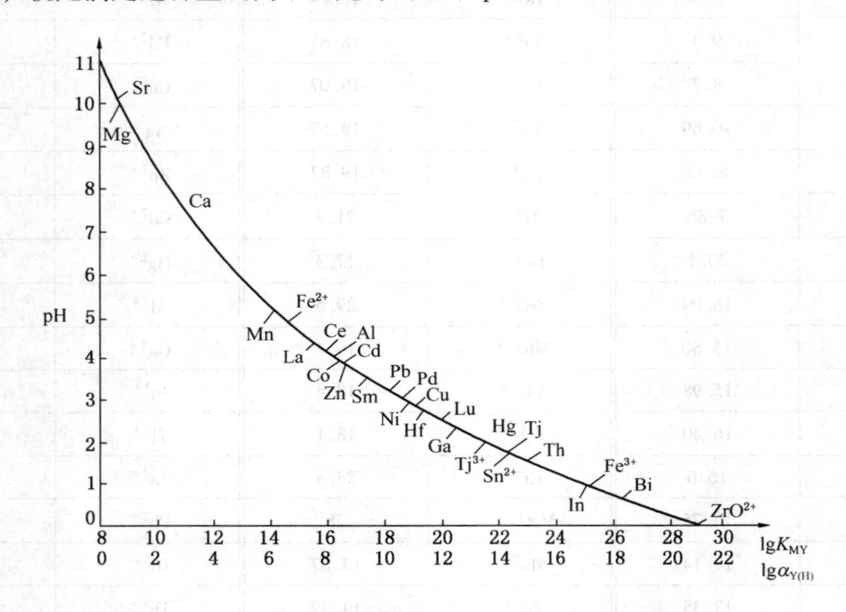

图 2-2-9　EDTA 的酸效应曲线(金属离子浓度 0.01mol/L)

从酸效应曲线图上可以说明以下几个问题：

(1) 可以一目了然地查找进行各种离子滴定时的最低 pH 值。如果低于该 pH 值，就不能配位或配位不完全，滴定就不可能定量地进行；

(2) 从曲线上可以查找判定，在一定 pH 范围内，哪些离子被滴定，哪些离子要干扰。例如在 Mg^{2+}、Ca^{2+}、Mn^{2+} 共存离子的溶液中，在 pH = 10.0 附近滴定 Mg^{2+} 时，Ca^{2+}、Mn^{2+} 要干扰，因为它们会同时被滴定；

(3) 从曲线上可以查找确定能否利用控制酸度的方法，在同一溶液中连续滴定几种离子。例如 Fe^{3+}、Al^{3+} 共存溶液的滴定，可以调节 pH 值在 2.0 左右滴 Fe^{3+}，Al^{3+} 不干扰，然后调节 pH 值在 4.3 左右滴 Al^{3+}；

(4) 由于曲线的横坐标有 $\lg K_{MY}$ 和 $\lg\alpha_{Y(H)}$ 两种数值，所以同一曲线，也可查出不同 pH 值下的 $\lg\alpha_{Y(H)}$ 数值。如 pH = 5 时，与之对应的 $\lg\alpha_{Y(H)} = 6.5$；pH = 1 时，$\lg\alpha_{Y(H)} = 17.0$。

要注意的一点是，对大多数金属离子，滴定时实际采用的 pH 值要比允许的最低 pH 值略高一些，这样可以使被滴定的金属离子配位更完全。但是，pH 过高又会引起金属离子的水解，干扰滴定，所以 pH 也不可过高。

2.1.4.4　配位滴定曲线和配位滴定指示剂

1. 配位滴定曲线

在酸碱滴定中，随着滴定剂的加入，溶液中 H^+ 的浓度随着变化，当达到化学计量点附近时溶液的 pH 值发生突变。配位滴定的情况与此相似。在配合滴定中，若被滴定的是金属离子，则随着配合滴定剂的加入，金属离子不断被配合，其浓度不断减小。当达到化学计量点附近时，溶液的 pM 值（$-\lg[M^{n+}]$）发生突变，利用适当的方法，可以指示滴定终点。

配合物的条件稳定常数和被滴定金属离子的浓度，是影响滴定突跃的主要因素。

（1）配合物的条件稳定常数对滴定突跃的影响

配合物的条件稳定常数越大，滴定突跃也越大。影响配位物条件稳定常数的因素，首先是稳定常数，而溶液的酸度、掩蔽剂、缓冲溶液及其他辅助配合剂的配合作用等，都对它有影响。

① 酸度

酸度越高，$\lg\alpha_{Y(H)}$ 越大，$\lg K'_{MY}$ 就越小。这样，滴定曲线中化学计量点后的平台部分降低，突跃减小。见图 2-2-10。

② 掩蔽剂等的配合作用

掩蔽剂、缓冲溶液及其他辅助配合剂的配合作用，常能增大 $\lg\alpha_{Y(H)}$ 值，故使 $\lg K'_{MY}$ 减小，从而使滴定曲线中化学计量点后的平台部分降低，突跃减小。

（2）金属离子浓度对突跃的影响

由图 2-2-11 可以看出，金属离子的浓度越低，滴定曲线的起点就越高，滴定突跃就越小。

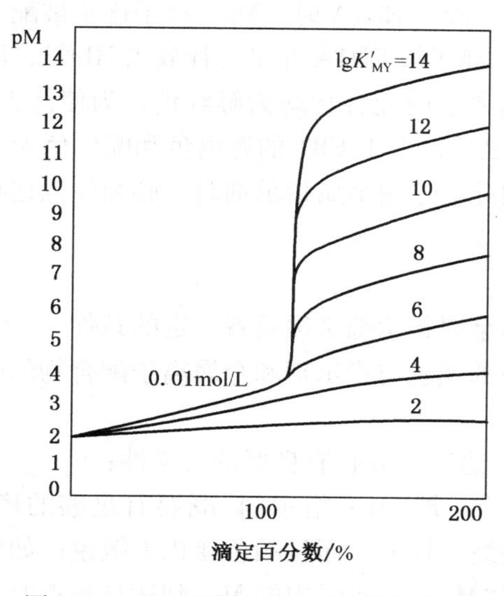

图 2-2-10　不同 $\lg K'_{MY}$ 时的滴定曲线

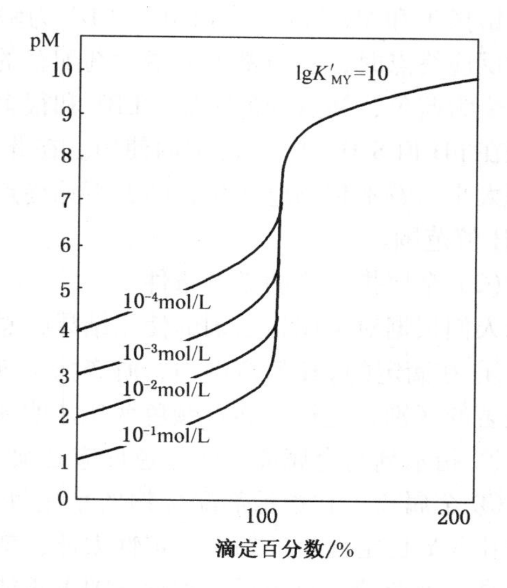

图 2-2-11　不同浓度金属离子的滴定曲线

2. 配位滴定指示剂

配位反应很容易进行，但要找到能准确指示配位滴定终点的指示剂却很难。20 世纪中叶前，由于指示剂的缺乏，致使配位滴定法在滴定分析中处于较次要的位置。近 30 年来，由于有机化学的发展，使滴定剂种类迅速增多，配位滴定法已成为为析化学中最重要的滴定分析方法之一。

(1) 金属指示剂的作用原理

配位滴定的指示剂俗称金属指示剂。它本身就是一种配位剂，人们利用它游离态时的颜色与配位态时的颜色的不同来指示终点。由于它能够指示出溶液中金属离子浓度变化的情况，故称为金属指示剂，简称金属指示剂。

下面以 EDTA 在 pH = 10.0 的 NH_3-NH_4Cl 缓冲溶液存在的条件下滴定 Mg^{2+}，用铬黑 T 作指示剂为例子，说明金属指示剂的变色原理。

铬黑 T，又名埃罗黑 T，简称 EBT，化学名称：1－(1－羟基－2 萘偶氮)－6－硝基 2－萘酚－4－磺酸钠，结构式为：

OH　OH　NaO_3S　N=N　NO_2

由于结构复杂，可用简式 NaH_2In 代表，其中的 H_2 代表羟基上的两个氢，In 代表复杂的有机基团。在水中，Na^+ 离解，H_2In^- 电离，在不同 pH 值的溶液，铬黑 T 的型态和颜色如下：

$$NaH_2In \xrightarrow{-Na^+} \underset{\text{红}}{H_2In^-} \underset{+H^+}{\overset{-H^+}{\rightleftharpoons}} \underset{\text{蓝}}{HIn^{2-}} \underset{+H^+}{\overset{-H^+}{\rightleftharpoons}} \underset{\text{橙}}{In^{3-}}$$

$$pH < 6.0 \qquad pH = 8 \sim 11 \qquad pH > 12.0$$

铬黑 T 和 Mg^{2+} 的配合物 Mg－EBT 为鲜红色。滴入 EDTA 时，Mg^{2+} 离子逐步被配合，当达到反应终点时，已与铬黑 T 指示剂配合的 Mg^{2+} 离子被 EDTA 夺出，释放出 HIn^{2-}，溶液由红色变为蓝色，终点变色明显。EBT 和很多金属离子的配合物均为鲜红色，为使终点明显，只能在 pH 值 8.0～11.0 范围内使用。在此范围之外，由于 EBT 的游离色和配位色无差别或差别太小，看不到颜色变化，即看不见终点。因此，选用金属指示剂时，必须注意选择合适的 pH 值范围。

(2) 金属指示剂的必备条件

人们根据对金属指示剂的使用结果，总结出金属指示剂必须具备一定的条件：

① 在滴定的 pH 值范围内，游离指示剂本身的颜色与指示剂和金属离子配合物的颜色应有显著的区别，这样，终点颜色变化才明显；

② 指示剂与金属离子的显色反应必须灵敏、迅速，并且有良好的可逆性；

③ 金属离子和指示剂配合物的稳定性要适当。即"M－指示剂"既要有足够的稳定性，又要比 MY 稳定性小。如果稳定性太低，就会使终点提前，而且颜色变化不敏锐；如果稳定性太高，就会使终点拖后，致使 EDTA 不能夺取"M－指示剂"中的 M，到达计量点时也不改变颜色，看不到滴定终点。通常要求 $\lg K'_{MIn} > 4$，同时还要求 $\lg K'_{MY} - \lg K'_{MIn} \geqslant 2$；

④ 指示剂应该有一定的选择性，即在一定条件下，只对某一种(或几种)离子发生显色反应，又要求有一定的广泛性，既改变滴定条件时，又能作其他离子滴定时的指示剂。这样就能在连续滴定两种或两种以上离子时，避免加入多种指示剂而发生颜色干扰。

此外，金属指示剂应比较稳定，便于储存，生成的配合物易溶于水。

（3）金属指示剂使用中存在的问题

① 指示剂的封闭现象

某些指示剂能与某些金属离子生成极其稳定的配合物，这些配合物较对应的MY更稳定，以至达计量点时EDTA不能夺取MIn中的M，指示剂In释放不出来，看不到颜色的变化，这种现象叫做指示剂的封闭现象。

例如，在pH=10.0时，用EBT作指示剂，用EDTA滴定Ca^{2+}、Mg^{2+}时，Al^{3+}、Fe^{3+}、Ni^{2+}、Co^{2+}对铬黑T有封闭作用。这时，可加入适量三乙醇胺(掩蔽Al^{3+}、Fe^{3+})和KCN(掩蔽Cu^{2+}、Ni^{2+}、Co^{2+})以消除干扰。又如Al^{3+}对二甲酚橙(XO)有封闭作用，滴Al^{3+}时可用返滴定法避免：先加入过量的EDTA标液，加热煮沸，使Al^{3+}与EDTA完全配合，再加入指示剂XO，用Pb^{2+}或Zn^{2+}标准滴定溶液滴定过量的EDTA，这样就可消除Al^{3+}对XO的封闭干扰。

② 指示剂的僵化现象

某些指示剂与金属离子生成的配合物溶解度很小，使终点颜色变化不明显，或者MIn的稳定性仅比MY的稳定性略小($\lg K'_{MY}-\lg K'_{MIn}<2$)，致使到计量点时，EDTA夺取MIn中的M离子的反应缓慢，使终点拖长，消耗过量的EDTA。这种现象叫做指示剂僵化。这时，可加入适当的有机溶剂或加热，以增大MIn的溶解度，加快MIn和EDTA之间的置换反应速度。例如指示剂PAN[1－(2－吡啶偶氮)－2－萘酚]，其配合物的水溶性较差，使用时需加入有机溶剂乙醇或甲醇并适当加热。

③ 指示剂的氧化变质现象

金属指示剂大多数是具有双键的有色化合物，易被日光、空气分解，并且容易吸潮，潮解后更不稳定，所以不宜久存。储存时间较长(一年以上)和已潮解的指示剂，使用时应进行试验，看能否再继续使用。若变色效果不理想，应换新的，以免影响滴定效果。

金属指示剂的水溶液大多不稳定，所以提倡现用现配，但也有个别较稳定，如XO，其水溶液可以保存两周。对于在水溶液中不稳定的指示剂，配制时可加入适当的还原剂以提高其稳定性。如配制铬黑T时，可加入少许盐酸羟胺，也可将指示剂配成固体混合物以提高其稳定性。如钙黄绿素、酸性铬蓝K都是用KNO_3稀释成固体试剂使用。

（4）几种常用的金属指示剂

常用金属指示剂及其使用、配制方法见表2－2－12。

表2－2－12　常用金属指示剂

指示剂	使用pH值范围	颜色变化		直接滴定离子	配制方法
		In	MIn		
铬黑T	8~10	蓝	红	pH=10：Mg^{2+}、Zn^{2+}、Cd^{2+}、Pb^{2+}、Hg^{2+}、Mn^{2+}、稀土	1g铬黑T与100gNaCl混合研细，或5g/L乙醇溶液加20g盐酸羟胺
钙指示剂	12~13	蓝	红	pH=12~13：Ca^{2+}	1g钙指示剂与100gNaCl混合研细或4g/L甲醇溶液
二甲酚橙(XO)	<6	黄	红紫	pH<1：ZrO^{2+} pH=1~3：Bi^{3+}、Th^{4+} pH=5~6：Zn^{2+}、Pb^{2+}、Cd^{2+}、Hg^{2+}、稀土	5g/L水溶液

续表

指示剂	使用 pH 值范围	颜色变化		直接滴定离子	配制方法
		In	MIn		
PAN	2～12	黄	红	pH=2～3：Bi^{3+}、Th^{4+} pH=4～5：Cu^{2+}、Ni^{2+}	1g/L 或 2g/L 乙醇溶液
K－B 指示剂	8～13	蓝绿	红	pH=10：Mg^{2+}、Zn^{2+} pH=13：Ca^{2+}	1g 酸性铬蓝 K 与 2.5g 萘酚绿 B 和 50gKNO_3 混合研细
磺基水杨酸	1.5～2.5	无	紫红	pH=1.5～2.5：Fe^{3+}（加热）	50g/L 水溶液

2.1.4.5 提高配位滴定的选择性

1. 控制适当的酸度

由于 MY 配合物滴定时允许的最小 pH 值不同，溶液中同时存在多种待测金属离子时，可通过控制酸度，使其中一种形成稳定的配合物，而其他离子不参与配位，避免干扰。部分常见的金属离子与 EDTA 定量配合时，所允许的 pH 值范围列于表 2－2－13。

表 2－2－13 部分金属离子与 EDTA 定量配位时所允许的 pH 值范围

金属离子	$\log K_{MY}$	能进行配位滴定的 pH 范围
Ba^{2+}	7.86	pH≥10
Mg^{2+}	8.70	pH=10 左右
Ca^{2+}	10.7	pH=8～13，因 pH 在 8～9 时，无适合指示剂，故一般在 pH=10 时滴定
Mn^{2+}	13.87	pH>6
Al^{3+}	16.30	pH=4～6
Cd^{2+}	16.46	pH>4
Zn^{2+}	16.50	pH=4～12 均能滴定
Pb^{2+}	18.04	pH>4
Cu^{2+}	18.80	pH=2.5～10
Hg^{2+}	21.80	pH>2.5
Fe^{3+}	25.10	pH=2 左右
Bi^{3+}	27.94	pH=1 附近

采用控制酸度来消除干扰，是比较方便的方法，但这种方法并不是对所有的干扰离子都适用。待测离子 M 和干扰离子 N 与 EDTA 的配合物 MY 和 NY 的稳定性必须相差较大，根据计算，前者要比后者稳定 10^5 倍以上才能实现。

2. 采用掩蔽和破蔽

如果采用控制酸度的方法不能消除干扰离子的干扰，则常利用掩蔽剂来掩蔽干扰离子，使干扰离子转变为其他形式，避免与 EDTA 配位。常用的方法有：配位掩蔽法、沉淀掩蔽法、氧化还原掩蔽法。

（1）配位掩蔽法　利用配位反应来降低干扰离子的浓度以消除干扰的方法，称为配位掩蔽法，这是应用最多的一种掩蔽法。就掩蔽剂而言，目前应用于碱性介质中的较多，用于酸性介质中的较少，常用的掩蔽剂可查阅《分析化学手册》。

（2）沉淀掩蔽法　利用沉淀反应降低干扰离子浓度来消除干扰的方法，称为沉淀掩蔽法。沉淀掩蔽法不是理想的掩蔽方法，它的缺点多，主要有：沉淀反应不完全，掩蔽效率不高；常有共沉淀现象发生，因而影响准确度；沉淀有时对指示剂有吸附作用，因而影响对终点的观察；沉淀有颜色或体积过大而妨碍终点观察。沉淀掩蔽法应用较少。

（3）氧化还原掩蔽法　利用氧化还原反应，改变干扰离子价态，以消除干扰的方法，称为氧化还原掩蔽法。

适合氧化还原掩蔽法只适于易发生氧化还原反应的金属离子，并且生成物还要求不干扰测定，因此只有少数几种离子能够采用。

（4）使用选择性的解蔽剂　在 MY 配合物的溶液中，加入一种试剂（称为解蔽剂或破蔽剂），将已被 EDTA 配位或被掩蔽剂配位了的金属离子释放出来的方法称为解蔽或破蔽。

3. 选择合适的滴定方式

在配合滴定中，采用不同的滴定方式，不仅可以扩大配合滴定的应用范围，而且可以提高配合滴定的选择性。

（1）直接滴定法

直接滴定法是配合滴定中的基本方法。这种方法是将试样处理成溶液后，调节至所需要的酸度，加入必要的其他试剂和指示剂，直接用 EDTA 滴定。

采用直接滴定法时，必须符合下列条件：

① 被测离子的浓度 c_M 及其 EDTA 配合物的条件稳定常数 K'_{MY} 应满足 $\lg c_M K'_{MY} \geqslant 6$ 的要求，至少应在 5 以上；

② 配合速度应该很快，且在选择的测定条件下，待测离子无水解和沉淀；

③ 应有变色敏锐的指示剂，且没有封闭现象。

（2）返滴定法

返滴定法是在试液中先准确加入过量的 EDTA 标准滴定溶液，用另一种金属盐类的标准滴定溶液滴定过量的 EDTA，根据两种标准滴定溶液的浓度和用量，即可求得被测物质的含量。

返滴定剂所生成的配合物应有足够的稳定性，但不宜超过被测离子配合物的稳定性太多，否则在滴定过程中，返滴定剂会置换出被测离子，引起误差，而且终点不敏锐。

返滴定法主要用于下列情况：

① 采用直接滴定法，缺乏符合要求的指示剂，或者被测离子对指示剂有封闭作用；

② 被测离子与 EDTA 的配合速度很慢；

③ 被测离子发生水解等副反应，影响测定。

例如 Al^{3+} 的滴定，由于存在下列问题，故不宜采用直接滴定法：

a. Al^{3+} 对二甲酚橙等指示剂有封闭作用；

b. Al^{3+} 与 EDTA 配合缓慢，需要加过量 EDTA 并加热煮沸，配合反应才比较完全；

c. 在酸度不高时，Al^{3+} 水解生成一系列多核氢氧基配合物，即使酸度提高至 EDTA 滴定 Al^{3+} 的最高酸度（$pH \approx 4.1$），仍不能避免多核配合物的生成。铝的多核配合物与 EDTA 反应缓慢，配合比不恒定，故对滴定不利。

为了避免发生上述问题，可采用返滴定法。先加入过量的 EDTA 标准滴定溶液，在 $pH \approx 3.5$ 时，煮沸溶液。由于此时酸度较大（$pH < 4.1$），故不致形成多核氢氧基配合物；又因 EDTA 过量较多，故能使 Al^{3+} 与 EDTA 配合完全。配合完全后，调节溶液 pH 值至 5～6（此时 AlY 稳定，也不会重新水解析出多核配合物），加入二甲酚橙，即可顺利地用 Zn^{2+} 标准滴定溶液进行返滴定。

(3) 置换滴定法

利用置换反应，置换出等物质的量的另一金属离子，或置换出 EDTA，然后滴定，这就是置换滴定法。置换滴定法的方式灵活多样。

① 置换出金属离子

被测离子 M 与 EDTA 反应不完全或所形成的配合物不稳定，可让 M 置换出另一配合物如(NL)中等物质的量的 N，用 EDTA 滴定 N，即可求得 M 的含量。

例如，Ag^+与 EDTA 的配合物不稳定，不能用 EDTA 直接滴定，但将 Ag^{2+} 加入到 $Ni(CN)_4^{2-}$溶液中，则

$$2Ag^+ + Ni(CN)_4^{2-} \rightleftharpoons 2Ag(CN)_2^- + Ni^{2+}$$

在 pH = 10 的氨性溶液中，以紫脲酸铵作指示剂，用 EDTA 滴定置换出来的 Ni^{2+}，即可求得 Ag^+的含量。

② 置换出 EDTA

将被测离子 M 与干扰离子全部用 EDTA 配合，加入选择性高的配合剂 L 以夺取 M，并释放出 EDTA：

$$MY + L \rightleftharpoons ML + Y$$

反应后，释放出与 M 等物质的量的 EDTA，用金属盐类标准滴定溶液滴定释放出来的 EDTA，即可测得 M 的含量。

例如，测定某合金中的 Sn 时，可于试液中加入过量的 EDTA，将可能存在的 Pb^{2+}、Zn^{2+}、Cd^{2+}、Bi^{3+}等与 Sn^{4+}一起配合。用 Zn^{2+}溶液滴定，除去过量的 EDTA。加入 NH_4F，选择性地将 SnY 中的 EDTA 释放出来，再用 Zn^{2+}标准滴定溶液滴定释放出来的 EDTA，即可测得 Sn^{4+}的含量。

置换滴定法是提高配合滴定选择性的途径之一。

此外，利用置换滴定法的原理，还可以改善指示剂指示滴定终点的敏锐性。例如，铬黑 T 与 Mg^{2+} 显色很灵敏，但与 Ca^{2+} 显色的灵敏性较差，为此，在 pH = 10 的溶液中用 EDTA 滴定 Ca^{2+}时，常于溶液中先加入少量 MgY，此时发生下列置换反应：

$$MgY + Ca^{2+} \rightleftharpoons CaY + Mg^{2+}$$

置换出来的 Mg^{2+}与铬黑 T 显很深的红色。滴定时，EDTA 先与 Ca^{2+}配合，当达到滴定终点时，EDTA 夺取 Mg－铬黑 T 配合物中的 Mg^{2+}，形成 MgY，游离出指示剂，显蓝色，颜色变化很明显。在这里，滴定前加入的 MgY 和最后生成的 MgY 的量是相等的，故加入的 MgY 不影响滴定结果。

4. 间接滴定法

有些金属离子和非金属离子不与 EDTA 配合或生成的配合物不稳定，这时可以采用间接滴定法。例如钠的测定，将 Na^+沉淀为醋酸铀酰锌钠 $NaAc \cdot Zn(Ac)_2 \cdot 3UO_2(Ac)_2 \cdot 9H_2O$，分出沉淀，洗净并将其溶解，然后用 EDTA 滴定 Zn^{2+}，从而求得试样中的 Na^+的含量。

间接滴定法手续较繁，引入误差的机会也较多，故不是一种理想的方法。

5. 选用其他滴定剂

目前除 EDTA 被广泛使用外，其他氨羧配位剂也逐渐在被使用，如 CyDTA、EGTA、EDTP 和 TTHA 等。它们也能与金属离子形成稳定的配合物，而且与某些金属离子形成配合物的稳定性与 MY 的稳定性差别很大，所以，选用它们作配位剂时就可大大提高某些金属离子的选择性，但由于它们的价格都较贵，所以限制了其普遍使用。

2.1.4.6　EDTA 标准滴定溶液的配制

1. 配制

在配位滴定中，常用的 EDTA 标准滴定溶液的浓度为 0.02～0.1mol/L，一般用 $Na_2H_2Y \cdot 2H_2O$配制。

称取下述规定量的 $Na_2H_2Y \cdot 2H_2O$，加热溶于1000mL 水中，冷却，摇匀。

$c_{(EDTA)}$/mol/L	$m_{(Na_2H_2Y \cdot 2H_2O)}$/g
0.1	40
0.05	20
0.02	8

2. 标定

标定 EDTA 溶液的基准物相当多，例如 Zn、ZnO、$CaCO_3$、MgO 等。其中使用最多的是 Zn、ZnO 和 $CaCO_3$。基准 Zn 应保存在干燥器中，若放置太久，使用前可用 1+1 盐酸清洗表面氧化物，然后用蒸馏水洗去盐酸，再用丙酮清洗，待丙酮气味散尽后，置于 110℃的烘箱中烘数分钟后冷却待用。基准 ZnO 使用前应在 800℃的马弗炉中灼烧至恒重后备用。基准 $CaCO_3$ 应在 105～110℃烘箱中干燥约 2h 至恒重后备用。标定时用的指示剂根据行业特点和对象而各有不同，常用的有铬黑 T、二甲酚橙等。但要注意标定时条件应尽可能与测定时相同，以减少系统误差。下面以 ZnO 标定 $c_{(EDTA)}=0.02$mol/L 溶液为例：

称取 0.42g 于 800℃灼烧至质量恒定的基准 ZnO，称准至 0.0002g。用少量水润湿，加 HCl 溶液（20%）至样品溶解，移入 250mL 容量瓶中，稀释至刻度，摇匀。取 35.00～40.00mL 溶液，加 70mL 水，用氨水溶液（10%）调节溶液 pH 至 7～8，加 10mL 氨－氯化铵缓冲溶液（pH=10）及 5 滴铬黑 T 指示液（5g/L），用待标定的 EDTA 溶液滴定至溶液由紫红色变为纯蓝色为终点。同时作空白试验。EDTA 标准滴定溶液的浓度按下式计算：

$$c_{(EDTA)} = \frac{m \times \dfrac{V_1}{250} \times 1000}{(V_2 - V_3) \times M_{(ZnO)}}$$

式中　m——ZnO 的质量，g；

V_1——ZnO 的体积，mL；

V_2——EDTA 溶液的用量，mL；

V_3——空白试验 EDTA 溶液的用量，mL；

$M_{(ZnO)}$——ZnO 的摩尔质量（81.39g/mol）。

2.1.5　氧化还原滴定法

2.1.5.1　方法简介

氧化还原滴定法是以氧化还原反应为基础的滴定分析法。它是以氧化剂或还原剂为标准滴定溶液来测定还原性或氧化性物质含量的方法。

在酸碱滴定法中只有少量的几种标准溶液，但在氧化还原滴定法中，由于氧化还原反应类型不同，所以应用的标准滴定溶液比较多。通常根据所用标准滴定溶液，将氧化还原法分为以下几类：

高锰酸钾法——以 $KMnO_4$ 为标准滴定溶液；

重铬酸钾法——以 $K_2Cr_2O_7$ 为标准滴定溶液；

碘量法——以 I_2 和 $Na_2S_2O_3$ 为标准滴定溶液；

溴酸钾法——以 $KBrO_3-KBr$ 为标准滴定溶液。

氧化还原滴定法和酸碱滴定法在测量物质含量步骤上是相似的，但在方法原理上有本质的不同。酸碱反应是离子互换反应，反应历程简单快速。氧化还原反应是电子转移反应，反应历程复杂，反应速度快慢不一，而且受外界条件影响较大。由此在氧化还原滴定法中就要控制反应条件使其符合滴定分析的要求。

2.1.5.2　氧化还原反应

1. 氧化还原反应的概念

氧化还原反应是指物质之间有电子转移的反应。获得电子的物质叫氧化剂(价态降低)，失去电子的物质叫还原剂(价态升高)。氧化剂获得电子被还原。还原剂失去电子被氧化。

氧化和还原反应总是同时发生：在一个体系中，发生氧化反应，必然同时发生还原反应。例如 Br_2 与 I^- 的反应：

$$Br_2+2I^-=I_2+2Br^-$$

在这一反应中，Br_2 获得电子，是氧化剂，I^- 失去电子，是还原剂，Br_2 被还原，而 I^- 被氧化。

对一些共价化合物来说，可以根据共价键中电子对的偏移情况来确定氧化剂和还原剂。电子对偏移的一方(可以看成是获得电子)是氧化剂；电子对远离的一方(可以看成是失去电子)是还原剂。例如氮气和氢气反应生成氨：

$$N_2+3H_2=2NH_3$$

在氨分子中，共用电子对偏向 N 原子，所以 N_2 是氧化剂，H_2 是还原剂。

2. 氧化还原平衡

(1) 电极电位

氧化剂和还原剂的强弱，可以用有关电对的电极电位(简称电位)来衡量。电对的电位越高，其氧化态的氧化能力越强；电对的电位越低，其还原态的还原能力越强。

作为一种氧化剂，它可以氧化电位较它低的还原剂；作为一种还原剂，它可以还原电位较它为高的氧化剂。由此可见，根据有关电对的电位，可以判断反应进行的方向。同时，氧化还原反应次序是电极电位值相差大的两电对先反应，即一种氧化剂可以氧化几种还原剂时，首先氧化最强的还原剂；一种还原剂可以还原几种氧化剂时，首先还原最强的氧化剂。

电极电位的大小主要取决于物质的本性，但同时又与温度、浓度等因素有关。为了便于比较，提出了标准电极电位的概念。即规定温度为 298.15K(25℃)，组成电极的有关金属离子的浓度为 1mol/L，有关气体的压力为 101.325kPa 时，所测得的电极电位，称为该电极的标准电极电位，以 φ^0 表示。

要测定某电极的电极电位，可将待测电极与标准氢电极组成一个原电池。原电池的电动势等于组成该原电池的两个电极间的电位差。标准氢电极是被压力为 101.325kPa 的氢气所饱和的铂黑电极。由于标准氢电极的电极电位规定为零，所以测得原电池的电动势的数值，就可定出待测电极的电极电位。详见本部分第三章 3.1.2.2。

(2) 氧化还原平衡常数及化学计量点电位

在分析化学中，要求氧化还原反应进行得越完全越好，反应的完全程度可以从它的平衡常数看出。

氧化还原反应的平衡常数，可根据能斯特公式利用有关电对的标准电位求得。

对一般的氧化还原反应，可写成：

$$O_{x1} + R_{e2} \rightleftharpoons R_{e1} + O_{x2}$$

$$K = \frac{[R_{e1}][O_{x2}]}{[O_{x1}][R_{e2}]}$$

这个氧化还原反应的两个半反应为：

$$O_{x1} + ne \rightleftharpoons R_{e1}$$

$$O_{x2} + ne \rightleftharpoons R_{e2}$$

$$\varphi_1 = \varphi_1^0 + \frac{0.059}{n}\lg\frac{[O_{x1}]}{[R_{e1}]}$$

$$\varphi_2 = \varphi_2^0 + \frac{0.059}{n}\lg\frac{[O_{x2}]}{[R_{e2}]}$$

反应平衡时，两电对电位相等，即 $\varphi_1 = \varphi_2$

$$\varphi_1^0 + \frac{0.059}{n}\lg\frac{[O_{x1}]}{[R_{e1}]} = \varphi_2^0 + \frac{0.059}{n}\lg\frac{[O_{x2}]}{[R_{e2}]}$$

$$\varphi_1^0 - \varphi_2^0 = \frac{0.059}{n}\lg\frac{[O_{x2}][R_{e1}]}{[R_{e2}][O_{x1}]} = \frac{0.059}{n}\lg K$$

$$\lg K = \frac{n(\varphi_1^0 - \varphi_2^0)}{0.059}$$

由上式可以看出，两电对的电位差越大，平衡常数 K 越大，反应越完全。

通常两电对的标准电极电位之差在 0.2 ~ 0.4V 时，即可反应完全。

2.1.5.3 影响氧化还原反应的因素

1. 影响氧化还原反应方向的因素

在标准状况下，根据氧化还原反应中两个电对的标准电极电位大小或通过用能斯特方程式计算有关氧化还原电对电位来判断氧化还原反应进行的方向。但是，在实际工作中情况是复杂的，当外界温度、酸度、浓度等发生变化时，将影响氧化还原反应进行的方向。

（1）氧化剂和还原剂的浓度对反应方向的影响

从能斯特方程式可以看出，氧化剂和还原剂的浓度发生变化时，电对的电极电位也会相应地发生改变。当两电对的标准电极电位相差很小时，可通过改变氧化剂或还原剂的浓度来改变反应的方向。

利用沉淀和配位反应，可以使电对中的某一组分和加入的沉淀剂（或配位剂）反应，生成沉淀物（或配位化合物），由于沉淀物（或配位化合物）的生成改变了氧化剂和还原剂的浓度，从而影响了电对的电极电位，因而就有可能影响反应进行的方向。

（2）溶液酸度对反应的影响

有些氧化剂的氧化作用必须在酸性溶液中发生，而且酸度越大其氧化能力越强。例如 $KMnO_4$、$K_2Cr_2O_7$ 等。

同时应该指出，当两个电对的标准电极电位相差很小时，才能比较容易地通过改变溶液的酸度来改变反应的方向。

2. 影响氧化还原反应速度的因素

多数氧化还原反应比较复杂，通常需用一定时间才能反应完全，所以在氧化还原滴定分析中，必须考虑反应的速度。而影响氧化还原反应速度的因素有浓度、酸度、温度和催化剂等。

(1) 浓度对反应速度的影响

在氧化还原反应中，由于反应机理比较复杂，所以不能从总的氧化还原反应方程式来判断反应浓度对反应速度的影响程度。但一般说来，反应物的浓度越大，反应的速度越快。

(2) 温度对反应速度的影响

温度对反应速度的影响是很复杂的。对大多数反应来说，升高溶液的温度，可提高反应速度。这是由于溶液的温度升高时，不仅增加了反应物之间的碰撞几率，更重要的是增加了活化分子或活化离子的数目，所以提高了反应速度。通常溶液的温度每增高10℃，反应速度约增大2~3倍。

应该注意，不是所有的情况下都允许用升高溶液温度的办法来加快反应速度。有些物质(如I_2)具有较大的挥发性，如将溶液加热，则会引起挥发损失；有些物质(如Sn^{2+}、Fe^{2+}等)很容易被空气中的氧氧化，如将溶液加热，就会促进它们氧化，从而引起误差。在这些情况下，如果要提高反应的速度，就只有采用别的办法了。

(3) 催化剂对反应速度的影响

对有些反应催化剂能加快反应速度。例如，$KMnO_4$与$H_2C_2O_4$的反应，即使在强酸性溶液中，将温度加到75~85℃，滴定时最初几滴$KMnO_4$的褪色很慢，但加入少许Mn^{2+}，反应能很快进行，这里Mn^{2+}就起了催化作用。

催化反应的机理非常复杂，在催化反应中，由于催化剂的存在，可能新产生了一些不稳定的中间价态的离子、游离基或活泼的中间配合物，从而改变了原来的氧化还原反应历程，或者降低了原来进行反应时所需的活化能，使反应速度发生变化。

另外氧化剂和还原剂的性质对反应速度也有很大的影响，不同性质的氧化剂和还原剂，其反应速度相差极大。这与它们的电子层结构、标准电极电位的差别和反应历程等因素有关，情况较复杂，目前对此问题了解尚不清楚。

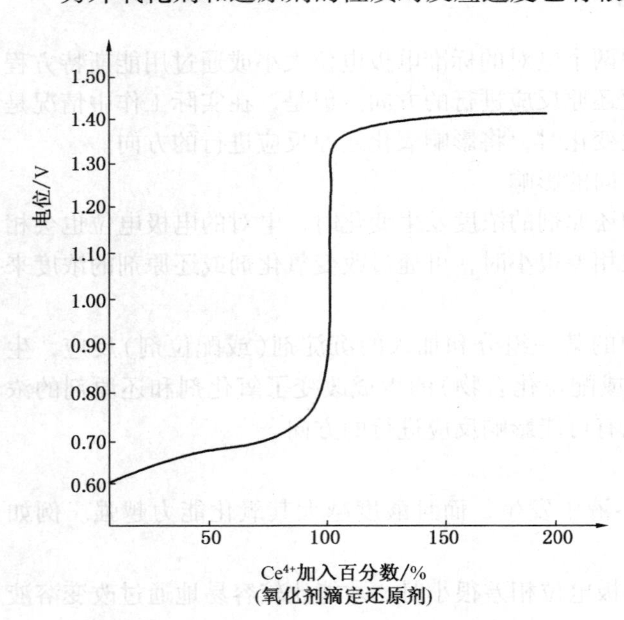

图2-2-12　0.1000mol/L Ce^{4+}滴定0.1000mol/L Fe^{2+}的滴定曲线

2.1.5.4　氧化还原滴定曲线

在氧化还原滴定中，随着滴定剂的加入，被滴定物质的氧化态和还原态的浓度逐渐改变，电对的电位也随之不断改变，这种电位的改变的情况可用滴定曲线表示，如图2-2-12。滴定曲线一般通过实验测得，但也可以根据能斯特公式，从理论上进行计算。

与酸碱滴定相似，化学计量点附近的电位突跃越大，越易准确确定化学计量点。

两电对电位差越大，化学计量点附近的电位突越也越大。在氧化还原滴定中，借助指示剂目测终点时，通常要求化学计量点附近有0.2V以上的突跃。

2.1.5.5　氧化还原滴定法滴定终点的确定

在氧化还原滴定过程中，除了用电位法确定终点外，还可利用某些物质在化学计量点附近时颜色的改变来指示滴定终点。这些物质可用作氧化还原滴定中的指示剂。

氧化还原滴定中常用的指示剂有以下几种类型：

1. 标准滴定溶液自身作指示剂

在氧化还原滴定中，有些标准滴定溶液或被滴定的物质本身有颜色，如果反应后变为无色或浅色的物质，那么滴定时就不必另加指示剂。如 $KMnO_4$ 法中，MnO_4^- 与还原性物质在酸性溶液中反应时，$MnO_4^- \rightarrow Mn^{2+}$，生成的 Mn^{2+} 在极稀的溶液中呈无色。当到达化学计量点时，稍过量半滴就使溶液变为粉红色，以指示滴定终点到达；实验证明，当 $KMnO_4$ 浓度约为 10^{-5}mol/L 时，就可看到溶液呈粉红色。

2. 专属指示剂

碘遇淀粉呈现蓝色是碘的特征反应，可溶性淀粉与碘溶液反应，生成深蓝色的化合物，当 I_2 被还原为 I^- 时，深蓝色消失，因此在碘量法中，就以淀粉为指示剂指示滴定终点的到达，淀粉是碘量法的专属指示剂。淀粉的组成对显色灵敏度有影响。含直链多的淀粉，其显色灵敏度较含支链结构多的淀粉灵敏度高，且色调更近纯蓝，红紫色成分较少。在室温下，用淀粉可检出 10^{-5}mol/L 的碘溶液，温度高，灵敏度降低。

3. 氧化还原指示剂

氧化还原指示剂大多是结构复杂的有机化合物，它们具有氧化还原性，它们的氧化型和还原型具有不同的颜色。例如：

$$\underset{\substack{\text{氧化型} \\ \text{一种颜色}}}{In(OX)} \quad + \underset{n\text{个电子}}{ne} \rightleftharpoons \underset{\substack{\text{还原型} \\ \text{另一种颜色}}}{In(Red)}$$

随着滴定过程中溶液电位值的变化，指示剂的[In(O)]/[In(R)]亦按能斯特公式所示的关系变化：

$$\varphi = \varphi_{In}^{\circ} + \frac{0.059}{n}\lg\frac{[In(O)]}{[In(R)]}$$

与酸碱指示剂的变色情况相似，当[In(O)]/[In(R)]≥10 时，溶液呈现氧化态的颜色，此时

$$\varphi \geqslant \varphi_{In}^{\circ} + \frac{0.059}{n}\lg 10 = \varphi_{In}^{\circ} + \frac{0.059}{n}$$

当[In(O)]/[In(R)]≤1/10 时，溶液呈现还原态的颜色，此时

$$\varphi \leqslant \varphi_{In}^{\circ} + \frac{0.059}{n}\lg\frac{1}{10} = \varphi_{In}^{\circ} - \frac{0.059}{n}$$

故指示剂变色的电位范围为 $\varphi^{\circ} \pm \frac{0.059}{n}$。当[In(O)]/[In(R)]=1 时，称为变色点，$\varphi = \varphi^{\circ}$

指示剂的氧化还原反应是可逆反应。显然当用氧化剂作标准滴定溶液时，所选用的指示剂本身应是还原型的。随着氧化剂标准滴定溶液的滴入，被测定的还原性物质的量逐渐降低。当滴定到达化学计量点时，稍过量的氧化剂标准滴定溶液将指示剂由还原型氧化成氧化型，从而使溶液的颜色由一种颜色转变成另一种颜色，指示滴定终点的到达。

各种氧化还原指示剂都有其特有的标准电极电位。选择指示剂时，应该选用变色点的电位值在滴定突跃范围内的氧化还原指示剂。指示剂的标准电位和滴定终点的标准电位越接近，滴定误差越小。表 2-2-14 列出了常用的氧化还原指示剂。

表 2-2-14　常用的氧化还原指示剂

指示剂	分子式	颜色变化		$[H^+]=1mol/L$
		氧化型	还原型	φ^{o}_{In}/V
亚甲基蓝		蓝	无色	0.36
二苯胺	$C_{12}H_{11}N$	紫	无色	0.76
二苯胺磺酸钠	$C_{12}H_{10}O_3NSNa$	紫红	无色	0.85
邻苯氨基苯甲酸	$C_{12}H_{11}NO_2$	紫红	无色	1.08
邻菲罗啉	$C_{12}H_8N_2 \cdot H_2O$	浅蓝	红	1.06
5-硝基邻菲罗啉	$C_{12}H_2O_2N_3$	浅蓝	紫红	1.25

2.1.5.6　高锰酸钾法

1. 方法简介

高锰酸钾是一种较强的氧化剂，在强酸性溶液中与还原剂作用，

$$MnO_4^- + 8H^+ + 5e = Mn^{2+} + 4H_2O \quad \varphi^{o} = 1.51V$$

在弱酸或碱性溶液中与还原剂作用，

$$MnO_4^- + 2H_2O + 3e = MnO_2 \downarrow + 4OH^- \quad \varphi^{o} = 0.588V$$

在分析实验中很少用后一种反应，因为反应后生成的 MnO_2 为棕色沉淀，影响终点的观察。在酸性溶液中的反应常用 H_2SO_4 酸化而不用 HNO_3，因为 HNO_3 是氧化性酸，可能与被测物反应，也不用 HCl，因为 HCl 中的 Cl^- 有还原性也能与 $KMnO_4$ 反应。

利用 $KMnO_4$ 作氧化剂可用直接法测定还原性物质，也可用间接法测定氧化性物质，此时先将一定量的还原剂标准滴定溶液加入被测定的氧化性物质中，待反应完毕后，再用 $KMnO_4$ 标准滴定溶液返滴剩余量的还原剂标准滴定溶液。用 $KMnO_4$ 法进行测定是以 $KMnO_4$ 自身为指示剂。

高锰酸钾法的优点是氧化能力强，应用广泛。MnO_4^- 本身有颜色，10^{-5} mol/L $KMnO_4$ 溶液即可显示出粉红色，所以用它滴定无色或浅色溶液时一般不需另加指示剂。高锰酸钾法主要缺点是试剂常含少量杂质，因而溶液不够稳定。此外，又由于高锰酸钾的氧化能力强，能和很多还原性物质发生作用，所以干扰也较严重。

2. 高锰酸钾溶液的配制和标定

（1）配制

$KMnO_4$ 试剂中含有少量 MnO_2 和其他杂质，蒸馏水中常常含有微量的还原性物质，如尘埃、有机物，这些物质都能慢慢地使 $KMnO_4$ 还原。另外，$KMnO_4$ 溶液在放置过程中能自身分解而使浓度降低。因此，$KMnO_4$ 标准滴定溶液不能用直接法配制，必须先配制成近似浓度的溶液，然后用基准物质标定其准确浓度。为此采取下列步骤配制：

① 称取稍多于计算用量的 $KMnO_4$，溶解于一定体积的蒸馏水中，将溶液加热煮沸，保持微沸 15min，并放置两周，使还原性物质完全被氧化。

② 用微孔玻璃漏斗过滤，除去 MnO_2 沉淀，滤液移入棕色瓶中保存，避免 $KMnO_4$ 见光分解。

一般配制的 $KMnO_4$ 溶液，经小心配制和存放在暗处，在半年内浓度改变不大。但 0.02mol/L 的 $KMnO_4$ 不宜长期储存。

具体配制[$c_{(1/5KMnO_4)}=0.1mol/L$]方法如下：称取3.3g $KMnO_4$，溶于1050mL水中，缓慢煮沸15min，冷却后置于暗处保存两周，以4号玻璃滤埚(事先用相同浓度的$KMnO_4$溶液煮沸15min)过滤，储存于棕色瓶(用$KMnO_4$洗2～3次)中。

(2) 标定

标定$KMnO_4$标准滴定溶液的基准物很多，如$Na_2C_2O_4$、$H_2C_2O_4\cdot 2H_2O$、$(NH_4)_2Fe(SO_4)_2\cdot 6H_2O$(分析纯)和纯铁丝等。其中最常用的是$Na_2C_2O_4$，因为它易于提纯、稳定，没有结晶水，在105～110℃烘至质量恒定即可使用。

标定反应如下：$2MnO_4^- + 5C_2O_4^{2-} + 16H^+ = 2Mn^{2+} + 10CO_2\uparrow + 8H_2O$

具体标定方法如下：

称取0.2g于105～110℃烘至质量恒定的基准草酸钠，称准至0.0001g。溶于100mL硫酸溶液(8+92)中，用配制好的$KMnO_4$溶液滴定，近终点时加热至65℃，继续滴定至溶液呈粉红色，并保持30s。同时作空白试验。

注意开始滴定时因反应速度慢，滴定速度要慢，待反应开始后，由于Mn^{2+}的催化作用，反应速度变快，滴定速度方可加快。近终点时加热至65℃，是为了使$KMnO_4$与$Na_2C_2O_4$反应完全。

$KMnO_4$标准滴定溶液浓度按下式计算：

$$c_{(1/5KMnO_4)} = \frac{m\times 1000}{(V_1 - V_2)\times M_{(1/2Na_2C_2O_4)}}$$

式中　m——$Na_2C_2O_4$的质量，g；

V_1——$KMnO_4$溶液的用量，mL；

V_2——空白试验$KMnO_4$溶液的用量，mL；

$M_{(1/2Na_2C_2O_4)}$——以($1/2Na_2C_2O_4$)为基本单元的摩尔质量(66.999g/mol)。

3. 应用示例

(1) 直接滴定法

高锰酸钾氧化能力强，可直接滴定许多还原性物质。例如在酸性溶液中，H_2O_2能还原MnO_4^-，并释放出O_2，其反应式为：

$$5H_2O_2 + 2MnO_4^- + 6H^+ = 5O_2\uparrow + 2Mn^{2+} + 8H_2O$$

根据化学反应得等物质的量关系：$n_{(1/5KMnO_4)} = n_{(1/2H_2O_2)}$

因此，H_2O_2可用$KMnO_4$标准滴定溶液直接滴定。

(2) 间接滴定法

以钙盐中钙的测定为例。先将样品处理成溶液，使Ca^{2+}进入溶液中，然后利用Ca^{2+}与$C_2O_4^{2-}$生成沉淀CaC_2O_4，经过滤洗涤后，溶于热的稀H_2SO_4中，用$KMnO_4$标准滴定溶液滴定，根据消耗的$KMnO_4$标准滴定溶液的体积，可计算出钙的含量。反应式为：

$$Ca^{2+} + C_2O_4^{2-} = CaC_2O_4\downarrow \text{白}$$

$$CaC_2O_4 + 2H^+ = Ca^{2+} + H_2C_2O_4$$

$$5H_2C_2O_4 + 2MnO_4^- + 6H^+ = 2Mn^{2+} + 10CO_2\uparrow + 8H_2O$$

根据化学反应式得等物质的量关系

$$n_{(Ca^{2+})} = n_{(CaC_2O_4)}$$

$$n_{(CaC_2O_4)} = n_{(H_2C_2O_4)}$$

$$n_{(1/2CaC_2O_4)} = n_{(1/5KMnO_4)}$$

通过代换得：$n_{(1/2Ca^{2+})} = n_{(1/5KMnO_4)}$，即可通过间接滴定法滴定 Ca^{2+} 含量。

（3）返滴定法

以软锰矿中 MnO_2 测定为例。将矿样在过量还原剂 $Na_2C_2O_4$ 的硫酸溶液内溶解还原，然后，再用 $KMnO_4$ 标准滴定溶液滴定剩余的还原剂 $C_2O_4{}^{2-}$，根据加入 $Na_2C_2O_4$ 标准滴定溶液体积和 $KMnO_4$ 标准滴定溶液滴定剩余 $C_2O_4{}^{2-}$ 消耗体积，可计算出软锰矿中 MnO_2 的含量。反应式为：

$$MnO_2 + C_2O_4^{2-} + 4H^+ = Mn^{2+} + 2CO_2 \uparrow + 2H_2O$$

$$2MnO_4^- + 5C_2O_4^{2-} + 16H^+ = 2Mn^{2+} + 8H_2O + 10CO_2 \uparrow$$

根据化学反应式得等物质的量关系：$n_{(MnO_2)} = n_{(C_2O_4^{2-})}$

$$n_{(1/5KMnO_4)} = n_{(1/2C_2O_4^{2-})}$$

通过代换整理得：$n_{(1/2MnO_2)} = n_{(1/2Na_2C_2O_4)} - n_{(1/5KMnO_4)}$，即可通过返滴定法滴定 MnO_2 含量。

2.1.5.7　*重铬酸钾法*

1. 方法简介

重铬酸钾法是以 $K_2Cr_2O_7$ 为标准滴定溶液进行滴定的氧化还原法。$K_2Cr_2O_7$ 是强氧化剂，标准电极电位 $\varphi^{\circ} = 1.36V$。在酸性溶液中，被还原为 Cr^{3+}。反应式为：

$$Cr_2O_7^{2-} + 14H^+ + 6e = 2Cr^{3+} + 7H_2O$$

$K_2Cr_2O_7$ 是稍弱于 $KMnO_4$ 的氧化剂，它与 $KMnO_4$ 对比，具有以下优点：

（1）$K_2Cr_2O_7$ 溶液较稳定，置于密闭容器中，浓度可保持较长时间不变。

（2）$K_2Cr_2O_7$ 的 $\varphi^{\circ}_{Cr_2O_7^{2-}/2Cr^{3+}} = 1.36V$，与氯的 $\varphi^{\circ}_{Cl_2/2Cl^-} = 1.36V$ 相等，因此可在 HCl 介质中进行滴定，不会因 $K_2Cr_2O_7$ 氧化 Cl^- 而产生误差。

（3）$K_2Cr_2O_7$ 容易制得纯品，因此可作基准物用直接法配制成标准滴定溶液。但用 $K_2Cr_2O_7$ 法测定样品需要用氧化还原指示剂。

$K_2Cr_2O_7$ 溶液为橘黄色，$Cr_2O_7{}^{2-}$ 还原后转化为绿色的 Cr^{3+}，但溶液变化不明显，所以，不能根据它本身的颜色变化来确定滴定终点，而需要采用氧化还原指示剂。一般用二苯胺磺酸钠作指示剂，滴定到终点时溶液由绿色（Cr^{3+} 的颜色）变为紫红色。

重铬酸钾法最重要的应用是测定铁的含量。通过 $Cr_2O_7{}^{2-}$ 和 Fe^{2+} 的反应，还可以测定其他氧化性或还原性物质。例如钢中铬的测定，先用适当的氧化剂将铬氧化为 $Cr_2O_7{}^{2-}$，然后用 Fe^{2+} 标准滴定溶液滴定。

$Cr_2O_7{}^{2-}$ 与 Fe^{2+} 的滴定反应式为：

$$Cr_2O_7^{2-} + 6Fe^{2+} + 14H^+ = 2Cr^{3+} + 6Fe^{3+} + 7H_2O$$

根据化学反应式得等物质的量关系：

$$n_{(Fe^{2+})} = n_{(1/6Cr_2O_7^{2-})}$$

根据此关系可确定铁的质量分数。

2. 重铬酸钾溶液的配制和标定

（1）方法一

① 配制

称取5g重铬酸钾，溶于1000mL水中，摇匀。

② 标定

量取35.00～40.00mL配制好的重铬酸钾溶液，置于碘量瓶中，加2g碘化钾及20mL硫酸(20%)，摇匀，于暗处放置10min。加150mL水(15～20℃)，用硫代硫酸钠标准滴定溶液滴定[$c_{(Na_2S_2O_3)}=0.1mol/L$]，近终点时加2mL淀粉指示液(10g/L)，继续滴定至溶液由蓝色变为亮绿色。同时作空白试验。重铬酸钾标准滴定溶液的浓度按下式计算：

$$c_{(1/6K_2Cr_2O_7)}=\frac{(V_1-V_2)c_1}{V}$$

式中 V_1——硫代硫酸钠标准滴定溶液的体积，mL；

V_2——空白试验硫代硫酸钠标准滴定溶液的体积，mL；

c_1——硫代硫酸钠标准滴定溶液的浓度，mol/L；

V——重铬酸钾溶液的体积，mL。

(2) 方法二

称取4.90g±0.20g已在120℃±2℃烘干至恒重的$K_2Cr_2O_7$基准试剂，用适量的水溶解后，定量地转入1000mL容量瓶中，稀释至刻度。重铬酸钾标准滴定溶液的浓度按下式计算：

$$c_{(1/6K_2Cr_2O_7)}=\frac{m\times1000}{M_{(1/6K_2Cr_2O_7)}\cdot V}$$

式中 m——重铬酸钾基准物的质量，g；

$M_{(1/6K_2Cr_2O_7)}$——重铬酸钾的摩尔质量，$M_{(1/6K_2Cr_2O_7)}=49.031g/mol$；

V——容量瓶的体积，L。

2.1.5.8 碘量法

1. 方法简介

碘量法是常用的氧化还原滴定方法之一。它是以I_2的氧化性和I^-的还原性为基础的滴定分析方法。其反应式为：

$$I_2+2e=2I^- \qquad \varphi^{\circ}_{I_2/2I^-}=0.545V$$

由标准电极电位数值可知，I_2是一个较弱的氧化剂，能与较强的还原剂作用；而I^-是一种中等强度的还原剂，能与许多氧化剂作用，因此，碘量法可分为直接碘量法和间接碘量法两种。

(1) 直接碘量法(碘滴定法)

直接碘量法是用I_2标准滴定溶液直接滴定一些较强的还原剂的方法。其反应式为：

$$I_2+2e=2I^-$$

直接碘量法只能在中性或弱酸性介质中进行，因为在碱性溶液中，I_2能与碱发生反应，而消耗I_2引起误差。其反应式为：

$$3I_2+6OH^-=IO_3^-+5I^-+3H_2O$$

(2) 间接碘量法(滴定碘法)

在一定条件下，利用I^-的还原性，使之与一些氧化性物质反应，产生等物质的量的I_2(或I_3^-)，然后用还原剂$Na_2S_2O_3$标准滴定溶液滴定生成的I_2，间接测定物质含量的方法称为间接碘量法。其反应式为：

$$2I^--2e=I_2$$

$$I_2 + 2S_2O_3^{2-} = 2I^- + S_4O_6^{2-}$$

判断碘量法的终点，常用淀粉为指示剂，直接碘量法的终点是从无色变为蓝色，间接碘量法的终点是从蓝色变为无色。

淀粉溶液应在滴定近终点时加入，如果过早地加入，淀粉会消耗较多的I_2，使滴定结果产生误差。

在间接碘量法中，为了获得准确的结果，必须注意以下两点：

① 控制溶液的酸度

$S_2O_3^{2-}$ 与 I_2 之间的反应很迅速、完全，但必须在中性或弱酸性溶液介质中进行，因为碱性介质中，I_2 与 $S_2O_3^{2-}$ 将发生下列反应：

$$S_2O_3^{2-} + 4I_2 + 10OH^- = 2SO_4^{2-} + 8I^- + 5H_2O$$

$$3I_2 + 6OH^- = IO_3^- + 5I^- + 3H_2O$$

如在强酸性溶液中，$Na_2S_2O_3$ 溶液会发生分解，反应为：

$$S_2O_3^{2-} + 2H^+ = SO_2\uparrow + S\downarrow + H_2O$$

同时I^-在酸性溶液介质中易被空气中的 O_2 氧化，反应为：

$$4I^- + 4H^+ + O_2 = 2I_2 + 2H_2O$$

光线照射能促进I^-被空气中 O_2 氧化

② 防止 I_2 的挥发和空气中 O_2 氧化I^-

碘量法的误差主要来源于两方面：一方面是 I_2 易挥发，另一方面是在酸性溶液中I^-容易被空气中的 O_2 氧化。为此，应采取适当的措施，以减小误差。

防止 I_2 挥发的方法：

a. 加入过量的 KI(一般比理论值大 2 ~ 3 倍)；

因为反应生成的 I_2 易挥发，通过加入 KI 能使 I_2 形成 I_3^-，以增大 I_2 的溶解度，降低 I_2 的挥发性，同时可加快反应的速度和提高反应的完全程度。

b. 控制溶液的温度；

反应时溶液的温度不能高，一般在室温下进行，因为升高温度增大 I_2 的挥发。保存 $Na_2S_2O_3$ 溶液时，室温升高会增大细菌的活性，加速 $Na_2S_2O_3$ 的分解。

c. I_2 溶液应保存在带严密塞子的棕色瓶中，并放置在暗处。因 I_2 易挥发，在日光照射下易发生以下反应：

$$I_2 + H_2O \xrightleftharpoons{\text{日光}} HI + HIO$$

防止I^-被 O_2 氧化的方法：

a. 溶液的酸度不宜太高，因增高溶液酸度，会增加 O_2 氧化I^-的速度；

b. Cu^{2+}、NO_2^-等催化 O_2 对I^-的氧化，故应设法消除其影响。日光亦有催化作用，故应避免阳光直接照射；

c. 析出 I_2 后，不能让溶液放置过久；

d. 滴定速度宜适当地快些。

2. 标准滴定溶液的配制和标定

碘量法中经常使用的有 $Na_2S_2O_3$ 和 I_2 两种标准滴定溶液。下面分别介绍这两种溶液的配制和标定方法。

(1) $Na_2S_2O_3$ 溶液的配制和标定

结晶的 $Na_2S_2O_3 \cdot 5H_2O$ 容易风化，并含有少量 S、S^{2-}、SO_3^{2-}、CO_3^{2-}、Cl^- 等杂质，因此不能用直接法制，只能用标定法制备。

$Na_2S_2O_3$ 容易受空气和微生物的作用发生分解，因此，配制 $Na_2S_2O_3$ 溶液时，应注意以下几点：

① 应用新煮沸的冷却蒸馏水配制，目的是驱除 CO_2，杀死微生物，防止 $Na_2S_2O_3$ 的分解。并应加入少量 Na_2CO_3 使溶液呈弱碱性，以抑制细菌的再生长；

② 配制好的 $Na_2S_2O_3$ 溶液应放于棕色玻璃瓶中，放置暗处；

③ 配制好的 $Na_2S_2O_3$ 应放置两周后，取清液进行标定。长期保存的溶液，应每隔一定时期重新加以标定。如发现变浑(表示有 S 析出)时，应过滤后再标定，或重新另配制溶液。

例如，配制 $c_{(Na_2S_2O_3)}=0.1mol/L$ 溶液 1L，配制过程为：称取 26g 硫代硫酸钠($Na_2S_2O_3 \cdot 5H_2O$)(或 16g 无水硫代硫酸钠)，加 0.2g 无水碳酸钠，溶于 1000mL 水中，缓缓煮沸 10min，放置两周后过滤。

标定 $Na_2S_2O_3$ 溶液的基准物有 $K_2Cr_2O_7$、KIO_3 和 $KBrO_3$ 等。由于 $K_2Cr_2O_7$ 价廉易提纯，因此常用做基准物。

称取 0.18g 于 120℃ ±2℃ 干燥至恒重的重铬酸钾基准试剂，置于碘量瓶中，溶于 25mL 水，加 2g 碘化钾及 20mL 硫酸溶液(20%)，摇匀，于暗处放置 10min。加 150mL 水(15～20℃)，用配制好的硫代硫酸钠溶液滴定，近终点时加 2mL 淀粉指示液(10g/L)，继续滴定至溶液由蓝色变为亮绿色。同时做空白试验。

硫代硫酸钠标准滴定溶液的浓度按下式计算：

$$c_{(Na_2S_2O_3)}=\frac{m\times 1000}{(V_1-V_2)M_{(1/6K_2Cr_2O_7)}}$$

式中 m——重铬酸钾基准物的质量，g；

V_1——硫代硫酸钠溶液的体积，mL；

V_2——空白试验硫代硫酸钠溶液的体积，mL；

$M_{(1/6K_2Cr_2O_7)}$——重铬酸钾的摩尔质量，$M_{(1/6K_2Cr_2O_7)}=49.031g/mol$。

$K_2Cr_2O_7$ 与 KI 的反应条件如下：

① 溶液的酸度愈大，反应速度越快，但酸度太大时，I^- 容易被空气中的 O_2 氧化，所以酸度一般以 0.2～0.4mol/L 为宜。

② $K_2Cr_2O_7$ 与 KI 作用时，应将溶液储于碘瓶或锥形瓶中(盖好表面皿)，在暗处放置一定时间，待反应完全后，再进行滴定。且反应时要加入过量的 KI 和 HCl。加入过量的 KI 和 HCl 不仅为了加快反应速度，也为防止 I_2 的挥发。此时生成 I_3^- 配位离子。由于 I^- 在酸性溶液中易被空气中的氧氧化，I_2 易被日光照射分解，故需要置于暗处避免见光。

③ 由于第一步反应要求在强酸性溶液中进行，而 $Na_2S_2O_3$ 与 I_2 的反应必须在弱酸性或中性溶液中进行，因此需要加水稀释以降低酸度，防止 $Na_2S_2O_3$ 分解。此外由于 $Cr_2O_7^{2-}$ 的还原产物是 Cr^{3+}，显墨绿色，妨碍终点的观察，稀释后溶液中 Cr^{3+} 浓度降低，墨绿色变浅，使终点易于观察。

④ 所用 KI 溶液中不应含有 KIO_3 或 I_2。

滴定至终点后，经过 5 分钟以上，溶液又出现蓝色，这是由于空气氧化 I^- 所引起的，不影响分析结果。若滴至终点后，很快又转变为蓝色，表示反应未完全(指 KI 与 $K_2Cr_2O_7$ 的反应)，应另取溶液重新标定。

(2) I_2 标准滴定溶液的配制和标定($c_{(1/2I_2)}=0.1mol/L$)

用升华法制得的纯碘，可以直接配制标准滴定溶液。但由于碘的挥发性及对天平的腐蚀性，不宜在分析天平上称量，故通常先配制一个近似浓度的溶液，然后进行标定。

称取13g碘及35g碘化钾，溶于100mL水中，稀释至1000mL，摇匀，储存于棕色瓶中。

I_2 在水中的溶解度小，而且易挥发，但易溶于KI的溶液中，形成 KI_3 配合物，溶解度增大，挥发性降低。

I_2 易挥发，在日光照射下易发生以下反应：

$$I_2+H_2O \xrightleftharpoons{日光} HI+HIO$$

因此 I_2 溶液应保存在带严密塞子的棕色瓶中，并放置在暗处。由于 I_2 溶液腐蚀金属和橡皮，所以滴定时应装在棕色酸式滴定管中。

I_2 溶液浓度可用 As_2O_3(俗称砒霜，剧毒)作为基准物质进行标定。As_2O_3 难溶于水，但易溶于碱溶液中，经中和后与 I_2 进行反应，生成亚砷酸。但由于 As_2O_3 有剧毒，目前大多使用已标定好的 $Na_2S_2O_3$ 来进行标定。

量取35.00~40.00mL配制好的碘溶液，置于碘量瓶中，加150mL水(15~20℃)，用硫代硫酸钠标准滴定溶液滴定，近终点时加2mL淀粉指示液(10g/L)，继续滴定至溶液蓝色消失。

同时做水所消耗碘的空白试验：取250mL水(15~20℃)，加0.05~0.20mL配制好的碘溶液及2mL淀粉指示液(10g/L)，用硫代硫酸钠标准滴定溶液滴定至溶液蓝色消失。

I_2 标准滴定溶液的浓度按下式计算：

$$c_{(1/2I_2)}=\frac{(V_1-V_2)c_1}{V_3-V_4}$$

式中 V_1——硫代硫酸钠溶液的体积，mL；

V_2——空白试验硫代硫酸钠溶液的体积，mL；

V_3——碘溶液的体积，mL；

V_4——空白试验中加入碘溶液的体积，mL；

c_1——硫代硫酸钠标准滴定溶液的浓度，mol/L。

2.1.5.9 *溴酸钾法*

1. 方法简介

溴酸钾法是以 $KBrO_3$ 为标准滴定溶液的滴定分析法。$KBrO_3$ 在酸性溶液中是较强的氧化剂，它的标准电极电位 $\varphi^{o}_{BrO_3^-/Br}=1.46V$，在酸性条件中反应如下：

$$BrO_3^-+6e+6H^+ \rightleftharpoons Br^-+3H_2O$$

反应中 $KBrO_3$ 获得6e，其基本单元为($1/6KBrO_3$)，摩尔质量 $M_{(1/6KBrO_3)}=27.83g/mol$。

溴酸钾法的实质是用 Br_2 作标准滴定溶液，因为 Br_2 能取代一些饱和有机化合物中的氢，因此利用溴的取代反应能直接测定许多有机物，如测定苯酚、苯胺、甲酚及间苯二酚等。

$$C_6H_5OH\ (苯酚)+3Br_2 \rightleftharpoons C_6H_2Br_3OH\ (三溴苯酚)+3HBr$$

苯酚　　　三溴苯酚

由于 Br_2 极易挥发，故溴的标准滴定溶液浓度极不稳定。因此通常用 $KBrO_3$ 与 KBr 的混合溶液代替溴的标准滴定溶液，因为此混合液遇酸时，就发生以下反应：

$$BrO_3^- + 5Br^- + 6H^+ \longrightarrow 3Br_2 + 3H_2O$$

游离的 Br_2 能氧化还原性物质。有些物质不能被 $KBrO_3$ 直接氧化，但可以和 Br_2 定量反应。因此可采取下述方法测定。

用过量的 $KBrO_3 - KBr$ 作标准滴定溶液，在酸性条件下析出 Br_2，让 Br_2 与被测物质反应，剩余的 Br_2 再与 KI 作用析出 I_2，析出的 I_2 用 $Na_2S_2O_3$ 标准滴定溶液滴定，以淀粉为指示剂。

$$BrO_3^- + 5Br^- + 6H^+ \rightleftharpoons 3Br_2 + 3H_2O$$

$$Br_2(\text{剩余量}) + 2I^- \rightleftharpoons 2Br^- + I_2$$

$$I_2 + 2S_2O_3^{2-} \rightleftharpoons 2I^- + S_4O_6^{2-}$$

这是间接溴酸钾法，它在有机分析中应用较多。

2. 溴酸钾标准滴定溶液的配制

溴酸钾很容易从水溶液中提纯，因此可用直接法配制标准滴定溶液。

$KBrO_3 - KBr$ 标准滴定溶液的配制：用直接称量法精确称取 2. 7840g 在 130 ~ 140℃ 干燥的分析纯级 $KBrO_3$，溶于少量水中，加入 14gKBr，全部溶解后转入 1L 容量瓶中，加水稀释至刻度，混匀。此溶液即为 $KBrO_3 - KBr$ 标准滴定溶液。

2. 2　重量分析法

2. 2. 1　概述

重量分析法也称称量分析法，一般是先称取一定质量的试样，将试样处理后，使被测组分与试样中其他组分分离，然后将被测组分或其余组分再进行称量，从而计算被测组分的质量分数。根据被测组分与试样中其他组分分离的方法不同，称量分析法一般分为以下几种方法：

1. 沉淀法

沉淀法是重量分析法中的主要方法。这种方法是将被测组分以微溶化合物的形式沉淀出来，再将沉淀过滤、洗涤、烘干或灼烧，最后称重，计算其含量。

例如，测定试样中的钡时，可以在制备好的溶液中，加入过量的 H_2SO_4 后生成 $BaSO_4$ 沉淀，根据所得沉淀的质量，即可求出试样中钡的百分含量。

2. 气化法

一般是通过加热或其他方法使试样中的被测组分挥发逸出，然后根据试样质量的减轻计算该组分的含量；或者当该组分逸出时，选择一吸收剂将它吸收，然后根据吸收剂重量的增加计算该组分的含量。

例如，测定试样中的吸湿水或结晶水时，可将试样烘干至恒重，试样减少的质量，即所含水分的质量。也可以将加热后产生的水气吸收在干燥剂里，干燥剂增加的质量，即所含水分的质量。根据称量结果，可求出试样中吸湿水或结晶水的含量。

3. 电解法

利用电解原理，使金属离子在电极上析出，然后称重，求得其含量。

重量分析法直接用分析天平称量即获得分析结果，不需要标准试样或基准物质进行比较。如果分析方法可靠，操作细心，称量误差一般是很小的。所以对于常量组分的测定，通常能得到准确的分析结果，相对误差约0.1% ~0.2%。但是重量分析法操作烦琐，耗时较长，也不适用于微量和痕量组分的测定。

目前，重量分析主要用于含量不太低的硅、硫、磷、钨、钼、镍、锆、铪、铌和钽等元素的精确分析。

2.2.2 重量分析法中对沉淀形式的要求及沉淀剂的选择

利用沉淀反应进行重量分析时，通过加入适当的沉淀剂，使被测组分以适当的沉淀形式沉淀出来，然后过滤、洗涤，再将沉淀烘干或灼烧成适当的“称量形式”称重。沉淀形式和称量形式可以相同，也可以不同。例如，用 $BaSO_4$ 重量法测定 Ba^{2+} 或 SO_4^{2-} 时，沉淀形式和称量形式都是 $BaSO_4$，两者相同；而用草酸钙重量法测定 Ca^{2+} 时，沉淀形式是 $CaC_2O_4 \cdot H_2O$，灼烧后转化为 CaO 形式称重，两者不同。

2.2.2.1 重量分析对沉淀形式的要求

(1) 沉淀的溶解度必须很小，这样才能保证被测组分沉淀完全。通常要求沉淀溶解损失不超过0.0002g；

(2) 沉淀应易于过滤和洗涤。为此，在进行沉淀操作时，要控制沉淀条件，得到颗粒大的晶形沉淀。如果是无定形沉淀，尽可能获得结构紧密的沉淀；

(3) 沉淀必须纯净，不应混进沉淀剂和其他杂质；

(4) 沉淀要便于转化为合适的称量形式。

2.2.2.2 重量分析对称量形式的要求

(1) 称量形式的组成必须与化学式相符；

(2) 称量形式必须十分稳定，不受空气中水分、CO_2 和 O_2 等的影响；

(3) 称量形式的相对分子质量要大，被测组分在称量形式中的含量应尽可能小，这样可增大称量式的质量，减少称量的相对误差，提高分析的准确度。

2.2.2.3 沉淀剂的选择

1. 沉淀剂应为易挥发或易分解的物质，在灼烧时，可自沉淀中将其除去；

2. 沉淀剂应具有特效性。

目前广泛应用有机沉淀剂，因为它具有较大的相对分子质量和选择性，形成的沉淀具有较小的溶解度，并且有鲜艳的颜色和便于洗涤的结构。其所形成的沉淀只需烘干即可称量。

2.2.3 影响沉淀纯度和溶解度的因素

2.2.3.1 影响沉淀纯度的因素

1. 共沉淀现象

当沉淀从溶液中析出时，溶液中其他可溶性组分被沉淀带下来而混入沉淀中的现象称为共沉淀现象。例如，用 H_2SO_4 沉淀 Ba^{2+} 时，若溶液中含有杂质 $FeCl_2$，则生成 $BaSO_4$ 沉淀时常夹杂有 $Fe_2(SO_4)_3$ 而显棕黄色。共沉淀是沉淀重量法中最重要的误差来源之一。引起共沉淀的原因主要有以下三种：

(1) 表面吸附 沉淀表面吸附杂质，其吸附量与下列因素有关：

① 杂质浓度 杂质浓度越大，则吸附杂质的量越多；

② 沉淀总表面积 同质量的沉淀，颗粒越大，则总表面积越小，与溶液接触面就小，因而吸附杂质的量就少；

③ 溶液温度 吸附作用是一个放热过程，溶液温度升高，吸附杂质的量减少。

（2）生成混晶　如果杂质离子半径与构晶离子半径相近，电荷又相同，它们极易生成混晶。例如，$BaSO_4$ 与 $PbSO_4$ 的晶体结构相同，Pb^{2+} 就可能混入 $BaSO_4$ 晶格中，与 $BaSO_4$ 生成混晶而被共沉淀。

（3）吸留　吸留是指在沉淀过程中，特别是沉淀剂加入过快时，沉淀迅速长大，使得吸附在沉淀表面的杂质离子来不及离开，而被包夹在沉淀内部的现象。

2. 后沉淀现象

所谓后沉淀是指沉淀析出后，在沉淀与母液一起放置过程中，溶液中本来难于析出的某些杂质离子可能沉淀到原沉淀表面上的现象。这是由于沉淀表面吸附了构晶离子，它再吸附溶液中带相反电荷的杂质离子时，在表面附近形成了过饱和溶液，因而使杂质离子沉淀到原沉淀表面上。

例如，在含有少量 Mg^{2+} 的 $CaCl_2$ 溶液中，加入 $H_2C_2O_4$ 沉淀剂时，由于 CaC_2O_4 溶解度比 MgC_2O_4 的溶解度小，CaC_2O_4 析出沉淀，而 MgC_2O_4 当时并未析出，但沉淀与母液一起放置一段时间后，CaC_2O_4 沉淀表面上就有 MgC_2O_4 沉淀析出。

2.2.3.2　影响沉淀溶解度的因素

影响沉淀溶解度的因素很多，如同离子效应、盐效应、酸效应、配位效应等，此外，温度、介质、晶体结构和颗粒大小，也对溶解度有影响。现分别加以讨论。

1. 同离子效应

组成沉淀的离子称为构晶离子。当沉淀反应达到平衡后，如果向溶液中加入含有某一构晶离子的试剂或溶液，则沉淀的溶解度减小，这就是同离子效应。

例如，25℃时，$BaSO_4$ 在水中的溶解度为：

$$s=[Ba^{2+}]=[SO_4^{2-}]=\sqrt{K_{sp}}=\sqrt{1.1\times10^{-10}}=1.05\times10^{-5}\text{mol/L}$$

如果使溶液中的 ${SO_4}^{2-}$ 增至 0.10mol/L，则此时 $BaSO_4$ 的溶解度为：

$$s=[Ba^{2+}]=\frac{K_{sp}}{[SO_4^{2-}]}=\frac{1.1\times10^{-10}}{0.10}=1.1\times10^{-9}\text{mol/L}$$

即 $BaSO_4$ 的溶解度由原来的 1.05×10^{-5}mol/L 降低至 1.1×10^{-9}mol/L，减小了约 1.0×10^4 倍。

在实际工作中，通常利用同离子效应，即加大沉淀剂的用量，使被测组分沉淀完全。但也不能片面地理解为沉淀剂加得越多越好，沉淀剂加得太多，有时可能引起盐效应、酸效应及配位效应等副反应，反而使沉淀的溶解度增大。一般情况下，沉淀剂过量 50% ~100% 是合适的，对沉淀灼烧时不易挥发的沉淀剂，则以过量 20% ~30% 为宜。

2. 盐效应

实验结果表明，在 KNO_3、$NaNO_3$ 等强电解质存在的情况下，$PbSO_4$、AgCl 的溶解度比在纯水中大，而且溶解度随这些强电解质的浓度的增大而增大。这种由于加入了强电解质而增大沉淀溶解度的现象，称为盐效应。

盐效应增大沉淀的溶解度。构晶离子的电荷愈高，影响也愈严重。这是因为高价离子的活度系数受离子强度的影响较大的缘故。

由于盐效应的存在，所以在利用同离子效应降低沉淀溶解度时，应考虑到盐效应的影响，即沉淀剂不能过量太多，否则将使沉淀的溶解度增大，反而不能达到预期的效果。

如果沉淀本身的溶解度很小，如许多水合氧化物沉淀和某些金属螯合物沉淀，盐效应的影响实际上是非常小的，可以忽略不计。一般来说，只有当沉淀的溶解度本来就比较大，而溶液的离子强度又是很高时，才需要考虑盐效应的影响。

3. 酸效应

溶液酸度对沉淀溶解度的影响，称为酸效应。

酸度对沉淀溶解度的影响是比较复杂的。对于不同类型的沉淀，其影响情况不一样。通常，对于弱酸盐沉淀，如 CaC_2O_4、$CaCO_3$、CdS、$MgNH_4PO_4$ 等，应在较低的酸度下进行沉淀；如果沉淀本身是弱酸，如硅酸（$SiO_2 \cdot nH_2O$）、钨酸（$WO_3 \cdot nH_2O$）等，易溶于碱，则应在强酸性介质中进行沉淀；如果沉淀是强酸盐，如 AgCl 等，在酸性介质中进行沉淀时，溶液的酸度对沉淀的溶解度影响不大，因为酸度变化时，溶液中强酸根离子的浓度无显著变化。对于硫酸盐沉淀，由于 H_2SO_4 的 K_{a2}不大，所以溶液的酸度太高时，沉淀的溶解度也随之增大。其中，还伴随有盐效应的影响。

4. 配位效应

进行沉淀反应时，若溶液中存在有能与构晶离子生成可溶性配合物的配位剂，则反应向沉淀溶解的方向进行，影响沉淀的完全程度，甚至不产生沉淀，这种影响称为配位效应。

配位效应对沉淀溶解度的影响与配合剂的浓度及配合物的稳定性有关。配位剂的浓度愈大，生成的配合物愈稳定，沉淀的溶解度愈大。

进行沉淀反应时，有时沉淀剂本身就是配合剂。那么，反应中既有同离子效应，降低沉淀的溶解度，又有配合效应，增大沉淀的溶解度。如果沉淀剂适当过量，同离子效应起主导作用，沉淀的溶解度降低；如果沉淀剂过量太多，则配合效应起主导作用，沉淀的溶解度反而增大。

5. 影响沉淀溶解的其他因素

（1）温度的影响

沉淀的溶解反应绝大部分是吸热反应，因此沉淀的溶解度一般随温度的升高而增大。沉淀的性质不同，其影响程度也不一样。通常，对一些在热溶液中溶解度较大的沉淀，如 $MgNH_4PO_4$ 等，为了避免因沉淀溶解太多而引起损失，过滤、洗涤等操作应在室温下进行。但对于无定形沉淀，如 $Fe_2O_3 \cdot nH_2O$、$Al_2O_3 \cdot nH_2O$ 等，由于它们的溶解度很小，而溶液冷却后很难过滤，也难洗涤干净，所以一般都趁热过滤，并用热的洗涤液洗涤沉淀。

（2）溶剂的影响

无机物大部分是离子型晶体，它们在水中的溶解度一般比在有机溶剂中大一些。例如，$PbSO_4$ 沉淀在水中的溶解度为每 100mL4. 5mg，而在 30% 乙醇的水溶液中，溶解度降低为 0. 23mg/100mL。在分析化学中，经常于水溶液中加入乙醇、丙酮等有机溶剂来降低沉淀的溶解度。

应该指出，当采用有机沉淀剂时，所得沉淀在有机溶剂中的溶解度一般较大。

（3）沉淀颗粒大小的影响

实验证明，当晶体颗粒非常小时，可以观察到颗粒大小对溶解度的影响。同一种沉淀，晶体颗粒大，溶解度小；晶体颗粒小，溶解度大。在实际工作中，常通过陈化作用，即将沉淀置溶液中放置一段时间，使小晶体转化为大晶体，以减小沉淀的溶解度。

（4）形成胶体溶液的影响

进行沉淀反应时，特别是对于无定形沉淀的沉淀反应，如果条件掌握不好，易形成胶体溶液，甚至使已经凝聚的胶状沉淀产生“胶溶”作用（已凝集的胶状沉淀重新转变成胶体溶液的过程称为胶溶作用）而引起损失，因此应防止形成胶体溶液。将溶液加热和加入大量电解质，对破坏胶体和促进胶凝作用甚为有效。

（5）沉淀析出形态的影响

有许多沉淀，初生时为“亚稳态”，放置后逐渐转化为“稳定态”，亚稳态的溶解度比稳定态大，所以沉淀能自发地由亚稳态转化为稳定态。

2.2.4 沉淀的条件

2.2.4.1 沉淀的类型

在重量分析中，为了获得准确的分析结果，要求沉淀完全、纯净，而且易于过滤和洗涤。为此，必须根据不同的沉淀类型，选择不同的沉淀条件，以获得合乎重量分析要求的沉淀。

沉淀按其物理性质不同，可粗略地分为两类：一类是晶形沉淀，另一类是无定形沉淀。无定形沉淀又称为非晶形沉淀或胶状沉淀。$BaSO_4$ 是典型的晶形沉淀，$Fe_2O_3 \cdot nH_2O$ 是典型的无定形沉淀。AgCl 是一种凝乳状沉淀，按其性质来说，介于两者之间。从沉淀的颗粒大小来看，晶形沉淀最大，无定形沉淀最小。然而从整个沉淀外形来看，由于晶形沉淀是由较大的沉淀颗粒组成，内部排列较规则，结构紧密，所以整个沉淀所占的体积是比较小的，极易沉降于容器的底部。无定形沉淀是由许多疏松聚集在一起的微小颗粒组成的，沉淀颗粒的排列杂乱无章，其中又包含大量数目不定的水分子，所以是疏松的絮状沉淀，整个沉淀体积庞大，不像晶形沉淀那样能很好地沉降在容器的底部。

关于晶形沉淀的形成，目前研究得比较多。一般认为在沉淀过程中，首先是构晶离子在饱和溶液中形成晶核，然后进一步成长为按一定晶格排列的晶形沉淀。晶核的形成有两种情况，一种是均相成核作用；另一种是异相成核作用。所谓均相成核作用，是指构晶粒子在过饱和溶液中，通过离子的缔合作用，自发地形成晶核。溶液的相对过饱和度愈大，愈易引起均相成核作用。所谓异相成核作用，是指溶液中混有固体微粒，在沉淀过程中，这些微粒起着晶种的作用，诱导沉淀的形成。

在重量分析中，最好能获得晶形沉淀。如果是无定形沉淀，则应注意掌握好沉淀条件，以改善沉淀的物理性质。

沉淀的颗粒大小，与进行沉淀反应时构晶离子的浓度有关，例如，在一般情况下，从稀溶液中沉淀出来的 $BaSO_4$ 是晶形沉淀，但是，以乙醇和水为混合溶剂，将浓的 $Ba(SCN)_2$ 溶液和 $MnSO_4$ 溶液混合，得到的却是凝乳状的 $BaSO_4$ 沉淀。此外，沉淀颗粒的大小，也与沉淀本身的溶解度有关。沉淀本身的溶解度愈大，所得沉淀的颗粒也愈大，为晶形沉淀；沉淀本身的溶解度愈小，沉淀的颗粒也愈小，为无定形沉淀。

2.2.4.2 晶形沉淀的沉淀条件

（1）沉淀作用应当在适当稀的溶液中进行。这样，在沉淀过程中，溶液的相对饱和度不大，均相成核作用不显著，容易生成大颗粒的晶形沉淀。这样的沉淀易滤、易洗。同时，由于晶粒大，比表面小，溶液稀，杂质的浓度相应减小，所以共沉淀现象也相应减小，有利于得到纯净的沉淀。但是，不能理解为溶液愈稀愈好。如果溶液太稀，由沉淀溶解而引起的损失可能会超过允许的分析误差。因此，对于溶解度较大的沉淀，溶液不宜过分稀释。

（2）应该在不断地搅拌下，缓慢地加入沉淀剂。通常，当一滴沉淀剂溶液加入试液中时，由于来不及扩散，所以在两种溶液混合的地方，沉淀剂的浓度比溶液中其他地方的浓度高，这种现象称为“局部过浓”现象。由于局部过浓现象，使该部分溶液的相对过饱和度变得很大，导致产生严重的均相成核作用，形成大量的晶核，以至于获得颗粒较小、纯度差的沉淀。在不断搅拌下，缓慢地加入沉淀剂，显然可以减小局部过浓现象。

(3) 沉淀作用应当在热溶液中进行。一般地说，沉淀的溶解度随温度的升高而增大，沉淀吸附杂质的量随温度升高而减少。在热溶液中进行沉淀，一方面可增大沉淀的溶解度，降低溶液的相对过饱和度，以便获得大的晶粒；另一方面，又能减少杂质的吸附量，有利于得到纯净的沉淀。此外，升高溶液的温度，可以增加构晶离子的扩散速度，从而加快晶体的成长，有利于获得大的晶粒。但应该指出，对于溶解度较大的沉淀，在热溶液中析出沉淀后，宜冷却至室温后再过滤，以减少沉淀溶解的损失。

(4) 沉淀完全后，让初生的沉淀与母液一起放置一段时间，这个过程称为“陈化”。在陈化过程中，小晶粒逐渐溶解，大晶粒进一步长大。这是因为在同样条件下，小晶粒的溶解度比大晶粒大。在同一溶液中，对大晶粒为饱和溶液时，对小晶粒为未饱和，因此，小晶粒就要溶解。溶解到一定程度后，溶液对小晶粒为饱和溶液时，对大晶粒则为过饱和，因此，溶液中的构晶离子就在大晶粒上沉积。沉积到一定程度后，溶液对大晶粒为饱和溶液时，对小晶粒又为未饱和，又要溶解。如此反复进行，小晶粒逐渐消失，大晶粒不断长大。

在陈化过程中，不仅小晶粒转化为大晶粒，而且还可以使不完整的晶粒转化为较为完整的晶粒，亚稳态的沉淀转化为稳定态的沉淀。

加热和搅拌可以增大沉淀的溶解速度，也增大离子在溶液中的扩散速度，因此可以缩短陈化时间。有些沉淀需要在室温下陈化几小时或十几小时，而在加热和搅拌下，可以缩短为1～2h，甚至只需几十分钟。

陈化作用也能使沉淀变得更加纯净。这是因为晶粒变大后，比表面减小，吸附杂质量少，同时由于小晶粒溶解，原来吸附、吸留或包夹的杂质，亦将重新进入溶液中，因而提高了沉淀的纯度。但是，陈化作用对伴随有混晶共沉淀的沉淀，不一定能提高纯度，对伴随有后沉淀的沉淀，不仅不能提高纯度，有时反而会降低纯度。

2.2.4.3　无定形沉淀的沉淀条件

无定形沉淀如 $Fe_2O_3 \cdot nH_2O$ 及 $Al_2O_3 \cdot nH_2O$ 等，溶解度一般很小，因此，在生成无定形沉淀的过程中，溶液的相对过饱和度是相当大的，所以很难通过减小溶液的相对过饱和度来改变沉淀的物理性质。无定形沉淀是由许多沉淀微粒聚集而成的，沉淀的颗粒小，比表面大，吸附杂质多，又容易胶溶，而且沉淀的结构疏松、体积庞大，含水量大，不易过滤和洗涤。所以对无定形沉淀，主要是设法破坏胶体，防止胶溶和加速沉淀微粒的凝聚，其次是要使沉淀形成较为紧密的形状以减少吸附，因此，无定形沉淀的沉淀条件应该是：

(1) 沉淀应当在较浓的溶液中进行　在较浓的溶液中，离子的水化程度较小，因此，在较浓的溶液中进行沉淀，得到的沉淀含水量少，体积较小，结构也较紧密。同时，沉淀颗粒也容易凝聚。但是在浓溶液中，杂质的浓度也相应提高，增大了杂质被吸附的可能性。因此，在沉淀反应完毕后，需要加热水(例如100mL左右)稀释，充分搅拌，使大部分吸附在沉淀表面上的杂质离开沉淀表面而转移到溶液中去。

(2) 沉淀应当在热溶液中进行　在热溶液中，离子的水化程度大为减少，有利于得到含水量少，结构紧密的沉淀。同时，在热溶液中进行沉淀，可以促进沉淀颗粒的凝聚，防止形成胶体溶液，而且还可以减少沉淀表面对杂质的吸附，有利于提高沉淀的纯度。

(3) 沉淀时加入大量电解质或某些能引起沉淀微粒凝聚的胶体　电解质可防止胶体溶液的形成。这是因为电解质能中和胶体微粒的电荷，降低其水化程度，有利于胶体微粒的凝聚。为了防止洗涤时沉淀发生胶溶现象，洗涤液中也应加入适量的电解质，但必须指出，为了避免电解质混入沉淀中而引起重量分析的误差，通常采用易挥发的铵盐或稀的强酸作洗涤液。

有时于溶液中加入某些胶体，可使被测组分沉淀完全，例如，测定 SiO_2 时，通常是在强酸性介质中析出硅胶沉淀。但由于硅胶沉淀能形成带负电荷的胶体，所以沉淀不完全。如果向溶液中加入带正电荷的动物胶，由于相互凝聚作用，可使硅胶沉淀较完全。

（4）不必陈化　沉淀完毕后，趁热过滤，不要陈化，否则无定形沉淀因放置后，将逐渐失去水分而聚集得更为紧密，使已吸附的杂质难以洗去。

此外，沉淀时不断搅拌，对无定形沉淀也是有利的。

2.2.4.4　均匀沉淀法

在一般的沉淀方法中，沉淀剂是由外部加入试液中的。此时，尽管沉淀剂是在不断搅拌下缓慢地加入的，但沉淀剂在溶液中的局部过浓现象仍然难免。为了避免局部过浓现象，可采用均匀沉淀法。在这种方法中，加入到溶液中的沉淀剂不立刻与被测组分发生反应，而是通过一化学反应，使溶液中的一种构晶离子（构晶阴离子或阳离子）由溶液中缓慢地、均匀地产生出来，从而使沉淀在整个溶液中缓慢地、均匀地析出。

用均匀沉淀法得到的沉淀颗粒较大，表面吸附杂质少，易滤，易洗。用均匀沉淀法，甚至可以得到具有结晶性质的 $Fe_2O_3 \cdot nH_2O$、$Al_2O_3 \cdot nH_2O$ 等水合氧化物沉淀。但应该指出，对于混晶共沉淀现象，用均匀沉淀法也不能避免。

2.2.5　沉淀法的基本操作

沉淀法的基本操作过程是，首先按要求称取一定质量的试样，溶解制成溶液，加入沉淀剂进行沉淀，根据沉淀的性质考虑陈化或立即过滤，沉淀经过滤、洗涤、烘干或灼烧后称其质量，然后通过前后质量和换算因数的计算得到被测组分的含量。

2.2.5.1　试样的称取和溶解

1. 称取试样

试样的称取量主要取决于沉淀的类型和性质。称量过多，沉淀量大，会造成过滤洗涤困难；称量过少，最后称量的沉淀形式的量就少，引入的误差就大。称量法中，试样的称取量一般都由沉淀形式的质量换算得到，而对沉淀形式的质量一般要求是，晶形沉淀 0.3 ~ 0.5g，无定形沉淀 0.1 ~ 0.2g。

2. 溶解试样

试样可根据其性质，分别采用水溶、酸溶、碱溶和高温溶融处理后制成溶液。溶样用的烧杯必须洁净，底部及内壁光滑无划痕，大小合适，搅拌棒应斜放在烧杯中高出烧杯 3 ~ 5cm，盖烧杯的表面皿约大于烧杯口。溶解过程若有气体产生或需加热溶解时，完毕后应该用洗瓶吹洗表面皿凸面并使吹洗液沿杯壁流入烧杯内，同时吹洗烧杯内壁。

2.2.5.2　沉淀的生成

左手拿吸满沉淀剂溶液的滴管将沉淀剂滴加到待测离子的溶液中。滴管口应接近液面，以免溶液溅出，边滴边用右手持玻璃棒搅拌，搅拌棒不可碰撞杯壁和杯底，以避免划伤内壁使沉淀附着在上面。根据沉淀性质选择是否加热和滴加沉淀剂的速度。沉淀完毕后，应检查沉淀是否完全。方法是：将溶液静置，待沉淀完全沉降后，于上层清液液面上滴加沉淀剂，滴加处若无浑浊现象，则沉淀已完全，否则需补加沉淀剂。然后根据沉淀的性质选择是否静置或陈化，或立即用热水冲稀搅拌迅速过滤。

2.2.5.3　沉淀的过滤和洗涤

过滤的目的是将沉淀与母液分离，通常过滤是通过滤纸或玻璃砂芯漏斗或玻璃砂芯坩埚进行。具体操作参看第一部分3.4.3沉淀的过滤和洗涤。

2.2.5.4　沉淀的干燥和灼烧

干燥和灼烧的目的是除去洗涤后沉淀中的水分和洗涤液中的挥发性物质，使沉淀具有一定的组成，这个组成经过干燥和灼烧后成为具有恒定组成的称量式。具体操作参看第一部分3.4.4沉淀的干燥和灼烧。

2.2.5.5　重量分析结果计算

将所得的沉淀的质量，换算成被测组分的含量，分析结果常以质量分数表示被测组分的含量，并且表示为百分数的形式。一般计算公式为：

$$被测组分含量\% = \frac{被测组分质量}{试样质量} \times 100$$

如果最后得到的称量形式就是被测组分的形式，则分析结果的计算比较简单。例如，重量法测定岩石中的 SiO_2，称样0.2000g，析出硅胶沉淀后灼烧成 SiO_2 的形式称重，得0.1364g，则试样中 SiO_2 的质量分数为：

$$SiO_2\% = \frac{0.1364}{0.2000} \times 100 = 68.20$$

但是，在很多情况下，沉淀的称量形式与被测组分的表示形式不一样，这时就需要由称量形式的质量计算出被测组分的质量，即 $W = FW'$

式中的 W 为被测组分重，W' 为称量形式重，F 为换算因数，或称为化学因数。F 为 W 和 W' 之间的比例系数。具体地说，知道了称量形式的重量后，乘以换算因数，即可求得被测组分的重量。换算因数可根据有关的化学式求得。现将常用的换算因数列于表2－2－15。

表2－2－15　常用换算因数表

被测组分	沉 淀 式	称 量 式	换算因数
Fe	$Fe_2O_3 \cdot nH_2O$	Fe_2O_3	$\frac{2Fe}{Fe_2O_3}$
Fe_3O_4	$Fe_2O_3 \cdot nH_2O$	Fe_2O_3	$\frac{2Fe_3O_4}{3Fe_2O_3}$
MgO	$MgNH_4PO_4 \cdot 6H_2O$	$Mg_2P_2O_7$	$\frac{2MgO}{Mg_2P_2O_7}$

第3章 仪 器 分 析

3.1 电化学分析

3.1.1 概述

基于电化学原理和物质的电化学性质而建立起来的分析方法称为电化学分析法。它是根据被测物质溶液的各种电化学性质（电极电位、电流、电量、电导或电阻等）来确定其组成及含量的分析方法。

电化学分析方法可分为三类：

第一类是根据在某一特定条件下，化学电池（电解池或电导池）中的电极电位、电量、电流、电压特性以及电导（或电阻）等物理量与溶液浓度的关系进行分析的方法，例如电位测定法、恒电位库仑法、极谱分析法和电导测定法等。这类分析法的特点是操作简便、分析快速，但溶液的电参数与溶液组分间的关系随实验条件而变。它主要用于微量组分的定量分析。

第二类是以化学电池的电极电位、电量电流、电导等物理量的突变作为指示滴定终点的分析方法，因此也称为电容量分析法。例如电位滴定法、库仑滴定法、电流滴定法和电导滴定法等。这类分析方法的准确度比第一类高，但操作麻烦。除了库仑滴定法外多数用于常量组分的定量分析。

第三类是将试液中某一被测组分通过电极反应转化为金属或氧化物固相，然后由工作电极上析出的金属或氧化物的重量来确定该组分含量的分析方法，称为电重量分析法，即电解分析法。它主要用于常量无机组分的定量分析与电离。

电化学分析法的特点如下。

（1）准确度高　如库仑分析法和电解分析法的准确度很高。前者特别适用于微量组分的测定，后者适用于高含量成分的测定。精密库仑滴定分析的理论相对误差为0.0001%。

（2）灵敏度较高　如离子选择电极法的检出限可达10^{-7}mol/L，有的电化学分析检出限可达10^{-12}mol/L。

（3）测量范围宽　电位分析法及微库仑分析法等可用于微量组分的测定；电解分析法、电容量分析法及库仑分析法则可用于中等含量组分及纯物质的分析。

（4）易实现自动化　仪器设备较简单，价格低廉，仪器的调试和操作都较简单，容易实现自动化。

（5）选择性较好　除电导分析和恒电流电重量分析法以外，其他都有较好的选择性，如控制阴极电位电解法可在多种金属共存时分离并测定一种金属。

3.1.2 电化学基础知识

3.1.2.1 化学电池

化学电池是化学能与电能相互转化的电化学反应器，它分为原电池和电解池两大类。

1. 原电池

原电池由两根电极插入电解质溶液中组成。它是把化学能转变成电能的装置。

铜－锌原电池是一个典型的原电池，如图2－3－1所示。

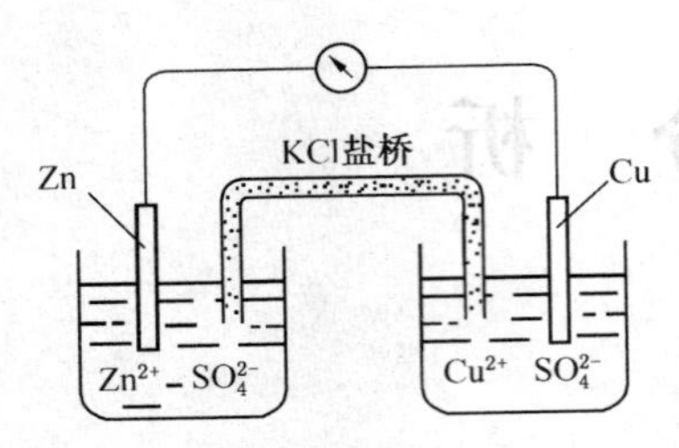

图 2-3-1　铜-锌原电池

该电池是将锌片插入 1.0mol/L 的硫酸锌溶液中，将铜片插入 1.0mol/L 的硫酸铜溶液中，两种溶液用盐桥相联。将两极串接一个电流表，则有电流通过，同时锌电极有锌溶解，铜电极上有铜析出。

锌比铜活泼，容易失去电子被氧化成 Zn^{2+} 而进入溶液：

$$Zn \rightleftharpoons Zn^{2+} + 2e$$

电子留在锌电极上，成为负极。电子从负极通过导线，流向铜电极，硫酸铜溶液中 Cu^{2+} 离子从铜电极上获得电子被还原为金属铜在铜极上析出：

$$Cu^{2+} + 2e \rightleftharpoons Cu$$

在上述反应进行的一瞬间，在硫酸锌溶液中因 Zn^{2+} 过多而带正电荷，$CuSO_4$ 溶液则由于 Cu^{2+} 变为 Cu，使 ${SO_4}^{2-}$ 过多而带负电荷，溶液不能保持电中性，将影响放电作用的继续进行，外电不再有电流通过。由于盐桥的作用，其中 Cl^- 向 $ZnSO_4$ 溶液扩散，K^+ 向 $CuSO_4$ 溶液扩散，分别中和过剩的正负电荷，使得失电子的过程继续进行，一直到锌电极完全溶解，或 $CuSO_4$ 溶液中的 Cu^{2+} 完全沉淀为止。

上述装置中所进行的原电池总反应是：

$$Zn + Cu^{2+} \rightleftharpoons Zn^{2+} + Cu$$

此反应与把一块锌片放在 $CuSO_4$ 溶液中的反应相同，只不过是这种氧化还原反应的两个半反应分别在两处进行，电子不直接从还原剂转移到氧化剂，而是通过外电路进行转移，电子进行定向移动，产生了电流，实现了由化学能到电能的转化。

原电池由两个半电池组成。在铜锌原电池中锌和硫酸锌溶液组成一个半电池，铜和硫酸铜溶液组成另一个半电池，在每个半电池中有同一种元素的不同氧化态所组成的电对。分别在两个半电池所发生的氧化还原反应叫半电池反应，也称电极反应。氧化和还原反应的总反应称为电池反应。组成半电池的导体称为电极。例如铜锌电池中的锌电极和铜电极，此电极参与了半电池反应。

原电池中，流出电子的电极为负极，接受电子的电极为正极。在铜锌电池中，锌电极是负极，铜电极是正极。

原电池装置用符号表示，铜锌电池的符号为：

$$(-)Zn \mid ZnSO_4 \parallel CuSO_4 \mid Cu(+)$$

其中"｜"表示两相之间的界面，"‖"表示两溶液用盐桥相连接，(－)和(＋)分别表示负极和正极。习惯上规定把负极和有关的溶液体系(注明浓度)写在左边，正极和有关的溶液体系(注明浓度)写在右边，即左边的电极进行氧化反应，右边的电极进行还原反应。

任何一个自发的氧化还原反应，原则上都可以设计成电池(气体不能直接作为电极，必须附以不活泼的金属如铂)。书写气体电极时必须注明气体压力，如氢电极书写成 H^+ (0.1mol/L) | H_2(100kPa)，Pt。

形成电池的重要条件之一就是要使氧化与还原反应分开在两个电极上进行，否则，如果将锌片直接接触 $CuSO_4$ 溶液，则锌片与 Cu^{2+} 直接发生氧化还原反应，此时化学能不能转变为电能，而是以热能的形式释放出来。

2. 电解池

电解池的结构与原电池相似，只是在两电极上反向接入一个外电源。如铜-锌原电池，在标准态下，锌电极接外电源的负极，铜电极接外电源的正极，若外加电压略大于铜－锌电池的电动势，则在两电极上发生如下电极反应：

锌电极（－）：$Zn^{2+} + 2e \longrightarrow Zn$（阴极）

铜电极（＋）：$Cu \longrightarrow Cu^{2+} + 2e$

电解池总反应：$Zn^{2+} + Cu \longrightarrow Cu^{2+} + Zn$

上述反应不能自发进行，只有外加适当的电能才能使化学反应得以进行。这种将电能转变为化学能的装置叫电解池。使电解进行的最低外加电压叫做该电解质的分解电压。

电化学中对化学电池的极性有自己的规定，它规定发生氧化反应的电极总是阳极，发生还原反应的电极总是阴极，这与电学中规定的外电路中电流是由正极流向负极并不总是一致的。在电解池中，正极发生氧化反应，是电解池的阳极，负极发生的是还原反应，是电解池的阴极。而在原电池中，正极发生还原反应，是阴极，负极发生氧化反应，是阳极，所以不能简单地把电池的正极看作化学电池的阳极。

库仑分析法、极谱分析法、溶出伏安法等都是利用电解池的原理进行的。

3.1.2.2 电极电位与能斯特方程

1. 能斯特方程

把原电池的两电极用导线连接起来，就有电流通过，说明两电极之间有电位差存在，或者说两电极的电极电位是不同的。

电极电位和溶液中对应的离子活度（浓度）有关，其关系可用能斯特方程（2－3－1）表示

$$\varphi = \varphi^{\circ} + \frac{RT}{nF}\ln\frac{[\text{氧化态}]}{[\text{还原态}]} \qquad (2-3-1)$$

式中 φ——电极平衡时的电极电位，V；

φ°——电对的标准电极电位，V；

R——理想气体常数，8.3144J/(mol·K)；

T——热力学温度，K；

n——电极反应中转移的电子数；

F——法拉第常数，96487C/mol；

[氧化态]——平衡时，氧化态的活度，mol/L；

[还原态]——平衡时，还原态的活度，mol/L。

在具体应用能斯特方程时，常用浓度代替活度，用常用对数代替自然对数，在常温25℃时，能斯特方程可近似地简化成式（2－3－2）：

$$\varphi = \varphi^{\circ} + \frac{0.059}{n}\lg\frac{c_{\text{氧化态}}}{c_{\text{还原态}}} \qquad (2-3-2)$$

式中，c 表示各种反应组分平衡时的物质的量的浓度。

对于一种组分，至少有一种状态为离子状态，因此电极电位与溶液中离子浓度有直接的关系，也即通过测量电极电位就可求得待测离子的浓度，这是直接电位法的理论依据。

2. 影响电极电位的因素

根据能斯特方程可知影响电极电位的主要因素是浓度、温度、电子数。

（1）浓度的影响　参加电极反应的离子浓度是影响电极电位的主要因素。

（2）温度的影响　在能斯特方程中，RT/nF 称为能斯特斜率，它与温度有关。对于$n=1$的离子，25℃时斜率为0.059V。温度升高斜率增加，温度降低斜率减小。因此测量电极电

位时温度的影响不可忽视。

(3) 转移电子数的影响　能斯特斜率 RT/nF 也受转移电子数 n 的影响，n 越大斜率越小。在25℃，$n=1$ 时，斜率为0.059V，若 $n=2$，斜率只有0.030V。因此直接电位法对测定 $n=1$ 的离子灵敏度较高，对于高价离子，测定灵敏度则降低。

3. 标准电极电位

原电池的电动势，可以用高阻抗的电压测量仪器直接测量得出。从测得的电动势数据就可知道正负两电极之间的电位差。

但是，到目前为止，还不能测得单个电极的电极电位的绝对值，因此，人们只能想办法定出它们之间相对的电位值。

测量电极电位与测量一座山的高度相仿。到目前为止，还没有办法测出一座山的绝对高度，而只能选一个参考点(如假定山脚下一块平地作为参考点)规定它为零，从这个零点开始往上测量这座山的高度是多少。实际这是一个相对于这个参考点的高度。参考点选择不同，高度也就不同。测量电极电位也采取相似办法，只要选定一个电极作为参比电极，并规定它的电极电位为零，我们就可将待测电极与这个参比电极构成一个原电池，通过测量这个原电池的电动势，求得待测电极的电极电位。

现在国际上公认采用标准氢电极作为参比电极，规定标准氢电极的电位为零。标准氢电极是指101325Pa的氢与 H^+ 的活度为1的酸性溶液所构成的电极体系，其电极反应为：

$$2H^+ + 2e \rightleftharpoons H_2(g)$$

因为氢是气体，不能直接作为电极，所以需要一个镀有铂黑(铂片上镀上一层疏松而多孔的金属铂，呈黑色，以提高对氢的吸收量)的铂电极，插入酸性溶液中吸收氢气，高纯度氢气不断冲打到铂片上，使氢气在溶液中达到饱和。

当待测电极氧化态的活度和还原态的活度均为1时，以标准氢电极作参比，测得的电动势就是这支待测电极的标准电极电位，用符号 φ° 表示。但是，待测电极的电位有的比标准氢电极电位正，有的比标准氢电极电位负。也就是说，各种电极的标准电极电位有正负号问题。过去由于各自采用的规定方法不同，所以，正负号的采用比较混乱，不统一。现在国际上规定，电子从外电路由标准氢电极流向待测电极的，待测电极电位定为正号，表示待测电极能自发进行还原反应。电子从外电路由待测电极流向标准氢电极的，待测电极的电极电位定为负号，表示待测电极的还原反应不能自发进行。按照这样规定测得的标准电极电位称为还原电极电位。其半电池反应写成还原反应式，例如：

$$Zn^{2+} + 2e \rightleftharpoons Zn \quad \varphi^{\circ} = -0.763V$$

$$Ag^+ + e \rightleftharpoons Ag \quad \varphi^{\circ} = +0.799V$$

这表示，标准银电极与标准氢电极相连接时，银电极为正极，而氢电极为负极，因而 $Ag^+ \rightarrow Ag$ 的还原反应能自发进行。相反，当标准锌电极与标准氢电极相连接时，锌电极为负极，而氢电极为正极，因而 $Zn^{2+} \rightarrow Zn$ 的还原反应不能自发进行。

3.1.2.3　电极

1. 参比电极

用来提供电位标准的电极(电位值已知的电极)称为参比电极。参比电极不受离子浓度影响，电极电位基本恒定。

(1) 标准氢电极

在25℃时规定标准氢电极的电位为0V，是校正其他指示电极和参比电极的基准。用氢电极作参比电极虽然准确，但操作不方便，实际应用的不多。

（2）甘汞电极

甘汞电极是分析中最常用的参比电极。甘汞电极内部有一根铂丝，插入汞与甘汞的糊状物内，外玻璃管中为饱和氯化钾溶液。具体结构见图 2－3－2。

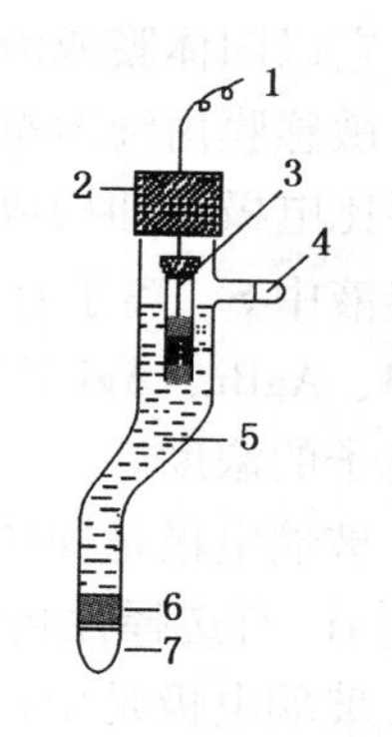

图 2－3－2 甘汞电极

1—导线；2—绝缘体；
3—内部电极；4—胶塞；
5—KCl 溶液；6—多孔物质；
7—橡皮帽

甘汞电极的符号为：

$$Hg \mid Hg_2Cl_2(s) \mid KCl\ 溶液$$

电极反应为：

$$2Hg \rightleftharpoons Hg_2^{2+} + 2e$$

$$Hg_2^{2+} + 2Cl^- \rightleftharpoons Hg_2Cl_2(S)$$

总电极反应为：

$$2Hg + 2Cl^- \rightleftharpoons Hg_2Cl_2 + 2e$$

当温度一定（25℃）时，其电极电位取决于溶液中 Cl^- 离子的浓度。只要 Cl^- 的浓度一定，电极电位的数值就是基本恒定的。

使用甘汞电极注意事项：

① 电极在使用前应将侧管口上的橡皮塞取下，使管内的 KCl 溶液与大气接通；电极表面有 KCl 晶体或溶液时应除去；

② 电极内 KCl 溶液应保持足够的高度和浓度，必要时应及时添加。长期使用后，应更新 KCl 饱和水溶液；

③ 电极内不能有气泡，气泡能引起断路或读数不稳定。有此现象可轻轻的甩几下电极加以除去；

④ 使用时，电极垂直置于溶液中，内参比液面高于待测溶液液面 2cm 左右，使 KCl 溶液借重力保持一定液流；

⑤ 不能长时间将电极浸泡在所测溶液中，测定后，应及时取出，洗净，塞好侧管，将电极浸在饱和氯化钾溶液中或贮存（塞好侧管及盐桥下橡皮套）；

⑥ 间隔一定时间再使用时，应检查电极电阻，电阻过大会引起测量误差。一般电阻不大于 10000 欧姆；

⑦ 待测溶液含有有害物质如 Ag^+、S^{2-} 及高氯酸时，应加盐桥作液体结界。

（3）银－氯化银电极

将一根涂有 AgCl 的银丝浸在用 KCl 饱和的已知浓度氯化物溶液中，即构成银－氯化银电极。电极符号为：Ag，AgCl(S) | KCl（溶液）

电极反应为：

$$AgCl(S) + e \rightleftharpoons Ag + Cl^-$$

与甘汞电极相同，当温度一定（25℃）时，其电极电位取决于溶液中 Cl^- 离子的浓度。

2. 指示电极

指示被测离子浓度变化的电极称为指示电极。常用指示电极有以下两种。

（1）金属电极

当金属插入含有该金属离子的溶液时，即形成金属电极。它的电极电位与金属离子浓度有关，其电位值符合能斯特方程。最常用的金属电极是银电极，它可作为银量滴定法的指示电极。

（2）离子选择性电极

离子选择性电极基本上是薄膜电极，由对某种离子具有不同程度的选择性响应的膜构成。它以固体膜或液体膜(离子敏感膜)为传感器，其电极电位由于离子交换和扩散而产生。

敏感膜由纯净难溶盐的粉末压成，膜片粘封在玻璃管的一端，管内充入内填充液并插入内参比电极，即构成离子选择电极。例如，用难溶的 Ag_2S 压制成膜电极，它的电极电位就与溶液中 S^{2-} 离子有线性响应，其电位值符合能斯特方程。属于这类固体膜电极的还有用 AgCl、AgBr、AgI 等制成的电极，它们与参比电极一起，就可测定溶液中的 Cl^-、Br^-、I^- 等离子的浓度。

玻璃电极是固体膜电极中的一种，它是以玻璃材料作为敏感膜的电极。它的玻璃膜对溶液中 H^+ 有选择性响应，因此可用来测定溶液中 H^+ 离子浓度，即溶液的 pH 值。

玻璃电极是用特种玻璃吹制成球状的膜电极，厚度约 0.2mm。球的内部插入一根镀有 AgCl 的银丝。银丝浸在 0.1mol/L 盐酸中，构成内参比电极。具体结构见图 2-3-3 和 2-3-4。普通玻璃电极可测 pH=0~10，若用含锂的玻璃制成的电极则可测至 pH=14。

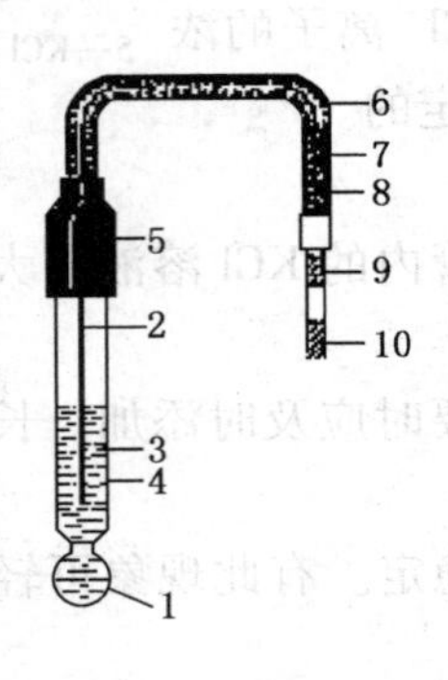

图 2-3-3　玻璃电极的结构

1—玻璃膜；2—内参比电极；3—内参比缓冲溶液；4—高绝缘玻璃管；5—电极套；6—绝缘套；7—网状金属屏；8—导线；9—屏蔽接头；10—内芯接头

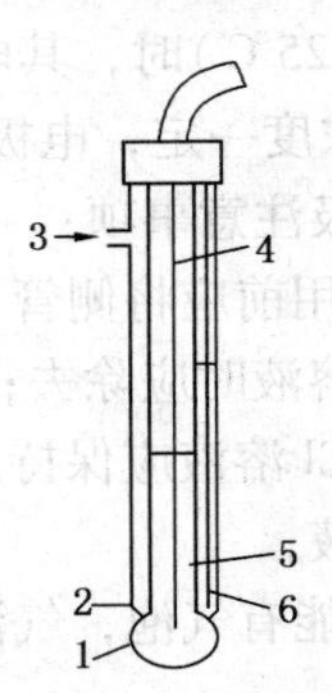

图 2-3-4　复合式 pH 值玻璃电极

1—玻璃敏感膜；2—陶瓷塞；3—充填侧口；4—内参比电极；5—内参比溶液；6—参比电极体系

玻璃电极的优点：

① 测定结果准确，在正常的测定范围内，测定误差为 ±0.01pH；

② 测定 pH 值时，不受氧化剂和还原剂的影响；

③可用于有色、浑浊、胶态溶液的 pH 值测定。

玻璃电极的缺点：

① 容易破碎；

② 玻璃电极性质不太稳定，须不时以标准缓冲溶液加以校正。

使用 pH 玻璃电极的注意事项：

① 使用前必须将敏感部分在蒸馏水中浸泡 24 小时以上，使电极活化后方可使用。不可在无水或脱水的液体(如四氯化碳、浓乙醇等)中浸泡电极，以免导致水化胶层的破坏。用后立即用蒸馏水洗净；

② 使用温度在 5~50℃之间；

③ 暂停使用时，浸在蒸馏水中，长期不用干放为宜。长期浸泡可使玻璃膜中碱金属组分损失，增大内阻，甚至缩短使用寿命；

④ 长期使用内阻增大，电极系数下降或响应迟钝，如果反应迟钝是由于表面吸附沉淀

所致，用适当溶剂洗去。有时用5% ~10%的氢氟酸或氟化铵溶液沾一下，将玻璃腐蚀一层。如不能恢复功能则应弃去。

改变玻璃膜组成，还可制成对 Na^+、K^+、Li^+ 等离子有选择性响应的电极，分别测定溶液中 Na^+、K^+、Li^+ 的浓度。

3.1.3 直接电位分析法

3.1.3.1 直接电位法的依据

直接电位法是指将指示电极和参比电极同时浸入被测溶液组成原电池，测其电动势，由能斯特方程求出被测离子活度（浓度）的方法。

设电池为：$(-)M \mid M^{n+} \parallel$ 参比电极$(+)$

电池电动势为：

$$E = \varphi_{参比} - \varphi_{M^{n+}/M} = \varphi_{参比} - \varphi_{M^{n+}/M} - \frac{0.059}{n}\lg a_{M^{n+}} = K - \frac{0.059}{n}\lg \alpha_{M^{n+}}$$

$\varphi_{参比}$、$\varphi_{M^{n+}/M}$ 在一定温度下为常数，$\alpha_{M^{n+}}$ 可通过测量电动势求得。

如果参比电极为负极，则：

$$E = K + \frac{0.059}{n}\lg a_{M^{n+}}$$

3.1.3.2 直接电位法测定溶液 pH 值

直接电位法测定溶液的 pH 值，就是用电极系统直接测量溶液氢离子的浓度（准确地说是活度）。

测定溶液 pH 值的仪器称酸度计，它是在被测溶液中插入甘汞电极和玻璃电极，构成一个化学原电池（目前也常用复合式 pH 玻璃电极进行测定），以一个精密电位计测定其电动势并直接以 pH 值表示出来。

测定 pH 值装置如图 2-3-5 所示。

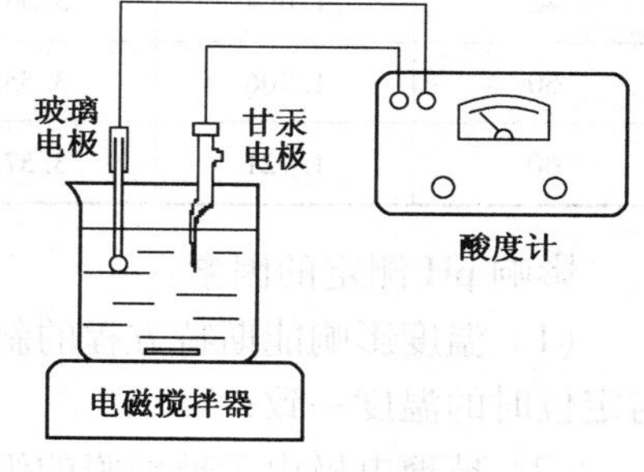

图 2-3-5 测定 pH 装置

整个工作电池是由内参比电极（Ag-AgCl 电极）、内部缓冲溶液（H^+ 浓度为 0.1mol/L）、玻璃膜、试液和外参比电极（甘汞电极）等组成。

电池符号为：

$(-)Ag \mid AgCl \mid HCl(0.1mol/L) \mid$ 玻璃膜 $\mid$ 试液 $\parallel KCl$（饱和）$\mid Hg_2Cl_2 \mid Hg^+(+)$

用 $E_{电池}$ 表示该原电池的电动势，则：

$$E_{电池} = \varphi_{(+)} - \varphi_{(-)}$$

$$E_x = \varphi_{甘} - (K_{玻} - 0.059pH) = (\varphi_{甘} - K_{玻}) + 0.059pH \qquad (2-3-3)$$

式中，$(\varphi_{甘} - K_{玻})$ 为一常数，合并为一个常数 K，则上式表示为：

$$E_x = K + 0.059pH_x$$

因 $K_{玻}$ 彼此各异，K 值很难通过计算求出。常用已知 pH 值的标准缓冲溶液 pH_S 代替试液组成原电池，再测定这个原电池的电动势 E_s。

$$E_s = K + 0.059pH_s \qquad (2-3-4)$$

式(2-3-3)和式(2-3-4)相减，消去 K，得式(2-3-5)：

$$pH_x = pH_s + \frac{E_x - E_s}{0.059} \qquad (2-3-5)$$

以上求法需两次测定 pH 值，称为"两次法"。

常用标准缓冲溶液的 pH 值见表 2－3－1。

表 2－3－1　标准缓冲溶液的 pH 值

温度/℃	0.05mol/L 四草酸氢钾	25℃时饱和酒石酸氢钾	0.05mol/L 邻苯二甲酸氢钾	0.025mol/L 磷酸二氢钾 0.025mol/L 磷酸氢二钠	0.01mol/L 硼砂	25℃饱和 $Ca(OH)_2$
0	1.668		4.006	6.981	9.458	13.416
5	1.669		3.999	6.949	9.391	13.210
10	1.671		3.996	6.921	9.330	13.011
15	1.673		3.996	6.898	9.276	12.820
20	1.676		3.998	6.879	9.226	12.637
25	1.680	3.559	4.003	6.864	9.182	12.460
30	1.684	3.551	4.010	6.852	9.142	12.292
35	1.688	3.547	4.019	6.844	9.105	12.130
40	1.694	3.547	4.029	6.838	9.072	11.975
50	1.706	3.555	4.055	6.833	9.015	11.697
60	1.721	3.573	4.087	6.837	8.968	11.426

影响 pH 测定的因素：

(1) 温度影响能斯特方程的斜率，所以测定 pH 值时要进行温度补偿。测定样品时最好与定位时的温度一致；

(2) 玻璃电极由于玻璃膜的组成及厚度不均匀，存在着不对称电位。为消除不对称电位对测定的影响，要用 pH 标准缓冲溶液进行定位，而且校正仪器所用缓冲溶液的 pH 值与待测溶液 pH 值的相差不宜太大，最好在 3 个 pH 单位以内；

(3) 标准缓冲溶液是测定 pH 值的基准，因此配制的标准缓冲溶液必须准确无误。使用时要注意各种标准缓冲溶液在不同温度下的 pH 值；

(4) 玻璃电极有一定的适用性。普通玻璃电极只适用于 $pH<10$ 的溶液，$pH>10$ 时有误差，使测定结果偏低。普通玻璃电极在 $pH<1$ 的酸性溶液中也有误差。用锂玻璃制成的玻璃电极可以测定 $pH=14$ 的强碱性溶液；

(5) 溶液的离子强度影响离子的活度系数，因而也影响 H^+ 的有效浓度。测定离子强度较大的样品时，应使用同样离子强度的标准缓冲溶液进行定位，以减少测定误差。

3.1.4　电位滴定法

电位滴定法是基于指示电极的电位突变来确定滴定终点的一种滴定分析法。它与容量分析的不同之处在于它是用指示电极电位变化代替指示剂颜色变化来确定滴定终点。它可用于混浊、有色溶液或找不到合适指示剂的容量分析法。电位滴定法应用范围广，终点指示更为客观，测定结果更为准确，并可实现连续滴定和自动滴定。

3.1.4.1　电位滴定的基本原理

在进行电位滴定时，在待测溶液中插入指示电极和参比电极，组成一个工作电池，通过电位计或 pH – mV 计测其电动势变化。随着滴定剂的加入，由于发生化学反应，被测离子浓度相应发生变化，指示电极的电位与被测离子浓度有相应的关系，因而指示电极的电位也发生变化，在化学计量点附近离子浓度发生突跃，引起指示电极电位发生突跃，其电动势也相应突跃。根据电动势与加入滴定体积间的关系可确定滴定终点。电位滴定装置见图 2 – 3 – 6。

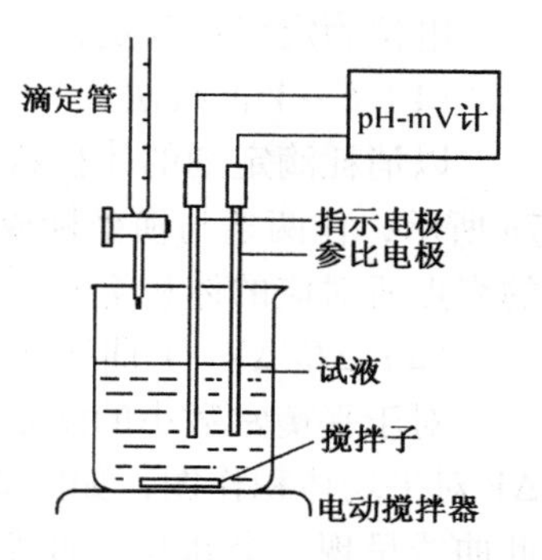

图 2 – 3 – 6　电位滴定仪器

3.1.4.2　电位滴定终点的确定

进行电位确定时，记录每次加入滴定剂的体积和相应的电池电动势。滴定开始滴定时，电动势变化不明显，滴定剂加入量每次多一些，在接近化学计量点时，滴定剂加入量宜少而且相等；过了化学计量点，加入量又可多一些。由这些数据，可用不同方法确定滴定终点。

表 2 – 3 – 2 所列数据是以银电极为指示电极，饱和甘汞电极为参比电极，用 0.1000mol/L $AgNO_3$ 溶液滴定 Cl^- 的测定数据。

表 2 – 3 – 2　以 0.1000mol/L $AgNO_3$ 溶液滴定 NaCl 溶液的数据

V_{AgNO_2}/mL	E/mV	ΔE/mV	ΔV/mL	$\Delta E/\Delta V$/(mV/mL)	$\Delta^2 E/\Delta V^2$/(mV/mL^2)
0.10	114				
		16	4.90	3.3	
5.00	130				
		15	3.00	5.0	
8.00	145				
		23	2.00	11.5	
10.00	168				
		34	1.00	34	
11.00	202				
		8	0.10	80	
11.10	210				600
		14	0.10	140	
11.20	224				1200
		26	0.10	260	
11.30	250				2700
		53	0.10	530	
11.40	303				– 2800
		25	0.10	250	
11.50	328				– 1780
		36	0.50	72	
12.00	364				
		25	1.00	25	
13.00	389				
		12	1.00	12	
14.00	401				

表中数据$\frac{\Delta E}{\Delta V}$、$\frac{\Delta^2 E}{\Delta V^2}$计算方法如下：

（1）当加入 $AgNO_3$ 溶液从 11.30mL 至 11.40mL 时，

$$\frac{\Delta E}{\Delta V}=\frac{E_{11.40}-E_{11.30}}{11.40-11.30}=\frac{303-250}{0.10}\text{mV/mL}=530\text{mV/mL}$$

（2）当加入 $AgNO_3$ 溶液 11.30mL 时，

$$\frac{\Delta^2 E}{\Delta V^2}=\frac{\left(\frac{\Delta E}{\Delta V}\right)_{11.35}-\left(\frac{\Delta E}{\Delta V}\right)_{11.25}}{11.35-11.25}=\frac{530-260}{0.10}\text{mV/mL}^2=2700\text{mV/mL}^2$$

电位滴定终点确定：

（1）$E-V$ 曲线法

以消耗滴定剂的体积数为横坐标，以电动势 E 为纵坐标，绘制 $E-V$ 曲线，如图 2－3－7a 所示，作两条与横坐标成 45°角的滴定曲线的切线，两条切线间的平行等分线与滴定曲线的交点所对应的体积毫升数为滴定终点。

（2）$\Delta E/\Delta V-V$ 曲线法

对于平衡常数小的滴定反应，终点附近曲线不是很陡，确定终点较困难，也可以 $\Delta E/\Delta V$ 对平均体积作图，如图 2－3－7b 所示，称为一次微商曲线（实际是求 $E-V$ 曲线斜率）。此曲线呈现一个高峰，曲线最高点所对应的体积毫升数为滴定终点。

（3）$\Delta^2 E/\Delta V^2-V$ 曲线法

一次微商作图比较麻烦，所以，也可用二次微商法通过简单计算求得滴定终点。以 $\Delta^2 E/\Delta V^2$ 对 V 作图，如图 2－3－7c 所示（实际是求 $\Delta E/\Delta V-V$ 曲线的斜率），曲线与横坐标的交点即为滴定终点。

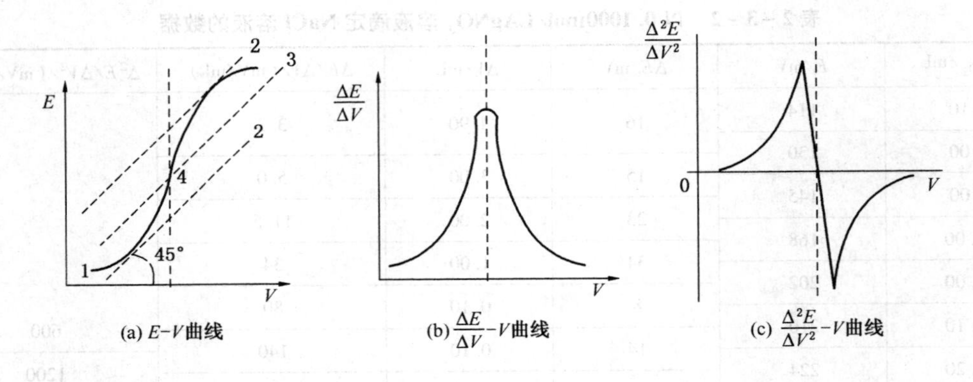

图 2－3－7　滴定终点数据处理图

1—滴定曲线；2—平行线；3—平行等分线；4—转折点

显然，一次微商曲线峰顶的斜率 $\Delta^2 E/\Delta V^2=0$，所以，只要求出 $\Delta^2 E/\Delta V^2=0$ 所对应的滴定剂的体积，就是终点时滴定剂的体积。它可以由表 2－3－3 中数据用内插法求得。

表 2－3－3　滴定剂体积与 $\Delta^2 E/\Delta V^2$ 数据

加入滴定剂体积/ml	11.30	$V_{终}$	11.40
对应 $\Delta^2 E/\Delta V^2$ 值/（mV/mL²）	2700	0	－2800

$$V_{终}=11.30+\frac{2700}{2700+2800}\times 0.1=11.35\text{mL}$$

近年来仪器已能自动化滴定，自动判断终点。

3.1.4.3　电位滴定法的应用

1. 酸碱滴定

对于一般的酸碱滴定，当$c_xK_a \leqslant 10^{-8}$时，终点指示剂变色不明显，不能直接进行滴定。如果采用电位滴定，化学计量点附近零点几个单位 pH 值的变化就可测出来，因此很多弱酸、弱碱、多元酸(碱)、混合酸(碱)都可以用电位滴定测定。非水溶液中的酸碱滴定常无合适的指示剂，也常采用电位滴定法。通常用 pH 玻璃电极为指示电极，甘汞电极作参比电极。

例如 SH/T 0251《石油产品碱值测定法》、GB/T 7304《石油产品和润滑剂酸值测定法(电位滴定法》等。

2. 沉淀滴定法

最常用的是银量法，用硝酸银标准溶液滴定 Cl^-、Br^-、I^-、SCN^-、S^{2-}等离子。一般用银电极或离子选择性的电极作指示电极。因 Cl^-离子对甘汞电极有干扰，可用硝酸钾盐桥将甘汞电极与试液隔开，即选用双盐桥甘汞电极作参考电极。在滴定过程中，滴定液的酸度不发生变化，也可用 pH 玻璃电极为参考电极。

3. 配位滴定法

用 EDTA 滴定金属离子，有时会遇到终点颜色不易辨别的情况，用电位滴定可以较好地解决这一问题。用甘汞电极作参考电极，用汞电极、铂电极或离子选择性电极作指示电极。

4. 氧化还原滴定法

常以铂电极为指示电极，甘汞电极为参考电极。容量分析中的氧化还原滴定都可以用电位法确定终点。例如，可用 $KMnO_4$ 标准溶液滴定 I^-、NO_2^-、Fe^{2+}、V^{4+}、Sn^{2+}、$C_2O_4{}^{2-}$等离子，用 $K_2C_rO_7$ 标准溶液滴定 Fe^{2+}、Sn^{2+}、I^-、Sb^{3+}等离子。

3.1.5 库仑分析法

库仑分析法是在电解分析法的基础上发展起来的一种电化学分析法，是根据法拉第定律由电解某物质所需的电量来确定此物质的量的方法，分为恒电位库仑分析法(控制电位库仑分析法)和恒电流库仑分析法(库仑滴定法)。恒电位库仑分析法不如恒电流库仑分析法应用广泛。限于篇幅，恒电位库仑法在此不做介绍。

3.1.5.1 法拉第定律

1. 法拉第第一定律

电流通过电解质溶液时，发生电极反应的物质的质量 W 与所通过的电量 Q 成正比，也就是与电流强度 i 和通过电流的时间 t 之乘积成正比，表达式为：

$$W \propto Q \text{ 或 } W \propto i \cdot t \qquad (2-3-6)$$

2. 法拉第第二定律

相同的电量通过不同电解质溶液时，发生电极反应的物质的量与该物质的相对质量(例如相对原子质量、相对分子质量等)成正比，与物质参加反应的电子数成反比。表达式为：

$$W \propto \frac{M}{n} \qquad (2-3-7)$$

将(2-3-6)和(2-3-7)结合，得到式(2-3-8)：

$$m = \frac{M_B \cdot Q}{n \cdot F} = \frac{M_B \cdot i \cdot t}{n \cdot F} \qquad (2-3-8)$$

式中　m——发生电极反应的物质的质量，g；

M_B——析出物质的摩尔质量，g/mol；

Q——通过电解池电量，C；

F——法拉第常数(96487C / mol)，F；

i——电解电流，A；

t——电解时间，s；

n——电极反应过程得失电子数。

法拉第定律不受温度、压力、电解质浓度、电解和电解池的材料与形状、溶剂的性质等因素的影响。所以建立在法拉第电解定律基础上的库仑分析法是一种准确度和灵敏度都比较高的定量分析法。它不需要基准物质，所需试样量较少，并且容易实现自动化。

库仑分析要取得准确结果的关键是保证电极反应的电流效率为100%。所谓电流效率是指用于主反应的电量与通过电解池的总电量之比。电流效率100%，说明电量全部用于被测离子的反应，而无干扰离子消耗电量。影响电流效率的主要因素有：

(1) 溶剂　电解多在水溶液中进行，水能参与电极反应产生 H_2 和 O_2，消耗电量，防止的办法是选择适当的电解电压和控制溶液的 pH 值；

(2) 溶液中的 O_2　O_2 可以在阴极上还原：$O_2 + 4H^+ + 4e \rightleftharpoons 2H_2O$，消耗电量，一般可通氮气除去氧；

(3) 共存杂质的影响　有些杂质可能参与电解反应，消耗电量，可作空白校正或通过预电解除去杂质的干扰。

3.1.5.2　恒电流库仑分析

1. 方法原理

恒电流库仑分析法又称库仑滴定法，测定时控制恒定的电流通过电解池，在电极上产生一种滴定剂，与溶液中被测物质反应，可用指示剂或电化学方法指示终点，根据通过电解池的电流和时间计算被测物的含量。

本法与滴定分析法有许多相似之处，也是利用滴定剂与待测组分的中和反应、沉淀反应、氧化还原反应或配位反应等进行滴定，只不过是滴定剂由电解产生，滴定剂再和被测物质反应。由于待测物质与电生滴定剂等物质的量化合，而电生滴定剂又与电解反应所消耗的电量成正比，因此根据法拉第定律即可求得待测物质的含量或浓度。本法的优点是不但能作常量分析，而且能测定微量物质，具有灵敏、快速和准确的特点。

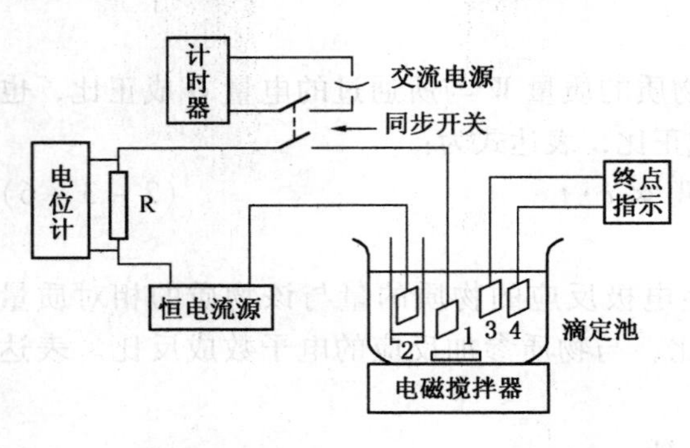

图2－3－8　控制电流库仑分析仪结构示意图
1—工作电极；2—辅助电极；3，4—指示电极

2. 仪器装置

库仑滴定装置如图2－3－8所示。它是由电解系统和终点指示系统两部分组成。电解系统由恒电流源、电解池和计时器组成。电解池中装有两对电极，一对是指示电极，由测量电极和参比电极组成。测量电极的电位由滴定剂离子浓度决定，参比电极提供一个恒定的电位作参比。另一对是电解电极，由工作电极和辅助电极组成。工作电极是电解产生滴定剂的电极。辅助电极用隔板与电解液隔开，防止辅助电极电解产物干扰工作电极。

由于电流强度和时间都可以很容易地测量，且测量的精度很高，因此恒电流库仑法的准确度很高。而且它的电解电流的大小可根据样品中被测物质的含量进行选定，因此滴定过程可以在很短的时间内完成，一般只需 2～3min。

3. 库仑滴定的终点指示

库仑滴定指示终点的方法主要有指示剂法、电位法和双铂极电流法。

（1）化学指示剂法

容量滴定分析中使用的化学指示剂只要体系合适仍能在此使用，如酸碱指示剂中的酚酞或甲基橙。

应用化学指示剂进行库仑滴定应注意：

① 所选指示剂和被测物质都不能首先在电极上发生反应，而只有辅助电解质在电极上反应；

② 要求被测物质与电解产生滴定剂的反应必须比指示剂快；

③ 用于微量物质测定时，由于化学指示剂变色范围较宽，使分析误差偏大。

（2）电位法

库仑滴定中使用电位法指示终点与电位滴定法确定终点的方法相似，在库仑滴定电解池中另加一支指示电极和一支参比电极，到达反应终点后，由电解产生的过量“滴定剂”引起的指示电极的电位突跃而确定终点。

（3）双铂极电流法

双铂极电流法也称死停滴定法。它是用一小电压（50～100mV）极化两铂电极，测量电流的突然变化，滴定终点的指示非常灵敏和准确。

4. 库仑滴定的应用

库仑滴定法应用很广，它不需要基准物质，即使不稳定的物质如 Br_2、Cl_2 也可作滴定剂使用，既能测常量又能测微量组分，容量分析的各类反应都可采用库仑法测定。

3.1.5.4　*微库仑分析法*

微库仑分析法与库仑滴定相似，也是利用电位滴定剂来测定被测物质，但它是动态库仑法。在测定过程中，其电位和电流都不是恒定的，而是根据被测物浓度变化，应用电子技术进行自动调节，其准确度、灵敏度和自动化程度更高，更适合作微量分析。

微库仑仪工作原理如图 2－3－9 所示。仪器主要由电解池（或称滴定池）和库仑放大器两部分组成。电解池内装有两对电极，一对是指示电极和参比电极，指示电极的电位由电解液中滴定剂浓度所决定；另一对是工作电极或称电解电极。工作电极是电解产生滴定剂的电极。

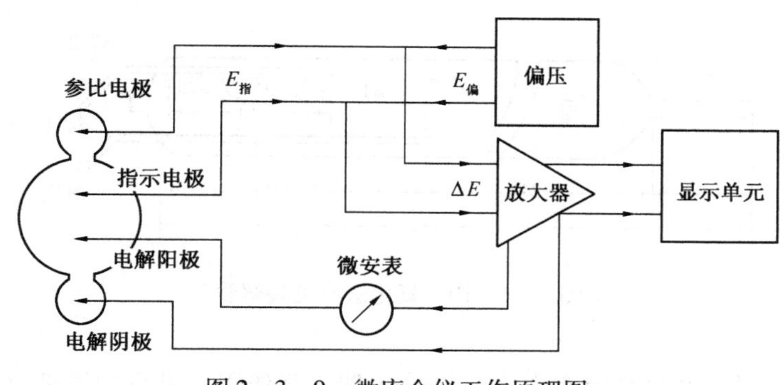

图 2－3－9　微库仑仪工作原理图

库仑放大器是根据零平衡原理设计的，放大器与滴定池组成一个闭环自动控制系统。指示电极与参比电极间产生一个电位信号，此信号与外加偏压反向串联后输入放大器。当两电位值相等时，因方向相反，互相抵消，放大器输入信号为零，输出信号也为零，工作电极对之间没有电流通过，微库仑仪处于平衡状态。当被测物进入滴定池，并与滴定剂反应后，滴定剂浓度发生变化，指示电极的电位随之发生变化，因而与外加偏压有了差异，库仑放大器有了输入信号。此信号经放大器放大后将电压加到工作电极对上，就有电流流过滴定池，工作电极上发生电解，产生滴定剂。这个过程继续进行，直至被测物反应终止，滴定剂浓度恢复到初始状态，电解过程自动停止，微库仑仪恢复平衡状态。利用电子技术，通过电流对时间的积分，得出电解所耗电量，根据电量即可求出被测物的量。

3.1.5.5 微库仑仪

1. 微库仑仪构造

微库仑滴定仪是由微库仑放大器、滴定池和电解系统组成的“零平衡”式闭环反馈系统。主要用于测定原油和石油制品中的微量硫以及有机物的元素分析，因此在微库仑仪的部件中包括了样品转化装置，这点也是与经典的恒电压和恒电流库仑分析装置不同的地方。

（1）样品转化装置

石油及其他有机物中的有机硫、氮、氯等元素，都不能直接和滴定剂反应，必须先行进热裂解或催化裂解转化为能与滴定剂反应的物质才能测定。裂解反应都在石英制裂解管中进行。裂解反应有氧化法和还原法两种。

① 氧化法

在氧化法中，样品与 O_2 混和并燃烧。当氧气过量时，发生如下反应：

$$\text{样品}\begin{matrix}C\\H\\S\\N\\P\\X\end{matrix} + O_2 \xrightarrow{500\sim1000℃} \begin{matrix}CO_2\\H_2O\\SO_2、SO_3\\NO、NO_2\\P_2O_5\\X_2O\end{matrix}$$

图 2-3-10 是氧化微库仑法用的石英裂解管。样品用注射器刺穿硅橡胶塞注入石英管入口处气化。载气在靠近进样口处经螺旋管预热，然后进入气化室与样品气混和，再通过喷嘴部分进入燃烧室，在另一管中供给氧气进行燃烧。燃烧生成的气体进入滴定池。

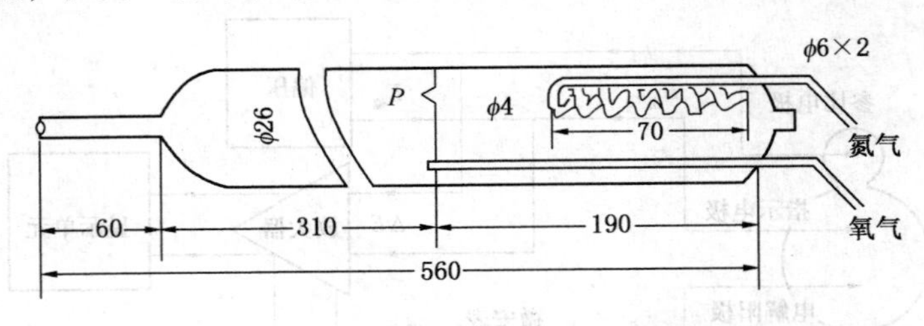

图 2-3-10 氧化法石英裂解管

② 还原法

在还原法中，样品在过量氢存在下，经镍铂催化剂作用，进行加氢裂解，反应如下：

$$\text{样品}\begin{matrix}C\\O\\S\\N\\P\\X\end{matrix}+H_2\xrightarrow[300\sim600℃]{\text{铂、镍}}\begin{matrix}CH_4\\H_2O\\H_2S\\NH_3\\PH_3\\HX\end{matrix}$$

图2－3－11是常用的还原法石英裂解管。样品用注射器刺穿硅橡胶塞注入石英管入口处气化，并在此与氢气混和。经一路增湿的氢气由侧管引入，它起载气与反应气的双重作用。氢气一路增湿的目的是因为用干燥的氢气不仅会引起在催化剂上的焦炭积聚量增加，对氨的吸附量也随之增加，会降低回收率。但湿度太大又会引起催化剂活性下降。当氢气携带样品通过管子中部加热的镍催化剂时，样品发生氢解，其中的氮转变为氨，被氢气带入滴定池。装在裂解管出口处的氢氧化锂的作用是吸收氯化氢、硫化氢等酸性气体，又消除氯、硫等元素对氮分析的干扰。

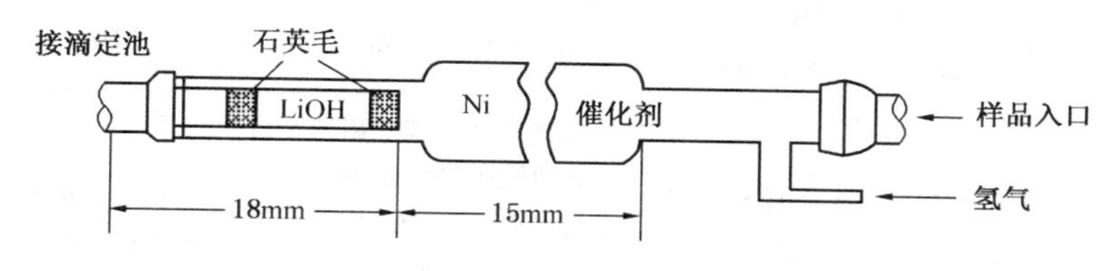

图2－3－11　还原法石英裂解管

为了实现样品的裂解，应有与石英管相匹配的裂解炉。裂解炉是专供加热裂解用的管式炉，一般有三个炉温控制段，每一段温度皆独立可调。

（2）滴定池

滴定池是微库仑仪的核心部分，其结构如图2－3－12所示。滴定池一般用无色硬质玻璃烧制。从顶部插入的两个电极，一为指示电极，一为电解阳极。为减小反应池体积，一般将参比电极和电解阴极装在池的侧管中，侧臂也装有电解液，用毛细管束与中心池相通。毛细管的作用是使侧臂与中心池之间可以通过电流，两边的溶液则不能因对流而相混。经过这样的设计，中心池一般可装10～20mL电解液，可满足测定要求，并能得到较高的灵敏度和较快的响应时间。气体样品或从裂解炉出来的气体产物，可从池侧通入滴定池底部被电解液吸收，而液体样品则直接从顶部注入。中心池底部有磁力搅拌棒进行搅拌。为防止周围电场对滴定池干扰，滴定池常有金属屏蔽并接地。滴定池对温度敏感，在操作时应避免炉温和周围环境温度的骤然改变。

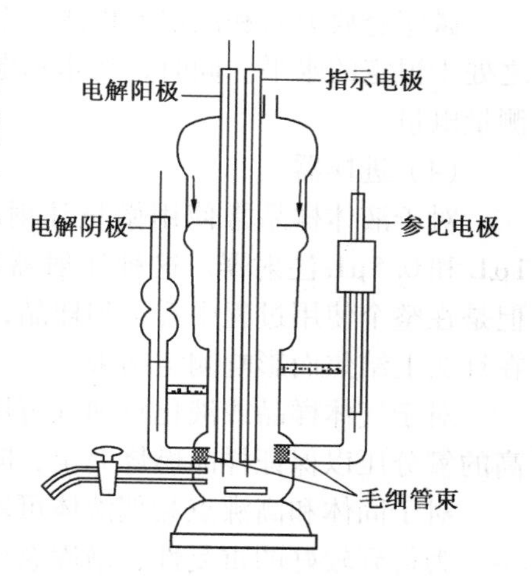

图2－3－12　微库仑滴定池结构示意图

目前使用的微库仑仪各种滴定池的基本结构都大致相同。但由于分析对象不同，因而采用的电生滴定剂就不同，导致电极种类、电解液的组成及电极反应各不相同，目前典型的滴定池有三种，具体见表2－3－4：

表 2-3-4 三种典型的滴定池

电池名称		碘滴定池（氧化还原电池）	银滴定池	酸滴定池
测定元素		硫	氯	氮
电极	指示电极	铂	银	铂黑
	参比电极	铂/I_3^-（饱和）	银/饱和乙酸银	铅/饱和硫酸铅
	电解阳极	铂	银	铂
	电解阴极	铂	铂	铂
偏压/mV		140～170	250 左右	100 左右
电解液		0.05% 碘化钾 0.04% 乙酸 也可加入 0.06% 叠氮化钠	70% 乙酸水溶液	1.0% 硫酸钠水溶液
电极反应	阳 极	$3I^- \longrightarrow I_3^- + 2e$	$Ag - e \longrightarrow Ag^+$	$H_2 \longrightarrow 2H^+ + 2e$
	阴 极	$2H^+ + 2e \longrightarrow H_2\uparrow$ $I_3^- + 2e \longrightarrow 3I^-$	$2H^+ + 2e \longrightarrow H_2\uparrow$	$H_2O + e \longrightarrow OH^- + 1/2H_2$
滴定反应		$SO_2 + I_3^- + 2H_2O \longrightarrow$ $SO_4^{2-} + 3I^- + 4H^+$	$Ag^+ + X^- \rightleftharpoons AgX\downarrow$	$NH_3 + H^+ \longrightarrow NH_4^+$
应用说明		可测定 SO_2、H_2S 及其他能与碘反应的物质	可测定氯、溴、碘离子及其他能在 70% 乙酸溶液中与银离子反应的物质 银滴定池对光反应灵敏，应采取避光措施	主要用于测定氮元素，通过电解产生氢离子与氮反应来实现

（3）微库仑放大器

微库仑放大器和滴定池构成一个闭环负反馈系统，控制电解液中电生滴定剂的浓度，使之处于恒定的水平。同时，将指示电极所反映的被测离子浓度变化的电信号放大，以便记录测量电量。

（4）进样器

对于液体样品常使用微量注射器进样。对于小于 1μL 的样品推荐使用没有死空间的 1μL 和 0.5μL 注射器。这种注射器样品保留在针头内，可保证样品完全注射到裂解管内。但是在整个使用过程中看不到样品，有气泡也不能被发现，特别是对于一些不稳定样品容易在针头上结焦而影响测定结果。

对于气体样品或液化石油气可用压力注射器进样。控制进样速度不宜太快，并要保持较高的氧分压以保证样品燃烧完全，防止在管壁上形成积炭。

对于固体和高沸点黏稠液体可用样品进样舟进样。

为得到较好的重复性，微库仑仪一般都配备可调速的电动自动进样器，它可以保证样品被匀速注射到裂解管内。

（5）数据处理系统

早期微库仑放大器的输出信号通常是由记录仪记录下来，记录电流－时间曲线，曲线下的面积积分即为电量；也常用积分仪进行面积积分，积分结果以数字显示。目前先进的微库仑仪都配备了微机处理系统，对微库仑放大器的输出信号进行记录、处理，动态显示分析过程中实时数据和分析谱图，具有谱图保存、数据存储，自动生成打印报表，可连接 LIMS 工作站等功能。

2. 微库仑仪的使用及维护

（1）仪器使用维护

① 滴定池与搅拌器。不经常使用的电解池，在测定使用前应空转一段时间，使指示电极和电解液稳定，否则测定结果重复性不好。在测定前要对电极进行处理，使它们都趋于稳定。

将滴定池安放在电磁搅拌器箱内，用一塑料圈固定在铝制圆盘上。箱壳应很好接地，以防干扰。使用时应关上箱门，以免光效应与热效应。

电磁搅拌速度控制着样品到达指示电极的时间及在电极上停留的时间，应根据实际情况加以调整，一旦调好，就不要随意变动。进行连续测定时，最好让搅拌器连续运转，以保持搅拌稳定。

使用前后均应用新鲜电解液冲洗滴定池，并排出侧臂气泡。同时保证电解液液面高出铂片5～8mm。使用时注意随时添加电解液以保持电解池稳定。

停机时，应先关加热电源再关气流，以防电解液在入口毛细管处溢出。

② 裂解管。石英管在安装前和使用一段时间出现积炭后要进行清洗，也可以在使用后进行反烧（在试验条件下燃气和载气反接），以保证石英管清洁。

石英管的清洗：用新鲜洗液浸泡5～10min，然后分别用自来水、蒸馏水及去离子水冲洗干净并干燥即可。

③ 要严格控制操作条件，在整个试验过程中回收率应保持稳定，且满足一定要求。

（2）故障排除

微库仑仪是由进样器、裂解管、气路系统、滴定池、搅拌器、放大器、记录仪和积分仪组成的一个复杂的分析测量体系。其中任何一部分出现故障，都会影响整个系统的工作，影响分析结果的精密度和准确度。

表2－3－5列出了微库仑仪常出现的故障及排除的办法。

表2－3－5 微库仑仪常见故障及排除办法

仪器类别	故障现象	可能原因	检查排除办法
硫氯滴定池	基线不稳	仪器机壳接地不良	重新接地
		滴定池参考臂有气泡	排除气泡
		滴定池污染	重换电解液或洗涤电解池
		石英裂解管壁失去光泽，吸附严重	用(1+1)HF洗涤或更换
		电极表面露铂或铂/玻璃密封破坏	重镀电极或修理玻璃密封
		搅拌不稳或无搅拌	调节搅拌速度和滴定池位置或检查电源
		气路不干净或载气不纯	清洗气路或更换载气
	电解池达不到预定的偏压	水质不好，非去离子水	用去离子水
		电解液被污染	重配新鲜电解液
		化学试剂达不到要求	用符合要求的试剂
	拖尾峰	偏压太低	升偏压或重冲滴定池
		增益太低	提高增益
		N_2、O_2比例不合适	重新调节
		滴定池、石英管被污染	清洗滴定池或反烧石英管
		进样速度太慢	提高速度
	超调峰（大于正常峰的1/3）	N_2流量太大	减小N_2流量
		偏压或增益太高	降低偏压或增益
		进样速度太快	减慢进样速度

续表

仪器类别	故障现象	可能原因	检查排除办法
硫氯滴定池	双峰	未接加热带	连接加热带
		稳定端温度低	提高稳定端温度
		搅拌速度不均匀	调整搅拌速度
	负峰	样品含量太低	更换样品
		有干扰物质	去除干扰物质
	转化率偏低	偏压不合适	重新调整偏压
		N_2、O_2 比例不合适	重新调整气体比例
		石英管或滴定池被污染	清洗石英管或滴定池
		电解液太少	补充电解液
		炉温偏低	提高炉温
	转化率偏高	偏压不合适	重新调整偏压
		增益太高	降低增益
		N_2、O_2 比例不合适或 N_2 不纯	重新调整气体比例或更换 N_2 气
		标样被污染	更换标样
	重复性不好	样品本身不均匀	更换试样
		气路漏气	检查气路
		进样量不准	准确进样
		滴定池或石英管被污染	清洗滴定池或反烧石英管
氮滴定池	放大器表头指针指负端，用新鲜电解液冲洗 30min 不能升到 100mV	电解液 pH 太低	滴入 0.001mol/L 的 NH_4OH 溶液
		铂黑电极没有镀好或被污染	重镀铂黑电极，用新鲜电解液洗滴定池
		参考电极污染	清洗滴定池，更换硫酸铅，重镀参考电极
	放大器表头指针先上升后下降	电解液污染	检查去离子水质，重配电解液
		氢气或气路污染	清洗气路，净化氢气
	放大器表头指针上升至 400mV 以上	参考电极镀铅不良	重镀参考电极
		电解液有问题	更换电解液
	基线有快速噪音	电干扰	检查仪器接地及电极引出线接触情况，有无外界大功率电器干扰或检查放大器
	基线负漂或上漂	参考电极有问题或电解液有问题	重镀参考电极，更换电解液
	基线有不规则的中速噪音	两侧臂毛细管束处有气泡	排除存在的气泡
		搅拌子碰壁	调整池体位置
		铂黑电极损坏或露铂	重镀铂黑电极
	基线有慢速噪音	氢气流速不稳	检漏，稳定气压
		搅拌不当	调整搅拌速度
	振荡峰或负峰超过正峰的 10%	增益或偏压过高	调整操作
		增湿太大	降低增湿
	出现反峰	讯号线接反	更换接线
	电解持续时间过长	溶液没滴到电解液中	注意调整操作
		铂黑电极或电解电极污染或铂黑太厚	重新处理好电极

3.1.5.6　*库仑分析法应用*

微库仑滴定法近年来已应用于石油和化工领域中微量水、硫、氯、氮等组分的测定。

1. 氧化微库仑法测定有机物中的硫含量

(1) 方法概述

用微量注射器将组沸点低于 550℃ 的有机样品直接注射入石英裂解管中。样品汽化后由氮气携带进入燃烧区，与氧气混合并进行燃烧。样品中硫转化为二氧化硫。二氧化硫由载气带入滴定池，与池中的 I_3^- 离子发生反应，使池中的 I_3^- 浓度降低。微库仑仪自动电解产生碘，直到池中 I_3^- 浓度恢复到原有水平为止。根据电解消耗的电量，可求出样品中的硫含量。

本法适用于含硫 0.1μg/g～3000μg/g 的样品，含硫量大于 3000μg/g 的样品，可稀释后进样。

（2）测定技术要素

① 仪器及操作条件

WK－2 型或其他功能相当的仪器。

a. 裂解管：氧化裂解管，载气为普通氮气，流量 100～200mL/min，反应气为普通氧气，流量为 100～140mL/min。

b. 裂解炉：三段控温，汽化段（入口）：600～750℃；燃烧段（中心）：800～950℃；稳定段（出口）：750～850℃。

c. 滴定池：指示电极为厚 0.1～0.2mm，5mm×7mm 铂片，浸入滴定池主体电解液中；参比电极为 ϕ0.5mm 的铂丝，插入饱和溶液中；电解阳极为厚 0.1～0.2mm，5mm×7mm 铂片，浸入滴定池主体电解液中；电解阴极为 ϕ0.5mm 螺旋状铂丝，浸入电解阴极侧臂电解液中。参比电极和指示电极、电解阴极和电解阳极分别通过多孔板相隔离。

电解液的配制：取 0.5g 碘化钾，0.6g 叠氮化钠，溶于 500ml 蒸馏水中，加 5ml 冰乙酸，稀释到 1000ml，贮存在棕色瓶中，置于避光处。若电解液颜色变化，则不能使用。

② 样品的测定

a. 回收率的测定：每次分析样品前都要用与欲测样品含硫量相近的标样进行校正，以测得回收率。对于硫的分析，一般标样的回收率应在 80% 以上。如回收率低于 80%，应检查仪器的各操作参数是否正常。回收率计算式为：

$$f = \frac{A \times 100 \times 0.166}{RVc} \times 100\% \qquad (2-3-9)$$

式中 A——显示的积分值，kΩ；

100——积分仪每一读数相当于 100μV·s；

0.166——电解池通过单位电量时相当于样品中硫的质量，ng/μC；

R——积分电阻；

V——校正分析用标样的进样体积，μL；

c——标样浓度，ng/μL。

b. 进样分析：对硫含量大于 1000×10^{-6}g/g 的样品，用 1μL 注射器快速进样；对硫含量小于 1000×10^{-6}g/g 的样品，用 10μL 注射器，取样 1～5μL；对硫含量小于 1×10^{-6}g/g 的样品，取样量在 8μL 以上，注意控制进样速度在 0.5μL/s 以下，以免超过裂解管的样品负荷。

在与测定标样相同的条件下进行样品测定。样品中的硫含量计算式为：

$$S = \frac{A \times 100 \times 0.166}{RVf} (\text{ng/μL})$$

或

$$S = \frac{A \times 100 \times 0.166}{RVdf} (\text{μg/g}) \qquad (2-3-10)$$

式中 d——样品的密度，mg/μL；

V——样品的进样量，μL；

f——由标样测得的回收率。

（3）影响因素及注意事项

① 严格控制所有操作条件的稳定，并保证标准样与样品的分析条件完全一致。

② 排除干扰元素的影响。

在存在过量氧的情况下，样品中的氯燃烧后，约有98%转化成氯化氢，氯化氢不与I^-或I_3^-离子反应，对硫的测定不产生干扰，但生成的少量次氯酸和氯气可以氧化电解液中的碘离子，干扰硫的测定；样品中的氮燃烧以后生成氮的氧化物也可以将I^-氧化成I_2，干扰硫的测定。实验表明，样品中含氯量超过0.05%或含氮量超过0.1%时开始形成干扰。而溴含量即使低于1μg/g也会造成干扰。

在电解液中加入叠氮化钠可有效地防止氯和氮的干扰。因为叠氮化钠可以和氮的氧化物或分子氯发生反应而使之转化为不与碘离子反应的分子氮和氯化物。一般情况下，叠氮化钠与碘的反应非常缓慢，不会形成干扰。叠氮化钠与溴的反应太慢，因此，加入叠氮化钠不能克服溴的干扰。

样品中的重金属燃烧后生成氧化物，这些氧化物可与三氧化硫发生反应生成硫酸盐，从而影响SO_2/SO_3的平衡，导致硫的测定值偏低。叠氮化钠的加入对这种干扰也无抑制效果。故用本方法测定的样品中重金属含量应限制在500μg/g以下。

2. SH/T 0246《轻质石油产品中水含量测定法(电量法)》

（1）方法概述

卡尔·费休法是历史最悠久、最重要且灵敏度最高的水含量测定方法。但由于卡氏试剂有很强的吸水性与腐蚀性，配制与处理较为麻烦，这种方法已逐渐由卡氏电量法，即微库仑法所代替。电量法是将样品加入含碘的电解液中，样品中的水与碘反应消耗了碘，微库仑仪自动进行电解，在阳极产生碘：$2I^- + 2e \rightarrow I_2$直至电解液中碘浓度恢复到原有水平。根据法拉第定律计算样品的水含量。这种方法可以测定包括有机物和无机物在内的所有物质的水含量，测量范围从10μg/g到90%，用途极为广泛。

（2）测定技术要素

① 仪器及操作条件

微库仑法测水用的滴定池如图2-3-13所示。池上部焊有三个标准磨口。左侧磨口下接一个直径为18mm的玻璃管，下部用磨砂封底，下端距滴定池底约10mm。玻璃管内部紧靠磨砂玻璃处焊一个铂丝网阴极，在磨砂玻璃下面焊一个铂丝网阳极。另一侧磨口下平行焊接一对面积为0.7mm^2的铂片，间距为0.5～1cm，作为指示电极对。这样的设计保证了指示电极对的灵敏度和稳定性，同时便于拆卸、清洗和更换。电解池上部有一排气孔，保持池内外压力平衡。池中装有电磁搅拌棒。阳极室与阴极室装有相同的电解液。电解液配比为：氯仿∶甲醇∶卡氏试剂=3∶3∶1。

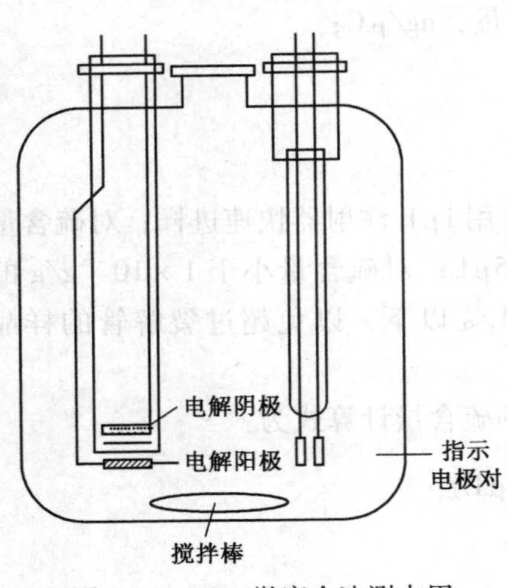

图2-3-13　微库仑法测水用滴定池示意图

微库仑法测定物质的水含量，特别是微量水含量时，一定要注意避免外界水汽的侵入。另外，在进行样品测定前，要先用已知含水量的样品对仪器进行标定。一般实测值与理论值的偏差在5%以内是允许的。

② 样品测定

按仪器说明书要求连接和设置仪器，调整仪器至工作状态。

用注射器取样，取样前用待分析试样冲洗注射器5～7次，然后抽取试样，并选定电解电流。试样的含水量按下式计算：

$$cH_2O = \frac{9 \times \left[Q_1 - \left(\frac{Q_2}{t_2} \times t_1\right)\right] \times 10^3}{96487 \times V \times \rho} = \frac{\left[Q_1 - \left(\frac{Q_2}{t_2} \times t_1\right)\right] \times 10^3}{10721 \times V \times \rho} (10^{-6}g/g) \quad (2-3-11)$$

式中 Q_1——试样消耗的电量，mC；

Q_2——空白试验消耗的电量，mC；

t_1——试样分析消耗的时间，s；

t_2——空白试验消耗的时间，s；

V——试样体积，mL；

ρ——试样密度，g/mL；

9——(1/2) H_2O 的摩尔质量，g/mol；

96487——法拉第常数，C/mol。

③ 结果和报告

a. 精密度

重复性：重复测定两个结果与算术平均值之差不应大于下列数值：

水含量，mg/kg	重复性 mg/kg
1～10	1
>10～50	算术平均值的10%
>50	算术平均值的5%

b. 报告

取重复测定两个结果的算术平均值作为测定结果。

(3) 影响因素及注意事项

① 仪器工作状态，电解池的电解效率直接影响方法准确与否，需经常进行验证。

② 应定期更换阴极室电解液。

③ 在分析轻质石油产品时，一般最多分析30～50mL试样即需更换阳极电解液。

④ 本方法所用电解液具有特殊的臭味和腐蚀性，同时具有毒性。因此，在更换电解液和溶剂时，均应在通风橱内进行操作。对试验用过的试剂和废电解液应收集集中处理，以防环境污染。

⑤ 当发现有吸湿现象造成终点长时间不能稳定需要较大的补偿电流时，可检查排气孔分子筛干燥管和磨口是否泄漏。如果需要，应重新更换干燥剂和磨口真空润滑脂。

⑥ 对于水含量小于10mg/kg的试样，最好用注射器从装置馏出口直接取样分析。进样

时应带棉纱手套，严禁用手接触柱塞和针头以防污染。

⑦ 醛和酮对分析有干扰，洗涤电解池和注射器时禁止使用。

3.2 气相色谱法

3.2.1 概述

色谱法是一种物理的（或物理化学的）分离方法。当两相（流动相和固定相）做相对运动时，混合组分随流动相流动并在两相中进行多次的分配平衡，从而达到完全的分离。检出测量分离后的组分，进行定性和定量分析。近年来，色谱法各分支，如气相色谱、液相色谱、薄层色谱、凝胶渗透色谱和纸色谱都得到深入的研究，并广泛应用于石油化工、有机合成、生理生化、医药卫生以至空间探索等许多领域。气相色谱是色谱的一种，它以气体为流动相，固体或均匀涂渍在载体上的液体为固定相。气相色谱法的特点：

1. 分离效率高　气相色谱法分离效率很高，可以分离性质十分相近的组分，或组分十分复杂的混合物。例如用毛细管柱分离轻油样品时，一次可分出 200 多个组分。

2. 灵敏度高　可分析试样中含量为 10^{-6} 甚至 10^{-9} 的杂质。同时测定所需要的样品量很少，通常气体样品只要几十微升，液体样品只要有零点几微升就能做一次全分析。

3. 速度快　在气相色谱分析中，分离、分析一次完成，主含量和杂质的测定可同时进行；而且由于流动相是气体，样品组分在气相中传质速度快，因此完成分析的速度很快。一般只要几分钟到十几分钟。

4. 应用范围广　除可直接分析气体样品外，只要在操作温度下（一般可达 300℃）能够气化而又不至于分解的样品，不论是有机物还是无机物，都可以分析。

当然，气相色谱法也有它固有的缺点，主要是建立分析方法时比较费时费事；单靠色谱法本身做未知样品的分析时，定性工作很困难，甚至难以完成；在操作温度下不能直接进行分析难以汽化或受热不稳定的样品、有腐蚀性的样品等。

目前气相色谱分析法在石油化工生产和科研中得到了广泛应用。主要用于：气体分析，包括干气、石油液化气和裂解气等；轻质油品如汽油、石脑油、柴油的单体烃分析等；石油产品的剖析和鉴别；合成橡胶、塑料、树脂单体中微量杂质的分析等；在石油产品测定方法中进行模拟蒸馏，用色谱数据计算辛烷值、冰点、闪点等。在石油化工生产中使用“在线”工业色谱仪来监控产品质量，促进生产的自动化。

3.2.2 气相色谱流程及常用术语

3.2.2.1 色谱流程

图 2-3-14 是典型的气相色谱流程图，包含一台正常工作的气相色谱所涉及到的所有单元。图中各单元系统的功能如下：

气源　为色谱仪提供满足实验要求的气体；

流量控制系统　对来自气源的气体，按实验要求进行流量或压力控制；

进样系统　使待分析样品不失真地定量导入色谱柱；

色谱分离系统　使待分析样品中的相关组分得到所需要的分离；

检测系统　对经色谱柱分离的组分进行检测，使样品组分的化学信息转化成电信号（物理信息）；

数据采集及处理系统　采集并处理检测系统输入的信号，得到待分析样品的定性和定量

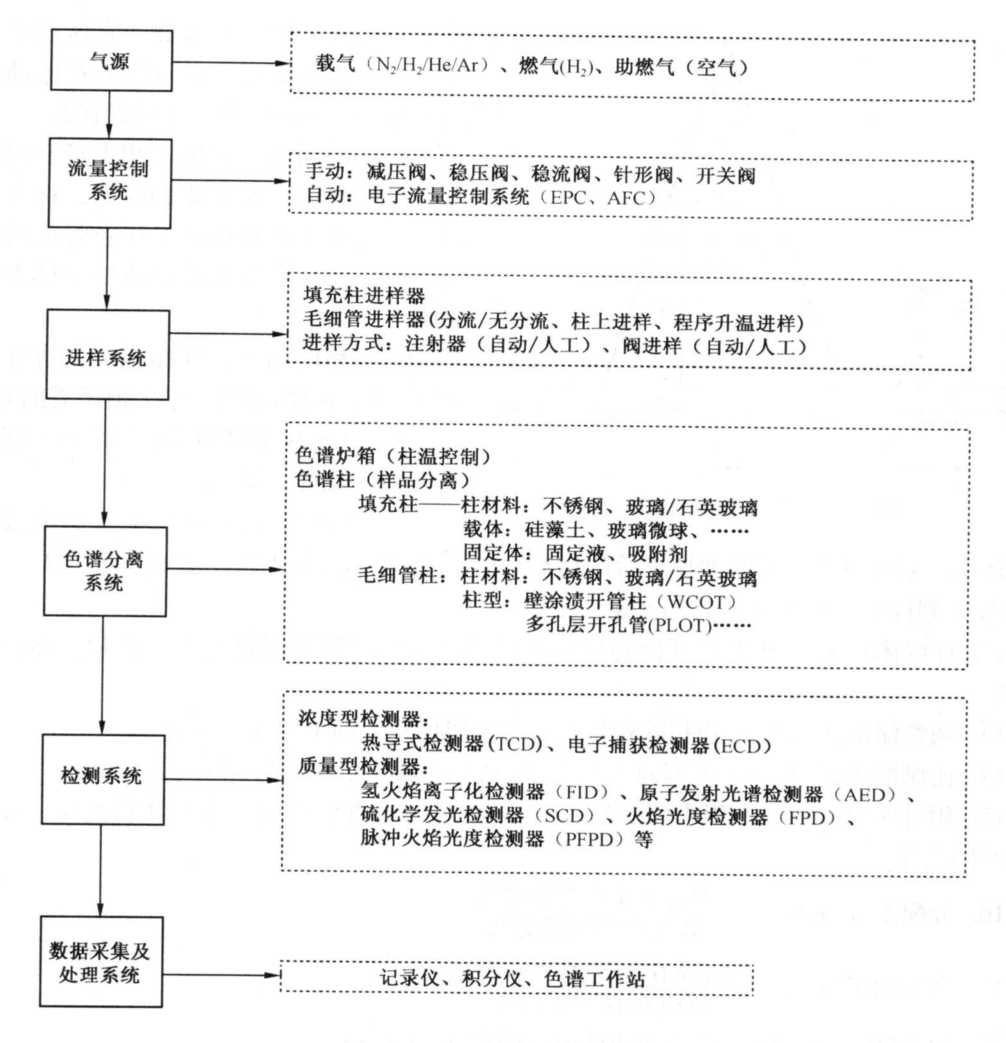

图 2－3－14　气相色谱流程图

结果。

3.2.2.2　色谱图及常用术语

色谱图是色谱柱流出物通过检测系统时所产生的响应信号对时间或流动相流出体积的曲线图。

1. 基线：在正常操作条件下，仅有载气通过检测系统时所产生的响应信号曲线。

2. 色谱峰：在操作条件下，当样品组分进入检测器时，反映检测器响应信号随时间变化的图线称为色谱峰，如图 2－3－15 中的 CAD。

3. 峰高(h)：峰的顶点与基线之间的距离称之为峰高，如图 2－3－15 中的 AB。

4. 半峰宽($W_{h/2}$)：是指峰高一半处的峰宽度，如图 2－3－15 中的 GH。

5. 拐点：也叫扭转点，是指流出曲线上二阶导数为零的那两个点，如图 2－3－15 中的 E 和 F。

6. 峰底宽(W)：是指从峰两边的拐点作切线与基线相交部分的宽度，如图 2－3－15 中的 IJ。

7. 色谱区域宽度：常用标准偏差、半高峰宽或峰底宽等来度量。色谱区域宽度是色谱

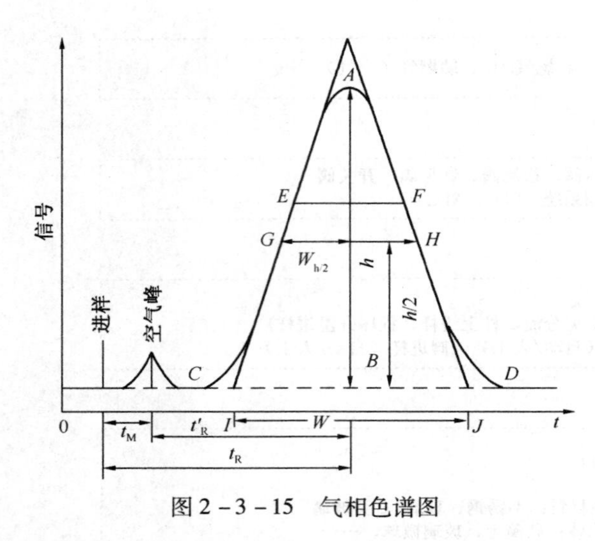

图 2-3-15　气相色谱图

流出的曲线中的重要参数。它体现了组分在柱中的运动情况，它与物质在流动相和固定相之间的传质阻力等因素有关。

8. 死时间 t_M：在固定相上没有保留的组分经过色谱柱所需要的时间，称为死时间 t_M。也就是指不被固定相吸附或溶解的气体在检测器中出现浓度或质量极大值的时间。

9. 保留时间 t_R：样品组分从进样开始到样品色谱峰出现最高最大值所需的时间。

10. 调整保留时间 t'_R：扣除死时间后样品的保留时间。即 $t'_R = t_R - t_M$。

11. 死体积 V_M：对应于 t_M 所流过的流动相体积。它可以由死时间和校正后的柱后载气流速的乘积来计算，即 $V_M = t_M \times F_c$。式中 F_c 为校正到柱温、柱压下的载气流速。

12. 保留体积 V_R：从进样开始到样品出现峰最大值时间所流过的载气体积。即：$V_R = t_R \times F_c$。

13. 调整保留体积 V'_R：指扣除死体积后的保留体积。即 $V'_R = V_R - V_M$。

14. 比保留体积(V_g)：0℃时每克固定相(或固定液)的净保留体积。

15. 相对保留值(α)：相同色谱条件下，某物质与标准物质的比保留体积之比，或调整保留时间之比。

16. 分配系数(K)：$K = \dfrac{\text{固定液中溶质的浓度}}{\text{载气中溶质的浓度}}$

17. 容量因子(k)：$k = \dfrac{\text{溶质在固定液中的质量}}{\text{溶质在载气中的质量}}$

18. 相比(β)：色谱柱中载气体积与固定相体积之比。

19. 理论塔板数(N)、有效塔板数(n_{eff})与理论塔板高度($HETP$)：

$$N = 5.54\left(\frac{t_R}{W_{\frac{1}{2}}}\right)^2$$

$$n_{eff} = 5.54\left(\frac{t'_R}{W_{\frac{1}{2}}}\right)^2$$

$$HETP = \frac{L}{N}$$

式中　L——色谱柱长，mm；

$HETP$——理论塔板高度，mm/块。

20. 分离度(R_S)：$R_S = \dfrac{(t_{R,j} - t_{R,i}) \times 2}{W_{b,j} + W_{b,i}} \approx \dfrac{t_{R,j} - t_{R,i}}{W_b} = \dfrac{\sqrt{N}}{4} \times \dfrac{a-1}{a} \times \dfrac{k}{1+k}$

3.2.3　气源和进样系统

3.2.3.1　气源

气源的作用是为色谱仪提供满足实验要求的气体。在气相色谱中，根据用途不同，可将气源分为载气和支持气两类。载气的作用是将汽化后的样品携带进入色谱柱进行分离，然后进入检测器定量检测。常用的载气有氦气、氢气、氮气和氩气。气相色谱所用的支持气体有两大类，一类是检测器用的燃气、助燃气、辅助气和保护气等；另一类则是用于阀切换的驱动气。支持气体主要为氢气、氮气、空气或氧气等。由于载气是流经色谱柱并进入检测器的，所以载气中的污染物对色谱柱的寿命以及被分析物的检测都会有影响。而检测器用的支持气，因为直接进检测器，所以只对检测器的响应有影响。根据两类气的这点差别，我们可以通过改变色谱柱箱的温度，观察检测器信号的变化情况来判断是哪类气的污染。

一般而言，所用气体纯度越高，仪器的性能越好，检测灵敏度越高。但气体纯度越高，成本越高。在既不干扰分析，又不损坏仪器的前提下，使用最低纯度级别的气体可最大程度地降低分析成本。实际工作中，为了保护色谱柱，提高检测灵敏度，都要对所用气体进行净化，以除去其中可能存在的氧、水分、烃类化合物。

气源中的气体是通过连接管线进入色谱仪的，质量较好的管线有助于改善整个气路系统的质量，并提高仪器的检测灵敏度，降低基线噪声。根据所用材料，连接管线可分为非金属管线和金属管线。非金属管线如聚乙烯、聚四氟乙烯等，价格相对便宜，但由于气密性较差，易被污染，应尽量避免用于常规分析中。金属管线如铜管、不锈钢管，价格相对较贵，但气密性好，一般推荐用于常规分析中。

3.2.3.2　进样系统

气相色谱的进样系统是把试样引入色谱柱的装置。由于样品状态及色谱柱的结构不同，可以有多种进样形式。气体和液体常见的进样方法有注射器进样和阀进样，一般可分为手动和自动两种方式。固体样品可将样品溶解成液体，然后按液体进样，或使用裂解器自动进样。

1. 进样口

(1) 填充柱进样口

参见图2-3-16，这是用于填充柱或大口径毛细管色谱柱的进样口。现代气相色谱仪的填充柱进样口内，会配一系列不同尺寸规格的各种玻璃衬套，这些玻璃衬套主要有下列作用：

① 提供一个温度均匀的汽化室，防止局部过热。

② 由于玻璃比不锈钢表面惰性好，所以可减少在汽化期间样品分解的可能性。

③ 易于拆换清洗，以保持清净的汽化室表面。因为样品中存在的一些痕量非挥发性组分会逐渐积累残存于汽化室，高温下慢慢分解，使基流增加，噪声增大，通过清洗玻璃衬套可以消除这种影响。

④ 可根据需要选择管壁厚度及内径适宜的玻璃衬套，以改变汽化室的体积，而不用更换整个进样加热块。

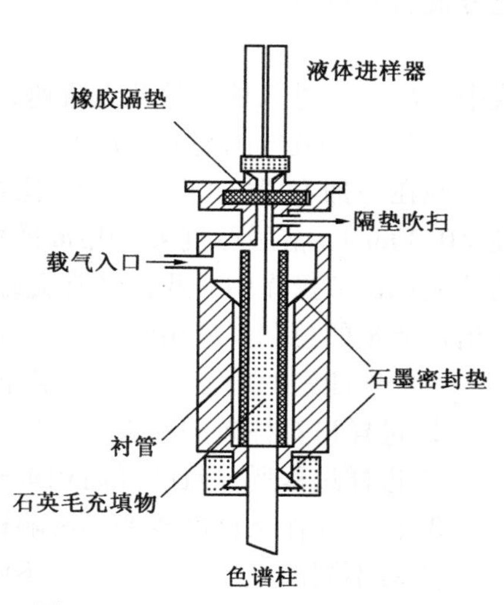

图2-3-16　填充柱进样口示意图

填充柱进样口常见的故障包括样品分解、返冲或泄漏等。当不使用玻璃衬管时，未经惰化处理过的填充柱进样口壁通常会有活性吸附点存在，因此会使一些极性样品拖尾或降解。为了避免这些现象，可考虑采用柱内直接注射进样，选择脱活的玻璃衬管或降低进样口温度来解决。样品返冲现象的出现是由于进样量超过填充柱进样口内衬管的容量所引起的，此时，过量的样品会由于热膨胀的作用返冲至载气入口管线，产生样品流失，并使峰面积重现性变差，返冲至入口管线处冷凝的样品还会导致后续分析过程出现鬼峰。降低进样量、减少进样速度或增加进样口体积都可在一定程度上消除返冲的现象。实际工作中经常会发生的与进样系统有关的另一个问题是进样口隔垫泄漏，这种因为注射针多次穿刺而导致的事故虽然很简单且极易被忽视，但它给色谱系统所带来的危害却是巨大的。它可以使分析过程完全失败，严重时甚至可能使色谱柱完全损坏。

(2) 分流/不分流进样口

这是为毛细管色谱柱进样而开发的进样口。由于毛细管柱的柱容量和载气流量都远小于填充柱，所以传统填充柱进样口和微量注射器的组合方式，因死体积和进样量太大，不能满足毛细管色谱柱的进样要求。为此，Desty 最早提出了分流进样的方式。分流进样是一种简单、易行的进样方法，最初的分流进样器设计较简单，现在的分流进样器则综合考虑了影响定量的各种因素，而且设计成分流/不分流进样模式。

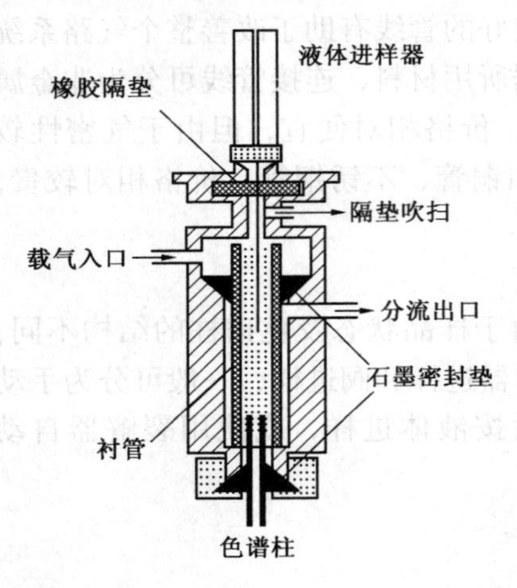

图 2-3-17　分流进样口示意图

参见图 2-3-17，载气从汽化室上方引入后一小部分用于隔垫吹扫，大部分进入汽化室。被分析样品由微量注射器穿过隔垫进入汽化室。汽化室内装有一玻璃或石英衬管，提供了一个惰性和温度均匀的供样品汽化的空间。为便于清洗和使气态样品混合物与载气混合均匀，衬管内可充填一些石英或玻璃毛。混合后的气体组分在进入色谱柱前分成两部分，大部分通过放空阀放空，只有极少部分的样品进入色谱柱。由于色谱柱本身的动态阻力相对固定，通过调节分流出口的针形阀或不同形式的限流器可调节放空管线的阻力，使其按一定的分流比放空，从而调节进入柱子的样品量。当样品完全汽化并与载气充分混合时的分流比定义为：

$$S = F_C / F_S$$

式中　F_C——进入柱子的载气流速，mL/min；

　　　F_S——放空阀的放空流速。

现在一般仪器使用的分流比多可在(1∶10)~(1∶300)的范围内调节，对于内径<0.30mm、液膜厚度<1.0μm 的柱子，常用分流比为(1∶10)~(1∶100)。在一些色谱仪的分流比调节操作中，我们经常会碰到载气总流量的概念，它是隔垫吹扫流量、柱流量与分流出口流量的总和，应用时应注意区分。

一个性能好的分流进样口应满足以下四个基本要求：

① 进样口对柱效的损失可忽略不计，即由进样引起的峰展宽很小；

② 进样过程所导致的峰面积重现性的相对标准偏差<1%；

③ 柱子操作条件的改变不影响样品的进样状态。

④ 对不同沸点、不同极性、不同相对分子质量的样品组分不应有进样失真或歧视，即样品各组分呈线性分流。线性分流是指样品中各组分都能准确地按其原有比例分流。

2. 进样系统

进样系统包括进样器及气化室两部分。

（1）进样器　气体样品可用旋转式六通阀进样，如图2－3－18所示。阀体用不锈钢制成，阀瓣用聚四氟乙烯制成。将阀置于取样位置，使气体充满定量管，然后将阀瓣旋转60°，载气携带样品由定量管进入色谱柱中。

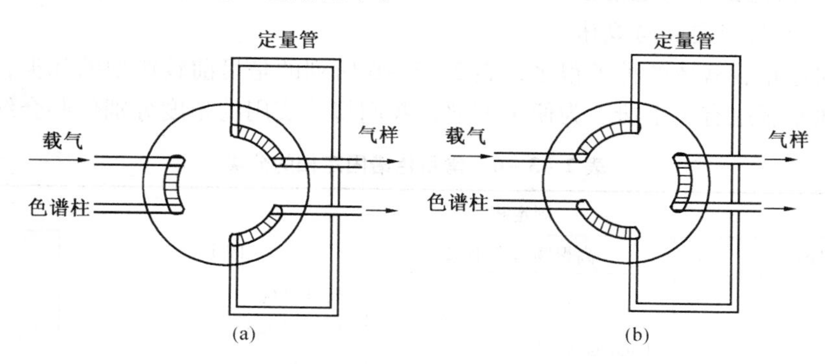

图2－3－18　气体进样阀的示意图

液体样品可用微量注射器进样。将液体样品吸入微量注射器中，把注射器的针头刺穿进样器的硅橡胶垫内，迅速注入样品，经气化室瞬间气化后，进入色谱柱。

（2）气化室　它的作用是将液样迅速完全气化。简单的气化室就是一段金属管，外面套有加热块，如图2－3－19所示。

3.2.3.3　进样方法的选择

在实际工作中，应根据样品的组成和性质、对定量准确度的要求、仪器条件等因素选择合适的进样方法。现将几种常用进样方法的选择依据介绍如下。

1. 分流进样

被分析样品热稳定性好，被分析组分的沸程范围不大时，在优化的色谱条件(柱温、流速、进样量、分流比等)下，采用分流进样可得到满意的分析结果。在毛细管色谱应用的范围内，大部分石化分析应用都选择了分流进样，尤其对于未知样品使用分流进样可保护毛细管柱不被沾污，防止柱效降低。但对于组分沸程范围较宽的样品分析，如原油模拟蒸馏，则不能应用这一进样技术。

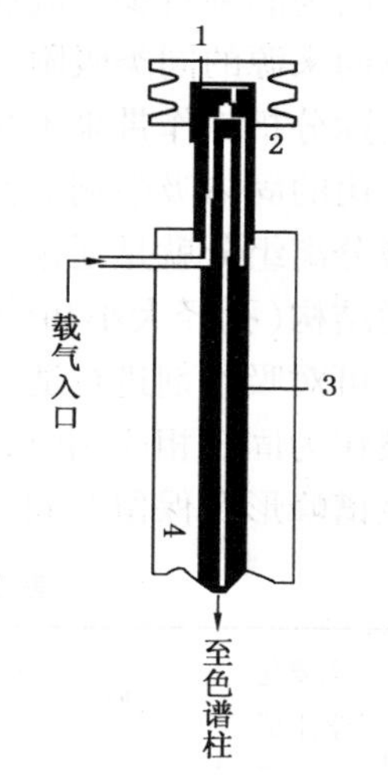

图2－3－19　气化室结构示意图
1—硅橡胶垫；2—散热片；3—玻璃插入管；4—加热器

2. 不分流进样

当分流进样不能满足对分析灵敏度的要求或分析痕量组分时，可采用不分流进样。在不分流进样中，一般选择氢气作载气，同时，选择合适的溶剂种类、进样量、起始柱温、汽化室温度等。在石化分析中，由于碰到的大多是常量组成的样品分析，所以这一技术的应用比较有限。

3. 冷柱头进样

对一些热稳定性和化学稳定性差的样品，在采用分流/不分流进样时，易引起样品热裂解或热重排；对一些极性强的组分，会在分流/不分流进样有一定的吸附，这时，采用冷柱头进样，可降低样品的热裂解或热重排，提高进样系统的惰性。

4. 程序升温进样

对于一些沸程范围很宽的样品，为了保证样品进样时不失真，程序升温进样是一个很好的选择。在毛细管色谱模拟蒸馏分析中，很多情况就选择了炉温跟踪的程序升温进样模式。

3.2.4 色谱固定相与色谱柱

3.2.4.1 色谱固定相与载体

色谱用固定相、载体的种类很多，表2-3-6所列的是目前较典型的几类，更详细的情况可参照其他专著或有关手册。为便于理解，我们将从实用的角度分别作些介绍。

表2-3-6 常用色谱固定相的分类

固定相			载体
吸附剂	高聚物多孔小球	固定液	
沸死分子筛 碳分子筛 氧化铝 硅胶 石墨化炭黑	Porapak 系列 GDX 系列	聚硅氧烷类 聚乙二醇类 环糊精 冠醚 液晶	硅藻土 玻璃微珠

1. 吸附剂

吸附剂是应用最久的固定相，其最大特点是无高温流失，且对烃类异构体有较好的选择性，但因为品种较少，故应用范围有限。由于制备及活化条件对吸附剂色谱性能影响很大，因此不同来源的同类吸附剂，甚至同一来源但批号不同的产品其分离性能也可能不一致，从而给实际分析工作带来不少困难。

常用的固体吸附剂的性能如表2-3-7中所示，它们通常都具有多孔结构，比表面积很大，被分离组分就是通过与其表面上存在的吸附活性作用点间的物理吸附而得以分离的。吸附剂的结构(孔径大小和分布)和表面活性中心不均匀对色谱分离是不利的。为了克服这一缺点，可对吸附剂进行适当的处理，以改变其表面性质，从而改变其色谱性能。另外，当吸附剂被作为固定相应用时，要特别注意控制进样量，避免样品超出吸附剂的线性容量范围而影响色谱峰形及保留时间。

表2-3-7 气-固色谱法常用的几种吸附剂的性能

吸附剂	主要化学组成	性质	比表面/(m^2/g)	最高使用温度/℃	活化方法	分析对象	备注
活性炭	C	非极性	300~500	<300	先用苯(或甲苯、二甲苯)浸泡，在350℃用水蒸气洗至无浑浊，最后在180℃下烘干备用	分离永久性气体及低沸点烃类，不适于分离极性化合物	加入少量减尾剂或极性固定液(<%2)，可提高柱效，减少拖尾，获得较对称峰
石墨化炭黑	C	非极性	≤100	>500	先用苯(或甲苯、二甲苯)浸泡，在350℃用水蒸气洗至无浑浊，最后在180℃下烘干备用	分离气体及烃类，对高沸点有机化合物也能获得较对称峰	

续表

吸附剂	主要化学组成	性质	比表面/(m^2/g)	最高使用温度/℃	活化方法	分析对象	备注
硅胶	$SiO_2 \cdot nH_2O$	氢键型	300~700	随活化温度而定，可>500	用1:1HCl浸泡2小时，用蒸馏水洗到无氯离子，在180℃下烘干备用，也可在200~900℃下烘烤活化，冷至室温备用	分离永久性气体及低级烃	随活化温度不同，其极性差异大，色谱行为也不同，在200~300℃活化，可脱去水95%以上
氧化铝	Al_2O_3	弱极性	100~300	随活化温度而定，可>500	在200~1000℃下烘烤活化，冷至室温备用	主要用于分离烃类及有机异构物，在低温下可分离氢的同位素	随活化温度不同，含水量也不同，从而影响保留值和柱效率
分子筛	硅铝酸盐	强极性	500~1000	400	在350~550℃下烘烤活化3~4h（注意：超过600℃会破坏分子筛结构而失效）	特别适用于永久气体和惰性气体的分离	

2. 高聚物多孔小球

高聚物多孔小球固定相是以各种不同单体与二乙烯基苯共聚得到的具有不同极性的聚合物小球。通过改变合成材料和聚合条件，可以得到极性、孔径、分离性能各不相同的多种类型的聚合物。由于这类材料特殊的色谱分离性能，因而应用范围十分广泛，既可以直接用作固定相，也可以作为载体涂固定液后使用。

高聚物多孔小球固定相表面结构均匀，机械强度高，与羟基的亲和力极小，基本上是按相对分子质量顺序分离，因而特别适合于样品中水含量及一些活泼性气体组分的测定。高聚物多孔小球应用时以下几点应予以关注：

（1）装柱时聚合物小球往往带有静电，可用丙酮润湿过的纱布处理漏斗，以消除静电。由于是有机聚合物，加热时体积膨胀比较明显，因此不要装得太紧。

（2）色谱柱在使用前必须活化，以除去微球中未聚合的单体、溶剂以及其他低沸点物质。通常的活化条件是150℃通氮10h。如果柱子要在更高的温度下使用，则再在高于使用温度20~40℃左右继续活化5h。若在装柱前活化，则效果会更好，这样可以消除微球的热胀冷缩性，以免高温使用后体积收缩使柱效下降。

3. 固定液

固定液是指那些以溶解机理参与分离的固定相。它们通常以薄膜的形式被涂在载体表面或直接涂在柱管的内表面上。与固体固定相相比，固定液的品种多，因此选择余地大，而且溶解分配的分离机制使其对被分离组分的负载量有明显提高，所以更易得到对称的色谱峰形。

对固定液的要求：

（1）溶解度适当，试样中各组分在固定液中应有适当的溶解度，否则各组分在固定液中还未进行分配作用就迅速从柱中流出，或者组分在柱中停留时间过长；

（2）选择性高，对被分离的组分有不同的溶解能力，即各组分的分配系数K差别较大；

(3) 热稳定性好，在柱温下不分解；

(4) 化学稳定性好，在操作条件下不与被测组分及流动相气体发生化学反应；

(5) 挥发性小，在操作温度下，固定液不因挥发而流失；

(6) 凝固点低，黏度小，凝固点低使用温度范围宽，黏度小有利于传质过程和均匀涂在担体上，以便获得高效快速的分离效果。

4. 载体

载体又称担体，是一种化学惰性、表面多孔的固体颗粒，主要作用是支撑固定液。适用的载体应具备稳、匀、大三方面的特点。“稳”是指化学性质稳定、对热稳定、机械性能稳定。这就是说要求它只起承载固定液的作用，表面没有或者只有很弱的吸附性或者催化活性，与固定液或者样品不起化学反应；在使用温度下结构不变、性质不变；机械强度足够大，在涂渍固定液、装填柱子等操作条件下不会破碎。“匀”是指结构均匀、粒度均匀、孔隙均匀。这样涂渍固定液时液膜厚度才易均匀。装柱时才能填充得均匀紧密，有利于提高柱效率。“大”则是指比表面大。比表面越大，则在固定液用量相同的情况下，液膜仍然较薄，既可保持较大的柱容量，又不致降低柱效。

能用于气相色谱的载体品种很多，但就其类型而言，则基本上可以分为硅藻土型载体和非硅藻土型载体两大类。由于制作方法不同，硅藻土又可分为红色和白色两种。常用的载体，尤其是应用最广的硅藻土载体，其表面并非完全惰性，在固定液用量较小和分析极性样品时，表面的这种非惰性就会对分离产生不利影响，使柱效明显降低，色谱峰拖尾。载体表面的活性主要是由于表面结构不均匀、含有 Fe、Al、Ca、Mg 等杂质以及相当数量的硅醇基引起的。为了消除活性，常采用酸洗、碱洗、硅烷化等措施，对载体表面进行处理。

3.2.4.2 色谱柱

1. 分类

气相色谱用色谱柱主要有两类——填充柱和毛细管柱，它们的具体情况见表 2－3－8。在工厂实验室，填充柱还是目前用得较多的柱型，尤其是气体分析。

表 2－3－8 气相色谱柱分类

类别		规格说明
填充柱	普通	柱内径 φ 3 ~ 6mm，柱长 0.5 ~ 10m
	高效	柱内径 φ1 ~ 2mm，柱长 0.5 ~ 10m
	微填充柱	柱内径 <1mm，柱长 0.5 ~ 3m
填充毛细管柱		柱内径 φ 0.3 ~ 0.8mm，柱长 5 ~ 50m，填充颗粒 120 目以上
毛细管柱	壁涂渍开管柱(WCOT)	柱内径 φ 0.2 ~ 0.4mm，柱长 5 ~ 100m，涂层厚度 0.2 ~ 0.5μm
	多孔层开管柱(PLOT)	
	载体涂层开管柱(SCOT)	

不过近年来毛细管柱的应用也已有了一定基础，涉及汽油组成的分析目前都倾向于使用毛细管柱。由于柱涂渍技术的完善和提高，细径(内径 50 ~ 100μm)、薄液膜(d_f = 0.1μm)和大口径(内径 0.5 ~ 0.8mm)、厚液膜(d_f > 1.5μm)的特殊毛细管柱也已开始投放市场，这些柱子的应用为快速 GC 技术的发展和实用化创造了条件。

2. 石油石化分析专用色谱柱

（1）分子筛柱

分子筛柱主要用于石油气中永久性气体和链烷、环烷的分析。分子筛色谱柱有填充柱和毛细管柱两种柱型，分子筛色谱柱内充填或涂覆的吸附剂为沸石分子筛。分子筛吸附剂又分为5A分子筛和13X分子筛。其中5A分子筛柱主要分析氢气、氧气、氮气、氯气、氦气、一氧化碳、甲烷等气体；13X分子筛柱用于上述组分分离时，同样条件下各组分出峰时间比较匀，但对氧/氮的分离较5A分子筛要弱，此外它还可以用来实现汽油馏分中链烷和环烷的分离，而5A分子筛则可用于正异构烷烃的分离。与所有沸石分子筛一样，它们都具有较强的吸水性，对二氧化碳的吸附也是不可逆的，故使用时要求载气应充分干燥。由于多孔层开管柱(PLOT)制柱技术的不断成熟，所以在很多情况下分子筛填充柱正在被柱效更高、分离效果更好的毛细柱代替。

（2）氧化铝柱

氧化铝柱主要用于分析 $C_1 \sim C_{10}$烃类物质，尤其是 $C_1 \sim C_5$烃的全分析。氧化铝 PLOT 柱对轻烃具有高的选择性，可以说是目前用于此类分析最佳也是最多的柱型。

（3）聚乙二醇和 FFAP 柱

聚乙二醇和 FFAP 柱是另一种用得较为普遍的石化分析专用柱，其常用柱型为壁涂渍开管柱，有交联键合型和非交联键合型两种，经过交联键合的聚乙二醇色谱柱具有很好的惰性，耐溶剂、耐水，而且耐高温，对各种极性化合物如酸、醛、醇类化合物可以直接进样得到很尖锐的峰形，可以分离碳数高达24的游离脂肪酸。FFAP 柱也具有上述交联键合聚乙二醇色谱柱的分离性能。在石油化工行业，这两种柱型主要用来分析芳香族化合物和其他极性有机物。但非交联键合柱不具备耐溶剂、耐水的性能，使用时必须小心。

（4）PONA 分析专用柱

PONA 是英文 Parafns(脂肪族)、Olefins(烯烃)、Naphthenes(环烷烃)和 Aromatics(芳香族)词的首写字母缩写。它是专门用于分析汽油中烷烃、烯烃、环烷烃和芳香族化合物的非极性毛细管色谱柱。由于分析对象是一个非常复杂的混合物，因此要求色谱柱必须具有足够高的总柱效。常用 PONA 柱的规格为：长度 $50 \sim 100$m，柱内径 $100 \sim 250\mu$m，液膜厚度约 0.15μm 左右。PONA 柱质量的另一重要指标是全柱尺寸和液膜厚度的均匀性。

此外，石油石化分析专用色谱柱还有含氧化物分析柱、Porapak 柱等，在此不做详述，请参考相关资料。

3.2.5 检测器

气相色谱检测器是把载气里经色谱柱分离的各组分的浓度或质量转换成电信号的装置，它在色谱技术的发展中占有很重要的地位。1954 年 Ray 首次提出热导检测器，开创了现代气相色谱的新时代。四年后，气相色谱的另一个重要检测器——氢火焰离子化检测器也被开发出来。两种检测器的出现极大地推动了气相色谱的发展。随着痕量分析的需求，又陆续出现了一些高灵敏度、高选择性的检测器，如电子捕获检测器、FPD 检测器等。20 世纪 80 年代以后，随着对色谱技术需求和色谱技术本身的发展，检测器向体积小、响应快、灵敏度高、选择性好的方向发展，热导检测器和氢火焰离子化检测器的灵敏度、稳定性有了很大的提高。同时出现了质谱检测器、原子发射光谱检测器、化学发光检测器等。目前，气相色谱用检测器的种类已多达数十种。

3.2.5.1　检测器的分类

有多种不同的检测器分类方式，一种是按响应机理分成浓度型和质量型。浓度型检测器的响应信号与样品组分在流动相中的浓度成比例；而质量型检测器的响应信号与单位时间内样品组分进入检测器的质量成比例。

如果按响应的选择性分类，则可将检测器分成通用型和选择型两类。通用型检测器对从色谱柱流出的每个组分均有响应。而选择型检测器则仅对其类型化合物有响应，对其他化合物响应很小，一般要求它们的相对响应值相差应在100倍以上。此外，还可以按进入检测器的样品是否被破坏来对检测器进行分类，当被测组分通过检测器时，如果它的分子形式被破坏，则称为破坏性检测器，如氢火焰离子化检测器、火焰光度检测器、原子发射光谱检测器、化学发光检测器等；否则，就属非破坏性检测器，如热导检测器、电子捕获检测器、光离子化检测器等。一般，破坏性检测器常常也是质量型检测器，而非破坏性检测器往往以浓度型检测器为多。

3.2.5.2　检测器的基本技术指标

1. 噪声和漂移

由各种原因引起的快速的基线抖动称为基线噪声，它是测量检测器最小检测量的一个参数。噪声的数值越小，表明仪器的性能就越好。无论有无组分流出，只要仪器在运行状态，这种波动总是存在。噪声的测量是在仪器灵敏度足以观察到基线噪声的条件下，取一定时间段的波动基线来计算的。通常用通过基线峰顶和谷底的两条平行线间的距离来表示噪声的大小。

基线随时间单方向地缓慢变化称为基线漂移，实际工作中常以单位时间内基线的变化量(mV/h)来表示。它可掩蔽噪声和小峰。漂移与整个色谱系统有关，而不仅是由检测器引起的。

2. 灵敏度

灵敏度又称最小检出浓度或最小检出量。在一个特定分离工作中，检测器是否有足够的灵敏度是十分重要的。当比较检测器时，常使用敏感度这一性能指标。敏感度即指信号与噪声的比值(信噪比)等于2时，在单位时间内进入检测器的溶质的浓度或质量。

3. 线性范围

检测器灵敏度保持不变时，所允许的最大进样量与最小进样量之比称为线性范围。在进行定量分析时，希望检测器有宽的线性范围，以便在一次分析中可同时对主要组分和痕量组分进行检测。

4. 检测器的池体积　它应小于最早流出的死时间色谱峰的洗脱体积的1/10，否则会产生严重的柱外色谱带扩展。

一个好的检测器必须具有较高的灵敏度、低的检测限、宽的线性和工作温度范围、一定的稳定性、较小的检测池死体积、快速的响应时间和牢固的整体结构，同时检测器的操作也要力求简单。

3.2.5.3　常用检测器介绍

石化分析常用的检测器有热导检测器、氢火焰离子化检测器、电子捕获检测器、氧选择性火焰离子化检测器等，在此仅介绍热导检测器、氢火焰离子化检测器及氧选择性火焰离子化检测器，其余请参考相关资料。

1. 热导检测器

热导检测器(Thermal Conductivity Detector，TCD)是利用被测组分和载气的热导率不同而设计的浓度型检测器。它也是通用型检测器或非破坏型检测器。具有结构简单、灵敏度适中、稳定性较好、线性范围宽等特点，而且适用于无机气体和有机物，因而是目前应用最广、最成熟的一种检测器。它比较适合于常量分析或分析含有十万分之几以上的组分含量。

（1）热导池的结构

热导检测器由热导池和检测电路组成。热导池是由池体、池槽（气路通道）、热丝三部分组成。

热导池池体多用铜块或不锈钢块制成，可为立方形、长方形、圆柱形。池体稍大一些较好，这样热容量大，稳定性好。

热导池池槽多用直通式，其灵敏度高，响应时间快（小于1s），但受载气流速波动的影响。扩散式对气流波动不敏感，但响应时间慢（大于10s）。半扩散式性能介于二者之间。

热导池的热丝是热敏元件，常选用阻值高（30～100Ω），电阻温度系数大的金属丝，如铂、钨、镍丝。以使用镀金钨丝或铼钨丝最好。也可采用热敏电阻（20～50kΩ）或半导体三极管作为热敏元件，其灵敏度高，但不够稳定，现使用较少。

（2）检测原理

热导池所以能够作为检测器，是依据不同的物质具有不同的导热系数。当被测组分与载气混合后，混合物的导热系数与纯载气的导热系数大不相同。当选用导热系数较大的气体（如H_2、He）时，这种差异特别明显。当通过热导池池体的气体组成及浓度发生变化时，就会引起池体上安装的热敏元件的温度变化，由此产生热敏元件阻值的变化。通过惠斯通电桥进行测量，就可由所得信号的大小求出该组分的含量。

TCD的工作原理可参见图2－3－20和2－3－21来说明。由图可知，柱后流出物通过热导池池槽（通常密封在一加热到恒温的金属块内）后放空。池槽中有一个热敏元件（热丝），通电时，热敏元件生热，并通过载气的对流、焊点的传导和辐射散失到恒温的金属块，其散失速率主要取决于池槽中流过的气体的热导率和流量。由于流量是恒定的，所以气体热导率的变化就成了热散失速率唯一的影响因素。当载气中带有溶质时，气体的热导率就发生了变化，从而影响了热敏元件的散热速率。导致该元件阻值的变化，使电桥产生不平衡输出，在记录仪上出现相应的响应讯号。

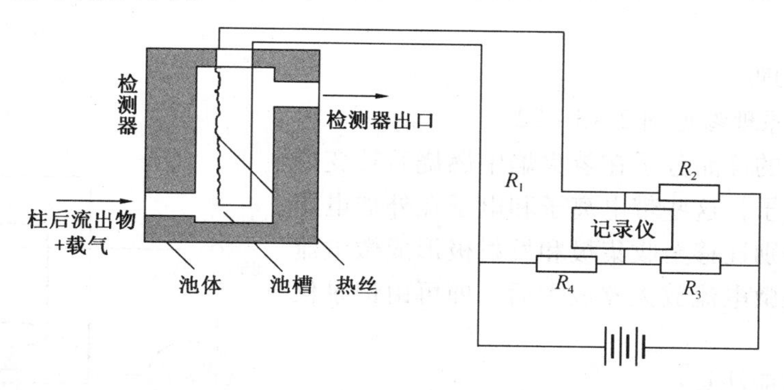

图2－3－20　TCD工作原理图

使用热导池检测器时应注意：

① 开机时必须先通载气再通电，关机时先断电后断载气，防止热丝烧断。

② 热导池的桥电流增加和温度降低，都有助于提高检测器的灵敏度，但应注意桥电流大时热丝易于损坏，温度过低也易造成高沸点组分的冷凝。

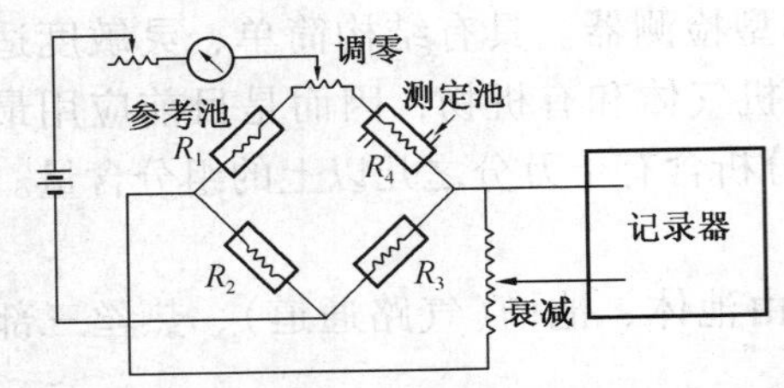

图 2-3-21　TCD 所组成的惠斯通电桥

③ 由于是浓度型检测器，载气流速对灵敏度有影响，定量时不得有变，上升条件下更需注意。若有 EPC 控制系统，最好选择恒流操作模式。

④ 由于 H_2或 He 的热导率与其他物质相差较大，故一般用它们作 TCD 的载气较为合适。这样可以得到较高的检测灵敏度，峰形正常，响应因子稳定，线性范围较宽。如果用 N_2或 Ar 作载气(热导率较小，与其他化合物差距不大)，检测灵敏度较低，易出现 W 峰，响应因子受温度影响亦较大，线性范围窄。

⑤ 载气要充分净化，整个气路系统不能有泄漏，否则易造成基线不稳。

2. 氢火焰离子化检测器

氢火焰离子化检测器(Flame Ionization Detector)，简称 FID，属破坏性的质量型检测器，是最早用于填充柱色谱的检测器之一，由于死体积接近零，所以也适合直接用于毛细管柱。与 TCD 不同，FID 是一种选择性的检测器，它几乎对所有的有机分子都能响应且灵敏度很高(比 TCD 约大 10^3倍，最小可检度约 10^{-12}g/s)，而对载气中的杂质如 H_2O、CO_2等几乎无响应，故使用时基线稳定。烃类分子在 FID 上的相对响应值较接近，因此，对馏分油的分析，可以不用校正因子。此外，该类检测器对温度、压力及流速的控制精度要求不高，故设计和生产难度不大。同时它还有线性范围宽(约 10^7)、结构简单、无死体积等优点，在石油化工领域占有很重要的地位。

(1) 检测器结构

氢火焰离子化检测器的主要部件是离子化室(又叫离子头)，内有由正极(极化极)和负极(收集极)构成的电场，由氢气在空气中燃烧构成的能源以及样品被载气(N_2)带入氢火焰中燃烧的喷嘴(由不锈钢或石英制成)。

用不锈钢制成的离子化烧结构分为两种，一种是高压电场的正极和喷嘴相连，负极用圆盘形铂丝。另一种高压电场的正极不和喷嘴相连，而用铂丝作成圆环(也叫极化电压环)安装在喷嘴之上，负极作成圆筒状收集电极，为了点燃氢气可采用高压点火或热丝点火。

(2) 检测原理

FID 的工作原理参见图 2-3-22。

由载气带入的样品分子在氢火焰中燃烧后转变成带电的离子和电子，这些带电离子和电子在外加电压形成的电场中分别迁移至收集极和发射极形成微电流讯号，该讯号经微电流放大器放大后，即可由记录仪检测出来。

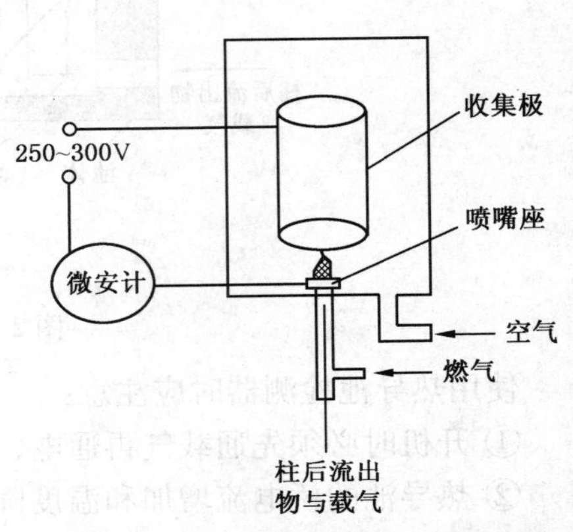

图 2-3-22　FID 检测器工作原理图

使用 FID 时应注意：

① 三种气体的净化管内必须填装活性炭，用以除去气体中微量烃类组分。

② 色谱柱的固定相必须在最高使用温度下充分老化，减少固定液流失和固定液中溶剂的挥发所造成的基线漂移。

③ 高温下使用时，气化室硅胶垫必须事先高温老化，避免出现怪峰。

④ 载气(N_2)、燃气(H_2)及助燃气(空气)的比例选择 N_2∶H_2∶空气 = 1∶(1 ~ 1.5)∶10 为宜。这种条件下各种气体的流量变化对 FID 的响应值影响较小。

⑤ 分析时，应保证样品燃烧完全。当空气不足时，由于燃烧不完全，喷嘴、收集极形成积炭和污染，导致噪声增大、收集效率降低从而影响使用。

⑥ 对填充柱最好选用喷嘴大些的检测器，而对毛细管柱则可小些。

⑦ 由于是质量型检测器，载气线速提高可使色谱峰变得尖锐，流速过大对火焰稳定性会有影响。

⑧ 使用毛细管柱时，柱子不要插过喷嘴，否则有可能会因柱端烧融而堵死出口，或柱流出物超出火焰区及信号收集区影响检测。

⑨ FID 系统停机时，必须先将 H_2关闭，即先关 H_2熄火，然后再关检测器的温度控制器和色谱炉降温，最后关载气和空气，否则容易造成 FID 收集极积水而使绝缘下降，引起基线不稳。

3. 氧选择性火焰离子化检测器

氧选择性火焰离子化检测器(Oxygen - Specific Flame Ionization Detector，O - FID)是一种对烃类无响应而仅对含氧化合物响应的选择性检测器，已用于汽油中有机含氧化物添加剂的测定。氧选择性火焰离子化检测器是通过在普通 FID 的前面加两个微反应器(裂解器和镍还原器)转化而来的。

它的检测原理为：经色谱柱分离的组分先进入裂化反应器，这是一根固定在绝缘架上的铂/铑毛细管，分析样品前需在内壁预沉积一层炭。裂化反应器通常利用低压电源直接加热至1000℃以上的高温，在无氧状态下，进入反应器的烃类化合物被转化为氢气和炭，而含氧化合物则与积炭反应后转化为 CO，然后继续进入镍还原器。镍还原器为一根内装 Ni 催化剂的镍管，它被直接插入 FID 中以利用检测器的加热系统进行加热。在镍的催化作用下，CO 与尾吹进入的氢气反应转化为 CH_4并由 FID 检测，从而仅得到含氧化合物的信号。

应用 O - FID 时注意：

(1) 由于甲烷转化器中的 Ni 在高温有氧存在下特别容易失效，所以开机升温前一定要用高纯氢充分置换，关机时也要等转化器的温度小于 50℃后再停气。若有条件，仪器停运期间最好不要断氢气。

(2) 裂解反应器的积炭量对检测器的检测性能有很大影响，积炭过多容易发生烃穿透；而积炭不够，则没法进行氧的还原。所以，实际应用时要特别留意。

(3) 裂解反应器的寿命与使用温度很有关系，所以在保证裂解反应能正常进行的前提下，反应器工作温度应尽可能低一些为宜。

3.2.6 色谱工作站

从色谱柱流出的样品组分经检测器转化为电信号后，还需要进一步转变成能用于定性定量的色谱结果，这一工作在早期的色谱仪是通过记录仪来实现的。它将检测器得到的电压随时间的变化记录下来，再用人工对所记录的谱图进行测量，以得到被检测样品的保留时间、峰高和峰面积，然后进行定性和定量分析。20 世纪 60 年代，电子积分仪被引入到色谱分析工作中。人们不再用人工测量保留时间、峰高和峰面积，取而代之的是用电子积分仪自动取得这些色谱峰的基本参数。20 世纪 70 年代的中后期，电子计算机进入了快速发展的阶段，

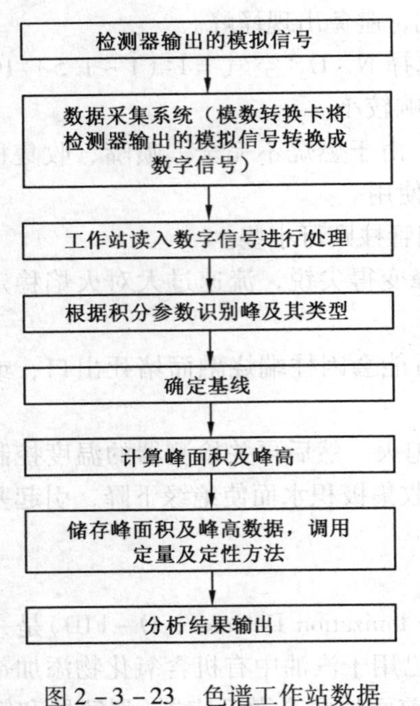

图 2－3－23　色谱工作站数据采集与处理

单片机被安装到了积分仪里，这大大增强了积分仪的功能，使得积分仪不再是简单的积分仪，而变成了可以控制色谱仪的色谱数据处理机。20 世纪 80 年代后期，随着微型计算机技术的快速发展，出现了以计算机控制色谱仪，可进行各种数据处理的色谱工作站。

3.2.6.1　基本功能与原理介绍

一台完整的色谱工作站应包括五个部分：数据采集、仪器控制、数据分析(包括积分、定量、定性及报告处理)、样品的自动化分析以及用户化管理。图2－3－23是其数据采集和处理部分的工作流程，下面对其中的主要部分作一介绍。

1. 数据采集

在采集数据的过程中，色谱检测器产生的模拟信号通过数据采集卡转变为数字信号，这一数字信号被传送到色谱工作站中，并以数据文件的格式储存。

2. 仪器控制

一般各色谱仪厂商为仪器配置的色谱工作站都可对仪器进行控制，可在工作站软件中对仪器的运行参数进行设定，亦可对仪器的运行方法进行编辑，即可全面地与色谱仪主机交换信息。

3. 数据分析

数据分析包括积分、定量分析、定性分析和报告处理四部分。

(1) 积分

色谱工作站的核心部分是一个积分器，它能给出数据采集系统采集下来的各种各样的色谱峰的峰高和峰面积，从而进一步计算这些峰所代表的组分含量。

(2) 定量计算方法与参数

在色谱工作站中最常使用的定量分析方法是：面积和峰高百分比法、归一化法、外标法和内标法。色谱工作站在定量计算的过程中常应用 4 个修正因子，它们是：绝对响应因子、乘积因子、稀释因子以及样品量。这些因子应用于定量分析的校正过程中，补偿检测器对不同样品组成、浓度、样品稀释和样品量等响应的改变，同时补偿计量单位的转换。

(3) 其他

一般的色谱工作站都可对处理完的分析结果以各种各样的格式输出，输出的内容包括色谱图和分析结果。色谱图以工作站专用的文件格式输出，一般只能打印；分析结果一般以日常使用的文件格式输出，包括 TXT 文本文件、Excel 电子表格文件等。多种多样的文件输出格式有助于利用其他外接软件对色谱工作站提供的分析结果进行再处理，以便从分析结果中得到更多的有用信息。

3.2.6.2　色谱工作站与积分仪的比较

表 2－3－9 是色谱工作站和积分仪应用性能的主要差别。从目前的发展态势看，积分仪被色谱工作站取代已是一个必然的趋势了。

表 2-3-9　色谱工作站和积分仪应用性能的主要差别

色谱工作站	积分仪
●可对仪器的各个参数进行控制 ●具有手动积分的功能，如果设定的积分参数不合适，可在采集结束后重新议定积分参数或谱图实行手动积分而不用重新进样 ●由于是以 PC 机为平台，所以在数据保存上具有先天的优势，可以对分析结果保存后进行离线多次处理 ●可以提供多种数据输出格式，便于各种专用软件的开发应用	●只具有数据采集以及积分的简单功能 ●信号采集的过程中积分参数是不可变的，一旦积分参数设的不合适就只能重新进样再采集 ●储存空间有限，数据保存困难，只能进行实时分析，分析数据仅能保存至下一次分析开始前

3.2.7　气相色谱仪的使用和维护

气相色谱仪是结构比较复杂的分析仪器，使用时要分别控制气体流路的压力、流量参数和气化室、色谱柱箱和检测器室的温度参数；要使用多种进样技术；要控制和调节多种检测器的最佳检测条件，以获得快速、灵敏和准确的分析结果。

3.2.7.1　气相色谱仪的性能指标

气相色谱仪的性能指标

（1）载气、燃气、助燃气流量控制。

（2）气化室的温度控制　50～400℃，控制精度为±0.01℃。

（3）色谱柱箱的温度控制　室温～400℃，多阶程序升温（3～8 阶），升温速率（0～30）℃/min，控制精度为±0.01℃。

（4）检测器室的温度控制。

（5）常用检测器的灵敏度（S）或敏感度（M）指标控制：

① TCD　$S \geqslant 500$MV · mL/mg（苯），噪声 $I_i \leqslant 0.02$mV

② FID　$M \leqslant 1 \times 10^{-11}$g/s，噪声 $I_b < 1 \times 10^{-14}$A

③ NPD　M_N：1×10^{-13}g/s，M_p：1×10^{-13}g/s

④ ECD　$M \leqslant 2 \times 10^{-11}$g/mL（$r$～666）

⑤ FPD　$M_s \leqslant 5 \times 10^{-11}$g/s（噻吩），$M_p \leqslant 1 \times 10^{-11}$g/s（1605），噪声 $I_b \leqslant 2 \times 10^{-12}$A

3.2.7.2　气相色谱仪的维护

1. 气路系统的维护

（1）气源至气相色谱仪的连接管线可使用铜管、尼龙管或聚四氟乙烯管，应定期用无水乙醇清洗，并用干燥 N_2 吹扫干净。

（2）气体自气源进入气相色谱仪前需通过的干燥净化管，管中活性炭、硅胶、分子筛应定期进行更换或烘干，以保证气体的纯度满足检测器的要求。

（3）稳压阀、针形阀、稳流阀的调节应缓慢进行。稳压阀不工作时，应顺时针放松调节手柄使阀关闭；针形阀不工作时，应逆时针转动手柄至全开状态；调节稳流阀时，应使阀针从大流量调至小流量，不工作时使阀针逆时针转至全开状态。切记稳压阀、针形阀、稳流阀皆不可作开关阀使用。各种阀的气体进、出口不能安装反。

（4）使用皂膜流量计校正气体流量时，应使用澄清的洗涤剂，用后洗净，晾干放置。

（5）定期清理气化室内的积炭结垢，对内衬管要清除污垢，洗净干燥后重新装入气化室，并及时更换进样口硅橡胶隔垫，保证密封不漏气。

（6）更换色谱柱时，要认真检查色谱柱与气化室接口和与检测器室的接口，保证密封不漏气。

（7）气路的试漏方法：

在使用过程中如有异常，如灵敏度降低、保留时间延长，出现波浪状的基线等，则应试漏。将载气放空口堵死，如果流量计浮子下降到底部，说明流量计以后的气路不漏气。若浮子不能降到底则表明管路有漏气点，可用肥皂水分段进行检漏。

另一种常用的检漏方法是：堵住气体出口端，把各种调节阀调在“开”的位置，通入气体至0.2～0.3MPa压力，再用肥皂水涂抹各个接头处，观察有无气泡产生，或在通气后，将气体入口处卡死，移去气源，观察1h内压力表指针是否下降；如压力表指针不下降，则证明系统密封性良好。

2. 电路系统的维护

（1）对高档仪器要充分利用由微处理机控制的仪器自检功能，开机后，待自检显示正常后再调节控制参数。

（2）对气路系统和电路系统安装在一起的整体仪器，应将由检测器输出的信号线与由计算机控制的数据处理系统连接好，以保证绘图、打印功能的正常进行。

（3）对气路系统和电路系统分离开的组合式仪器，应注意连接好气化室、柱箱、检测器室的温度控制电路；控制热导池的电桥电路；FID的放大器电路；检测器输出信号与数据处理系统的连接电路等。保证电路畅通。

（4）当电路系统发生故障时，应及时与仪器供应商联系进行维修。

3.2.7.3　气相色谱仪故障和操作失误的排除

气相色谱仪由六大单元组成，任一单元出现问题最终都会反映到色谱图上。现代的气相色谱仪很多都具备故障诊断功能，不同程度给出仪器故障的判断。尽管如此，许多的问题尤其操作失误的问题仍需靠工作人员的努力。表2－3－10列出了常见故障现象、可能原因及排除方法。

表2－3－10　气相色谱仪常见故障分析与排除

故障现象	可能的原因	排除方法
电源不通	1. 插头接触不好 2. 电源保险丝烧断 3. 仪器的保险丝烧断	1. 检查各插头是否插紧，进行处理 2. 更换电源的保险丝 3. 更换仪器的保险丝
进样后不出峰	1. 记录器或检测器没有工作 2. 样品没气化 3. 色谱柱断裂堵塞、管道漏气 4. 注射器堵塞或漏气 5. 气化室堵塞或吸附 6. 柱温太低	1. 检查记录器及信号线有无问题，检测器有无信号输出 2. 升高气化温度 3. 排除漏气及堵塞 4. 修理或更换注射器 5. 清理气化室，净化气化室插管 6. 升高柱箱温度
色谱柱出口无气体或气体流后不出峰	1. 色谱柱折断 2. 载气分流过大 3. 隔热垫漏气 4. 气化室被破碎隔热垫堵住 5. 检测器喷口堵塞	1. 从色谱柱出口向入口逐段试漏，找出漏气部位，进行处理 2. 调整分流 3. 换垫 4. 清理气化室 5. 清理喷口

续表

故障现象	可能的原因	排除方法
色谱箱、检测器、气化室不升温	1. 未通电或加热元件、测温元件烧断 2. 温控的元件有故障	1. 检查电源、更换加热元件、测温元件 2. 更换损坏的部件或更换温控板
点不着火	1. 喷嘴堵塞 2. 点火装置有故障 3. 进入检测器的燃烧气与助燃气的比例不当 4. 氢气管路漏气或气瓶压力不足 5. 气体阀门堵塞	1. 排除堵塞物或更换喷嘴 2. 修理点火装置 3. 点火时氢气流量应加大些并调整气体比例 4. 排除漏气现象或更换气瓶 5. 清理阀门
基线不能调零	1. 基流太大 2. 检测器或放大器有故障 3. TCD 的桥臂不平衡 4. FID 的喷口局部堵塞 5. 信号线短路	1. 排除造成基流大的原因（如气体不纯、固定液流失、燃烧气量过大） 2. 检查检测器与放大器的参数和元件是否正常，改正参数或更换元件 3. 更换 TCD 的加热丝 4. 排除堵塞物 5. 排除短路
基线出现小毛刺	1. 电源受干扰 2. 接地不良 3. 载气管路中有凝聚物 4. 气路中固体颗粒进入检测器 5. 柱子载体颗粒进入检测器	1. 排除有干扰的用电设备 2. 检查地线，决不能用零线代替地线 3. 加热管路吹除管道中凝聚物或清洗管道 4. 气路出口加玻璃毛或烧结不锈钢 5. 填充柱后加足玻璃毛
基线抖动	1. 放大器或记录器的灵敏度过高 2. TCD 电桥的电流过高 3. FID 的燃烧气量过大 4. 阀中有固体，造成气流有脉冲 5. 载气不纯	1. 适当降低放大器或记录器的灵敏度 2. 减小电流量 3. 减少燃烧气量 4. 清洗阀 5. 更换净化器
基线波动	1. 炉温控制不当 2. 载气控制不当 3. TCD 电桥的电流不稳 4. 使用氢气发生器时氢气波动过大	1～2. 采取相应措施 3. 检查 TCD 电源 4. 调整氢气发生器的工作电流，控制产气与用气基本平衡
基线漂移	1. 系统未稳定或漏气 2. 气瓶压力不足 3. 放大器失灵 4. TCD 元件失灵 5. 固定液受热流失或未老化好	1. 等待温度达到平衡，排除泄漏 2. 更换气瓶 3. 检修放大器 4. 更换 TCD 元件 5. 降低柱温，老化柱子
峰前出现负的尖端	1. 进样量过大 2. 检测器被污染 3. 有漏气	1. 减少进样量 2. 清洗检测器 3. 排除漏气
峰尾出现负的尖端	1. 检测器超负荷 2. 检测器被污染尤其是 ECD 检测器	1. 减少进样量 2. 清洗检测器

续表

故障现象	可能的原因	排除方法
出现反峰	1. ECD的放射源被污染 2. 记录器输入线接反 3. 载气或燃烧气不纯 4. 用TCD时使用氮气作载气部分组分出反峰	1. 清理或更换放射源 2. 改正电源接线或信号倒向 3. 更换气体或净化器 4. 改用氢气或氦气作载气
出峰后基线下降	1. 进样量过大 2. 燃烧气减少 3. 进样垫泄漏	1. 减少进样量 2. 排除燃烧气减少的原因 3. 换垫
前伸峰	1. 进样量过大 2. 柱温过低 3. 进样技术欠佳 4. 色谱柱不良 5. 样品分解 6. 两种化合物共洗脱	1. 减少进样量、增加固定相含量、增加分流比 2. 提高柱温 3. 改进进样技术 4. 更换色谱柱 5. 采用失活进样衬管、调低进样器温度或排除分解的原因 6. 提高灵敏度，减少进样量或使柱温降低10～20℃以使峰分开；或更换色谱柱
圆头峰或平头峰	1. 采集系统饱和 2. 检测器达到饱和 3. 放射源ECD被污染	1. 改变采集系统量程、减少进样量，或增加放大器衰减减少放大器的信号输出 2. 减少进样量或增加分流 3. 按要求清洗
峰形不平滑	1. 放大器或采集系统的灵敏度过高 2. 气流不稳使火焰跳动 3. 燃烧气或助燃气比例不当	1. 适当降低放大器或采集系统的灵敏度 2. 调整气体流速 3. 调整气体流量比例
基线呈台阶状	1. 气流管路中有障碍物，使气流周期性地脉动 2. 直流电器的开关信号造成的影响	1. 清除障碍物 2. 用屏蔽线将其隔开
峰分不开	1. 柱温过高 2. 柱长不够 3. 固定液流失过多 4. 固定液或载体选择不当 5. 载气流速太高	1. 降低柱温 2. 增加柱长 3. 更换色谱柱 4. 另选固定相重做色谱柱 5. 降低载气流速
保留值正常，峰面积变小	1. 进入进样器的样品量小 2. 放大器、记录器衰减改变 3. 柱吸附 4. 样品反闪 5. 进样不重复 6. 燃气不足	1. 排除漏气 2. 调节衰减 3. 采取相应措施排除柱吸附 4. 减少进样，降低气化温度，换大衬管，加大分流 5. 改善进样技巧 6. 更换气瓶
峰高比例不正常	1. 进样口中色谱柱的位置不正常 2. 分流的歧视效应	1. 按说明书尺寸安色谱柱 2. 消除歧视效应

续表

故障现象	可能的原因	排除方法
保留时间延长，峰面积变小	1. 柱温变低 2. 载气流速变慢 3. 漏气	1. 增加柱温 2. 调整载气流速 3. 克服漏气
程序升温时基线漂移	1. 色谱柱未老化好 2. 载气流速不平衡 3. 柱子被沾污	1. 进行色谱柱老化 2. 调节两根柱子流速使之平衡 3. 重新老化或更换色谱柱
保留值不重复	1. 进样技术不佳 2. 漏气、特别有微漏 3. 载气流速控制不好 4. 柱温未达平衡 5. 柱温控制不好 6. 程序升温中，升温重复性欠佳 7. 程序升温过程中，流速变化较大 8. 进样量太大 9. 柱温过高，超过了固定液的上限或太靠近温度下限 10. 色谱柱破损 11. 极性物质拖尾影响 12. 柱降解	1. 改善进样技术 2. 进样垫要经常换，特别是在高温情况下 3. 增加柱入口处压力 4. 柱温升至工作温度后还应有一段时间平衡 5. 检查炉子封闭情况 6. 每次重新升温时，应有足够的等待时间，使起始温度保持一致 7. 采用恒流操作或采用更高级气相色谱仪 8. 减少进样量或用适当溶剂将样品稀释 9. 重新调节柱温 10～11. 更换色谱柱 12. 切去毛细管柱头 0.5mm，或倒空填充柱柱头，或更换柱子
宽峰	1. 采用溶剂效应时聚焦不足 2. 载气流太高或太低 3. 分流流速太低 4. 进样口吸附 5. 柱过载 6. 进样技术不佳 7. 柱安装不当	1. 降低起始柱温 2. 校正柱流量 3. 增加分流流量 4. 更换衬管、移去填充物，增加进样温度 5. 减少进样量，增加分流比或用厚液膜柱 6. 快速平稳进样 7. 重新装柱
鬼峰、基线波动	1. 样品反闪 2. 隔垫降解 3. 色谱柱污染 4. 气化室污染	1. 降低进样量，降低进样口温度，用大容量衬管，加大载气速度 2. 降低进样口温度，更换高温隔垫 3. 老化色谱柱 4. 清洗气化室
面积丢峰、新峰产生	1. 气化温度太高 2. 进样口脏 3. 与金属接触 4. 停留时间太长 5. 化合物易变 6. 活性的保留间隙 7. 色谱柱污染	1. 降低气化温度 2. 清洗更换衬管 3. 换玻璃衬管玻璃柱 4. 增加流速 5. 衍生化样品，使用冷柱头进样 6. 更换或简化保留间隙 7. 清洗或更换色谱柱
分裂峰	1. 密封垫泄漏 2. 二次进样	1. 更换密封垫 2. 提高进样技术

续表

故障现象	可能的原因	排除方法
分裂峰（PTV和柱头进样）	1. 溶剂和柱不匹配 2. 溶剂和主要成分相互作用	1. 换溶剂或用一个保留间隙 2. 换溶剂
溶剂峰拖尾	1. 色谱柱在进样口端位置不正确 2. 载气气路中有密封垫的颗粒	1. 重插色谱柱 2. 清理载气气路
拖尾峰	1. 进样器衬套或柱吸附活性样品 2. 柱或进样器温度太低 3. 两个化合物共洗脱 4. 柱损坏 5. 柱污染 6. 色谱柱选用不合适 7. 系统死体积太大 8. 进样技术欠佳 9. 金属填充柱吸附	1. 更换衬套及减活玻璃毛。如不能解决问题，就将柱进气端去掉1～2圈，再重新安装 2. 升温（不要超过柱最高温度）。进样器温度应比样品最高沸点高25℃ 3. 提高灵敏度，减少进样量，降低柱温10～20℃，以使峰分开 4. 更换柱 5. 从柱进口端去掉1～2圈，重新安装 6. 换色谱柱 7. 改进气路系统，减小死体积或柱后加尾吹气 8. 提高进样技术 9. 改用填充玻璃柱
假峰	1. 柱吸收样品，随后解吸 2. 注射器污染 3. 进样量太大，形成倒灌 4. 进样技术差（进样太慢）	1. 更换衬套，如不能解决问题，就从柱进口端去掉1～2圈，再重新安装 2. 用新注射器及干净的溶剂试一试，如假峰消失，就将注射器冲洗几次 3. 减少进样量 4. 采用快速平稳的进样技术
只有溶剂峰	1. 注射器有毛病 2. 不正确的载气流速（太低） 3. 样品浓度太低 4. 柱箱温度过高 5. 柱不能从溶剂峰中解析出组分 6. 载气泄漏 7. 样品被柱或进样衬套吸附	1. 用新注射器验证 2. 检查流速，如有必要，调整之 3. 注入已知样品，如果结果很好，就提高灵敏度或加大注入量 4. 检查柱箱温度，根据需要进行调整 5. 将柱更换成较厚涂层或不同极性 6. 检查泄漏处 7. 更换衬套，如不能解决问题，就从柱进口端去掉1～2圈，并重新安装

实际上，虽然分析中出现的问题和故障是千变万化的，但对重复出现的现象，一定存在有某种或几种固定的因素，只要根据经验先判断出故障的大致方向和来源，逐步进行逻辑推理，就能很快制定出排除故障的具体方案，具体步骤如下：

（1）采用分隔处理法　将色谱仪分离成六大部分，分别进行检查排除；

（2）采用排除法　一次只改变一个条件，这样就可以准确地判断出故障与所改变条件的关系，找出故障的来源；

（3）用替代法　将估计出现故障的部件逐一替换到正常的仪器上，从而可以准确地判断出哪个单元部件出了问题；

（4）根据经验　根据本人或他人以往成功的排除故障和维修经验，逐步缩小可能出现故障的范围，以致最后找出原因；

（5）查阅维修记录　平日坚持做好维修记录，通过查阅维修记录可以找出仪器以前出现的故障和解决的措施，由此找出解决问题的办法。

3.2.8　定性与定量

3.2.8.1　定性分析

气相色谱用于定性，最基本的依据是保留值，但仅靠保留值定性依据还是不充分的，实际应用时尚应与下列方法结合以增加定性的可靠性，这些方法包括：

① 纯物质对照；

② 特殊的化学反应；

③ GC－MS、GC－AED、GC－IR 等联用技术；

④ 选择性检测器；

⑤ 研究保留值与分子结构的规律；

⑥ 文献保留数据。

1. 已知物对照定性

利用已知物直接对照定性是最简单的定性方法，在需要定性的化合物个数有限且具有已知标准物时，通常使用这种方法。它是通过对比相同色谱条件下得到的未知物与已知标准物质保留时间、相对保留值或采用已知物增加峰高法来实现定性的。

2. 特殊的化学反应

这是利用选择性化学反应以及吸附、分配等物理处理方法，使未知物色谱峰消失、减小或产生新的(反应物)峰，以定性出未知物所属类型。这种方法对于烃类混合物按族进行定性非常有用。具体应用模式有利用选择性色谱固定相的柱上分离(如多维色谱分析汽油族组成的分类方式)，也有利用特征反应使未知物转变成可选择性分离或检测的衍生物，然后再通过对比反应前后的色谱图或结合选择性检测器来进行定性的方法。

3. 利用 GC－MS、GC－AED、CC－FTIR 等联用技术定性

GC－MS 是目前最常用的定性工具。现在的 GC－MS 都带有计算机检索功能，安装质谱图谱库后，可对总离子谱图的每个峰进行鉴定，若结合所了解样品的其他性能就很容易作出合理的定性判断。

GC－FTIR 与 GC－MS 定性互为补充，在 GC－MS 中几何异构体质谱图十分相似，MS 无法分辨，但它们在 FTIR 上却有不同的吸收谱带，而同系物在 GC－FTIR 中吸收谱带相似，质谱图中则有所区别。

GC－AED 的多元素选择性检测和元素响应特性使其能够测定化合物所含元素的元素比，从而确定其经验式。当 GC－MS 的 EI 源得不到分子、离子峰时，GC－AED 的计算经验式是非常重要的定性依据，只要选择合适的参比物质就可以准确得到化合物的经验式。

在采用溴加成－GC－AED 方法测定汽油单体烃组成时，主要利用 AED 数据计算碳溴原子个数比和质谱信息来定性溴代烃及对应的烯烃组分。同样的方法也可在 GC－AED 方法测含氮、硫、氟等杂原子化合物时，用于定性未知色谱峰所对应的经验式或分子式。

4. 选择性检测器

气相色谱中所用的选择性检测器往往只对某一元素有响应，因此利用不同的选择性检测

器，可以很方便地帮助判断未知组分是否含相应的元素，作为一种辅助手段，它对实际样品的定性有一定的意义。

5. 利用保留值随分子结构或性质变化的规律定性

当缺乏纯样品对照时，尤其对于烃类的复杂混合物，可使用碳数规律和沸点规律进行定性。

3.2.8.2　定量分析

色谱法定量的依据是，色谱峰的峰高或峰面积与所测组成的质量（或浓度）成正比，表达式为：

$$C_i = f_i A_i \text{ 或 } C_i = f_i h_i \qquad (2-3-12)$$

式中　C_i——i 物质的浓度；

f_i——i 物质的绝对定量校正因子；

A_i、h_i——i 物质在检测器上的响应值，A_i 为峰面积，h_i 为峰高。

由于现代的色谱工作站均能提供峰面积的准确测量数据，故在此只简要介绍一些与定量校正因子及常用定量方法相关的内容。

1. 校正因子的概念

色谱定量校正因子实际上就是关联色谱峰面积和样品量的一个系数。定量校正因子分绝对和相对两种，其定义如下：

$$\text{绝对定量校正因子}(f_i): f_i = \frac{m_i}{A_i} \qquad (2-3-13)$$

式中　f_i——i 物质的绝对定量校正因子；

m_i——i 物质的含量；

A_i——i 物质的峰面积。

$$\text{相对定量校正因子}(f_{i,s}): f_{i,s} = \frac{f_i}{f_s} = \frac{m_i A_s}{m_s A_i} \qquad (2-3-14)$$

式中　$f_{i,s}$——i 物质相对于标准物质 s 的相对校正因子；

f_s——标准物质 s 的绝对校正因子；

m_s——标准物质 s 的含量；

A_s——标准物质 s 的峰面积。

其余同式（2-3-13）。

相对校正因子根据定量结果的单位不同，可分为质量校正因子和体积（摩尔）校正因子，后者常用于气体分析的定量。质量校正因子（f_{Wi}）和体积校正因子（f_{Mi}）间的关系式为：

$$f_{Mi} = f_{Wi} M_s / M_i \qquad (2-3-15)$$

式中　M_s/M_i——标准物质 s（物质 i）的相对分子质量。

2. 定量方式

色谱分析常用的定量方法及应用条件主要有下面几种。

（1）归一化法

该方法应用的前提是样品所含各组分均能在色谱柱上流出并被检测器定量检测。它对样品分析过程中进样量的变化不敏感，且操作和计算简单。具体计算公式为：

$$C_i = \frac{m_i}{m} \times 100\% = \frac{m_i}{\sum_{i=1}^{n} m_i} \times 100\% = \frac{f_i A_i}{\sum A_i f_i} \times 100\% \qquad (2-3-16)$$

式中　C_i——被测组分 i 的质量分数；

m——样品质量；

f_i——组分 i 的相对定量校正因子；

A_i——i 物质的峰面积。

一般而言，只要条件许可，归一化法应该是首选的定量方法。

（2）内标法和内加（增量）内标法

内标法定量的计算公式为：

$$C_i = \frac{f_i A_i}{f_s A_s} \times \frac{W_s}{W_{样}} \times 100\% \qquad (2-3-17)$$

式中　C_i——被测组分 i 的质量分数；

A_s——内加标准物质的峰面积；

f_s——内加标准物质的相对定量校正因子；

W_s——内加标准物质的质量；

$W_{样}$——样品的质量。

它的适用条件：

① 样品分析色谱图中有足够的空白能插入标准物质的色谱峰；

② 样品中有部分组分不能从色谱柱定量流出或被检测器定量检测；

③ 样品馏分很宽、很复杂，所关心的只是其中个别组分。

该方法应用时应注意使标样的出峰位置与被测组分尽量靠近，同时要求含量也尽可能接近。与归一化方法相比，这一方法需要称重配标样，操作稍嫌烦琐，不适于易挥发样品，但其对进样量重复性也同样无特殊要求。

内加（增量）内标法是内标法的一个特例，适用于色谱图中没有地方可供插入内标色谱峰的情况，其定量公式为：

$$C_i = \frac{A_i f_i}{A_s f_s} \times \frac{W_s}{W_{样}} \times 100\% = \frac{A_i f_i}{\left(A_1' - A_1 \dfrac{A_2'}{A_2}\right) f_s} \times \frac{W_s}{W_{样}} \times 100\% \qquad (2-3-18)$$

除了计算公式和需要两次进样分析外，内加（增量）内标法的其他条件和特点均与内标法相似。

内标法较适于快速测定所关心组分的含量，对于样品数量很大的常规样品分析，内标法与标准曲线法结合的内标标准曲线法是一个较好的选择。另外，对沸程很宽的样品，若仅关心其中部分窄馏分的性质时也可用内标法来进行定量。

（3）外标法

外标定量法必须有准确的外标样品作校正曲线，校正方法有单点（单级）校正和多点（多级）校正，它较内标法简便，但样品分析和标样分析时进样量必须准确，标样浓度要与样品浓度尽量接近，色谱条件要严格重复，且应经常对标准曲线进行校准。常用的外标法计算公式为：

$$C_i = \frac{A_i}{A_{s,i}} C_{s,i} \qquad (2-3-19)$$

式中　A_i——样品中 i 组分的峰面积；

$A_{s,i}$——标样中 i 组分的峰面积；

C_i——样品中 i 组分的质量分数；

$C_{s,i}$——标样中 i 组分的质量分数。

3.2.9　应用示例

3.2.9.1　SH/T 0713—2002《车用汽油和航空汽油中苯和甲苯含量测定法(气相色谱法)》

1. 方法概述

样品中加入丁酮(MEK)作为内标物，然后导入一个有串联双柱的气相色谱仪中。样品首先通过一个装填有非极性固定相如甲基硅酮的色谱柱，组分依沸点顺序分离。辛烷流出后，反吹非极性柱，将沸点大于辛烷的组分反吹出去。辛烷及轻组分随后通过一个装填有强极性固定相如1，2，3-三(2-氰基乙氧基)丙烷(TCEP)或改性聚乙二醇(FFAP)的色谱柱，来分离芳烃和非芳烃化合物。流出的组分用热导检测器(或火焰离子化检测器)检测，并用记录仪记录。测量峰面积，并参照内标物计算各组分的浓度。

2. 测定技术要素

(1) 样品处理　液体的转移，容量瓶、移液管的使用，严格执行标准操作，尽量避免人为影响，平稳、迅速、准确，最好操作场所恒温，因为温度对容量瓶的容积有较大的影响。

(2) 曲线的绘制　进行积分时，一定要设置正确，否则会对曲线绘制产生影响，导致曲线偏离。

(3) 反吹时间的确定　调解确定“反吹时间”直到全部的异辛烷完全出峰，而只有很少或没有正壬烷的峰。或以样品中甲苯刚好完全出峰为宜。

(4) 柱填料的准备　溶解时一定要充分搅拌，要有时间保障，不能以肉眼可视为标准，可适当加热(水浴)，但要控制好温度。

(5) 柱的制备　手工填装时，敲打要有固定的频率，而且要求紧密，最好先估算出大致的体积，填装好的柱子要充分老化，这样易得到平稳基线。

(6) 柱系统流量压力的建立　从正吹状态切换到反吹状态应该没有基线变动；最好将苯含量的出峰时间控制在6min左右。

(7) 数据处理及报告　报告苯和甲苯含量的液态体积分数，结果精确到0.1%。

3. 影响因素及注意事项

(1) 仪器的调试要准确，一经调试成功后，不要轻易改动方法中的任何色谱条件。

(2) 每次进样量要与做标准曲线时的进样量一致。

(3) 标样配置后要严格密封，防止挥发。

(4) 气路系统的密闭性、压力及流速的稳定性、流量测量的准确性及气体的纯度对能否完成分析测定及分析结果是否准确都有重要影响。

(5) 柱箱温度是一个影响分析的主要因素，温度越高，样品在柱内停留的时间越短，分离效果越差，反之，样品在柱内停留时间变长，分离效果提高，但牺牲了分析时间。柱箱温度应能使大部分样品中的组分汽化即可。

(6) 色谱柱对测定的影响主要是柱长及柱径。

（7）在检测过程中，载气流速必须保持恒定。流速波动可能导致基线噪声和漂移增大。

（8）防止氢气泄漏，切勿让氢气漏入柱恒温箱中，以防爆炸。防烫伤，FID 外壳温度高，切勿触及其表面，以防烫伤。

（9）气体钢瓶压力低于 1.5MPa 时，应停止使用。氦气、氮气、氢气是常用的载气，它们的纯度应在 99.99% 以上。

（10）进样器硅橡胶密封垫圈进样一定次数后，应加以更换。

（11）在使用过程中如发现异常，如灵敏度降低、保留时间延长，出现波浪状的基线等，则应试漏，将载气放空口堵死，如流量计浮子下降到底部，说明流量计以后的气路不漏气。若浮子不能降到底表明管路有漏气点，可用肥皂水分段进行检漏。

（12）计算体积分数时，测定的试样密度要换算成标准密度后再进行计算。

（13）方法使用的药品或溶剂具有毒害性，应制定相应防范措施避免操作人员受伤害。甲醇、三氯甲烷、二氯甲烷、苯属于中等毒性。汽油、丙酮、甲基乙基酮(MEK)、异辛烷属于低等毒物。正壬烷属于微毒毒物。

3.2.9.2 SH/ 0663—1998(2004)《汽油中某些醇类和醚类测定法(气相色谱法)》

1. 方法概述

将适当的内标，如 1，2 - 二甲基氧基乙烷加到汽油样品中，然后将一定量的此样品导入装有两根柱子及一个柱切换阀的气相色谱仪。通过阀的切换，先将轻的烃类组分放空，含氧化合物和较重的烃类组分被保留，随后含氧化合物被吹入分析柱中分离，较重的烃类则落在后面，再次通过阀的切换被反吹、放空，以避免污染分析柱。记录与各个分离的组分浓度成比例的检测器响应值，并参考内标物，利用标准曲线计算每个组分的浓度。

2. 测定技术要素

（1）火焰离子化检测器或热导检测器都可以使用。系统应有足够的灵敏度和稳定性，以便对于一个浓度为 0.005%(体积分数)的含氧化合物样品在信噪比为 2:1 时，获得记录器偏移至少 2μm。

（2）切换反吹阀系统及阀自动切换装置安装在气相色谱柱箱内，配有可升温的辅助炉及自动切换装置。此阀应具有小孔体积，并且对色谱分离无明显的变坏影响。

（3）进样系统如果使用毛细管柱和火焰离子化检测器，则色谱仪应安装分流进样设备，使实际的色谱进样量保持在符合检测器最佳效率和线性范围内的最小样品量。

（4）使用微量注射器或自动进样器或液体进样阀进样。

（5）记录器、积分仪或计算机，峰高或峰面积可用计算机、电子积分仪或手工技术测量。

（6）色谱柱：预切柱(TCEP 毛细管柱)、分析柱符合标准要求。

（7）配制定性定量标样的醇类和醚类物质的纯度应符合标准(色谱纯)的要求。也可采用中国石油化工集团公司石油化工科学研究院生产的混合标样。

（8）所用氮气或氦气等载气的最低纯度必须为 99.95%(体积分数)。

（9）色谱用 GC 玻璃样品瓶，容积约 2mL，配有硅橡胶的铝瓶盖，封装样品时可用压盖器压封。

（10）按 GB/T 4756 或其他方法取样，在完成任何子样品分析前，盛装试样的原始容器冷却到 0 ~5℃下保存。

（11）按标准要求做好组装、检漏、分流比调节、使用热导检测器时，打开热导桥流电路系统使其平衡。当使用FID时，调节氢气和空气流量并点火、反吹时间的测定等仪器准备和条件建立。

(12) 按标准规定的要求进行定性和定量。

(13) 数据处理及报告：

a. 报告每种含氧化合物质量分数，精确至0.01%。

b. 报告每种含氧化合物体积分数，精确至0.01%。

c. 报告汽油中氧的总质量分数，精确至0.01%。

3. 影响因素及注意事项

参见3.2.9.1。

3.3 可见及紫外分光光度法

3.3.1 概述

许多物质是有颜色的，例如$K_2Cr_2O_7$水溶液是橙色的，$Cu(NH_3)_4^{2+}$配离子为深蓝色等等。这些有色溶液的颜色和溶液浓度有直接关系，有色物质的浓度越大，其颜色越深。因此可以用比较溶液颜色的深浅来测定有色物质的含量，这种方法就称为比色分析法。在可见光范围内用肉眼观察比较溶液颜色的深浅来测定物质含量的方法叫目视比色法；利用光电效应测量通过有色溶液后透过光的强度，求得被测物含量的方法称为光电比色法；基于溶液中物质分子、离子对可见光及紫外光选择性吸收的特性，通过测定吸收强度计算被测组分含量的光学分析方法称为可见及紫外分光光度法。

分光光度法与光电比色法工作原理相似，区别在于获取紫色光的方式不同。光电比色计是用滤光片来分光的，而分光光度计是用分光能力较强的棱镜或光栅来分光的，棱镜或光栅将入射光色散成谱带，从而获得纯度较高、波长范围较窄的各波段的单色光。各波段单色光的波长范围一般约在5nm左右。

分光光度法的特点：

(1) 灵敏度高　适用于微量组分的分析，最低浓度可测至10^{-6}mol/L。经富集处理还可以提高2~3个数量级。

(2) 准确度高　一般比色分析的相对误差为5%~20%，分光光度法的相对误差为2%~5%。对常量组分，其准确度不如滴定分析法及重量分析法，但对微量组分的测定，能满足准确度的要求，而滴定法和重量法对如此微量的组分是难于测定或无法测定的。

(3) 操作简便、快速　比色法或分光光度法所用的仪器设备不太复杂，操作也比较简便。随着新的灵敏度高、选择性好的显色剂的发现，不须经过分离直接即可进行测定，几分钟内即可报出结果。

(4) 应用广泛　几乎所有的无机离子和许多有机化合物都可以直接或间接地用此法测定。

3.3.2 光学基础知识

3.3.2.1 光的波动性和微粒性

光是一种电磁波，具有波动性和微粒性。光在传播过程中会发生折射、衍射和干涉现象，表现出波动性。光的波动性用光速、波长、频率来描述。光速是单位时间的传播距离，在不同介质中传播速度不同，在真空中光的速度是2.998×10^8m/s。波长是传播方向上两个相邻的波峰或波谷之间的距离，如图 2－3－24 所示。

频率是单位时间内波动前进距离中完整波的数目，或者说单位时间内波动的次数。

光速与频率及波长的关系为：

$$c = \nu\lambda \qquad (2-3-20)$$

式中 c——光速，3×10^8m/s；

ν——频率，Hz(s^{-1})；

λ——波长，nm。

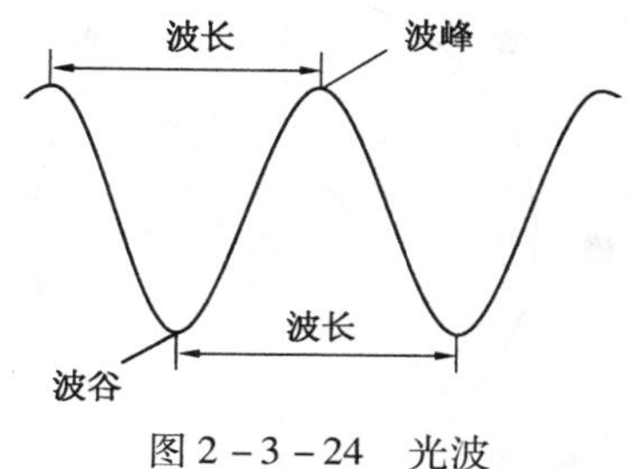

图 2－3－24 光波

光和物质相互作用时表现出微粒性，例如光电效应。光的微粒称为光子或光量子。每个光子具有一定的能量 E，它与频率之间的关系是：

$$E = h\nu \qquad (2-3-21)$$

式中 E——光子能量，J；

h——普朗克常数，6.6×10^{-34}，J·s。

光既然是波动性和微粒性的统一，两者必定是相关联的，将式(2－3－20)和式(2－3－21)合并，得：

$$E = h\nu = h\frac{c}{\lambda} \qquad (2-3-22)$$

上式说明：波长越短，频率越高，光子能量就越大。

按波长顺序排列的电磁波，称为电磁波谱。按各种电磁波与物质之间作用原理的不同而建立起的光学分析方法见表 2－3－11。

表 2－3－11 电磁波谱范围表

光谱名称	波长范围①	跃迁类型	分析方法
X 射线	10^{-1}～10nm	K 和 L 层电子	X 射线光谱法
远紫外线	10～200nm	中层电子	真空紫外光度法
近紫外线	200～380nm	价电子	紫外光度法
可见光线	380～780nm		比色及可见光度法
近红外线	0.78～2.5μm	分子振动	近红外光谱法
中红外线	2.5～5.0μm		中红外光谱法
远红外线	5.0～1000μm	分子转动和低位振动	远红外光谱法
微波	0.1～100cm	分子转动	微波光谱法
无线电波	1～1000m		核磁共振光谱法

可见光波长与颜色的关系见表 2－3－12。

表 2－3－12 不同波长光线的颜色

波长/nm	颜色	波长/nm	颜色
400～450	紫	560～590	黄
450～480	蓝	590～620	橙
480～500	青	670～760	红
500～560	绿		

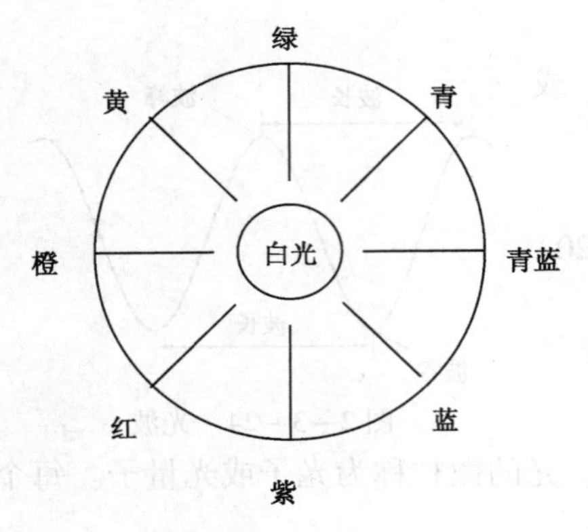

图 2－3－25　光的互补

3.3.2.2　光的选择性吸收和物质颜色的关系

通过棱镜的色散作用可以把自然光分为不同颜色的光。相反，把两种适当颜色的光按照一定强度的比例混合，也可以成为白光，这两种色光称为互补色光。互补色光的关系如图2－3－25所示。

例如：红色光和青色光互为补色光，按一定强度可混合成白光(注：图中心是白光)。

物质的颜色与光的吸收、透过、反射有关，由于物质的性质和形态不同，对光的吸收、透过和反射情况不同，物质呈现出各种颜色。

对透明物质来说，例如透明溶液，其颜色与对光的吸收和透过有关。如果物质对白光中各种色光的透过程度相同，那么这种物质是无色的，如果物质只透过某一波长的光，而吸收其他波长的光，这种物质的颜色就是透过光的颜色，因此，透明物质的颜色是对光选择性吸收的结果。

例如：白色光通过 $KMnO_4$溶液时，绿色光大部分被吸收，其他色光透过溶液，透过光中除紫色光外，其他色光双双互补为白色光，所以溶液呈现紫色(与绿色光互补)。对于不透明物质，看到的是反射光的颜色。透明溶液对光的吸收程度，可由分光光度计测定。方法是测定一透明溶液在不同波长下的吸收程度(以吸光度 A 表示)。然后，以波长为横坐标，以吸光度 A 为纵坐标作图得到一条曲线，此曲线称为吸收曲线。不同浓度的 $KMnO_4$溶液的吸收曲线也叫吸收光谱，如图 2－3－26 所示。由图可见，$KMnO_4$溶液对波长 525nm 左右的绿光吸收程度最大，对紫光和红光吸收较少。

吸收程度最大处所对应的波长叫做最大吸收波长，常用 λ_{max} 表示。$KMnO_4$ 溶液的 $\lambda_{max}=525nm$。由图 2－3－26 可见 λ_{max}与浓度无关。吸收曲线的形状反映了物质在不同波长吸收能力的分布，每种物质都有自己独特的吸收曲线，它是定性分析的依据。某一吸收峰的高度与物质浓度成正比，以此作为定量分析的依据。

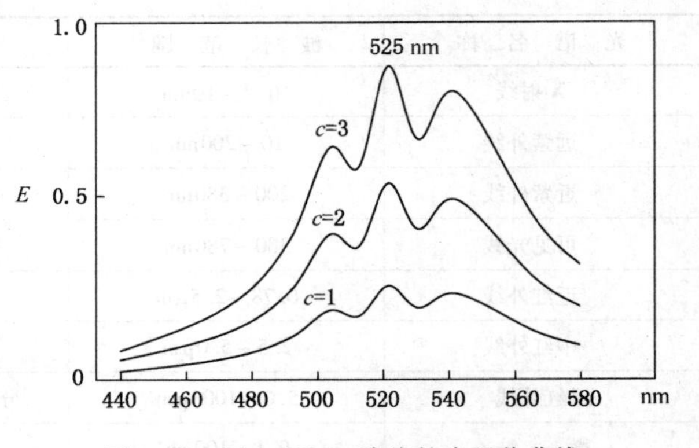

图 2－3－26　$KMnO_4$溶液的光吸收曲线

3.3.3　吸收定律

光的吸收定律即朗伯—比尔定律，它表达了物质对光的选择性吸收的程度与物质浓度及液层厚度的关系。朗伯—比尔定律是分光光度法定量分析的依据。

3.3.3.1　朗伯—比尔定律

当一束平行的单色光通过均匀的溶液时，一部分光被反射；一部分光被吸收；还有一部分透过溶液；如果入射光的强度为 I_0，吸收光的强度为 I_a，透过光强度为 I_t，反射光的强度为 I_r，则：

$$I_0 = I_a + I_t + I_r$$

因为光线入射时垂直于比色皿表面，且各比色皿材质都相同，反射光的强度基本相同，其影响在测定过程中互相抵消，所以，可不考虑 I_r，上式变为：

$$I_0 = I_a + I_t$$

当 I_0 一定时，如果 I_a 越大，I_t 就越小，反之亦然，用透光度（亦称透光率或透射比）T 表示物质的吸光程度，定义为：

$$T = \frac{I_t}{I_0} \text{或} T\% = \frac{I_t}{I_0} \times 100 \qquad (2-3-23)$$

如果入射光全部被吸收 $I_t = 0$，则 $T\% = 0$；如果入射光全部透过，即 $I_a = 0$，$I_t = I_0$，则 $T\% = 100$，透光度为 0～1 或 0～100% 之间。

1. 朗伯定律

如果溶液的浓度一定，则溶液对单色光的吸收程度与溶液液层的厚度成正比，这个关系称为朗伯定律。朗伯定律表示为：

$$A = \lg \frac{I_0}{I_t} = k_1 b \qquad (2-3-24)$$

式中 k_1——比例常数，与入射光波长，溶液性质和温度有关；

b——液层厚度。

2. 比尔定律

当单色光通过液层厚度一定的液溶时，溶液的吸光度与溶液中吸光物质的浓度成正比，这个关系称为比尔定律，表达式为：

$$A = \lg \frac{I_0}{I_t} = k_2 c \qquad (2-3-25)$$

式中 k_2——比例常数，与入射光波长、溶液性质、液层厚度和温度有关；

c——溶液中吸光物质浓度。

3. 朗伯－比尔定律

如果溶液的液层厚度和浓度都是可变的，就要同时考虑溶液浓度和液层厚度对光吸收的影响，为此将上述两定律结合为光的吸收定律——朗伯－比尔定律：一束单色光通过溶液时，溶液的吸光度与溶液中吸光物质的浓度及液层厚度的乘积成正比，数学表达式为：

$$A = \lg \frac{I_0}{I_t} = kcb \qquad (2-3-26)$$

式中 k——比例系数，与入射光波长，溶液性质和温度有关。

朗伯－比尔定律中的浓度是指吸光物质的浓度，一般不是分析物的浓度。由于离解等化学平衡的存在，这两种浓度往往不等。只要显色反应条件控制适当，可使吸光物质浓度等于分析物质浓度或使两者成简单的正比关系，朗伯－比尔定律仍适用。

3.3.3.2 摩尔吸收系数

在光的吸收定律中，比例系数 k 与入射光波长、溶液的性质有关。如果浓度 c 用 mol/L 为单位，液层厚度以 cm 为单位，则比例常数称为摩尔吸收系数，用 ε 表示，单位为 L/(mol·cm)。此时光的吸收定律可写成：

$$A = \varepsilon cb \qquad (2-3-27)$$

摩尔吸收系数是通过测量吸光度值，再经过计算求得的。

摩尔吸收系数表示物质对某一特定波长光的吸收能力。ε 愈大表示该物质对某波长光的吸收能力愈强。测定的灵敏度就愈高。因此进行测定时，为了提高分析的灵敏度，必须选择摩尔吸收系数大的有色化合物进行测定，选择具有最大 ε 值的波长作为入射光。

如果溶液浓度用质量浓度(g/100mL)表示，液层厚度用 cm 表示，则光吸收定律中的比例常数 k 称为比吸收系数(或称比消光系数)，以 $E_{\text{cm}}^{\%}$ 表示。

比吸收系数的含义是：在入射波长一定时，溶液浓度为 1% 以及液层厚度为 1cm 时的吸光度。

3.3.3.3 吸光度的加和性

在多组分体系中，在某一波长 λ，如果各种对光有吸收的物质之间没有相互作用，则体系在该波长的总吸光度等于各组分吸光度之和，即吸光度具有加和性，称之为吸光度加和定律。表示为：

$$\begin{aligned} A_{\text{总}} &= A_1 + A_2 + \cdots A_n \\ &= \varepsilon_1 c_1 b + \varepsilon_2 c_2 b + \cdots + \varepsilon_n c_n b \end{aligned} \qquad (2-3-28)$$

式中下标表示组分 1，2，$\cdots n$。这光学质对多组分的测定极为有用。

3.3.3.4 偏离比尔定律的原因

朗伯 - 比尔定律的使用都是有一定条件的。在应用朗伯 - 比尔定律时应注意其适用范围。

朗伯定律对于各种有色的均匀溶液都是适用的。但比尔定律只有在一定条件和浓度范围内吸光度 A 和浓度才成直线关系。在光度分析中，常利用这种直线关系测定物质含量。测定方法是：配制一系列不同浓度的标准溶液，在一定条件下显色，使用同样厚度的吸收池，测定吸光度，然后以浓度为横坐标，吸光度为纵坐标作图，得到一条直线，称为工作曲线或标准曲线。在同样条件下测出试样溶液的吸光度，就可从工作曲线上查出试样溶液的浓度。在实际工作中经常发现工作曲线不成直线的情况，如图示 2 - 3 - 27 所示。这种情况称为偏离朗伯 - 比尔定律现象。在一般情况下，如果偏离朗伯 - 比尔定律的程度不严重仍可用于光度分析，偏离严重则不能，否则将会引起较大的误差。

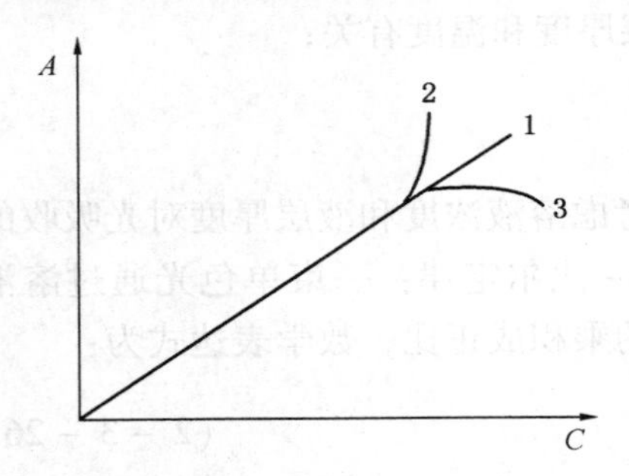

图 2 - 3 - 27 吸光度 - 浓度曲线

1—服从比尔定律；2—对比尔定律产生正偏差；3—对比尔定律产生负偏差

偏离朗伯 - 比尔定律的原因较多，可分为物理和化学两个方面的原因。

(1) 入射光非单色光

严格地说，朗伯 - 比尔定律只适用于单色光，但目前用各种方法所得到的入射光实质上都是某一波段的复合光。因而导致对朗伯 - 比尔定律的偏离。

一般来说，采用非单色光进行测定时，测定值总是偏低，即产生负偏差。单色光纯度越差，吸光物质浓度越大(或吸收层厚度越大)，负偏差就越大。

为了减小入射光不纯的影响，一般情况下尽可能选择吸收光谱曲线的最大吸收波长作为入射光，因为吸收峰项部曲线较平坦，入射光各波长的吸收系数差别小，因而偏离吸收定律较小，另外，可选择高分辨率的仪器，使入射光波长范围较窄。

（2）杂散光及入射光不垂直比色皿的影响

进入检测器的杂散光是另一个误差源。杂散光是指不包括在入射光带内及不通过吸收池而直接进入检测器的非单色光，杂散光的来源主要是仪器内光学部件及机械零件反射和散射的光、外界及光源漏进检测器的光、光学系统有缺陷而引起的不均匀散射等。

光度计测量的是射入试样和透过试样的光之比，即 $A = \lg \frac{I_0}{I_t}$。因为杂散光直接照射检测器，使测得 I_t 比实际透过试样的 I_t 大，所以测得的吸光度 A 比试样的实际消光值小，即杂散光引起负偏差。

因为杂散光主要是来自仪器本身，所以通过校正可克服杂散光对分析结果的影响。但其影响有一定的不确定性难以消除。在测定高浓度试样时，由于 I_t 很小，杂散光的影响比较严重，应稀释试样，使透色比大20%（或 $A < 0.7$）。

入射光不垂直于比色皿，会使实际光程大于按平行光轴方向通过的光程，会引起较小的正偏差。

（3）溶液本身的原因

① 溶液折射率变化的影响

若溶液浓度变化能改变溶液的折射率 n，则偏离朗伯－比尔定律，此时，对定律进行修正为：

$$A = kcb \frac{n}{(n^2+2)^2} \qquad (2-3-29)$$

由 $\frac{n}{(n^2+2)^2}$ 值的变化很容易判断由折射率变化所引起的偏差的正负值。实际上，在低浓度，n 基本为常数，其影响可忽略不计。但在浓度较高时，折射率可能有显著的变化，例如高吸光度差示分光光度法中会遇到这种情况。

② 散射的影响

当溶液为胶体溶液，乳浊液或悬浊液时，入射光通过溶液后，除一部分波吸收外，还会发生散射，而损失一部分，使透光度减小，实测吸光度增大，发生正偏差。

③ 化学因素引起的偏离

溶液中的吸光物质因离解、缔合、互变异构等化学反应。使吸光物质的实际浓度发生变化，且最大吸收峰波长也发生改变，因而偏离了朗伯－比尔定律。

很多显色反应要求在一定酸度条件下进行，当酸度改变时，会影响有色化合物的形成、分解，或者形成其他有色化合物，从而影响吸收曲线的形状和最大吸收峰的位置，造成与吸收定律的偏离。例如用磺基水杨酸测定 Fe^{3+}，在 pH = 1.8 ~ 2.5 生成物为红褐色；在 pH = 4 ~ 8时生成物为褐色；pH = 8 ~ 11.5 时生成物为黄色；pH > 12 有色化合物被破坏而生成氢氧化铁沉淀。

3.3.3.5 影响工作曲线不通过零点的原因

理想的工作曲线应该是通过零点的直线，在实际工作中，由于仪器、试剂、试样组成、操作方法等因素的影响，使工作曲线不通过零点，如图 2－3－28 所示。

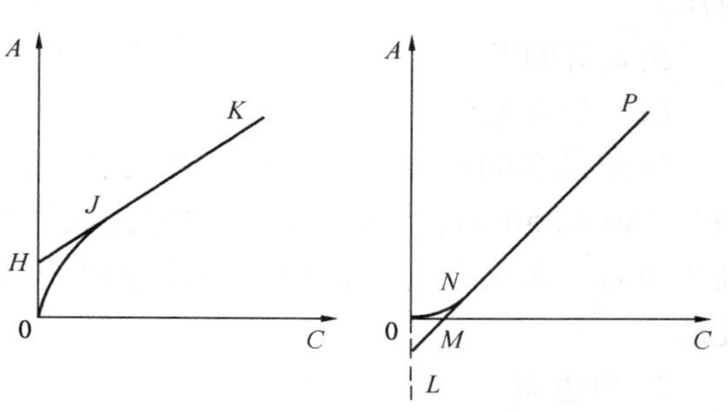

图 2－3－28 工作曲线的各种形状

(1) 空白溶液选择和配制不当

在测绘工作曲线的标准系列中，用空白溶液不能使干扰物质的吸收恰好抵消时，往往形成 HJK 或 LMNP 型的工作曲线。

另外，在使用“空气空白”、“蒸馏水空白”的情况下，一般得到 HJK 型的工作曲线，这种工作曲线如果重现性好，就可以使用。

(2) 显色反应和反应条件的问题

当显色反应的灵敏度不高时，被测物低于某一浓度就不能显色；当显色溶液中的掩蔽剂或缓冲溶液能配合少量被测离子时，也有同样现象，此时工作曲线成 MNP 型式，即被测物浓度低于 M 时，测得的消光值都是零。

(3) 比色皿的厚度或光学性能不一致

盛空白溶液与盛显色溶液的比色皿厚度或光学性能不一致时，都会使工作曲线不通过原点。如果盛空白溶液的皿较薄或对光的吸收和散射少些，工作曲线将呈 HJK 形状；如果盛空白溶液的皿较厚或对光的吸收散射多些，则呈 LMNP 形状。

应该指出，欲使工作曲线都成为通过原点的直线，有时不易做到。在实际工作中，最重要的是要求工作曲线重现性好，大体上成直线，就能满足分析的要求。如果说工作曲线不通过原点，可先采取措施改进，若实践证明工作曲线重现性好，则不通过原点仍可使用。

3.3.4 紫外可见分光光度计仪器

3.3.4.1 分光光度计的主要部件

分光光度计的主要部件包括光源、单色器、吸收池、检测器及测量系统等，见图 2-3-29。

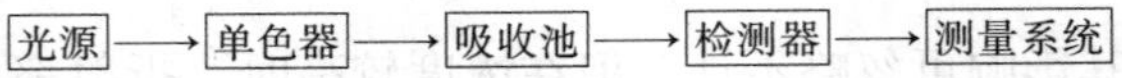

光源 ⟶ 单色器 ⟶ 吸收池 ⟶ 检测器 ⟶ 测量系统

图 2-3-29 分光光度计原理图

1. 光源

光源能提供强而稳定的可见光或紫外光，激发被测物质，使之产生吸收光谱。

对光源的要求：能在广泛的波长范围内发射足够强度的连续光谱，具有良好的稳定性和较长的使用寿命。

(1) 可见光源

常用的有钨丝灯和卤钨灯。

钨丝灯发射光谱约在 320 ~ 2500nm 波长范围内。最适于使用的波长范围是 320 ~ 1000nm。钨丝灯的发射强度与施加电压的四次方成正比，因此必须严格控制光源的工作电压。

卤钨灯的发光效率比钨丝灯高得多，使用寿命也长些。

(2) 紫外光源

应用最多的是氢灯和氘灯，其发射光谱的波长范围为 160 ~ 500nm，最适宜的波长范围为 180 ~ 350nm，氘灯的辐射强度比氢灯高 2 倍 ~ 3 倍，寿命亦较长。氘灯的强度一般高于氢灯，但欠稳定，适用的波长范围为 180 ~ 1000nm，常用做荧光分光光度计的激发光源。

2. 单色器

单色器是将光源发射的复合光分解为单色光的光学装置。单色器一般由五部分组成：入射狭缝、准光器(一般由透镜或凹面反光镜使入射光成为平行光束)、色散器、投影器(一般是一个透镜或凹面反射镜将分光后的单色光投影至出光狭缝)、出光狭缝(见图 2-3-30)。

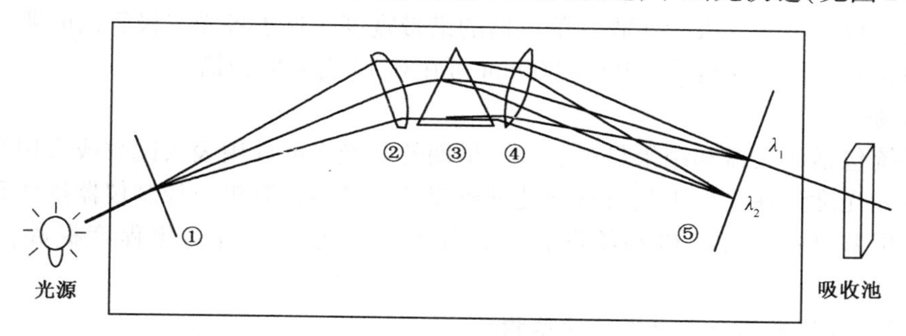

图 2-3-30　棱镜单色器

入射狭缝①只让光源的发射光进入单色器，并限制外界光进入，还可用于控制光通量，它位于准直镜的焦点上；准直镜②可以是透镜或凹面反射镜，将入射光变为平行光，以使色散装置的表面被平行光全部照明；色散装置③可以是棱镜也可以是光栅，是单色器的核心部分，可以使入射平行复合光色散为各个波长的平行单色光；聚光镜④可以是透镜或凹面反射镜，使已色散的不同波长的平行光按波长大小分别聚集在一个焦面上；出射狭缝⑤位于聚光镜的焦面上，其作用是截取一定波长范围的单色光带使之进入吸收池，显然，出射狭缝的宽度是决定出射单色光纯度的主要因素之一。

为了减少杂散光，需用罩壳将单色器封闭起来，罩壳内涂有黑体以吸收杂散光。用单色器选择进入吸收池的单色入射光波长是很方便的，只需转动棱镜或光栅即可使所需波长的单色光从出射狭缝射出。

目前一些先进的仪器均使用光栅作为单色器。光栅是在玻璃表面上每毫米内刻有一定数量等宽等间距的平行条痕的一种色散元件。高质量的分光光度计采用全息光栅代替机械刻制和复制光栅。光栅的优点是色散均匀，呈线性，光度测量便于自动化，工作波段广。其缺点是各级光谱有重叠干扰，故需采用适当的滤光片除去不需要的光。

3. 吸收池

吸收池是盛装试液并决定液层厚度的容器。常用的吸收池有石英和玻璃两种，石英吸收池可用于紫外、可见及近红外光区，普通硅酸盐玻璃吸收池只能用于可见光区。常见的吸收池为长方体，光程为 0.1 ~ 10cm。从用途上看，有液体吸收池、气体吸收池、微量吸收池及流动吸收池等。

吸收池应具备的条件：无色透明，并有严格平行的两个光学平面；结构牢固，与化学试剂不发生反应。

4. 检测器

检测器是一种光电转换设备，由光电转换元件和必要的电路组成。其功能是检测光信号并将光信号转变为电信号。对检测器的要求是：灵敏度高；响应时间短；响应线性范围宽；对不同波长的光具有相同的响应可靠性；噪声低；稳定性好；输出放大倍率高等。常用的有光电池、光电管或光电倍增管等。光电池由于其光电流大，不用放大，用于初级的分光光度计上。缺点是疲劳效应较严重。光电管是常用的光电检测器，锑-铯阴极的紫敏光电管适用波长为 200 ~ 625nm，银-氧化铯-铯阴极的红敏光电管适用波长为 625 ~ 1000nm。光电倍增管是目前应用最为广泛的检测器，它利用二次电子发射来放大光电流，放大倍数可高达

10^8倍。

采用光二极管阵列检测器时，光源发出的复合光通过样品池后，由光栅色散，色散后的单色光直接为数百个光二极管接收，单色器的谱带宽度接近于各光二极管的间距，由于全部波长同时被检测，扫描速度快，190～800nm 可在 0.1s 内完成扫描。

5. 测量系统

测量系统包括放大器和结果显示装置。早期的分光光度计用表头读数或采用数字读出装置，现代分光光度计在主机中装备有微处理机或外接微型计算机，控制仪器操作和处理测量数据；装有屏幕显示、打印机和绘图仪等，使测量精密度、自动化程度提高，应用功能增加。

3.3.4.2 紫外可见分光光度计的结构

根据光度学分类，紫外可见分光光度计可分为单光束和双光束分光光度计；根据测量中提供的波长数可分为单波长分光光度计和双波长分光光度计。

1. 单光束分光光度计

单光束分光光度计指从光源中发出的光，经过单色器等一系列光学元件及吸收池后，最后照在检测器上时始终为一束光。其工作原理如图 2－3－31 所示。常用的单光束紫外－可见分光光度计有 751G 型、752 型、754 型和 756MC 型等。常用的单光束可见分光光度计有 721 型、722 型、723 型和 724 型等。

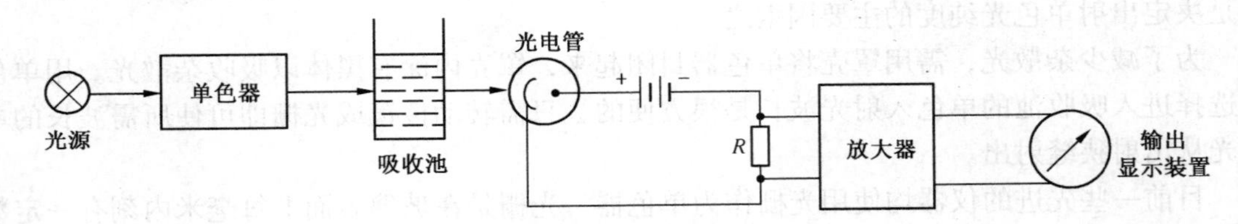

图 2－3－31　单光束分光光度计原理图

单光束分光光度计的特点是结构简单、价格低，主要适用于定量分析。其不足之处是测定结果受光源强度的影响较大，因而给定量分析结果带来较大误差。

2. 双光束分光光度计

双光束分光光度计工作原理如图 2－3－32 所示。从光源中发出的光经过单色器后被一个旋转的扇形反射镜（即切光器）分为强度相等的两束光，分别通过参比溶液和样品溶液。利用另一个与前一个切光器同步的切光器，使两束光在不同时间交替地照在同一个检测器上，通过一个同步信号发生器对来自两个光束的信号加以比较，并将两信号的比值经对数变换后转换为相应的吸光度值。常用的双光束紫外－可见分光光度计有 710 型、730 型、760MC 型、760CRT 型和日本岛津的 UV－210 型等。

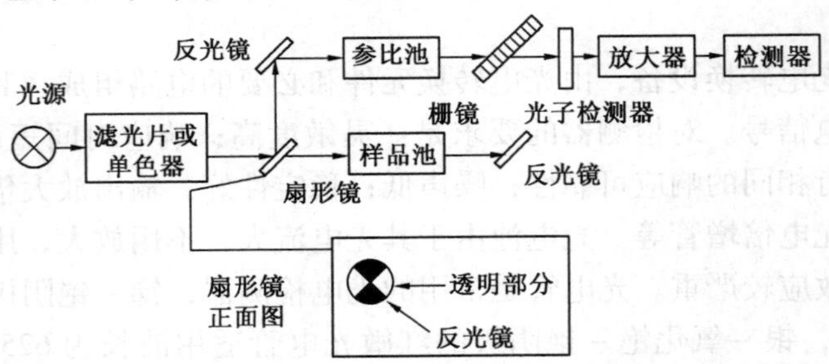

图 2－3－32　双光束分光光度计示意图

这类仪器的特点是能连续改变波长，自动比较样品及参比溶液的透光强度，自动消除光源强度变化所引起的。对于必须在较宽的波长范围内获得复杂的吸收光谱曲线的分析，此类仪器极为合适。

3. 双波长分光光度计

双波长分光光度计与单波长分光光度计的主要区别在于采用双单色器，以同时得到两束波长不同的单色光，其工作原理如图 2－3－33 所示。

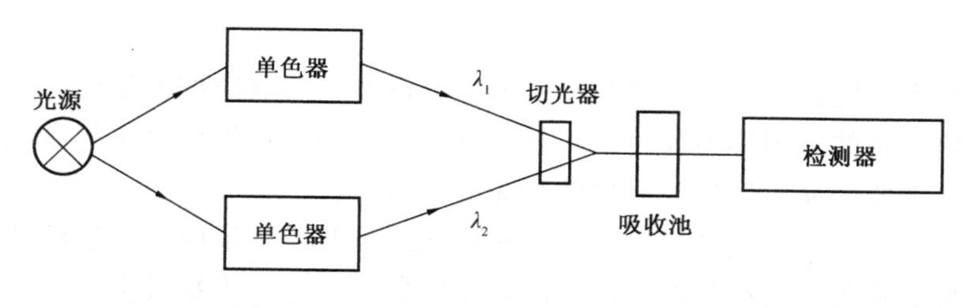

图 2－3－33　双波长分光光度计示意图

常用的双光束分光光度计有国产 WFZ800S、日本岛津 UV－300 和 UV－365 等。

这类仪器的特点是：不用参比溶液，只用一个待测溶液，因此，可以消除背景吸收干扰，包括待测溶液与参比溶液组成的不同及吸收池厚度的差异的影响，提高了测量的准确度；另外在多组分测定时非常方便，特别适合混合物和混浊样品的定量分析，可进行导数光谱分析等。其不足之处是价格昂贵。

3.3.4.3　分光光度计的安装及维护

1. 分光光度计的安装条件

（1）分析室应防尘，严禁化学烟雾和腐蚀性气体。

（2）工作台要稳固、平滑，台面大小适宜，以便放置配件及电缆。

（3）要有良好的接地线，若电压波动大，应安装稳压器。

2. 分光光度计的维护

（1）吸收池的洗涤。一般先用自来水，再用蒸馏水冲洗。如吸收池被有机物玷污，可用 1:2 盐酸－乙醇混合液浸泡后，再用水冲洗。不能用碱溶液或氧化性强的洗涤液洗，更不能用毛刷刷洗，以免擦伤吸收池透光面。洗净后倒立在滤纸上控水。如急用可用乙醇、乙醚润洗后用吹风机吹干。经常使用的吸收池可于洗净后浸泡在纯水中保存。

（2）吸收池的使用。拿取吸收池时，不得接触透光面，避免指纹、油污会弄脏窗口，改变透光性能；吸收池外壁的水或溶液，可先用吸水纸吸干，再用镜头纸或绸布擦拭，不能在电炉上或火焰上加热干燥吸收池；含有能腐蚀玻璃物质的溶液，不能长久放在吸收池中。

（3）不能使日光或照明灯直接照射仪器的样品室、单色器及检测器暗盒；为了防止检测器疲劳，在间断使用或更换溶液时要切断光路。

（4）使用检流计时应防止震动和大电流通过，以免扭断吊丝或使吊丝退火，弹性变差，影响灵敏度和重复性，特别注意不能用万用表上的电阻挡直接测量检流计。

（5）定期更换单色器暗盒、检测器暗盒及样品室的硅胶干燥剂。

（6）溅在样品室内的溶液，应立即用滤纸或软布擦干；擦样品室窗口时要像擦拭吸收池一样小心。

（7）对新购买的或经过长期使用的或经搬动的仪器要对其主要性能指标进行检查及校正。

3.3.5 可见分光光度法

3.3.5.1 显色剂和显色条件

分光光度分析有两种，一种是利用物质本身对紫外及可见光的吸收进行测定，另一种是生成有色化合物即“显色”以后测定。加入显色剂使待测物质转化为在近紫外和可见光区有吸收的化合物来进行光度测定，是目前应用最为广泛的测试手段，在分光光度法中占有重要地位。

1. 显色反应

在比色和分光光度分析中，使被测物质形成有色物质的反应称为显色反应。与被测组分作用生成有色化合物的试剂称为显色剂。显色反应分为两类：配位反应和氧化还原反应。其中配位反应是最主要的显色反应。对显色反应的要求有：

（1）选择性好　一种显色剂最好只与一种被测组分起显色反应，或显色剂与干扰离子生成的有色化合物的吸收峰与被测组分的吸收峰相距较远，这样干扰较少。

（2）灵敏度高　对于微量组分，应选择摩尔吸收系数大的反应，以提高灵敏度。但灵敏度高选择性不一定好，要二者兼顾。对于高含量的组分，不一定选用灵敏度高的显色反应，要考虑选择性等其他因素。

（3）有色化合物稳定性好　要求有色化合物至少在测定过程中保持稳定，使吸光度保持不变。为此要求有色化合物不易受外界环境条件的影响，如氧气、二氧化碳及光照等，也不受溶液中其他化学因素的影响。若为有色配合物，要求其离解常数要小。

（4）有色化合物的组成要恒定　有色化合物组成要恒定，否则其颜色和深浅不同将引起很大误差。对于形成不同配合比的显色反应，要严格控制条件。

（5）有色化合物与显色剂之间颜色的对比度大　一般要求有色化合物和显色剂的最大吸收波长之差在60nm以上。

（6）显色反应条件要易于控制　如果条件要求过于严格，难以控制，测定结果的再现性就差。

2. 显色剂的种类

（1）无机显色剂

实用的无机显色剂不多，主要是因为其生成的有色配合物不稳定，选择性和灵敏度不高。常用的几种无机显色剂有硫氰酸盐、钼酸铵、氨水和过氧化氢等。

（2）有机显色剂

有机显色剂在显色反应中的灵敏度和选择性常比无机显色剂高，而且品种也较多。有机显色剂大都是具有生色团和助色团的化合物。在有机化合物分子中有一些不饱和的基团，它们能对波长大于200nm的光产生吸收，这种基团叫生色团，例如：

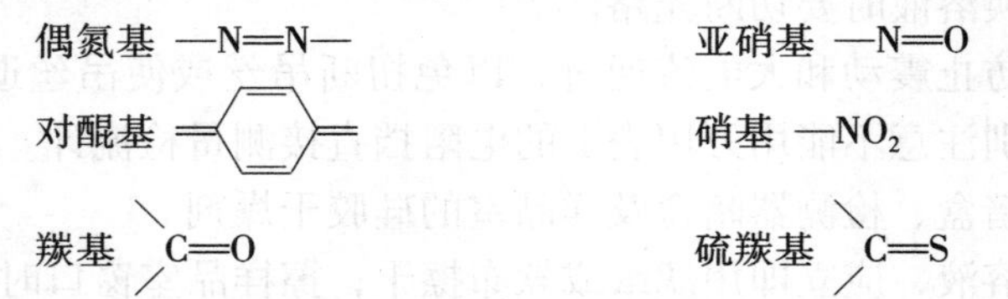

含有生色团的有机化合物往往有颜色。某些含有孤对电子的基团，它们本身虽然无色，但它们与生色团上的不饱和键相互作用，影响有色化合物对光的吸收，使颜色加深，这些基团被称为助色团。例如：

氨基：—$\ddot{N}H_2$、$\ddot{N}$(R)H—、$R_2\ddot{N}$—

羟基：—OH

卤代基：—$\ddot{F}$、—$\ddot{Cl}$、—$\ddot{Br}$、—$\ddot{I}$

助色团和有色化合物分子相连，如果位置适当，就能引起化合物颜色加深。例如蒽醌呈浅黄色，而α－氨基蒽醌呈红色。

被测组分与一种配位体所组成二元配合物。由金属离子与两种不同的配位体所形成的单核或多核的混合配位配合物称为三元配合物。三元配合物在分光光度分析中具有提高显色反应灵敏度、较高的选择性、增强配合物稳定性的优点。

3.3.5.2 光度测定条件的选择

1. 入射光波长的选择

入射光波长一般根据吸收曲线选择，选择最大吸收峰的波长 λ_{max} 作为入射光波长，因为此处摩尔吸收系数最大，灵敏度最高，如果有干扰物质(包括显色剂)在此波长有较强的吸收，可以选择灵敏度低些，但能避免干扰的波长作为入射光波长。

2. 参比溶液的选择

参比溶液又称空白，在分光测定中用来调节仪器的零点，以消除比色皿、溶剂、试剂及其他有色物质对入射光的反射、吸收所带来的误差。选择合适的参比溶液，对提高光度分析的准确度十分重要。

(1) 溶剂参比溶液

当溶液中只有被测组分有色，显色剂和其他试剂都无色时，可用溶剂作为参比溶液。

(2) 试剂参比溶液

按照与测定试样相同的条件，同样加入各种试剂和溶剂只是不加试样作为参比溶液，称为试剂参比溶液。该法适用于显色剂有色、试样溶液在测定条件下吸光度很小的情况，标准曲线法常用试剂参比溶液。试剂参比溶液应用较多。

(3) 试样参比溶液

按照与测定试样相同的条件，取相同的试样溶液，不加显色剂作为参比溶液，称为试样参比溶液。适用于溶剂中有其他有色离子，显色剂无色，并且两者不发生显色反应的情况。例如用比色法测定钢中的铜时，可用试样参比溶液。

3. 选择合适的吸光度范圈

一般分光光度计读数标尺有透过率和吸光度两种刻度。透过率刻度是均匀的，吸光度则因为是对数值，所以随着吸光度的增加，其刻度越来越密，读数准确度也越来越差。因此选择适当的吸光度读数范围对提高分光光度法分析的灵敏度和准确度有着十分重要的意义。

一般来说，当透射比为15%～65%(吸光度0.2～0.8)时，浓度测量的相对误差较小，这就是适宜的吸光度范围。为此可采取如下办法：

(1) 调节溶液浓度　当被测组分含量较高时，称样量可少些，或增大稀释倍数。

(2) 使用厚度不同的吸收池　因吸光度 A 与吸收池的厚度 L 成正比，由此增加吸收池的厚度吸光度值亦增加。

4. 狭缝宽度的选择

在定量分析中，狭缝宽度直接影响测定的灵敏度和工作曲线的线性范围。狭缝宽度太大，灵敏度下降，工作曲线的线性范围变窄；狭缝宽度太小，入射光强度太弱，也不利于测定。一般在不减少吸光度时的最大狭缝宽度，就是应该选取的合适的狭缝宽度。

3.3.5.3　定量分析

分光光度法和目视比色法定量分析的依据是朗伯－比尔定律，定量分析的方法很多，应根据分析对象和目的加以选择。对准确度要求不高的，可选用目视比色法；对单组分测定可采用常规分析法；对高浓度或极低浓度可采用差示分光光度法；还有其他定量分析方法。

1. 目视比色法

最普遍使用的目视比色法是标准系列法，例如 GB/T 3143《液体化学产品颜色测定法》。该法是把被测溶液在相同条件下和一系列浓度不同的标准溶液进行比较：

$$A_x = \varepsilon_x c_x b_x \tag{2-3-30}$$

$$A_S = \varepsilon_S c_S b_S \tag{2-3-31}$$

式中　x——未知溶液；

S——标准溶液。

当未知溶液与标准溶液颜色相同时，表示 $A_x = A_S$；两物质相同，则 $\varepsilon_x = \varepsilon_S$；比色管直径相同，则 $b_x = b_S$。(2－3－30)和(2－3－31)两式相等，所以 $c_x = c_S$。

操作方法：取一套标准比色管，逐一加入体积渐增的标准溶液和相同体积的显色剂及缓冲溶液，然后稀释到同一刻线，即形成颜色由浅到深的标准色阶。取一套比色管中的一支空比色管，加入被测溶液后按配制标准色阶的方法处理。比色可在自然光下进行，在管底下方放置一块白板，正对白色背景从上往下观察，避免侧面观察，提出接近色号或浓度。

目视比色法操作简便，测定灵敏度较高，但准确度较差，标准色阶不易保存，需临时配制。

2. 常规分析方法

(1) 比较法

在最大吸收波长处分别测定试样和与试样浓度相近的标准溶液的消光值，进行比较直接求得样品的浓度。

$$A_x = \varepsilon_x c_x b \qquad A_S = \varepsilon_S c_S b$$

因为测定条件相同，则 $\varepsilon_x = \varepsilon_S$，两式相比后，整理得：

$$c_x = \frac{A_x c_s}{A_s} \tag{2-3-32}$$

(2) 工作曲线法

该法使用最广泛。配制一系列(一般为 5～8 个)浓度不同的标准溶液，在选定波长下测其吸光度，然后以标准溶液浓度为横坐标，以相应吸光度为纵坐标，绘制工作曲线。如果符合吸收定律，则可得到一条通过坐标原点的直线。在相同条件下测样品吸光度，就可从工作曲线上查出其对应的浓度。

工作曲线也可以用一元线性方程表示：

$$y = a + bx \tag{2-3-33}$$

式中　x——溶液的浓度；

y——相应的吸光度。

如果已知斜率 b 和截距 a，则当测得未知溶液的吸光度 A 时可通过该一元线性方程求出其对应的浓度。工作曲线的斜率 b 和截距 a 可用线性回归的方法进行计算。

目前一些先进的仪器已具备对标准工作曲线进行回归的功能。

工作曲线应定期校准。当条件有变动时，例如仪器经过修理、更换光源、更换标准溶液、试剂(如显色剂)重新配制，都应重新制作工作曲线。

(3) 标准加入法

标准加入法也称为增量法。根据加入的次数可分为一次标准加入法和多次标准加入法。

① 一次标准加入法

取一份试液测其吸光度，设为 A_x；再另取一等份试液，加入一定量的待测物质溶液使浓度增加 c_k，测定其吸光度，设为 A_{x+k}，按朗伯－比尔定律有：

$$A_x = \varepsilon c_x b$$

$$A_{x+k} = \varepsilon(c_x + c_k)b \qquad (2-3-34)$$

$$\therefore \quad c_x = \frac{c_k A_x}{A_{x+k} - A_x}$$

② 多次标准加入法

该法是在若干等份溶液中分别加入不同量的被测组分标准溶液，使增量值分别为 0，c_{k1}、c_{k2}…测定对应的吸光度，则

$$A = \varepsilon b(c_x + c_k) \qquad (2-3-35)$$

上式为多次标准加入法的基本公式。绘制 $A-c_k$ 曲线，见图 2－3－34。用外推法使校正曲线延长交于横坐标的 O' 点，则 OO' 长度所对应的浓度就是被测组分的浓度 c_x。

除被测组分含量不同外，在各份试样中其他成分都相同，它们对一系列吸光度测定的影响都一致，能相互抵消。因此，标准加入法特别适合复杂试样中微量组分的测定。

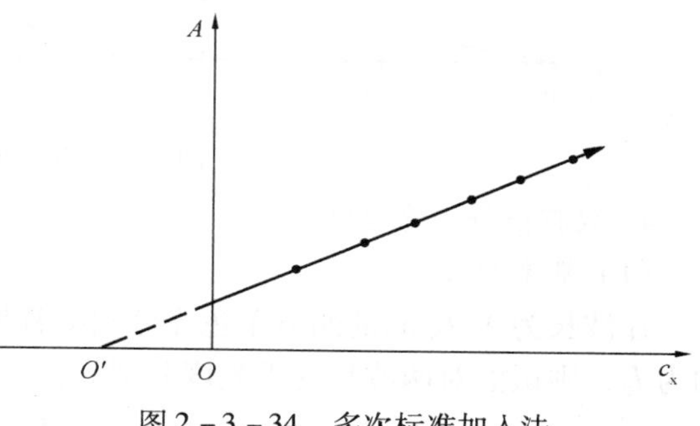

图 2－3－34　多次标准加入法

3. 差示分光光度法

用普通分光光度法测定很稀或很浓溶液的吸光度时，吸光度落在 0.2～0.8 以外，使测量误差很大。为了提高精确度和准确度，可采用差示分光光度法。

差示法是用已知浓度的标准溶液作参比，调节仪器的零点或 100% 标度，测定试液的透光度，从而求出试液浓度的分析方法。

(1) 方法原理

根据吸收定律对未知溶液有：

$$A_x = \lg\frac{I_0}{I_t} = \varepsilon bc_x$$

对浓度为 c_0 的参比标准溶液有：$A_0 = \lg\dfrac{I_0}{I_t'} = \varepsilon bc_0$

两式相减得：$A' = A_x - A_0 = \lg\dfrac{I'}{I_x} = \varepsilon b(c_x - c_0)$ $\qquad (2-3-36)$

A' 是以浓度为 c_0 标准溶液为参比，测得的未知溶液的吸光度，称相对吸光度。式(2－3－36)表示：用已知浓度的标准溶液为参比测得的吸光度 A 与试样的浓度和标准溶液

浓度差成正比。此式是差示法的基本公式。

(2) 测定方法

① 高吸光度差示法

在检测器未受光照时，调节仪器的透色比为0%，当入射光通过比试样浓度稍低的合适浓度的参比溶液时，将透光度调到100%，见图2-3-35。然后测定试样的吸光度，用比较法或标准曲线法求得试液浓度。它的实质相当于标度放大。

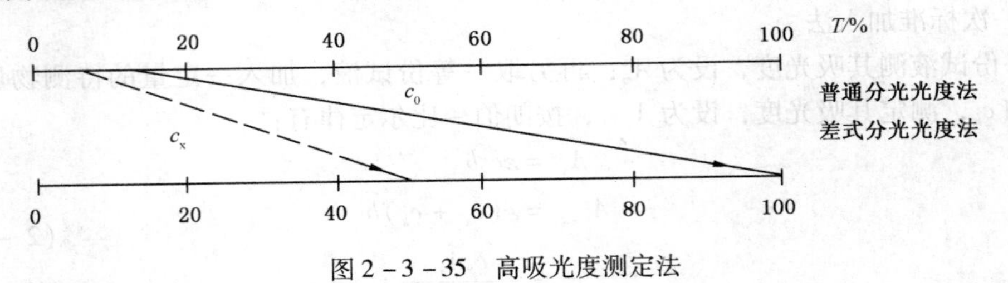

图2-3-35 高吸光度测定法

② 低浓度差示法

此法要求参比溶液浓度适当大于试样浓度。具体作法是先用纯溶剂(蒸馏水、空白)调节透光度100%，再用参比溶液调仪器的透光度为0%，见图2-3-36，然后，再测定试样的相对吸光度。用标准曲线法测定试样浓度时，以 A 对 (c_0-c_S) 作图。

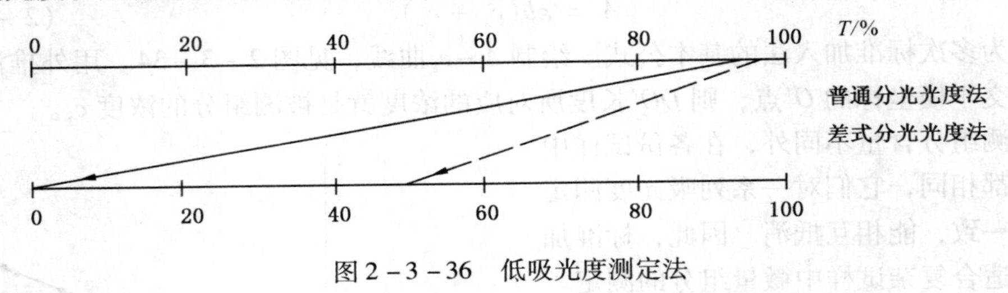

图2-3-36 低吸光度测定法

4. 双波长分光光度法

(1) 基本原理

让波长为 λ_1 及 λ_2 的两束单色光分别交替地通过同一试液，若调节两单色光的入射强度均为 I_0，则试液对两波长的吸光度分别为：

$$A_{\lambda_1}=\lg\frac{I_0}{I_{t_1}}=\varepsilon_{\lambda_1}cb+A_{S_1}$$

$$A_{\lambda_2}=\lg\frac{I_0}{I_{t_2}}=\varepsilon_{\lambda_2}cb+A_{S_2}$$

式中 I_{t_1} 及 I_{t_2}——单色光 λ_1 及 λ_2 的透过光强度；

ε_{λ_1} 及 ε_{λ_2}——被测物质在 λ_1 及 λ_2 波长下摩尔吸收系数；

A_{S_1} 及 A_{S_2}——试样溶液对 λ_1 及 λ_2 两单色光的背景吸收。

若设法使 A_{S_1} 等于 A_{S_2}，则上两式之差为：

$$\Delta A=A_{\lambda_2}-A_{\lambda_1}=\lg\frac{I_{t_2}}{I_{t_1}}=(\varepsilon_{\lambda_2}-\varepsilon_{\lambda_1})cb \qquad (2-3-37)$$

式(2-3-37)表明试样溶液对 λ_1 及 λ_2 两束单色光的吸光度之差与溶液浓度成正比，这是双波长分光光度法的理论依据。

与单波长分光光度法相比，双波长分光光度法的特点是不用参比溶液，而以试液本身对

某一波长 λ_1的吸光度 A_{λ_1}作为参比，这可避免单波长分光光度法使用试样及参比两个吸收池时由于两吸收池差异所引起的误差；可以消除背景吸收及光散射所引起的误差；适于进行多组分混合物的分析。

（2）波长组合 λ_1、λ_2的选择

在进行多组分混合物的定量分析时，要根据各组分的吸收光谱曲线来选择合适的波长 λ_1及 λ_2。选择波长组合的基本条件是：被测组分在两波长处的吸光度及其差值应足够大；共存(干扰)组分在两波长下应具有相同的吸收，因此可将干扰组分的吸光度视为背景吸收 A_S而加以扣除。选择 λ_1、λ_2组合的办法，通常采用作图法，现以两组分混合物为例加以说明，如图 2－3－37 所示。

图中曲线 *a* 是欲测组分 A 的吸收光谱曲线，曲线 *b* 是干扰组分 B 的吸收光谱曲线。选 A 组分的最大吸收波长作为测定波长 λ_2，然后在 λ_2处作垂线，此垂线交曲线 *b* 于 D 点，过 D 点作横轴的平行线，在曲线 *b* 上有交点 E、F，E、F 点所对应的任一波长都可选作参比波长 λ_1。但究竟选哪一个更好，就要考虑选择波长组合的基本条件。

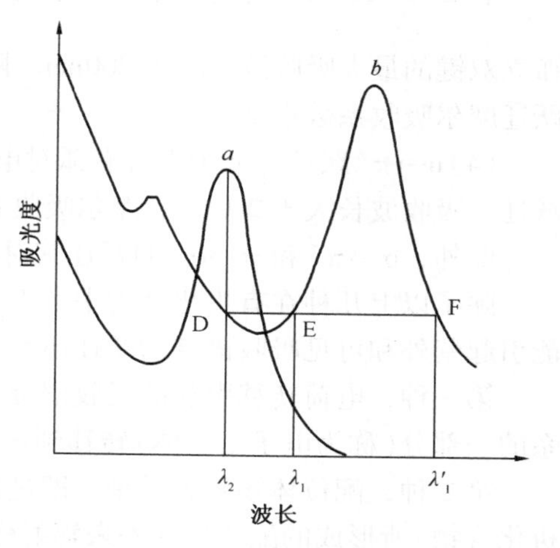

图 2－3－37　作图法选择 $\lambda_1-\lambda_2$ 组合

定量分析方法可采用标准曲法或比较法。

3.3.6　紫外分光光度法

3.3.6.1　概述

紫外分光光度法是基于物质对紫外区域辐射的选择性吸收来进行分析测定的方法。紫外光区域的波长范围在 10～400nm，又可分为近紫外区(200～400nm)及远紫外区(又称真空紫外区，10～200nm)。由于紫外光谱较简单，特征性不强，在有机化合物的定性鉴定和结构分析中仅作为一种辅助手段配合红外光谱、核磁共振波谱和质谱应用。而在定量分析领域紫外分光光定法却有着广泛的应用。

紫外吸收光谱与可见吸收光谱一样，常用吸收曲线来描述。即用单色光依次照射一定浓度的样品溶液，分别测定其吸光度，以吸光度对波长作图，得到吸收光谱。

吸收曲线呈现一些峰和峰谷，每个峰相当于一个谱带。曲线的峰称为吸收峰，它对应的波长用 λ_{max}表示；曲线的谷对应的波长用 λ_{min}表示；在峰旁的小曲折称为肩峰；在吸收曲线的波长最短的一端，吸收峰巨大但不成峰形的部分称为末端吸收。

在文献中，一个化合物的紫外吸收光谱特征可用文字或符号表示。如芦丁在乙醇中测定的紫外光谱的最大吸收波长和摩尔吸收系数可表示为：$\lambda_{max}/nm = 258$ ($\lg\varepsilon = 4.37$)，361($\lg\varepsilon = 4.29$)。

3.3.6.2　基本原理

1. 电子跃迁类型

在化合物的分子中有形成单键的 σ 电子；有形成双键和三键的 π 电子，有未共用(或称非键)的 n 电子。当分子吸收一定能量的辐射时，就会发生相应能级间的电子跃迁。见图 2－3－38。

（1）$\sigma\rightarrow\sigma^*$ 跃迁　这类跃迁对应的吸收波长都在低于 200nm 的远紫外区。如甲烷的 $\lambda_{max} = 125$nm。它的吸收光谱必须在真空中测定。

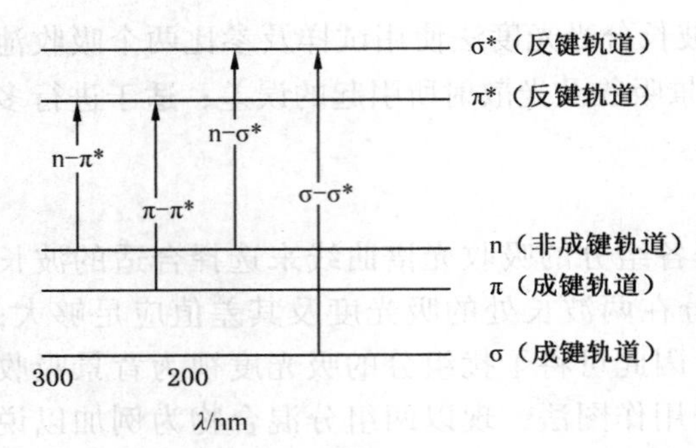

图 2-3-38　分子中电子的能级和跃迁

（2）$n \to \sigma^*$ 跃迁　含有氧、氮、硫、卤素等杂原子的饱和烃衍生物都可发生 $n \to \sigma^*$ 跃迁。$n \to \sigma^*$ 跃迁的大多数吸收峰一般仍低于 200nm，通常仅能见到末端吸收。如饱和脂肪族醇或醚在 180～185nm，饱和脂肪族胺在 190～200nm，饱和脂肪族氯化物在 170～175nm，饱和脂肪族溴化物在 200～210nm。但分子中含有硫、碘等电离能较低的原子时，吸收波长高于 200nm。

（3）$\pi \to \pi^*$ 跃迁　分子中含有双键、三键的化合物及芳烃和共轭烯烃可发生此类跃迁。孤立双键的最大吸收波长小于 200nm。随着共轭双键数增加，吸收峰向长波方向移动。此类跃迁摩尔吸收系数很高。

（4）$n \to \pi^*$ 跃迁　分子中含有孤对电子的原子和 π 键同时存在并共轭时，会发生 $n \to \pi^*$ 跃迁，吸收波长大于 200nm，摩尔吸收系数一般低于 100。

此外，$\sigma \to \pi^*$ 和 $\pi \to \sigma^*$ 的跃迁其对应的吸收波长也小于 200nm，一般很少讨论。

除了以上几种在有机化合物中由于电子在不同的分子轨道之间跃迁产生的吸收谱带外，能引起紫外和可见吸收谱带的跃迁还有两种类型：

第一种，电荷转移引起的吸收谱带。即在外来辐射激发下，化合物分子中一个电子从体系的一部分（称为电子给予体）转移到体系的另一部分（称为电子接受体）而获得的吸收光谱。

第二种，配位体场吸收谱带。即过渡金属水合离子或过渡金属离子与显色剂（通常是有机化合物）所形成的配合物在外来辐射作用下，由于吸收了适当波长的光（可见或紫外光）而获得的吸收光谱。

2. 生色团、助色团、吸收带及其他有关术语

（1）生色团：共价键不饱和原子基团能引起电子光谱特征吸收的，一般为带有 π 电子的基团。

（2）助色团：饱和原子基团本身在 200nm 以上没有吸收，但当它与生色基团相连时，能增长最大吸收峰的波长并增大其强度，一般为带有 *p* 电子（n 电子）的原子或原子团。

（3）红移：由于取代基或溶剂的影响使吸收峰向长波方向移动的现象。

（4）蓝移：由于取代基或溶剂的影响使吸收峰向短波方向移动的现象。

（5）增色效应：使吸收强度增加。

（6）减色效应：使吸收强度减弱。

（7）吸收带：吸收峰在吸收光谱中的波带位置。

在紫外光谱分析中，往往用名称和字母来描述各种吸收带。

R 吸收带是孤立生色基的 $n \to \pi^*$ 跃迁所形成的吸收带。由羰基、硝基等单一生色团中孤对电子向 π^* 反键轨道跃迁产生。R 吸收带特点是跃迁能量小，跃迁几率小，吸收峰波长一般在 270nm 以上，吸收强度较弱，ε_{max} 一般小于 100。

K 吸收带是由共轭 π 键产生 $\pi \to \pi^*$ 跃迁所形成的吸收带。共轭烯烃和取代的芳香族化合物可产生这类谱带。K 吸收带特点是 λ_{max} 比 *R* 带短，峰很强，ε_{max} 通常大于 10000。K 吸收带的峰位和强度与共轭体系的数目、取代基的种类等因素有关。

B 吸收带是芳香族和杂芳香族化合物的特征谱带，是由芳环封闭共轭体系的 $\pi \to \pi^*$ 跃

迁引起的弱吸收带。在230～270nm呈一宽峰，且具有精细结构。B吸收带的精细结构随溶剂极性增强而消失。

E吸收带也是芳香族的特征吸收带。E带来源于苯环闭合共轭体系中的三个双键的电子跃迁。它可分为E_1吸收带和E_2吸收带。其中E_1吸收带可看做苯环上孤立乙烯上的$\pi \to \pi^*$跃迁所引起的。苯的E_1和E_2吸收带分别在180nm和200nm附近，E吸收带的ε_{max}一般在2000～14000nm。

3. 常见有机化合物的紫外吸收光谱

（1）饱和烃　饱和烃只含σ键，σ电子最不易激发，吸收波长小于150nm。在近紫外区是“透明”的，因此在紫外吸收光度分析中，常用饱和烃作溶剂。

（2）含有n电子的饱和烃衍生物　饱和烃的氧、氮、硫、氯等的衍生物分子含有非键电子，它比饱和烃易于激发，其跃迁（$n \to \sigma^*$）能量少于$\sigma \to \sigma^*$跃迁，吸收波长在150～250nm范围内。醇、醚的吸收峰小于185nm，常作近紫外区溶剂。

（3）含有π电子的化合物　不饱和化合物中含有π电子，它比n电子容易激发。化合物中含有生色基时最大吸收可出现在可见—紫外区。

① 烯基（—C═C—）孤立的烯键强吸收出现在远紫外区，是$\pi \to \pi^*$跃迁。烯键上连接烃基后，由于$\pi \to \pi$共轭效应，使吸收向长波方向移动。例如乙烯的最大吸收峰为165nm（$\varepsilon_{max}=15000$），1－戊烯的最大吸收峰为184nm（$\varepsilon_{max}=10000$）。在烯烃中引入杂原子后，由于含有n电子，同样引起吸收峰向长波方向移动。例如甲基乙烯基硫醚的最大吸收峰为228nm（$\varepsilon_{max}=8000$）。

两个双键被两个或两个以上的单键所隔开者称为隔离双键或孤立多烯。在含有隔离双键的分子中，其最大吸收波长与单个烯基的最大吸收波长相近，ε_{max}随双键数的增多而成倍数增大。例如：1戊烯的λ_{max}为184nm，ε_{max}为10000；1，5－己二烯的λ_{max}为185nm，ε_{max}为20000。

对于共轭多烯，随共轭体系的增长，λ_{max}向长波方向移动，并且ε_{max}增加。例如：1，3－丁二烯λ_{max}为217nm，$\varepsilon_{max}=21000$；1，3，5－己三烯$\lambda_{max}=258$nm，$\varepsilon_{max}=43000$；1，3，5，7，9－辛五烯$\lambda_{max}=334$，$\varepsilon_{max}=121000$。

② 炔基（—C≡C—）炔类特征吸收较烯类复杂。乙炔在173nm有较弱的吸收带，$\varepsilon_{max}=6000$，是$\pi \to \pi^*$跃迁。共轭炔在近紫外区可出现两个吸收带，由$\pi \to \pi^*$跃迁引起的在短波长处的吸收带较强。

③ 羰基（>C═O）饱和醛和酮在270nm～300nm之间有R吸收带，是醛酮的特征谱带。极性溶剂使R带向短波方向移动。

当乙烯基引入羰基化合物时，组成了不饱和醛酮。若羰基与乙烯基以非共轭形式连接时，两个基团的吸收带都保持着，强度没有改变。若羰基与乙烯基双键共轭连接，将产生共轭效应，使乙烯基的$\pi \to \pi^*$跃迁吸收带红移至220nm～260nm，成为K带，羰基双键R带红移到310nm～330nm。红移数值与共轭数目有关。溶剂极性对不饱和醛酮同样存在显著影响，随溶剂极性的增加使K带红移，而使R带蓝移。

④ 羧基（—COOH）羧基是弱生色基，在200nm附近有一个弱吸收。饱和羧酸碳链的长短对吸收的位置和强度影响不大，支链也无显著影响。

酯类和它们母体酸的吸收光谱基本上一样。

没有共轭作用的同系不饱和酸的吸收强度相等，吸收的位置随碳链的增长而略向长波方向位移。共轭不饱和酸有一个强 K 带，如丙烯酸在 200nm 附近有一强吸收($\varepsilon_{max}=10000$)。

吸收的强度与位置随共轭键的长度而改变。

⑤ 含氮基　如 $>C=N-$ 和 $>N-OH$ 在共轭体系中，它们的 K 带为 220nm ~ 230nm，$\varepsilon_{max}>10000$。经酸化后，$>C=N-$ 基在氮原子上产生一个正电荷，吸收移向 270nm ~ 290nm。

腈和偶氮化合物及 α、β 不饱和腈的吸收在近紫外区 213nm 附近，ε_{max} 约 10000。偶氮基($-C\equiv N$)的 $\pi\rightarrow\pi^*$ 跃迁出现在远紫外区。脂族偶氮化合物 $n\rightarrow\pi^*$ 带在 350nm 附近，$\varepsilon_{max}<30$。反偶氮苯在 320nm 有吸收，$\varepsilon_{max}=21000$，而反二苯乙烯在 295nm 处有吸收，$\varepsilon_{max}=28000$。

硝基、亚硝基在近紫外区有由 $n\rightarrow\pi^*$ 跃迁引起的弱吸收。

⑥ 芳香族化合物　苯有三个吸收带：E_1 带：184nm，$\varepsilon_{max}=60000$；E_2 带：204nm，$\varepsilon_{max}=7900$；B 带：255nm，$\varepsilon_{max}=200$。这些均由 $\pi\rightarrow\pi^*$ 跃迁引起。

在苯环上有助色基($-OH$、$-NH_2$等)取代时，E 带和 B 带向长波方向移动，并且常常增强 B 带，失去其细致结构。

在苯环上直接连有生色基时，B 带明显的向长波方向移动，在 200 ~ 250nm 区出现 K 带，$\varepsilon_{max}>10000$。

稠环化合物有很复杂的吸收光谱。

⑦ 杂环化合物　杂环化合物的吸收带和相应的芳香族化合物类似，尤其是共轭键引起的部分。如吡啶与苯的吸收带在 255nm 附近，前者的强度较大。

3.3.6.3　定性分析

1. 定性分析

(1) 未知物的鉴定　每一种化合物都有它自己的特征吸收光谱。两个试样如果是同一化合物，其吸收光谱应完全一致。因此，可见－紫外光谱可用于未知物的鉴定。

(2) 物质纯度的检查　如果某一化合物在可见－紫外光区没有明显吸收，而其中的杂质却有较强的吸收，则可利用可见－紫外光谱检查其纯度。

(3) 推测分子结构　根据化合物的紫外可见吸收光谱可以推测其所含的官能团。但是由于分子对可见－紫外光的吸收性质基本上是分子中生色基团和助色基团的特性，不是整个分子的特性，所以单独从紫外吸收光谱往往还不能确定分子的结构，还必须与其他方法，例如红外吸收光谱、质谱、核磁共振等配合起来才能得出结论。

(4) 判断异构体　有机化合物经常存在异构现象，其中包括顺反异构、互变异构、旋光异构等。由于它们在吸光特性上存在差异，可以用紫外可见吸收光谱来进行判别。

2. 定量分析

紫外分光光度定量分析和可见分光光度定量分析的定量依据和定量方法都是相同的，但紫外吸收光谱法进行定量分析一般不需要显色剂，因而不受显色剂浓度、显色时间等因素的影响，它具有快速、简便、灵敏度高、重现性好等优点，广泛应用于微量和痕量分析中，也可用于常量分析。

测定条件的选择主要是选择测定波长和溶剂。

通常选择λ_{max}作为测定波长，若在λ_{max}处共存的其他物质也有吸收，可以另外选择ε较大而共存物质没有吸收的波长作为测定波长。此时灵敏度会降低。在使用有机溶剂的测定中，一般不选择小于230nm的波长作为测定波长，因为此时吸收池的散射和溶剂质量的影响较大。另外，在波长小于230nm时因氢灯的能量小，需要使用较大的狭缝，否则光的纯度差，影响测定结果。

所选的溶剂在测定波长处应没有明显的吸收，不和被测物发生作用，不含干扰物质；而且对被测物溶解性能好，被测组分在溶剂中具有良好的吸收峰形。应尽可能选择挥发性小，不易燃、无毒性及价廉的溶剂。

3.3.7 应用示例

邻菲罗啉分光光度法测定微量铁

1. 原理

邻菲罗啉(又称邻二氮菲)是测量铁的一种较好的显色剂。在pH=4~6的溶液中，邻菲罗啉与Fe^{2+}生成稳定的橙红色配合物。橙红色配合物的最大吸收波长在510nm处，摩尔吸光系数为1.1×10^{4}L/(mol·cm)，在还原剂存在下，颜色可保持几个月不变。反应的灵敏度、稳定性、选择性均好。邻菲罗啉与Fe^{3+}也生成3:1配合物，呈淡蓝色。因此在显色之前，需要用盐酸羟胺(或抗坏血酸)将全部的Fe^{3+}还原为Fe^{2+}。

2. 试验方法

(1) 仪器和试剂

仪器：分光光度计、容量瓶(25mL，9个)、吸量管(5mL，1支，用于铁标准溶液的移取)、移液管(10mL，1支，用于未知试液的移取)。

试剂：铁标准溶液(40.0μg/mL，用洁净干燥的100mL烧杯，准确称取3.454g硫酸铁铵[$NH_4Fe(SO_4)_2\cdot12H_2O$]，加30mLHCl及30mL水，溶解后定量转移至1L容量瓶中，加水至刻线，摇匀，作为储备液。用前移取100.0mL储备液至1L容量瓶中，用水稀释至刻线)、盐酸羟胺(100g/L$NH_2OH\cdot HCl$溶液，两周内有效)、邻菲罗啉溶液(2.0g/L，温水溶解，避光保存，两周内有效，出现红色时已不能使用)、乙酸钠溶液(1.0mol/L)。

(2) 试验技术要素

① 测绘吸收曲线

移取2.00mL铁标准溶液，注入容量瓶，加0.5mL盐酸羟胺溶液，摇匀，放置2min，加1.0mL邻菲罗啉溶液和2.0mL乙酸钠溶液，加水至刻线，摇匀。以水为参比，在不同波长(从450~550nm，每隔10nm测量一次吸光度，其中在500~520nm每间隔5nm测量一次)下测量相应的吸光度，在坐标纸上以波长为横坐标，吸光度为纵坐标绘出吸收曲线。根据吸收曲线确定进行测定的适宜波长。

② 标准曲线的制作

洗净5只容量瓶，依次加入0.50、1.00、1.50、2.00、2.50mL铁标准溶液，各加入0.5mL盐酸羟胺溶液，混匀。放置2min后，各加入1.0mL邻菲罗啉溶液和2.0mL乙酸钠溶液，加水至刻线，混匀。以水为参比，在选定的波长下测定各溶液的吸光度，在坐标纸上以铁的质量浓度为横坐标，吸光度为纵坐标，绘制标准曲线。

③ 试样中铁含量的测定

移取10.00mL试样溶液，按制作标准曲线相同的步骤显色、定容后，在相同的波长下测定吸光度，由标准曲线查出铁的质量浓度，然后再换算成原试样中微量铁的质量浓度。

3. 影响因素及注意事项

（1）注意容量瓶、移液管及吸量管使用的规范性。

（2）溶液酸度、显色剂用量及显色时间对显色反应均有影响，应严格按照规定条件进行试验。试样和工作曲线测定的实验条件应保持一致，所以最好两者同时显色同时测定。

（3）按照仪器说明书正确操作仪器，且正确使用比色皿。

（4）应先加入指示剂，再调节溶液 pH 值。

（5）每加入一种试剂都必须摇匀。改变入射光波长时，必须重新调节参比溶液吸光度至零。

3.4 原子吸收光谱法

3.4.1 概述

原子吸收光谱分析法又称原子吸收分光光度法，简称原子吸收法，是基于测量气态基态原子对特征电磁辐射的吸收而测定化学元素的一种方法。

原子吸收光谱分析法与紫外和可见吸光光度法的基本原理是相似的，都是基于物质对紫外和可见光的吸收而建立的分析方法，都属于吸收光谱分析法；定量分析的依据都是朗伯-比尔定律。两者的不同点是它们的吸光物质不同，原子吸收法是基于基态原子对光辐射的共振吸收，而紫外和可见分光光度法是基于溶液中分子或离子对光的吸收。

原子吸收光谱法是一种很好的定量分析方法，有许多优点：

（1）灵敏度高。原子吸收光谱法有很高的灵敏度。火焰原子吸收灵敏度对多数元素在 μg/mL 级，对少数元素可达 μg/L 级。无火焰原子吸收比火焰原子吸收的灵敏度还要高几十倍到几百倍。如果采取预富集，可进一步提高分析的灵敏度。

（2）选择性好。在多数情况下共存元素不对原子吸收分析产生干扰，一般不需分离共存元素。原子吸收谱线仅发生在主线系，较发射光谱线少得多，谱线重叠干扰很少。所以原子吸收法较化学分析、发射光谱分析具有较好的选择性。

（3）重现性较好。一般相对误差在 2% 以内。

（4）分析范围广。原子吸收光谱法可直接测定的元素超过 70 多种，除金属元素外，还可用氢化物原子化法测定非金属元素。

（5）所需样品量小，测定速度快。

（6）仪器结构简单，操作简便，分析技术也易于掌握。

（7）容易实现自动化。

原子吸收光谱法的不足之处：

（1）当测定不同元素时，原则上必须更换对每种元素发射特定辐射波长的空心阴极灯。

（2）由于制造空心阴极灯技术的限制，现在还不能测定共振吸收线处于真空紫外区的非金属元素如硫、磷等。

原子吸收光谱法广泛应用于各个分析领域，主要有四个方面：理化研究、元素分析、有机物分析和金属化学形态分析。在各油田和炼厂，原子吸收光谱仪也得到了广泛应用。了解和掌握原子吸收光谱分析法对于科研和生产实践具有重要的实际意义。

3.4.2 原子吸收基本原理

通常原子的核外电子都处于各自最低的能级状态下。此时，整个原子的能量也处于最低状态，又称为基态。处于基态的原子称为基态原子。

当基态原子受到外界能量的作用时，核外电子可以吸收一定强度的特定波长的光，从而获得能量向高能级的轨道跃迁，原子吸收过程中光波的变化就形成了原子的吸收光谱。基态原子因获得能量而被激发，我们把这种处于高能级状态的原子称为激发态原子。

处于激发态的原子很不稳定，通常在 10^{-8}s 左右的时间内，电子又会从高能级状态跃迁回到基态，从而恢复成基态原子，并将多余的能量以光辐射的形式释放出来，发射出相应的光波，形成发射光谱。

原子被激发需要吸收的能量与从相应激发态跃迁回基态时发射的能量在数值上是相等的，都等于这两个能级之间的能量差。原子受到外界能量激发时，其最外层电子可能跃迁到不同的能级，形成不同的激发态，同时伴随着原子吸收光谱的产生。其中，当原子从基态跃迁到能量最低的激发态(第一激发态)时，所吸收的特定频率的光波，称为共振吸收线；而当原子从最低激发态跃迁回到基态时，则会发射出同样频率的光波，又称为共振发射线。同种原子相应的共振发射线和共振吸收线的波长是相同的，故简称为共振线。

不同元素的原子结构和核外电子的排布是不同的，这就导致不同元素的原子核外电子从基态跃迁到第一激发态时所需的能量有差异，因此各种元素的共振线都具有不同的波长而有其特征性，所以共振线也称为元素的特征谱线。对于大多数元素而言，共振线是元素所有谱线中最灵敏的谱线。原子吸收光谱法就是通过测量基态原子对光源发出的共振线的吸收情况来进行定量分析的。

从理论上说，原子对光的吸收和发射是核外电子在能级间跃迁的结果。而原子的能级是量子化的，因此原子的吸收谱线在波长上应该是单一的，即锐线谱线。但实际观测后发现，原子吸收光谱的谱线并不是一条严格的几何线，而是在一定的频率范围内，具有一定宽度的谱线，即原子对一定波长范围内的光波具有不同程度的吸收。原子吸收谱线的强度按频率或波长的分布曲线通常称为谱线轮廓，其形状如图 2-3-39 所示。

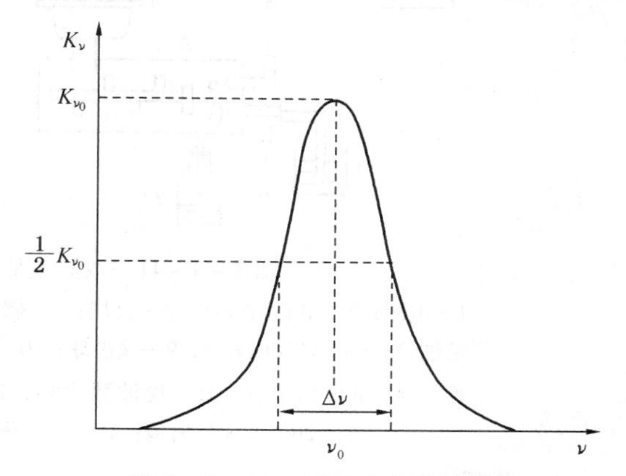

图 2-3-39　原子吸收谱线轮

原子吸收谱线轮廓有一极大值，其极大值对应的频率为吸收谱线的中心频率(v_0)，称为特征频率，中心频率处的吸收系数 K_{v_0} 称为峰值吸收系数。对不同频率的光波，原子的吸收程度是不同的。在中心频率 v_0 处，原子有最大的吸收值。

谱线的宽度常用半宽度来表示，谱线的半宽度是指最大吸收值一半处的频率宽度(此高度处吸收线轮廓上两点之间的频率差)，用 Δv 表示，简称为谱线的宽度。

原子吸收谱线的宽度对原子吸收光谱法分析的灵敏度、准确度和选择性都有影响，宽度越大，对分析越不利。因此，认识和了解谱线变宽的原因，掌握如何消除变宽影响的方法是非常必要的。谱线变宽的原因可以归纳为两个方面：一是由原子的内部因素引起的，包括自然变宽和同位素效应；二是由外界因素的影响而造成的，如热变宽。碰撞变宽、场致变宽和自吸变宽等。

3.4.3 原子吸收光谱仪

3.4.3.1 仪器基本构造

原子吸收光谱仪又称原子吸收分光光度计，主要由光源、原子化系统、分光系统、检测系统四部分组成，见图 2-3-40。

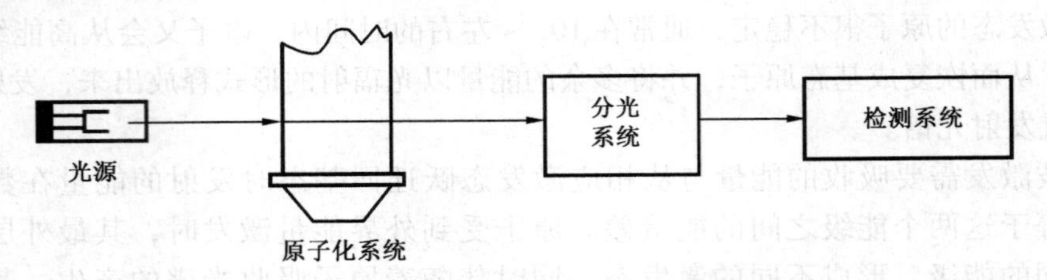

图 2-3-40 原子吸收光谱仪基本结构

从光路上原子吸收光谱仪又区分为单光束和双光束两种类型。单光束仪器结构简单、灵敏度高，但不能消除由于光源发射光不稳定引起的基线漂移，且噪声较大。在双光束仪器中为消除基线漂移使用了旋转斩光器(扇形反射镜)。斩光器将光源的入射光分为参比和测量两束，测量光束通过原子化器的上层火焰，参比光束不经过原子化器，而通过带有可调光栏的空白吸收池，两束光通过半反射镜经同一光路交替通过单色器投射到检测器。这样利用参比光束来补偿光源强度的变化，可防止基线漂移，改善信噪比。其结构示意图如图2-3-41所示。

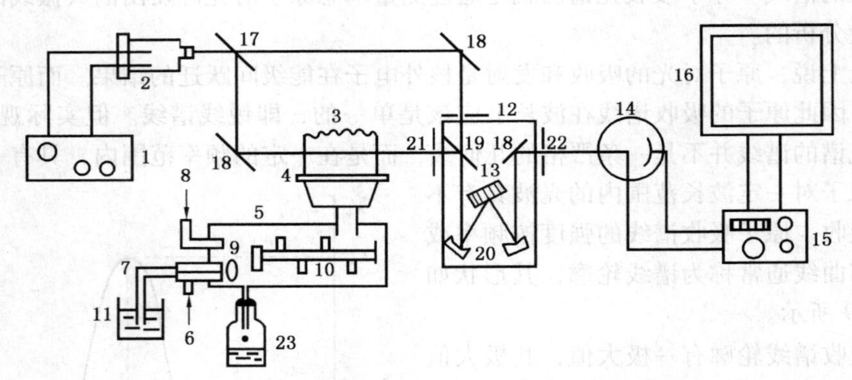

图 2-3-41 双光束原子吸收光谱仪结构示意图

1—电源；2—空心阴极灯；3—火焰；4—燃烧器；5—雾化器；6—助燃气(Air)；7—吸样毛细管；8—燃气(C_2H_2)；9—撞击球；10—扰气叶轮；11—试液杯；12—单色器；13—光栅；14—光电倍增管；15—检波放大器；16—读数记录器；17—折光器；18—反射镜；20—凹面反射镜；21—入射狭缝；22—出射狭缝；23—废液缸

1. 光源

光源的作用是发射被测元素的特征共振线。对光源的基本要求是：发射的共振线的半宽度要明显小于吸收线的半宽度；发射的共振线要有足够的强度；背景小，背景辐射的强度要低于特征共振线强度的1%；稳定性好，30min 内漂移不超过 1%；噪声小于 0.1；使用寿命要长于 5A·h。空心阴极灯是能够满足上述各项要求的理想的锐线光源，因此得到了广泛的应用。

(1) 空心阴极灯的结构

空心阴极灯的结构如图 2-3-42 所示。它有一个用被测元素材料制成的空心圆桶形的阴极和一个钨棒制成的阳极。阳极和阴极封闭在带有光学窗口的硬质玻璃管内。管内充有压强为2～10mmHg的惰性气体氖或氩，惰性气体的作用是载带电流，使阴极产生溅射，并激发原子发射特征锐线光谱。云母屏蔽片的作用是使放电限制在阴极腔内，同时将阴极定位。

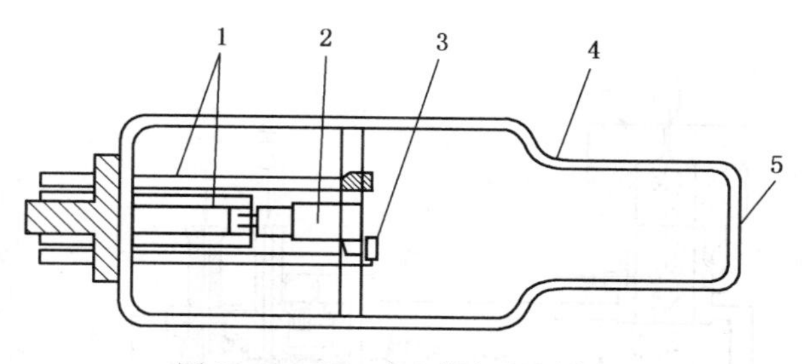

图2－3－42　空心阴极灯示意图

1—电极支架；2—空心阴极；3—阳极；4—玻璃管；5—光窗

（2）空心阴极灯的工作原理

当空心阴极灯的正负极加以适当电压（300～500V）时，从阴极发出的电子在电场力的作用下向阳极高速运动，并与惰性气体原子发生碰撞，而使其电离。电离后惰性气体正离子在电场力作用下向阴极猛烈冲击，使阴极温度升高并溅射出金属原子，产生原子蒸气。金属原子再与电子、惰性气体原子及正离子撞击而被激发。处于激发态的原子不稳定，跃迁回基态时并发射出被测元素的特征谱线。

（3）空心阴极灯的技术指标及使用维护

评价一个灯的优劣主要看发光强度、发光的稳定性、测定的灵敏度与线性，及灯的寿命长短。

正常的元素灯，在规定电流及适当的狭缝宽度（及增益）下，照射到检测器，检测器光电倍增管高压在300～600V或650V之间应能调到仪器表头指针满刻度。多数灯5min漂移小于1%，背景强度不大于1%。能满足以上条件，同时测定时灵敏度高，检测限低的灯比较好。灯的工作电流可采用额定电流的40%～60%。

灯在点燃后要从灯的阴极辉光的颜色评断灯的工作是否正常（观察空心阴极的发光）。充氖气的灯负辉光的颜色是橙红色，充氩气的灯正常是淡紫色，汞灯是蓝色。灯内有杂质气体存在时，负辉光的颜色变淡。如充氖的灯，颜色可变为粉红、发蓝或发白。此时应对灯进行处理。

使用空心阴极灯时，注意灯的极性不要接反，灯的管脚标准接法为3.7脚为阳极，1.5脚为阴极。极性接反时阴极发光很弱而阳极辉光很强。

灯在其寿命接近终结时发光明显不稳定，或发光部位不对，灵敏度大幅度下降。灯若损坏漏气时，就会不亮。

元素灯长期不用，应定期（每月或每隔二三个月）点燃处理。即在工作电流下点燃1h。若灯内有杂质气体辉光不正常，可进行反接处理。若阳极是圆环状可将阴极接正，电流100mA，通电1～2min。若阳极是棒状，位于一侧，可通20～30mA电流，通电20～60min。元素灯应轻拿轻放，低熔点的灯用完后，待冷却再移动。元素灯是原子吸收光谱仪上的重要部件，应仔细维护和使用。

2. 原子化系统

原子化过程是原子吸收光谱法分析过程中最关键的一步，原子化效率决定着分析的灵敏度。原子化系统的主要作用是提供能量，使待测元素由化合物状态转变为基态的原子蒸气，同时使入射光束在原子化系统中被基态原子吸收。原子化系统有两种类型：火焰原子化系统和非火焰原子化系统。火焰原子化法中常用的是预混合型火焰原子化器，非火焰原子化法中常用的是管式石墨炉原子化器。

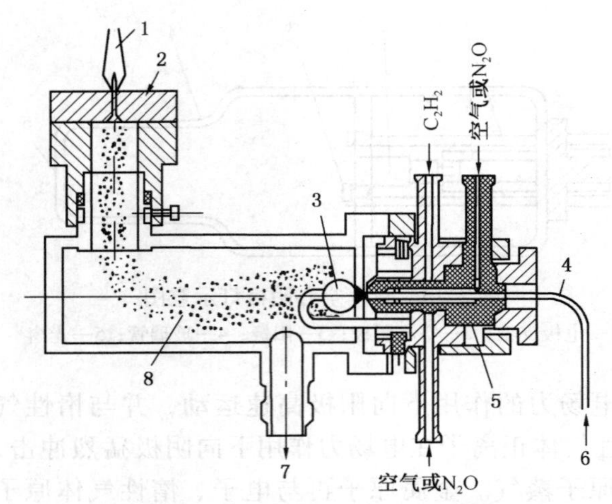

图2-3-43 预混合型火焰原子化器

1—火焰；2—喷灯头；3—撞击球；4—毛细管；5—雾化器；6—试液；7—废液；8—预混合室

(1) 预混合型火焰原子化器

① 火焰原子化器的结构

预混合型火焰原子化器是先用雾化器将液体试样雾化，细小的雾滴在雾化室中与气体(燃气或助燃气)均匀混合，除去较大的雾滴后，再进入燃烧器的火焰中，火焰的高温使得试液产生原子蒸气。因此，雾化器、混合室和燃烧器就组成了预混合型火焰原子化器(见图2-3-43)。

a. 雾化器

雾化器又称为喷雾器，是预混合型火焰原子化器的关键部位。其作用是将试液雾化，使之形成直径为微米级的气溶胶。

b. 混合室

混合室又称雾化室，其作用是使燃气、助燃气以及气溶胶在混合室中充分混合均匀，以减少它们进大火焰时对火焰的扰动，并利用扰流器进一步细化雾滴，让较大的气溶胶在室内凝聚为大的液滴，并从泄液管中排走，使得进大火焰的气溶胶更为均匀。混合室的记忆效应要小、废液排出要快。

c. 燃烧器

燃烧器又称燃烧头。可燃气体、助燃气体及雾状试样溶液的混合物由此喷出，燃烧形成火焰。燃烧器的作用是支持火焰并通过火焰的作用使试样原子化。

② 火焰及其性质

a. 火焰的结构

燃烧的火焰可分为以下6个区域，见图2-3-44：

Ⅰ. 预混合区：试液雾滴与燃气、助燃气混合。

Ⅱ. 燃烧器缝口。

Ⅲ. 预燃区：在灯口狭缝上方不远处，上升的燃气被加热至350℃而着火燃烧。

Ⅳ. 第一反应区：在预热区的上方，是燃烧的前沿区，燃烧不充分的火焰温度低于2300℃($Air-C_2H_2$)，此区域反应生成各种分子和游离基，产生连续分子光谱对测定有干扰，不宜作原子吸收测定区域使用。

Ⅴ. 中间薄层区：在第一和第二反应区之间，火焰温度最高，对$Air—C_2H_2$火焰可达2300℃，为强还原气氛。待测元素的化合物在此区域还原并热解成基态原子。此区为锐线光源辐射光通过的主要区域，适于作原子吸收测定使用。

Ⅵ. 第二反应区：在火焰的上半部，覆盖火焰的外表面温度低于2300℃，由于空气供应充分燃烧比较完全。

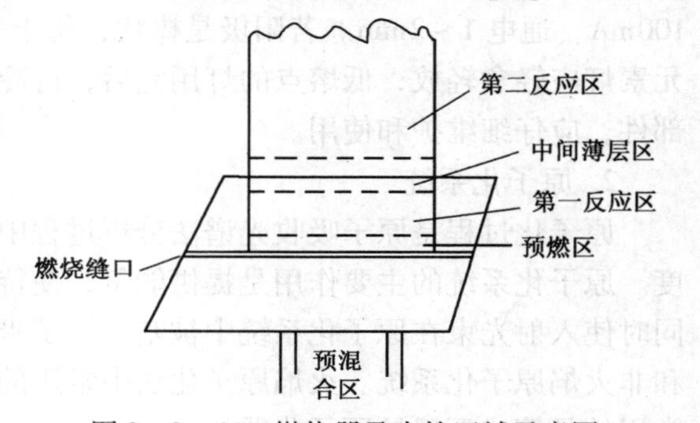

图2-3-44 燃烧器及火焰区域示意图

b. 常用的火焰及性质

原子吸收光谱分析中，一般用乙炔、氢

气、丙烷作燃气，以空气、N_2O、氧气作助燃气，火焰的组成决定了火焰的温度及氧化还原特性，直接影响化合物的解离和原子化的效率。

Ⅰ. $Air-C_2H_2$火焰　是应用最广泛的一种火焰，最高温度为2300℃，能测定35种以上的元素。当调节燃气和助燃气的体积比例时，可获得三种不同类型的火焰。

ⅰ. 贫燃火焰(蓝色)　$Air:C_2H_2=(5\sim6):1$，由于助燃气多，燃烧完全，火焰呈强氧化性，温度高，发射背景低，适用于不易氧化的元素的测定，如Ag、Au、Cu、Pb、Cd、Co、Ni、Bi、Pd和碱土金属的测定。

ⅱ. 化学计量性火焰(中性)　$Air:C_2H_2=4:1$，火焰呈氧化性，发射背景低、噪声低，适用于30多种金属元素的测定。

ⅲ. 富燃性火焰(黄色)　$Air:C_2H_2=(2\sim3):1$，火焰呈还原性，发射背景强、噪声高，温度低，适用于难离解且易氧化元素的测定。如Cr、Mo、Sn和稀土元素的测定。

$Air-C_2H_2$火焰不适于测定高温难熔元素和吸收波长小于220nm锐线光的元素(如As、Se、Zn、Pb)。

Ⅱ. $N_2O—C_2H_2$火焰　最高温度达2900℃，还原性强，适用于测定高温难熔的元素，如B、Be、Ba、Al、Si、Ti、Zr、Hf、Nb、Ta、V、Mo、W、稀土元素等。测定元素可达70多种。$N_2O-C_2H_2$火焰燃烧剧烈，发射背景强，噪声大，必须使用专用燃烧器，不能用$Air-C_2H_2$燃烧器代替。

火焰原子化法具有操作简便、重现性好的优点，已成为原子化的主要方法，但它的雾化效率低，到达火焰参与原子化的试液仅占10%，而大部分试液由废液管排掉了，试样量少或贵重试样的分析就受到限制。另外基态原子在火焰上原子化区停留的时间很短，只有10^{-3}s左右，从而限制了灵敏度的提高。此外火焰原子化法不能对固体试样直接进行测定。这些不足之处也促使了无火焰化法的发展。

(2) 电热高温石墨管式原子化器

无火焰原子化装置又称电热原子化装置。目前应用最为广泛的是电热高温石墨管式原子化器，如图2-3-45所示。它是由加热电源、保护气控制系统和石墨管状炉组成。石墨管通常外径6mm，内径4mm，长30mm，两端与电极(加热电源)相连，本身作为电阻发热体，通电后(10~15V，40~60A)温度可以达到3000℃，能提供原子化所需能量。管的壁上有3个小孔，直径1~2mm，试样从中央小孔注入。保护气控制系统是控制保护气体的，仪器启动时，保护气Ar气流通，空烧完毕，切断Ar气流。外气路中的Ar气沿石墨管外壁流动，以保护石墨管不被烧蚀，内气路中Ar气从管两端流向管中心，由管中心孔中流出，可以有

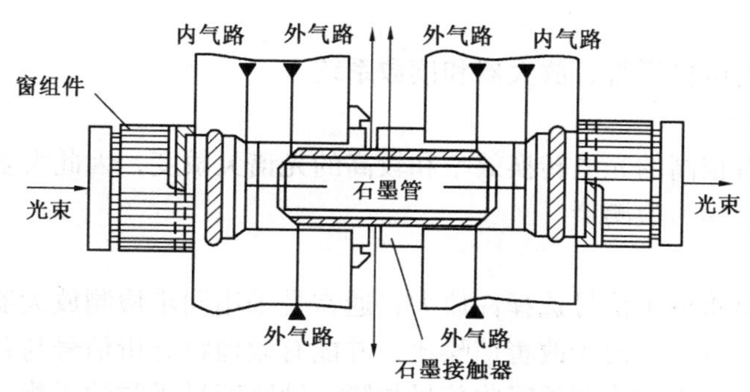

图2-3-45　电热高温石墨管式原子化器

效地除去在干燥和灰化过程中产生的基体蒸气，同时保护已原子化的原子不再被氧化。在原子化阶段，停止通气，可以延长原子在吸收区内的平均停留时间，避免稀释原子蒸气。

石墨炉原子化过程分为干燥、灰化、原子化、净化4个步骤进行。

干燥的目的是在低温下蒸发除去试样的溶剂，温度稍高于溶剂的沸点。灰化的作用是在较高的温度(350～1200℃)下进一步除去有机物或低沸点无机物，以减少基体组分对被测元素的干扰。然后在原子化温度下，被测化合物离解为气态原子，实现原子化，进行测定。测定完成后将石墨炉加热到更高的温度，进行石墨炉的净化。净化的作用是除去石墨管中残留的分析物，消除由此产生的记忆效应。所谓记忆效应是指上次测定的试样残留物对下次测定所产生的影响。每一个试样测定结束后，都要高温灼烧石墨管，进行高温净化。

石墨炉原子化的优缺点

① 优点：试样原子化效率高，灵敏度高，石墨炉温度可调，可根据元素性质选择原子化温度；用样品量少，可直接分析固体样品；还原气氛强，有利于易形成难离解单氧化物的元素的原子化。采用石墨炉作为原子化器，可将火焰原子化器中连续进行的脱溶剂、熔融、蒸发、原子化的过程分开，并根据分析的要求，对这些过程进行有效的控制，这是火焰原子化器所难以做到的。

② 缺点：装置较复杂；吸收背景大，要用背景校正器校正；管壁能辐射连续光，噪声大；石墨管温度不均匀，加样位置要严格控制，否则重现性不好，精度差。

3. 光学系统

原子吸收光谱仪的光学系统可分为外光路系统和分光系统两部分。外光路系统使光源发出的复合光依照一定的途径到达分光系统。分光系统则使复合光色散成为单色光。

(1) 光路系统

外光路系统的作用是使光源发出的共振线能够正确地通过原子化区，并投射到单色器上。

(2) 分光系统

分光系统(简称单色器)包括入(出)射狭缝和色散元件。它的作用是将空心阴极灯发射的待测元素的共振线与其他临近的谱线分开。原子吸收光谱法使用的波长范围一般是紫外－可见光区，常用的色散元件是光栅。

原子吸收光谱仪必须根据测定的要求，适当选择光栅角度和出射狭缝的宽度。当共振线与干扰谱线间距离较小时，采用较小的狭缝宽度，有助于分开波长相近的干扰谱线。例如，过渡元素、稀土元素的光谱很复杂，应选用较小的狭缝宽度；而碱金属元素、碱土金属元素的光谱很简单、背景干扰小，可选用较大的狭缝宽度。

4. 检测系统

检测系统包括光电倍增管、放大器和读数系统。

(1) 光电倍增管

光电倍增管具有很高的光电转换效率和较高的光谱灵敏度，因此大多数的原子吸收光谱仪都使用光电倍增管作为检测器。

(2) 放大器

放大器的作用是将分析信号选择性放大，通常是采用同步检测放大器。放大器可以有效地调节噪音通频带的宽度，便于改善信噪比，并能有效地将分析信号与各种干扰相分离。同时利用这一部分的电路系统将背景吸收信号扣除，消除背景吸收的干扰。

（3）读数系统

读数系统的作用在于将检测器受光照时所产生的光电流以电流形式、电位形式或者经过数据库处理后直接输出数据。常用的读数系统有记录仪、示波器等。

目前，商品仪器的读数系统一般都有数据处理系统，包括校正曲线的计算，吸收信号的显示、记录、分析结果的打印等，尤其是国外进口的仪器，通常采用微机进行数据处理，大大方便了操作。

3.4.3.2 原子吸收光谱仪的使用

下面以火焰原子吸收光谱仪（AA320 型）为例介绍仪器的一般使用方法。

（1）按仪器说明书检查仪器各部件，各气路接口是否安装正确，气密性是否良好。

（2）安装空心阴极灯，选择灯电流、波长、光谱带宽。将“方式”开关置于“调整”，信号开关置于“连续”进行光源燃烧器对光。然后将“方式”开关置于“吸光度”。

（3）开气瓶点燃火焰

① 空气－乙炔火焰

a. 检查 100mm 燃烧器和废液排放管是否安装妥当，然后将“空气－笑气”切换开关推至空气位置。

b. 开启排风装置电源开关。排风 10min 后，接通空气压缩机电源，将输出压调至 0.3MPa。接通仪器上气路电源总开关和“助燃气”开关，调节助燃气稳压阀，便压力表指示为 0.2MPa。顺时针旋转辅助气钮，关闭辅助气。此时空气流量约为 5.5L/min 左右。

c. 开启乙炔钢瓶总阀，调节乙炔钢瓶减压阀输出压为 0.05MPa。打开仪器上乙炔开关，调乙炔气钮使乙炔流量为 1.5L/min。

d. 按下点火钮（约 45）左右，使点火喷口喷出火焰将燃烧器点燃（若 4s 后火焰还不能点燃，应松开点火开关，适当增加乙炔流量后重新点火）。点燃后，应重新调节乙炔流量，选择合适的分析火焰。

② 氧化亚氮－乙炔火焰

a. 检查燃烧头（50mm）废液排放管是否安装，然后将“空气－笑气”切换开关推至“空气”位置。

b. 调节乙炔钢瓶的减压阀至输出压力约为 0.07MPa 后将氧化亚氮钢瓶的输出压力调至 0.3MPa。接通空气压缩机电源，输出压力调至 0.3MPa。接通气路电源总开关和“助燃气”开关，调节助燃气稳压阀使压力表指示为 0.2MPa。

c. 顺时针旋转辅助气钮，关闭辅助气。此时流量计指示仅为雾化气流量约 5.5L/min 左右。如有必要可启动辅助气，但增大辅助气会降低灵敏度。

d. 调节乙炔钢瓶减压阀使乙炔表指示为 0.05MPa，打开乙炔气开关，调节乙炔气流量至 1.5L/min 左右。立即按下点火钮，使点火喷口喷出火焰将燃烧头点燃（如果 4s 后火焰还不能点燃，应松开点火钮片刻，以免白金丝烧断，适当加大乙炔气流量或加入少量辅助气后重新点火）。等待至少 15s，待火焰燃烧均匀后，调节乙炔流量至 3L/min 左右，并把“空气—笑气”切换开关打到“笑气”位置。

e. 调节乙炔流量直至火焰的反应区（玫瑰红内焰）有 1～2cm 高，外焰高 30～35cm。吸喷被测元素的标准溶液，调节乙炔气流量，根据吸光度的变化选择合适的分析火焰。

（4）点火 5min 后，吸喷去离子水（或空白液），按“调零”钮调零。

（5）将“信号”开关置于“积分”位置，吸去离子水（或空白液），再次按“调零”钮调零。

吸喷标准溶液(或试液)，待能量表指针稳定后按“读数”键，3s 后显示器显示吸光度积分值，并保持 5s，为保证读数可靠，重复以上操作三次，取平均值，记录仪同时记录积分波形。

(6) 测量完毕吸喷去离子水 10min。

(7) 熄灭火焰和关机。

① 空气－乙炔的火焰熄灭和关机 关闭乙炔钢瓶总阀使火焰熄灭，待压力表指针回到零时再旋松减压阀。关闭空气压缩机，待压力表和流量计回零时，关闭仪器气路电源总开关，关闭空气－笑气电开关，关闭助燃气电开关，关闭乙炔气电开关，关闭仪器总电源开关，最后关闭排风机开关。

② 氧化亚氮(笑气)－乙炔火焰熄灭与关机 将空气废气切换到“空气”位置，把笑气－乙炔火焰转换为空气－乙炔火焰；关闭乙炔钢瓶总阀使火焰熄灭，待压力表指针回零时再旋松减压阀；关闭空压机并释放剩余气体，关闭气路电源总开关，关闭各气体电源开关；关闭仪器电源开关，最后关闭排风机开关。

3.4.3.3 仪器的维护

1. 原子吸收光谱分析室

(1) 主机原子化器上方安装排风罩，以排除原子化时产生的有损身体健康的气体。排风罩离主机烟道大约 25cm，排风罩要适中，排风管道应采用防腐材料。排风量 2000L/min 左右，太大则影响火焰的稳定性。

(2) 气体管道应清洁、无油污、耐压、密封，并经常进行试漏检查。燃气管道应装消防回火安全阀。空气管道要安装过滤器及减压阀。

有关可燃气体及气瓶的安全注意事项参看第一部分 8.3“化验室安全”。

(3) 一定要注意经常检查雾化室下边的排水管安全水封，以防回火爆炸。废液排水管应保持畅通。

2. 仪器的维护与保养

(1) 光源

① 灯电流要从小到大逐渐增加，若骤然增至规定值，会损坏阴极及缩短灯的使用寿命。

② 对新灯要进行波长扫描，记录发射线波长、强度及背景发射情况，以备使用时参考。

③ 单光束仪器使用前必须预热空心阴极灯达到稳定的工作状态，一般 20min 基本上可以稳定。稳定后，一般有 2h 左右的稳定工作时间。

④ 常温下的汞灯和铯灯以及刚使用过的铷、钾、钠、钙、铅、镉灯不可倒置和震动，以免金属从阴极腔内流出或消散。

⑤ 有的空心阴极灯的石英窗和灯壳是用真空胶粘接的，不能用乙醇、乙醚擦洗。

⑥ 空心阴极灯长时间不用，每隔一、二个月在额定工作电流下空烧一次，每次时间 15～30min。

⑦ 光源调整机构的运动部件要定期加润滑油，以保持运动平滑，防止机件生锈。

(2) 光学系统

① 外光路的光学器件保持干净，污染后可用脱脂棉蘸少许乙醇和乙醚的混合液擦洗。

② 除非发生损坏或重大问题，否则不许打开单色器的暗箱。箱内的干燥剂应及时更换。

(3) 原子化器

① 吸溶液用的毛细管要清洁畅通，如有堵塞可用软钢丝清除；喷雾器中的铂铱合金毛

细管不宜测高氟试液，在测定低氟试液后，要立即用水清洗干净。

② 定期用脱脂棉蘸丙酮或乙醇清洗雾化室，仪器长期不用，要将喷雾器拧下清洗干净。

③ 燃烧头狭缝内表面保持清洁，当发现火焰不整齐，中间出现锯齿状分裂时，说明狭缝内已有杂质堵塞，应仔细进行清理。可在火焰熄灭后，用滤纸插入缝口擦拭，如无效，可取下燃烧头，用洗衣粉溶液冲洗狭缝，并用0.2～0.4mm的不锈钢丝在狭缝内捅、擦，然后用水冲洗沉积物。若还清洗不好，可取下缝板进行清洗。

④ 每次分析结束时，应让火焰继续点燃，吸入纯水或有机溶剂大约10min，以清除原子化器中的微量样品，防止仪器腐蚀。若喷过高浓度样品时，清洗时间应更长。

⑤ 每次测定完毕，用滤纸吸干燃烧头缝口上的水，然后用滤纸盖好缝口。

（4）光电倍增管

光电倍增管应在干燥、阴暗处保存，要轻拿轻放，防止震动，不能用手接触进光窗口及管脚；避免受强烈可见光的刺激而疲劳，测定完毕应立即关闭光源，以减少光照时间。

（5）乙炔钢瓶

应特别注意使用乙炔钢瓶时必须直立放置，瓶内装有活性炭和丙酮，瓶内压力低于 5×10^5Pa时不宜再用，否则瓶内丙酮会沿管道进入火焰，使火焰不稳定。

（6）空气压缩机

① 气－水分离器应定期清洗，常放水。

② 仪器气路控制单元前串接一个大容积干燥器，注意干燥剂不应含被测元素以避免干扰测定结果。

③ 空气管道耐压 5×10^5Pa以上。

3. 安全措施

（1）回火

在使用预混合原子化器时，燃气和助燃气混合物的流速小于气体燃烧速度时，火焰向原子化器内部燃烧引起爆炸。这种现象称为“回火”。

造成回火的原因有：

① 在火焰点燃的情况下，废液管道漏气，破坏了水封。

② 燃烧器狭缝过宽。

③ 使用乙炔－笑气（N_2O）火焰时，乙炔流量小于2L/min，由乙炔－空气焰变为乙炔－笑气焰时，在变换中乙炔流量过小。

④ 助燃气与燃气流量比差别过大。

（2）安全措施

① 严格遵守高压钢瓶的使用规程，氧气瓶和可燃气体钢瓶与明火间距不小于10m。

② 点火前要作气密性检验。

③ 为了防止回火，各种火焰点燃和熄灭时，阀门的开关原则是：点燃时，先开助燃气，后开燃料气；熄灭时，先关燃料气，后关助燃气。

④ 乙炔－笑气（N_2O）火焰易回火，绝对禁止直接点燃此火焰。点火和熄火均采用乙炔－空气火焰过渡的办法，即首先点燃乙炔－空气火焰，待火焰稳定后，增大乙炔流量至火焰呈黄色亮光；然后调好 N_2O 流量，并迅速将空气开关转变到 N_2O 开关；稍过2～5s火焰转蓝，红羽毛出现。调节燃气流量，使火焰正常。熄灭时，先打开空气压缩机，调好压力及流速，并迅速从 N_2O 开关转换到空气开关，建立乙炔－空气火焰后再熄灭火焰。

3.4.4 定量分析方法

当接到分析试样时，应根据样品的大概成分和性质以及现有的分析测试条件，确定分析方法。对于试样组成简单的一般元素的测定，可采用标准曲线法；对于试样组成复杂，可能存在基体干扰的元素测定，可采用标准加入法分析。

3.4.4.1 标准曲线法

这是最常用的基本分析方法。配制一组合适的标准样品，在最佳测定条件下，由低浓度到高浓度依次测定它们的吸光度 A，以吸光度 A 对浓度作图。在相同的测定条件下，测定未知样品的吸光度，从 $A-c$，标准曲线上用内插法求出未知样品中被测元素的浓度。标准曲线法仅适用于样品组成简单或共存元素没有干扰的试样。可用于同类大批量样品的分析，具有简单、快速的特点。这种方法的主要缺点是基体影响较大。为保证测定的准确度，使用工作曲线法时应当注意以下几点。

(1) 所配制的标准系列的浓度，应在吸光度与浓度成直线关系的范围内，其吸光度值应在 0.2 ~0.8 之间，以减小读数误差。

(2) 标准系列的基体组成，与待测试液应当尽可能一致，以减少因基体不同而产生的误差。

(3) 在整个测定过程中，操作条件应当保持不变。

(4) 每次测定都应同时绘制工作曲线。

3.4.4.2 标准加入法

当无法配制组成匹配的标准样品时，则应该选择标准加入法。标准加入法是用于消除基体干扰的测定方法，适用于数目不多的样品的分析。分取几份等量的被测试样，其中一份不加入被测元素，其余备份试样中分别加入不同已知量 c_1，c_2，c_3，…，c_n 被测元素，然后，在标准测定条件下分别测定它们的吸光度 A，绘制吸光度 A 对被测元素加入量 c_i 的曲线。见图 2-3-46。

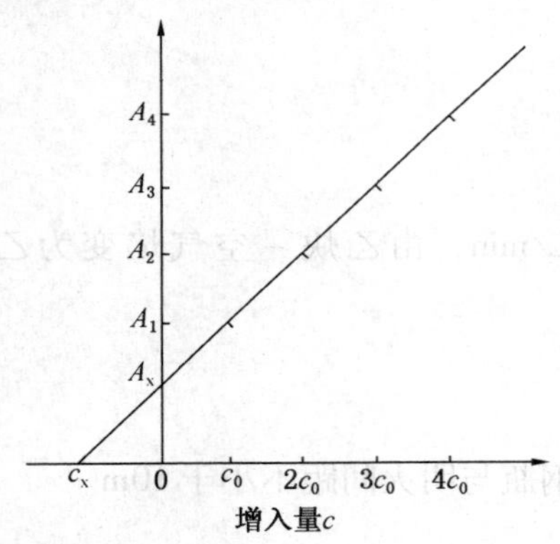

图 2-3-46 标准加入法工作曲线

如果被测试样中不含被测元素，在正确校正背景之后，曲线应通过原点；如果曲线不通过原点，说明含有被测元素，截距所对应的吸光度就是被测元素所引起的效应。外延曲线与横坐标轴相交，交点至原点的距离所对应的浓度 c_x，即为所求的被测元素的含量。使用标准加入法，一定要彻底校正背景。

使用标准加入法应注意以下几点：

(1) 标准加入法只适用于浓度与吸光度成直线关系的范围。

(2) 加入第一份标准溶液的浓度，与试样溶液的浓度应当接近(可通过试喷样品溶液和标准溶液，比较两者的吸光度来判断)，以免曲线的斜率过大、过小，给测定结果引进较大的误差。

(3) 该法只能消除基体干扰，而不能消除背景吸收等的影响。

标准加入法比较麻烦，适用于基体组成未知或基体复杂的试样的分析。

3.4.5 分析操作条件的选择

3.4.5.1 分析线

原子吸收光谱法通常用于低含量的元素分析，因此，一般选择最灵敏的共振吸收线，测定高含量的元素时，为了避免试样溶液过度稀释和减少污染等问题，则选用次灵敏线。例如，测定高浓度的钠，不选用最灵敏的吸收线 Na589.0nm，而选用次灵敏吸收线 Na330.2nm。选择吸收线时，有时还要考虑试样溶液的组分可能带来的干扰。对于结构简单的元素，可供选择的吸收线少，且灵敏度相差悬殊；对于结构复杂的元素，其吸收线较多，可根据要求灵活选择。

选择最适宜的分析线，一般应视具体情况由实验来决定。其方法是：首先扫描空心阴极灯的发射光谱，了解有几条可供选择的谱线，然后喷入适当浓度的标准溶液，观察这些谱线的吸收情况，选用不受干扰而且吸光度适度的谱线为分析线。其中吸光度最大的吸收线是最适宜用于测定微量元素的分析线。

3.4.5.2 空心阴极灯的工作电流

空心阴极灯一般需要预热 10 ~ 30min 才能达到稳定输出。空心阴极灯的发射特性依赖于灯电流。因此，在原子吸收分析中，为了得到较高的灵敏度和精密度，就要适当选择空心阴极灯的工作电流。

每只阴极灯允许使用的最大工作电流与建议使用的适宜工作电流都标示在灯上，对大多数元素而言，选用的灯电流是其额定电流的 40% ~ 60%。在这样的灯电流下，既能达到高的灵敏度，又能保证测定结果的精密度。

3.4.5.3 狭缝宽度

狭缝宽度影响光谱通带宽度与检测器接受的能量。通带宽，光强度大，信噪比高，灵敏度较低，标准曲线容易弯曲；通带窄，光强度弱，信噪比低，灵敏度高，标准曲线的线性好。一般的，在光源辐射较弱，或者共振吸收线强度较弱，则应选择宽的狭缝宽度；当火焰的连续背景发射较强，或在吸收线附近有干扰谱线存在时，则应选择较窄的狭缝宽度。合适的狭缝宽度可用实验方法确定：将试样溶液喷入火焰中，调节狭缝宽度，测定不同狭缝宽度的吸光度。当有其他的谱线或非吸收光进入光谱通带内，吸光度将立即减小。不引起吸光度减小的最大狭缝宽度，即为应选取的合适的狭缝宽度。

3.4.5.4 原子化条件的选择

原子吸收信号大小直接正比于光程中待测元素的原子浓度。因此，原子化条件选择合适与否，对测定的灵敏度和准确度具有关键性的影响。在火焰原子化法中，火焰类型和特性是影响原子化效率的主要因素。对低中温元素，应使用空气 - 乙炔火焰；对高温元素，宜采用氧化亚氮 - 乙炔高温火焰；对分析线位于短波区（200nm 以下）的元素，应使用空气 - 氢火焰。对于确定类型的火焰，一般来说，富燃的火焰是有利的；对氧化物不十分稳定的元素如 Cu、Mg、Fe 等，用中性或贫燃火焰就可以了。调节燃气与助燃气的比例就能够获得所需特性的火焰：中性火焰的燃助比约为 1:4，贫燃性火焰的燃助比小于 1:6，富燃性火焰的燃助比大于 1:3。在火焰区内，自由原子的空间分布是不均匀，且随火焰条件而改变，因此，应调节燃烧器的高度，以使来自空心阴极灯的光束从自由原子浓度最大的火焰区域通过，以期获得较高的灵敏度。

在石墨炉原子化法中，合理选择干燥、灰化、原子化及净化的温度与时间是十分重要的。干燥应在稍低于溶剂沸点的温度下进行，以防止试液飞溅。灰化的目的是除去基体和局外组分，在保证被测元素没有损失的前提下应尽可能使用较高的灰化温度。原子化温度的选择原则是，选用达到最大吸收信号的最低温度作为原子化温度。原子化时间的选择，应以保证完全原子化为准。原子化阶段停止通保护气，以延长自由原子在石墨炉内的平均停留时间。净化的目的是为了消除溅留物产生的记忆效应，净化温度应高于原子化温度。

3.4.5.5 进样量

进样量过小，吸收信号弱，不便于测量；进样量过大，在火焰原子化法中，对火焰产生冷却效应，在石墨炉原子化法中，会增加净化的困难。在实际工作中，应测定吸光度随进样量的变化，达到最大吸光度的进样量，即为应选择的进样量。

3.4.5.6 干扰效应及其消除方法

原子吸收光谱分析中，总的来说干扰是比较小的，这是由方法本身的特点所决定的。由于该方法采用了锐线光源，并应用共振吸收线，因此共存元素的相互干扰很小，一般不用经过分离就可以测定，这是原子吸收光谱分析的优势所在。该方法的干扰主要产生于试样转化为基态原子的过程，按干扰的性质和产生原因，大致可以分为4类：物理干扰、化学干扰、电离干扰、光谱干扰和背景干扰。在实验过程中，要尽量消除各种可能产生的干扰效应。

1. 物理干扰

物理干扰是指试样在转移、蒸发和原子化过程中，由于试样任何物理特性(如溶质或溶剂的黏度、表面张力、溶剂的挥发性、密度等)的变化，使雾化效率、待测元素导入火焰的速度、溶质蒸发或溶剂挥发等过程发生变化而引起的原子吸收强度下降的效应。物理干扰是非选择性干扰，对试样各元素的影响基本上是相似的，因此物理干扰也称为基体效应。一般来说，浓度高的盐类或酸的黏度较大，使得喷雾速率或雾化效率降低，导致火焰中的基态原子数减少，从而引起吸光度降低。对于这种干扰，可用标准加入法(配制与被测试样相似组成的标准样品)来抵消基体的影响。此外，在试液中加入某些有机溶剂，可以改变试液的黏度和表面张力等物理性质，提高喷雾速率和雾化效率以及待测元素在火焰中离解成基态原子的速度，增加基态原子在火焰中的停留时间，从而提高分析灵敏度。另一方面，有机溶剂的加入往往会增加火焰的还原性，从而促使难挥发、难熔化合物解离为基态原子。

2. 化学干扰

化学干扰是指试样溶液转化为自由基态原子的过程中，待测元素与其他组分之间的化学作用而引起的干扰效应，主要影响元素化合物离解及其原子化。化学干扰是一种选择性干扰，它不但取决于待测元素与共存元素的性质，而且还与喷雾器、燃烧器、火焰类型、火焰状态等因素密切相关。例如，磷酸根对钙的干扰，硅、铁形成难解离的氧化物，钨、硼、稀土元素等生成难解离的碳化物，从而使有关元素不能有效原子化，都是化学干扰的例子。

消除化学干扰的方法有：化学分离、使用高温火焰、加入释放剂和保护剂、使用基体改进剂等。例如，磷酸根在高温火焰中就不会干扰钙的测定，加入锶、镧或EDTA等都可消除磷酸根对测定钙的干扰。在石墨炉原子吸收法中，加入基体改进剂，提高被测物质的稳定性或降低被测元素的原子化温度以消除干扰。

3. 电离干扰

在高温下原子电离，使基态原子的浓度减少，引起原子吸收信号降低，此种干扰称为电离干扰。电离效应随温度升高、电离平衡常数增大而增大，随被测元素浓度增高而减小。电离电位在6eV或6eV以下的元素，都可能在火焰中发生电离，这种现象对于碱金属和碱土金属特别显著。

为了克服电离干扰，一方面可适当控制火焰温度；另一方面可加入一定量的消电离剂，消电离剂是一些具有较低电离电位的元素，如钠、钾、铯等。这些易电离的元素，在火焰中强烈电离，产生大量的自由电子，从而使被测元素的电离平衡移向基态原子形成的一边，达到抑制和消除电离效应的目的。消电离剂的电离电位越低，消除电离干扰的效果就越明显。

4. 光谱干扰和背景干扰

光谱干扰是指与光谱发射和吸收有关的干扰效应。在原子吸收光谱分析中，光谱干扰主要与原子吸收分析仪器的分辨率和光源有关，有时也受共存元素的影响。光谱干扰包括谱线重叠、光谱通带内存在非吸收线、原子化池内的直流发射、分子吸收、光散射等。当采用锐线光源和交流调制技术时，前3种因素一般可以不予考虑，主要考虑分子吸收和光散射的影响，它们是形成光谱背景的主要因素，因此也称为背景干扰。背景干扰的结果使吸收值增高，产生正误差。

分子吸收干扰是指在原子化过程中生成的气体分子、氧化物、氢氧化物及盐类分子等对光吸收而引起的干扰。分子吸收是一种宽带吸收，属选择性干扰，不同的化合物有不同的吸收波长。光散射是指在原子化过程中产生的固体微粒对光产生散射，使被散射的光偏离光路而不为检测器所检测，导致吸光度值偏高。

消除背景吸收，最简单的方法是配制一个组成与试样溶液完全相同，只是不含待测元素的空白溶液，以此溶液调零即可消除背景吸收。近年来许多仪器都带有氘灯自动扣除背景的校正装置，能自动扣除背景，比较方便可靠。因为氘(或氧)灯发射的是连续光谱，而吸收线是锐线，所以基态原子对连续光谱的吸收是很小的(即使是浓溶液，吸收也小于1%)。而当空心阴极灯发射的共振线通过原子蒸气时，则基态原子和背景对它都产生吸收。用一个旋转的扇形反射镜将两种光交替地通过火焰进入检测器。当共振线通过火焰时，测出的吸光度是基态原子和背景吸收的总吸光度；当氘灯光通过火焰时，测出的吸光度只是背景吸收(基态原子的吸收可忽略不计)，两次测定值之差，即为待测元素的真实吸光度。

3.4.6 原子吸收分光光度法在石油化工分析中的应用

3.4.6.1 原油、重油、润滑油(脂)、润滑油添加剂

这类样品的特点是馏分重、黏度大，直接分析时，需要有机溶剂稀释；在无机化测定中宜采用干式灰化法处理样品。润滑油添加剂样品一般应用干式灰化法处理。

3.4.6.2 轻质油品

轻质油品黏度小，一般情况下金属含量很低，通常可直接用无机酸萃取样品中的金属元素后再测定。如果金属元素浓度太低，可蒸发浓缩后测定。

3.4.6.3 催化剂

以 Al_2O_3 为基体的样品可以用盐酸、王水溶解。有的需用硫酸或硫酸磷酸混合酸溶解。以硅铝为基体的样品可用高氯酸-氢氟酸溶解，或用盐熔法。

若催化剂的活性组分、助剂组分是浸渍在基体上的，可以用酸浸取下来，无需把基体溶解。

3.4.6.4 塑料、化学纤维、橡胶等

此类样品用无火焰原子吸收光谱法最为方便，可以将固体样品直接原子化。若灰化后能用酸、王水溶解残渣的样品，可以用火焰原子吸收光谱法测定。

3.4.6.5 水

(1) 不含悬浮物的地下水和清洁地面水可以直接测定。

(2) 比较浑浊的地面水，每100mL水样加入1mL浓硝酸，置于电热板上微沸消解10min，冷却后用快速定量滤纸过滤，滤纸用0.2%的硝酸洗涤数次，滤液用0.2%的硝酸稀释到一定体积，供测定用。

（3）含悬浮物和有机质较多的地面水，每100mL水样加入5mL浓硝酸，在电热板上加热消解到10mL左右。稍冷却，再加入5mL浓硝酸和2mL高氯酸（含量70%～72%），继续加热消解，蒸至近干。冷却后用0.2%硝酸溶解残渣，溶解时稍加热。冷却后，用快速定量滤纸过滤，滤纸用0.2%硝酸洗数次，滤液用0.2%硝酸稀释到一定体积，供测定用。

经过预处理的样品待测金属含量高时，可直接测定，含量低时，可浓缩后再测定。

3.4.6.6　气体样品

气体样品有天然气、石油伴生气、炼厂气、裂解气等。对于气体样品，原子吸收很难直接测定。一般是将气体通过一定的吸收溶液，将待测元素吸收后再进行测定。

3.4.7　应用示例

SH/T 0711—2002《汽油中锰含量测定法（原子吸收光谱法）》。

1. 方法概述

汽油试样经溴-四氯化碳溶液或碘-甲苯溶液处理，用甲基异丁基酮或氯化甲基三辛基铵-甲基异丁基酮溶液稀释后，用火焰原子吸收光谱仪在279.5nm处测定试样中的锰含量。

本方法适用于汽油中锰含量的测定。测定范围为0.25～30mg/L，锰以甲基环戊二烯基三羰基锰（MMT）的形式存在。该方法对我国车用成品汽油中锰含量的测定普遍适用。

2. 测定技术要素

（1）汽油样品直接取入避光容器内并尽快分析。

（2）各标准溶液和标准工作曲线溶液的准确配制。

（3）有机物在燃烧过程中产生干扰信号应扣除。

（4）经常用空白试液调节零点和检查工作标准溶液。

（5）由于吸光度可能会随着时间而发生变化，故应同时测定标准工作曲线溶液和样品溶液。

（6）测定结果和报告

① 报告

a. 绘制吸光度与锰浓度的最佳工作曲线，由工作曲线读出试样溶液中的锰浓度，报告试样中的锰含量结果，精确到0.1mg/L。

b. 取重复测定两次结果的算术平均值，作为试样的结果。

② 精密度

按下述规定判断试验结果的可靠性（95%置信水平）。

a. 重复性

同一操作者对同一试样，用同一台仪器，在恒定的操作条件下所测定的两个试验结果之差不应超过表2-3-13精密度的值。

b. 再现性

由不同实验室工作的不同操作者，对同一试样所测定的两个试验结果之差不应超过表2-3-13精密度的值。

表2-3-13　铅含量测定的精密度

分　类	重　复　性	再　现　性
锰含量/（mg/L）	$0.42X^{1/2}$	$1.41X^{1/2}$

说明：表中X为两个结果的平均值，mg/L。

3. 影响因素及注意事项

（1）原子吸收的检出限与空白值有关，空白值越小，检出限越低。因此，原子吸收法要求降低空白值。空白值主要来自试剂和水中杂质以及容器和环境的污染。

（2）严格遵守高压钢瓶的使用规程，氧气瓶和可燃气体钢瓶与明火间距不小于10m。

（3）特别注意使用乙炔钢瓶时必须直立放置，瓶内装有活性碳和丙酮，瓶内压力低于5×10^5Pa时不宜再用，否则瓶内丙酮会沿管道进入火焰，使火焰不稳定。

（4）点火前要作气密性检验。

（5）为了防止回火，各种火焰点燃和熄灭时，阀门的开关原则是：点燃时，先开助燃气，后开燃料气；熄灭时，先关燃料气，后关助燃气。

（6）所用试剂纯度必须符合标准要求。若试剂纯度达不到要求，会直接影响到定量测定的结果。

（7）配制标准溶液时，每一次移液和定容必须准确无误，否则将得不到线性良好的工作曲线，影响分析结果的准确性。配制好的锰标准溶液必须密封保存，否则溶剂挥发会造成标准溶液浓度变大，从而使测定结果偏低。

（8）测定时必须预热元素灯15min以上，否则会由于光源的不稳定而影响分析的灵敏度和结果的重复性。

（9）测定时要先用标准溶液选好最佳测定条件，包括波长、狭缝宽度、空气－乙炔比例、燃烧头高度和角度、灯电流、光电倍增管负高压以及试样提取量，否则会直接影响分析结果的准确性。

（10）原子吸收的背景干扰主要是由于分子吸收、光散射和火焰气体吸收而造成。火焰气体吸收是波长越短，吸收越强，可通过仪器调零来消除干扰。分子吸收是指在原子化过程中生成的气体，氧化物及溶液中盐类和无机酸等分子对光辐射的吸收而产生的干扰；光散射是原子化过程中产生的固体颗粒对光的阻挡引起的“假吸收”；分子吸收和光散射引起的后果是相同的，产生表观上的虚假吸收，使吸光度增加，测定结果偏高。可以通过用连续光源氘灯自动扣除背景。若不扣除背景会影响分析结果的准确性。

（11）工作曲线的线性相关系数必须大于0.99，若达不到此值，有可能是由于标准溶液配制的不准确所造成，需重新配制标准溶液；也可能是仪器或光源未调整到最佳测定条件，需调整后重新测定。

（12）干扰因素要分离、降低或消除。

① 光谱干扰　在分析含有大量钾、钠等的卤化物试样时常会遇到。消除这种干扰的途径包括：减小狭缝宽度；选用待测元素的其他分析线；预先分离干扰元素。

② 电离干扰　为克服电离干扰，一方面可适当控制火焰温度，另一方面可加入一定量的光谱缓冲剂（或称消电离剂），如钾、钠、铷等

③ 物理干扰　由于试样溶液的物理性质和其他因素引起雾化、溶剂蒸发或溶质挥发等过程变化造成的干扰。物理干扰一般都是负干扰，最终都会影响火焰分析体积中的原子密度。为了消除此种干扰，可配制与待测样品溶液基本相似的标准溶液；当待测元素在试液中的浓度较高时，可用稀释溶液的方法来降低或消除物理干扰。

④ 化学干扰　火焰中由于形成难挥发化合物而造成被测元素的自由原子浓度降低。采用较高温度的火焰可以消除或减轻干扰。

第4章 油品分析

4.1 油品分析的主要任务和作用

石油及其产品是各种烃类、非烃类化合物的复杂混合物，其组成不容易直接测定，而且多数理化性质不具有可加性，因此对油品的理化性质常常是采用条件性的试验方法来测定。也就是说，对油品分析试验所用的仪器、试剂、试验条件、试验步骤、计算公式及精密度等都要进行统一标准的技术规定。

油品分析的主要任务是对石油及其产品的理化特性、使用性能、化学组成以及化学结构进行分析。其测出的理化性质是组成油品的各种烃类和非烃类化合物性质的综合表现，它不仅是控制石油加工过程和评定产品质量的重要指标，而且是石油加工工艺装置设计的重要依据。对油品的研究、生产、应用和贮运都具有重要的指导意义。

4.2 石油产品取样和样品预处理

4.2.1 试样和取样

4.2.1.1 取样

取样，是指从一定数量的整批物料中采取少量检查试样的操作过程。所谓试样，是指供试验用的样品。

4.2.1.2 试样的种类

按照石油产品性状的不同，试样可分为以下几种。

1. 液体石油产品试样：如汽油、煤油、柴油、原油等。采样方法依所装容器不同又可分成以下三类。

(1) 油罐 按油罐形状及大小分为两种：

① 立式油罐或容积大于$60m^3$的卧式油罐；

② 容积小于$60m^3$的卧式油罐。

(2) 油船。

(3) 油槽车 按车轴形式又可分成两种：

① 两轴槽车；

② 四轴槽车。

2. 膏状石油产品试样：如凡士林、润滑脂等。

3. 可熔性固体石油产品试样：如石蜡、地蜡、沥青等。按包装条件不同分为两种：

(1) 容器中；

(2) 散装。

4. 粉末状：如焦粉、碳酸钠、硫磺粉等。

5. 不熔性固体石油产品试样：如石油焦、硫磺块。按包装条件不同分为：

(1) 容器中；

(2) 散装。

6. 气体试样：气体采样比较复杂。

按所处位置分为三种：容器中、管路中和大气中。

按所处压力状况分为三种：正压状态、常压状态和负压状态。

按化学活泼性可分为：

（1）可燃可爆气体：如 CH_4、CO、H_2S 等；

（2）化学惰性气体：如 CO_2、N_2等。

按能否被酸碱液吸收可分为三种：

（1）酸性气体：如 H_2S、CO_2等；

（2）中性气体：如 H_2、CO、CH_4等；

（3）碱性气体：如 NH_3等。

4.2.1.3　试样的用途和要求

1. 用途

按试样的用途，试样可分为三类：

（1）点样：是指在油罐内规定的位置上或者是在泵送操作期间在规定的时间从管线中取得的样品，代表该容器或该位置所取出的石油产品的质量。例如从油罐或油槽车的最低处所取的试样为底部试样。

（2）组合样：是指按规定的比例合并若干个点样所得到的代表整体物料的样品。例如通常把在油罐的上、中、下三部位按规定高度采取的样品按等比例掺合成为组合试样代表该油罐的油品质量。

（3）检查试样：是指供化验分析用的点样或组合样。

2. 要求

试样是决定产品全部质量指标是否符合某一标准的样品，要求如下：

（1）试样应具有足够的代表性。即要求按标准规定的方法取样，否则测定结果无代表性。分析化验的物料有固体、液体、气体等多种状态，由于物料的来源、运转方式、存放情况以及外界条件(如温度、压力、湿度等)的不同，它们的组成分布有的比较均匀，有的可能很不均匀，因此采样时应当根据物料的性质、均匀程度、数量大小等不同情况来确定采样的方式和采样数量。具体的采样方法在有关国家标准和行业标准中都有明确规定。

我国石油产品取样方法主要有：GB/T 4756《石油液体手工取样法》、SH/T 0229《固体和半固体石油产品取样法》、SH/T 0233《液化石油气取样法》等。

（2）试样必须有足够数量。供鉴定分析或仲裁用的样品应留样封存以备检查或重复检验。

（3）采样用的采样器和盛装试样的容器必须清洁干燥，并备盖子或塞子，以防止污染。按照质量、用途的等级要求，采样器一般分为专用、混用两类。容器标签上应注明产品名称、牌号、油罐号、批号、采样日期和采样人等。

（4）采取的样品应及时分析。对于石油化工产品的分析化验来说，既有成品，半成品的分析，又有馏出口的中间控制分析。采样不但要求准，而且要求及时，否则就反映不了生产过程的真实情况。滞后样品的分析结果是没有使用价值的数据。

4.2.2　取样工具

取样设备的设计和结构应确保其可以保持油品的最初的特性。该设备应具有足够的强度和外部保护，以承受所产生的正常内部压力，或者配有足够坚固的安全阀，以承受可能遇到的任何处理。使用前，应确认该设备的清洁度。

4.2.2.1 油罐取样器

油罐取样器根据以下被取样品分类：

——点样；

——底部样；

——油罐沉淀物或残渣样品；

——例行样；

——全层样。

为了在油罐中降落和提升取样器具，应使用导电的、不打火花的材料制成的绳或链。

由于篇幅所限，在此仅介绍点取样器。

(1) 取样笼：它是一个金属或塑料的保持架或笼子，能固定适当的容器。装配好后加重，以便能在被取样的油品中迅速下沉，并在任一要求的液面充满容器，如图2-4-1所示。

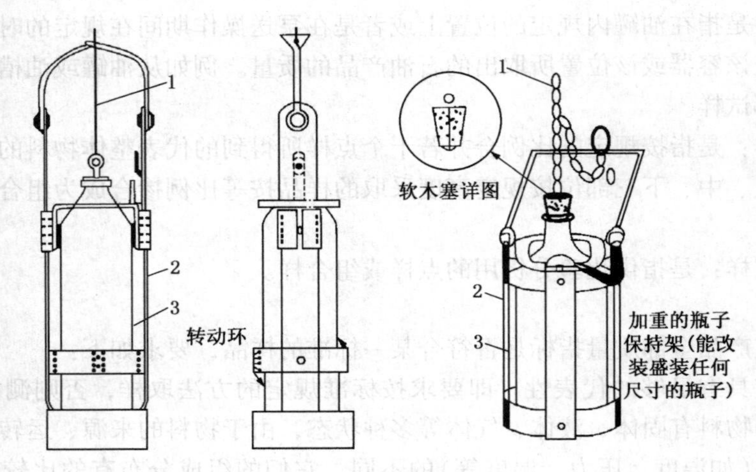

图2-4-1 取样笼

1—长链或绳；2—金属或塑料笼；3—瓶子

(2) 加重式取样器：是一个底部加重并设有容易开启器盖的金属容器。它是一种广泛采用的取样器，可用于采取轻质石油产品(如汽油、柴油)，也可用于采取重质石油产品。如图2-4-2所示。

(3) 界面取样器：由一根两端开口玻璃管、金属管或塑料管制成。如图2-4-3所示。界面取样器可以用于从选择的液面采取点样，也可以用于采取检测污染物存在的底部样。在通过液体降落时液体能自由地流过。通过下述装置可使下端在要求的液面处关闭，从而收集罐中任何液面处的垂直液柱。

① 取样器向上运动起作用的关闭机构；

② 通过悬挂钢绳(降落吊索)导向的重物降落起作用的关闭机构。

4.2.2.2 桶和听取样器

图2-4-4为通常使用的管式取样器。这是一个由玻璃、金属或塑料制成的管子，如需要，可配有便于操作的合适的配件。它能够插到桶、听或公路罐车中所要求的液面处抽取点样或插到底部抽取检查污染物存在的底部样。在下端有关闭机构的管状取样器，还可以用于

通过液体的竖直截面采取代表性样品。另外，使用尺寸适宜的小取样笼、油桶泵或虹吸装置代替也可以。

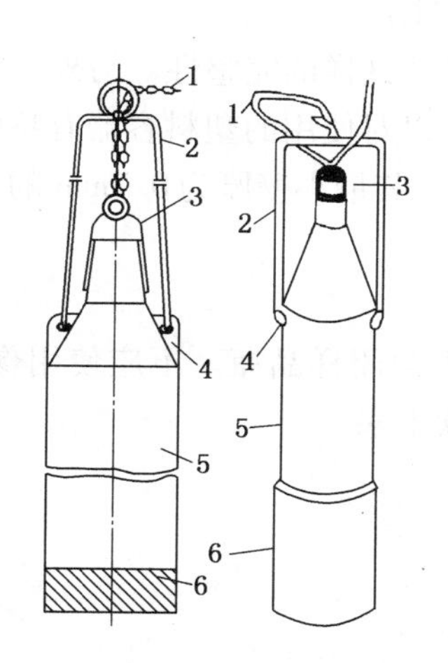

图2-4-2　加重式取样器
1—长链或绳；2—黄铜手柄；
3—圆锥形帽(或软木塞)
4—耳状柄；5—筒身；6—铅垂

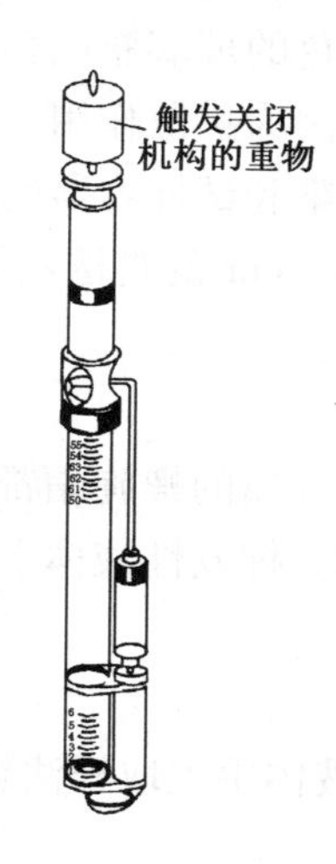

图2-4-3　界面取样器示例

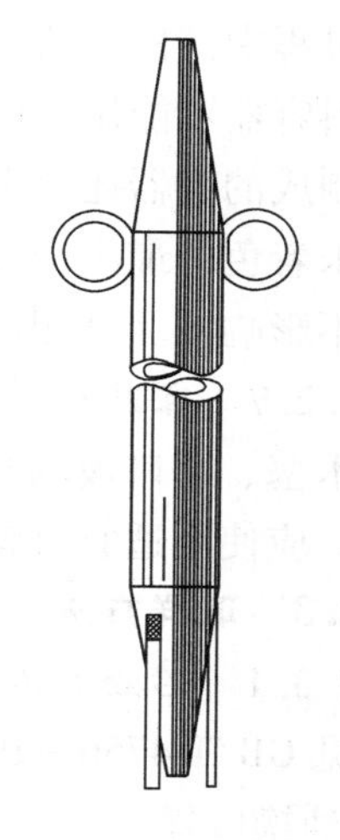

图2-4-4　管式取样器

4.2.2.3　气体取样器具

根据气体所处的状态和位置常用的取样器具有下列几种：

(1) 橡皮球胆：常用于无腐蚀气体在正压状态下取样。球胆的取样缺点是H_2S、NH_3、CO_2能被橡皮不同程度地吸附，小分子气体氢气等易渗透，故放置后成分会发生变化。但价廉，使用方便，故在要求不高时使用。用球胆取样时，必须先用样品气吹洗干净，置换三次以上，取样后应立即分析。要固定球胆专取某种气样。

(2) 铝箔复合膜气体采样袋：也用于正压状态下取样。可在较长时间内贮存10^{-6}到10^{-2}量级含量的一般工业气体、石油化工气体等并能确保浓度不变，亦可在规定时间内贮存低浓度的腐蚀性和化学活性气体。并具有极好的耐腐蚀性，适用于强腐蚀性气体如二氧化硫、硫化氢、二氧化氮等，目前已大量应用于石油化工、环保监测、科研院所等气体采样及存储。

(3) 带有抽气装置的大容量集气瓶：适用于常压或负压下气体的取样。

(4) 连接流量计和抽气装置并盛有吸收液的吸收瓶：适用于采取可与吸收溶液反应的气体，如H_2S、NH_3等。

4.2.2.4　膏状石油产品取样工具

(1) 螺旋形钻孔器。

(2) 活塞式穿孔器。

4.2.2.5　固体石油产品取样工具

(1) 不锈钢或镀铬刀子，用于可熔性固体石油产品。

(2) 穿孔器，用于粉末状或可粉碎的固体石油产品。

(3) 铲子，用于不熔性石油产品。

4.2.2.6　容器

试样容器是用于贮存和运送试样的接受器，有合适的帽、塞子盖或阀。一般试样容器为玻璃瓶、塑料瓶、带金属盖的瓶或听等，容量通常在0.25~5L之间，但当特殊实验、试样量增加或需要进一步细分成小样等需要时，可以使用更大的容器。由于油品对光敏感，成品油销售过程中试样容器一般使用深色的玻璃瓶(容量一般为1L)。

塑料容器不能用于储存试样，因为扩散作用，它不能保持试样的完整性。另外，非线性聚乙烯制成的容器还会引起样品污染和试样容器的损坏。所以对使用的塑料容器有特殊的要求。用未着色的最小密度为0.9500g/cm^{3}的直链乙烯制成的，其最小壁厚为0.7mm的塑料容器可在不影响油品被测性质时使用。

4.2.2.7 容器封闭器

软木塞、磨口玻璃塞、塑料或金属的螺旋帽都可以用于封闭样品瓶。不应使用橡胶塞。必要时，应使用适宜材料的保护罩。挥发性液体不应使用软木塞。

4.2.3 取样方法

4.2.3.1 石油液体手工取样

参见GB/T 4756—1998《石油液体手工取样法》。

1. 油罐取样

(1) 立式油罐取样

① 点样 降落取样器或瓶和笼，直到其口部达到要求的深度，用适当的方法打开塞子，在要求的液面处保持取样器具直到充满为止。当采取顶部试样时，要小心地降落不带塞子的取样器，直到其颈部刚刚高于液体表面，然后，突然地把取样器降到液面下150mm处，当气泡停止冒出表明取样器充满时，将其提出。

当在不同液面取样时，要从顶部到底部依次取样，这样可避免扰动下部液面。

② 组合样 制备组合样，是把有代表性的单个试样的等分样转移进组合样容器中。

③ 底部样 降落底部取样器，将其直立地停在油罐底上。提出取样器之后，如果需要将其内含物转移进试样容器时，要注意正确地转移全部试样，其中包括会粘附到取样器内壁上的水和固体。

④ 界面样 降落打开阀的取样器，使液体通过取样器冲流，到达要求液面后关闭阀，提出取样器。

如果使用的是透明的管子，可以通过管壁目视确定界面的存在，然后由量油尺上的量值确定界面在油罐的位置。检查阀是否正确关闭，否则要重新取样。

(2) 卧式油罐取样

按照表2-4-1中规定的液面上采取试样，作为点样。

如果需要合并成组合样时，可按表2-4-1中规定的比例进行合并。

表2-4-1 卧式圆筒形油罐的取样

液体深度(直径的百分数)/%	取样液面(罐底上方直径的百分数)/%			组合样(比例的份数)		
	上部	中部	下部	上部	中部	下部
100	80	50	20	3	4	3
90	75	50	20	3	4	3
80	70	50	20	2	5	3
70		50	20		6	4

续表

液体深度（直径的百分数）/%	取样液面（罐底上方直径的百分数）/%			组合样（比例的份数）		
	上部	中部	下部	上部	中部	下部
60		50	20		5	5
50		40	20		4	6
40			20			10
30			15			10
20			10			10
10			5			10

（3）油船或驳船上取样

每舱室采取点样。对于装载相同石油或液体石油产品的油船可按照包装取样方案进行随机取样。

（4）铁路油罐车取样

把取样器降到油罐内油品深度的二分之一。以急速的动作拉动绳子，打开取样器塞子，待取样器内充满油后，提出取样器。对于整列装有相同石油或液体石油产品油罐车，也可以按照包装取样方案进行随机取样，但必须包括首车。

（5）公路油罐车取样

公路油罐车取样可按铁路油罐车取样方法进行。

（6）油罐残渣或沉淀物取样

罐底残渣是在油船底上或油罐底上的一层有机或无机的沉淀物。在环境温度下，这种物质是软的黏稠物，它不能被抽出。

油罐残渣或沉淀物试样没有代表性，只用于考虑它们的性质和组成。

取样方法取决于油罐残渣层的厚度。残渣层厚度小于50mm时，抓斗是最好的取样器具。使用时，应按操作说明，抓斗的尺寸必须与取样口的舱口或人孔大小相适应。

残渣层厚度大于50mm时，应用穿孔器的方法。对于软残渣的取样是使用重力管取样器，而对于硬残渣的取样是使用撞锤管取样器，或是任何其他合适的取样器具。当使用这种器具时，应按照说明书使用。

将试样从取样器具转移到能保持试样完整性的金属、塑料或玻璃容器中。

2. 包装取样

（1）桶　将桶有桶口的一侧朝上放置。如果桶没有侧面桶口，应使它直立，并从桶顶取样。如果要求检测水、锈或其他不溶性污染物，要使桶在这个位置保持足够长时间，使污染物沉淀下来。

取下桶盖把它放在桶口旁边，沾油的一面朝上。用拇指封闭清洁、干燥的取样管的上端，把它伸进油中约300mm深。移开拇指，让油进入取样管。再用拇指封闭上端，抽出取样管。持管子接近水平位置并将其转动，使油能接触到取样时被浸没那部分的内表面，用这样的方法冲洗管子。在取样操作时要避免抚摸管子浸到油的任何部位。舍弃冲洗油，让管内液体流净。

用拇指封闭上端，再把管子插进油中（如果要求取全层样时，插入管子时要敞开上端）。当管子到达底部时，移开拇指，让管子进满油。再用拇指封闭顶端，迅速抽出管子，并把油转移进试样容器中。不能让手同试样的任何部分接触。封闭试样容器，放回桶盖并拧紧。

（2）听　从容量为20L或大于20L的听中取样时，按照与桶取样相同的方法，使用一根相应的更小直径的管子。对于容量小于20L的听，使用它的全部内含物作为试样。

3. 管线取样

管线样分为流量比例样和时间比例样两种。推荐使用流量比例样，因为它和管线内的流量成比例。

（1）在采取管线样之前，要彻底冲洗取样管线，确保除去管线中的残留物。取样时，试样管线出口应伸到试样容器底附近。如果被取的试样是挥发性的，要将试样容器冷却到适当温度，需要时要使用在线冷却器。如果被取试样是高倾点的，必须对取样管线保温，或者对取样管线提供加热设施，防止油品凝固。

（2）对于输油管线中输送的石油或液体石油产品，应按照表2-4-2中规定从取样口采取流量比例样，而且要把所采取的试样以相等的体积掺合成一份组合样。

表2-4-2　体积比例组合样

输油数量/m^3	取样规定
不超过1000	在输油开始时①和结束时②各一次
超过1000~10000	在输油开始时一次，以后每隔1000m^3一次
超过10000	在输油开始时一次，以后每隔2000m^3一次

① 输油开始时，指罐内油品流到取样口时。
② 输油结束时，指停止输油前10min。

（3）对于时间比例样，可按照表2-4-3规定从取样口采取试样，并把所采取的试样以相等的体积掺合成一份组合样。

表2-4-3　时间比例样

输油时间/h	取样规定
不超过1	在输油开始时①和结束时②各一次
超过1~2	在输油开始时一次，中间和结束时各一次
超过2~24	在输油开始时一次，以后每隔1h一次
超过24	在输油开始时一次，以后每隔2h一次

① 输油开始时，指罐内油品流到取样口时。
② 输油结束时，指停止输油前10min。

4.2.3.2　固体和半固体石油产品取样

参见SH/T 0229—92(2004)《固体和半固体石油产品取样法》。

1. 膏状石油产品取样

采取同批同牌号的膏状石油产品，按容器总件数的2%（但不应小于两件）分别采取试样，取出的试样以相等体积掺合成一份平均试样。

润滑脂取样时，先用刮刀管刮去表面直径约200mm、厚5mm的表层。用螺旋式取样器取样时，将取样器旋入润滑脂中，达到容器底部，然后取出取样器，用刮刀刮下润滑脂作为试样；用活塞式取样器取样时，将套管插入润滑脂中，用力转动180°，使穿孔器下口的金属丝切断润滑脂，取出穿孔器，用活塞挤出试样。

从大桶中采取试样时，取样器下端5mm以内的润滑脂不作为试样。

2. 可熔性固体石油产品取样

采取同批同牌号的可熔性固体石油产品，按容器总件数2%（但不应小于两件）分别采取试样，取出的试样以大约相等的体积掺合成一份平均试样。

取样时，先用刮刀刮去表面约200mm、厚度约10mm的表层。利用灼热的刮刀割取约1kg重的块状试样。从每块试样的上、中、下部分割取三块体积相等的小试样。然后将割取的试样放入清洁、干燥的容器中熔化，搅拌均匀。

4.2.4 注意事项

4.2.4.1 安全注意事项

（1）取样人员应了解取样工作中的潜在危险，并进行遵守安全注意事项的教育。

（2）应该严格遵守进入危险区域的全部安全规程。

（3）在取样期间应注意避免吸入石油蒸气，戴上不溶于烃类的防护手套。在有飞溅危险的地方，应戴上眼罩或面罩。在处理含硫原油时，应附加必要的注意事项。

（4）在处理加铅燃料时，应仔细地遵守安全规则。

（5）降落取样器具用的绳子应是导电体。它不得完全用人造纤维制造，最好用天然纤维。

（6）用在可燃气氛中的便携式金属取样器应用不打火花的材料制造。

（7）取样者应有运载取样器具的托架，以便至少有一只手是自由状态。

（8）用于电分级区域的照明灯和手电筒应是被批准的型式。

（9）当罐内可燃烃类的贮存温度高于其闪点或罐内已经产生了可燃的烃蒸气或油雾时，为了避免取样时产生静电的危险，应注意下列各点：

① 贮油罐、公路罐车、铁路罐车、油船或驳船在装油期间不应取样，尤其是在装新精制的挥发性产品时，会使油罐上部空间的易燃蒸气－空气混合物增加。

② 取样时，为了防止打火花，在整个取样过程中应保持取样导线牢固地接地，接地方法一是直接接地，一是与取样口保持牢固的接触。

③ 当采取在接近或高于其闪点温度下充装的新精制的挥发性产品（包括煤油和粗柴油）的样品时，必须在完成转移和装罐30min后，才能向油罐中引入导电的取样器具。

如果有下列情况之一，可以在装油后30min之内取样。

a. 浮顶油罐，在开槽的计量管内取样；

b. 固顶油罐，装有接地的浮盖；

c. 产品含有足够的抗静电添加剂，能保证产品电导率大于50pS/m（皮西/米），并在无油空间没有油雾或细粒形成。

④ 在可能存在易燃气体的区域不得穿能产生火花的鞋。

⑤ 应穿棉布做的衣服，不应穿人造纤维的衣服。

⑥ 在大气电干扰或冰雹暴风雨期间不得进行取样。

⑦ 为了使人体上的静电荷接地，在取样前，取样者应接触距离取样口至少1m远的油罐上的某个导电部件。

（10）采取易挥发的轻质石油产品试样时，应站在上风处并戴防护面罩，以防止吸入油蒸气，引起中毒。

(11) 采取温度较高的重油试样时，应戴手套。如从容器旁的采样口采样时，打开采样阀后应特别小心，以防止原凝结的油品熔化后，突然流出来，造成飞溅烫伤。为安全起见，盛试样的金属筒应放在专用框内或挂在金属钩上。这样，手距离取样口远一些，可防止烫伤。

(12) 某些轻质油罐底部装有水垫，借以防止油从罐底漏掉。遇到这种情况，开始采样前，需要知道水层的高度，以便于确定上、中、下层的油层位置。

(13) 对于浮顶油罐，只要可行时，就应从顶部平台取样。因为在一定条件下，有毒和可燃蒸气会聚集在罐顶上方。若必须到罐顶取样，有下述几种情况时，操作者应戴呼吸设备：

① 产品中含有硫化氢和挥发性硫醇；

② 浮顶没有完全起浮；

③ 浮顶密封失效。

(14) 如果被取样产品的雷德蒸气压在 100kPa 和 180kPa 之间，样品瓶应用一个金属盒保护起来，直到试样废弃为止。

(15) 不应在气密性容器中加热挥发性样品。

4.2.4.2　一般注意事项

1. 液体石油产品

(1) 用于处置试样的所有取样设备、容器和收集器都必须不渗漏、不受溶剂作用。必须具有足够的强度，经得起可能产生的正常的内部压力，或者配有安全阀，并要足够坚固，以经得起可能遇到的错误操作。

(2) 全部取样设备都应彻底检查，保证清洁和干燥，采取石油产品时，应用被取样的产品冲洗至少一次。

(3) 当需要采取上部、中部和下部试样时，应按从上到下的顺序进行，以免取样时扰动较低一层液面。

(4) 在某些情况中，采取用于测定微量物质的试样(例如铅)时，可以用试验方法推荐的试样容器。在上述情况中，试样应直接取到准备好的容器中，而使用的辅助设备、取样绳等应不会污染试样。

(5) 试样容器应留出在以后处理试样时所需要的至少有 10% 的无油空间。然后，立即用塞子塞上容器或者关闭收集器的阀。如果要从试样容器中倒出一些以得到 10% 的无油空间时，尤其是在有游离水或乳化层存在时，应特别注意，因为它会使试样成为没有代表性。

(6) 试样容器充满和封闭后，应立即严格检查有无渗漏。

(7) 按规定采取的试样要分装在两个清洁而干燥的瓶子里。第一份试样是作为化验室分析之用，第二份试样是留在发货人处供仲裁试验时使用。仲裁试验用试样的保存时间应符合 SH 0164—92(1998)《石油产品包装、储运及交货验收规则》第 12 条规定。供仲裁试验用的试样要保存在干燥的，不受尘埃和雨雪侵入的暗室内。

(8) 如果试样是由公共运输设备发送的话，必须注意遵守有关规定。当使用吸收性的包装材料时，软木塞或塞子必须用纸、塑料布或塑胶帽覆盖，以防打开时污染试样。

(9) 采取高倾点油品的罐侧样或管线样时，为了防止凝固，有必要采取加热措施，或者采用给取样连接件加热的方法。

（10）采取挥发性产品的罐侧样或管线样时，当必须避免轻馏分损失，例如用于做蒸气压和蒸馏试样时，不应从最初的试样容器中转移或合并试样，而应采用下列的取样步骤：

① 把试样容器冷却到适宜的温度；

② 使用一个在线冷却器，把试样冷却到需要的温度；

③ 试样线路出口应设计成能在取样期间延伸到接近取样容器的底部；

④ 如果需要进一步冷却容器，应提供能将容器浸入冷却介质（例如碎冰）的装置；

⑤ 试样容器密封之前，应使其保持冷却；

⑥ 试样容器应倒置贮存和运输；

⑦ 容器的数目，应保持能有一个事先从未打开过的容器。

（11）当采取的试样准备用做胶质含量、氧化安定性或腐蚀（铜片）试验时，应使用试验方法要求的棕色瓶。并在取样期间避免曝光。如果不可能使用棕色瓶时，可以使用镀锌铁皮容器。但它们应清洁，并没有制造时使用的焊剂和其他化学品。当采取绝缘油和喷气燃料试样时，应避免使用黄铜和铜质的试样容器。

（12）当需要大量的油罐试样时，由于挥发性或其他原因，不能用合并多个少量试样来获得。

通过可行的方法（循环、罐侧混合器）彻底地混合油罐中的石油产品。在不同的液面取样，并确证其均匀性。从罐侧取样活栓、循环泵出口阀或通过虹吸，用一个延伸到靠近容器底部的试样出口管来充满这个容器。

2. 石蜡、沥青等可熔性固体产品

（1）割试样刀应适当烘热，以便于割取。

（2）为便于熔化、混匀，可用金属容器盛装，但所用金属材料必须干净，且不和产品起作用。

（3）用刀从大块试样的上下边缘和中间割取小块试样时，应使所割取的体积大致相等。

（4）采取的所有小块试样都应在混合器中加热熔化，混匀后才能从中取适当数量的试样。不能随便取几小块便作检查试样。

3. 石油焦

（1）必须按规定采够数量，不允许在现场随便捡几块作为试样。

（2）试样掺合均匀后，应放入有盖的容器内，防止杂质侵入，并应在24h内完成样品的破碎、过筛、混匀、缩分等过程。

（3）采样用具、样品瓶等必须清洁干燥，以避免沾污试样引进杂质。

（4）必须将样品混匀，才能进行缩分。

4. 气体

（1）要选择适当的取样点，以使气样能代表管道或设备中气体的真实成分。取样点不应选择在设备的死角处，也不应选择在产生涡流的地方，取样管应深入到管道或设备1/3的地方。

（2）取样前应用被分析气体多次置换取样容器。

（3）用改变封闭液液面位置的方法取样时，因为气体在封闭液中有一定的溶解度，因此，封闭液要事先用被测气体饱和。对易溶气体还要注意温度的影响和容器是否干燥等。

（4）取样位置一定要严密，不能漏气，取样后要立即进行分析。这里要注意，腐蚀性的气体如 HCl，不能用橡皮球胆或金属取样管取样；氢气能通过橡皮球胆进行渗漏，而 H_2S、NH_3、CO_2能被橡皮不同程度的吸附，用橡皮球胆采取含有这些组分的气体，其分析结果会随时间发生变化，因此，这种情况下应采用塑料薄膜球或玻璃容器取样。

（5）由于石油化工厂的气体多数是易燃易爆的，有的含量在爆炸极限以内，取样时应特别注意两点：

① 防止容器或管线内气体外泄；

② 在大气中和敞口容器或塔内采样应防止中毒和缺氧窒息，也应防止产生火花引燃致爆。

4.2.5　试样的预处理

试样的预处理是指石油化工分析中采样以后到分析测定之前这一阶段对试样的处理过程。

4.2.5.1　气体的预处理

为了使气体符合某些分析仪器或分析方法的要求，需将气体加以处理。处理包括过滤、脱水和改变温度等步骤。

过滤可分离灰、湿气或其他有害毒物，但预先要确认干燥剂或吸附剂不会改变被测组分的组成。

脱水可采用化学干燥剂(氯化钙、硫酸、无水磷酸、过氯酸镁、无水碳酸钾和无水碳酸钙)、吸附剂(硅胶、活性氧化铝和分子筛)、渗透等手段来实现。

改变温度，气体温度高的需加以冷却，以防发生化学反应，有时也需加热，防止某些成分凝聚。

4.2.5.2　液体石油产品的预处理

对液体石油产品最主要的处理步骤是脱水。

液体石油产品的某些化验项目，要求试样不含水，若有水存在时会造成种种困难(如蒸馏时，有水便会造成冲油，测定重油开口闪点，有水便会起泡沫溢出)，故试样脱水是测定前重要的准备工作。

通常，根据石油产品种类及其含水量的多少，采用如下几种脱水方法。

1. 吸附、过滤

对于含水量较少的轻质石油产品(如煤油、柴油)，可将其通过干燥的滤纸和棉花，脱除其中的水分。因水分很容易吸附在多种干燥物质的表面上。干燥的棉花能很强烈地吸收油中的水分。

2. 用脱水剂脱水

此法是将脱水剂直接加入试样进行脱水，但在选择脱水剂时，必须考虑以下几点：

（1）脱水剂不能与石油产品起化学反应；

（2）脱水效率要高；

（3）不溶于试样中；

（4）对石油产品无催化作用，以免发生聚合、缩合、自动氧化等反应；

（5）价钱便宜，容易买到，可以回收再利用。

脱水时脱水剂不宜用得太多，以免损耗试样太多。除去脱水剂时，可用滤纸滤去。

石油产品化验方法中通常只用无水氯化钙、无水硫酸钠、煅烧过的食盐等电解质盐类脱水剂，这些盐类能吸水并同水化合或能破乳。

无水硫酸钠是一种中性干燥剂，在32.4℃以下生成 $Na_2SO_4 \cdot 10H_2O$，在32.4℃以上时，带十个结晶水的硫酸钠将分解。因此，当试样温度高于33℃时，用无水硫酸钠脱水效率极差。无水硫酸钠吸水很慢，故只适用于含水分很少的轻质油品的脱水。

氯化钙是较适合而且可采用的干燥剂之一，使用前必须把氯化钙煅烧脱水，在脱水时，对产品含1g水来说，此干燥剂相应的消耗约10g，无水氯化钙吸水作用慢，需不断振荡才可收效。其在30℃以下生成 $CaCl_2 \cdot 6H_2O$，所以油温低效果会好些，高于30℃时效果会降低。

脱水效率还随黏度的增加而减低，所以对于黏度高的重质油，应先热至50～60℃，并多用煅烧过的食盐粗结晶处理。

3. 常压下加热法

石油产品中的乳化水，将其加热至温度逐渐升至70～80℃时，油的黏度低，出现了对流。乳化液中的细水滴合并成为大水滴，可沉降从而和油分开，当升至100℃左右，水即可逐次汽化，从油中清除掉。而溶解水在热至130～140℃时也开始排出，根据这点用加热法脱水，效果很好，不仅能完全清除悬浮水分，且几乎能完全清除溶解水。但这种方法不适用轻质油品或含有轻质馏分的原油，仅适用于重质油脱水。

4. 蒸馏脱水法

是将试油在蒸馏装置上蒸馏，将油品中的轻馏分或特意加进去的溶剂和水分一起蒸出，分离后，除去水分和溶剂，把轻馏分也倒回已脱水的试油中供分析用。

除此之外，还有真空脱水法、离心分离法、电脱水法等脱水方法。

4.2.5.3 固体试样的预处理

在一般分析工作中，除干法（如发射光谱）分析外，通常先要将固体试样分解，制成溶液，再进行测定。因此试样的分解是分析工作的重要步骤之一。

1. 分解试样的一般要求

分析工作对试样的分解一般要求三点。

（1）试样应分解完全。要得到准确的分析结果，试样必须分解完全，处理后的溶液不应残留原试样的细屑或粉末。

（2）试样分解过程中待测成分不应有挥发损失。

（3）分解过程中不应引入被测组分和干扰物质。

2. 分解试样的方法

试样的品种繁多，选择分解方法时应考虑测定对象、测定方法和干扰元素等因素。常用的分解方法大致可分为溶解和熔融两种：溶解就是将试样溶解于水、酸、碱或其他溶剂中；熔融就是将试样与固体熔剂混合，在高温下加热，使欲测组分转变为可溶于水或酸的化合物。由于熔融时反应物的浓度和温度都比用溶剂溶解时高得多，所以分解试样的能力比溶解法强得多。但熔融时要加入大量熔剂（约为试样质量的6～12倍），因而熔剂本身的离子和其中的杂质就带入试液中，另外熔融时坩埚材料的腐蚀也会使试液受到沾污，所以尽管熔融法分解能力很强，也只有在用溶剂溶解不了时才应用。

近年来，微波技术也开始广泛应用在化验工作中。在高频微波电磁场作用下，产生每秒数亿次的超高频率振荡，使样品与溶（熔）剂混合物分子间相互碰撞、摩擦、挤压，重新排列组合，因而产生高热，促使固体样品表面快速破裂，产生新的表面与溶（熔）剂作用，使样品在数分钟内分解完全。由于微波消解所用的试样量比较少，因而试剂空白低，环境沾污的机会少，挥发性元素如砷、硒、汞等均无挥发损失，同时，微波溶(熔)样的操作也容易。

4.3 油品主要理化性能的分析方法

4.3.1 密度的测定

1. 概述

在规定的温度下，单位体积内含物质的质量称为该物质的密度，国际单位制以 kg/m^3 表示，通常情况下也可用 g/cm^3 或 g/mL 表示。

由于密度与温度有关，在表示物质密度时，必须注明其温度，在 t℃的密度用 ρ_t 表示。在规定的标准温度下(我国通常为20℃)石油和液体油品的密度称为标准密度，以符号 ρ_{20} 表示。

由于石油产品的体积随温度变化而变化，其密度也随温度变化而变化，在某一温度下所观察到的密度计读数称为该物质的视密度。

物质在给定温度下的密度与标准温度下标准物质的密度之比值称为相对密度。因为纯水在4℃时的密度等于1.0000g/cm³，所以通常以4℃纯水为标准物质。

此外，美国石油学会还用 $API°$ 来表示油品密度，此种表示方法在欧美使用较多。其关系式为：

$$API° = \frac{141.5}{d_{15.6}^{15.6}} - 131.5$$

式中　$d_{15.6}^{15.6}$——用15.6℃(60 ℉)的水作参考物质，15.6℃时油品的相对密度。

2. 测定意义

测定油品密度在生产、使用及储运中有着重要意义：

(1) 用于油品的计量。计量时，先测出体积和密度，然后利用体积与密度的乘积计算出油品的质量。

(2) 不同油品其密度不同，通过测定密度可大致确定油品种类，常见油品的密度见表2-4-4。

表2-4-4　常见油品的密度范围

油　　品	密度范围(ρ_{20})/(g/cm³)	油　　品	密度范围(ρ_{20})/(g/cm³)
车用汽油	0.700～0.760	15号航空液压油	0.825～0.850
航空汽油	0.730～0.745	20号航空润滑油	0.884～0.895
喷气燃料	0.775～0.840	航空喷气机润滑油	0.866～0.885
轻柴油	0.800～0.830		

(3) 测定密度可近似地评定油品的质量和化学组成情况。在储运过程中如发现油品密度明显增大或减小，可以判断可能是混入了重质油或轻质油，或轻馏分蒸发损失。从化学组成来看，芳烃的密度最大，环烷烃、异构烷烃居中，正构烷烃最小，含胶质和沥青质多的油品密度也大。

（4）燃料的密度对燃料油使用性能具有影响。发动机功率和燃料消耗率均与燃料密度有关。在油箱容积相同的条件下，燃料密度越大，装入的燃料就越多，续航能力就越大。但密度过大时，会影响燃料的喷雾性和燃烧性。

3. 试验方法及原理

测量油品密度最常见的方法有如下三种：

（1）密度计法　GB/T 1884《原油和液体石油产品密度实验室测定法(密度计法)》

用密度计法测定油品密度的理论依据是阿基米德定律。将一定质量的密度计浸入不同密度的液体中，密度大的液体浮力较大，故密度计露出液面部分也较多。反之，密度小者，浮力也小，密度计露出液面部分较少。密度计上按密度单位刻度，以纯水在4℃的密度为1作为标准。测量时根据密度计上的刻度读出油品的密度值。

测定密度一般可在18～90℃之间的任何温度下进行，具体要依据样品的性质而定，通常在室温下进行。对于在室温下饱和蒸气压高于80kPa的高挥发性试样应在原容器内冷却到2℃以下进行，对于中等挥发性的黏稠样品(如原油)应加热到具有足够流动性的最低温度下测定。在非标准温度下测定的视密度，应根据GB/T 1885换算为标准密度。

密度计法快速、简便，但准确度受最小分度值及人的视力限制。

（2）比重瓶法　GB/T 2540《石油产品密度测定法(比重瓶法)》

比重瓶法是以测量一定体积试样的质量为基础的。测量时用分析天平可以准确称量样品的质量至0.0001克，温度也很容易控制，所以是测定油品密度最精确的方法之一。方法所用的样品量少，从最轻的汽油到固体沥青均可采用。但不适用于测定高挥发性的液体，且测定时间较长。

（3）U型振动管法　SH/T 0604《原油和石油产品密度测定法(U型振动管法)》

U型振动管法的原理是当密度不同的液体充满U型振动管时其固有的共振频率是不同的。在一定的范围内是呈线性的，密度增加，其频率降低，即振动周期增加。把少量样品注入控制温度的U型振动管中，振荡器产生不同频率的振动，使U型管产生共振，仪器的振动传感器记录共振频率或周期，用事先得到的试样管常数计算试样的密度。

密度和振动周期有如下关系：

$$\rho = AT^2 + B$$

常数A、B可由U型管的弹性、结构和质量所决定。常数可用测定两种已知密度的物质(如空气和水)的振动周期来算出。

由于目前在我国石油及石油产品计量交接过程中大部分采用的是GB/T 1884《原油和液体石油产品密度实验室测定法(密度计法)》，因此在此着重介绍此方法，对于其他方法不做介绍。

4. 测定技术要素

参见GB/T 1884—2000《原油和液体石油产品密度实验室测定法(密度计法)》。

（1）仪器准备和测定要素

① 密度计量筒由透明玻璃、塑料或金属制成，其内径至少比密度计外径大25mm，其高度应使密度计在试样中漂浮时，密度计底部与量筒底部的间距至少有25mm。为了倾倒方便，密度计量筒边缘应有斜嘴。

② 密度计符合标准及表2－4－5的技术要求，玻璃制。密度计应定期检定并在有效周期内使用。

表 2-4-5　密度计技术要求

型　号	单　位	密度范围	每支单位	刻度间隔	最大刻度误差	弯月面修正值
SY-02 SY-05 SY-10	kg/m^3 (20℃)	600～1100 600～1100 600～1100	20 50 50	0.2 0.5 1.0	±0.2 ±0.3 ±0.6	+0.3 +0.7 +1.4
SY-02 SY-05 SY-10	g/cm^3 (20℃)	0.600～1.100 0.600～1.100 0.600～1.100	0.02 0.05 0.05	0.0002 0.0005 0.0010	±0.0002 ±0.0003 ±0.0006	+0.0003 +0.0007 +0.0014

注：可以使用SY－Ⅰ型或SY－Ⅱ型石油密度计。

（注：使用密度计前，检查所用的密度计基准点以确定密度计刻度是否处于干管内的正确位置，如果刻度已移动，应废弃这支密度计。）

选择合适的密度计作测定用。选择时，先估计被测试样的密度值，然后用比估计的密度值小的密度计开始试，直到合适为止。不能直接使用比估计值范围大的密度计，否则容易损坏密度计。

③ 温度计的范围、刻度间隔和最大刻度误差见表2-4-6。温度计要用可溯源于国家标准的标准温度计定期检定。

表 2-4-6　温度计技术要求

范　围/℃	刻 度 间 隔	最大误差范围
-1～38	0.1	±0.1
-20～102	0.2	±0.15

注：可以使用电阻温度计，只要它的准确度不低于上述温度计的不确定度。

④ 整个试验期间，环境温度变化应不大于2℃。当环境温度变化大于±2℃，应使用恒温浴，恒温浴的尺寸大小应能容纳密度计量筒，使试样完全浸没在恒温浴液体表面以下，在试验期间，能保持试验温度在±0.25℃以内。

⑤ 密度计量筒和密度计的温度应接近试样的温度。装有试样的量筒垂直地放在没有空气流动的地方。

⑥ 用洁净的滤纸，除去试样表面上形成的所有气泡。

⑦ 测密度前后的试验温度变化应稳定在±0.5℃以内。如不稳定需将密度计量筒及其内容物放在恒温浴内重新操作。

⑧ 读取温度到0.1℃。重复测量温度与开始试验温度相差大于0.5℃，应重新读取密度计和温度计读数，直到温度变化稳定在±0.5℃以内。

⑨ 密度测定：

a. 把合适的密度计放入液体中，达到平衡位置时放开，让密度计自由地漂浮，要注意避免弄湿液面以上的干管。

b. 把密度计按到平衡以下1mm或2mm，并让它回到平衡位置，观察弯月面形状，如果弯月面形状改变，应清洗密度计干管，重复此操作直到弯月面形状保持不变：

（a）对于不透明的黏稠液体，要等待密度计慢慢地沉入液体中。

（b）对于透明低黏度液体，将密度计压入液体中约两个刻度，再放开。由于干管上多余的液体会影响读数，在密度计干管液面以上部分应尽量减少残留液。

c. 在放开密度计时，要轻轻地转动一下，使它在离开量筒壁的地方静止下来自由漂浮。要有充分的时间让密度计静止，并让所有气泡升到表面，读数前要除去所有气泡。

（注：当使用塑料量筒时，要用湿布擦试量筒外壁，以除去所有静电。因为使用塑料量筒常形成静电荷，并可能妨碍密度计自由漂浮。）

d. 当密度计离开量筒壁自由漂浮并静止时，按图 2－4－5 或图 2－4－6 读取密度计刻度值，读到最接近刻度间隔的 1/5。

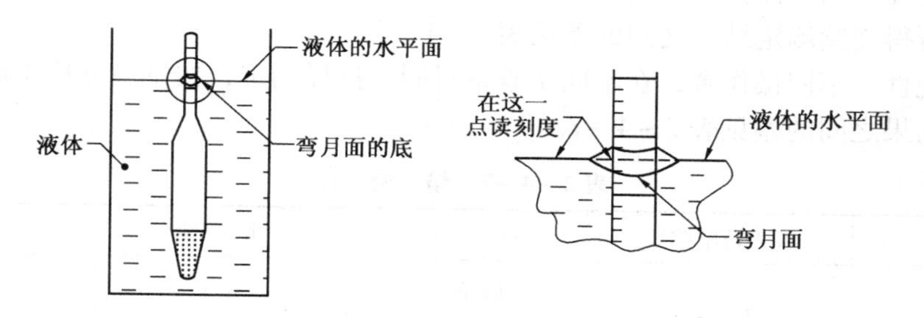

图 2－4－5　透明液体的密度计刻度读数

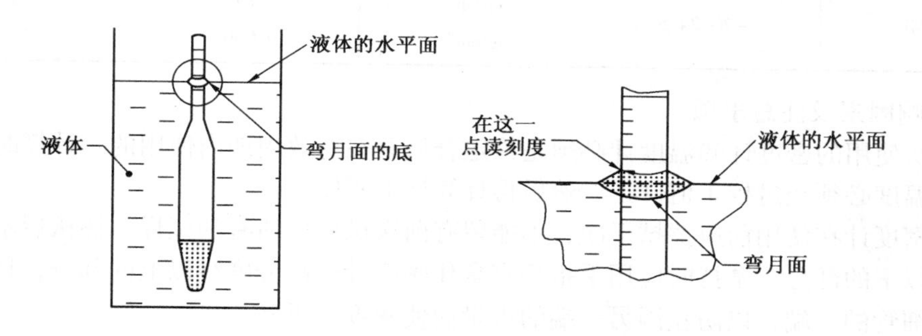

图 2－4－6　不透明液体的密度计刻度读数

（a）测定透明液体，先使眼睛稍低于液面的位置，慢慢地升到表面，先看到一个不正的椭圆，然后变成一条与密度计刻度相切的直线（见图 2－4－5）。密度计读数为液体主液面与密度计刻度相切的那一点。

（b）测定不透明液体，使眼睛稍高于液面的位置（见图 2－4－6）观察。密度计读数为液体弯月面上缘与密度计刻度相切的那一点。

⑩ 数据处理：

a. 观察到的温度计读数按校正值修正，记录到接近 0.1℃。

b. 由于密度计读数是按液体主液面检定的，对不透明液体，应按表 2－4－5 中给出的弯月面修正值对观察到的密度计读数作弯月面修正。对透明液体不用作弯月面修正。

c. 观察到的密度计读数作有关修正（弯月面、校正值）后，记录到 $0.1kg/m^3$（$0.0001g/cm^3$）。

d. 查 GB/T 1885《石油计量表》中 59B，将视密度换算到 20℃下的标准密度。查表过程中有两种情况：

（a）已知温度值及视密度值正好位于温度及视密度点上，直接查表交叉的密度即为标准密度；

（b）已知温度值不位于温度点上，视密度值介于视密度栏中两个相邻视密度值之间。采用内插法确定标准密度。但温度值不内插，用较接近的温度值查表。

⑪ 数据处理及报告：

a. 报告：

(a) 取重复测定结果的算术平均值作为试样的密度。

(b) 密度最终结果报告到0.1kg/m³(0.0001g/cm³)，20℃。

b. 精密度：

(a) 重复性　同一操作者用同一仪器在恒定的操作条件下对同一试样测定，按试验方法正确地操作所得连续测定结果之间的差见表2-4-7。

(b) 再现性　不同操作者，在不同实验室对同一试样测定，按试验方法正确地操作得到两个独立的结果之间的差见表2-4-7。

表2-4-7　精　密　度

石油产品	温度范围/℃	单　位	重复性	再现性
透明低黏度	-2～24.5	kg/m³	0.5	1.2
		g/cm³	0.0005	0.0012
不透明	-2～24.5	kg/m³	0.6	1.5
		g/cm³	0.0006	0.0015

5. 影响因素及注意事项

(1) 所使用的密度计和温度计必须是检定合格并在有效周期内使用的。计算时，测得的视密度和温度必须经过校正值修正，然后再计算标准密度。

(2) 密度计在使用前应擦拭干净，不能留有前次试验所沾有的试样。擦拭后不要再握最高分度线以下的部分。拿持时应用手指垂直拿住密度计最高分度线以上的部分，切勿横着拿取密度计细管的一端，以防止因另一端的重量而使密度计折断。

(3) 量筒应由透明的玻璃、塑料或金属制成，其内径应至少比所用的石油密度计的扩大部分的外径大25mm，以免密度计与量筒内壁擦碰，影响测定的准确度。同样，量筒高度应保证在石油密度计漂浮于试样中时，密度计底部距量筒底部至少25mm。

(4) 试样倒入量筒时，应沿着量筒壁倾入，防止溅泼和避免生成气泡。如果试样表面有气泡，应用滤纸消除，否则会影响密度计的读数。对易挥发试样要注意在转移过程中尽可能使试样中的低沸点组分的蒸发损失减少到最低程度。

(5) 估计试样的密度值，选择合适的密度计进行测定。将密度计浸入试油时需要轻轻缓放，不能与量筒贴壁，还要防止密度计一下子沉到量筒底部碰破密度计(石油密度计下部尖端较易损坏)。

(6) 把合适的密度计放入试样中，在达到平衡位置时放开，让密度计自由漂浮，要注意避免弄湿液面以上的干管，干管上如粘附着试样会影响测定的结果。

(7) 石油产品的密度与其温度有关，因此要注意测定时的温度恒定。如果使用恒温浴，要求恒温浴能保持在试验温度±0.25℃以内。恒温浴的尺寸大小要能容纳密度计量筒，并使恒温浴的液面高于量筒中的试样液面；如果不使用恒温浴，装有试样的量筒应放置在没有空气流动的地方，以确保在测定时间内温度没有显著的变化(温度变化不大于±2℃)。

(8) 搅拌试样使整个量筒中试样的密度和温度均匀，读取试样温度。密度计读数后再测定温度，以第二次读取的温度作为试验温度，必须保持读取的两次温度值变化在±0.5℃以内，否则需要重新测定。

（9）石油密度计读数时，要注意密度计必须离开量筒壁，并静止地漂浮于试样中。按正确读数，眼睛与标准要求的液面边缘必须同一水平。

（10）读取密度计的读数应同时读取油温，因为密度随温度的变化而变化。

4.3.2 黏度的测定

1. 概述

（1）定义

液体受外力作用流动时，在不同条件下有层流和紊流两种状态。在层流状态下，液体质点运动是有规则的，质点间互不混杂，互不干扰，可以看成是一层层的，一层液体沿着另一层液体流动。当液体流速大于一定值时，则层流变为紊流，此时，液体质点交错而又混乱地向前运动，除了有序的沿流动方向运动以外，还有附加的横向运动存在。

液体在外力作用下作层流运动时，相邻两层流体分子之间存在内摩擦力，阻滞流体的流动，这种特性称为流体的黏滞性，衡量黏滞性大小的物理单位称为黏度。

在我国，通常把黏度分为三类：即动力黏度、运动黏度和条件黏度。

运动黏度是液体在重力作用下流动时内摩擦力的量度，其值为相同温度下液体的动力黏度与其密度之比。运动黏度的单位为 m^2/s，通常实际使用的单位是 mm^2/s。

动力黏度是液体在剪切应力作用下流动时内摩擦力的量度，其数值为所加流动液体的剪切应力和剪切速率之比。

在石油商品质量标准中，还常能见到各种条件黏度指标。它们都是在一定温度下，在一定仪器中，使一定体积的油品流出，以其流出时间（s）或其流出时间与同体积水流出时间之比作为其黏度值。恩氏黏度是目前我国的燃料油的质量标准中仍采用的标准，它是以油品从恩氏黏度计中流出 200mL 的时间与同样体积的水在 20℃时流出的时间之比（条件度，E）作为指标。此外还有赛氏黏度和雷氏黏度，在此就不具体介绍了。

（2）黏度与化学组成的关系

黏度反映了液体内部分子之间的摩擦力，因而它必然与分子的大小与结构有密切的关系。油品的黏度与化学组成的关系可以总结如下三点：

① 对于同一系列的烃类，除个别情况外，化合物的相对分子质量越大，其黏度也越大。

② 当相对分子质量相近时，具有环状结构的分子的黏度大于链状结构的，而且分子中环数越多则其黏度也就越大。因此，在习惯上有分子中的环状结构是其黏度的载体的说法。这同时也说明了液体的黏度中也包含了它的分子结构的信息。

③ 当烃类分子中的环数相同时，其侧链越长则其黏度也越大。

（3）油品的黏温性

油品的黏度是随其温度的升高而减少，对于润滑油，其黏度随温度变化的情况是衡量其性质的重要指标。而润滑油往往是在环境温度变化较大的条件下使用的，所以要求它的黏度随温度变化的幅度不要太大。目前常用来表征黏温性的指标有黏度指数、黏度比和黏温系数。

① 黏度指数

黏度指数是表示黏度随温度变化特性的一个约定量值。黏度指数越高，表示油品的黏温特性越好。确定石油黏度指数是选用两种标准油作为基准，其一是黏温性很好的宾夕法尼亚原油，规定其黏度指数为 100；另一为黏温特性极差的得克萨斯海湾沿岸原油，规定其黏度指数为0。分别测定标准油与试样在两个规定温度下的运动黏度，通过公式计算出该石油产品的黏度指数。

黏度指数是目前世界上通用的表征黏温性的指标，我国目前也采用此指标。精确的黏度指数数值可用油品的40℃及100℃的运动黏度从石油产品黏度指数表(见GB/T2541)中查得。从有关的列线图也可求得油品的黏度指数，但比较粗略。对于黏温性很差的油品，其黏度指数可以是负值。

② 黏度比

黏度比是指同一油品在规定温度下，所测得的低温运动黏度与高温运动黏度之比值。黏度比越小，表示油品黏度随温度变化越小，黏温特性越好。这种表示方法比较直观，可以直接得出黏度变化的数值，但黏度比只适用于黏度比较接近的油品，如果两种油品的黏度相差很大，则用黏度比就不能说明黏温特性的优劣。

③ 黏温系数

黏温系数是指同一润滑油在0℃和100℃时运动黏度之差与该油在50℃时运动黏度的比值。即黏温系数 $=(\upsilon_0-\upsilon_{100})/\upsilon_{50}$。黏温系数说明了在0～100℃温度范围内润滑油的黏温特性。黏温系数越小，表示油品在此温度范围内黏度变化越小，其黏温特性越好；黏温系数越大，黏温特性越差。

(4) 黏温性与分子结构的关系

烃类的黏温性与分子的结构有密切的关系，具体的黏度指数数据可以查有关图表而得，总的有如下规律：

① 正构烷烃的黏温性最好，分支程度较小的异构烷烃的黏温性比正构的稍差，随其分支程度的增大，黏温性越来越差。

② 环状烃(包括环烷烃和芳香烃)的黏温性都比链状烃的差。当分子中只有一个环时，黏度指数虽有下降，但下降不多。但当分子中环数增多时，则黏温性显著变差，甚至黏度指数为负值。

③ 当分子中环数相同时，其侧链越长则黏温性越好，侧链上如有分支也会使黏度指数下降。

综上所述，烃类中除正构烷烃的黏温性最好外，带有少分支长烷基侧链的少环烃类和分支程度不大的异构烷烃的黏温性也是比较好的，而多环短侧链的环状烃类的黏温性是很差的。

2. 测定意义

黏度是评定油品，特别是润滑油质量的主要理化指标，对于生产、运输和使用都有重要意义。

(1) 润滑油的牌号绝大部分是以某一温度下的运动黏度值来划分的。如冷冻机油、机械油等是以40℃运动黏度值来划分的；汽缸油则按100℃运动黏度值来划分。

(2) 黏度是润滑油的重要质量指标，正确选择适当黏度的润滑油，可保证发动机稳定可靠地工作。随着黏度的增大，发动机的功率会降低，燃料消耗增大；若黏度过大，会造成启动困难；若黏度过小，会降低油膜的支撑能力，使摩擦面之间不能保持连续的润滑层，增加磨损。一般要求在保证液体润滑的条件下，尽可能选用黏度小的润滑油。

(3) 黏度又是润滑油、燃料油储运输送的重要参数。当油的黏度由于温度的降低而增大时，会使泵压力增大，管输困难。因此除了选择合适黏度的油料外，通常在低温情况下，要提高温度、降低油的黏度或增大压力，便于输送。

（4）黏度是工艺计算的重要参数之一。例如计算液体在管线中的压力损失，计算油品在管线中的输送流速等。

（5）油品的黏度通常随着它的馏分的加重而增加。但同一馏程的馏分，因化学组成不同，其黏度也不相同。因此，在生产上可以从黏度变化判断润滑油的精制深度。通常是未经精制的馏分油黏度 > 用选择性溶剂精制的馏分油黏度。

（6）燃料雾化的好坏是喷气式发动机正常工作的最重要条件之一。喷气燃料的黏度对燃料雾化程度影响最大。为了保证喷气式发动机在不同温度下所必须的雾化程度，所以在燃料质量标准中规定了不同温度的黏度值。

（7）黏度是柴油的重要性质之一。它可决定柴油在内燃机内雾化及燃烧的情况。黏度过大，喷油嘴喷出的油滴颗粒大且不均匀，雾化状态不好，与空气混合不充分，燃烧不完全。柴油同时能对柱塞泵起润滑作用，黏度过小，会影响油泵润滑，增加柱塞磨损。

3. 试验方法

参见 GB/T 265—1988《油品运动黏度测定法和动力黏度计算法》。

（1）方法概要及适用范围

本方法是在某一恒定的温度下，测定一定体积的液体在重力作用下流过一个标定好的玻璃毛细管黏度计的时间，黏度计的毛细管常数与流动时间的乘积即为该温度下测定液体的运动黏度。在温度 t 时运动黏度用符号 v_t 表示，计算为：

$$v_t = c \cdot \tau_t \qquad (2-4-1)$$

式中 c——黏度计常数，它仅与黏度计的几何形状有关，而与测定温度无关，mm^2/s^2；

τ_t——试样的平均流动时间，s。

由于每支毛细管黏度计的常数通常在事先已经测定，故可根据公式计算出试样的运动黏度。运动黏度值乘以同温度下的密度值，即可计算出试样的动力黏度。

本方法适用于测定液体石油产品（指牛顿液体）的运动黏度。

本方法所测之液体认为是剪切应力和剪切速率之比为一常数，也就是黏度与剪切应力和剪切速率无关，这种液体称为牛顿液体。

（2）试验技术要素

① 玻璃毛细管黏度计应符合《玻璃毛细管黏度计技术条件》的要求。也允许采用具有同样精度的自动黏度计。每支黏度计必须进行检定并确定常数。毛细管黏度计见图 2-4-7。

② 测定试样的运动黏度时，应根据试验的温度选用适当的黏度计，务使试样的流动时间不少于 200s，内径 0.4mm 的黏度计流动时间不少于 350s。

③ 恒温浴要求带有透明壁或装有观察孔的恒温浴，容积不小于 2L，附有自动搅拌装置和一种能够准确地调节温度的电热装置。根据测定的条件，要在恒温浴中注入如表 2-4-8 中所列举的液体。

④ 玻璃水银温度计符合 GB/T514《石油产品试验用液体温度计技术条件》，分度值为 0.1℃。

⑤ 秒表的分度值为 0.1s。

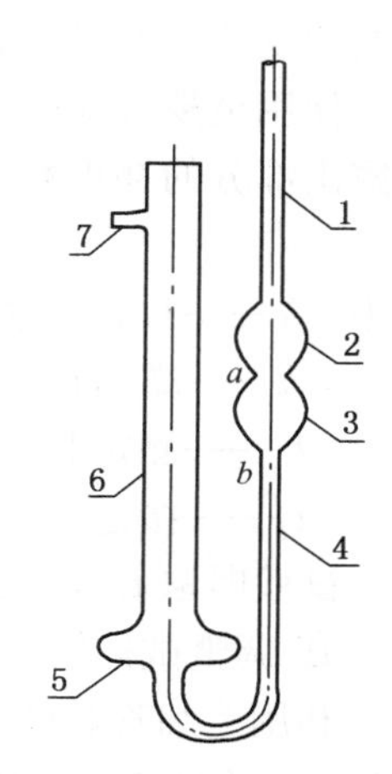

图 2-4-7 毛细管黏度计
1，6—管身；
2，3，5—扩张部分；
4—毛细管；
a，b—标线

表 2-4-8　在不同温度使用的恒温浴液体

测定温度/℃	恒　温　浴　液　体
50～100	透明矿物油、丙三醇（甘油）或25%硝酸铵水溶液（该溶液的表面会浮着一层透明的矿物油）
20～50	水
0～20	水与冰的混合物，或乙醇与干冰（固体二氧化碳）的混合物
0～-50	乙醇与干冰的混合物；在无乙醇的情况下，可用无铅汽油代替

注：恒温浴中的矿物油最好加有抗氧化添加剂，延缓氧化，延长使用时间。

⑥ 用于测定黏度的秒表、毛细管黏度计和温度计都必须定期检定并在有效周期内使用。

⑦ 测定用的试样不能含有水或机械杂质。试样含有水或机械杂质时，试验前必须经过脱水处理，用滤纸过滤除去机械杂质。

⑧ 在测定试样的黏度之前，必须将黏度计用溶剂油或石油醚洗涤，如果黏度计沾有污垢，就用铬酸洗液、水、蒸馏水或95%乙醇依次洗涤。然后放入烘箱中烘干或用通过棉花滤过的热空气吹干。

⑨ 在固定位置时，将黏度计调整成为垂直状态（利用铅垂线从两个相互垂直的方向去检查毛细管的垂直情况），把毛细管黏度计的扩张部分2浸入一半，恒温浴调整到规定的温度，经过规定的恒温时间。黏度计在恒温浴中的恒温时间见表2-4-9。

表 2-4-9　黏度计在恒温浴中的恒温时间

试验温度/℃	恒温时间/min	试验温度/℃	恒温时间/min
80，100	20	20	10
40，50	15	0～-50	15

⑩ 温度计安装时，务使水银球的位置接近毛细管中央点的水平面，并使温度计上要测温的刻度位于恒温浴的液面上10mm处。

使用全浸式温度计时，如果它的测温刻度露出恒温浴的液面，就依照下式计算温度计液柱露出部分的补正数 Δt，才能准确地量出液体的温度：

$$\Delta t = k \cdot h(t_1 - t_2) \tag{2-4-2}$$

式中　k——常数，水银温度计采用 $k=0.00016$，酒精温度计采用 $k=0.001$；

h——露出在浴面上的水银柱或酒精柱高度，用温度计的度数表示；

t_1——测定黏度时的规定温度，℃；

t_2——接近温度计液柱露出部分的空气温度，℃（用另一支温度计测出）。

试验时取 t_1 减去 Δt 作为温度计上的温度读数。

⑪ 调整试样液面位置。

利用毛细管黏度计管身1口所套着的橡皮管将试样吸入扩张部分3，使试样液面稍高于标线a，并且注意不要让毛细管和扩张部分3的液体产生气泡或裂隙。观察试样在管身中的流动情况，液面正好到达标线 a 时，开动秒表；液面正好流到标线 b 时，停止秒表。

试样的液面在扩张部分3中流动时，注意恒温浴中正在搅拌的液体要保持恒定温度，而且扩张部分中不应出现气泡。

⑫ 重复测定至少四次，其中各次流动时间与其算术平均值的差数应符合表2-4-10要求。取不少于三次的流动时间所得的算术平均值，作为试样的平均流动时间。

⑬ 数据处理及报告。

a. 计算：

在温度 t 时，试样的运动黏度 v_t 按式 2－4－1 计算，单位 mm^2/s。

b. 报告：

（a）取重复测定两个结果的算术平均值，作为试样的运动黏度。

（b）黏度测定结果的数值，取四位有效数字。

c. 精密度：

用下述规定来判断试验结果的可靠性(95% 置信水平)。

（a）重复性　同一操作者，用同一试样重复测定的两个结果之差不应超过表 2－4－10 数值。

（b）再现性　由不同操作者，在两个实验室提出的两个结果之差不应超过表 2－4－10 数值。

表 2－4－10　运动黏度测定的精密度控制

测定黏度的温度/℃	重复性/%	再现性/%
100 ~ 15	算术平均值的 1.0	算术平均值的 2.2
低于 15 ~ －30	算术平均值的 3.0	
低于 －30 ~ －60	算术平均值的 5.0	

例，黏度计常数为 $0.4780mm^2/s^2$，试样在 50℃ 时的流动时间为 318.0s，322.4s，322.6s 和 321.0s，因此流动时间的算术平均值为

$$\tau_{50} = \frac{318.0 + 322.4 + 322.6 + 321.0}{4} = 321.0s$$

$$\text{各次流动时间与平均流动时间的允许差数为} \frac{321.0 \times 0.5}{100} = 1.6s$$

因为 318.0s 与平均流动时间之差已超过 1.6s，所以这个读数应弃去。计算平均流动时间时，只采用 322.4，322.6 和 321.0s 的观测读数，它们与算术平均值之差，都没有超过 1.6s。

于是平均流动时间为

$$\tau_{50} = \frac{322.4 + 322.6 + 321.0}{3} = 322.0s$$

试样运动黏度测定结果为 $v_{50} = c \cdot \tau_{50} = 0.4780 \times 322.0 = 153.9mm^2/s$

(3) 影响因素及注意事项

① 试样预处理：

试样中含水分及机械杂质时，必须进行脱水过滤处理。试样含水，在浴温高时水将汽化变成水蒸气形成气塞，使液体流动时间变长，结果偏高；在浴温低时，则水凝结，影响液体石油产品在黏度计中的正常流动，使测定结果不是偏高就是偏低。杂质的存在，易黏附于毛细管内壁，增大流动阻力，使测定结果偏高。

② 黏度计的选择及流动时间的控制：

试样的流动时间应不少于 200s，内径 0.4mm 的黏度计流动时间不少于 350s。试验前，可用估计的试样黏度除以 200s 或 350s，所得数值来选择试验应选用的毛细管，最好选择系

数稍小于所得数值的毛细管黏度计。选择黏度计主要是确保试样在毛细管内处于层流状态。试样通过时间过短，易产生湍流，会使测定结果产生较大偏差；通过时间过长，不易保持温度恒定，也可能引起测定偏差。

③ 毛细管黏度计的清洁程度：

黏度计内部清洁与否直接影响测定结果的准确度，因此必须清洗干净，并烘干。

④ 试样量的多少影响测定结果：

黏度计中盛装的试样量，必须严格控制，装入试样量要刚好达到标线，不可过多或过少。

⑤ 气泡的影响：

吸样和测定过程中都不能有气泡存在，如果有气泡存在会使测定结果产生偏差。因为气泡不但影响装油体积，而且进入毛细管后还能形成气塞，增大流动阻力，使流动时间增长，测定结果偏高，如果有不宜消除的气泡，可通过油样减压除去。

⑥ 黏度计位置：

黏度计必须调整成垂直状态，不能倾斜，否则会改变液柱高度，引起静压差的变化，使测定结果出现偏差。黏度计向前倾斜时，液面压差增大，流动时间缩短，测定结果偏低。黏度计向其他方向倾斜时，都会使测定结果偏高。

⑦ 恒温时间：

保证黏度计内的油品各点温度均匀是保证测定准确的前提条件，故应严格控制黏度计在恒温浴中的恒温时间(柴油在20℃恒温10min)。

⑧ 温度：

油品黏度随温度变化很明显，控制浴温的恒定十分重要，试验的温度必须保持恒定在±0.1℃，否则即使极微小的变动，也会使测定结果产生较大的误差。

⑨ 温度计、毛细管黏度计必须定期进行检定。

⑩ 流动时间计时要准确。秒表必须专用，并定期进行检定。

⑪ 试油在毛细管中流动时，应防止油浴振动。此时宜将搅拌机减速或停止，尤其是磁性搅拌时，必须停止搅拌。

4.3.3 苯胺点的测定

1. 概述

苯胺点是规定条件下新蒸馏的苯胺与等体积燃料完全溶解成单一液相时的最低温度，也是与燃料化学组成有关的一项指标。

苯胺点的测定是基于油中各种烃类在极性溶剂中，有不同的溶解度。当在油品中加入同体积的苯胺时，两者在试管内分为两层，然后对混合物加热至互相溶解，呈现透明，再冷却到透明溶液刚开始呈现浑浊并不再消失的一瞬间，此时的温度即为所测得的苯胺点。

油品中各种烃类的苯胺点是不同的，各种烃类的苯胺点高低顺序是：芳香烃 < 环烷烃 < 烷烃。烯烃和环烯烃的苯胺点较相对分子质量与其接近的环烷烃稍低。多环环烷烃的苯胺点远较相应的单环烷烃为低。对于同一烃类其苯胺点均随相对分子质量和沸点的增加而增加。根据各主要烃类的苯胺点有显著差别这一特点，在测得油品苯胺点的高低后，可大致判断油品中含哪种烃类的多少。通常，油品中芳香烃含量越低，苯胺点就越高。此外根据苯胺点的数据，还可以计算柴油指数和十六烷指数。某些轻质油品，预先切割成几个窄馏分，并测得用硫酸处理前后的苯胺点，还可计算出各单独馏分中的芳香烃含量。

2. 试验方法

参见 GB/T 262—1988《油品苯胺点测定法》。

(1) 方法概要及适用范围

将规定体积的苯胺和试样置于试管(或 U 型管)中，并用机械搅拌使其混合。混合物以控制的速度加热至两相完全混合。然后将混合物在控制速度下冷却，当两相分离时记录的温度即为苯胺点。

(2) 试验技术要素

① 按规程要求准备仪器、材料。

② 苯胺不符合试验要求时，要进行精制：先在苯胺中加入适量的固体氢氧化钾或氢氧化钠脱水。过滤后，用滤出的苯胺进行蒸馏，只收集馏出 10% ~90% 的馏分，并装贮在棕色的瓶内，同时加入固体氢氧化钾或氢氧化钠，以防其受潮。使用时，利用倾注法取出澄清的苯胺。

③ 试样中有水时，试验前必须脱水。

④ 可使用不同的试验装置进行测定。当使用第一种装置时，用两支吸量管分别将 5mL 苯胺和 5mL 试样注入清洁、干燥的试管中，然后用软木塞将温度计和搅拌丝安装在这支试管内。温度计的水银球中部要放在苯胺层与试样层的分界线处。搅拌丝的上端要穿出木塞的特备小孔，其下端的环要浸到苯胺层。

用软木塞将试管固定在玻璃套管中央。把玻璃套管浸入油浴 60 ~70mm。套管的上部用支持夹固定在支架上。加热油浴时，经常搅拌试管中的混合物和油浴。

使用第二种试验装置时，用两支吸量管分别将 5mL 苯胺和 5mL 试样注入清洁、干燥的 U 形管中。这 U 形管要套上金属罩，使罩上的孔口对准扁圆形连通管中央。在 U 形管的一边管臂中插入清洁、干燥的玻璃搅拌棒之后，U 形管的下部要浸在油浴中，U 形管的上部用支持夹固定在支架上。玻璃搅拌棒要与传动装置连接，而且要使螺旋形部分的顶端与扁圆形连通管焊接处的下边缘相平。在 U 形管的另一边管臂中用软木塞安装温度计，水银球的中部要放在苯胺层与试样层的分界线处。在金属罩背面安装好小灯泡之后，加热油浴，经常搅拌 U 形管中的混合物和油浴。

⑤ 混合物的温度达到预期苯胺点前 3 ~4℃时，控制温度慢慢上升，并不断搅拌混合物。当混合物呈现透明，就将试管从油浴中提起，搅拌、冷却，混合物的冷却速度不超过 1℃/min。

苯胺与试样的透明溶液开始呈现浑浊时，这就是试管中的水银球或扁圆形连通管背后的金属(应预先使小灯泡发光)刚刚模糊不清的一瞬间，立即记录混合物的温度，作为试样的苯胺点测定结果，准确到 0.1℃。

⑥ 数据处理及报告。

a. 报告：

取重复测定两个结果的算术平均值作为试样的苯胺点。

b. 精密度：

重复性：同一操作者，对浅色石油产品，重复测定两个结果之差不应大于 0.2℃；对深色石油产品，重复测定两个结果之差不应大于 0.4℃。

(3) 影响因素及注意事项

① 所采用的苯胺的纯度对测定结果有很大的影响。苯胺应为新蒸馏过的干燥的苯胺，

因为这样可减少其氧化产物。而当有水存在时则能使溶解温度升高。例如，在苯胺中混有1%的水时，便能使苯胺点升高5～6℃。

② 仪器安装不正确会引起误差，特别是温度计的水银球中部应位于苯胺层与试油层的分界线处，否则影响测定结果。

③ 加热升温及冷却速度应控制好，特别是不要过快。因水银温度计有一定惯性，易产生误差。

④ 含水试油应预先脱水过滤，含蜡油在过滤前应微热使之熔化后再过滤，以免损失油中的蜡分，使测定结果不准确。

⑤ 所量取的试油及苯胺量应等体积，这是本方法的主要测定条件。体积不等，溶解温度也不同。

4.3.4 蒸发性的测定

油品气化的难易程度，称为油品的蒸发性。

液体燃料的蒸发性对其储存、运输和发动机工作都有很大影响，是液体燃料的重要性质，在油品标准中都有严格的限制。对润滑油、润滑脂来说，蒸发性则是保证润滑、减少着火危险性的控制指标之一。液体燃料的蒸发性通常用馏程(蒸馏)和饱和蒸气压等指标来表示；润滑油的蒸发性通过直接测定蒸发损失、闪点高低或者间接地从润滑油在蒸发前后的黏度变化来说明；润滑脂则是在规定条件下测定其蒸发损失质量百分数来表示其蒸发性的大小。本节主要介绍液体燃料馏程测定法和饱和蒸气压测定法。

4.3.4.1 馏程的测定

1. 概述

对于纯物质，在一定外压下，当加热到某一温度时，其饱和蒸气压等于外界压力，此时在气液界面和液体内部同时出现气化现象，这一温度称为沸点。在一定压力下，纯化合物沸点是一个常数。石油产品是一个主要由多种烃类及少量烃类衍生物组成的复杂混合物，与纯化合物不同，它没有恒定的沸点。在一定外压下加热汽化时，其残液的蒸气压随气化率增加而不断下降，油品中的各种烃类不可能按自己的沸点一一蒸出，只能是按温度由低到高连续蒸馏。沸点较低的先蒸出，沸点较高的后蒸出，其沸点表现为一定宽度的温度范围。

在专门的蒸馏仪器中，所测得的蒸馏温度与馏出量之间的数字关系，表示油品在规定的条件下蒸馏所得到的以初馏点和终馏点表示其蒸发特性的这一温度范围叫做馏程。常以一定蒸馏温度下馏出物的体积百分数或馏出物达到一定体积百分数时读出的蒸馏温度来表示。

石油产品蒸馏测定中馏出温度与馏出体积分数相对应的一组数据，称为馏分组成。例如，初馏点、10%回收温度、50%回收温度、90%回收温度、终馏点等，生产实际中常统称为馏程。馏分组成是油品蒸发性大小的主要指标。相关术语还包括：

（1）初馏点：在规定条件下蒸馏时，从冷凝管较低的一端滴下第一滴冷凝液的一瞬间观察到的温度计读数，以℃表示。

（2）10%、50%、90%馏出温度：在规定条件下进行馏程测定中，蒸馏出10%、50%、90%体积时的温度计读数，以℃表示。

（3）分解点：蒸馏烧瓶中液体开始呈现热分解时的温度计读数，以℃表示。

注：热分解时蒸馏烧瓶中出现烟雾，温度发生波动，即使调节加热，温度仍明显下降。

（4）干点：蒸馏烧瓶最低点的最后一滴液体气化时一瞬间所观察到的温度计读数，以℃表示。在蒸馏烧瓶壁或温度计上的任何液滴或液膜则不予考虑。

（5）终点或终馏点：在规定条件下进行馏程测定中，蒸馏烧瓶底部的液体全部蒸发后出现的温度计最高读数，以℃表示。经常采用的同义词是术语“最高温度”。

（6）蒸发百分数：回收百分数与损失百分数之和，以百分数表示。

（7）回收百分数或回收体积：与温度计读数同时观察到在接受量筒内的冷凝液体的体积，以百分数表示或 mL 表示。

（8）残留百分数：直接测得残留物体积所占加入试样的百分数。即蒸馏完成后，蒸馏烧瓶中的内容物的百分数。

（9）总回收百分数：最大回收百分数与残留百分数之和。

（10）损失百分数：100% 减去总回收百分数，以百分数表示。

2. 测定意义

蒸馏（馏程）是评定液体燃料蒸发性的重要质量指标，它既可以说明液体燃料的沸点范围，又能判断油品组成中轻重组分的大体含量。因此，无论对于生产、使用、储存等各方面都有重要意义。

（1）蒸馏（馏程）是判断石油馏分组成，确定加工方案和加工工艺，保证油品质量与产量的重要依据。

① 决定一种原油的加工方案时，首先要知道原油中所含轻、重馏分的数量。这就要对原油进行常压蒸馏和减压蒸馏。以得到汽油、煤油、轻柴油、重柴油等馏分的收率。并且还要对馏分的性质进行详细的分析。从收率的多少和各馏分性质的优劣来判断该原油最适宜的产品方案和加工工艺，这就是原油评价的内容。

② 燃料的蒸馏（馏程）是评定油品蒸发性的重要指标。馏分的轻重是直接影响蒸发性的重要指标，也是区别不同油品的重要指标之一。各种液体燃料的大致沸点范围为：

航空燃料	40～180℃
1 号、2 号喷气燃料	140～250℃
3 号喷气燃料	130～280℃
车用汽油	35～205℃
柴油	200～365℃

③ 炼油工艺流程必须根据原油实沸点蒸馏数据及关键组分的恩氏蒸馏数据来确定。工艺设计的基础数据是所有其他专业设计的原始资料，它的可靠与否，直接关系整个设计、工程质量。

（2）蒸馏（馏程）是装置生产操作控制的依据。

石油炼制过程中，控制装置生产操作条件（如温度、压力、塔内液面、侧线拔出量、蒸汽用量等）是以馏出物的馏程结果为基础的。如按航煤馏程来确定塔顶温度，若得到航煤干点高于指标，一般加大回流量，以降低塔顶温度，炼得的航煤变轻，但航煤量相应减少；若得航煤干点比指标低，则又需减少回流量，以升高塔顶温度，则航煤变重，油量也会增加。所以，定期做馏程控制分析，准确及时与否对产品的质量和产量关系很大。

（3）蒸馏（馏程）是鉴定蒸发性，判断油品使用性能的重要指标。

① 汽油各点馏出温度是汽车使用性能好坏的主要指标。

10% 馏出温度与启动的性能：相对说明燃料油中轻馏分含量。10% 馏出温度愈低，发动机愈易启动，并且启动时间短，消耗燃料量少，但是轻组分太多，易产生气阻。

50% 馏出温度与加速性能：表示燃料的平均挥发性和加速性能的大小，此温度愈低，发动机预热到正常工作所需的时间就短，变速愈容易。如果50%温度太低，则燃料热值低，发动机功率小。

90%馏出温度与燃烧安全性：表示燃料中重质组分的含量，它关系到燃料是否能充分蒸发燃烧。90%馏出温度愈高，重质组分愈多，燃料燃烧不易完全，排气时和废气形成油滴状排出，一方面会使曲轴箱润滑油稀释，影响润滑效能。另一方面增大油量消耗，加大机件磨损。一般说，燃料90%馏出温度低些好。

终馏点与滞留性：表示燃料中含最重馏分的沸点，此点温度愈高，则易稀释润滑油和增加机械磨损，同时会由于燃烧不完全，形成汽缸上油渣沉积或堵塞油管。

② 270℃和310℃含量是煤油的重要指标。

270℃含量越多，说明煤油中含烷烃、环烷烃较多，燃烧时容易完全。270℃含量越少，说明油品重，大分子烷烃、环烷烃及芳香烃含量就多，燃烧时容易堵塞油路，使燃烧不完全，导致冒烟，结灯花等。310℃含量可以看出煤油中重馏分的含量，太重则燃烧不好，光度差。

③ 300～350℃含量是柴油的主要质量指标。

300℃馏程的含量关系到油品在使用时是否能形成良好的雾状液滴而被点燃，此含量愈大，发动机启动愈容易，但喷雾性能较低，从而影响发动机的正常工作；350℃含量表示柴油中难挥发重组分的含量。350℃含量大，则重质组分和胶质多，发动机易生成积炭和磨损。

3. 试验方法

轻质油品汽油、溶剂油、煤油、轻柴油馏分组成测定方法有GB/T 255《石油产品馏程测定法》和GB/T 6536《石油产品蒸馏测定法》；重柴油、蜡油、原油等重质馏分测定方法为SH/T 0165《高沸点范围油品高真空蒸馏测定法》。本节仅介绍GB/T 6536—1997《石油产品蒸馏测定法》。

（1）方法概要及适用范围

100mL试样在适合其性质的规定条件下进行蒸馏。系统地观察温度计读数和冷凝液的体积，并根据这些数据，再进行计算和报告结果。

方法适用于汽油、车用汽油、航空汽油、喷气燃料、特殊沸点的溶剂、石脑油、石油溶剂油、煤油、柴油、粗柴油、馏分燃料和相似的石油产品。除了用于手工操作进行测定外，该方法也可用自动仪器进行测定。但是有争议时，仲裁试验应用手工方法进行。

（2）试验技术要素

① 取样：

a. 确定与被测样品相应组的特性，组的特性见表2－4－11。当试验步骤与所属组有关时，在条文的开头将标记出组的顺序号。

表2－4－11 组的特性

样品特性	0组	1组	2组	3组	4组
馏分类型	天然汽油				
蒸气压，37.8℃，kPa(GB/T 8017方法)		≥65.5	<65.5	<65.5	<65.5
蒸馏，初馏点，℃				≤100	>100
终馏点，℃		≤250	≤250	>250	>250

b. 按GB/T 4756和表2－4－12进行取样

表 2-4-12 取　样

	0 组	1 组	2 组	3 组	4 组
取样瓶的温度/℃	0~4	0~10			
贮存样品的温度/℃	0~4	0~10	0~10	室温，高于倾点 11℃	室温，高于倾点 11℃
如果样品含有水	重新取样	重新取样	重新取样	进行干燥	进行干燥

② 仪器的准备：

a. 按标准选择被测样品所需的蒸馏烧瓶、蒸馏烧瓶支板和温度计。蒸馏烧瓶、蒸馏烧瓶支板、温度测量元件、量筒、金属罩和样品都要达到所规定温度。仪器的准备见表 2-4-13。

表 2-4-13 仪 器 的 准 备

	0 组	1 组	2 组	3 组	4 组
蒸馏烧瓶/mL	100 或 125	125	125	125	125
蒸馏温度计	低温范围	低温范围	低温范围	低温范围	高温范围
蒸馏烧瓶支板孔径/mm	32	38	38	50	50
开始试验的温度					
蒸馏烧瓶和温度计/℃	0~4	13~18	13~18	13~18	不高于室温
蒸馏烧瓶支板和金属罩	不高于室温	不高于室温	不高于室温	不高于室温	—
量筒和 100mL 试样/℃	0~4	13~18	13~18	13~18	13~室温

b. 冷浴和量筒的冷却浴（或周围温度）应达到的温度和在试验过程中的条件见表 2-4-14。

表 2-4-14 在试验过程中的条件

	0 组	1 组	2 组	3 组	4 组
冷浴的温度/℃	0~1	0~1	0~4	0~4	0~60①
量筒周围浴的温度/℃	0~4	13~18	13~18	13~18	试样温度 ±3
开始加热到初馏点的时间/min	2~5	5~10	5~10	5~10	5~15
初馏点到 5% 回收体积的时间/s	—	60~75	60~75	—	—
初馏点到 10% 回收体积的时间/min	3~4	—	—	—	—
从 5% 回收体积到蒸馏烧瓶中残留物为 5mL 的冷凝平均速率/(mL/min)	—	4~5	4~5	4~5	4~5
从 10% 回收体积到蒸馏烧瓶中残留物为 5mL 的冷凝平均速率/(mL/min)	4~5	—	—	—	—
从蒸馏烧瓶中残留物为 5mL 到终馏点的时间/min	3~5	3~5	3~5	不大于 5	不大于 5

① 适合的冷浴温度应该取决于试样的蒸馏馏分和蜡含量，应该使用满意操作允许的最低温度。

③ 温度计安装：

0 组、1 组、2 组和 3 组用低温蒸馏用温度计；4 组用高温蒸馏用温度计。用一个打孔良好的软木塞或硅酮橡胶塞，将温度测量元件紧密地装在蒸馏烧瓶的颈部。当用温度计时，水银球应位于蒸馏烧瓶颈部的中央，毛细管的低端与蒸馏烧瓶的支管内壁底部的最高点齐平，温度计在蒸馏烧瓶瓶颈中的位置见图 2－4－8。当用热电偶或电阻热电偶时，按生产厂说明书规定的位置安放。

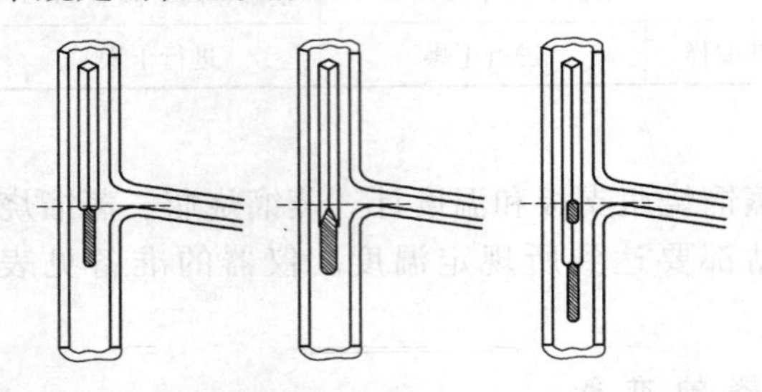

图 2－4－8　温度计在蒸馏烧瓶瓶颈中的位置

④ 试验前，清洁冷凝管。

⑤ 蒸馏烧瓶安装：

将蒸馏烧瓶的支管紧密地装在冷凝管上。将蒸馏烧瓶调整在垂直位置，并使蒸馏烧瓶的支管伸入冷凝管内 25～50mm。

⑥ 将取试样的量筒不经干燥，放入冷凝管下端的量筒冷却浴内，使冷凝管的下端位于量筒的中心，并伸入量筒内至少 25mm，但又不低于 100mL 刻线。用一块吸水纸或相似的材料将量筒盖严密，这块吸水纸应剪成紧贴冷凝管。

⑦ 观察并及时记录用于计算和报告试验结果所需的馏出百分数及相应的温度计读数。

a. 汽油：观察并及时记录 5%，10%，40%，50%，80%，90% 馏出百分数、终馏点及相应的温度计读数，若作重复性判定，试验过程中还应记录 20%、60% 的馏出百分数及相应的温度计读数。

b. 柴油：观察并及时记录 50%，90%，95% 的馏出百分数及相应的温度计读数，若作重复性判定，试验过程中还应记录 40%，60%，80% 的馏出百分数及相应的温度计读数。

c. 回收体积精确至 0.5mL，温度计读数精确至 0.5℃。

⑧ 量取残留体积分数。

a. 在冷凝管继续有液体滴入量筒时，每隔 2min 观察一次冷凝液的体积，直至两次连续观察的体积一致为止。

b. 蒸馏烧瓶冷却后，将其内容物倒入 5mL 量筒中，并将蒸馏烧瓶悬垂在 5mL 量筒上，让蒸馏烧瓶排油，直至观察到 5mL 量筒中液体体积没有明显的增加为止。

⑨ 数据处理及报告：

a. 计算：

（a）一般情况下，温度计读数都应修正到 101.3kPa（760mmHg）。报告应包括观察的大气压力和说明是否已进行了大气压力修正，报告大气压力精确至 0.1kPa（1mmHg）。

（b）当用修正到 101.3kPa（760mmHg）标准大气压力的温度计读数来报告时，则观察到的温度计读数应该加上的修正值 C（℃）[①] 按悉尼扬（SydneyYoung）公式计算如下：

$$C = 0.0009(101.3 - p_k)(273 + t) \quad (2-4-3)$$

$$\text{或 } C = 0.00012(760 - p)(273 + t) \quad (2-4-4)$$

式中　p_k——试验时大气压力，kPa；

P——试验时大气压力，mmHg；

T——观察到的温度计读数，℃。

（注：根据所用的仪器，在对温度计读数进行修正，并将修正的结果精确到 0.5℃ 或 0.1℃ 后，此数据才能用于以后的计算和报告。）

（c）在温度计读数修正到 101.3kPa（760mmHg）压力时，真实的（修正后的）损失 L_C（%）应该按下式修正到 101.3kPa（760mmHg）：

$$L_c = AL + B \tag{2-4-5}$$

式中　L——从试验中数据计算得出的损失百分数,%；

A 和 B——数字常数。用于修正蒸馏损失的常数 A 和 B 值见表 2-4-15。

表 2-4-15　用于修正蒸馏损失的常数 A 和 B 值

观察的大气压力		A	B
kPa	mmHg		
74.6	560	0.231	0.384
76.0	570	0.240	0.380
77.3	580	0.250	0.375
78.6	590	0.261	0.369
80.0	600	0.273	0.363
81.3	610	0.286	0.357
82.6	620	0.300	0.350
84.0	630	0.316	0.342
85.3	640	0.333	0.333
86.6	650	0.353	0.323
88.0	660	0.375	0.312
89.3	670	0.400	0.300
90.6	680	0.428	0.286
92.0	690	0.461	0.269
93.3	700	0.500	0.250
94.6	710	0.545	0.227
96.0	720	0.600	0.200
97.3	730	0.667	0.166
98.6	740	0.750	0.125
100.0	750	0.857	0.071
101.3	760	1.000	0.000

（d）相应的修正后的最大回收百分数 R_c(%)计算如下：

$$R_c = R_{max} + (L - L_c) \tag{2-4-6}$$

式中　R_{max}——观察的最大回收百分数,%；

L——从试验数据计算得出的损失百分数,%；

L_c——修正后的损失百分数,%。

（e）在规定的温度计读数报告蒸发百分数时，将每个规定的温度计读数的回收百分数加上观察的损失百分数。蒸发百分数 P_c(%)计算如下：

$$P_c = P_r + L \tag{2-4-7}$$

式中　P_r——回收百分数,%；

L——从试验数据计算得出的损失百分数,%。

b. 报告：

（a）报告温度计读数与蒸发百分数或回收百分数（或回收体积）之间的关系。每个报告应指明所使用的是蒸发百分数对温度的关系，还是回收百分数对温度的关系。回收百分数对温度的关系经大气压力修正即可。

（b）规定的蒸发百分数时的温度计读数，可以采用计算法或图解法，并在报告中注明。

a）计算法：从每个规定的蒸发百分数减去观察的损失百分数，求得相应的回收百分数。所得回收百分数对应的温度计读数，即在规定的蒸发百分数时的温度计读数 T（℃）为：

$$T = T_L + \frac{(T_H - T_L)(R - R_L)}{R_H - R_L} \quad (2-4-8)$$

式中 R——对应于规定的蒸发百分数的回收百分数，%；

R_H——邻近并高于 R 的回收百分数，%；

T_H——在 R_H 时观察到的温度计读数，℃；

R_L——邻近并低于 R 的回收百分数，%；

T_L——在 R_L 时观察的温度计读数，℃。

b）图解法：如有需要，将每个经大气压力修正后的温度计读数对其相应的回收百分数绘制曲线图。初馏点画在0%回收百分数或回收体积处。连接各点画一条平滑的曲线。如图2-4-9所示。将每个规定的蒸发百分数减去损失百分数得出其相应的回收百分数，从绘制的曲线图中，得到在此回收百分数时指示的温度计读数。此法内插法得到的值受人为绘制曲线的精度影响。

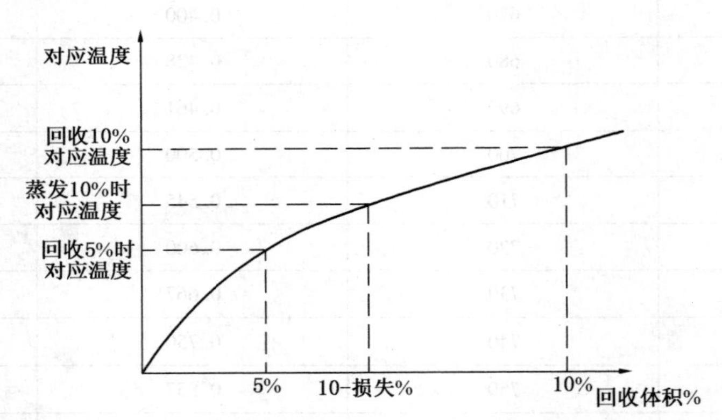

图2-4-9　图解法得到规定的蒸发百分数对应的温度

（c）取重复测定两个结果的算术平均值，作为试样的回收温度或蒸发温度。

（d）回收温度或蒸发温度都要按 GB/T 8170《数值修约规则》进行0.5修约，结果准确至0.5℃（手工）。

（e）回收温度或蒸发温度结果准确至0.1℃（自动）。

c. 精密度：

按下述规定判断试验结果的可靠性（95%置信水平）。在此（注：除0组外）只讨论计算法，GB/T 6536—1997 标准中的图2、图3、图4不做介绍。

（a）汽油：

a）温度变化率：

5%回收百分数的温度变化率（℃/V%）：

$$S = 0.1(T_{10} - T_1) \quad (2-4-9)$$

10%～80%回收百分数的温度变化率(℃/V%)：

$$S = 0.05(T_{(V+10)} - T_{(V-10)}) \quad (2-4-10)$$

90%回收百分数的温度变化率(℃/V%)：

$$S = 0.1(T_{90} - T_{80}) \quad (2-4-11)$$

式中 T——用脚注表示在该回收百分数时的温度，℃；

V——回收百分数的体积；

$V-10$——比该回收百分数的体积小10%；

$V+10$——比该回收百分数的体积大10%；

I——初馏点；

5，10，80，90——表示相应的回收百分数。

b）1组的初馏点～终馏点蒸发百分数的温度重复性和再现性(℃)，见表2-4-16。

表2-4-16　1组(手工)和重复性和再现性

蒸　发　点	重复性/℃	再现性/℃
初馏点	3.3	5.6
5%	$0.864S+1.874$	$1.736S+3.104$
10%～80%	$0.864S+1.214$	$1.736S+1.994$
90%	$0.864S+1.214$	$1.736S+0.774$
95%	$0.864S+1.214$	$1.736S+1.054$
终馏点	3.9	7.2

（b）柴油：

a）温度变化率：

50%回收百分数的温度变化率(℃/V%)：

$$S = 0.05(T_{60} - T_{40}) \quad (2-4-12)$$

90%回收百分数的温度变化率(℃/V%)：

$$S = 0.1(T_{90} - T_{80}) \quad (2-4-13)$$

95%回收百分数的温度变化率(℃/V%)：

$$S = 0.2(T_{95} - T_{90}) \quad (2-4-14)$$

式中 T——用脚注表示在该回收百分数时的温度，℃；

40，60，80，90，95——表示相应的回收百分数。

b）2组、3组和4组(手工)的重复性和再现性见表2-4-17。

表2-4-17　2组、3组和4组(手工)的重复性和再现性

回　收　点	重复性/℃	再现性/℃
初馏点	$(S+3.13)/2.92$	$(S+2.84)/1.04$
5%～95%	$(S+2.46)/2.44$	$(S+1.39)/0.76$
终馏点	$(S+1.82)/2.66$	$(S+6.95)/2.24$

（3）影响因素及注意事项

① 试验所用的蒸馏烧瓶和量筒必须经过检验，干燥洁净并符合规格标准才能使用。蒸

馏烧瓶不允许有积炭，否则会降低导热性能对结果产生较大的影响。

② 试验使用的温度计必须符合试验方法的要求，须定期进行检定。

③ 试验前必须清除冷凝管内壁前次试验留有的液体，否则其中的残留液会影响初馏点及各馏出温度。

④ 试样及馏出物量取温度的一致性。量取试样和接收馏出液的量筒必须和试样温度相近并符合试验方法要求。因为液体石油产品的体积受温度影响较大，温度升高，体积增大，温度降低，体积减小。若量取试样及馏出物的温度不同，必将引起测定误差，所以注入蒸馏烧瓶的试样温度与收集的馏出物温度基本一致，以减少回收百分数的误差。如：标准中要求量取汽油试样、馏出物及残留液体体积时，温度均要保持在13～18℃之间。

⑤ 防止回收量过多或过少。量取试样量多、量取试样时的温度偏低、冷凝管未擦净、蒸馏烧瓶不干燥等会使回收量增加；量取试样量少、量取试样时的温度偏高、注入试样时洒落部分在烧瓶外面、仪器连接处密封不严等，都会使回收量减少，回收量的多少会显著地影响90%以后馏出温度的高低。

⑥ 控制冷凝器温度。对于轻质石油产品(如汽油)，要求冷凝器温度低，以保证气化的蒸气能全部冷凝成液体，而不致于逸出造成损失；对于含蜡石油产品(如柴油)，要求冷凝器内的水温根据油品的含蜡量来控制，以保证蜡分不在冷凝管内凝结而使冷凝液能顺利地流入量筒，正常地进行测定。因此测定产品不同，冷凝器内水温控制要求不同。应按方法要求严格控制冷浴的温度，以确保从冷凝器流出的为液体。

⑦ 严格控制加热强度和馏出速度。由于各种油品性质不同，油品组分不同，应根据地区和环境温度不同熟练控制好电加热功率大小，以严格控制加热强度，控制油品馏出速度。加热强度过大或加热过快，会产生大量的气体来不及从蒸馏烧瓶的支管逸出，蒸馏烧瓶中的气体分子增多，可使瓶内的气压大于外界大气压，读出的温度并不是在外界大气压下试油沸腾的温度，往往会比正常的蒸馏偏高，终馏点也升高。若加热强度始终较大，将引起过热现象，干点提高而不易测定准确；反之，加热过慢会使各点馏出温度都降低，而且测定时间延长。

⑧ 防止轻组分挥发，控制蒸馏损失。量筒的口部要用吸水纸或脱脂棉塞住以减少馏出物挥发损失，使其充分冷凝；同时避免冷凝管上的凝结水落入量筒。必要时在蒸馏烧瓶、温度计与冷凝管相连接的地方涂上火棉胶，防止轻组分挥发导致馏出温度偏高。

⑨ 蒸馏烧瓶支板的选择。不同油品使用不同孔径的蒸馏烧瓶支板，主要是控制蒸馏瓶下面来自热源的加热面，蒸馏烧瓶通过支板孔被直接加热，一方面基于油品的轻重，保证其升温使油品在规定时间内能沸腾达到应有的蒸馏速度；另一方面主要是使蒸馏终点的油品表面要高于加热面，以防止过热和烧坏蒸馏烧瓶。因此蒸馏不同的石油产品要按试验要求选择合适的石棉垫支板的孔径，起到保证加热速度和避免油品过热的作用。另外，蒸馏烧瓶支板不能损坏，不能有裂缝，否则也影响测定。

⑩ 试油含水时，试验前应脱水，以保证试验安全和测定结果的准确。含水的试样蒸馏时，会在温度计上逐渐冷凝成水滴，水滴落入高温的油品中会迅速汽化，瓶内压力突然增大造成瓶内压力不稳，蒸馏烧瓶支管口径又小，来不及排除瓶内蒸气，甚至蒸气压力冲开温度计的塞子发生冲油(突沸)现象。另外油中含水使测定结果产生误差。在蒸馏含少量水的试油时，在一定温度下，油蒸气压力低于外界压力，本来油还不会沸腾，但由于从温度计水银球滴下的水滴形成蒸气，使油品蒸气分压和水蒸气分压之和恰好达到或超过外界压力时，油

就开始沸腾，油蒸气就开始从蒸气瓶支管逸出，使初馏点偏低，从而影响数据的准确性。因此测定前必须检查试样是否含有可见水。若含有可见水，则不适合做试验，应该另取一份无悬浮水的试样进行试验，并加入沸石，防止突沸或爆炸。

⑪ 正确安装温度计。温度计安装在蒸馏烧瓶中的位置非常重要，必须位于烧瓶颈部的中央，毛细管的低端与蒸馏烧瓶支管内壁底部的最高点齐平。这个位置正是蒸馏时蒸气向蒸馏烧瓶支管逸出的位置，水银球表面被覆盖有一薄层凝聚的液体，不断回流到蒸馏烧瓶中，又与蒸气接触达到平衡。如果温度计插得过深，会因高沸点蒸气或因跳溅起的液滴在水银球上而使温度偏高；如果温度计插得过浅，会因蒸馏烧瓶颈部的蒸气分子少而使温度偏低；如果温度计插歪，不与蒸馏烧瓶瓶颈的轴心线重合，会由于瓶壁受外界冷空气(外界较蒸馏烧瓶内温度低)的影响使温度偏低。

用热电偶或电阻热电偶时，按生产厂说明书规定的位置安放。安装位置不正确会使结果发生错误。

⑫ 蒸馏烧瓶支管插入冷管的长度要求为25～50mm。因蒸馏烧瓶支管在冷凝管内外的部分和冷凝管的长度是蒸馏时汽化的蒸气流冷凝经过的距离，如果蒸馏烧瓶支管插入冷凝管过长，那么这个距离就短了，会使温度计读数偏低；反之，就会使温度计读数偏高。另外由于蒸馏烧瓶支管与蒸馏烧瓶轴心线的角度要求符合蒸馏烧瓶的规格要求，冷凝管插入蒸馏烧瓶的长度适当才能保证蒸馏烧瓶垂直。

⑬ 保证量筒的读数。冷凝管的下端应伸入量筒至少25mm，又不低于100mL刻线。

⑭ 大气压力不同会使油品气化程度不同，测定结果也不一样。所以温度计读数按校正数校正后还要进行大气压力的修正。

⑮ 准确的记录试样的蒸出量及相应的温度，根据方法的要求计算回收温度或蒸发温度。

4.3.4.2 蒸气压的测定(雷德法)

1. 概述

液体蒸发产生蒸气。在一定温度下，当气、液两相达到动态平衡时，即单位时间从液面逸出分子的数目等于返回液面分子的数目，此时液面上的蒸气称为饱和蒸气，饱和蒸气所显示出来的压力称饱和蒸气压，简称蒸气压。纯物质的饱和蒸气压只与物质性质和温度有关。由于石油产品化学组成复杂，无法准确测定，通常采用GB/T 8017《石油产品蒸气压测定法(雷德法)》测定。

影响蒸气压的因素很多，主要有：

(1) 沸点影响　相同烃类碳原子数越少，馏分越轻，沸点越低，其挥发性越好。

(2) 物质组成的影响　汽油中含烷烃越多则其挥发性越好，含芳烃越多，则挥发性越差，含环烷烃或烯烃越多时，其挥发性居其中。

(3) 温度的影响　温度越高，汽油的挥发量越多，压力越低(如高原地区)汽油的挥发性越好。

2. 测定意义

饱和蒸气压是评定发动机燃料蒸发性好坏的重要指标。测定蒸气压具有以下意义：

(1) 根据蒸气压，可以判断发动机燃料蒸发性的大小。发动机燃料的饱和蒸气压越大，则蒸发性越强，所含低分子轻质烃类也越多，越易汽化，与空气混合也越均匀，越容易着火，燃烧速率快，燃烧比较完全，易于启动与加速，并减少磨损，降低油耗，故汽油机要求汽油具有良好的蒸发性。

（2）根据蒸气压，可以判断发动机燃料在使用时有无形成气阻的倾向。发动机燃料的饱和蒸气压越大，则在高温或低压下，形成气阻的倾向就越大。因此，对发动机燃料特别是航空燃料都要求有一定的蒸气压。例如我国国家标准规定车用汽油的蒸气压夏季不大于74kPa，冬季不大于88kPa。

（3）根据蒸气压，可以估计燃料在贮存和运输过程中的损失程度。燃料在储存、加注及运输过程中，馏分总会损失。通常蒸气压越大，馏分越轻，损失越大，形成火灾危险性也越大。

3. 试验方法

参见GB/T 8017—1987《石油产品蒸气压测定法（雷德法）》。

（1）方法概要及适用范围

该方法是将冷却的试样充入蒸气压测定器的汽油室，并将汽油室与37.8℃的空气室相连接。将该测定器浸入恒温浴（37.8℃±0.1℃），并定期振荡，直至安装在测定器上的压力表的压力恒定，压力表读数经修正后即为雷德蒸气压。

方法适用于测定汽油、易挥发性原油及其他易挥发性石油产品的蒸气压，不适用于测定液化气的蒸气压。

（2）试验技术要素

① 雷德蒸气压的测定应是被分析试样的第一个试验，防止轻组分的挥发。

② 雷德蒸气压弹符合标准要求，空气室和燃料室的体积比在规定的3.8～4.2的范围内。

③ 试样：

a. 测定蒸气压的试样容器的容量应为1L，从油罐车或油罐中取样时，试样容器所装试样体积不少于容器的70%，但又不多于80%。试样的蒸发损失和组成的微小变化对雷德蒸气压的影响是极其灵敏的，因此在取样及试样的转移过程中需要极其小心和谨慎。

b. 在打开容器之前，盛试样的容器和在容器中的试样均应冷却到0～1℃。

④ 倒油装置：

装有注油管和透气管的软木塞（或盖子），能严封试样容器的口部，注油管的一端是与软木塞（或盖子）的下表面相平，另一端能插到距离汽油室底部6～7mm处。透气管的底端应能插到试样容器的底部。

⑤ 必须彻底冲洗压力表、空气室和汽油室，保证不含残余试样。

⑥ 汽油室、空气室准备：

a. 容器中试样的空气饱和：

将装有0～1℃试样的容器从冷却浴中取出，开封检查液体容积应为容器的70%～80%，当液体容积符合要求时立即封口，剧烈摇荡后，放回冷却浴至少2min。

b. 汽油室的准备：

将开口的汽油室和试样转移的连接装置完全浸入冷却水浴中，放置10min以上，使汽油室和连接装置均达到0～1℃。

c. 空气室的准备：

空气室和压力表清洗以后，将压力表连接在空气室上。将空气室浸入37.8℃±0.1℃的水浴中，使水浴的液面高出空气室顶部至少25mm，并保持10min以上，汽油室充满试样之前不要将空气室从浴中取出。

⑦ 试样的转移：

将冷却的试样容器从冷却浴中取出，开盖，如图 2-4-9 转移试样。试样充满汽油室直至溢出，取出移液管，向试验台轻轻地叩击汽油室以保证试样不含气泡。

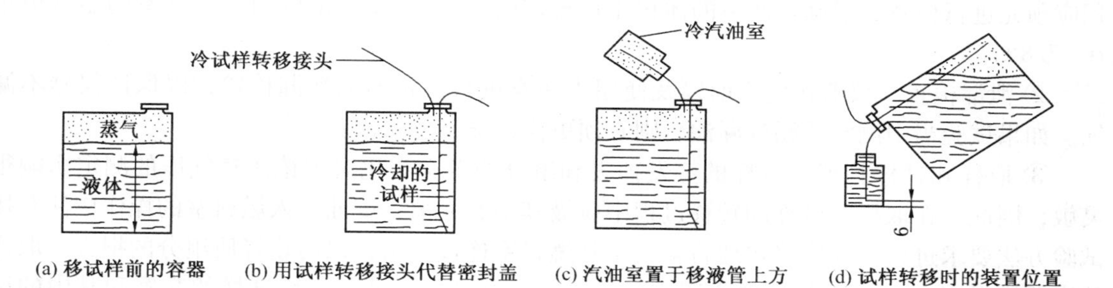

图 2-4-9 从开式容器转移试样至汽油室的示意图

⑧ 仪器的安装应按图 2-4-9 操作，要求尽可能快，要求在汽油室充满试样后 10s 之内完成。按以下顺序尽可能快的连接空气室和汽油室。向汽油室补充试样直至溢出；将空气室从 37.8℃水浴中取出；空气室与汽油连接。

⑨ 温度计符合标准要求并定期检定，控制试样空气饱和时的温度以及测定浴的温度为 37.8℃ ±0.1℃，浴内温度以温度计的读数为准。

⑩ 试验前不能把测定器的任何部件作试样容器使用。

⑪ 每次读取最大压力后都要用水银压差计进行校正。

⑫ 数据处理及报告：

a. 结果的表示：

在对压力表和水银压差计之间的差值校正之后作为雷德蒸气压。单位为 Pa 或 kPa，报告准确至 0.25kPa 或 0.5kPa。

b. 精密度：

用下述规定判断试验结果的可靠性(95% 的置信水平)。

(a) 重复性　同一操作者用同一仪器，在恒定的操作条件下，对同一被测物质连续试验两个结果之间的差数不应超过表 2-4-18 中的数值。

(b) 再现性　不同实验室工作的不同操作者，对同一被测物质的两个独立的试验结果之间的差数不应超过表 2-4-18 中的数值。

表 2-4-18　方法的精密度

范　　围	重复性/kPa	再现性/kPa
0～35	0.7	2.4
>35～110 压力表范围(0～100)	1.7	3.8
压力表范围(0～200 或 300)	3.4	5.5
>110～180	2.1	2.8
>180	2.8	4.9
航空汽油(约 50)	0.7	1.0

(3) 影响因素及注意事项

蒸气压测定是条件性试验，故必须严格地按规定的操作步骤认真执行。否则将会导致严重误差，尤其需要着重注意以下几点：

① 温度控制　由于雷德法测定蒸气压的方法是条件性很强的试验，故试验用的蒸气压测定仪必须符合标准的要求，试验温度(37.8℃ ±0.1℃)要严格控制。空气室和燃料室的容积应预先进行检查，以确定两室的体积比在规定的3.8～4.2的范围内，空气室的温度恒定在37.8℃。

② 泄漏检查　仪器在使用前以及使用中注意进行测定器的泄漏检验，以保证仪器不漏气。如果试验当中测定器漏气漏油，则必须更换试样，重新试验。

③ 取样和试样管理　试样的蒸发损失和组分的微小变化对雷德法蒸气压的测定影响很灵敏，因此，在取样和试样的转移过程中应极其小心谨慎，试油装入燃料室的操作应注意按试验方法要求进行，并应尽快地将空气室和燃料室连接起来，以防止轻质组分的损失。取样的容器容量应为1L，试样放置在阴冷的地方，打开试样容器前，盛试样的容器和其中的试样均应冷却到0～1℃，燃料室和连接装置也应达到0～1℃。占容器容积70%～80%的冷却试样应剧烈振荡，然后再返回冷浴冷却2min，使试样于容器内的空气达到平衡。试验前绝不能把蒸气压测定器的任何部件当作试样容器使用。

④ 试样的空气饱和　测定时应用力猛烈地摇动测定器，以保证平衡状态，这对测定结果影响较大。

⑤ 仪器的冲洗　试验前，必须彻底冲洗空气室和燃料室等，以保证不含有前次试验的残余试样。

⑥ 压力表的读数及校正　在读数时压力表必须处于垂直位置，并轻轻地敲击后再读数。方法要求每次试验后都要将压力表用水银压差计进行校对，以保证试验结果的准确性。

4.3.5　洁净性的测定

油品洁净性测定包括对油品的颜色、油品中所含水分、固体颗粒污染物、机械杂质等的测定。为了确保用油装备的正常工作，要求油品必须具有良好的洁净性。

4.3.5.1　*颜色的测定*

1. 概述

油品的颜色与原油性质、加工工艺、精制深度等因素有关。石油中含有胶质成分，特别是含有较多的具有强染色能力的中性胶质，颜色明显加深。原油经过炼制，一般直馏产品安定性较好，含胶质少，颜色浅；裂化产品由于含有不饱和烃和非烃类化合物，性质不稳定，在储运和使用过程中，与空气中的氧发生作用生成胶状物质，颜色变深。如果油品经过良好精制，脱除其中的不安定组分，颜色变浅。因此，测定油品颜色主要有以下意义：

(1) 根据样品的颜色深浅可以了解油品的化学组成。

(2) 根据样品的颜色深浅可以预知油品的抗氧能力。

(3) 根据样品的颜色深浅可以大致了解油品的生产工艺。

测定油品颜色分为目视比色法和分光光度法，现行标准多采用目视比色法。主要有GB/T 6540《石油产品颜色测定法》和GB/T 3555《石油产品赛波特颜色测定法(赛波特比色计法)》。

2. 试验方法

(1) GB/T 3555—1992《石油产品赛波特颜色测定法(赛波特比色计法)》

① 方法概要及适用范围

当透过试样液柱与标准色板观测对比时，测得与三种标准色板之一最接近时的液柱高度数值，查出赛波特颜色号。赛波特颜色号规定为 -16(最深) ~ +30(最浅)。

方法适用于未染色的车用汽油、航空汽油、喷气燃料、石脑油、煤油及石油蜡等精制石油油品。

深于赛波特颜色 -16 号的石油产品可用 GB/T 6540 测定。

② 试验技术要素

a. 赛波特比色计由试样管、标准色板玻璃管、光源、标准色板以及光学系统构成。应符合标准要求。

b. 仪器的准备和校正：

(a) 从试样管底部取出平形玻璃圆板，清洗圆板、试样管和标准色板玻璃管，并进行干燥。将干净的试样管、标准色板玻璃管、玻璃圆片装在仪器上。

(b) 用规定的光源和反射镜照，从空白玻璃管底部取出光栏，观察两根空管的视场两个半圆的光强度，调整光源的位置使两个半圆视场的光强度相同。

(c) 将 12mm 光栏放回空白管底部，在试样管中注满蒸馏水，观察两个半圆视场的光强度必须相等，方可进行测试。

c. 准备试样：

(a) 如果试样浑浊，可用多层滤纸进行过滤，直到滤过的试样透明为止。

(b) 当制备蜡样时，融化温度不能过高，否则蜡样容易被氧化而使试样变色。

d. 精制轻质油品和白油的测定：

(a) 先用部分试样冲洗试管，并使管中试样完全流出。将试样装满试样管(试样在试样管中必须无气泡)，选用一片整厚标准色板进行比色，若试样颜色浅于标准色板的颜色，调换半厚标准色板进行比色。如果试样高度在 158mm 处的颜色深于一片整厚标准色板，则把色板换成两片整厚色板后进行测试。

(b) 选定合适的标准色板后，调整试样的液柱高度，使试样颜色稍深于标准色板的颜色。然后按表 2-4-19 中试样的液柱高度排放试样，排放至表 2-4-19 中选定的标准色板所对应的最接近的试样的液柱高度。如果目镜所观察到的试样颜色仍深于标准色板的颜色，再把试样高度降至与表 2-4-19 中下一个色号相对应的高度，并进行比色。反复进行上述操作，直到试样的颜色十分接近标准色板颜色。若已确认这一点，则再把试样高度降至下一个规定高度。当试样颜色确认无疑地浅于标准色板时，记录已确定的前一试样高度对应的色号作为该试样的赛波特颜色。

e. 石油蜡样的测定。

f. 将石油蜡样加热至高于凝点 8 ~ 17℃。预热试样管，将熔化的石油蜡加入试样管中，关掉加热器。当试样管中的蜡样热波消失后，按精制轻质油品和白油的测定步骤进行测定。

g. 数据处理及报告：

(a) 报告：

结果报告“赛波特颜色号 × ×”；假如已过滤试样，则应注明“试样过滤”。

(b) 精密度：

a) 重复性　同一操作者重复测定的两个结果之差不应大于 1 个赛波特颜色号。

b) 再现性　由不同实验室各自提出两个结果之差，不应大于 2 个赛波特颜色号。

③ 影响因素及注意事项

a. 观察到的两个光学对分视场光强度必须相同，方可认为玻璃管颜色匹配。

表 2-4-19 与赛波特颜色号相对应的试样高度

标准色板	试样高度		色 号	标准色板	试样高度		色 号
	in	mm			in	mm	
半厚板 1 片	20.00	508	+30	整厚板 2 片	6.25	158	+7
	18.00	457	+29		6.00	152	+6
	16.00	406	+28		5.75	146	+5
	14.00	355	+27		5.50	139	+4
	12.00	304	+26		5.25	133	+3
整厚板 1 片	20.00	508	+25		5.00	127	+2
	18.00	457	+24		4.75	120	+1
	16.00	406	+23		4.50	114	0
	14.00	355	+22		4.25	107	-1
	12.00	304	+21		4.00	101	-2
	10.75	273	+20		3.75	95	-3
	9.50	241	+19		3.625	92	-4
	8.25	209	+18		3.50	88	-5
	7.25	184	+17		3.375	85	-6
	6.25	158	+16		3.25	82	-7
整厚板 2 片	10.50	266	+15		3.125	79	-8
	9.75	247	+14		3.00	76	-9
	9.00	228	+13		2.875	73	-10
	8.25	209	+12		2.75	69	-11
	7.75	196	+11		2.625	66	-12
	7.25	184	+10		2.50	63	-13
	6.75	171	+9		2.375	60	-14
	6.50	165	+8		2.25	57	-15
					2.215	53	-16

b. 必须使用颜色匹配的玻璃管，当一根玻璃管破损时，需更换一对颜色匹配的玻璃管。玻璃管的光学性质十分重要，同样材质会因批号不同而不同。

（2）GB/T 6540—1986(1991)《石油产品颜色测定法》

① 方法概要及适用范围

将试样注入试样容器中，用一个标准光源从 0.5～8.0 值排列的颜色玻璃圆片进行比较，以相等的色号作为该试样的色号。如果试样颜色找不到确切匹配的颜色，而落在两个标准颜色之间，则报告两个颜色中较高的一个颜色。

该方法规定用于目测法测定各种润滑油、煤油、柴油、石油蜡等油品的颜色。

② 试验技术要素

a. 比色仪由光源、玻璃颜色标准板、带盖的试样容器和观察目镜组成。

b. 试样容器为透明无色玻璃的试样容器。仲裁试验用标准的玻璃试样杯的内径 32.5～33.4mm，高为 120～130mm，内径为 1.2～2.0mm。常规试验允许用内径 30～33.5mm，高为 115～125mm 的透明平底玻璃试管。

c. 试样容器盖的内面是暗黑色的，要能完全防护外来光。

d. 用于试验时稀释深色样品的稀释剂的颜色要比在 1L 蒸馏水中溶解 4.8mg 重铬酸钾配

成的溶液颜色要浅。

e. 测定时，蒸馏水及试样注入试样容器至50mm以上的高度，试样容器放在比色计的格室内，盖上盖子，以隔绝一切外来光线。

f. 数据处理及报告：

（a）报告

a）与试样颜色相同的标准玻璃比色板号作为试样颜色的色号。例如3.0，7.5。

b）如果试样的颜色居于两个标准玻璃比色板之间，则报告较深的玻璃比色板号，并在色号前面加“小于”，例如：小于3.0号，小于7.5号。决不能报告为颜色深于给出的标准，例如：大于2.5号，大于7.5号，除非颜色比8号深，可报告为大于8号。

c）如果试样用煤油稀释，则在报告混合物颜色的色号后面加上“稀释”两字。

（b）精密度

用下列规定来判断试验结果的可靠性(95%置信水平)。

a）重复性　同一操作者，同一台仪器，对同一个试样测定的两个结果色号之差不能大于0.5号。

b）再现性　两个实验室，对同一试样测定的两个结果，色号之差也不能大于0.5号。

③ 影响因素及注意事项

a. 试样容器放入仪器内，应完全杜绝外来光，保证测定结果准确。

b. 取样量高度应符合要求。取样量过多过少都将影响光线透过试样容器，使测定结果有偏离。

c. 如果试样用煤油稀释，稀释剂的颜色应符合要求，不能过深，否则影响结果的判断。

d. 样品格室及目镜的清洁程度影响测定结果。样品格室及目镜应保持清洁，使光线透过清晰，颜色判断准确。

4.3.5.2　水分的测定

1. 概述

液体燃料和润滑油中一般不含水分，但在储存、运输和加注过程中可能由于各种原因而混入水分。如容器不净，残留有水分；储油容器密封不严或在加注过程中雨雪冰霜落入等均可使油品中混入水分；空气中的水蒸气在温度低时，也能凝结成水滴从容器壁落入油中，此外，轻质燃料油(如喷气燃料)本身也具有一定的溶水性。

水在油品中的存在方式有三种。

（1）游离水(也称非溶解水)

指在油品中析出的微小水粒积聚成巨大颗粒的水滴，呈水油分离状态。游离水可以采用沉降、过滤等方法除去。

（2）悬浮水

水以极小的水粒状态分散于油中，形成分散很细的乳浊液。由于悬浮水水滴微粒极小，比较稳定，比游离水更难从油品中除去，必须采用特殊脱水法才能脱除。

（3）溶解水

水以分子状态存在于烃类化合物分子之间，呈均相状态。其溶解量主要取决于油品的化学成分和温度、空气湿度等。通常烷烃、环烷烃及烯烃溶解水的能力较弱，芳香烃溶解水的能力较强。温度越高、接触油品表面的空气湿度越大，溶解于油品中的水量越多。

2. 测定意义

（1）供油品计量数量。检尺后减去水量，可得知整个容器中油的实际数量。

（2）测出油品水分，根据其含量多少，确定脱水方法，防止造成如下危害：

原油中含水过大，在加工时会引起突沸冲塔。

轻质燃料油中含有水分，则使冰点升高，低温流动性能变坏，如航空燃料在高空飞行，则产生冰堵塞输油管，使供油中断。轻质油品中的水分会使燃烧过程恶化。并能将溶解的盐带入汽缸内，生成积炭，增加汽缸的磨损。

汽油含有水分，则在冬季结成冰块，堵塞输油管，夏天也会增加燃料的腐蚀作用，降低燃料效率，同时水分的存在还会使新加入的抗氧化剂被溶解，加速裂化汽油和其他含有不饱和烃燃料的生胶过程。

润滑油含水则在冬季冻结成冰粒，堵塞输油管道和过滤网，同时在发动机的某些部分冻结后还会增加机件的磨损。水分存在还会增加润滑油的腐蚀性和乳化性。

锅炉燃料含水则降低了燃烧效率，增强了腐蚀性。

油品中水分蒸发时要吸收热量，会使发热量降低。

油品中有水时，会加速油品的氧化和胶化。

电器用油中有水，则会因水的存在而降低其介电性能，严重的会引起短路，甚至烧毁设备。

因此在油品中一般是不允许有水分存在的。但是为了节能和保护环境，经过特殊处理的加水燃料例外。

3. 试验方法

油品水分测定分定性和定量两种测定方法。对轻质燃料油，如喷气燃料、航空汽油等，采用目测法，或采用 SH/T 0064《馏分燃料游离水和颗粒污染物试验法》检查油中水分杂质。若遇有争议时，按 GB/T 260《石油产品水分测定法》（润滑油中的水分用目测法不易检查时也采用此法进行定量测定）或喷气燃料非溶解水测定法（参考 ASTM D3240 法）进行定量测定。当含水量为微量时，可采用 SH/T 0246《轻质油品中水含量测定法（电量法）》进行测定（见本部分 3.1.5）。润滑油通常采用 SH/T 0257《润滑油水分定性试验法》进行定性试验，定量分析则采用 GB/T 260。对于润滑脂，定量分析采用 GB/T 512《润滑脂水分测定法》进行。本节仅介绍 GB/T 260 法。

（1）方法概要及适用范围

详见 GB/T 260—1977（1988）《石油产品水分测定法》。

当无水溶剂与油品混合蒸馏时，由于溶剂中轻组分首先汽化，而将油品中的水携带出去，在冷凝管中冷凝后，由于水与溶剂互不相溶，且水较溶剂的密度大，在接受器里油水分层，水分沉入接受器底部，而溶剂连续不断地流入蒸馏瓶中，如此反复汽化冷凝，可将试油中水分几乎完全抽至接受管中，根据接受器中的水量及所取油品量，即可测出油品中水分含量，用质量分数表示。

本方法适用于测定石油产品中的水含量。

（2）试验技术要求

① 接受器：接受器的刻度在 0.3mL 以下设有十等分的刻线；0.3～1.0mL 之间设有七等分的刻线；1.0～10mL 之间每分度为 0.2mL。

② 溶剂：工业溶剂油或直馏汽油在 80℃以上的馏分，溶剂在使用前必须脱水和过滤。

加入溶剂的作用一是降低试样黏度，免除含水油品沸腾时所引起的冲击和起泡现象，便于将水蒸出；二是溶剂蒸出后不断冷凝回流到烧瓶内，可使水、溶剂、油品的沸点不升高，防止过热现象，便于将水全部携带出来。

③ 无釉瓷片、浮石或一端封闭的玻璃毛细管，在使用前必须经过烘干。

④ 试样要有代表性。将装入量不超过瓶内容积3/4的试样摇动5min，要混合均匀。

⑤ 试样的水分超过10%时，试样的重量应酌量减少，要求蒸出的水不超过10mL。

⑥ 按试验方法安装仪器。接受器要用它的支管紧密地安装在圆底烧瓶上，使支管的斜口进入圆底烧瓶15～20mm。然后在接受器上连接直管式冷凝管。冷凝管的内壁要预先用棉花擦干。安装时，冷凝管与接受器的轴心线要互相重合，冷凝管下端的斜口切面要与接受器的支管管口相对。

⑦ 控制蒸馏速度和时间。冷凝管的斜口每秒钟滴下2～4滴液体，回流的时间不应超过1h。

⑧ 仪器连接处密封不漏气。

⑨ 读数。当接受器中的溶剂呈现浑浊，而且管底收集的水不超过0.3mL时，将接受器放入热水中浸20～30min，使溶剂澄清，再将接受器冷却到室温，才读出管底收集水的体积。

⑩ 数据处理及报告：

a. 计算：

（a）试样的水分质量分数 X 计算如下：

$$X = \frac{V}{G} \times 100 \qquad (2-4-15)$$

式中 V——在接受器中收集水的体积，mL；

G——试样的质量，g。

水在室温的密度可以视为1，因此用水的毫升数作为水的克数。试样的质量为100g±1g时，在接受器中收集水的毫升数，可以作为试样水分的质量分数的测定结果。

（b）试样的水分体积百分含量 Y 计算如下：

$$Y = \frac{V \cdot \rho}{G} \times 100 \qquad (2-4-16)$$

式中 V——接受器中收集水的体积，mL；

ρ——注入烧瓶时的试样的密度，g/mL；

G——试样的重量，g。

量取100mL试样时，在接受器中收集水的毫升数可作为试样的水分体积百分含量测定结果。

b. 报告：

（a）取平行测定的两个结果的算术平均值，作为试样的水分。

（b）试样的水分少于0.03%时认为是痕迹。在仪器拆卸后接受器中没有水存在认为试样无水。

c. 精密度：

在两次测定中，收集水的体积差数，不应超过接受器的一个刻度。

（3）影响因素及注意事项

① 所用溶剂必须不含水分，使用前必须脱水和过滤，以免因溶剂带水而影响测定结果

的准确性。同时溶剂馏分的初馏点必须符合要求（80～120℃之间的直馏汽油馏分或工业溶剂油），否则初馏点过低时水分不易蒸出。

② 试验用的仪器必须清洁干燥，水分接受器在试验过程中不应有挂水现象。

③ 称取试样时，必须摇匀使试样有代表性，取样要迅速，否则试验结果不能代表整个试样的含水量。

④ 测定时，蒸馏烧瓶中应加入沸石或瓷片，以形成沸腾中心，使溶剂更好地将水携带出来。同时在冷凝管上端要用干净的棉花塞住，防止空气中的水分落入，使测定结果偏高。

⑤ 严格控制蒸馏速度，从冷凝管的斜口以每秒钟滴下冷凝液2～4滴为宜。加热回流时间不应超过1h，但也不能少于30min，如果过慢不仅使测定时间延长，还会因溶剂汽化量少，从而降低了对油中水分汽化的携带能力，使测定结果降低；过快易引起暴沸冲油现象，可将试油、溶剂和水一同带出，影响水与稀释剂在接受器中的分层。

⑥ 冷凝管上挂的水珠，要仔细刮下来或用溶剂冲洗下来。当接受器中的溶剂浑浊，而且收集的水不超过0.3mL时，应将接受器放入热水中浸20～30min，使之澄清。

⑦ 试样水分超过10%时，试样的重量应酌情减少，要求蒸出的水分不超过10mL。但也要注意到试样称量太少时会降低试样的代表性，影响测定结果的准确性。

⑧ 加热过猛或连接处漏气而使部分蒸气逸出时，必须停止试验，更换仪器或封闭严密重新试验。

⑨ 所测得结果，要标明是质量分数还是体积分数。

4.3.5.3 机械杂质的测定

1. 概述

机械杂质是指存在于油品中不溶于规定溶剂（汽油、苯等）的杂质。这些杂质一般指的是砂子、尘土、铁屑和矿物盐（如氧化铁）以及不溶于溶剂的有机成分，如沥青质和碳化物等。

油品中机械杂质是在加工精制、运输、储存时混入的，例如，用白土精制的油品可能混入白土粉末；由于油罐、油槽车、输油管线内壁受氧化产生的铁锈以及流量表、管线阀门、油泵等磨损所产生的金属屑，都可能混入油品中；某些重油，如渣油型齿轮油中的沥青质，也被当做机械杂质。

但现行方法测出的杂质也包括一些不溶于溶剂的有机成分，如单质碳和碳化物等。

2. 测定意义

（1）含有机械杂质的燃料能降低装置的效率。燃料油中有纤维性的杂质，会很快堵塞滤油器、喷嘴、阀等，使供油不正常，严重时中断供油；柴油中含有的细砂、尘埃、淤泥粒子等杂质，特别是砂粒的粒度超过发动机零件密合的缝隙时，会引起零件边缘的剥落，以后它会塞在缝隙里并造成摩擦面磨损。这些，都会降低发动机的功率，增加燃料的消耗。

（2）润滑油中的机械杂质（特别是能擦伤机械杂质表面的坚硬固体颗粒），会增加发动机零件的磨损和堵塞滤油器。

（3）黏度小的轻质油品，由于杂质很易沉降分离，通常不含或只含有较少的机械杂质。黏度大的重油，若含有杂质并事先不过滤的话，在测定残炭、灰分、黏度等分析项目时，结果会偏大。

（4）使用中的润滑油，除含有尘埃、沙土等杂质外，还含有炭渣、金属屑等。这些杂质在润滑油中集聚的多少随发动机使用情况而不同，因而对发动机的磨损程度也不同。因此，机械杂质不能单独作为润滑油报废或换油的指标。

3. 试验方法

参见 GB/T 511—1988《石油产品和添加剂机械杂质测定法(重量法)》。

(1) 方法概要及适用范围

本方法是一种定量分析方法。先用溶剂稀释油品后，用已恒重的滤器过滤，使油品中所含的固体悬浮粒子分离出来，再用溶剂把油全部冲洗净，进行烘干和称重，测定结果以质量分数表示。

本方法适用于石油产品和添加剂。

(2) 试验技术要素

① 使用直径 11cm 的中速定量滤纸。过滤前，将定量滤纸放在敞盖的称量瓶中，在 105 ~ 110℃的烘箱中干燥不少于 1h，然后盖上盖子放在干燥器中冷却 30min，进行称量，称准至 0.0002g。干燥(第二次干燥时间只需 30min)及称量操作重复至连续两次称量间的差数不超过 0.0004g。

② 溶剂油符合规格要求，使用前均应过滤，然后作溶剂用。

③ 当试验中采用微孔玻璃滤器与滤纸所测结果发生争议时，以用滤纸过滤的测定结果为准。

④ 使用滤纸时，必须进行溶剂的空白试验补正。

⑤ 所取试样必须具有代表性。将装在玻璃瓶中不超过瓶容积 3/4 的试样摇动 5min，混匀。石蜡和粘稠的石油产品应预先加热到 40 ~ 80℃，润滑油的添加剂加热至 70 ~ 80℃，然后用玻璃棒仔细搅拌 5min。

⑥ 根据试样的黏度大小称取试样及加入溶剂。100℃黏度不大于 $20mm^2/s$ 的石油产品称取 100g，称准至 0.5g，加入的溶剂油量为试样的 2 倍 ~ 4 倍；100℃黏度大于 $20mm^2/s$ 的石油产品称取 25g，称准至 0.5g，加入的溶剂油量为试样的 4 倍 ~ 6 倍；机械杂质含量大于 1% 的重油称取 10g，称准至 0.1g，加入的溶剂油量为试样的 5 倍 ~ 10 倍；添加剂的试样称取 5 ~ 10g，称准至 0.02g，加入的溶剂油量为试样的 10 倍 ~ 12 倍。

⑦ 作为试样溶剂用的溶剂油或苯应在水浴上预热，在预热时不要使溶剂沸腾。

⑧ 趁热过滤，过滤结束时，对带有沉淀的滤纸，以带橡皮球的洗瓶装的热溶剂油冲洗至过滤器中没有残留试样的痕迹，而且至滤出的溶剂完全透明和无色为止。

⑨ 测定添加剂或含添加剂润滑油的机械杂质时，若需要使用热水冲洗残渣，则在带沉淀的滤纸用溶剂冲洗后，要在空气中干燥 10 ~ 15min，然后用 50mL 温度为 55 ~ 60℃的蒸馏水冲洗。

⑩ 在带有沉淀的滤纸和过滤器冲洗完毕后，将带有沉淀的滤纸放入已恒重的称量瓶中，敞开盖子在 105 ~ 110℃烘箱中干燥不少于 1h，然后盖上盖子放在干燥器中冷却 30min，进行称量。称准至 0.0002g。重复干燥(第二次干燥只需 30min)及称量的操作，直至两次连续称量间的差数不超过 0.0004g 为止。带有沉淀滤纸的恒重温度、时间与过滤前的滤纸操作条件完全相同。

⑪ 数据处理及报告：

a. 计算：

试样的机械杂质含量 X[%(质量分数)]计算如下：

$$X = \frac{(m_2 - m_1)}{m} \times 100 \qquad (2-4-17)$$

式中　m_2——带有机械杂质的滤纸和称量瓶的质量（或带有机械杂质的微孔玻璃滤器的质量），g；

m_1——滤纸和称量瓶的质量（或微孔玻璃滤器的质量），g；

m——试样的质量，g。

b. 报告：

（a）取重复测定两个结果的算术平均值作为试验结果。

（b）机械杂质的含量在0.005%以下时，认为无。

c. 精密度：

重复性　同一操作者重复测定两个结果之差，不应大于下列数值：

机械杂质含量/%	重复性/%
<0.01	0.005
0.01 ~ <0.1	0.01
0.1 ~ <1.0	0.02
≥1.0	0.20

（3）影响因素及注意事项

① 称取试样要摇动均匀，迅速称取。所取的试样要有代表性。

② 所用的溶剂在使用前必须过滤、纯净。根据不同的油品选择溶剂，所用的溶剂应根据技术标准规定来选用。同一试样使用不同的溶剂，会得出不同的测定结果。

③ 测定同一种试样，所用的滤纸或滤器、溶剂的种类和稀释剂、洗涤剂用的数量应该一致。

④ 过滤、洗涤时要避免试样损失，滤纸要洗涤干净。全部操作要遵照重量分析的有关规定执行。

⑤ 控制滤纸烘干的温度、时间和恒重冷却的时间。含有杂质的滤纸与干净滤纸恒重时的条件要一致，以减少误差。

⑥ 空滤纸不能和带沉淀的滤纸在同一烘箱里一起干燥，以免空滤纸吸附溶剂及油类的蒸气，影响恒重。

⑦ 各种溶剂冲洗滤纸后，对滤纸重量的增减情况不完全相同。使用的滤纸必须进行溶剂的空白试验补正。

⑧ 测双曲线齿轮油、饱和汽缸油等润滑油的机械杂质时，要注意滤纸上的残渣中有无沙子及其他摩擦性物质，因为这些产品规格中的附注规定不许有沙子及其他摩擦物。

4.3.5.4　残炭的测定

1. 概述

油品的残炭，是指将油品放入残炭测定器中，在隔绝空气的试验条件下，加热使其蒸发和分解，排出的气体燃烧后，所剩余的焦黑色残留物。测定结果用质量分数表示。

形成残炭的主要物质是油品中的胶质、沥青质以及多环芳烃的叠合物。烷烃不参加聚合反应，所以不会形成残炭；不饱和烃和芳香烃在形成残炭的过程中起着很大的作用，但不是所有芳香烃的残炭值都很高，而是随其结构不同而异，以多环芳香烃的残炭值最高，环烷烃形成残炭的情况居中。

残炭是衡量油品中胶状物质和不稳定化合物的间接指标。残炭越大，油品中不稳定的烃类和胶状物质就越多。例如，裂化原料油的残炭越大，表明其含胶状物质越多，在裂化过程中生焦的倾向就越大，所以残炭是裂化原料油的重要分析项目。

柴油10%蒸余物残炭值是柴油馏程和精制程度的函数。柴油的馏分越轻，精制程度越深，则残炭值越小；如果馏分重，精制程度浅，则残炭值必然越大。残炭值大的柴油，在汽缸中生成积炭的倾向也大。

残炭值也反映了润滑油的精制程度，是生产中用以控制油品精制程度的项目之一。内燃机油的残炭值并不能确切地反映润滑油在内燃机中工作时形成积炭的数量。但是，汽缸油在往复蒸汽机内结焦倾向可近似地用残炭表示。

残炭是传热油在使用中的一项重要规格项目。它预示了传热油的老化程度，在淬火油中残炭过大，会在淬火表面生成黑色附着物，使产品难以再加工。

焦化原料油的残炭值间接表明了焦炭的产率，残炭值越大，焦炭产率越高。

2. 试验方法

油品残炭测定法有下列三种方法：GB/T 268《石油产品残炭测定法（康氏法）》、GB/T 17144《石油产品残炭测定法（微量法）》和SH/T 0170《油品残炭测定法（电炉法）》。本节只介绍前两项。

（1）GB/T 268—1987《石油产品残炭测定法（康氏法）》

① 方法概要及适用范围

本方法即通常所说的康氏残炭。是世界各国普遍应用的一个标准方法。此方法是将准确称出一定质量的样品放入特殊仪器（康拉德逊残炭测定器）中，用喷灯加热至高温，在隔绝空气的条件下，严格控制预热期、燃烧期、强热期三个阶段的加热时间以及加热强度，使样品全部蒸发及分解。将排出的气体点燃，待气体燃烧完后，进行强热，使之形成残炭。经过这一系列测定步骤后，根据最后残留物的质量，算出被测物的残炭含量。

本方法用于测定石油产品经蒸发和热解后留下的残炭量，以提供石油产品相对生焦倾向的指标。

② 试验技术要素

a. 瓷坩埚、内铁坩埚、外铁坩埚符合标准的规格要求。

b. 玻璃珠直径约2.5mm，清洗烘干保存于干燥器中备用。

c. 瓷坩埚（特别是使用过的含有残炭的瓷坩埚）必须先放在800℃ ±20℃的高温炉中煅烧1.5 ~2h，准备好的瓷坩埚保存于干燥器中备用。

d. 所取的试样必须具有代表性。取样前，将装入量不超过瓶内容积3/4的试样充分摇动，使其混合均匀，含水的试样应先脱水和过滤，才进行摇匀。

e. 试样中残炭预计值与称样量见表2 –4 –20。

表2 –4 –20　试样中残炭预计值与称样量

预计残炭/%	试样量/g	预计残炭/%	试样量/g
<5	10 ±0.5	>15	3 ±0.1
5 ~15	5 ±0.5		

注：柴油测定的10%蒸余物残炭，试样量均取10g ±0.5g。

f. 将盛有试样的瓷坩埚放入内铁坩埚的中央。灯头置于外铁坩埚底下约50mm处，预点火阶段控制在10min ±1.5min内，油蒸气燃烧阶段应控制在13min ±1min内，强热期准确保持7min，使总加热时间(包括预点火和燃烧阶段在内)控制在30min ±2min内。

g. 燃烧结束后，仪器冷却到不见烟(约15min)后移去圆铁罩和外、内铁坩埚的盖，将瓷坩埚移入干燥器内，冷却40min。注意坩埚前后冷却的时间必须相同。

h. 数据处理及报告：

(a) 计算：试样或10%蒸余物的康氏残炭值X[%(质量分数)]计算如下：

$$X = \frac{m_1}{m_0} \times 100 \tag{2-4-18}$$

式中 m_1——残炭的质量，g；

m_0——试样的质量，g。

(b) 报告：取重复测定两个结果的算术平均值，作为试样或10%蒸余物的残炭值。

(c) 精密度：按图2-4-10数值来判断试验结果的可靠性(95%置信水平)。

a) 重复性　同一操作者测得的两个结果之差，不应超过图2-4-10所示的重复性数值。

b) 再现性　由两个实验室提供的两个结果之差，不应超过图2-4-10所示的再现性数值。

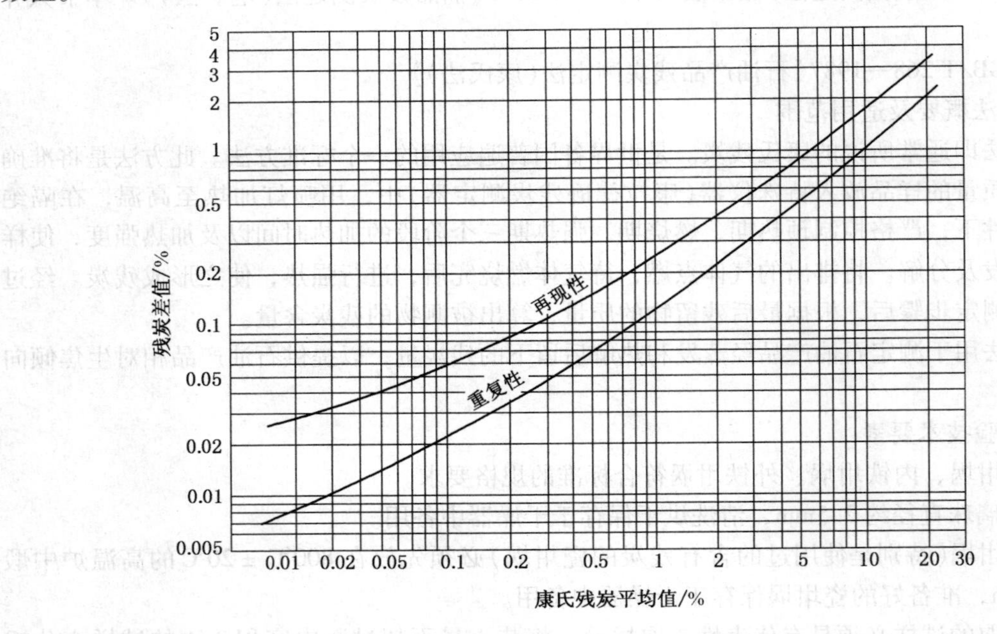

图2-4-10　精密度

③ 影响因素及注意事项

a. 为了得到较准确的10%蒸余物，蒸馏时应设法使馏出物温度与装样时的温度一致。

b. 仪器的安装一定要正确。外铁坩锅放在遮焰体的位置、外铁坩埚内放置的沙子量以及内铁坩埚放在外铁坩埚中的位置都要严格按标准要求放置。

c. 康氏残炭测定中，加热强度和加热时间的控制十分重要，是测定操作中的关键。测定康氏残炭时，对试样的加热可分为预热期、燃烧期、强热期三个阶段。在预热期时应根据试样馏分的轻重情况，调整喷灯火焰，控制加热强度，使预期的加热自始至终保持均匀。如果加热强度过大，试样会飞溅出瓷坩埚外，使燃烧时的火焰超过火桥，造成燃烧期提前结束，使测定结果偏低；如加热强度小，使燃烧延长，延长的时间越长，测出的结果越大。燃烧期应控制好加热强度，使火焰不超过火桥；否则会使测定结果偏小。强热 7min 时，如果加热强度不够，会影响到残炭的形成，使其变成没有光泽和不呈鱼鳞片状，造成结果偏大。加热时间应控制在 30min ±2min 内。

d. 要注意坩埚的冷却等操作。方法规定喷灯移开后，仪器冷却到不见烟(约 15min)后才能够移除铁罩和外、内铁坩埚的盖，再将坩埚移入干燥器。如果不遵守这一操作，停止加热就立即揭开外铁坩埚盖，让空气进入瓷坩埚，在高温下残炭与氧气的作用，立即燃掉，会使结果偏小。如超过时间还未取出，因温度降至很低，有吸收空气水分的可能，就会增加坩埚的重量。所以，必须严格遵守冷却的时间，以免影响测定结果。

(2) GB/T 17144—1997《油品残炭测定法(微量法)》

① 方法概要及适用范围

本方法是将已称重的试样放入一个样品管中，在惰性气体(氮气)气氛中，按规定的温度程序升温，将其加热到 500℃，在反应过程中生成的易挥发性物质由氮气带走，留下的炭质型残渣以占原样品的百分数据报告微量残炭值。

② 试验技术要素

a. 样品管，用钠钙玻璃或硼硅玻璃制成，容量及尺寸符合标准要求。

b. 成焦箱能够以每分钟 10 ~40℃的加热速率将其加热到 500℃，还有一个内径为 13mm 的排气孔，燃烧室内腔用预热的氮气吹扫(进气口靠近顶部，排气孔在底部中央)。

c. 冷却器使用不加干燥剂的干燥器或类似的密封容器。

d. 样品管需充分冷却后称量。

e. 洁净的样品管放在加热炉 500℃ ±2℃时恒温 15min，当炉温降到低于 250℃时，把样品管支架取出，并将其放入干燥器中。

f. 试样量见表 2 -4 -21，把装有试样的样品管放入样品管支架上，根据指定的标号记录每个试样对应的位置。

表 2 -4 -21　试　样　量

样品种类	预计残炭值/%(质量分数)	试样量/g
黑色粘稠或固体	>5.0	0.15 ±0.05
褐色或黑色不透明流体	>1.0 ~5.0	0.50 ±0.10
透明或半透明物体	0.2 ~1.0	1.50 ±0.50
	<0.2	1.50 ±0.50 或 3.00 ±0.50

注：在取样和称量过程中，用镊子夹取样品管，以减少称量误差。

每批试验样品可以包含一个参比样品。为了确定残炭的平均百分比含量和标准偏差，此参比样品应是在同一台仪器上至少测试过 20 次的典型样品，以保证被测样品的准确性。当参比样品的结果出现在该试样平均残炭的百分数 ±3 倍标准偏差范围内时，则这批样品的试验结果认为可信。当参比样品的测试结果在上述极限范围以外时，则表明试验过程或仪器有问题，试验无效。

g. 样品管在炉温低于 100℃时放入炉膛，并盖好盖子，以流速为 600mL/min 的氮气流至少吹扫 10min。然后把氮气流速降到 150mL/min，并以 10 ~15℃/min 的加热速率将炉子加热到 500℃。使加热炉在 500℃ ±2℃时恒温 15min，然后关闭炉子电源，并让其在氮气流(600mL/min)吹扫下自然冷却。

此步骤的控制条件一般都由仪器程序自动控制，不需要手工操作。

h. 样品管在炉温降到低于250℃时取出，放入干燥器中冷却。当炉温冷却到低于100℃时，可开始进行下次试验。

i. 如果样品管中试样起泡或溅出引起试样损失，则该试样应作废，试验重做。试样飞溅的原因可能是由于试样含水所造成的。可先在减压状态下慢慢加热，随后再用氮气吹扫以赶走水分，另一种方法是减少试样量。

j. 数据处理及报告：

(a) 计算：试样或10%蒸余物的残炭X[%(质量分数)]计算如下：

$$X = \frac{m_3 - m_1}{m_2 - m_1} \times 100 \qquad (2-4-19)$$

式中 m_1——空样品管质量，g；

m_2——空样品管质量加试样的质量，g；

m_3——空样品管质量加残炭的质量，g。

(b) 报告：

a) 取重复测定两个结果的算术平均值，作为试样或10%(体积分数)蒸馏残余物的残炭值。

b) 报告结果精确至0.01%(质量分数)。

(c) 精密度：按下述规定判断试验结果的可靠性(95%置信水平)。

a) 重复性(r) 同一操作者对同一样品测得的两个结果之差不应超过式(2-4-20)计算的数值或图2-4-11中所示的重复性数值。

$$r = 0.0770X^{2/3} \qquad (2-4-20)$$

式中 X——两次测定结果的算术平均值,%(质量分数)。

b) 再现性(R) 由两个实验室提供的对同一样品的两个独立结果之差不应超过式(2-4-21)计算的数值或图2-4-12中所示的再现性数值。

$$R = 0.2451X^{2/3} \qquad (2-4-21)$$

式中 X——两次测定结果的算术平均值,%(质量分数)。

③ 影响因素及注意事项

a. 减少称量误差。在取样和称量过程中只能用镊子夹取样品管，减少误差。加热后的样品管在不放干燥剂的冷却容器内充分冷却后称量。

b. 试样损失影响试验结果。样品管中试样起泡或溅出引起试样损失，试样应作废并重新取样试验，否则将严重影响试验结果的准确度。可用较小的样品量或通过真空装置缓慢加热除去水分，然后用氮气吹扫。

c. 为了防止重复使用样品管导致试验结果的偏差，用过的样品管一般应废弃。

d. 应当提供一个排气装置，除去试验期间产生的少量烟气，防止在仪器内部产生负压。

4.3.5.5 灰分的测定

1. 概述

灰分是指在规定条件下，试样被炭化后的残留物经煅烧所得的无机物，以质量分数表示。

油品中的灰分一般有几个来源：

(1) 利用蒸馏法不能除去的可溶性矿物盐留在油品中。如环烷酸的钙盐、镁盐、钠盐等。

(2) 设备腐蚀生成的金属盐类和油品在酸碱精制、白土处理过程中脱渣不完全所带入。

（3）油品在储存、运输和使用过程中混入铁锈、金属氧化物和金属盐类所致。

（4）为了改善油品的性能而加入的添加剂增加了灰分，如石油磺酸钡、石油磺酸钙、烷基酚钡等。

测定时，它们经高温煅烧生成不挥发性氧化物。其中，主要是 CaO、MgO、Fe_2O_3、Al_2O_3、SiO_2以及钒、镍、钠、锰等微量金属的氧化物。油品中的灰分含量一般只有万分之几或十万分之几。

2. 测定意义

测定灰分对不同油品有不同的意义。

对于喷气燃料、柴油、不含添加剂的润滑油来说，灰分可作为检查其精制程度的指标。对这些油品要求限制灰分的含量，灰分含量越少越好。其原因是：发动机燃料油灰分过多时，燃烧会生成坚硬的积炭，增加活塞环的磨损；重质油灰分过高，同样会在喷嘴形成积炭，造成喷油不畅甚至堵塞，或沉积于管壁、蒸汽过热器、节油器和空气预热器上，不仅使传热效率降低，还会引起这些设备损坏；润滑油如果灰分含量过大，则可能在磨损面上形成硬质沉积物，使磨损加剧。

对于加有添加剂的润滑油，在加添加剂前，要求其灰分不大于某一数值，而在加添加剂后则要求灰分不小于某一数值。加添加剂前灰分含量应少，以保证适当的精制程度。由于许多添加剂本身就是金属盐类，因此，灰分含量可间接地说明添加剂的含量。灰分不小于某数值是为了保证有足够的添加剂，以满足润滑油质量要求。

3. 试验方法

燃料油和润滑油灰分测定采用 GB/T 508《石油产品灰分测定法》，润滑脂灰分测定则按 SH/T 0327《润滑脂灰分测定法》测定。两法均是用无灰滤纸引火燃烧试样，并将碳质残留物在高温电炉中煅烧成灰分，以质量分数表示。本节仅介绍 GB/T 508 法。

（1）方法概要及适用范围

本方法是燃烧法的一种，其基本原理就是用无灰滤纸在作引火芯，点燃放在一个适当容器中的试样，使其燃烧到只剩下灰分和残留的碳。碳质残留物再在 775℃ 高温炉中加热转化成灰分，然后冷却并称重。本方法适用于测定石油产品的灰分。

（2）试验技术要素

参见 GB/T 508—1985(1991)《石油产品灰分测定法》。

① 瓷坩埚或瓷蒸发皿符合要求，可以使用至其里面的釉质损坏为止。处理时，将稀盐酸(1:4)注入所用的瓷坩埚(或瓷蒸发皿)内煮沸几分钟，用蒸馏水洗涤，烘干后放在高温炉中在 775℃ ±25℃ 温度下煅烧至少 10min，取出在空气中冷却 3min，移入干燥器中，冷却 30min 后进行称量，称准至 0.0001g。

② 高温炉能加热到恒定于 775℃ ±25℃。

③ 用不装干燥剂的干燥器盛装坩埚或蒸发皿。一个干燥器中放一对坩埚为宜。放一对 50mL 的坩埚，一般冷却 30～45min 可达到室温；放一对 100mL 的坩埚，一般冷却 45min 到 1h 可达到室温。坩埚一经冷却就应进行称量，坩埚在干燥器内停留多长时间，则其后的所有称量都应当让其在干燥器内停留同样长的时间以后才进行。

④ 用直径 9cm 的定量滤纸作引火芯，将其叠成两折，卷成圆锥状，用剪刀把距尖端5～10mm 之顶端部分剪去，安稳地立插在坩埚内的油中，将大部分试样表面盖住。

⑤ 保证所取样品具有代表性。取样前将瓶中试样(其量不得多于该瓶容积的 3/4)剧烈

摇动均匀。

⑥ 准确称量坩埚和试样，所取试样量的多少依试样灰分含量的大小而定，一般以所取试样能足以生成20mg的灰分为限，但最多不要超过100g。

根据情况，一般可取25g试样装在50mL的坩埚内进行试验，但对试验结果有争议时，应按上述的试样量进行试验。

⑦ 测定含水试样时，应缓慢加热，使其不溅出，让水慢慢蒸发，直到浸透试样的滤纸可以燃着为止。

⑧ 燃烧试样时，火焰高度维持在10cm左右；在775℃±25℃的高温炉中煅烧时，加热保持1.5~2.0h，直到残渣完全成为灰烬。

⑨ 数据处理及报告：

a. 计算：试样的灰分X(%)为计算如下：

$$X = \frac{G_1}{G} \times 100 \tag{2-4-22}$$

式中 G_1——灰分的重量，g；

G——试样的重量，g。

b. 报告：取重复测定两个结果的算术平均值，作为试样的灰分。

c. 精密度：用下列数值来判断结果的可靠性(95%置信水平)。

(a) 重复性　同一操作者测得的两个结果之差不应超过以下数值：

灰分/%	重复性
0.001以下	0.002
0.001~0.079	0.003
0.080~0.180	0.007
0.180以上	0.01

(b) 再现性　由两个实验室提供的两个结果之差，不应超过以下数值：

灰分/%	重复性
0.001以下	未定
0.001~0.079	0.005
0.080~0.180	0.024
0.180以上	未定

(3) 影响因素及注意事项

① 试油应充分摇匀，以避免某些添加剂的油溶性及稳定差而影响结果的准确性。

② 使用的滤纸必须是定量滤纸。

③ 滤纸折成圆锥体放入坩埚中，要求能紧贴坩埚内壁，并让油浸透滤纸，以防止油未烧完而滤纸早已烧完，起不到"灯芯"的作用。

④ 必须控制好加热强度，维持火焰高度在10cm左右，以防止试油飞溅以及过高的火焰带走灰分微粒，并注意试样不从坩埚边缘逸出。

⑤ 测定含水的试样时，开始时要缓慢加热，使试油不溅出，让水分慢慢蒸发，直到试样的滤纸可以燃着为止。如果试样含水较多，在加热时会产生泡沫而溢出，可在称有试样的坩埚内加入1~2mL异丙醇。如果仍不能进行试验时，则重新称取试样，加入10mL等体积的异丙醇和甲苯混合液，与试样混合均匀再进行试验。

⑥ 测定黏稠的或含蜡的试样，燃烧开始后调整加热，使试样不至溅出，也不从坩埚边缘溢出。

⑦ 石油燃烧后放入高温炉煅烧前，要仔细观察试样是否燃尽，防止放入高温炉后突然燃起的火焰将坩埚中灰分微粒带走。

⑧ 从高温炉内取出的坩埚，在外面放置时应注意防止空气的流动，放入干燥器时最好使用真空干燥器，平衡气压时应轻开旋塞，以免使外部空气急剧进入而冲飞坩埚内的灰分。

⑨ 煅烧、冷却、称量应严格按规定的温度和时间进行。

4.3.5.6　盐含量的测定

1. 概述

从地下开采出来的原油都含有泥污、铁锈和相当量的水及无机盐。沉降和脱盐、脱水只能除去大部分的机械杂质和水分、盐分，仍有相当部分的水、盐等留存原油中。

原油中的无机盐主要是氯化物（氯化钠、氯化钙、氯化镁），还有少量硫酸盐和碳酸盐（如硫酸镁、硫酸钙、碳酸钙等）。

原油中含有的无机盐给贮运、生产及产品质量均造成很多危害。

（1）在贮运中，含盐含水原油不仅占据了油罐、油船、槽车的容积、增加了贮运成本和动力消耗，而且能造成贮运设备的腐蚀和磨损。

（2）从产品质量来说，如原油含盐量太高，则蒸馏加工后无机盐绝大部分残存于残渣油内，这就直接影响了以渣油为原料的各种产品质量，如沥青、石油焦的灰分含量过高。如以渣油作为裂解原料，将增大原料的前处理工作，否则会严重污染催化剂，使其中毒。

（3）原油中所含的无机盐类在加热炉管及换热器管内壁，由于水分蒸发，沉积下来结垢，使传热效率降低，增大燃料消耗，缩短炉管及换热器管使用寿命。同时，管内结垢使压力增大，造成设备内压力增大和泵出口压力增高，严重时，甚至堵塞管子，使装置停工检修。

（4）炼制高含盐量原油，能严重地腐蚀设备，因为这些盐类均有不同程度的水解作用，生成氯化氢。所生成的氯化氢与水生成盐酸，造成炉管、蒸馏塔、油气管线、冷凝、冷却器等严重的化学和电化学腐蚀。

为了减小上述四个方面的危害，油田出库原油都经过自然沉降和热化学脱盐脱水，使其含盐含水量降到一定指标。由于技术和运输上的原因，进厂原油一般都要远远超过这个指标。因此，炼油厂在进行蒸馏加工前，都要根据原油含盐含水量和本厂脱盐技术水平再进行一级或二级电脱盐，个别厂家甚至要进行三级电脱盐，使含盐的危害降到最低水平。为了制定合理的加工方案和防腐蚀措施，炼油厂对原油含盐量都要进行两次测定，一次在脱盐前，一次在脱盐后，因此，含盐的测定是油品分析里常见的测定项目。

2. 试验方法

（1）方法概要及适用范围

原油中盐含量测定方法主要有抽提滴定法和电量法。

GB/T 6532《原油及其产品盐含量测定法》属于抽提滴定法，适用于测定原油、拔顶原油、裂化渣油和燃料油中浓度为0.002%～0.02%的卤化物总量。也可用于判断用过的汽轮机油和船用燃料被海水污染的情况。

试样在溶剂和破乳剂存在的情况下，在规定的抽提器中用水抽取，抽出液经脱除硫化物后，用容量法测定其卤化物，试验结果以氯化钠的质量分数(或 mg/L)表示。

SY/T 0536《原油盐含量测定法(电量法)》的测定原理是原油在极性溶剂存在性加热，用水抽提其中包含的盐，离心分离后用注射器抽取适量抽提液，注入含一定量银离子的乙酸电解液中，试样中的氯离子即与银离子发生反应：

$$Cl^- + Ag^+ \rightarrow AgCl \downarrow$$

反应消耗的银离子由发生电极电生补充。通过测量电生银离子消耗的电量，根据法拉第定律即可求得原油盐含量。

该方法适用于测定盐含量为 0.2 ~ 10000mgNaCl/L 的原油，亦适用于重油及油田、炼油厂水中盐含量的测定。电量法由于其操作简单方便，适用范围广，是目前化验室使用较多的方法。本节仅对电量法作一介绍。

(2) 试验技术要素

参见 SY/T 0536—1994《原油盐含量测定法(电量法)》。

① 仪器及操作条件

盐含量测定仪：凡有可调偏压、量程衰减和增益控制器，能测量"指示 - 参比电极对"电位，放大此电位差，并输出该放大的电位差到电解电极对，以产生银离子的各种类型的仪器均可使用。

② 测定步骤

a. 按仪器说明书要求连接和设置仪器，调整仪器至工作状态。

b. 仪器标定：选择盐含量与待测试样相近似的标准样品，用注射器吸取 10 ~ 250μL，通过滴定池进样口注入处于平衡状态的滴定池电解液内，仪器即自动进行电解，至终点自动停止滴定，记录仪器显示数字。

标样中盐含量计算如下：

$$X_1 = \frac{A \times 100}{R \times 2.722 \times V_1 \times 0.606} \qquad (2-4-23)$$

式中 A——积分器显示数字，每个数字相当于 100mVs；

2.722——相当于 1ngCl 消耗的电量，mC(微库仑)；

V_1——注入标样的体积，μL；

0.606——换算系数；

R——积分电阻，Ω；

回收率 $C(\%)$ 计算如下：

$$C = \frac{X_1}{X_0} \times 100 \qquad (2-4-24)$$

式中 X_1——标样盐含量测出值，mgNaCl/L；

X_0——标样盐含量理论值，mgNaCl/L。

当测定的标样回收率在 100% ±10% 范围内，即可认为仪器处于正常工作状态。

c. 样品测定：将盛有原油的试样瓶加热至 50 ~ 70℃，然后用力摇动使试样充分混合均匀。若试样瓶太大不可能加热或摇动时，可将试样转移到 400mL 烧瓶中加热融化，再用玻璃棒剧烈搅拌使试样均匀，并迅速称取约 1g(称准至 0.01g) 试样于离心试管中，加 1.5mL 二甲苯、2mL 醇 - 水溶液和 1 滴 30% 过氧化氢。对于无硫化物干扰的原油可不加 30% 过氧化氢。

将离心试管放入控制在70～80℃的水浴中加热1min，取出后用快速混合器振动混合1min，再加热1min，再振动混合min，然后放入离心机内，在2000～3000r/min速度下离心1～2min进行油水分离。

将6号封闭注射针头穿过油层插入离心管内，因吸有空气的注射器将6号针头内的油排出。再抽取少量抽提液冲洗注射器2～3次后(6号针头留在离心管内)，参考表2-4-22数据，抽取适量抽提液，采用7号或9号针头通过滴定池试样入口注入池内，仪器即自动开始进行滴定直至终点，仪器自动停止滴定。记录仪器显示出的数字。

表2-4-22 试样盐含量与取抽提液质量的关系

试样盐含量/(mgNaCl/L)	取抽提液量/μL	试样盐含量/(mgNaCl/L)	取抽提液量/μL
<10	500～100	100～1000	10～5
10～100	100～10	>1000	<5

③ 数据处理及报告

a. 计算

试样盐含量X_2(mgNaCl/L)计算如下：

$$X_2 = \frac{A \cdot V_2 \cdot \rho \times 100}{R \times 2.722 \times V_3 \cdot m \times 0.606} \tag{2-4-25}$$

式中 A——积分器显示数字，每个数字相当于100mVs。

V_2——抽提盐所用的抽提液(醇—水溶液)的总量，mL；

ρ——试样20℃时的密度，g/cm^3；

R——积分电阻，Ω；

2.722——相当于1ngCl消耗的电量，mC；

V_3——试验用抽提液体积，μL；

m——试样取样量，g；

0.606——换算系数。

b. 精密度

按下述规定判断结果的可靠性(95%置信水平)。

(a) 重复性 同一操作者重复测定两个结果的差不应超过表2-4-23的数值。

(b) 再现性 两个实验室结果之差不应超过表2-4-23的数值。

表2-4-23 精密度

盐含量/(mgNaCl/L)	重复性	再现性
<3	0.3	0.5
3～10	1.2	2.5
>10～10000	平均值的10%	平均值的20%

c. 报告

取重复测定两个结果的算术平均值作为试样的盐含量。

(3)影响因素及注意事项

① 电解池是电量法测定盐含量滴定系统的信号源，是仪器的心脏部分。应严格按仪器说明书进行操作。

② 由于测定是基于用溶剂和水将样品中的盐萃取出后，再进行测定，因此萃取条件和萃取操作对测定结果有很大影响。应选择合适的萃取溶液和适宜的萃取温度。

③ 由于本方法的理论基础是通过电生 Ag^+ 滴定样品中的 Cl^- 然后换算为氯盐含量，因此，凡与 Ag^+ 反应的离子如 S^-、Br^- 和 I^- 等均对本试验产生干扰。

4.3.6 腐蚀性的测定

油品在储运、使用过程中，对所接触的机械设备、金属材料、涂料及橡胶制品等的腐蚀、烧蚀、溶胀作用，统称为油品的腐蚀性。由于机械设备、储油容器、输油管道及加油设施等多为金属材料制成，因此，油品的腐蚀性主要是指对金属材料的腐蚀。

腐蚀作用不仅会使机械设备受到破坏，影响用油装备使用寿命，而且由于金属腐蚀生成物多数是不溶解于油品的固体杂质，还会影响油品的洁净性和安定性，从而对储存和使用带来一系列危害。例如，燃料对金属的腐蚀产物会影响过滤和喷油，并促进胶质和积炭的形成；喷气发动机中燃烧室和涡轮叶片中的烧蚀会影响发动机正常工作；燃料对橡胶的侵蚀会破坏密封，造成漏油；具有腐蚀性的润滑油、润滑脂对用油装备危害更大，会破坏润滑，造成磨损，以致缩短其使用寿命。所以，要求油品对金属和其他材料无腐蚀性。

液体燃料中各种烃类本身并不腐蚀金属，能引起腐蚀的原因是由于燃料在加工、储运、使用过程中落入或生成的水分、硫和硫化物、酸性物质以及细菌等非烃类物质。润滑油在机械上使用时，不仅要起润滑、冷却和密封作用，而且还要起保护作用，因此润滑油本身应不腐蚀金属。润滑脂的稠化剂和基础油本身也是不腐蚀金属的，使润滑脂引起腐蚀的原因多是由于氧化产生的酸性物质所致，过多的游离碱也会引起腐蚀。

测定油品腐蚀性的方法主要有水溶性酸及碱测定、酸度(值)测定、油品腐蚀试验、润滑脂游离碱和游离有机酸测定等。

4.3.6.1 水溶性酸、碱的测定

1. 概述

油品中的水溶性酸及碱是指在加工、储存、运输过程中混入的可溶于水的酸或碱。其中水溶性酸是指能溶于水的无机酸(如硫酸、磺酸、酸性硫酸酯)及因氧化而生成的低分子的有机酸(如甲酸、乙酸)。水溶性碱主要是指氢氧化钠和碳酸钠。

2. 测定意义

(1) 对油品精制加工过程进行检查，如果油品中检查出有水溶性酸或碱，表明经酸碱精制处理后，酸没有被完全中和或碱洗后用水冲洗的不完全。

(2) 存在于油品中的水溶性酸几乎对所有的金属都有强烈的腐蚀性。特别是当油品中含有水分时，由于增加了电离度，其腐蚀性会更强。水溶性碱则会对有色金属，特别是对铝有很强的腐蚀作用。在它的作用下，汽化器的铝制零件会生成氢氧化铝的胶体物质，堵塞油路、滤清器及油嘴。所以，在油品标准中都要求不含水溶性酸及碱，产品中即使含有极微量的水溶性酸、碱均判定为不合格，不得出厂和使用。

(3) 油品中存在水溶性酸或碱会促使油品老化。水溶性酸或碱在受大气中的水分子和氧气的相互作用及受热的情况下，会引起油品的氧化、生胶和分解，加速油品的变质。

3. 试验方法

参见 GB/T 259—1988《石油水溶性酸及碱测定法》。

(1) 方法概要及适用范围

本方法是检查油品中是否含有能直接腐蚀金属的水溶性酸或碱的定性分析方法。测定时，先用蒸馏水或乙醇水溶液抽提试样中的水溶性酸及碱，然后，分别用甲基橙或酚酞指示剂检查抽提液颜色的变化情况，或用酸度计测定抽提液的 pH 值，从而判断有无水溶性酸及碱的存在。

本方法适用于测定液体石油产品、添加剂、润滑脂、石蜡、地蜡及含蜡组分的水溶性酸或水溶性碱。由于这是一种定性试验，所以既不能说明试样中有哪一类酸碱，也不能说明酸碱的含量，而只是笼统地判断试样中有无水溶性酸及碱的化学反应。

（2）试验技术要素

① 测定用试管用无色玻璃制成，便于颜色的观察与判断。

② 所用的试管、分液漏斗、锥形烧瓶等应清洁无污染。

③ 配制 0.02% 甲基橙水溶液和 1% 酚酞 – 乙醇溶液。

④ 蒸馏水和 95% 乙醇必须用甲基橙和酚酞指示剂，或酸度计检验呈中性后，方可使用。

⑤ 试样置入玻璃瓶中，不超过其容积的 3/4，摇动 5min。使所取样品具有代表性。

⑥ 试验溶液摇动过程中避免出现乳化现象。单纯用水试验乳化的要换乙醇水溶液(1:1)代替。

⑦ 用 50mL 试样进行分析，分液漏斗中的试验溶液也要轻轻地摇动 5min，按方法规定抽提及过滤，抽提液水层取量尽量一致(1 ~ 2mL)。规定指示液的用量为：甲基橙 2 滴，酚酞 3 滴。

⑧ 定量分析使用的酸度计具有玻璃 – 氯化银电极(或玻璃 – 甘汞电极)，精度为 pH ≤ 0.01pH。要求向烧杯中注入 30 ~ 50mL 抽提物，电极浸入深度为 10 ~ 12mm，根据表 2 – 4 – 24 确定试样抽提物水溶液或乙醇水溶液中有无水溶性酸或碱。

表 2 – 4 – 24　水溶性酸或碱的 pH 值

石油产品水(或乙醇水溶液)抽提物特性	pH 值	石油产品水(或乙醇水溶液)抽提物特性	pH 值
酸　性	<4.5	弱碱性	>9.0 ~ 10.0
弱酸性	4.5 ~ 5.0	碱　性	>10.0
无水溶性酸或碱	>5.0 ~ 9.0		

⑨ 数据处理及报告。

a. 报告：

（a）用指示剂测定水溶性酸或碱

根据测定情况予以报告：“有水溶性酸”、“有水溶性碱”或“无”。

（b）用酸度计测定水溶性酸或碱

取重复测定两个 pH 值的算术平均值作为试验结果。

b. 精密度(本精密度规定仅适用于酸度计法)：同一操作者所提出的两个结果之差，不应大于 0.05pH。

（3）注意事项

① 试验所用的仪器必须清洁，所用蒸馏水、乙醇、溶剂油等必须检查证明确呈中性，方可使用。

② 水溶性酸及碱易沉淀在试样底部，因此，在量取试样前应充分摇匀。

③ 应充分摇荡分液漏斗内的混合液，使其充分接触，并注意适时打开分液漏斗的玻璃塞放气，以免漏斗因压力过高将玻璃塞冲出。

④ 试验柴油、碱洗润滑油或含有添加剂的润滑油，遇到试样的水抽提液呈碱性反应时，或用蒸馏水抽提水溶性酸及碱产生乳化时必须改用乙醇水溶液(1∶1)重新进行试验，如仍呈碱性反应，才能判断试样中有水溶性碱。

改用乙醇水溶液(1∶1)代替水进行试验，其目的是抑制盐的水解。这是因为：

a. 在油品加工、精制过程中，常采用碱洗的办法来除去其中的有机酸(主要是环烷酸)等有害物质。经过碱洗的柴油或润滑油，由于其中的有机酸与碱作用生成有机酸盐(又称皂)在水洗时不能完全除尽，遇水时水解而呈碱性。

b. 润滑油中加入的洁净分散剂多是有机钡盐、钙盐或镁盐。这些盐类水解也呈碱性，同时为了中和润滑油在使用过程中因氧化而生成的酸类物质，在制造分散剂时都加入了过量的氢氧化钡或氢氧化钙，使碱值增大，有的碱值可高达250mgKOH/g以上。

上述有机酸盐水解时，生成了强碱与弱的有机酸，虽然水解程度不太大，但仍能使水抽提液的pH值大于8.2，所以其水抽提液能使酚酞指示液呈碱性反应。改用乙醇水溶液(1∶1)后，由于水的浓度减小，盐类的水解程度比纯水时要小得多，这时，抽提液的pH值虽然仍大于7，但小于8.2，所以抽提液对酚酞指示液不呈碱性反应。

⑤ 试验中，反应的灵敏性与指示液的浓度有关，因此，所加入的指示剂不能超过规定的滴数。

⑥ 当对石油产品质量评价出现不一致时，要用酸度计测定抽出液的pH值。

⑦ 酸度计使用前必须熟悉使用说明书，掌握仪器的技术性能，严格按照说明书的要求进行操作。

4.3.6.2 酸度和酸值的测定

1. 概述

油品的酸度和酸值都是表明油品中含有酸性物质的指标。中和100mL油品所需氢氧化钾的毫克数称为酸度，以mgKOH/100mL表示，多用于汽油、煤油、柴油等轻质产品。中和1克油品所需氢氧化钾的毫克数称为酸值，以mgKOH/g表示，多用于润滑油等产品。

酸度、酸值是控制油品腐蚀性能和使用性能的主要指标之一。对油品酸度酸值的测定，主要有如下作用。

(1) 判断酸性物质含量的大小。根据酸度(值)的大小，可判断油品中所含的酸性物质的含量。一般来说，酸度(值)越高，在油品中所含的酸性物质就愈多。油品中酸性物质的数量随原料与油品的精制程度而变化。

(2) 判断油品的腐蚀性。酸度(值)可大概地判断油品对金属的腐蚀性能。油品中有机酸含量小，在无水分和温度低时，对金属不会有腐蚀作用，但其含量大并存在水分时，就能腐蚀金属。有机酸分子越小，它的腐蚀能力越大。石油酸(环烷酸、脂肪酸、酚类及硫醇、硫酚)具有酸性，能直接与设备的金属作用，生成能溶于油类的环烷酸亚铁和羧酸亚铁等造成设备腐蚀；另一方面，石油酸还可以与具有保护作用的硫化亚铁作用，使硫化亚铁的保护膜被破坏，从而加速腐蚀；在有水分存在时，石油酸对某些有色金属也有腐蚀作用，特别是对铝、锌等，腐蚀结果是生成金属皂类。这样的皂类会引起润滑油加速氧化，同时，皂类渐渐稠化润滑油并在油中成为沉积物，破坏机器的正常工作。

汽油在储运中氧化所生成的酸性物质，比环烷酸的腐蚀性更强，它们一部分能溶于水。

当贮油容器中有水垫或混入水分后，便会腐蚀贮油容器；如果使用含较多低分子有机酸的汽油就会使汽油机燃料供给系统的零件受到腐蚀。

（3）判断油品的使用性能。灯用煤油和生活用煤油为了不产生结花，要求不含有酸和碱。柴油的酸度对柴油机工作状况影响较大。酸度(值)大的柴油会使发动机积炭增加，这样积炭是造成活塞磨损和喷嘴结焦的原因。如果酸度过高，可能是酚类或硫醇含量过高，不仅影响油品的色安定性，而且燃烧后生成的有害气体会腐蚀机件和污染环境。

合格油品在储运后的酸度(值)突然增大，应该查明原因并经过处理合格后方能使用。

（4）判断油品变质程度。因为润滑油在使用一段时间后，由于油品受到氧化逐渐变质，表现为酸值增大。所以，我们可以从酸值的变化程度来判断使用中润滑油变质程度，当酸值超过一定限度，就应该更换新油。

为了不使油品中的酸性物质含量过大而腐蚀设备和影响机械的正常工作，我国油品标准中对各种油品的酸度(值)均有严格规定，它们载于各种油品的质量指标中。

2. 试验方法

测定油品酸度(值)的方法较多，归纳起来有两类：一类是酸碱滴定法，主要有：GB/T 258《汽油、煤油、柴油酸度测定法》、GB/T 264《油品酸值测定法》、GB/T 12574《喷气燃料总酸值测定法》。另一类是电位滴定法，如 GB/T 7304《油品和润滑剂酸值测定法(电位滴定法)》。本节介绍 GB/T 258《汽油、煤油、柴油酸度测定法》和 GB/T 7304《油品和润滑剂酸值测定法(电位滴定法)》。

（1）GB/T 258—1977(1988)《汽油、煤油、柴油酸度测定法》

① 方法概要及适用范围

本方法是利用沸腾的非水溶剂——95%乙醇或异丙醇抽提出试样中的有机酸，然后用已知浓度的氢氧化钾乙醇标准滴定溶液或氢氧化钾异丙醇标准滴定溶液进行滴定，根据测定时所消耗的标准滴定溶液的体积，计算出试样的酸度(值)，其化学反应是：

$$RCOOH + KOH \longrightarrow RCOOK + H_2O$$

油品中的酸性物质(如环烷酸等)，并不是单体化合物，而是由酸性物质组成的混合物，所以不能根据反应中的物质的量的关系，直接求出某一被测物质(如环烷酸)的量，而是以中和 100mL 或 1g 试油所消耗的氢氧化钾毫克数表示。

本方法适用于测定未加乙基液的汽油、煤油和柴油的酸度。

酸碱滴定法仪器比较简单，操作方便，但在测定深色或加有添加剂的油品酸度(值)时，终点变化很不明显，测定误差大。

② 试验技术要素

a. 取 50mL95%乙醇加热煮沸 5min，有利于抽出有机酸，赶走二氧化碳。

b. 量取试样温度为 20℃ ±3℃，汽油、煤油取样量为 50mL，柴油取样量为 20mL。

c. 指示剂的加入量为 0.5mL，测定过程中不论使用何种指示剂都要正确判断滴定终点。

d. 自锥形烧瓶停止加热到滴定达到终点，所经过的时间不应超过 3min，以减少 CO_2 对测定结果的影响。

e. 数据处理及报告。

（a）计算：试样的酸度 X(mgKOH/100mL)计算如下：

$$X = \frac{100V \cdot T}{V_1} \qquad (2-4-26)$$

$$T = 56.1 \times N$$

式中 V——滴定时所消耗氢氧化钾乙醇溶液的体积，mL；

V_1——试样的体积，mL；

T——氢氧化钾乙醇溶液的滴定度，mgKOH/mL；

56.1——氢氧化钾的克当量；

N——氢氧化钾乙醇溶液的摩尔浓度，moL/L。

(b) 报告：取重复测定两个结果的算术平均值，作为试样的酸度。

(c) 精密度：重复测定两个结果间的差数，不应超过下列数值：

试样名称	允许差数/(mgKOH/100mL)
汽油、煤油	0.15
柴油	0.3

③ 影响因素及注意事项

a. 所用乙醇纯度应符合要求　溶剂必须是纯度符合要求的95%乙醇，必要时应将乙醇进行提纯处理(例如，有的95%乙醇本身呈碱性)，以除去所有的醛等干扰物。

测定酸度(值)时，采用95%的乙醇而不用水作为溶剂。这是因为：

(a) 油品中某些有机酸在水中的溶解度很小而乙醇是大部分有机酸的良好溶剂。

(b) 乙醇属于两性溶液，酚酞等指示剂在乙醇中的变色范围与在水溶液中的变色范围相差不大。

(c) 不溶于水的高级脂肪酸等，用乙醇作为溶液，终点比水溶液灵敏清晰，部分原因是由于弱酸盐的醇解比水解慢得多。

(d) 在水溶液中起干扰的某些化合物如能水解的酯等，在乙醇中可降低或避免它们的干扰。

(e) 采用95%乙醇，其中含有5%的水，有助于无机酸的溶解。

b. 防止二氧化碳的影响　因为在室温下，空气中的二氧化碳极易溶于乙醇(CO_2在乙醇中的溶解度比在水中的溶解度大三倍)，滴定时间过长，乙醇温度降低，空气中二氧化碳溶解在乙醇中，呈弱酸性，增大了测定结果。因此要注意按试样方法的规定，在中和95%乙醇前，需将95%乙醇煮沸5min，试样加入被中和过的95%乙醇后，用$KOH-C_2H_5OH$标准溶液滴定前，也需将混合物煮沸5min，将溶于乙醇的CO_2赶出。并且要注意自锥形烧瓶停止加热到滴定达到终点，要趁热滴定，滴定时动作要迅速，所经过的时间不应超过3min，以减少CO_2对测定结果的影响。同时，煮沸试样与溶剂的混合物，也有利于有机酸的抽出。

c. 指示剂的用量不能过多　每次测定所加指示剂要按标准规定的用量加入，以免引起滴定误差。因为酚酞或碱性蓝等指示剂本身就是弱酸性的有机物，在滴定时，指示剂也会消耗一定量的碱。而且指示剂过多，还会使变色较慢而不易察觉到滴定的终点。因此，如果加入指示剂的量过大，会造成测定结果偏高。

d. 准确判断滴定终点　准确判断滴定终点是酸度测定的难点和关键。测定接近终点时，应逐滴加入碱液或改为半滴添加，以减少滴定误差。在观察滴定终点时要注意以下两个特征：其一是颜色有明显变化；其二是透明度发生变化，在到达终点时溶液比较透明，未达到终点时溶液比较浑浊。如遇到滴定终点呈现不出规定的颜色时，允许以抽提剂的颜色开始明显地改变作滴定终点。为了便于观察指示剂的变色，可以在锥形瓶下衬以白纸或白色瓷板。

用酚酞作指示剂时，滴定至乙醇层酚酞溶液呈浅玫瑰红色；用甲酚红作指示剂时，滴定至乙醇层甲酚红溶液从黄色变为紫红色；用碱性蓝6B作指示剂滴定时，应以蓝色刚消失、恰好显浅红色时为终点。

如果试样中干扰物多，会使指示剂变色不明显，终点难以判断，造成测定结果有很大的误差。有时由于试样的颜色很深，也会对指示剂变色的观察造成困难。为了准确地进行测定，应该改用电位滴定法如GB/T 7304《石油产品和润滑剂酸值测定法(电位滴定法)》等其他方法测定。

e. 正确摇动锥形瓶　在滴定中，摇动锥形瓶既要使氢氧化钾－乙醇标准滴定溶液能完全与乙醇层中的酸作用，又不要使试样翻起而影响终点颜色的观察，使测定结果准确。

(2) GB/T 7304－2000《石油产品和润滑剂酸值测定法(电位滴定法)》

① 方法概要及适用范围

试样溶解在含有少量水的甲苯异丙醇混合溶剂中，以氢氧化钾异丙醇标准滴定溶液为滴定剂进行电位滴定，所用的电极对为玻璃指示电极－甘汞参比电极。在手绘或自动绘制电位－滴定剂量的曲线上仅把明显突跃点作为终点；如果没有明显突跃点，则以相应的新配非水酸性或碱性缓冲溶液的电位值作为滴定终点。

本标准适用于测定能够溶解于甲苯和异丙醇混合溶剂的石油产品和润滑剂中的酸性组分。

电位滴定法属仪器分析法，是利用电位滴定仪在滴定过程中的电位变化来确定滴定终点，可在有色、混浊或胶态的溶液中进行滴定，并且分析速度快，分析结果准确，是测定深色或加有添加剂油品酸值的理想方法。

两个概念：

a. 酸值：滴定1g试样到终点时速所需的碱量，以mgKOH/g表示。

b. 强酸值：中和1g试样中强酸性组分所需的碱量，以mgKOH/g表示。

② 试验技术要素

a. 正确准备和校正仪器。校正仪器时选用与滴定终点相对应的非水缓冲溶液。

b. 取样应具有代表性。

c. 在250mL的试杯中，按表2－4－25的规定称取试样，在烧杯中加入125mL滴定溶剂，将烧杯放在滴定台上并确定合适的位置，调整电极位置和搅拌速度。搅拌速度在不引起溶液飞溅和产生气泡的情况下尽可能地大。

表2－4－25　试样的称样量

酸值/(mgKOH/g)	试样量/g	称量精度/g	酸值/(mgKOH/g)	试样量/g	称量精度/g
0.05～1.0	20.0±2.0	0.10	20～100	0.25±0.02	0.001
1.0～5.0	5.0±0.5	0.02	100～250	0.1±0.01	0.0005
5.0～20	1.0±0.1	0.005			

d. 手动滴定：

(a) 以合适的速度滴加0.1mol/L氢氧化钾异丙醇标准滴定溶液，等到电位稳定后，记录滴定剂的量不读取此时的电位值。

(b) 在滴定开始和后来的任何范围内(如拐点)，如果滴定剂每增加0.1mL时，电位值变化大于30mV，则每次滴加量要减少至0.05mL。在中间区段(曲线的平稳段)，如果滴定剂每增加0.1mL，电位值变化小于30mV，则可适当地增大每次的滴加量，使产生的电位值变化约等于30mV，但不要大于30mV。用这种方式滴定直到每滴加0.1mL氢氧化钾异丙醇标准滴定溶液时电位值变化小于5mV。

e. 自动电位滴定

(a) 按仪器说明书校正仪器。按照上述电位平衡方式进行滴定或以可变的滴加速度滴定，即在滴加过程中以小于0.2mL/min的速度滴加，在等当点附近或碱性缓冲溶液的电位附近，最好以0.05mL/min的速度滴加。

(b) 在滴定过程中同时进行电位滴定曲线或一阶微分曲线的绘制。

f. 滴定结束进行另外一个试样的电位滴定时，应将清洗过的电极在水中浸泡至少5min以恢复玻璃电极液状凝胶膜。

g. 对每一批试样，用125mL滴定溶剂进行空白滴定。手动滴定时，每次滴加0.05mL的0.1mol/L氢氧化钾异丙醇标准滴定溶液，直到相邻两次滴加的电位稳定时为止，读取电位值和滴定剂用量。自动滴定按步骤e所示进行，测定强酸值时其空白滴定按同样的步骤进行，只是每次滴加0.05mL的0.1mol/L盐酸异丙醇标准滴定溶液。

h. 数据处理及报告:

(a) 计算

a)手动滴定：手绘0.1mol/L氢氧化钾异丙醇标准滴定溶液加入量和相应电位变化关系曲线。只有当突跃点很明显，且非常接近新配的非水酸性缓冲溶液(测定强酸值时)和碱性缓冲溶液(测定酸值时)的电位值时，才可以把突跃点作为滴定终点。如果突跃点不易确定或根本就没有出现时，则把相应的新配非水缓冲溶液的电位值作为滴定终点。

对所有使用过的油品的酸值，滴定时都是以相应的非水碱性缓冲溶液的电位作为滴定终点。

b) 自动电位滴定终点的选择与手动电位滴定的方法相同。

c) 试样的酸值和强酸值(mgKOH/g)计算如下。

$$酸值 = \frac{(A - B) \times M \times 56.1}{W}$$

$$强酸值 = \frac{(C \cdot M + D \cdot m) \times 56.1}{W} \qquad (2-4-27)$$

式中 A——滴定试样至终点或非水碱性缓冲溶液电位值时，所用的氢氧化甲异丙醇标准滴定溶液的体积，mL;

B——相应于A的空白值;

M——氢氧化钾异丙醇标准滴定溶液的浓度，mol/L;

m——盐酸异丙醇标准滴定溶液的浓度，mol/L;

W——试样的质量，g;

C——滴定试样至非水酸性缓冲溶液的电位值时，消耗的氢氧化钾异丙醇标准滴定溶液的体积，mL;

D——相应 C 的终点进行空白滴定时所用的盐酸异丙醇标准滴定溶液的体积。

（b）精密度：按下述规定判断试验结果的可靠性(95%置信水平)。

a）重复性　同一操作者，用同一台仪器，对同一试样重复进行两次测定，其两个结果之差不应超过表2-4-26所规定的数值。

表2-4-26　酸值测定的重复性

滴定方式	新油或添加剂以突跃点定终点		使用过的油以非水缓冲溶液定终点	
	手动滴定	自动滴定	手动滴定	自动滴定
平均值的百分数/%	7	6	5	12

b）再现性　不同操作者，在不同实验室，对同一试样进行测定，所得两个独立结果之差，不应超过表2-4-27所规定的数值。

表2-4-27　酸值测定的再现性

滴定方式	新油或添加剂以突跃点定终点		使用过的油以非水缓冲溶液定终点	
	手动滴定	自动滴定	手动滴定	自动滴定
平均值的百分数/%	20	28	39	44

③ 影响因素及注意事项

a. 所用试剂的纯度、标准滴定溶液浓度及缓冲溶液制备要符合要求，以提高试验的准确度。

b. 玻璃电极和甘汞电极要按规定进行清洗，久用的和新装的电极都应测定电极电势。

c. 对使用过的油品试样需按规定进行处理，以除去大颗粒污染物，使试样具有代表性。

d. 所有使用过的油品试样的滴定终点都要以非水碱性缓冲溶液的电位作为滴定终点。

e. 要严格按仪器操作规程进行测定，使用中注意对玻璃电极球表面的保护，甘汞电极的氯化钾电解液要及时补加。

4.3.6.3　腐蚀性的试验

1. 概述

腐蚀试验是在规定条件下，测试油品对金属（钢、铜、铅、银、铝等）的腐蚀作用的试验。

石油腐蚀试验通常可分为液体燃料腐蚀试验、润滑油腐蚀试验和润滑脂腐蚀试验，其原理基本相同：油品中的腐蚀性物质，如活性硫化物、水溶性酸碱、有机酸等，特别是活性硫化物与经过磨光、洗涤、晾干的规定金属试片在一定条件（温度、时间）下发生化学或电化学反应。根据金属试片表面颜色变化的深浅、有无腐蚀斑点和腐蚀度的大小来判断油品的腐蚀性。

腐蚀试验金属试片种类很多，主要有铜片、银片、铅片、钢片等。通常采用铜片、银片。本节重点介绍铜片腐蚀测定法。

2. 测定意义

（1）通过腐蚀试验可判断燃料中是否含有能腐蚀金属的活性硫化物。这些活性硫化物包括：元素硫、硫化氢、低级硫醇、二氧化硫、三氧化硫、磺酸和酸性硫酸酯等。二氧化硫多数是用硫酸精制及再蒸馏时，残留的中性及酸性硫酸酯分解生成的。铜片腐蚀试验对硫化氢及元素硫的存在来说，是一个非常灵敏的试验。对油品中所含有的非活性硫化物，如二硫化物、噻吩、多硫化物等，在50℃下对铜片的腐蚀很小，几乎没有颜色的变化。

（2）可预知燃料在使用时对金属腐蚀的可能性。燃料在运输、贮运和使用过程，都会同金属接触。它所接触的金属当中，除钢铁之外，尚有铜和铅合金、铝合金等。尤其对内燃机汽化和供油系统中的金属接触关系更大，故要求铜片试验合格，这是燃料的重要指标。

（3）目前，国内外一些喷气发动机的高压柱塞油泵已采用了镀银零件，以改善抗磨性能，延长使用时间。但在使用某些经铜片腐蚀试验合格的喷气燃料时，仍发现发动机燃油泵镀银零件被腐蚀的现象。为此，进行喷气燃料银片腐蚀试验，对于直接检查喷气燃料内对金属银腐蚀的活性组分，提高喷气燃料的质量，防止其对银的腐蚀作用，保证燃油泵安全运转，有着重要意义。

3. 试验方法

铜片腐蚀试验的方法较多，不同种类的油品要根据产品的规格标准要求选择腐蚀试验的方法。对于不同的石油产品，其规定的试验条件不尽相同，在试验操作中，大部分是相同的，只是在试验时间和试验温度上有所差异。本节介绍在汽油、柴油腐蚀试验中最常用的方法——GB/T 5096《石油产品铜片腐蚀试验法》。

（1）方法概要及适用范围

该试验法是将一块已磨好的铜片浸没在一定量的试样中，并按产品标准要求加热到指定的温度，保持一定的时间。待试验周期结束时，取出铜片，经洗涤后与标准色板进行比较，观察铜片在油品中的颜色变化，确定腐蚀的级别，判断油品的腐蚀性。

方法适用于测定航空汽油、喷气燃料、车用汽油、天然汽油或具有雷德蒸气压不大于124kPa(930mmHg)的其他烃类、溶剂油、煤油、柴油、馏分燃料油、润滑油或其他石油产品对铜的腐蚀性程度。

（2）试验技术要素

参见GB/T 5096—1985(1991)《石油产品铜片腐蚀试验法》。

① 试管规格符合要求，在试管30mL处有一环线。

② 恒温水浴或其他液体浴的温度能够保持50℃ ±1℃。有合适的支架能支持试验弹保持在垂直的位置，并使整个试验弹或试管能浸没在浴液中约100mm深度。

光线对试验结果有干扰，因此，试样在试管中进行试验时，浴介质应用不透明材料制成。

③ 使用水银温度计的量程为0~50℃(全浸)，最小分度值1℃或小于1℃，经检定合格并在有效周期内使用。所测温度点的水银线高出浴介质表面不大于25mm。

④ 铜片的纯度为大于99.9%的电解铜。宽为12.5mm，厚为1.5~3.0mm，长为75mm。可用符合GB 466《铜分类》中Cu_2(2号铜)。

⑤ 使用的磨光材料为65μm(240粒度)的碳化硅或氧化铝(刚玉)砂纸(或砂布)、105μm(150目)的碳化硅或氧化铝(刚玉)砂粒以及药用脱脂棉。在有争议时，用碳化硅材质的磨光材料。

⑥ 腐蚀标准色板：本方法用的腐蚀标准色板是由全色加工复制而成的。它是由腐蚀标准色板的分级表中说明所表示的色板组成的，是代表失去光泽表面和腐蚀增加程度的典型试验铜片，腐蚀标准色板的分级见表2-4-28。为了避免色板可能褪色，腐蚀标准色板应避光存放。如果塑料板表面显示出有过多的划痕，则也应该更换这块腐蚀标准色板。

表 2－4－28　腐蚀标准色板的分级

分　　级	名　　称	说明①
新磨光的铜片②	—	仅作为试验前磨光铜片的外观标志，即使一个完全不腐蚀的试样经试验后也不可能重现这种外观。
1	轻度变色	a. 淡橙色，几乎与新磨光的铜片一样 b. 深橙色
2	中度变色	a. 紫红色 b. 淡紫色 c. 带有淡紫色，或银色，或两种都有，并分别覆盖在紫红色上的多彩色 d. 银色 e. 黄铜色或金黄色
3	深度变色	a. 洋红色覆盖在黄铜色上的多彩色 b. 有红和绿显示的多彩色(孔雀绿)，但不带灰色
4	腐蚀	a. 透明的黑色、深灰色或仅带有孔雀绿的棕色 b. 石墨黑色或无光泽的黑色 c. 有光泽的黑色或乌黑发亮的黑色

① 铜片腐蚀标准色板是由表中这些说明所表示的色板组成的。

② 此系列中所包括的新磨光铜片，仅作为试验前磨光铜片的外观标志。即使一个完全不腐蚀的试样经试验后也不可能重现这种外观。

⑦ 所用的试剂纯度符合要求，应经铜片腐蚀试验合格后方能使用。

⑧ 铜片一经磨光擦净，不准用裸手触摸，应用镊子夹持。

⑨ 确保工作地点周围无硫化氢气体。

⑩ 试验温度为50℃ ±1℃，不准超出范围；试验时间为3h ±5min，到时间就取出铜片。观察颜色有无变化不应拖延。

⑪ 试片的制备分为表面准备和最后磨光两个步骤。

a. 表面准备　把一张砂纸放在平坦的表面上，用煤油或洗涤溶剂湿润砂纸，以旋转动作将铜片对着砂纸摩擦，用无灰滤纸或夹钳夹持，以防止铜片与手指接触。另一种方法是用粒度合适的干砂纸(或砂布)装在马达上，通过驱动马达来加工铜片表面。

b. 最后磨光　取一些105μm(150目)的碳化硅或氧化铝(刚玉)砂粒放在玻璃板上，用1滴洗涤溶剂湿润，并用一块脱脂棉蘸取砂粒。用不锈钢镊子夹持铜片，千万不能接触手指。先摩擦铜片各端边，然后将铜片夹在夹钳上，用沾在脱脂棉上的碳化硅或氧化铝(刚玉)砂粒磨光主要表面。磨时要沿铜片的长轴方向，在返回来磨以前，使动程越出铜片的末端。用一块干净的脱脂棉使劲地摩擦铜片，以除去所有的金属屑，直到用一块新的脱脂棉擦拭时不再留下污斑为止。当铜片擦净后，马上浸入已准备好的试样中。

⑫ 取样：

a. 对会使铜片造成轻度变暗的各种试样，应该贮放在干净的深色玻璃瓶、塑料瓶或其他不致影响到试样腐蚀性的合适的容器中。不能使用镀锡铁皮容器来贮存试样。

b. 容器要尽可能装满试样，取样后立即盖上。取样时要小心，防止试样暴露于直接的阳光下，甚至散射的日光下。实验室收到试样后，在打开容器后尽快进行实验。

c. 如果在试样中看到有悬浮水(浑浊)，则用一张中速定性滤纸把足够体积的试样过滤到一个清洁、干燥的试管中。此操作尽可能在暗室或避光的屏风下进行。

在整个试验进行前、试验中或试验结束后，铜片与水接触会引起变色，使铜片评定造成困难。

⑬ 结果判断及表示：

a. 结果的表示：

（a）按表 2－4－28 所列的腐蚀标准色板的分级中的某一个腐蚀级表示试样的腐蚀性。

（b）当铜片是介于两种相邻的标准色板之间的腐蚀级时，则按其变色严重的腐蚀级判断试样。当铜片出现有比标准色板中 1b 还深的橙色时，则认为铜片仍属 1 级；但是如果观察到有红颜色时，则所观察的铜片判断为 2 级。

（c）2 级中紫红色铜片可能被误认为黄铜色完全被洋红色的色彩所覆盖的 3 级。为了区别这两个级，可以把铜片浸没在洗涤溶剂中。2 级会出现深橙色，而 3 级不变色。

（d）为了区别 2 级和 3 级中多种颜色的铜片，把铜片放入试管中，并把这支试管平躺在 315～370℃的电热板上 4～6min。另外用一支试管，放入一支高温蒸馏用温度计，观察这支温度计的温度来调节电炉的温度。如果铜片呈现银色，然后再呈现为金黄色，则认为铜片属 2 级。如果铜片出现如 4 级所述透明的黑色及其他各色，则认为铜片属 3 级。

b. 结果的判断：

如果重复测定的两个结果不相同，则重新进行试验。当重新试验的两个结果仍不相同时，则按变色严重的腐蚀级来判断试样。

在加热浸提过程中，如果发现手指印或任何颗粒或水滴而弄脏了铜片，则需重新试验。

如果沿铜片的平面的边缘棱角出现一个比铜片大部分表面腐蚀级还要高的腐蚀级别的话，则需重新进行试验。这种情况大多是在磨片时磨损了边缘而引起的。

⑭ 报告：按表 2－4－28 中的一个腐蚀级报告试样的腐蚀性，并报告试验时间和试验温度。

（3）影响因素及注意事项

① 试验所用的洗涤剂必须经铜片试验合格，才能使用，否则会影响试验结果。同时还要确保试验环境没有含硫气体存在。

② 试验所用的铜片的纯度和规格都必须符合标准规定，铜片的纯度和型号直接影响试验结果。试验铜片如有过深的划痕或边缘磨损（不均匀）应弃之不用。

③ 试片洁净程度影响试验结果。铜片必须按照方法要求进行表面处理。所用磨光材料要符合试验方法规定，要注意需均匀地磨光铜片的各个表面，这样才能得到具有均匀的腐蚀色彩的铜片。处理铜片表面时应使用磨片夹钳或夹具，要防止铜片与手接触，以免手上的汗渍等对铜片腐蚀试验结果造成影响。

④ 为了避免腐蚀标准色板可能褪色，色板应避光存放。如果发现有任何褪色情况，必须及时更换试验用色板，否则会影响腐蚀结果的判断。

⑤ 取样必须有代表性。应注意按方法要求将试样盛放在不致影响到试样腐蚀的合适的容器中。因此，一定不能使用镀锡铁皮容器来储存试样。

⑥ 防止影响油品腐蚀试验准确性的一些因素的发生。防止样品中可能存在的硫化氢等杂质的挥发，取样时试样应尽可能装满容器。取样后立即将容器加盖，注意试样应该避免阳光照射。收到样品，要尽快进行腐蚀试验。

⑦ 避免铜片与水接触。铜片与水接触会引起变色，使铜片判定造成困难。试样中含水

时必须做脱水处理或重新取样。如果看到试样浑浊有水需进行过滤时，必须注意在暗处进行，避免光线的影响。

⑧ 防止磨光的铜片与空气接触。磨光的铜片要马上(1min 内)浸入已准备好的试样，放入铜片时要注意小心地滑入，以避免打破试管。

⑨ 严格控制试验条件。测定汽、柴油时，是采用 50℃，3h，一般情况下，温度越高，时间越长，铜片越易腐蚀，所以试验温度应恒定在 ±1℃ 的范围内，试验时间要控制在 ±5min内。浴内的温度以经检定的放于浴中的温度计读数为准，并且要注意本方法涉及易燃的材料，在操作时要注意安全。

⑩ 铜片和腐蚀标准色板进行比较时，要对光线成 45°角折射的方法拿持进行观察，按方法标准的提示正确判断铜片腐蚀试验的腐蚀级。

4.3.6.4 硫含量的测定

1. 概述

硫元素是石油中常见的组成元素之一。原油中的硫含量相差很大，从万分之几到百分之几。由于石油及其产品含有硫，对其加工和使用性能影响极大，所以含硫量常常作为评价油品的一项重要指标。

硫在石油中的存在形态已经确定有单质硫、硫化氢、硫醇、硫醚、环硫醚、二硫化物、噻吩及其同系物等。

单质硫和硫化氢多是其他含硫化合物的分解产物。在未蒸馏的原油中，也曾发现它们的存在。单质硫和硫化氢可以相互转换，即硫化氢被空气氧化成单质硫与石油烃类作用也可以生成硫化氢及其他硫化物(一般在 200～250℃以上已经能够进行这种反应)。

硫醇在石油中的含量不多，主要存在于低沸点馏分中，现已经从汽油馏分中分离出 10 多种硫醇，在高沸点馏分中尚未发现它们的存在。

硫醚是石油中含量较多的硫化物之一。硫醚热稳定性较好，其含量随馏分沸点的上升而增加，大量集中在煤油和柴油馏分中。

二硫化物在石油馏分中含量较少，而且较多地集中于高沸点馏分中，二硫化物热稳定性较差，受热可分解成硫醚、硫醇和硫化氢。

噻吩及其同系物是一种具有芳香性的杂环化合物，热稳定性较好，是石油中主要的一类含硫化合物。

综上所述，直馏汽油馏分中的硫主要为硫醇、硫醚以及少量二硫化物及噻吩。此外，还有极少量的单质硫和硫化氢，直馏中间馏分中主要是硫醚和噻吩类。高沸点馏分中的硫化物大部分是芳香性结构的硫化物即具有单环、双环、稠环和多环的含硫杂环化合物。硫还存在于石油的胶质和沥青质中。

2. 测定意义

硫对石油加工及产品应用的危害主要有如下几个方面：

(1) 石油中的活性硫(单质硫、硫化氢及硫醇)在较低温度下对加工设备、机械及容器有腐蚀作用。非活性硫化物(硫醚、二硫化物、噻吩)，在加工过程中有部分要转变成腐蚀性很强的活性硫化物。如：

$$Cu + S \xrightarrow{\text{加热}} CuS$$

$$Fe + S \xrightarrow{\text{加热}} FeS$$

$$Fe + H_2S \xrightarrow{加热} FeS + H_2$$

$$2RSH + Fe + 1/2O_2 \longrightarrow (RS)_2Fe + H_2O$$

$$2RSH + Pb + 1/2O_2 \longrightarrow (RS)_2Pb + H_2O$$

$$RSH \xrightarrow{400℃} RCH = CH_2 + H_2S$$

$$R - S - R \xrightarrow{400℃} RCH = CH_2 + RSH$$

$$\text{(噻吩)} + H_2 \xrightarrow[600℃]{催化剂} CH_3 - CH_2 - CH_2 - CH_3 + H_2S$$

含硫燃料燃烧产生的 SO_2 与 H_2O 生成腐蚀性较强的 H_2SO_3，腐蚀排气系统。

（2）使催化剂中毒。

（3）使油品发生恶臭和着色。多数硫化物，尤其是硫醇都具有极强烈的特殊臭味。空气中如含有硫醇浓度为 2.2×10^{-9}g/L 时人的嗅觉即可感觉到，因此很多油品质量指标都规定硫醇性硫含量不大于某一数值。

（4）硫化物在燃烧后生成的二氧化硫和三氧化硫排放到大气中会污染环境，并且在与水相遇后会产生具有腐蚀性的酸性物质，腐蚀发动机及曲轴箱部件。

（5）影响润滑油添加剂的效果，易生成胶质类物质。

因此，根据测定的硫含量，可以判断油品质量是否合格，从而考虑怎样脱硫和防止硫在加工和使用过程中的危害。

当然也有例外，如某些润滑油中存在的非活性硫化物，有时不但无害，而且还会改进润滑油的使用性能。非活性硫化物常常作为添加剂，加入到某些润滑油脂中，以改善润滑性能。

3. 试验方法

硫含量的测定方法比较多，现行标准中规定测定硫含量常用的方法主要有以下几种：

① GB/T 380《石油产品硫含量测定法（燃灯法）》，将石油产品在灯中燃烧，用 Na_2CO_3 水溶液吸收燃烧的 SO_2，并用容量分析法测定。

② SH/T 0689《轻质烃及发动机燃料和其他油品的总硫含量测定法（紫外荧光法）》，利用高温富氧条件转化试样的硫并将生成的气体在紫外光下变成激发态并发射荧光得到信号来测定试样的硫含量。

③ GB/T 11140《石油产品硫含量测定法波长色散 X 射线光谱法》，把样品置于 X 射线光束中，测定 0.5373nm 波长下硫 K_α 谱线的强度。将最高强度减去在 0.5190nm（对于铑靶 X 射线管为 0.5437nm）的推荐波长下测得的背景强度，作为净计数率与预先制定的校准曲线进行比较，从而获得质量分数或 mg/kg 表示的硫含量。

④ GB/T 17040《石油和石油产品硫含量测定法能量色散 X 射线荧光光谱法》，把样品置于从 X 射线源发射出来的射线束中，测量激发出来能量为 2.3keV 的硫 K_α 特征 X 射线强度，并将累积计数与预先制备好的标准样品的计数进行对比，从而获得用质量分数表示的硫含量。

⑤ SH/T 0253《轻质石油产品中总硫含量测定法（电量法）》，根据法拉第电解定律，利用滴定池的电解液中发生的消耗电量反应来测定试样中的总硫含量。

⑥ SH/T 0742《汽油中硫含量测定法（能量色散 X 射线荧光光谱法）》，利用试样被激发

的特征 X 射线来测定试样的硫含量。

⑦ GB/T 11131《石油产品总硫含量测定法(灯法)》，将石油产品在灯中燃烧，用 H_2O_2 溶液吸收燃烧产物，并用氢氧化钠滴定吸收液的容量分析法测定。使用的燃灯是闭式的，燃烧较 GB/T 380(燃灯是开式的)更充分，吸收 SO_2 更完全，测定结果更准确。

考虑到现行的汽、柴油标准中规定 GB/T 380、SH/T 0689 分别为仲裁方法，在此着重介绍，其他方法不予讨论。

(1) GB/T 380—1977(1988)《石油产品硫含量测定法(燃灯法)》

① 方法概要及适用范围

试样中的硫化物在测定器的灯中完全燃烧生成 SO_2，

$$\text{硫化物} + O_2 \longrightarrow SO_2\uparrow$$

二氧化硫通过过量的碳酸钠水溶液被吸收，

$$SO_2 + Na_2CO_3 \longrightarrow Na_2SO_3 + CO_2$$

通过盐酸滴定剩余的 Na_2CO_3，

$$Na_2CO_3 + 2HCl \longrightarrow 2NaCl + H_2O + CO_2$$

以上反应式里各反应物质的物质的量的关系可用下式表示：

$$S \rightarrow SO_2 \rightarrow Na_2CO_3 \rightarrow 2HCl$$

从 HCl 的质量可以算出硫的质量。

方法适用于测定雷德蒸气压力不高于 600mmHg 的轻质石油产品(汽油、煤油、柴油等)的硫含量。

② 试验技术要素

a. 试验用天平、滴定管、移液管需经检定并在有效周期内使用。

b. 所用的稀释剂(95% 乙醇、标准正庚烷或汽油)的硫含量不超过 0.005%。

c. 吸收器、液滴收集器、玻璃珠及烟道仔细用蒸馏水洗净，控干。玻璃珠装入吸收器的大容器内约达 2/3 高度。

d. 带有棉纱灯芯和灯芯管的燃灯用分析纯石油醚洗涤并干燥。

e. 液滴接收器、烟道、连接截止阀等连接处应密封，必要时，以水封口。

f. 吸收器内准确加入 10mL 0.3% 的碳酸钠水溶液。

g. 按方法要求取样、稀释及称量。

(a) 在灯上燃烧无烟的石油产品，按下列数量注入清洁、干燥的灯(无须预先称量)中：含微量硫(硫含量在 0.05% 以下)的低沸点的产品(如航空汽油)，其注入量为 4～5mL；硫含量在 0.05% 以上及高沸点的产品(如汽油、煤油等)其注入量为 1.5～3mL(视硫含量而定)。

(b) 单独在灯中燃烧而发生浓烟的石油产品以及高沸点的石油产品(如柴油)，则取 1～2mL 注入于预先连同灯芯及灯罩一起称量过的洁净、干燥的灯中。然后，往灯内注入标准正庚烷或 95% 乙醇或汽油，使成 1:1 或 2:1 的比例(体积比)，在必要时可使成 3:1 的比例，使所组成的混合液在灯中燃烧的火焰不带烟。试样和注入标准正庚烷或 95% 乙醇或汽油所组成的混合液的总体积为 4～5mL。

h. 燃灯点燃预调整火焰高度为 5～6mm，试验过程中灯芯管的上边缘不高过烟道下边缘 8mm，火焰高度调整为 6～8mm。

i. 试样的燃烧量的确定：

(a) 燃烧未稀释的试样时，计算盛有试样的灯在试验前的质量与该灯在燃烧后的质量间的差数，作为试样的燃烧量。

(b) 燃烧稀释过的试样时，计算盛有试样灯的质量与未装试样的清洁、干燥灯的质量间的差数，作为试样的燃烧量。

j. 灯完全燃尽后，盖上灯罩，经过3~5min后再关闭真空泵或水流泵。

k. 滴定时，空白灯及试样灯燃烧的吸收器内加入指示剂的量应一致(1~2滴)，用盐酸标准滴定溶液滴定的终点判断一致，边滴定边用真空泵对溶液进行抽气(或吹气)，搅拌溶液，正确读取滴定管读数。

l. 周围空气不能存在含硫气体干扰物，须用不含硫的火苗点灯。

m. 数据处理及报告：

(a) 计算：试样的硫含量X(%)计算如下：

$$X = \frac{(V - V_1)K \times 0.0008}{G} \times 100 \qquad (2-4-28)$$

式中 V——滴定空白试液所消耗盐酸溶液的体积，mL；

V_1——滴定吸收试样燃烧生成物的溶液所消耗盐酸溶液的体积，mL；

K——换算为0.05moL/L盐酸溶液的修正系数(是盐酸的实际浓度与0.05moL/L之比值)；

0.0008——单位体积0.05moL/L盐酸溶液所相当的硫含量，g/mL；

G——试样的燃烧量，g。

(b) 报告：取重复测定两个结果的算术平均值，作为试样的硫含量。

(c) 精密度：重复测定两个结果间的差数，不应超过下列数值：

硫含量,%	允许差数
≤0.1	0.006%
>0.1	最小测定值的6%

③ 影响因素及注意事项

a. 试油的完全燃烧程度

试油在测定器内是否能燃烧完全，将全部硫化物转化为SO_2，是试验的关键，对测定结果影响很大。因此应控制燃烧时的火焰高度和空气通过的速度，保证燃烧时火焰绝对不能带黑烟，以保证试油燃烧完全。对于在灯中燃烧会发生浓烟的石油产品以及高沸点的石油产品(如柴油)，要根据情况按一定的体积比注入正庚烷或95%乙醇，使组成的混合液在灯中燃烧不带烟，如试样冒黑烟或未经燃烧而挥发掉，则使测定结果偏低。

b. 二氧化硫的吸收

试验应注意试样燃烧产生的SO_2在吸收器中被碳酸钠溶液吸收的操作，SO_2的吸收同样是试验的关键。开动水流泵或真空泵时，要注意使空气自吸收器均匀而和缓的通过，使所有吸收器中吸收空气的速度保持均匀。试样燃尽后，应在经过3~5min后关闭水流泵或真空泵。

c. 吸收液用量

吸收器内Na_2CO_3的加入量是否准确，操作过程中有无损失对测定结果有影响。由于该标准采用的是对加入的过量Na_2CO_3溶液进行回滴的方法，因此加入的Na_2CO_3溶液的量要准确，而且试验过程要没有损失。为此，在拆开仪器后，要用蒸馏水洗涤收集器、烟道以及收集器上部，将洗涤的蒸馏水收集于吸收器中。

d. 环境条件与试验材料

空气中有含硫成分对测定结果将产生影响。在试验过程中，要注意不能从外界带入硫分，因此要注意测定时周围环境不能存在含硫气体的干扰物。方法规定，需另用质量分数为0.3%的Na_2CO_3溶液进行滴定，与空白试验进行比较，两次滴定所消耗的盐酸标准溶液的体积之差如果超过0.05mL，即证明空气中含有硫分，应将实验室通风后重新试验。另外，试验必须在空气流动的室内进行，但要避免剧烈的通风。须用不含硫的火苗点灯（注意不能用火柴点灯）。

e. 装置的清洁性

试验前，应注意将吸收器、液滴收集器及烟道仔细用蒸馏水洗净，灯及灯芯用分析纯石油醚洗涤并干燥。

f. 终点的判断

标准中规定，在滴定的同时要搅拌吸收溶液，并用空白试验比较终点的颜色，这样才能正确判断滴定终点。

（2）SH/T 0689—2000《轻质烃及发动机燃料和其它油品的总硫含量测定法（紫外荧光法）》

① 方法概要及适用范围

本方法是将烃类试样直接注入裂解管或进样舟中，由进样器将试样送至高温燃烧管，在富氧条件中，硫被氧化成二氧化硫（SO_2）。试样燃烧生成的气体在除去水后被紫外光照射，二氧化硫吸收紫外光的能量转变为激发态的二氧化硫（SO_2^*），当激发态的二氧化硫返回到稳定态的二氧化硫时发射荧光，并由光电倍增管检测，由所得信号值计算出试样的硫含量。

本方法适用于测定沸点范围约25～400℃，室温下黏度范围约0.2～10mm²/s之间的液态烃中总硫含量。适用于总硫含量在1.0～8000mg/kg的石脑油、馏分油、发动机燃料和其他油品。

② 试验技术要素

a. 电加热燃烧炉的温度能达到1100℃，使试样受热裂解并将其中的硫氧化成二氧化硫。

b. 直接进样系统或舟进样系统使用的石英燃烧管都应符合要求，氧化区应足够大，确保试样的完全燃烧。

c. 干燥管是用于除去水蒸气的设备，必须配备用以除去进入检测器前反应产物中的水蒸气。

d. 紫外荧光（UV）检测器为定性定量检测器，测量由紫外光源照射二氧化硫激发所发射的荧光。

e. 微量注射器符合方法要求，能够准确地注入5～20μL的样品量，注射器针头长为50mm±5mm。

f. 进样系统（直接进样系统、舟进样系统）的进样速度应能控制。

g. 试验使用的试剂均为分析纯。如果使用其他纯度的试剂，应保证测试的精确度。

h. 惰性气体（氩气或氦气）纯度不小于99.998%，氧气纯度不小于99.75%，都是高纯气体，水含量不大于5mg/kg。

i. 使用甲苯、二甲苯、异辛烷等溶剂或与待分析试样中组分相似的其他溶剂。需对配制标准溶液和稀释试样所用溶剂的硫含量进行空白校正。当所使用的溶剂相对未知试样检测不到硫存在时，无需对其进行空白校正。

j. 配制标准溶液所用的化学试剂都需校正化学杂质。

k. 每天测试前须用校准标准溶液查系统性能至少一次。选择合适的的标准曲线，保证试验结果的准确度。

(a)选择表2-4-29所推荐的曲线之一。用稀释配制的一系列硫标准溶液或硫含量测定用标准物质进行校准及绘制标准曲线。选择一系列标准溶液做标准曲线时，最低浓度值和最高浓度值间一般相差不超过10倍。

表2-4-29　硫标准溶液

曲线1，硫/(ng/μL)	曲线2，硫/(ng/μL)	曲线3，硫/(ng/μL)	曲线1，硫/(ng/μL)	曲线2，硫/(ng/μL)	曲线3，硫/(ng/μL)
0.50	5.00	100.00		100.00	
2.50	25.00	500.00	进样量/μL	进样量/μL	进样量/μL
5.00	50.00	1000.00	10~20	5~10	5

(b) 根据选择的曲线确定进样量及燃烧条件。

(c) 在选定的标准溶液进样量的操作范围内，使所有待测标准溶液的进样量应相同或相近，以确定一致的燃烧条件。

(d) 如果使用了与表2-4-29不同的曲线来校正仪器，选择基于所用曲线并接近所测标准溶液浓度的试样进样量。如注射浓度为100ng/μL的标准溶液10μL，相当于建立了一个1000ng或1.0μg的校正点。

(e) 每个样品重复测定三次并计算平均响应值。

l. 数据处理及报告：

(a) 计算：

a)使用标准工作曲线进行校正的仪器，试样中的硫含量X(mg/kg)计算如下：

$$X = \frac{(I - Y)}{S \cdot M \cdot K_g} \tag{2-4-29}$$

或

$$X = \frac{(I - Y)}{S \cdot V \cdot K_v} \tag{2-4-30}$$

式中 D——试样溶液的密度，g/mL；

I——试样溶液的平均响应值；

K_g——质量稀释系数，即试样质量/试样加溶剂的总质量，g/g；

K_v——体积稀释系数，即试样质量/试样加溶剂的总体积，g/mL；

M——所注射的试样溶液质量，直接测量或利用进样体积和密度计算，$V \times D$，g；

S——标准曲线斜率，响应值/(μgs)；

V——所注射的试样溶液体积，直接测量或利用进样质量和密度计算，$M \times D$，μL；

Y——空白的平均响应值。

b)配有校正功能的分析仪，而无空白校正时，试样中的硫含量X(mg/kg)计算如下：

$$X = \frac{1000G}{M \cdot K_g} \tag{2-4-31}$$

或

$$X = \frac{1000G}{V \cdot D} \tag{2-4-32}$$

式中　D——试样的密度，mg/μL（不稀释进样），或试样溶液的浓度（体积稀释进样），mg/μL；

K_g——质量稀释系数，即试样质量/试样加溶剂的总质量，g/g；

M——所注射的试样溶液质量，直接测量或利用进样体积和密度计算，$V \times D$，mg；

V——所注射的试样溶液体积，直接测量或利用进样质量和密度计算，$M \times D$，μL；

G——仪器显示的试样中硫的质量，μg。

（b）报告：取重复测定的两个结果的算术平均值，作为试样的硫含量。

（c）精密度

a）重复性　同一操作者，同一台仪器，在同样的操作条件下，对同一试样进行试验，所得到的两个试验结果的差值，在正确的操作下，20次中只有一次超过下式值：

$$r = 0.1867X^{0.63} \quad (2-4-33)$$

式中　X——两次试验结果的平均值。

b）再现性　在不同的实验室，由不同的操作者，对同一试样进行的两次独立的试验结果的差值，在正确的操作下，20次中只有一次超过下式值：

$$R = 0.2217X^{0.92} \quad (2-4-34)$$

式中　X——两次试验结果的平均值。

c）上述精密度估算实例见表2-4-30。

表2-4-30　重复性 r 和再现性 R/(mg/kg)

硫含量	重复性 r	再现性 R	硫含量	重复性 r	再现性 R
1	0.187	0.222	100	3.397	15.338
5	0.515	0.975	500	9.364	67.425
10	0.796	1.844	1000	14.492	127.575
50	2.195	8.106	5000	39.948	560.813

③ 影响因素及注意事项

a. 气体的纯度与试样燃烧程度有密切关系。试验对惰性气体（氩气或氦气）和氧气的纯度要求非常高，其纯度必须达到方法规定的要求。

b. 气路系统严密是保证燃烧完全的关键。检查气体接头应无泄漏，确保气路系统的完好性，保证裂解管与球型磨口接头之间不漏气。

c. 按要求选用入口氧气流量、裂解氧气流量和入口载气流量的流量值。

（a）裂解氧流量的大小直接影响到样品的氧化裂解反应，影响到样品中硫化物转化为SO_2的转化率。分析时需使裂解氧过量，以保证样品能充分燃烧，裂解管内不生成积炭；同时流量也不能过大，否则不利于硫化物转化为SO_2的反应，使样品气中SO_2的荧光发射的强度降低。

（b）载气用以将挥发后的样品吹带进入裂解管内，使样品进行氧化裂解反应，载气的流量是保证样品能平稳地有效地吹进、确保试验结果准确的关键条件之一。

d. 所有的气源（载气和氧气）都应通过洁净干燥的铜或不锈钢管线来输送。

这些管线都应经过仔细的冲洗和干燥以确保气体不受污染。清洗新管线时，先用三氯甲烷或三氯乙烷，然后用甲醇或丙酮，最后用空气干燥。能够溶解油或油脂的其他溶剂也可使用。所有溶剂都应是试剂级或质量更好的溶剂。

e. 检查裂解管和流路中各部件，保证裂解管均匀受热，使样品的氧化裂解反应完全。

裂解管由石英制成，它的作用是将样品中的有机硫样品完全汽化并发生氧化裂解，其中的硫化物定量地转化为二氧化硫。应使石英裂解管尽量与裂解炉内腔同轴，才能保证管子受热均匀。

f. 保证干燥管(膜式干燥器等)除水设备的脱水效果。

确保进入检测器前将反应产物中的水蒸气除去，防止影响结果测定。建议两次进样之间的间隔稍长些(1min 以上)。

g. 标准样品配制的浓度及不同浓度范围的标准样品曲线绘制的好坏(相关系数)直接影响到待测样品测量的准确性。

因为待测样品的硫含量是根据相同条件下标准样品的响应值、标准样品及未知样品的进样量、未知样品的响应值等数据计算出来的，故不允许使用过期标准样品进行标准曲线的绘制。一般标准溶液的有效期为 3 个月，其配制量应以使用的次数和时间为基础。还可以使用中国石化科学研究院的标准样品。

标准样品配制时应注意以下几点：

(a) 溶质的选择：应根据未知样品中所含硫化物的大致类型选择一种或数种硫化物作为溶质，以使标样在分子结构、化学及物理性质等方面与未知样品中的硫化物相接近。

(b) 溶剂的选择：应根据未知样品的基质选择合适的不含硫的溶液作为标样的溶剂，以使标样和未知样品在样品基质方面接近。

(c) 标样配制时应特别小心，所有器皿必须清洗干净，从而减少称量误差。总之，标样配制时应尽量做到准确无误，保证标样的标准化。

(d) 标样应妥善保存。溶质和溶剂为挥发性物质的标样应保存在低温冷藏箱中，以延长其使用寿命。

h. 取样燃烧量准确。不论使用手动进样还是使用自动进样技术，进样量与做标样曲线的标准溶液进样量及使用的进样器要符合要求，以确定一致的燃烧条件。体积法进行时每次的进样量必须一致，重量法进行时要求每次的进样器应尽量一致。

i. 样品分析时，先选择合适的标准曲线，使样品的浓度在标准曲线范围之内，保证分析数据准确可靠。如果样品的浓度在标样曲线之外，超过最大标准样品浓度或最小标准样品浓度的10% ~20% 时，要求重新选择标准曲线，重新测定。

j. 反应室及进样系统等的清洁程度直接影响测定结果。

反应室、进样系统及其他部件内残余物沉积(积炭或烟灰)后，会导致灵敏度降低，分析结果不重复，应根据使用情况定期清洗反应室及有积炭的部件。

4.3.7 安定性的测定

油品在正常的储存或使用条件下保持其性质不发生永久变化的能力，称为油品的安定性。

油品中的不饱和烃类和非烃化合物是油品不安定的内在因素。这些活泼组分在光照、受热、空气和金属催化作用等外界条件下，会发生氧化、聚合、缩合、分解等反应，生成酸性物质、胶质、沉渣等，从而使油品质量恶化。

按油品使用性能要求，油品的安定性分为氧化安定性、热安定性、光安定性、剪切安定性、机械安定性、胶体安定性等。由于液体燃料、润滑油、润滑脂等油品的组成和使用条件不同，评定安定性的方法也不同。

4.3.7.1 实际胶质的测定

1. 概述

胶质是燃料中的烃类(主要是不饱和烃)在储存、使用过程中经氧化、聚合、缩合所生成的深棕色或黑色的含碳、氢、氧、氮、硫等的复杂化合物，是一种相对分子质量大，不易挥发的胶状物质。当胶质生成量不大时，它能溶解在燃料中。随着氧化加剧，胶质含量增多，燃料颜色逐渐变深，直至析出胶状沉淀。

根据溶解度的不同，胶质可分为三种类型：一是不溶性胶质或称沉渣，它在汽油中形成沉淀，可用过滤方法分离出来；二是可溶性胶质，它以溶解状态存在于燃料中，但可通过蒸发的方法使其作为不挥发物质残留下来；三是黏附物质，黏附在容器壁上，并且不溶于有机溶剂。以上三种胶质合称为总胶质。

2. 测定意义

(1) 作为发动机燃料在使用时生成胶质倾向的指标。通常，发动机燃料实际胶质含量愈大，在发动机中使用时形成的沉积物的数量也愈多。特别是当实际胶质超过一定数量时，会引起供油系统、活塞及燃烧室中炭沉积的增加。热裂化汽油随着实际胶质含量增高，会降低其辛烷值，使抗爆性能显著下降；

(2) 作为发动机燃料在储存时氧化安定性好坏的控制指标之一。由于生产工艺流程所用原料不同，发动机燃料中各种化学成分的含量不同，以及储存条件不同，所以安定性也随之不同。例如热裂化汽油往往含有30% ~35%的不饱和烃，在贮存时安定性很差，在空气中的氧、温度、阳光及某些金属的催化作用下，其中的不饱和烃，就很快氧化而生胶。因此要定期测定其实际胶质含量，并根据测定结果决定是继续储存还是立即使用。

3. 试验方法

发动机燃料实际胶质测定按GB/T 509《发动机燃料实际胶质测定法》和GB/T 8019《车用汽油和航空燃料实际胶质测定法(喷射蒸发法)》进行。两方法均是将一定体积的燃料在规定的仪器内，在规定温度和空气(或蒸汽)流的条件下，使其蒸发、氧化、聚合、缩合，以所生成残留物作为实际胶质，再换算为100mL中所含胶质的毫克数，以mg/100mL表示。两者的差异是GB/T 509没有正庚烷抽提的操作，有可能使小分子的胶质和一些添加剂残留在杯中使得测得结果偏高。就同一种样品而言用GB/T 509测定的结果通常高于GB/T 8019测定的结果。

测得的实际胶质不是指油品中含有胶状物的真正数量，只是作为评定发动机燃料在发动机中使用时生成胶质倾向的一个指标。它包括两部分：一部分是石油产品在储存过程中生成的可溶性胶质，它呈溶解状态存在于燃料中，过滤不能除去；一部分是石油产品中存在的不安定组分在测定条件下反应生成的胶质。

由于我国现行标准GB 17930—2006《车用汽油》和GB 18351—2004《车用乙醇汽油》标准中规定实际胶质含量以GB/T 8019方法测定为准，因此本节只介绍该方法。

具体参见GB/T 8019—2008《车用汽油和航空燃料实际胶质测定法(喷射蒸发法)》。

(1) 方法概要及适用范围

将已知量的试样在控制的温度、空气或蒸汽流的条件下蒸发。若试样为航空汽油或喷气燃料，则将所得残渣称重，并以mg/100mL报告。若为车用汽油，则将正庚烷抽提前和抽提后的残渣分别称重，所得结果以mg/100mL报告。

本方法适用于航空燃料的实际胶质以及车用汽油和其他挥发性馏分(包括含有醇类、醚类含氧化合物以及沉积物抑制添加剂的产品）在试验时胶质含量的测定，同时也可用于对非航空燃料残渣中正庚烷不溶部分的测定。

（2）试验技术要素

① 盛装试油的容器符合要求。应用玻璃瓶作采样器和试样瓶。

② 分析天平应能称至0.1mg，须检定合格并在有效周期内使用。

③ 待测试样的试验条件要严格控制。待测试样的试验条件见表2-4-31。

表2-4-31 待测试样的试验条件

样品类型	蒸发介质	操作温度/℃	
		浴	试验孔
航空汽油和车用汽油	空气	160~165	150~160
航空涡轮燃料	蒸汽	232~246	229~235

④ 通入的空气和蒸汽流速严格控制。使空气喷射装置加热蒸发浴后每个出口流速达到600mL/s±90mL/s，蒸汽喷射装置加热蒸发浴后每个出口流速达到1000mL/s±150mL/s。

⑤ 流量计、监控浴温和孔温用的温度计都须检定合格并在有效周期内使用。

⑥ 烧杯（包括配衡烧杯）的洗涤、干燥要按规定进行。所有操作过程（包括后续操作）中只许用镊子持取。恒重烧杯时，放在150℃的烘箱中至少干燥1h，将烧杯放在天平附近的冷却容器中至少冷却2h再进行称量，称至0.1mg。

⑦ 如果样品中存在悬浮或沉淀的固体物质，则用适当的方法充分混匀样品容器内的物质，立即在常压下使一定量的样品通过烧结玻璃漏斗过滤。

⑧ 用刻度量筒向每个烧杯（配衡烧杯除外）加入50mL±0.5mL试样。把装有试样的烧杯和配衡烧杯放入蒸发浴中，放进第一个烧杯和最后一个烧杯之间的时间要尽可能短。

⑨ 当使用空气蒸发试样时，应使用不锈钢镊子或钳子，放上锥形转接器。当用蒸汽蒸发时，允许用不锈钢镊子或钳子，放进锥形转接器把烧杯加热3~4min。而锥形转接器在接到出口前须用蒸汽预热，锥形转接器要放在热蒸汽浴顶端的中央。通气和蒸发时，保持规定的温度和流速，使试样蒸发30min±0.5min。

⑩ 加热结束时，用不锈钢镊子或钳子移走锥形转接器，将烧杯从浴中转移到冷却容器中，将冷却容器放在天平附近至少2h再进行称量，称至0.1mg。

⑪ 用正庚烷抽提车用汽油残渣时，向每个盛有车用汽油残渣的烧杯加入25mL正庚烷并轻轻地旋转30s。使混合物静置10min。用同样的方法处理配衡烧杯。小心地倒掉正庚烷溶液，防止任何固体残渣损失。再用第二份25mL正庚烷重新进行抽提。如果抽提液带色，则应重新进行第三次抽提。不能进行三次以上的抽提。

⑫ 把烧杯（包括配衡烧杯）放进保持在160~165℃的蒸发浴中，不放锥形转接器，使烧杯干燥5min±0.5min。干燥结束时，用不锈钢镊子或钳子从浴中取出烧杯转移到冷却容器中，将冷却容器放在天平附近至少2h再进行称量，称至0.1mg。

⑬ 数据处理及报告。

a. 计算：

（a）航空燃料的实际含量计算如下：

$$A = 2000(B - D + X - Y) \qquad (2-4-35)$$

（b）车用汽油或其他非航空燃料的溶剂洗胶质含量计算如下：

$$S = 2000(C - D + X - Z) \tag{2-4-36}$$

（c）车用汽油或其他非航空燃料的未洗含量计算如下：

$$U = 2000(B - D + X - Y) \tag{2-4-37}$$

式中 A——实际胶质含量，单位为mg/100mL；

S——溶剂洗胶质含量，单位为mg/100mL；

U——未洗胶质含量，单位为mg/100mL；

B——要素⑩时记下的试样烧杯加残渣质量，单位为g；

C——要素中记下的试样烧杯加残渣质量，单位为g；

D——要素⑥中记下的空烧杯质量，单位为g；

X——要素⑥中记下的配衡烧杯质量，单位为g；

Y——要素⑩中记下的配衡烧杯质量，单位为g；

Z——要素⑫中记下的配衡烧杯质量，单位为g。

b. 报告：

（a）对航空燃料实际胶质大于或等于1mg/100mL的结果，报告实际胶质含量结果，按照GB/T 8710对数值进行修约，精确至1mg/100mL；对于小于1mg/100mL的结果，报告实际胶质含量为“<1mg/100mL”。

（b）对非航空燃料溶剂洗胶质或未洗胶质含量大于或等于0.5mg/100mL的结果，报告溶剂洗胶质或未洗胶质含量结果，按照GB/T 8710对数值进行修约，精确至0.5mg/100mL；对于小于0.5mg/100mL的结果，报告为“<0.5mg/100mL”。如果未洗胶质含量小于0.5mg/100mL，溶剂洗胶质含量也报告为“<0.5mg/100mL”。

（c）对所有试样，如果蒸发前进行了过滤步骤，则在胶质含量结果的数值后注明“过滤后”。

c. 精密度：由实验室统计结果得到的精密度见图2-4-13中的曲线(95%置信水平)。

（a）重复性　由同一操作者使用同一仪器，在相同的操作条件下，对同一样品进行的两个试验结果之差，对于航空汽油实际胶质含量不应超过式(2-4-38)规定的数值；对于喷气燃料实际胶质含量不应超过式(2-4-39)规定的数值；对于汽油未洗胶质含量不应超过式(2-4-40)规定的数值；对于汽油溶剂洗胶质含量不应超过式(2-4-41)规定的数值。

航空汽油实际胶质含量：$r = 1.11 + 0.095X$　(2-4-38)

喷气燃料实际胶质含量：$r = 0.5882 + 0.2490X$　(2-4-39)

车用汽油未洗胶质含量：$r = 0.997X^{0.4}$　(2-4-40)

车用汽油溶剂洗胶质含量：$r = 1.298X^{0.3}$　(2-4-41)

式中 X——重复测定结果的算术平均值。

（b）再现性　由不同操作者在不同实验室，对同一样品进行测定，所得两个独立结果之差，对于航空汽油实际含量不不应超过式(2-4-42)规定的数值；对于喷气燃料实际胶质含量不应超过式(2-4-43)规定的数值；对于汽油未洗胶质含量不应超过式(2-4-44)规定的数值；对于汽油溶剂洗胶质含量不应超过式(2-4-45)规定的数值。

航空汽油实际胶质含量：$R = 2.09 + 0.126X$　(2-4-42)

喷气燃料实际胶质含量：$R = 2.941 + 0.2794X$　(2-4-43)

车用汽油未洗胶质含量：$R = 1.928X^{0.4}$　(2-4-44)

车用汽油溶剂洗胶质含量：$R = 2.494X^{0.3}$　(2-4-45)

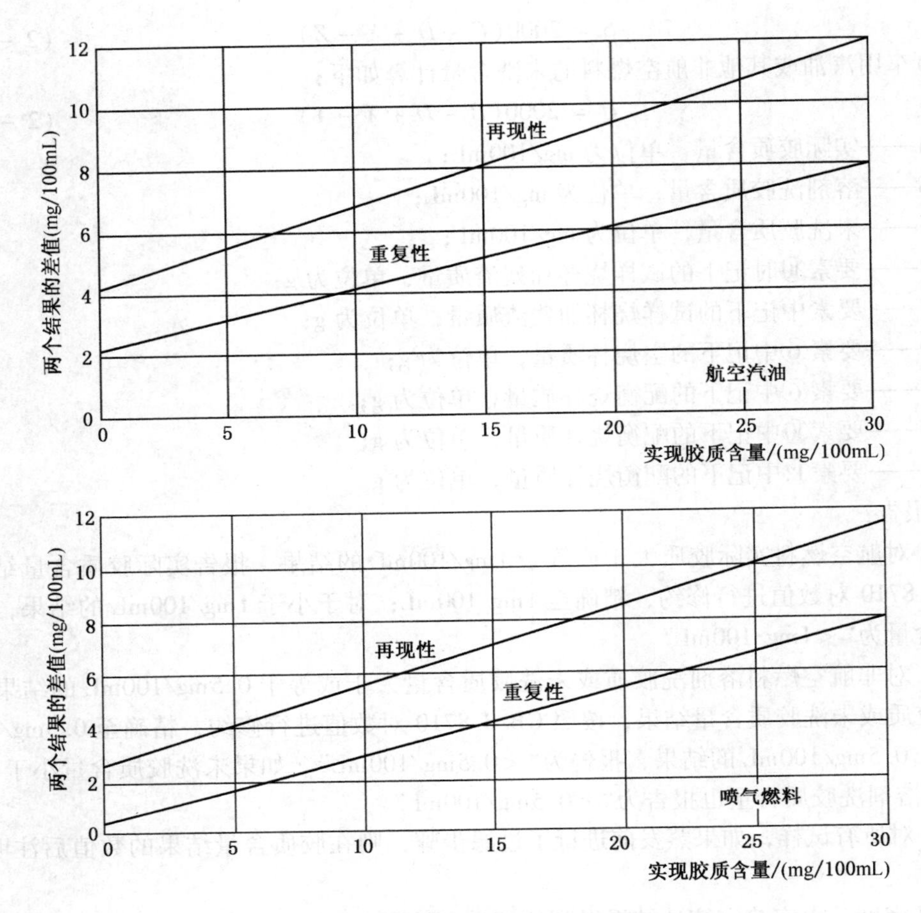

图 2-4-13 航空燃料实际胶质的精密度

式中 X——两个独立结果的算术平均值。

(3) 影响因素及注意事项

① 由于试验是通过在规定条件下使燃料人工氧化生成胶质的方法来测定的，因此氧化的各项试验条件必须严格遵守。

② 正确选择试样容器。测定实际胶质应用玻璃瓶作采样器和试样瓶，而不采用金属容器，特别是铜质容器。因为金属特别是铜对油品胶质生成倾向起明显的催化作用，使测定结果偏大。

③ 胶质烧杯的浴槽要仔细洗净，且所有与胶质烧杯接触的仪器(如干燥器、坩埚钳或镊子等)都必须清洁。测定前应用过滤空气(或蒸汽)清洁供气管道，以防空气(或蒸汽)管道中的灰尘被带入胶质杯。

④ 试验所用的蒸发浴、胶质杯、温度计等都应符合试验方法要求，流速计在经过 300 次试验后至少要校正一次。

⑤ 蒸发浴温度在测定过程中应按规定保持恒温。实践证明，测定条件下胶质生成速度随温度的升高而增大，故浴温过高时，使测定结果偏高；温度过低时，试油不易蒸干，油品无法蒸发完全，难于恒重导致蒸发时间延长，测定结果也偏高。

⑥ 正确控制空气(或蒸气)流速。空气(或蒸气)流速大，易使试样溅出，蒸发时间缩短，生成胶质量小，测定结果偏小；如自始至终空气(蒸气)流速小，使施加于试样中的携

带易挥发产物的气体流速低且氧气的供应量不足，导致蒸发时间延长，生成胶质的量大，则测定结果也偏大。

⑦ 测定时所用空气(或蒸气)流应洁净。试验通入的空气要经过净化处理，免得将水分、机械杂质带入胶质杯或用空气压缩机产生空气流时将润滑油带入胶质杯，造成测定结果偏大。通常采用钢瓶供应空气的效果较为理想。

⑧ 要注意从镜子观察试样的蒸发情况，油气停止冒出、胶质杯底和壁上的残留物不再减少，才认为试油蒸发完毕。

⑨ 由于胶质烧杯表面积大，易吸水，特别是胶质更易吸水，称量力求迅速准确。测定时应严格遵守试验方法有关恒重的条件、步骤，尽可能使天平室内温度与湿度不要变化太大。恒重烧杯时，应使用同一干燥器(或冷却容器)，胶质烧杯前后冷却和称重时间应力求一致，以免产生偏差。

4.3.7.2 诱导期的测定

1. 概述

汽油在储存和使用过程中，通常出现颜色变深、生成黏稠胶状沉淀物的现象，加铅汽油可能出现白色沉淀。使用这类安全性差的汽油，在发动机各部件上会生成外观不同的沉积物，如在油箱、油滤、汽化器中形成黏稠的胶状物质，严重时会堵塞喷油嘴，影响供油。沉积在火花塞上的胶质，在高温下形成积炭而引起短路。总之，使用安定性差的汽油，会严重破坏发动机的正常工作。

对汽油安定性的影响主要有以下几方面因素。

(1) 化学组成对汽油安定性的影响

汽油中不安定组分是汽油在储存时变质的根本原因。最不安定的组分包括烃类中的二烯烃、苯烯烃和非烃中的苯硫酚、吡咯及其同系物。这些对氧活泼的组分存在于二次加工汽油中，含量虽少，但用一般精制方法难以去除。它们不但本身易于在常温下氧化，而且对油品的氧化起到诱发的作用，危害极大。

(2) 储存条件对汽油安定性的影响

影响汽油安定性的外界因素主要有光照、温度、金属和空气中的氧等。

① 化学反应速度与温度关系密切，温度越高反应速度越快。光照和升高温度能引发汽油中不安定组分的氧化链反应，加速汽油氧化变质。试验表明，温度每升高 10℃，氧化生胶速度增加 2.4 ~2.6 倍。

② 汽油在使用和储存过程中不可避免地要与金属接触，某些金属对汽油有催化氧化作用。各种金属的催化氧化作用的强弱顺序依次为铜、铅、锌、铝、铁、锰等，其中铜为最强。

③ 如果汽油中含有腐蚀性酸或碱，并与水共存，就会增大汽油中金属离子的浓度，加剧上述催化氧化的作用。因而在汽油使用和储存过程中应采取避光、降温、降低储罐中氧浓度及采用非金属涂料等措施，延缓汽油变质的速度。

汽油诱导期是控制汽油安定性的指标之一。诱导期标志着一个时间，在此时间内汽油可能储存而不会生成超过允许的胶质。通过试验找到诱导期和储存时间的关系是：测得的汽油诱导期为 360min 时，汽油可储存六个月以上，而性质不至变坏。通常，汽油的诱导期越长，安定性就越好。贮存期就越长。反之安定性就差。如直馏汽油的诱导期就比较长，化学安定性好。这样的产品就是经过长时期储存也不会被空气中的氧所氧化而变质。热裂化汽油由于含大量的不饱和烃，尤其是二烯烃的抗氧化安定性差，测得的诱导期短，极易被空气中氧气所氧化，储存时很易形成胶质。

2. 试验方法

汽油的氧化安定性测定方法主要有：GB/T 256《汽油诱导期测定法》和 GB/T 8018《汽油氧化安定性测定法(诱导期法)》

我国现行标准 GB 17930—2006《车用汽油》和 GB 18351—2004《车用乙醇汽油》标准中规定用 GB/T 8018 方法测定汽油的氧化安定性，因此本节仅介绍该方法。

(1) 方法概要及适用范围

汽油诱导期的测定方法是基于在充满压缩氧气及加热至100℃的条件下，汽油会加速氧化。在规定条件下，汽油先气化，从压力表上也可观察到测定器内的压力在不断地增加。当压力达到一定值后，会在一段时间内保持恒定不变，直到发生氧化(生胶)反应为止。氧与汽油中的不饱和烃类化合而脱离气相，使压力开始连续地下降，记录将氧弹放入 98 ~ 102℃的水浴或金属浴到压力曲线连续下降的转折点所经过的时间(min)作为实测诱导期。

由于氧弹中的试样在放入100℃水浴或金属浴中时是逐渐受热的，而且要经过若干时间才能达到100℃，所以试样的100℃诱导期与实测的诱导期是不同的。需将实测诱导期(氧化期)进行修正，计算出汽油试样的诱导期。

本方法适用于测定在加速氧化条件下汽油的氧化安定性。可用诱导期来表示车用汽油在贮存时生成胶质的倾向。

(2) 试验技术要素

具体参见 GB/T 8018—1987《汽油氧化安定性测定法(诱导期法)》。

① 氧弹、玻璃样品瓶和盖子、附件、压力表和氧化浴符合标准要求，试验前检查各部件应干燥、洁净。

② 试验用温度计符合标准规格(量程为 95 ~ 103℃，分度值 0.1℃)，经检定合格并在有效期内使用。

③ 浴温及充入氧气压力按要求控制。恒温浴必须维持在 98 ~ 102℃；氧气压力达到 689 ~ 703kPa，每次充放氧的速度要符合要求，不可过快。

④ 测定器安装后不能有泄漏，如有漏气，必须重新安装。试漏时，通氧气直至表压达到 689 ~ 703kPa。让氧弹里的气体慢慢放出以冲走弹内原有的空气(注意：要慢慢而匀速地放掉氧弹内的压力，每次释放时间不应少于 15s)。再通入氧气直至表压达 689 ~ 703kPa，并观察泄漏情况。对于开始时由于氧气在试样中的溶解作用而可能观察到的迅速的压力降(一般不大于 41.4kPa)可不予考虑。如果在以后的 10min 内压力降不超过 6.89kPa，就假定为无泄漏。

⑤ 氧弹和待试验的汽油温度达到 15 ~ 25℃，量取 50mL ± 1mL 试样加入到样品瓶。

⑥ 试验中按时观察温度，读至 0.1℃，计算平均温度，取至 0.1℃，作为试验温度。每隔 15min 或更短的时间记一次压力读数。

⑦ 如果在试验开始的 30min 内，泄漏增加(15min 内稳定压力降大大超过 13.8kPa)，则试验作废。

⑧ 继续试验，直至转折点，即先出现 15min 内压力降达到 13.8kPa，而在下一个 15min 内压力降不小于 13.8kPa 的一点，记录从氧弹放入水浴后到达转折点的分钟数作为试验温度下的实测诱导期。

⑨ 先冷却氧弹，然后慢慢放掉氧弹内的压力，清洗氧弹和压力瓶(注意：要慢慢放掉氧弹内的压力，每次释放的时间不少于15s)。

⑩ 数据处理及报告。

a. 计算：

(a)如果试验温度高于100℃，则试样100℃时的诱导期χ(min)计算如下：

$$x = x_1(1 + 0.101\Delta t) \quad (2-4-46)$$

(b)如果试验温度低于100℃，则试样100℃时的诱导期χ(min)计算如下：

$$x = \frac{x_1}{(1 + 0.101\Delta t)} \quad (2-4-47)$$

式中 x_1——试验温度下的实测诱导期，min；

Δt——试验温度和100℃之间的代数差；

0.101——常数。

b. 报告：

(a) 取重复测定两个结果的算术平均值作为试样的诱导期。

(b) 试样的诱导期报告为整数。

c. 精密度：按下述规定判断试验结果的可靠性(95%置信水平)。

(a) 重复性 同一操作者，用同一台仪器，连续试验所得两个结果与其算术平均值之差，不应超过其算术平均值的5%。

(b) 再现性 不同操作者，在不同试验室进行试验，所得两个结果与其算术平均值之差，不应超过其算术平均值的10%。

(3) 影响因素及注意事项

① 试验所用的测定器(包括氧弹、垫片、样品瓶或杯等)必须符合方法标准的要求。

② 氧弹内部、样品瓶和盖子均须用能溶解胶质的溶剂仔细清洗并干燥，以免留有前次试验试样生成的胶质和其他杂质。

③ 在调试气路密闭性时，灌入的氧气量要符合标准规定，在较低或较高的压力下通入氧气的目的，一方面在于冲走氧弹内原有的空气，另一方面是为了检查气路系统各部件在规定压力下能否正常工作。所以要注意第一次慢慢灌入氧气达到一定的压力〔689~703kPa〕，再让氧弹里的气体慢慢地匀速放出，第二次充入氧气时也要达到试验规定的压力。

④ 测定器的安装状况对测定结果影响很大，如有漏气现象，必须重新安装。哪怕是难以发觉的渗漏都会影响测定的准确性。为确保供气系统的严密，测定器上各丝扣部件应对称紧固，拧紧时均匀用力。

⑤ 温度是诱导期测定的主要条件之一，温度高低直接影响测定精密度。恒温浴必须维持在98~102℃，应根据当地大气压高低适当调整浴液组成。

⑥ 试验结束后，取出氧弹，要注意待氧弹冷却后再慢慢放掉氧气的压力。

4.3.8 安全性的测定

石油和油品在储存、运输和使用过程中，当蒸发的蒸气与空气或氧气混合，在一定浓度范围内，遇到外界火焰将引起爆炸燃烧，发生火灾危害。油品安全性与油品的可燃性、静电导电性及挥发性等有关，这些性能常用油品的闪点、燃点、电导率及蒸气压等指标来表示。

4.3.8.1 闪点的测定

1. 概述

闪点是指在规定条件下，加热油品所逸出的蒸气和空气组成的混合物与火焰接触发生瞬间闪火时的最低温度，以℃表示。

闪点是微小爆炸的最低温度。混合气中可燃性气体含量达到一定浓度时，遇火才能爆炸。

根据油品的性质、使用条件及测定条件的不同，闪点分为开口闪点和闭口闪点。通常蒸发性较大的轻质油品多用闭口杯法测定。因为用开口杯法测定时，油品受热后所形成的蒸气不断向周围空气扩散，使测得的闪点偏高。对于多数润滑油及重质油，尤其是在非密闭的机件或温度不高的条件下使用，就算有极少量轻质掺合物，也将在使用过程中蒸发掉，不至于构成着火或爆炸的危险。所以这类产品都采用开口杯法测定。在某些润滑油的规格中，规定有开口和闭口闪点两种质量指标，其目的是以开口、闭口闪点之差，去检查润滑油馏分的宽窄程度和有无掺进轻质油品成分。有些润滑油在密闭容器内使用，在使用过程中由于种种原因而产生高温，使润滑油可能形成分解产物，或从其他部件掺进轻质油品成分。这些轻质成分在密闭容器内蒸发并与空气混合后，有着火或爆炸的危险。但用开口杯法测定时，可能发现不了这种易于蒸发的轻质成分的存在，所以规定要用闭口杯法进行测定。属于这类油品的有电器用油、高速机械油及某些航空润滑油等。

2. 测定意义

（1）从油品闪点可判断其馏分组成的轻重。一般的规律是：油品蒸气压愈高，馏分组成愈轻，则油品的闪点愈低。反之，馏分组成愈重的油品则有较高的闪点。

（2）从闪点可鉴定油品发生火灾的危险性。因为闪点是有火灾危险出现的最低温度。闪点愈低，燃料愈易燃烧，火灾危险性也愈大。所以易燃液体也根据闪点进行分类，闪点在45℃以下的液体叫做易燃液体；闪点在45℃以上的液体叫做可燃液体。按闪点的高低可确定其运输、储存和使用的各种防火安全措施。

（3）对于某些润滑油来说，同时测定开口、闭口闪点可作为油品含有低沸点混入物的指标，用于生产检查。

（4）测定闪点可以检查油品在储运过程中是否有混合现象。

（5）通过测定闪点，可以判断油品变质的情况。

通常，开口闪点要比闭口闪点高20～30℃，这是因为开口闪点在测定时，有一部分油蒸气挥发了。但如两者结果相差悬殊，则说明该油有轻质馏分，或是蒸馏时有裂解现象，或是脱蜡过程中用溶剂精制时，溶剂分离不完全。

3. 试验方法

测定闪点的方法有GB/T 267《石油产品闪点与燃点测定法（开口杯法）》、GB/T 3536《石油产品闪点和燃点测定法（克利夫兰开口杯法）》、GB/T 261《石油产品闪点测定法（闭口杯法）》。

本节着重介绍GB/T 261《石油产品闪点测定法（闭口杯法）》和GB/T 3536《石油产品闪点和燃点测定法（克利夫兰开口杯法）》。

（1）GB/T 261—1983（1991）《石油产品闪点测定法（闭口杯法）》

① 方法概要及适用范围

该方法是将试样在连续搅拌下用很慢的恒定的速率加热。在规定的温度间隔，同时中断搅拌的情况下，将一小火焰引入杯内。试验火焰引起试样上的蒸气闪火时的最低温度作为闪点。

本方法适用于石油产品用闭口杯在规定条件下加热到它的蒸气与空气的混合物接触火焰发生闪火时的最低温度，称为闭口杯法闪点。

② 试验技术要素

a. 闭口闪点测定器：符合 SH/T 0315《闭口闪点测定器技术条件》。

b. 温度计：符合 GB/T 514《石油产品试验用液体温度计技术条件》。

c. 防护屏：用镀锌铁皮制成，高度 550～650mm，宽度以适用为宜，屏身内壁涂成黑色。

d. 试样的水分超过 0.05% 时，必须脱水。

e. 火焰大小按规定调整，操作过程严格遵守试验方法。

f. 试样和油杯的温度都不应高于试样脱水的温度，试样注入油杯到环形刻线处。

g. 点火器火焰调整到接近球形，其直径为 3～4mm。

h. 控制升温速率。

(a) 试验闪点低于 50℃的试样，从开始到结束要不断地进行搅拌，并使试样温度每分钟升高 1℃。

(b) 试验闪点高于 50℃的试样时，开始加热速度要均匀上升，并定期进行搅拌。到预计闪点前 40℃时，调整加热速度，使在预计闪点前 20℃时，升温速度能控制在每分钟升高 2～3℃，并还要不断进行搅拌。

i. 点火试验。

(a) 试样温度到达预期闪点前 10℃时，对于闪点低于 104℃的试样每经 1℃进行点火试验；对于闪点高于 104℃的试样每经 2℃进行点火试验。

(b) 试样在试验期间都要转动搅拌器进行搅拌；只有在点火时才停止搅拌。点火时，使火焰在 0.5s 内降到杯上含蒸气的空间中，留在这一位置 1s 立即迅速回到原位。如果看不到闪火，就继续搅拌试样，并按本条的要求重复进行点火试验。

j. 试样液面上方最初出现蓝色火焰时的温度为闪点的测定结果。得到最初闪火之后，继续进行点火试验，应能继续闪火。在最初闪火之后，如果再进行点火却看不到闪火，应更换试样重新试验；只有重复试验的结果依然如此，才能认为测定有效。

k. 大气压力对闪点影响的修正。

观察和记录大气压力，按下式计算在标准大气压力 101.3kPa 或 760mmHg 柱时闪点修正数 Δt(℃)：

$$\Delta t = 0.25(101.3 - P) \quad (2-4-48)$$

$$\Delta t = 0.0345(760 - P) \quad (2-4-49)$$

式中 P——实际大气压力；

式(2-4-48)中 P 的单位为 kPa；式(2-4-49)中 P 的单位为 mmHg 柱。式(2-4-49)的闪点修正数 Δt(℃)还可以从表 2-4-32 大气压修正值查出。

表 2-4-32 大气压修正值

大气压力/mmHg 柱	修正数Δt/℃	大气压力/mmHg 柱	修正数Δt/℃
630～658	+4	717～745	+1
659～687	+3	775～803	-1
688～716	+2		

l. 数据处理及报告。

(a) 报告:

a) 取重复测定两个结果的算术平均值，作为试样的闪点。

b) 观察到的闪点数值加修正数，修约后以整数度报结果。

(b) 精密度：用以下规定来判断结果的可靠性(95%置信水平)。

a) 重复性　同一操作者重复测定的两个结果之差，不应超过以下数值:

闪点范围/℃	允许差数/℃
104 或低于 104	2
高于 104	6

b) 再现性　由两个实验室提出的两个结果之差，不应超过以下数值:

闪点范围/℃	允许差数/℃
104 或低于 104	4
高于 104	8

③ 影响因素及注意事项

a. 闭口闪点测定器必须符合 SH/T 0315《闭口闪点测定器技术条件》的要求。

b. 温度计必须符合 GB/T 514《石油产品试验用液体温度计技术条件》的要求。并定期进行校正。

c. 油杯要用无铅汽油洗涤，再用空气吹干。

d. 试样的水分超过 0. 05%，必须脱水。脱水处理是在试样中加入新煅烧并冷却的食盐、硫酸钠或无水氯化钙进行，脱水后，取试样的上层澄清部分供试验使用。注意如果样品中的泡沫没有消除，将会得到错误的闪点。

e. 如果样品含有挥发组分，不要随意打开容器。若无特殊情况，实验室收到样品后应首先分析闪点。

f. 闪点测定器要放在避风和较暗的地点，才便于观察闪火。为了更有效地避免气流和光线的影响，闪点测定器应围着防护屏。

g. 油杯要用无铅汽油洗涤，再用空气吹干。试验闪点低于 50℃ 的试样时，预先将空气浴冷却到室温(20℃ ±5℃)。

h. 应注意试样要按规定装到油杯的刻线。试样量的多少与加热试样后产生的蒸气的量直接有关，加入的试样多，超过油杯的刻线，油杯内液面以上的空间容积变小，加热后使混合气的浓度容易达到爆炸下限，闪点就偏低；反之，闪点就偏高。

i. 要准确控制加热速度，这是试验操作的关键。加热速度过快时，在单位时间给予油品的热量多，蒸发出的油蒸气多，使油蒸气和空气的混合物提前达到爆炸上限，测得的闪点结果偏低；加热速度过慢时，测定时间长，点火次数多，损耗了部分油蒸气，推迟了使混合气达到闪火浓度的时间，使测定结果偏高。

j. 测定闭口闪点时，点火时间的长短、点火火焰的大小对结果都有影响。火焰较规定的大、火焰停留或移动的时间长、火焰离试样液面低都会使结果偏低；反之，则会使结果偏高。

k. 测定时，打开盖孔的时间要控制在 1 秒钟，不能过长，否则会使结果偏高。

l. 测定过程中要注意需不断搅拌，仅在点火时停止搅拌。

m. 温度计的读数应进行校正和大气压力的修正。

（2）GB/T 3536—2008《石油产品闪点和燃点测定法(克利夫兰开口杯法)》

① 方法概要及适用范围

将试样装入试验杯至规定的刻线。先迅速升高试样的温度，当接近闪点时再缓慢地以恒定的速度升温。在规定的温度间隔，用一个小的试验火焰扫过试验杯，使试验火焰引起试样液面上部蒸气闪火的最低温度即为闪点。如需测定燃点，应继续进行试验，直到试验火焰引起试样液面的蒸气着火并至少维持燃烧 5s 的最低温度即为燃点。在环境大气压下测得的闪点和燃点用公式修正到标准大气压下的闪点和燃点。

本方法适用于用克利夫兰开口杯仪器测定石油产品的闪点和燃点。但不适用于测定燃料油和开口闪点低于 79℃ 的石油产品。

② 试验技术要素

a. 克利夫兰开口杯仪器：包括一个试验杯、加热板、试验火焰发生器、加热器和支架。也可使用自动仪器，但要确保其测定结果能达到本标准规定的精密度，使用者应确保操作按仪器说明书进行。

b. 温度计：符合 GB/T 514 中 GB－5 号的要求。

c. 防护屏：推荐用 46cm×61cm，有一个开口面。

d. 温度计应垂直放置，使其感温泡底部距试验杯底部 6mm，并位于试验杯中心与边之间的中点和测试火焰扫过的弧(或线)相垂直的直径上，且在点火臂的对边。

e. 使用前应将试验杯冷却到至少低于预期闪点 56℃，将试样装入试验杯，使试样的弯月面恰好位于试验杯的装样刻线。如果注入试验杯的试样过多，可用移液管或其他适当的工具取出；如果试样沾到仪器外边，应倒出试样，清洗后再重新装样。弄破或除去试样表面的气泡或样品泡沫，并确保试样处于正确位置。如果在试验最后阶段试样表面仍有泡沫存在，则此结果作废。

f. 在低于预期闪点至少 56℃ 下进行分样。如果试验前要将一部分原样品分装贮存，应确保每份样品充满其容器容积的 50% 以上。如果样品含有未溶解的水，在样品混匀前应将水分离出来。室温下为液体的样品取样前应先轻轻地摇动混匀样品，再小心取样，应尽可能避免挥发性组分损失。室温下为固体或半固体的样品应在低于预期闪点 56℃ 以下加热使其能够流动后混匀取样，但要避免加热过度，防止挥发性组分的损失。

g. 调整点火器火焰直径为 3.2～4.8mm。

h. 控制升温速率。开始加热时，试样的升温速度为 14～17℃/min。当试样温度到达预期闪点前 56℃ 时减慢加热速度，使试样在达到闪点前的最后 23℃±5℃ 时升温速度为 5～6℃/min。试验过程中，应避免在试验杯附近随意走动或呼吸，以防扰动试样蒸气。

i. 点火试验。

(a)试样温度到达预期闪点前 23℃±5℃ 时，开始用试验火焰扫划，温度每升高 2℃ 扫划一次。

(b)试验须在通过温度计的试验杯的直径成直角的位置上划过试验杯中心。用平稳、连续的动作扫划，扫划时以直线或沿着半径至少为 150mm 的圆来进行。试验火焰的中心必须在试验杯上边缘面上 2mm 以内的平面上移动，先向一个方向扫划，下次再向相反的方向扫划。试验火焰每次越过试验杯所需时间约为 1s。如果试样表面形成一层膜，应把油膜拨到一边再继续进行试验。

j. 当试样液面上任一点出现闪火时，立即记下温度计上的温度读数作为观察闪点。但不要把有时在试验火焰周围产生的淡蓝色光环与真正的闪火相混淆。

k. 如果还要测定燃点，则应继续加热，使试样的升温速度为5～6℃/min。继续使用试验火焰，试样每升高2℃就扫划一次，直到试样着火，并能连续燃烧不少于5s，此时立即从温度计上读出温度作为燃点的测定数据。

l. 如果观测闪点与最初点火温度相差少于18℃，则此结果无效。应更换新试样重新进行测定，调整最初点火温度，直至得到有效结果，即此结果应比最初点火温度高18℃以上。

m. 若需测定燃点，则在测定闪点后，以5～6℃/min的速度继续升温，试样每升高2℃就扫划一次，直到试样着火，并能连续燃烧5s，记录此温度作为试样的观察燃点。

n. 数据处理及报告。

(a) 大气压读数的换算：所测得的大气压读数应换算到以kPa为单位的数值。

(b) 观察闪点或燃点修正到标准大气压：用下式将闪点或燃点修正到标准大气压(101.3kPa)，T_C,℃：

$$T_C = T_0 + 0.25(101.3 - p) \tag{2-4—50}$$

式中 T_0——观察闪点,℃；

p——环境大气压，kPa。

(c) 报告：报告修正后的闪点或燃点，以℃为单位，且结果修约至整数。

(d) 精密度 用以下规定来判断结果的可靠性(95%置信水平)。

a) 重复性 在同一实验室，由同一操作者使用同一仪器，按相同方法，对同一试样连续测定的两个试验结果之差对于闪点和燃点均不能超过8℃。

b) 再现性 在不同实验室，由不同操作者使用不同的仪器，按相同方法，对同一试样测定的两个单一、独立的结果之差对于闪点不能超过17℃，对于燃点不能超过14℃。

③ 影响因素及注意事项

a. 需采取防范措施来避免挥发物质的损失，否则可能得到错误的高闪点。因此，不要过多的打开容器，以防止挥发性物质损失及可能将湿气带入样品。除非样品温度至少低于预期闪点56℃，否则不要转移样品。

b. 如果可能，样品的闪点应首先进行测定。样品储存温度应当是室温或更低。

c. 因为挥发性物质可通过容器壁扩散，所以不要将样品储存在气体能渗透的容器中。如果盛样容器有泄漏，其测定结果不应作为有效结果。

d. 特别黏稠的样品可以在测试前加热至能适当流动。加热样品时，加热温度不能超过比预期闪点低56℃的温度。

e. 闪点测试前，含有溶解水或游离水的样品可用氯化钙、定量滤纸或松散干燥的脱脂棉脱水。

f. 闪点杯应严格清洗以除去前次试验留下的所有油迹、微量胶质或残渣及残存的微量溶剂和水，并在使用前冷却到预期闪点前56℃。

g. 闪点测试仪周围不应有空气扰动。如果仪器是放置在通风橱中，试验期间应关闭。特别是当温度升到离预期闪点最后17℃时，应避免操作人员在杯子周围活动或呼吸而干扰杯中的油蒸气。推荐使用三面防护罩。

h. 电子温度测量装置和温度计必须预先校准。每年至少校正一次。

i. 如果样品中的泡沫没有消除，将会得到错误的闪点。

j. 当用气体火焰作为点火源时，须小心注意火焰的大小、升温速率和火焰划过样品的速率等细节，以获得较好的试验结果。

k. 不要将真实闪点与蓝色光环或偶尔产生的扩大火焰相混淆。

l. 保证所测得的闪点与最初点火温度相差不少于18℃。

m. 如果闪点值不是在101.3kPa(760mmHg)下观测的，则必须进行大气压修正。

4.3.8.2 电导率的测定

1. 概述

轻质油品(喷气燃料、汽油等)在泵送、加注、运输过程中，特别是给飞机加油时，由于互相摩擦会产生静电。而燃料的导电性能差，容易发生静电积聚，在一定条件下，可以发生放电现象，点燃混合气，造成静电失火事故。

防止油品静电失火的方法很多，在油品中加入抗静电添加剂以提高油品的导电性，使静电及时导出，从而减少静电荷的积聚是防止静电失火行之有效的措施。

液体燃料的导电性能常用电导率来表示，符号 K，单位为pS/m(皮西门子每米)，也可表示为CU。西门子是国际单位制定义中欧姆的倒数，也称姆欧。

液体燃料的电导率值越大，其传导电流的能力越强，易把产生的静电荷及时导走，减少静电荷的积累。但电导率过大，则可能会影响飞机上电容型油箱容量仪表的准确性。通常要求燃料的电导率不小于50pS/m，并把50pS/m作为不致发生静电危险的安全值。我国3号喷气燃料的电导率值要求在50～450pS/m之间，高闪点喷气燃料的电导率出厂时不应小于50pS/m。

测定轻质油品电导率的目的就是检查油品的电导率是否符合规定，当低于规定值时，应添加抗静电剂来提高油品的电导率，使电导率值保持在安全值以上。

2. 试验方法

(1) 方法原理及适用范围

参见GB/T 6539—1997《航空燃料与馏分燃料电导率测定法》。

测定时，在浸没于试样内电导池的两个电极之间施加一个直流电压，其间所产生的电流以电导率的数值来表示。为了避免由于离子极化所造成的误差，在施加电压后，立即在瞬间测量电流，所测结果是试样不带电荷的电导率，此时无离子的极化与损耗，又称静止电导率。

本方法适用于测定含或不含抗静电添加剂的航空燃料与馏分燃料的电导率。

(2) 试验技术要素

a. 取样：

(a) 样品电导率宜在现场测量，以避免样品运送过程中发生衰减或被污染。如果样品需要留作将来分析，应按GB/T 4756进行取样。

(b) 样品数量应尽可能多，至少不少于1L。

(c) 所有样品容器都应用清洗溶剂充分清洗，并用空气吹干。取样前，全部容器，包括容器盖子都应用样品至少清洗三次。

(d) 为避免样品电导率变化，取样后应尽快测量，最迟不宜超过24h。

b. 电导池应放置在比环境温度高2～5℃的地方，避免与水接触。

c. 按所用电导率测定仪规定的校准程序对电导率测定仪进行校准。

d. 用试样彻底冲洗电导池，以除去上次测试时留在电导池上的残油。把试样移至清洁的测量容器中，按所用电导率测定仪规定的校准程序校准电导率测定仪。把电导池完全浸入到试样中，注意电导池不要与测量容器底部接触，以免引起读数误差。

e. 冲洗电导池后，保持电导池稳定。开启电导率测定仪，待初次稳定后，记录最高读数，这应在3s内完成。当电导率测定有几个量程时，应选择灵敏度高的量程。测量试样温度。

f. 数据处理及报告：

(a) 报告：报告试样的电导率和测量时试样温度。如果电导率读数为零，可报告测量结果小于1pS/m。

(b) 精密度及偏差：本标准的精密度是由操作者和仪器组合，在同一测试地点得到的测试结果进行统计分析而确定。表2-4-33给出的精密度数据不包括汽油或溶剂。

a) 重复性。同一操作者，在同一实验室使用同一仪器，按测量方法正确操作，对同一温度的样品进行测量，连续20次测量结果之差，仅允许1次超过表2-4-33所列数值。

b) 再现性。不同操作者，在同一实验场所，按测量方法正确操作，对同一温度的样品进行测量，20次测量结果之差，仅允许1次超过表2-4-33所列数值。

表2-4-33　精密度

电导率	重复性	再现性	电导率	重复性	再现性
1	1	1	200	10	32
15	1	3	300	14	45
20	1	4	500	21	69
30	2	6	700	29	92
50	3	10	1000	39	125
70	4	13	1500	55	177
100	5	17			

(3) 影响因素及注意事项

① 应经常检查电导池电压是否正常。

② 不能急剧地将电导池扔入待测燃料中，以免因摩擦起电，引起油面静电荷的急剧重新分布，激发火花放电。

③ 对于装油高度较高的油罐应分层测定电导率，取其平均值，以获得最有代表性的数值。

④ 现场测定时，飞机、油车、油罐、油船等都必须严格遵守防静电的所有安全规程，泵送油类应在停泵后规定时间进行测定，以使燃料充分消散在泵送时所产生的静电荷。

⑤ 电导率与温度有密切关系，温度升高，离子水化作用减弱，燃料黏度降低，离子运动阻力减小，运动速度增大，使电导率增大。

⑥ 在湿热的条件下，电导池会产生凝结水，这样会影响零点校准点和试样测量结果的准确性。为避免这种现象，可把电导池放置在比环境温度高2~3℃的地方。

4.3.9　低温流动性的测定

油品的低温流动性能是指油品在低温下能否维持正常流动和顺利输送的能力。低温性能差的油品在低温时会析出结晶，黏度增加以致失去流动性，影响油品的运输和使用。

石油是由多种烃及其衍生物组成的复杂的混合物，当温度降低时，其结晶凝固过程是在一个相当宽的温度范围内实现的。因此，不同油品的低温性能是根据其组成和使用条件，在严格规定的试验条件下进行测定的。车用汽油的馏分轻，沸点低，其低温性能较好，一般不作要求；对高空使用的航空汽油和喷气燃料，要求具有较低的结晶点或冰点；润滑油的低温性能主要用倾点或凝点来评定；柴油以浊点、凝点或冷滤点作为低温流动性的评定指标。

4.3.9.1 浊点、结晶点和冰点的测定

1. 概述

试样在规定条件下冷却，开始呈现浑浊时的最高温度称为浊点，以℃表示。在到达浊点后，继续冷却，则可出现肉眼可以观察到的结晶，此时的最高温度称为结晶点。冰点则是石油产品在规定条件下冷却至出现结晶后，再使其升温至原来形成的烃结晶消失时的最低温度。

浊点、结晶点和冰点是轻质石油产品，特别是航空燃料（航空汽油和喷气燃料）的重要质量指标之一。浊点主要用来评定灯用煤油和柴油的低温性能，结晶点和冰点用来评定航空汽油和喷气燃料的低温性能。我国习惯上采用结晶点，冰点在国际上应用较为广泛。同一种石油产品冰点一般比结晶点高 1～3℃。

2. 测定意义

轻质油品中含有在低温下能结晶的固态烃和溶解水，会恶化油品的低温性能。在低温时，溶于油品的固态烃和水便从油品中分离出来，开始呈现浑浊，继续冷却则析出结晶，破坏油品的均匀性。而且发动机经常在高空低温的条件下工作，滤油器的堵塞和供油的减少（因为粘温凝固或结构凝固）常常是在比燃料浊点高很多的温度下开始的。在低温时，尽管燃料中的固态烃类的结晶现象不很严重，但危害却很大，因为这时产生的结晶，一方面积聚在油管内和滤油器上，另一方面还会成为冰结晶的晶核，使烃结晶和冰结晶同时积聚于油管内和滤油器上，从而破坏正常供油，甚至使发动机完全停车。

浊点、结晶点和冰点虽然都是评定油品低温性能的指标，但它们的试验条件都不相同，测定结果不可混用。

3. 试验方法

（1）GB/T 2430—2008《喷气燃料冰点测定法》

① 方法概要和适用范围

在规定的条件下，航空燃料经过冷却形成固态烃类结晶，然后使燃料升温，当烃类结晶消失时的最低温度即为航空燃料的冰点。

本方法适用于测定喷气燃料的冰点。

②试验技术要素

a. 使用符合标准规定的仪器、试剂与材料。

b. 量取 25mL 试样倒入清洁、干燥的双壁试管中。用带有搅拌器的软木塞紧紧地塞住双壁试管，并调节温度计位置，使感温泡不要触壁，并位于双壁玻璃试管的中心，温度计的感温泡距离双壁玻璃试管底部 10～15mm。

c. 夹紧双壁玻璃试管，使其尽可能深地浸入盛有冷却剂的真空保温瓶内，试样液面应在冷却剂液面下约 15～20mm 处。除非采用机械制冷来冷却，否则在整个试验期间都要不断添加干冰，以保证真空保温瓶中冷却剂的液面高度。

d. 除观察时，整个试验期间要连续不断地搅拌试样。以 1～1.5 次/s 的速度上下移动搅拌器，并注意搅拌器的铜圈向下时不要触及双壁玻璃管底部，向上时要保持在试样液面之下。在进行某些步骤的操作时，允许瞬间停止搅拌，不断观察试样，以便发现烃类结晶。如果在 -10℃左右出现云状物，并且继续降温时云状物不再严重，则是有水存在的缘故，可不

必考虑。当试样中开始出现为肉眼所能看见的晶体时，记录烃类结晶出现的温度。从冷剂中取出双壁玻璃试管，允许试样在室温下继续升温，同时仍以 1～1.5 次/s 的速度进行搅拌，记录烃类结晶完全消失的温度。建议将结晶出现温度与结晶消失温度相比较，结晶出现的温度应低于结晶消失的温度。否则，说明结晶没有被正确观察识别，这两个温度之差一般不大于6℃。

e. 报告：测得的冰点和观察值应按检定温度计的相应校正值来进行修正。报告校正后的结晶消失温度，精确到 0.5℃，作为试样的冰点。

f. 精密度：用下列数值判断结果的可靠性(95%置信水平)。

(a) 重复性　在同一实验室，同一操作者，使用同一仪器，对同一试样测得的两个结果之差不应大于 1.5℃。

(b) 再现性　不同实验室的不同操作者，使用不同仪器，对同一试样测得的两个结果之差不应大于 2.5℃。

(2) SH/T 0179—1992《轻质油品浊点和结晶点测定法》

① 方法概要和适用范围

本方法是将试样在规定的试验条件下冷却，并定期进行检查，当试样开始呈现浑浊时的最高温度作为浊点；用肉眼看出试样中有结晶出现时的最高温度作为结晶点。

本方法适用于未脱水或脱水的轻质石油产品。

② 检验技术要素

a. 使用符合标准规定的仪器、试剂与材料。

b. 未脱水试样测定

(a) 试样应保存在严密封闭的瓶子中。在进行测定前，摇荡瓶中试样，使其混合均匀。

(b) 测定时，准备两支清洁、干燥的双壁试管。第一支试管装储用冷剂试验的试样。如果试管的支管未经焊闭，需在试管的夹层中注入 0.5～1mL 的无水乙醇。将准备好的试样注入试管内，装到标线处。第二支试管也将试样装至标线处，作为标准物。每支试管都要用有温度计和搅拌器的橡胶塞塞上，温度计要位于试管中心，温度计底部与内管底部距离 15mm。

(c) 调整冷剂温度至比试样的预期浊点低 15℃ ±2℃。将装有试样的第一支试管通过盖上的孔口，插入冷剂容器中。容器中所储冷剂的液面，必须比试管中的试样液面高 30～40mm。

(d) 浊点的测定。在进行冷却时，搅拌器要用 60～200 次/min(搅拌器下降到管底再提起到液面作为搅拌一次)的速度来搅拌试样。使用手摇搅拌器，连续搅拌的时间至少为 20s，搅拌中断的时间不应超过 15s。在到达预期浊点前 3℃时，从冷剂中取出试管，迅速放在工业乙醇中浸一浸，然后在透光良好的条件下，将这支试管插在试管架上，要与并排的标准物进行比较，观察试样的状态。每次观察所需的时间，即从试剂中取出试管的一瞬间起，到把试管放回冷剂中的一瞬间止，不得超过 12s。如果试样与标准物比较，没有发生异样(或有轻微的色泽变化，但进一步降低温度时，色泽不再变深，这时应认为尚未达到浊点)。将试管放入冷剂中，以后每经 1℃就观察一次，仍同标准物进行比较，直至试样开始呈现浑浊为止。试样开始呈现浑浊时，温度计所示的温度即为浊点。

(e) 结晶点的测定。在测定浊点后，将冷剂温度下降到比所测试样的结晶点低 15℃ ±2℃，在冷却时也要继续搅拌试样。在达到预期的结晶点前 3℃时，从冷剂中取出试管，迅速放在工业乙醇中浸一浸，然后观察试样的状态。如果试样未呈现晶体，再将试管放入冷剂中，以后每经1℃观察一次，每次观察所需的时间不应超过12s。当试样中开始出现能看见的晶体时，温度计所示的温度就是结晶点。

c. 脱水试样浊点的测定：

（a）在试验前，将试样用干燥滤纸过滤。如果试样中含有水，必须先脱水。脱水的方法是在试样中加入新煅烧过的粉状硫酸钠，或加入新煅烧过的粒状氯化钙，摇荡10～15min，试样澄清后，再经干燥的滤纸过滤。然后按b. Ⅱ. 步骤安装试管。

（b）将装有试样与温度计的试管放入80～100℃的水浴中，使试样温度达到50℃ ±1℃。

（c）调整冷剂温度至比试样的预期浊点低10℃ ±2℃。容器中冷剂的液面必须比试管中的试样液面高30～40mm。

（d）将装有试样的试管从水浴中取出，垂直地固定在支架上，在室温中静置，直至试样冷却至30～40℃，再将试管插在装有冷剂的容器。

（e）在到达预期浊点前3℃时，从冷剂中取出试管，迅速放在工业乙醇中浸一浸，然后按b. Ⅳ. 所述观察试样的状态。进行第二次试验时，必须在预先洗涤和干燥过的试管中装入未经测定的试样。

d. 报告：取重复测定两个结果的算术平均值作为试样的浊点或结晶点。

e. 精密度

重复性：浊点和结晶点重复测定的两个结果之差不应大于2℃。

（3）影响因素及注意事项

① 无论是冰点测定还是浊点或结晶点测定，必须按规定控制冷浴温度，试样处理和用量应符合要求。

② 冰点测定过程中必须按规定要求搅拌试样，以防止因管壁局部试样温度过低，造成结果判断困难。如果已知试样的预期冰点，当温度在预期冰点10℃以前，允许间断搅拌，但在此以后，必须连续搅拌。搅拌既可采用人工搅拌，也可采用机械搅拌。

③ 冰点测定中，如果试样在－10℃左右出现云状物，并且继续降温时云状物不再加重，则是有水存在的缘故，可不必考虑。但如果发现由于受非溶解水的影响，造成有碍烃类结晶的观察，则试样在注入双壁玻璃试管之前，应通过无水硫酸钠干燥，除去不溶解水。

④ 测定应在光线明亮的地方进行，以便观察。观察时要认真仔细、准确迅速。

⑤ 测定喷气燃料的结晶点，应采用未脱水法进行。

4.3.9.2 倾点和凝点的测定

1. 概述

润滑油、柴油的低温流动性常用凝点和倾点表示。

油品是一种复杂的烃类混合物，当温度降低时，油品并不立即凝固，要经过一个稠化阶段，在相当宽的温度范围内逐渐凝固。凝点是石油产品在规定的试验条件下冷却至停止移动的最高温度，以℃表示。倾点是石油产品在规定试验条件下，被冷却至试样能流动的最低温度，以℃表示。同一种油品的凝点通常要比倾点低2～3℃。

石油产品失去流动性与石油产品组成有关，一般认为有两种情况：

（1）油品随着温度的降低而黏度增大，当黏度增大到一定程度时，油品便丧失流动性，这种现象称为黏温凝固；

（2）含蜡量较多的油品，随着温度的下降，油中高熔点烃类的溶解度降低，当达到其饱和浓度时，就会以结晶状态析出。最初析出的是肉眼观察不到的细微的颗粒结晶，使原来透明的油品变为浑浊，继续冷却则蜡的结晶逐渐增大，到达结晶点后若进一步降温，则蜡的结晶大量生成，连成网状的结晶骨架，把仍处于液态的油包在其中，从而使整个油品失去流动性，这种现象称为结构凝固。无论是黏温凝固或结构凝固，都是指油品在一定条件下失去流动性的状态，此时油品仍属一种黏稠的膏状物。

2. 测定意义

测定凝点和倾点对油品的输送、储存和低温条件下使用都有着重要意义。

（1）对于含蜡油品来说，油品中含蜡量越多越易凝固，凝点越高。因此，在某种程度上凝点可作为评估油品中含蜡量的指标。

（2）用以表示某些油品的牌号。柴油、变压器油就是以凝点划分牌号的，如 -10 号柴油的凝点要求不高于 -10℃。应根据环境温度选用合适牌号的柴油，一般凝点应低于环境温度 5 ~ 7℃。

（3）在油品储运中，倾点和凝点也有实际意义。在冬季，当气温低于润滑油倾点或凝点时，若不事先进行预热，就会对油的装卸、倒装、加注造成困难。

（4）倾点和凝点可作为低温时选用润滑油的依据。在低温地区润滑油要有足够低的凝点或倾点，否则不能保证正常的输送、机械的正常启动和运转。

3. 试验方法

石油产品凝点测定采用 GB/T 510《石油产品凝点测定法》，倾点采用 GB/T 3535《石油产品倾点测定法》。由于篇幅所限，本节仅介绍 GB/T 510《石油产品凝点测定法》。具体参见 GB/T 510—1983(1991)《石油产品凝点测定法》。

（1）方法概述及适用范围

油品的凝点测定是将试样装入规定的试管中，按规定条件预热、冷却。当油品在冷浴中达到预期的温度时，将试管倾斜 45°经过 1min，观察试样液面是否移动，然后按规定调整试验温度。经重复试验，直至找到某试验温度能使试样液面在倾斜 45°时不移动，而提高 2℃时又能使液面移动，则取液面不移动时的温度，作为试样的凝点。

本方法适用于测定石油产品的凝点。

（2）试验技术要素

① 使用符合标准规定的仪器、试剂与材料。

② 在试管外套以玻璃套管，试管(外套管)浸入冷却剂的深度不少于 70mm，试管(外套管)浸入冷却剂的深度应不少于 70mm。

③ 玻璃套管的主要作用是控制冷却速度，因为隔一层玻璃套管，传热就不像把试管直接插入冷却剂那样快，保证试管中的试油较缓和均匀地冷却，能更好地保证测定结果准确。

④ 温度计符合插入位置要求并固定好，使水银球距管底 8 ~ 10mm。

⑤ 冷浴的温度要比预期凝点低 7 ~ 8℃。

⑥ 试样的预热温度为 50℃ ±1℃，冷却温度为 35℃ ±5℃。每观察一次液面是否移动后，试油都要重新预热至 50℃。

⑦ 含水的试样试验前需要脱水，无水的试样直接开始试验。但在产品质量验收试验及仲裁试验时，只要试样的水分在产品标准允许范围内，应同样直接试验。

⑧ 冷却试样时，冷却剂的温度必须准确到 ±1℃。当试样温度冷却到预期的凝点时，将浸在冷却剂中的仪器倾斜成为 45°，并将这样的倾斜状态保持 1min，但仪器的试样部分仍要

浸没在冷却剂内。

⑨ 测定低于0℃的凝点时，试验前应在套管底部注入无水乙醇1～2mL。

⑩ 数据处理及报告。

a. 报告：

（a）测定的试验结果须经温度计校正。

（b）取重复测定两个结果的算术平均值，作为试样的凝点。

（c）凝点的试验结果按数字修约规则修约成整数度。

如果需要检查试样的凝点是否符合技术标准，应采用比技术标准所规定的凝点高1℃来进行试验，此时液面的位置如能够移动，就认为凝点合格。

b. 精密度：用以下数值来判断结果的可靠性(95%置信水平)。

（a）重复性　同一操作者重复测定两个结果之差不应超过2.0℃。

（b）再现性　由两个实验室提出的两个结果之差不应超过4.0℃。

（3）影响因素及注意事项

① 试验所用的圆底试管、圆底玻璃套管和温度计应符合方法的规定。温度计要定期进行检定。

② 温度计在试管中的位置必须固定，插入深度符合要求。若固定不好，温度计在试管中活动，会搅动试样，从而阻碍石蜡结晶过程，破坏已生成的结晶，使测定结果偏低。

③ 必须除去试样中的水分、杂质。试样中含有水分时会影响测定结果，因水在0℃时开始结晶，形成晶核，加速结晶，测定结果偏高；杂质将阻碍试样中的蜡状物形成结晶，测定结果偏低。

④ 套管要按规定的深度浸入冷浴中，如浸入太浅，结果易偏高。

⑤ 凝点在测定过程中，每次测定结果的读数，均指仪器开始倾斜时的温度，而不是倾斜1min后温度计所示温度。

⑥ 油品的凝点与冷却速度有关。冷却速度对凝点测定结果有较大的影响，要控制冷浴的温度比预期凝点低7～8℃。如果冷浴温度过低，会造成试样冷却速度过快，对有些油品会造成凝点测定结果偏低。因为当试样被迅速冷却时，随着油品黏度的增大，晶体增长得很慢，在晶体尚未形成坚固的“石蜡结晶网络”前，温度已降低了很多，但是若冷却剂温度比预期的凝点低不到7～8℃，使冷却速度过慢，拖长测定时间，对有些油品石蜡结晶体迅速形成，阻止油品的流动，造成测定结果偏高。

⑦ 油品的凝点与热处理有关。油品被加热时溶解在油品中的石蜡会发生变化，以致影响其结晶网络形成能力，因此试样要严格按规定受热。每看完一次液面是否移动后，试油都要重新预热至50℃±1℃，目的是将油品中石蜡晶体溶解，破坏其“结晶网络”，使其重新冷却和结晶，而不至于在低温下停留时间过长。

⑧ 油品在冷却过程中，要防止人为的破坏“结晶网络”，一旦破坏时要按规定重新预热重新冷却。

4.3.9.3　冷滤点的测定

1. 概述

浊点、倾点、凝点均可作为评定轻柴油低温流动性能的指标。但根据实践经验，柴油在温度达到其浊点时仍能保持流动性，若用浊点作为柴油最低使用温度的控制指标则过于严格，不利于充分利用能源；倾点是柴油的流动极限，达到凝点时柴油已经失去流动性，若以倾点或凝点作为控制指标又偏低，不安全。大量行车试验和冷启动试验表明，柴油的最低适用温度是在浊点和倾点之间，这一温度称作冷滤点。冷滤点是在规定条件下，样品开始不能通过过滤器 20mL 时的最高温度。用冷滤点作为表示柴油低温流动性能的指标，更能接近实际使用情况，尤其是对于加有流动性改进剂的柴油，测定其冷滤点更为重要。一般情况下，在冷滤点以下 3℃左右，油品可以顺利通过细过滤网，保证正常供油。冷滤点于 1965 年由美国埃克森公司首先提出，我国于 1985 年起亦把冷滤点作为柴油质量指标之一。

2. 试验方法

参见 SH/T 0248—2006《柴油和民用取暖油冷滤点测定法》。

（1）方法概要及适用范围

冷滤点测定的方法是模拟柴油在低温条件下通过滤器的工作状况而设立的。试样在规定条件下冷却，通过可控的真空装置，使试样经标准滤网过滤器吸入吸量管。试样每低于前次温度 1℃，重复此步骤，直至试样中蜡状结晶析出量足够使流动停止或流速降低，记录试样充满吸量管的时间超过 60s 或不能完全返回到试杯中的温度作为试样的冷滤点。

本方法适用于测定柴油机燃料和粗柴油，包括含有流动改进剂的燃料。

（2）试验技术要素

① 组装仪器

a. 试杯是透明玻璃制平底筒形杯，在试杯 45mL 处有水平刻线。

b. 黄铜过滤网应符合方法要求的规格尺寸，网孔尺寸为 45μm（330 目），应经检定或校准保证使用的要求。

c. 吸量管透明玻璃制，在距吸量管底部 149mm ± 0.5mm 处有标记刻线（容纳 20mL ± 0.2mL 体积的试样）。

d. 过滤器包括壳体、螺帽、滤网、过滤座及黄铜罐等部件，各部件均为黄铜制，内有黄铜镶嵌的过滤网，各部分连接要保证无缝隙。

e. 真空调节装置由 U 形管压差计，稳压水槽和真空泵（或水流泵）组成，真空源能调节空气流速为 15L/h ± 1L/h，能调整到使水位压差计的压差为 200mmH_2O ± 1mmH_2O。

f. 秒表：分度为 0.1 ~ 0.2s，在 10min 内准确度为 0.10%。

g. 水浴：能保证试油加热并恒定到 30℃ ± 5℃。

h. 温度计的量程范围分别为 −38 ~ 50℃、−80 ~ 20℃、0 ~ 50℃。选择时必须依据试样的预期冷滤点，选择方法如下：

（a）冷滤点高于 −30℃（含 −30℃）的样品，用 −38 ~ 50℃高范围温度计。

（b）冷滤点低于 −30℃的样品，用 −80 ~ 20℃低范围温度计。

（c）冷浴用 −80 ~ 20℃的低范围温度计。

i. 选择的冷浴温度计插入冷浴中，冷浴温度的设置根据试样预期的冷滤点。

（a）预期冷滤点高于 −20℃以上时，冷浴温度为 −34℃ ± 0.5℃。

（b）预期冷滤点 −20 ~ −35℃时，两个冷浴温度分别为 −34℃ ± 0.5℃和 −51℃ ± 1.0℃

（c）预期冷滤点低于 −35℃时，三个冷浴温度分别为 −34℃ ± 0.5℃，−51℃ ± 1.0℃和 −67℃ ± 2.0℃。

j. 套管不能全部放入冷浴中时，应垂直放入冷浴中 85mm ± 2mm 处。否则要及时添加冷却介质到规定高度。

k. 安装后的组件中，温度计底部离试杯底部 1.5mm ± 0.2mm。

②仪器使用

a. 必须先开电源开关，后开制冷开关。仪器开机后20min之内，浴温不下降属于正常现象。

b. 仪器停机后温度回升液面也会上升，应用吸耳球吸出一部分浴液以免逸出。

c. 仪器应放置在通风干燥的地方，保持仪器清洁。

d. 压缩机制冷严禁频繁启动。关闭制冷机后必须间隔30min后才能再次启动，以免损坏压缩机。

e. 仪器位置应距离其他设备至少200mm，仪器应良好接地，保证操作人员安全。

f. U型压差计必须装入蒸馏水或纯净水，调整液位使压差计两边均归零。

g. 稳压水槽内必须装入蒸馏水或纯净水，调整液位使稳压水槽胶塞对大气的管的底端到液面的距离为200mm。

h. 仪器工作时，吸滤开关必须置于开启状态，否则会造成不吸滤现象。

③ 测定中，温度每降低1℃，进行吸滤操作，直到60s时试样不能充满吸量管或试样充满吸量管刻度标记处时间小于60s，但在旋转三通阀到初始位置时，吸量管中的液体不能全部自然流回试杯中。记录此最后过滤开始时的温度，即为试样的冷滤点。

④ 数据处理及报告。

a. 报告：

（a）测定的试验结果须经温度计校正。

（b）取重复测定两个结果的算术平均值，作为试样的冷滤点。

（c）冷滤点的试验结果按数字修约规则修约成整数度。

b. 精密度：用以下数值来判断结果的可靠性（95%置信水平）。

（a）重复性　同一操作者使用同一仪器，在相同的操作条件下，对同一试样进行重复测定，所得两个连续试验结果之差不能超过1℃。

（b）再现性　由不同操作者在不同实验室，对同一试样进行测定，所得的两个独立试验结果之差为R（℃），计算如下：

$$R = 0.103(25 - X) \tag{2-4-51}$$

式中　X——两个试验结果的平均值，℃。

（3）影响因素及注意事项

① 由于该试验方法为条件性试验，故过滤系统和减压系统要按规定要求组装，试验所用试杯、套、过滤器必须符合标准要求。整个系统不得漏气。尤其是过滤系统的过滤器与吸量管之间安装要特别注意。

② 滤网、吸量管、试杯、量筒、漏斗、锥形瓶或烧杯的清洁程度影响测定结果。试验前，拆开过滤器，用正庚烷清洗连接管、试杯、吸量管、温度计和包括套管在内的所有配件，然后用丙酮冲洗，最后用经过滤的干燥空气吹干。防止有杂质或污物存在使测定结果偏高。

③ 样品不能含水，如含水，试验前必须脱水，否则对于冷滤点低于0℃的样品，其测定结果均为0℃，结果失真。机械杂质的存在会堵塞过滤器，使测定结果偏高。一般试样的处理是室温下（温度不低于15℃），用无绒滤纸过滤后再试验。

④ 样品预热温度不能过高，超过规定温度会对样品内部结构产生破坏，测定的结果重复性差，误差大。

⑤ 要按试样冷滤点范围规定控制好冷浴温度。样品必须逐级降温。不允许将样品直接放入温度较低的冷浴。样品转移至另一冷浴的时间要掌握好。保证冷却速率一致。

⑥ 温度计必须符合 GB/T 3535 中的要求，并定期检定。冷滤点高于 -30℃（含 -30℃），用 -38 ~ 50℃的温度计。冷滤点低于 -30℃，用 -80 ~ 20℃的温度计。

⑦温度计要垂直插入试杯中和，并使温度计的底部距离试杯底部为 1.5mm ± 0.2mm。否则，测定温度不准确。

⑧ 真空源能调节空气流速为15L/h ± 1L/h，能调整到使水位压差计的压差为200mmH_2O ± 1mmH_2O。过高使测定结果偏低，过低则因吸力不足，使测定结果偏高。

⑨ 试样要控制为45mL，试样过多或过少都将影响真空吸力。

⑩ 每次抽吸时应同时启动秒表，并注意不可使过滤系统产生振动，以免破坏蜡结晶网。

⑪ 要控制试样反复加热的次数，最好不要超过 3 次。如果试样经过测定达到冷滤点，或由于其他原因必须进行下一次试验时，最好更换新油，因为经过反复加热和冷却，试样容易氧化，特别是一些稳定性较差的油，对冷滤点会有一定影响。

⑫ 试验过程中冷浴应搅拌均匀，因为冷浴较深，上下部温度有一定差别，会影响试验结果的准确性。

4.3.10 燃烧性的测定

4.3.10.1 辛烷值的测定

1. 概述

辛烷值是用来表示点燃式发动机燃料抗爆性能（抗爆性能是指汽油燃烧时不致发生爆震的性能）的一个约定数值。它是在规定条件下的标准发动机试验中，通过和标准燃料进行比较来测定。采用和被测定燃料具有相同的抗爆性能的标准燃料中的异辛烷（2，2，4 -三甲基戊烷）的体积分数表示。测定辛烷值的方法不同，所得值也不一样，因此，引用辛烷值时应该指明所采用的方法。

辛烷值是车用汽油最重要的质量指标，通常用一种可变压缩比的实验单缸试验机来评定汽油的辛烷值，这种试验机称为辛烷值机。目前还有利用汽油的色谱分析数据计算辛烷值，计算原理是将色谱分析所得组分数据按辛烷值的大小分为若干组，然后建立一个线性方程，其中的系数用回归法计算。

在辛烷值机上测定汽油辛烷值，必须先掺配标准燃料。标准燃料用两种抗爆性能相差悬殊的烷烃掺合而成。一种是抗爆性优良的异辛烷（2，2，4 -三甲基戊烷），其辛烷值规定为100；另一种是抗爆性低劣的正庚烷，其辛烷值规定为0；将两者以不同比例掺合就可以得到辛烷值由 0 ~ 100 的各种标准燃料。此外还使用由异辛烷、正庚烷和乙基液混合而成的校验燃料来检查发动机的工作情况，使用由甲苯、标准燃料正庚烷和标准燃料异辛烷按不同体积比混合而成的甲苯标定燃料来确定允许偏差，判断该试验机是否适宜于试验。

汽油的辛烷值用马达法（MON）和研究法（RON）两种方法表示，两种方法的主要区别在于评定用的发动机转数不同。马达法辛烷值与全尺寸点燃式发动机高速运转下的抗爆性相关联，表示车用汽油在发动机重负荷条件下高速运转时的抗爆性能；研究法辛烷值与全尺寸点燃式发动机低速运转下抗爆性相关联，表示车用汽油在发动机常有加速条件下低速运转时的抗爆性。对同一个汽油而言，一般研究法所测结果比马达法高出 5 ~ 10 个辛烷值单位。研究法和马达法所测辛烷值可用式（2 -4 -52）近似换算。

$$MON = RON \times 0.8 + 10 \tag{2-4-52}$$

（1）马达法辛烷值（MON）：指以较高的混合气温度（一般加热至149℃）和较高的发动机转速（一般达到900r/min ±9r/min）的苛刻条件为其特征的实验室标准发动机测得的辛烷值。

（2）研究法辛烷值（RON）：指以较低的混合气温度（一般不加热）和较低的发动机转速（一般在600r/min ±6r/min）的中等苛刻条件为其特征的实验室标准发动机测得的辛烷值。

（3）抗爆指数：指马达法和研究法辛烷值的平均值。抗爆指数 $= \frac{MON + RON}{2}$，抗爆指数越高，汽油的抗爆性越好。

（4）敏感性：指研究法辛烷值和马达法辛烷值之差。它反映汽油抗爆性随发动机工作状况剧烈程度的加大而降低的情况。敏感性越低，发动机的工作稳定性越高。敏感性的高低取决于油品的化学组成，通常烃类的敏感性顺序为：烯烃 > 芳烃 > 环烷烃 > 烷烃。

2. 测定意义

（1）车用汽油的牌号是按辛烷值划分的。根据辛烷值的实测结果可判定属于哪一种牌号的车用汽油。

（2）辛烷值是表示汽化器式发动机燃料的抗爆性能好坏的一项重要指标，列于车用汽油规格的首项。汽油的辛烷值越高，抗爆性就越好，发动机就可以用更高的压缩比。也就是说，如果炼油厂生产的汽油辛烷值不断提高，则汽车制造厂可随之提高发动机的压缩比，这样既可提高发动机功率，增加行车里程数，又可节约燃料，对提高汽油的动力经济性能是有重要意义的；

（3）汽油的辛烷值和汽油的化学组成有密切关系，特别是与汽油中的烃类分子结构有密切关系。碳原子相同、分子量大致相近的不同烃类，其辛烷值以正构烷烃最低，高度分支的异构烷烃、异构烯烃和芳香烃辛烷值最高，环烷烃和分支少的异构烷烃、异构烯烃介于它们之间。对于同一族烃类来说，分子量愈小，沸点愈低，其抗爆性愈好。故测定不加抗爆剂的汽油组分的辛烷值，可大略判断油品的主要成分。通常，同一原油加工出来的直馏汽油的辛烷值较低，因其含正构烷烃较多；而裂化汽油的辛烷值比直馏汽油高，因为它含有较多的异构烃或烯烃；铂重整所得汽油由于含有较多的芳香烃，故有很高的辛烷值。

（4）测定加有抗爆剂的汽油的辛烷值，可估量抗爆剂的效果，找出适宜的抗爆剂加入量。

3. 试验方法

具体参见GB/T 503—1995《汽油辛烷值测定法（马达法）》和GB/T 5487—1995《汽油辛烷值测定法（研究法）》。

这两个试验方法分别等效采用ASTMD2700—1994和ASTMD2699—1992标准。两种方法都规定使用美国试验与材料协会（ASTM）的辛烷值试验机（ASTM - CFR）进行辛烷值的测定。测定方法不同，所得值也不一样，因此，引用辛烷值时应该指明所采用的方法。

（1）方法概述

辛烷值的测定是在专门设计的可连续改变压缩比的单缸发动机上进行。马达法和研究法测定原理相似，除混合气温度和发动机转速不同外，其他的操作条件基本相同。

一种燃料的辛烷值是在标准操作条件下，将该燃料与已知辛烷值的参比燃料混合物的爆震倾向相比较而确定的。具体做法是借助于改变压缩比，并用一个电子爆震表来测量爆震强度而获得标准爆震强度。此时，可用下列两种方法之一测定。

① 内插法：在固定的压缩比条件下，使试样的爆震表读数位于两个参比燃料混合油的爆震表读数之间，试样的辛烷值用内插法进行计算。

② 压缩比法：由试样达到标准爆震强度所需气缸高度，从相应表读出相应的辛烷值。采用这种方法时，参比燃料仅用于确定标准爆震强度，标准爆震强度要经常检验。

（2）试验技术要素

① 发动机转速：研究法为600r/min ±6r/min，在一次试验中最大变化不超过6r/min。马达法900r/min ±9r/min，在一次试验中最大变化不超过9r/min。

② 点火提前角：

a. 研究法固定在上止点前13.0°。

b. 马达法。

（a）点火提前角控制柄调定：当无补偿计数器的读数为264（测微计读数为0.825in）时，控制柄处于水平位置。

（b）基准点火提前角调整：点火提前角随压缩比的变化而自动变化，它的基本定位是不经大气压力修正情况下计数器读数为264（测微计读数为0.825in）时，上止点前26.0°。

③ 火花塞间隙：0.51mm ±0.13mm（0.020in ±0.005in）。

④ 无触点点火系统：传感器底部位置与转子（叶片）末端的间隙0.08～0.013mm（0.003～0.005in）。

⑤ 摇臂托架调整：

a. 摇臂托架支承螺丝调定。每一个摇臂托架支承螺丝都拧进罐体中，并使汽缸体上的加工表面与叉型体底面的距离为31mm$\left(1\frac{7}{32}\text{in}\right)$。

b. 摇臂托架的调定。在无补偿计数器读数为722（测微计读数为0.500in），摇臂托架必须水平。

c. 摇臂调定应在摇臂托架调定及进排气阀关闭的情况下，摇臂托架应处于水平位置。

⑥ 进、排气阀间隙均为0.20mm ±0.03mm（0.008in ±0.001in），它是在发动机处于热运转时标准操作条件下测量的。

⑦ 曲轴箱润滑油：用L－EQE级以上的汽油机油，黏度等级以30为宜。

⑧ 润滑油压力：在标准试验条件下润滑油压力为172～207kPa（25～30lbf/in^2）。

⑨ 润滑油温度：57℃ ±8.5℃（135 ℉ ±15 ℉），用热敏元件全浸至曲轴箱润滑油中测量。

⑩ 冷却液温度：100℃ ±1.5℃（212 ℉ ±3 ℉），在一次试验中要恒定在 ±0.5℃（±1 ℉）的范围内。

⑪ 进气湿度：38℃ ±2.8℃（100 ℉ ±5 ℉），用插入进气管中的水银温度计测量。进气温度：149℃ ±1.1℃（300 ℉ ±2 ℉），用插入进气岐管中的水银温度计测量。

⑫ 化油器喉管直径：

a. 研究法：在咽喉处直径为14.3mm。

b. 马达法：不同海拔高度所使用不同直径的喉管，规定如下：

海拔高度/m	喉管直径/mm（in）
0～500	14.3（9/16）
500～1000	15.1（19/32）

1000 以上　　　　　　　　19.1(3/4)

⑬ 基准汽缸高度调定：发动机达到规定的温度，按标准附录规定调定基础汽缸高度。

⑭ 燃料－空气比：每次试验，无论是试样或是标准燃料都应把燃料－空气比调节到最大爆震强度。燃料液面计应在0.7～1.7刻度范围内，否则应清理喷嘴孔或改变喷嘴孔的尺寸。

⑮ 爆震表读数范围：爆震强度在爆震表的工作范围为20～80之间。小于20爆震强度是非线性的，大于80爆震表的电位变化是非线性的。

⑯ 爆震仪的展宽：当辛烷值为90时，调整到每个辛烷值的爆震指示的展宽为10～18分度。展宽的幅度会随辛烷值的大小而变化。如在辛烷值为90的情况下调好了，大多数的情况下对评定80～120范围辛烷值就不必再作变动了。

⑰ 内插法用标准参比燃料：用内插法评定时，辛烷值100以下的试样只能用不含乙基液的标准燃料来评定。辛烷值在100.0～103.5之间时，只能用下列几组参比燃料：100.0和100.7；100.7和101.3；101.3和102.5；102.5和103.5。

⑱ 压缩比法用标准参比燃料：试样的爆震表读数必须与参比燃料体系中选择的参比燃料混合物相匹配。辛烷值在100.0～103.5范围内，只能用100.7、101.3、102.5、103.5这几种参比燃料。

⑲ 试样处理：试样开封倒入油罐前，应冷却至2～10℃(35～50 ℉)之间。

⑳ 数据处理及报告：

a. 计算：内插法按下式计算试样的辛烷值：

$$X = \frac{b - c}{b - a}(A - B) + B \qquad (2-4-53)$$

式中　X——试样的辛烷值；

A——高辛烷值参比燃料的辛烷值；

B——低辛烷值参比燃料的辛烷值；

a——高辛烷值参比燃料的平均爆震表读数；

b——低辛烷值参比燃料的平均爆震表读数；

c——试样的平均爆震表读数。

b. 报告：

(a) 按式(2-4-53)内插法计算的结果及压缩比法重复评定的结果，都要按GB/T8170《数值修约规则》进行数值修约，修约到小数点后一位。

(b) 获得的辛烷值数据报为研究法辛烷值(或马达法辛烷值)，简写为××.×/RON(或××.×/MON)。

c. 精密度：

(a) 研究法辛烷值用以下数值来判断本试验结果的可靠性(95%置信水平)。

a) 重复性　在同一实验室，由同一操作人员，用同一仪器和设备，对同一试样连续作两次重复性试验，对测定90～95平均研究法辛烷值范围内的试样时，其差值不能超过0.2辛烷值。

b) 再现性　在任意两个不同实验室，由不同操作人员，用不同的仪器和设备，在不同或相同的时间内，对同一试样所测得的结果不应超出以下数值。

平均研究法辛烷值范围　　　　　辛烷值评定允许差

80.0	1.2
85.0	0.9
90.0	0.7
95.0	0.6
100.0	0.7
105.0	1.1
110.0	2.3

辛烷值处于上列数值之间者，再现性评定差限用内插法计算得到。

(b)马达法辛烷值用以下数值来判断本试验结果的可靠性(95%置信水平)。

ⅰ. 重复性　在同一实验室，由同一操作人员，用同一仪器和设备，对同一试样连续作两次重复试验，所测结果对平均辛烷值85.0~90.0水平的试样，其差值不大于0.3辛烷值。

ⅱ. 再现性　在任意两个不同实验室，由不同操作人员，用不同的仪器和设备，在不同或相同的时间内，对同一试样所测得的结果，其差值不大于下列数值：

平均马达法辛烷值	再现性允许差
80.0	1.2
85.0	0.9
90.0	1.1
95.0	1.1
99.0	1.5
100.0	1.1
105.0	1.8

辛烷值处于上列数值之间者，再现性评定差限用内插法计算得到。

(3)仪器维护

辛烷值机在安装、大修、以及长时间停运后的开车，都是比较关键的，要做好充分准备，特别仔细的操作，以防止出现机械故障或严重的事故。

① 试验机启动前的准备工作

a. 检查三相及单相电源是否接通，有无掉相现象。将机油控温开关调至适当位置，以满足对机油温度的要求。

b. 用曲柄搬手人工盘车4~5圈，以确认机械组装无问题。如果盘不动车，此时严禁给电开车。

c. 检查曲轴箱机油液面，应在玻璃视窗的一半处，不足时要补加牌号相同或等级不低于原级别的机油。检查夹套水液面，应在5~10mm高度，如低于此高度，要补加蒸馏水，不要补加含重铬酸钾的水。

d. 将压缩比计数器数值调到500以下，低于预热燃料所需压缩比。读取当时实验室大气压，查好补正数，对计数器进行补正。

e. 检查发动机是否正常，是否缺少润滑油和冷却液，润滑所有加油点，包括蜗轮蜗杆、摇臂、气门挺杆以及缸与缸套键槽等处。检查机器转动部件上应无废布、电线等杂物。

② 试验机的启动与预热

a. 启动前曲轴箱润滑油预热至57℃±8.5℃(135℉±15℉)，盘车2~3圈，打开冷却水，用电动机拖动发动机运转，打开点火，加热开关，化油器从一个油罐中抽取燃料点燃发动机。顺时针转动起动开关启动机器，并迅速松开旋钮停机，及时检查飞轮旋转方向从正面看应顺时针旋转；如反转，则应将三相电源线中的任意两根线换相。

b. 重新启动试验机，并将开关保持几秒钟，使油压升到足以驱动油压安全设备；观察油压在172～206kPa，曲轴箱应负压。

c. 检查冷却水是否从排气系统底脚流出，证明冷却水畅通。旋转选择阀，对准预热燃料杯，进油预热机器约30min，预热燃料最好用辛烷值较高的无铅汽油。同时观察各项条件是否达到标准中规定的参数要求。

③ 爆震表的零点调整。在不供电的情况下调爆震表上的调整螺丝，使爆震表指针为零，这样的调整每月至少一次。

④ 爆震仪的零点调整。在爆震表的零点调整好以后，给爆震仪供电，将仪表调零开关放在“0”位置上，时间常数放在“1”上，检查爆震表指针是否为零，如不在零位，可调整爆震仪下方的电位器，调好后拧好防护帽。这样的调整每天试验前都应调整一次。

⑤ 调整时间常数。调时间常数就是调积分时间，即调仪表反应的灵敏度。通常应把时间常数放在“3”或“4”的位置上。

⑥ 调展宽。即调仪表的区别能力，合适的仪表展宽水平按内插法要求。在调整中，如发现细调旋钮的调整范围不能满足要求，就应与粗调旋钮配合使用，使之满足调整需要。展宽幅度应为每个单位辛烷值10～18度，如果每个辛烷值的展宽幅度大于20分度，操作时应多加小心。

⑦ 试验机标准状态的调整和检查：

a. 发动机标准爆震强度的初步检查。当发动机处于标准试验条件下，符合最大爆震强度要求，关闭点火开关时，发动机应立即熄火。如不熄火，说明发动机的机械状态不良，这时应检查火花塞和发动机的燃烧室，清除积炭，修复后再重复上述操作。

b. 化油器冷却。如果在液面计中有明显的气泡蒸发，引起液面波动或燃烧不稳定时，化油器必须冷却。

c. 标准冷却液。在化油器冷却设备中，循环冷却液(水或水质防冻液)都可循环使用。

d. 汽缸高度的进一步调整。在确定最大爆震强度油气比后，爆震表读数可能不在50±3的范围内，这时应调整汽缸高度。

⑧ 校正评定特性：

a. 发动机在标准试验条件下进行甲苯标定燃料的标定试验。若试验结果能满足要求，说明设备状态良好。如果超出了正常要求，但能满足特定要求，则可用改变进气温度调谐的方法使标定试验结果满足正常的要求。若试验结果超出了特定要求，说明设备状态不良，需要进一步检查和校正设备技术状态。

b. 校正试验的频繁程度

规定每天评定试验以前，都必须用甲苯标定燃料校正评定特性；校正试验结果仅在此后的7h内有效；当更换操作人员，停机超过24h或停机进行较大的检修和换零部件时，都应重新校正评定特性。

注：每天只选择与试样辛烷值相接近的甲苯标定燃料进行试验。如果试样辛烷值估计不出来，先测定试样的辛烷值，然后再校正评定特性，也是可以的。

⑨ 试验机停车：

a. 转动汽化器选择阀至两数字之间处，先关闭燃料阀，再将所有的油罐中的燃料放出，关闭加热、点火开关，关闭进气、混合气、加热及爆震仪开关，用电动机拖发动机空运转1min，关闭电动机、关闭冷却水开关(带电磁阀的机器，则自动停水)。

b. 放掉各油杯中剩余燃料，待飞轮停止转动后，为了防止水及杂质进入气缸，减少阀处于打开状态下变形的可能性(在两次运转之间发动机的进、排气阀和阀座造成腐蚀和弯曲)，用曲轴搬手转动飞轮使之停在压缩冲程的上止点，使两个气阀都处于关闭的位置，将压缩比计数器调至500以下。

(4) 操作中注意事项

① 在启动辛烷值机之前，应根据该机说明书和试验方法对工作状况及试验条件的要求做好各项准备工作。

② 使用电机械爆震发讯器测定汽油辛烷值时，根据测微计读数调得的压缩比，应与所测试样的辛烷值的大小相适应。当开始测定未知试样的辛烷值时，要估计出辛烷值的大约数，逐步进行调整。注意不要使压缩比调得过大，否则，发动机爆震倾向也增大。因为随着压缩比增大，混合气在压缩行程之末，压力和温度都较高。压缩压力高，则燃烧时的最高压力增加，已燃部分对未燃部分的压缩加强，易使发动机产生爆震；压缩温度高，则连锁反应加强，未燃部分气体容易达到自燃温度而产生爆震。

③ 马达法辛烷值试验机的点火提前角一般是随着压缩比的变动而自动地调整。但往往在新的试验机上，点火通常是不正常的，故必须对点火提前角事先进行必要的调整。否则，点火提前角对爆震影响很大，往往是在点火提前角减小时，发动机功率降低，爆震减弱。

④ 混合气成分应调整至最大爆震，以达到试验条件所规定的最佳混合比，因为混合气的成分对爆燃的发生有显著的影响，在发生爆燃时，不论将混合气变浓或变稀，都对爆燃有抑制作用，从而影响测定结果。

⑤ 汽化后混合气温度要符合规定。若吸入汽缸的混合气温度升高，则最后连锁反应加强，着火准备时间缩短，较易爆震。

⑥ 发动机应保持试验条件所规定的转速。若混合气情况不变而转速增加时，爆燃便减弱。这是因为转速增加时，火焰传播速度增加，末端混合气还未达到自燃时，火焰可能就已传播到了。同时，转速高时，汽缸内残余废气量增加，末端混合气的焰前反应减弱；相反，转速低时，爆燃倾向就大。

4.3.10.2 十六烷值的测定

1. 概述

十六烷值表示柴油燃烧性能的项目，是表示柴油在发动机中着火和燃烧性能的重要指标。柴油的十六烷值的高低直接影响燃料在柴油机中的燃烧过程，柴油的十六烷值高，其自燃点低，在柴油机汽缸中容易自燃，发动机工作平稳。柴油的十六烷值如果过低，燃烧着火困难，会产生不正常燃烧，降低发动机的功率。但不是柴油十六烷值越高越好，如果柴油十六烷值过高柴油不能完全燃烧，使耗油量增大。

十六烷指数是表示柴油在发动机中发火性能的一个计算值。该值从柴油的标准密度和50%的馏出物温度计算而得。一般在没有十六烷值机或试样少到不能进行标准发动机试验时采用。

柴油指数是表示柴油在柴油机中发火性能的一个计算值，该值由相对密度指数、苯胺点计算得来，且不因使用发火促进剂改变其计算值。

2. 测定意义

（1）十六烷值是表示柴油燃烧性能的指标。在一定程度上，柴油的十六烷值越高，柴油的着火滞后期越短，柴油的自然温度越低，燃烧性能也越好，发动机启动较容易，气缸中的压力均匀地增加，发动机工作平稳，这对提高发动机的功率具有实际意义。如果使用柴油的十六烷值太低，不符合发动机的要求，会引起柴油发动机气缸中延迟发火，以致燃烧不正常，发动机工作不平稳并引起磨损，以致损坏曲轴的轴承。

（2）柴油的十六烷值主要取决于它的化学成分，烷烃（尤其是正庚烷）的十六烷值最高，芳香烃的十六烷值最低，环烷烃的十六烷值居中。但如果柴油中的烷烃过多，会使柴油的凝点增高，而且烷烃的热安定性较差，在燃烧初期会分解出大量的碳。这种碳的燃烧需要较长时间，来不及燃烧的碳以烟的形式从排气管排出，造成排放黑烟，污染大气并引起耗油量增大。因此，柴油的十六烷值并不是越高越好，应按照保证柴油能均匀燃烧和耗油量不必要增大为依据，根据柴油机选择柴油的十六烷值。高速柴油机柴油的十六烷值较高，中低速柴油机需要的十六烷值可以较低些，一般柴油的十六烷值在45以上就能满足使用要求。

（3）柴油的十六烷值对发动机的启动，特别是在低温时的启动也有较大的影响。当冷却液和进入空气的温度降低时，需要增加压缩比及柴油的十六烷值才能使发动机正常启动。

（4）确定十六烷值最低的需要数，同样有着重要的实际意义。通常，当柴油发动机转数增高时柴油准备燃烧的必需时间减少，因而发动机转数对柴油的十六烷值要求也增高。

（5）如使用柴油的十六烷值太低，不符合发动机要求，就可引起柴油在发动机气缸中延迟发火，以致燃烧不正常。同时由于气缸内压力剧烈增长使发动机工作不平稳，而引起过早的磨损，以至毁坏曲轴的轴承。

3. 试验方法

参见GB/T 386—1991《柴油着火性质测定法（十六烷值法）》。

（1）方法概述及适用范围

柴油的十六烷值是在标准操作条件下，将着火性质与已知十六烷值的标准燃料的着火性质相比较而测定。其做法是：调节发动机的压缩比（用手轮读数表示），以得到被测试样确定的“着火滞后期”，即喷油开始和燃烧开始之间的时间间隔（以曲轴转角表示）。根据测试样时得到的发动机的压缩比，选用相差不大于5个十六烷值单位的两种标准燃料，用同样的方法得到其确定的“着火滞后期”。当试样的压缩比处在选用的两种标准燃料的压缩比之间时，根据手轮读数，用内插法计算试样的十六烷值，以符号XX·X/CN表示，例如50.6/CN。本方法适用于测定柴油的着火性质。

以下是几个需要了解的概念：

① 十六烷值：表示柴油在柴油机中燃烧时着火性质的指标。在规定的条件下的标准发动机试验中，通过和标准燃料进行比较来测定，采用和被测定燃料具有相同发火滞后的标准燃料中正十六烷的体积百分数表示。

② 标准燃料：是由人为规定十六烷值为100的正十六烷和十六烷值为0的α－甲基萘按不同体积百分数混合而成的。标准燃料应在相同的温度下调配。

③ 正标准燃料：用标准发动机测定柴油十六烷值时，所使用的正十六烷和七甲基壬烷及其按体积比配制的混合物。规定正十六烷的十六烷值为100，七甲基壬烷的十六烷值为15。

正十六烷和七甲基壬烷按体积比进行混合时，对任何体积的混合物，其十六烷值均可由下式求得：十六烷值＝正十六烷％＋0.15×（七甲基壬烷％），计算结果时，取至小数点后两位。

正标准燃料用来检查副标准燃料、测取及检查由副标准燃料换算为正标准燃料的换算表以及作仲裁试验。

④ 副标准燃料：用标准发动机测定柴油的十六烷值时，相对于正标准燃料而言，所使用的高十六烷值和低十六烷值燃料及其按体积比组成的混合物。每批由高、低十六烷值燃料组成的混合物的十六烷值，必须用正标准燃料校正过，并提供一个换算表。

副标准燃料是一种工业产品，由烃类混合物组成。一种副标准燃料是高十六烷值，其十六烷值不低于55.0；另一种副标准燃料是低十六烷值，其十六烷值不高于25.0。

日常测定柴油的十六烷值时，可用经正标准燃料校正过的副标准燃料及其按体积组成的混合物。

⑤ 检验燃料：是经正标准燃料校正过的，具有固定十六烷值的两种典型的柴油燃料，专门用来检查十六烷值机评价柴油十六烷值的准确性，不供与其他燃料混合用。

（2）试验技术要素

① 试验时应遵守下列发动机操作技术条件：

a. 发动机的转速为900r/min ±9r/min。

b. 喷油提前角，上止点前13°。

c. 喷油器开启压力为10.30 ±0.34MPa。

d. 喷油量：13.0mL/min ±0.2mL/min，对每个试样和标准燃料都要测量。

e. 喷油器针阀升程：0.127mm ±0.025mm。

f. 喷油器冷却温度：38℃ ±3℃。

g. 气门间隙：0.20mm ±0.02mm。先用十六烷值约为50的燃料，使发动机在标准操作条件下运转时，用厚薄规测量气门间隙。

h. 曲轴箱用润滑油：CD级，30号润滑油，但不能使用含有黏度指数添加剂的或多级润滑油。

i. 润滑油压力：在标准操作条件下为0.17 ~0.20MPa。

j. 润滑油温度：润滑油温度为57℃ ±8℃。

k. 冷却液温度：100℃ ±2℃，在试验期间恒定在 ±0.5℃以内。

l. 吸入空气温度：66℃ ±0.5℃。

m. 加热器及仪表操作电压为115V ±5V。

n. 两个参比传感器磁极和飞轮外圆上铁销之间的间隙均为1.02 ~1.27mm。喷油器针阀顶杆和喷油传感器磁极之间的静间隙为1.02mm。发动机运转时，不允许测量间隙。

② 仪器的使用与维护保养：

a. 启动发动机及预热：

转动控制盘上的启动开关至启动位置，启动发动机，待油压超过0.17MPa时，方可离手，若无油压，立即停机检查，排除故障，重新启动。

旋转燃料箱供油选择阀，打开发动机油门，转动大手轮，调节压缩比，使燃料连续自燃，预热发动机约15min。检查曲轴箱真空度，调节吸入空气的温度和冷却水流量，使发动机尽快达到标准操作条件。

b. 发动机停机：

（a）停机前，改用高十六烷值的柴油操作，并逐渐减少压缩比至燃料不自燃，使发动机运转2～3s，以润滑膨胀塞。

（b）停止向发动机供油，将控制盘上的转动开关转到停止位置。

（c）切断润滑油、空气加热器和着火滞后期表上的电源开关。

（d）放出燃料箱、量管和调压室里的剩余燃料。

（e）关上冷却水阀。

（f）切断总电源。

（g）停机后要转动飞轮，使活塞处在压缩冲程上止点。

③ 数据处理及报告

a. 试样的十六烷值计算如下：

$$CN = CN_1 + (CN_2 - CN_1)\frac{\alpha - \alpha_1}{\alpha_2 - \alpha_1} \qquad (2-4-54)$$

式中 CN——试样的十六烷值；

CN_1——低着火性质标准燃料的十六烷值；

CN_2——高着火性质标准燃料的十六烷值；

a——试样三次测定手轮读数的算术平均值；

a_1——低十六烷值标准燃料三次测定手轮读数的算术平均值；

a_2——高十六烷值标准燃料三次测定手轮读数的算术平均值。

b. 报告：

（a）取试样和最终用的两种标准燃料试验得到的三次手轮读数的算术平均值，计算试样的十六烷值，计算结果取至小数点后两位。

（b）报告计算结果取准至小数点后一位。用内插法计算试样的十六烷值，以符号XX·X/CN表示，例如50.6/CN。

c. 精密度：用以下数值来判断本试验结果的可靠性(95%置信水平)。

（a）重复性 同一操作者，同一试样，在同一装置上，两次试验结果的差值不应超出表2－4－34中的极限值。

（b）再现性 由不同操作者，在不同试验室，同型装置上，对同一试样进行测定，所得两个试验结果的差值不应超出下表2－4－34的极限值。

表2－4－34 十六烷值重复性及再现性极限值

十六烷值水平	重复性	再现性	十六烷值水平	重复性	再现性
40	0.6	2.5	52	0.8	3.1
44	0.7	2.6	56	0.9	3.3
48	0.7	2.9			

注：处于两个水平之间的十六烷值用线性内插法求得。

（3）影响因素及注意事项

① 试验机必须符合GB/T 386的要求。试验前应严格遵守试验发动机的操作条件，例如转速、喷油提前角、喷油开启压力、喷油量、喷油器冷却温度、吸入空气温度、冷却液温度等。

② 试验前应估计试样的十六烷值，在选用两种标准燃料(相差不大于5个十六烷值单位)，用相同的方法确定其“着火滞后期”使试样的压缩比在两个标准燃料的压缩比之间。

③ 用压缩比手轮调节发动机的压缩比时，要顺时针转动大手轮，使压缩比增加，再逆

时针转动手轮，减少压缩比，最终以顺时针转动手轮完成13°时的压缩比调整，以消除因手轮机械中的游隙而造成手轮读数的误差。测定至少重复三次，取三次测定的算术平均值为手轮读数。

④ 用手轮调节测量发动机压缩比：

$$压缩比 = (18 + 手轮读数)/手轮读数$$

⑤ 发动机试验结束停机前，应注意按方法的规定步骤操作。

⑥ 换用燃料操作时，要注意发动机运转约5min，以确保燃料系统彻底冲洗，并使发动机达到稳定。

⑦ 由于所使用的燃料都是易燃的，要远离明火，并密封存放，防止泄漏，避免呼吸其蒸气和长时间的接触皮肤。

参 考 文 献

1 刘珍主编．化验员读本(第四版)．北京：化学工业出版社，2003

2 中国石油天然气集团公司人事服务中心编．分析工基础知识．东营：中国石油大学出版社，2005

3 中国石油天然气集团公司人事服务中心编．油品分析工．东营：中国石油大学出版社，2005

4 中国石油化工集团公司人事部，中国石油天然气集团公司人事服务中心编．炼油基础知识．北京：中国石化出版社，2007

5 朱焕勤，朱成章主编．油料化验员读本．北京：中国石化出版社，2007

6 王琪等编著．分析工应知应会培训教程．北京：中国石化出版社，2007

7 李华昌，符斌主编．化验师技术问答．北京：冶金工业出版社，2006

8 王秀萍，王兴恩主编．仪器分析技术．北京：化学工业出版社，2003

9 杨海鹰等编著．气相色谱在石油化工中的应用．北京：化学工业出版社，2004

10 刘世纯，戴文凤，张德胜编．职业技能鉴定读本(技师)分析化验工．北京：化学工业出版社，2004

11 夏玉宇主编．化验员实用手册．北京：化学工业出版社，2004

12 中国石油化工股份有限公司科技开发部编．石油和石油产品试验方法国家标准汇编．北京：中国标准出版社，2005

13 中国石油化工股份有限公司科技开发部编．石油产品国家标准汇编．北京：中国标准出版社，2005